普通高等教育"十一五"国家级规划教材

北京高等教育精品教材
BEIJING GAODENG JIAOYU JINGPIN JIAOCAI

清华大学 计算机系列教材

戴梅萼 史嘉权 史云凌 编著

微型计算机技术及应用

（第5版）

清华大学出版社
北京

内容简介

本书多年作为清华大学计算机科学与技术系和电子类专业本科生必修课"微型计算机原理"的专用教材,并长年被国内 400 多所高等院校选用,是一本广受任课教师和学生好评的高水平教材。

第 5 版主要以 Pentium 为例,系统讲述了微型计算机技术的核心设计思想。首先分析了 CPU 的原理结构、总线周期、中断机制、寻址方式和指令系统,以及多核和超线程技术;其次阐述了存储器管理技术和高速缓存技术;接着讲解了微型计算机和外设之间的各种数据传输方式,其中,着重分析了中断方式和DMA 方式的工作原理和传输特点,并用较多篇幅讲述微型计算机的接口技术,逐一讲解了各关键接口部件以及多功能接口部件的原理和应用;再次讲述了键盘和鼠标技术、显示技术、打印机技术、硬盘和光盘技术以及总线技术,特别对 PCI 总线技术进行了重点讲解;从次介绍了主机系统的整体结构,对 BIOS 和系统控制芯片组作了透彻讲述,由此使读者对微型计算机系统建立整体观念;最后简述了 ARM、RISC-V 系列非 x86 微型计算机系统。

在各章中,对重点技术都结合实例予以说明,并进行归纳和总结,以利于读者对微型计算机技术中最重要、最关键的部分深入理解、牢固掌握和灵活应用,同时,对关键技术尽量阐述其设计思想和创新点,以启发和培养读者的创新能力。

编者基于深厚的教学和科研功底,以一贯精益求精的科学作风,对各章内容的选择、组织和表述进行了精心策划,特别注重符合初学者的认知规律,对所有技术都讲得条理清晰、深入浅出、通俗易懂。

本书可作为高等院校计算机类专业本科生和电子类专业本科生的教材;由于注意了尽量减少对其他专业课的依托,所以也完全可以作为非计算机类专业教材;对于从事微型计算机技术研究和应用的科研人员,本书也是一本内容翔实、可读性非常好的自学教材和参考书。如同清华大学有学生所评价的,这是一本"价值大大高于价格的书"。

图书在版编目(CIP)数据

微型计算机技术及应用 / 戴梅萼,史嘉权,史云凌编著. -- 5 版. -- 北京:清华大学出版社,2025.5. --(清华大学计算机系列教材). -- ISBN 978-7-302-69388-8

Ⅰ. TP36

中国国家版本馆 CIP 数据核字第 20250P61U1 号

策划编辑:白立军
责任编辑:杨　帆
封面设计:常雪影
责任校对:时翠兰
责任印制:宋　林

出版发行:清华大学出版社
　　　　网　　　址:https://www.tup.com.cn,https://www.wqxuetang.com
　　　　地　　　址:北京清华大学学研大厦 A 座　　　　邮　　　编:100084
　　　　社 总 机:010-83470000　　　　邮　　　购:010-62786544
　　　　投稿与读者服务:010-62776969,c-service@tup.tsinghua.edu.cn
　　　　质量反馈:010-62772015,zhiliang@tup.tsinghua.edu.cn
　　　　课件下载:https://www.tup.com.cn,010-83470236
印 装 者:三河市龙大印装有限公司
经　　　销:全国新华书店
开　　　本:185mm×260mm　　　印　　　张:28.75　　　字　　　数:699 千字
版　　　次:1991 年 11 月第 1 版　2025 年 7 月第 5 版　印　　　次:2025 年 7 月第 1 次印刷
定　　　价:79.80 元

产品编号:105038-01

作者简介

戴梅萼 1946年出生,上海市人,1964年由上海中学入清华大学自动化系,1970年毕业,1981年获清华大学工学硕士学位,任清华大学计算机科学与技术系教授。自研究生毕业后,长期从事微型计算机技术的教学和科研。曾作为主要完成人或项目负责人,因出色完成"六五""七五""八五""九五"国家重点科研攻关项目而获得电子部科技进步奖一等奖、国家级科技进步奖三等奖、电子部科技进步奖二等奖、教育部科技进步奖二等奖等重要奖项。作为第一作者或唯一作者编著了《微型计算机技术及应用》、《Java问答式教程》和《计算机应用基础》等多本教材,其中,配套专业教材《微型计算机技术及应用》第1版于1996年获第三届全国工科电子类优秀教材一等奖;第2版于2001年获北京市教育教学成果一等奖,国家级教学成果二等奖;第3版于2004年获全国优秀畅销书金奖,2005年被评为北京市高等教育精品教材。《微型计算机技术及应用》长年作为清华大学计算机科学与技术系本科生必修课教材和全校双学位教材,并被国内超过400所学校使用。以第一作者在国内外会议和期刊发表科研论文50余篇。

史嘉权 1940年出生,河北省秦皇岛市人,1965年毕业于清华大学自动化系,毕业后留校,开设多门专业课,任清华大学计算机科学与技术系教授。一直从事程序设计、微型计算机技术、网络技术和数据库技术的科研和教学,在国内率先编写了微型计算机汇编语言程序设计方面的教材并剖析了国外流行的微型计算机操作系统,率先研制了以太网络实时通信系统和分布式异型计算机以太网络语音、图形、图像实时传输系统。作为负责人完成了多个重要科研项目,包括国家重点科技攻关项目,因做出突出贡献获得国家科技攻关荣誉证书,并作为第一获奖人获得机电部科技进步奖三等奖、北京市科技进步奖三等奖、北京地区网络系统评比一等奖等奖项,作为第一完成人获国家发明专利。作为唯一作者或第一、二作者编写了《Z80汇编语言程序设计》《数据库系统概论》《微型计算机技术及应用》《计算机硬件基础教程——原理、技术及应用》等教材,翻译了《微型计算机程序设计》(日译中)、《数据库系统基础教程》(英译中)等教材。其中,《微型计算机技术及应用》第1版获第三届全国工科电子类优秀教材一等奖;第2版获北京市教育教学成果一等奖,国家级教学成果二等奖;第3版获全国优秀畅销书金奖并被评为北京市高等教育精品教材。在国际会议和国内期刊共发表论文40多篇。

史云凌 由全国数学理科实验班免试保送入清华大学计算机科学与技术系,获得学士学位。硕士毕业于不列颠哥伦比亚大学计算机科学与技术系。在服务器操作系统、手机操作系统、嵌入式系统、分布式存储、区块链等领域有丰富的行业经验,曾任Solaris 10操作系统全球四个项目经理之一,IEEE 3816号国际标准工作组主席,领导团队负责诺基亚塞班操作系统测试自动化工具研发等。师从加拿大国家讲席教授Dinesh K. Pai。

序

　　清华大学计算机系列教材已经出版发行了近 100 种,包括计算机专业的基础数学、专业技术基础和专业等课程的教材,覆盖了计算机专业大学本科和研究生的主要教学内容。这是一批至今发行数量很大并赢得广大读者赞誉的书籍,是近年来出版的大学计算机教材中影响比较大的一批精品。

　　本系列教材的作者都是我熟悉的教授与同事,他们长期在第一线担任相关课程的教学工作,是一批很受大学生和研究生欢迎的任课教师。编写高质量的大学(研究生)计算机教材,不仅需要作者具备丰富的教学经验和科研实践,还需要对相关领域科技发展前沿的正确把握和了解。正因为本系列教材的作者具备了这些条件,才有了这批高质量优秀教材的出版。可以说,教材是他们长期辛勤工作的结晶。本系列教材出版发行以来,从其发行的数量、读者的反应、已经获得的许多国家级与省部级的奖励,以及在各个高等院校教学中所发挥的作用上,都可以看出其所产生的社会影响与效益。

　　计算机科技发展异常迅速,内容更新很快。作为教材,一方面要反映本领域基础性、普遍性的知识,保持内容的相对稳定性;另一方面,又需要跟踪科技的发展,及时地调整和更新内容。本系列教材都能按照自身的需要及时地做到这一点,如《计算机组成与结构》一书至今已出版至第 5 版,使教材既保持了稳定性,又达到了先进性的要求。本系列教材内容丰富、体系结构严谨、概念清晰、易学易懂,符合学生的认识规律,适合教学与自学,深受广大读者的欢迎。本系列教材中多数配有丰富的习题集和实验,有的还配有多媒体电子教案,便于学生理论联系实际地学习相关课程。

　　随着我国的进一步开放,我们需要扩大国际交流,加强学习国外的先进经验。在大学教材建设上,我们也应该注意学习和引进国外的先进教材。但是,计算机系列教材的出版发行实践以及它所取得的效果告诉我们,在当前形势下,编写符合国情的具有自主版权的高质量教材仍具有重大意义和价值。它与前者不仅不矛盾,而且是相辅相成的。本系列教材的出版还表明,针对某个学科培养的要求,在教育部等上级部门的指导下,有计划地组织任课教师编写系列教材,还能促进对该学科科学、合理的教学体系和内容的研究。

　　我希望今后有更多、更好的我国优秀教材出版。

张钹

清华大学计算机科学与技术系教授,中科院院士

第 5 版前言

《微型计算机技术及应用》已经发展至第 5 版,发行 80 万余册,经过 4 个版本的沉淀与升华,在国内 400 多所高等院校计算机类专业和电子类专业中赢得了广泛认可。在老师和同学的鼎力支持下,编者怀着对教育事业的热忱编写了第 5 版,以持续为兄弟院校提供丰富的经验和最新的知识。

计算机科学作为当今发展最为迅速的领域之一,不断涌现出新的技术和理念。微型计算机的集成度显著提升,尤其在移动领域取得了长足的进展。第 5 版的核心目标在于承前启后,延续前 4 版的指导思想。为展示微型计算机系统设计的原理,本书仍以 Pentium 为主线,同时引入最新的技术解释,以确保知识的持续更新。编者遵循认知规律组织内容和表述,坚持保持本书通俗易懂的核心理念,以满足读者的学习需求。

第 5 版的重点更新包括以下内容。

(1) 修订陈旧的技术和表述,以确保内容的时效性。

(2) 增加对当前广泛使用的 ARM、RISC-V 系列的相关介绍。

(3) 强调多核和超线程技术的介绍,以反映当今技术趋势。

(4) 简要修改存储器相关的介绍,使之更符合实际应用。

(5) 增加对微型计算机实验体系的介绍,以便不同专业的老师和同学参考。

在实践中,编者深刻体会到理论知识与实验相结合的价值,因此在配套的实验教材中增加了相关实验,以帮助读者通过实际操作更好地理解和吸收这些知识。即使在没有实验硬件平台的情况下,通过实验教材的详细说明,读者也能通过思想实验提升对整个理论知识的掌握。

在使用本书时:如按 48 学时安排,则可选学第 1～7、9、15、16 章;如按 64 学时安排,则可加选第 10～14 章,如是侧重计算机控制的专业,则可加选第 8 章;如此前已讲过汇编语言,则不必再讲第 3 章;每章内容均可根据具体情况划出一部分进行自学。

在编写的过程中,编者充分吸收了各位老师的丰富教学经验,同时采纳了许多兄弟院校老师、同学以及工业界的宝贵意见。这里特别感谢中国石油大学计算机科学与技术系王智广教授、陈晓禾教授,清湛人工智能研究院管杰老师,北京华控通力科技有限公司陈玉春老师,以及哥伦比亚大学计算机科学系王柳人同学的积极参与和支持。

感谢您的持续支持与信任。希望本书能够为您在微型计算机技术领域的学习和研究提供有力的帮助。限于编者水平,书中难免存在疏漏之处,敬请谅解并期待您的宝贵指正。

编者

2024 年于清华园

第 4 版前言

本书 10 年来一直被国内 400 多所高等院校计算机类专业和电子类专业选为教材,发行 70 万余册,编者也由此与兄弟院校众多同行成为学术距离很近的朋友,常通过邮件和电话交流意见。正是基于他们真诚切实的建议、要求和希望,确立了编写本书第 4 版的指导思想:以当前流行的 Pentium 为主线,讲深讲透微型计算机最新、最关键的技术;即使是对最庞杂的技术,也要遵循认知规律组织内容和表述,使全书所有文字都通俗易懂。

由此,第 4 版着重做了如下几方面的更新。

(1) 简约了有关 16 位机的大部分内容,全书以 Pentium 为主线讲述微型计算机技术。

(2) 将 Pentium 的中断机制、描述符机制、保护技术、段页两级存储管理机制,Pentium 指令系统,液晶显示器的原理,PCI 总线技术作为重点更新内容,反复推敲、反复修改,有些章节从初稿到定稿,反复调整内容组织,再三改进文字表达,前后修改 12 稿之多,只为了让读者得到的是真正的精品。

(3) 在对各个技术进行深入讲解之后,最后一章介绍 Pentium 微型计算机系统的整体结构,其中重点讲解了系统控制芯片组和 BIOS,前者是联系计算机系统各部件的枢纽,后者是联系硬件和软件的纽带,由此使学生建立关于微型计算机系统的整体观念。

(4) 对第 3 版保留的章节,从文字上反复修改,以期望更加条理清晰、更加深入浅出。

本书在教学使用中,可根据四种情况作选择:一是对计算机专业,一般按 64 学时安排,可选第 1~9、15 和 16 章;二是对计算机控制专业,也按 64 学时安排,可加选第 10 章;三是对电子类专业,一般按 48 学时,可大致按第一种情况安排,但可不讲高速缓存技术,并简约 PCI 总线的扩展传输和配置机制部分;四是对非电子类专业,除了首尾两章外,可对每章作简约性选择和讲解,通常可对每章后面内容简化。

对于安排有汇编语言课程的专业,不必讲第 3 章,但读者仍可读一遍本章,此为编者在设计 20 000 多行汇编语言程序的基础上总结编写,其中包括不少切身体会。另外,所有必选章节都可划出部分内容自学或在自学基础上作答疑式讲解。对于没有列入必选部分的章节,编者在编写时为自学作了更充分的考虑。

电子课件为全书 16 章都配置了教案,给出了每部分的教学建议和重点,这是在听取众多同行意见基础上设计的,使用中可按具体情况作选择和修改。

有兄弟院校老师评价前一版教材:"不但有利于在教学中对学生的能力培养和素质培养,而且也使采用本书的教师感到得心应手。"期望第 4 版为教材使用者带来同样的感受。

戴梅萼 史嘉权

于清华大学计算机科学与技术系

2007 年 8 月

第 3 版前言

本书第 2 版自 1996 年 5 月出版后,被国内 400 多所高等院校使用,发行 39.9 万册,2001 年 9 月获北京市教育教学成果一等奖,2002 年 5 月获国家级教学成果二等奖。

伴随微型计算机技术飞速发展的是相关知识的快速持续更新,这个特点使得在微型计算机技术的教学中,如何处理具体知识和综合能力两者的关系成了一个关键点和难点,这也是编者和许多兄弟院校同行经常讨论的问题。

本书第 3 版正是在对此问题的反复思考中,确定了如下指导思想:讲深讲透基础技术和关键技术,使得学生对这部分技术做到深入理解、牢固掌握、灵活应用,注重提高分析问题和解决问题的能力;同时,讲清讲好最新的技术,在此过程中,注重其与基础技术之间的承上启下关系和创新点,以此让学生在拓展知识的同时,跟踪微型计算机技术的更新思路,培养和提高接受新技术的能力和创新能力。

为此,第 3 版删去了第 2 版中的陈旧内容和过细说明,并删除单片机一章;在各章中,对重点内容和关键技术都结合实例予以说明,并进行归纳和总结;对主要内容尽量结合当前最先进的技术作充实和优化,并尽可能通俗易懂地阐述每种新技术的设计思想和创新点。

在本书使用和修改过程中,编者得到了许多朋友的真诚帮助。在此,首先感谢美国 Intel 公司教育部经理唐永坚博士几次给编者寄来成箱的资料,使编者及时获得有关 Intel 新技术的第一手最详细准确的信息;也要感谢国家外国教材中心提供了大量国外教材,使编者能够经常感受到国外的技术脉搏;还要感谢许多兄弟院校同行以及广大本校和外校的同学,在使用第 2 版教材的过程中提出了很多有益的修改意见和建议,这一版的内容删减和扩充部分中许多是在他们的意见基础上确定的;还很感谢清华大学计算机科学与技术系张公忠教授和北京工业大学苏开娜教授,他们仔细审阅了第 3 版教材,并提出许多宝贵意见。

在使用本书时,如按 48 学时安排,则可选学第 1~7、9、13、14 章;如按 64 学时安排,则可加选第 10、11、12、15 章;如是侧重计算机控制的专业,则可加选第 8 章;如此前已讲过汇编语言,则不必再讲第 3 章;每章内容均可根据具体情况划出一部分进行自学。

戴梅萼　史嘉权

清华大学计算机科学与技术系

2003 年 5 月

第 2 版前言

《微型计算机技术及应用》一书自 1991 年 11 月初版以来连续印刷 9 次,发行 14 万余册,被国内 350 多所大专院校采用为计算机专业教材,在 4 年一次的教材评选中,于 1996 年获第三届全国工科电子类优秀教材一等奖。在此期间,编者收到了无数热心读者的来信,他们从各自不同的角度提出了鼓励、建议、希望、要求和意见,这些也正是修订本书的主要动力之一。

修订部分主要包括如下 4 方面。

(1) 增加了第 16～19 章,以 80386 为对象讲述 32 位微处理器的原理和关键技术,着重对片内存储管理技术、虚拟存储技术、流水线技术以及 32 位微型计算机系统的高速缓存技术作了详细阐述。在此基础上,对 80486 和 Pentium 的关键技术作了说明和归纳,读者由此不难作更具体的了解。

(2) 删除了第 11 章音频盒式磁带接口,因此,后面的章节序号依次提前。

(3) 全部重写了单片微型计算机一章,修订版以目前较新、使用较多的 Intel 8051 为对象讲述了单片机的组成、指令系统和功能扩展。

(4) 从文字表达上对全书作了修改,使之更为精练又不失深入浅出。

作为教材,本书的宗旨是讲深讲透关键技术的原理和实现方法。编者修订本书的目标仍然是使读者深入理解、牢固掌握、灵活应用微型计算机最主要的技术,从而能够在日新月异的计算机领域更快地理解、熟悉、掌握新的发展,并且常常有触类旁通的感受。这便是编者辛勤耕耘中常常萦绕于脑际的期望。

本书初版以来,清华大学计算机科学与技术系马群生副教授提出了许多有益的意见;张红斌等许多同学从学生角度为本书的修订提供了各种宝贵建议;修订过程中,北京工业大学计算机学院吕景瑜副教授和苏开娜副教授对本书修订部分作了认真详尽的全面审校;清华大学计算机科学与技术系计 93 班史云凌同学对书中例题进行了上机验证;还有祁连秀同志进行了大量文本录入。在此,编者对他们表示衷心的感谢。

本书第 3、13、14、17、19 章由史嘉权执笔,其余章节由戴梅萼执笔。

编者

1995 年 12 月于清华园

第1版前言

微型计算机由于具有体积小、重量轻、耗电少、价格低廉、可靠性高、结构灵活等特点,近年来取得了飞速发展。字长从4位、8位、16位发展到32位;集成度从Intel 4004的2 000管/片增加到Intel 80386、Motorola 68020的150 000~500 000管/片;工作频率从最初的1MHz提高到20MHz。当前,一台普通16位微型计算机的功能已经超过20世纪70年代小型计算机的功能。

微型计算机的应用已经深入科学计算、信息处理、事务管理、过程控制、仪器仪表制造、民用产品和家用电器等各个方面。近年来,国外制造出用多个微处理器构成的系统,其运算功能几乎可与大型计算机相匹敌,而成本却低到足以使大型计算机趋于淘汰。在工业上,现在可以见到许多微型计算机控制的自动化生产线,为生产能力和产品质量的提高开辟了广阔前景。当前的仪器仪表控制中几乎离不开微处理器,而且由于微型计算机技术的发展导致了一些原来不可能有的新仪器的诞生。例如,电子实验室中,出现了微处理器控制的示波器——逻辑分析仪;医学领域中,增添了用微处理器作为核心部件的CT扫描仪和超声扫描仪;在家用电器方面,冰箱和自动洗衣机的工作都离不开微处理器;此外,还出现了盲人阅读器、自动报警器等设备。

以Intel 8086/8088为CPU的16位微型计算机系统IBM PC/XT是目前最有代表性的主流机型。它所拥有的用户数在计算机世界首屈一指;它的许多设计思想、芯片连接、信号关系等都成为更高档微型计算机设计时的参考对象和考虑因素,以求保持对它的兼容。本书正是以此为出发点,结合Intel 8086/8088系统来讲述微型计算机的CPU、指令系统、接口部件、存储器、外部设备和操作系统等一系列技术。

本书是编者对清华大学计算机科学与技术系本科生讲授"微型计算机技术"课程的教材。书中大部分内容是编者多年来从事教学和科研工作的总结,也是对当前国内外有关微型计算机技术的大量资料进行取舍后的提炼和综合。

在编写本书时,本着深入浅出的原则,编者做到:既要使以本书为教材且参加听课和实验的学生能对微型计算机的主要技术深入理解、牢固掌握、灵活应用;又能使那些没有机会到学校听课和做实验的读者易于理解、掌握和应用关键性的技术;还要使正在从事微型计算机科研工作、具有一定实践经验的工作人员在阅读本书之后能得到有益的帮助和启迪。

在章节安排上,考虑读者面的广泛性,做到各章独立。例如,有一部分读者主要想掌握汇编语言编程和系统调用命令的使用,那么,他们可以重点阅读第3、15章,编者在此融入了自己多年来开发微型计算机软件的体会;从事系统和接口设计的读者,可以重点阅读第2、4~7、12章,这些是编者对清华大学计算机科学与技术系学生讲授本课程时提出的基本要求部分,也是本书的重点内容;对IBM PC/XT系统很感兴趣的读者,可以重点阅读第2、16章,这两章对Intel 8086和IBM PC/XT系统的关键技术作了详尽而具体的分析;希望了解外部设备工作原理的读者则可以从第8~11章中选取相应的章节;对打算应用单片机技术的读者可以重点阅读第14章。

在本书的内容取舍、编写和定稿过程中，承蒙清华大学计算机科学与技术系朱家维教授和王秀玲副教授提出了大量宝贵的意见，并作了全面的审校，史嘉权副教授参加了资料搜集和部分编写工作，在此表示最诚挚的谢意。

限于编者水平，书中难免有不妥之处，敬请读者提出宝贵意见。

编者

于清华大学计算机科学与技术系

目　　录

第1章 微型计算机概述

1.1 微型计算机的特点和发展

计算机是人类历史进程中最重要的发明之一,也是发展速度最快的科学技术之一。自从 1946 年美国宾夕法尼亚大学研制成第一台电子计算机 ENIAC(electronic numerical integrator and calculator) 以来,计算机一直处于快速发展状态,尤其是 20 世纪 70 年代后,由于大规模和超大规模集成电路技术的不断提高,计算机的体积越来越小,而功能越来越强,用户越来越多。

计算机通常按体积、性能和价格分为巨型计算机(简称巨型机)、大型计算机(简称大型机)、中型计算机(简称中型机)、小型计算机(简称小型机)和微型计算机(简称微型机)五类。从系统结构和基本工作原理上说,微型机和其他几类计算机并没有本质上的区别。

微型机的主要特点如下。

(1) **体积小、质量轻**:由于采用大规模集成电路(large scale integrated circuit,LSI)和超大规模集成电路(very large scale integrated circuit,VLSI),微型机所含的器件数目很少,体积也很小,功能却相当强。

(2) **价格低廉**:例如,笔记本计算机的价格通常很亲民。

(3) **可靠性高、结构灵活**:由于所含元器件数目少,所以连线比较少,这样,使微型机的可靠性较高,结构灵活方便。

(4) **应用面广**:微型机不仅占领了原来使用小型机的各个领域,而且成为互联网上无数的站点,每天,全世界广大的微型机用户通过网络传输信息。此外,微型机还广泛用于过程控制等场合,并且还进入了过去电子计算机无法进入的领域,如移动设备、测量仪器仪表、教学设备、医疗设备和家用电器等。

由于微型机具有上述特点,所以发展速度非常快。自从 20 世纪 70 年代初第一个微处理器诞生以来,微处理器的性能和集成度几乎每两年提高一倍,而价格却降低一个数量级。

微型机的核心部件是微处理器即 CPU。第一个 CPU 是 1971 年美国 Intel 公司生产的 4004,集成了 2 300 多个晶体管,它本来是为高级袖珍计算器设计的,但生产出来后,取得了意外的成功。于是,Intel 公司对它作了改进,正式生产了通用的 4 位微处理器 4040。Intel 4040 以它的体积小、价格低等特点引起了许多部门和机构的兴趣。1972 年,Intel 公司又生产了 8 位的微处理器 8008。通常,人们将 Intel 4004、4040、8008 称为第一代微处理器。这些微处理器的字长为 4 位或 8 位,集成度大约为 2 000 管/片,时钟频率为 1MHz,平均指令执行时间约为 $20\mu s$。

此后,出现了许多生产微处理器的厂家。1973—1977 年,这些厂家生产了多种型号的微处理器,其中设计最成功、应用最广泛的是 Intel 公司的 8080/8085,Zilog 公司的 Z80,Motorola 公司的 6800/6802 和 Rockwell 公司的 6502。通常,人们把它们称为第二代微处理器。这些微处理器的时钟频率为 2～4MHz,平均指令执行时间为 1～2μs,集成度超过 5 000 管/片,其中,8085、Z80 和 6802 的集成度都达到 10 000 管/片。后来,微处理器在以下几个方面得到很大发展:提高集成度、提高功能和速度、增加外围电路的功能和种类。

1977 年左右,超大规模集成电路工艺已经成熟。1978—1979 年,一些厂家推出了性能可与过去中档小型机相比的 16 位微处理器,其中,有代表性的 3 种芯片是 Intel 的 8086/8088、Zilog 的 Z8000,以及 Motorola 的 M68000。这些微处理器的时钟频率为 4～8MHz,平均指令执行时间为 0.5μs,集成度为 20 000～60 000 管/片。人们将这些微处理器称为第一代超大规模集成电路微处理器。

1980 年后,相继出现 Intel 80286、Motorola 68010 等集成度达到 100 000 管/片、时钟频率为 10MHz 左右、平均指令执行时间约为 0.2μs 的 16 位高性能微处理器。

1985 年 10 月,Intel 推出第三代微处理器即 32 位的 80386,时钟频率达 33MHz,平均指令执行时间约为 0.1μs,集成度达到 27.5 万管/片,能寻址 4GB 的存储空间。

1989 年,Intel 又推出第四代微处理器即 80486,在一个芯片上集成了 120 万个晶体管,且把浮点处理部件和高速缓冲存储器也集成于内。

1993 年,第五代微处理器 Pentium 诞生,其集成度达到 310 万管/片,时钟频率达 150MHz。1995—2005 年,Intel 又陆续推出 Pentium Pro、Pentium MMX、Pentium Ⅱ、Pentium Ⅲ 和 Pentium 4,这些 CPU 的内部都是 32 位数据宽度,所以都属于 32 位微处理器。在此过程中,CPU 的集成度和主频不断提高,Pentium 4 集成了 6 500 万个晶体管,其时钟频率达到 4.0GHz。

2001 年 5 月,Intel 和 HP 公司合作推出 64 位的 Itanium 微处理器,采用全新的体系结构,内含 128 个整数寄存器和 128 个浮点寄存器,采用三级高速缓存,用 64 位的指令集,按指令并行技术运行。

在后来的一段时间 ARM 公司异军突起,发布了各种型号的微处理器,一举占领了移动端市场的大部分份额,接着 ARM 还向服务器和 PC 市场发起冲击并获取不错的成绩。注意的是 ARM 系列的命名,其中指令集架构是从 ARMv1～ARMv9,处理器命名则是从 ARM1～ARM11,再后面则是 ARM Cortex。ARM 公司发布的 ARMv4 架构是在 ARMv3 架构的基础上扩充的,是应用较广泛的版本,处理器 ARM7、ARM8、ARM9 等均基于该架构继续发展。ARM 在这个系列中提出了 Thumb 代码压缩技术,增加了 16 位 Thumb 指令集。

2004 年,ARM 公司发布了 ARMv7 架构,它使用了 Thumb-2 技术。ARMv7 还支持了 JIT 和 DAC 技术的使用。ARMv7 架构使用了 NEON 技术,提高了 DSP 和媒体处理,改进浮点计算,支持更快的 3D 图形和游戏的需要。

2023 年 1 月,Intel 推出 64 位的 Raptor Lake,采用全新的体系结构,内含 24 个核心和 32 个线程,36MB Intel 智能缓存,使用 64 位的指令集,按指令并行技术运行。

1.2　微型计算机的分类

人们可以从不同的角度对微型机进行分类。

1. 按规模分类

按系统规模来分,微型机可分为单片机、个人计算机、笔记本计算机和移动设备。

1）单片机

单片机将计算机的必备部件 CPU、存储器、I/O 接口集成在一个大规模集成电路芯片中，尽管只有一个芯片，但具有计算机的基本功能，可运行特定的程序。单片机广泛用于仪器、仪表、家用电器和工业控制中。

2）个人计算机

个人计算机也称台式机，这就是现在最常见的微型机。个人计算机将 CPU、内存、I/O 接口等安装在一块主机板上，再和外部存储器、外部设备（简称外设）接口卡、电源等组装在一个机箱内，并配置显示器、鼠标、键盘、打印机等基本外部设备，构成供个人使用的计算机系统。个人计算机配置灵活，功能强，广泛应用于科研、办公室和家庭。

3）笔记本计算机

笔记本计算机是一种体积小到可放在书包中携带的微型机，它内部有一块含 CPU、存储器和 I/O 接口的主板，然后配置显示器、鼠标、键盘、硬盘等外设。笔记本计算机功能强、体积小、质量轻，便于携带，它的用途与个人计算机相同。

4）移动设备

移动设备是一种体积更小、便于随身携带的微型机。这类设备包括智能手机、平板计算机、智能手表等。尽管它们的体积小，但仍包含了一个 CPU、内存和各种 I/O 接口，能够执行各种应用程序。与台式计算机和笔记本计算机相比，它们通常配备了更多提高生活便利性的传感器，如陀螺仪、环境光传感器、心率传感器等。由于其便携性和多功能性，移动设备已经成为现代生活中不可或缺的一部分，广泛应用于各种领域，包括通信、娱乐、学习、工作等。

2. 按微处理器的字长分类

由于微型机性能的高低在很大程度上取决于核心部件微处理器，所以，最通常的做法是把微处理器的字长作为微型机的分类标准。

可以见到以下几类微处理器构成的微型计算机。

1）4 位微处理器

最初的 4 位微处理器就是 Intel 4004，后来改进为 4040。4 位单片微型机，即在一个芯片内集中了 4 位的 CPU、RAM（random access memory）、ROM（read only memory）、I/O（input/output）接口和时钟发生器。这种单片机价格低廉，但运算能力弱，存储容量小，存储器中存放固定程序。这些特点使它们广泛用于各类袖珍计算器进行简单运算，或者用于家用电器和娱乐器件中进行简单的过程控制。

2）8 位微处理器

8 位微处理器有比较齐备的配套电路，但是随着 16 位和 32 位微处理器的推出，8 位微处理器主要以单片机形式用在工业控制中。

3）16 位微处理器

16 位微处理器中最有代表性的是 Intel 8086/8088，以此为 CPU 的 IBM PC/XT 所拥有的用户在计算机世界曾首屈一指，其中的最主要技术一直受到肯定。但是，16 位微处理器在主流运算中已经被 32 位、64 位以及更高的微处理器替代。

4）32 位微处理器

32 位微处理器标志着计算能力的重要提升，其能更有效地执行复杂的指令和运算。典型的 32 位微处理器有 Intel 的 80386 系列。32 位微处理器广泛用于个人计算机、工作站、嵌入式系统等领域,为许多高级应用和复杂任务的处理提供支持。

5）64 位微处理器

64 位微处理器已成为当今微处理器技术的主流,其强大的处理能力和显著的运行速度为计算机提供了前所未有的性能。这些 64 位微处理器广泛应用在个人计算机、移动设备和服务器中。在个人计算机领域,最著名的 64 位微处理器包括 Intel 的 Core 系列和 AMD 的 Ryzen 系列。在移动设备领域,各家厂商自主研发的 64 位微处理器都具有优良的竞争性。64 位微处理器也被广泛应用在数据中心、高性能计算和云计算等领域。

1.3　微处理器、微型计算机和微型计算机系统

微处理器、微型计算机和微型计算机系统这三者的概念和含义是不同的。图 1.1 表明了它们之间的关系。

图 1.1　微处理器、微型计算机和微型计算机系统三者的关系

1.3.1　微处理器

微处理器(CPU)是微型计算机的核心。尽管各种 CPU 的性能指标各不相同,但有共同的特点。

首先,CPU 具备下列功能。

（1）可以进行算术和逻辑运算。

（2）可保存较少量数据。

（3）能对指令进行译码并执行规定的动作。

（4）能和存储器、外设交换数据。

（5）提供整个系统所需要的定时和控制。

（6）可以响应其他部件发来的中断请求。

另外，CPU内部包含如下三部分，它们通过内部总线相连接。

（1）算术逻辑部件。

（2）累加器和寄存器组。

（3）控制器。

32位及以上的CPU芯片中还集成了浮点运算器、存储管理器和高速缓存等部件。

1. 算术逻辑部件

CPU内部的算术逻辑部件也称运算器，是专门用来处理各种数据信息的，它可以进行加、减、乘、除算术运算和与、或、非、异或等逻辑运算。

2. 累加器和寄存器组

寄存器组包括通用寄存器和专用寄存器两部分。

累加器和通用寄存器用来保存参加运算的数据以及运算的中间结果，也用来存放地址。累加器也是通用寄存器，不过，它有特殊性，即许多指令的执行过程是以累加器为中心来实现的。往往在运算指令执行前，累加器中存放一个操作数，指令执行后，运算结果在累加器中，另外，输入/输出指令一般也通过累加器来完成。

专用寄存器都是为指令的执行而设置的，包括程序计数器、堆栈指针、标志寄存器等。程序计数器指向下一条要执行的指令，程序执行时，CPU会自动修改程序计数器的值。堆栈指针指出堆栈顶部的地址，以控制程序对堆栈的访问，而堆栈是程序运行时，存储器中一个频繁使用的特殊区域，按照后进先出的规则来操作。标志寄存器记录程序运行中的状态信息和控制信息。

3. 控制器

控制器是CPU的控制中心，在指令执行过程中，控制器按照指令的功能发控制命令。

控制器由指令寄存器、指令译码器、时序和控制电路，以及中断机制组成。

指令寄存器存放当前正在执行的指令，而指令译码器对指令进行译码，此时，产生相应的控制信号送到时序和控制电路，从而组合成CPU外部其他部件所需要的时序和控制信号。这些信号送到微型计算机的其他部件，控制这些部件协调工作。中断机制用来处理计算机运行过程中出现的异常事件和外部对计算机发出的请求。

实际上，微处理器的控制信号分为两类：一类是通过对指令的译码、由CPU内部产生的，这些信号由CPU送到存储器、输入/输出接口电路和其他部件；另一类是微型机系统的其他部件送到CPU的，通常用来向CPU发出请求，如中断请求、总线请求等。

CPU的内部总线也称片内总线，其是连接CPU各部件的信息通路。片内总线根据功能分为数据总线、地址总线和控制总线3个总线组。

1.3.2 微型计算机

微型计算机由CPU、存储器、输入/输出接口和系统总线构成，这就是通常所说的主机。CPU如同微型计算机的心脏，它的性能决定了整个微型计算机的各项关键指标。

存储器用来存放程序和数据，正是有了存储器，才使计算机有了记忆功能。计算机的存储器分为内部存储器和外部存储器两大类,分别简称为内存和外存,内存也称主存。内存包括随机存储器(RAM)和只读存储器(ROM),用来存放经常使用的程序和数据。外存比内存的容量大得多,但速度较慢,外存用来存放不常使用的程序和数据,外存通常作为某个外部设备,如硬盘、光盘、U盘等。存储器也是衡量计算机性能的重要指标,这主要是指存储器的容量和速度。存储器的容量用字节(Byte,B)表示,最常用的是 KB、MB、GB、TB,其中,1KB=1 024B,1MB=1 024KB,1GB=1 024MB,1TB=1 024GB。

输入/输出接口用来连接外部设备和微型机,通过接口电路,计算机可连接各种外部设备,从而完成信息的输入/输出。最基本的输入/输出设备包括显示器、键盘、鼠标和硬盘。

总线为 CPU 和其他部件之间提供数据、地址和控制信息的传输通道。

图 1.2 表示了微型计算机的基本结构。特别要提到的是微型计算机的总线结构,它是一个独特的结构。有了总线结构以后,系统中各功能部件之间的相互关系变为各个部件面向总线的单一关系。一个部件只要符合总线标准,就可以连接到采用这种总线标准的系统中,使系统功能得到扩展。

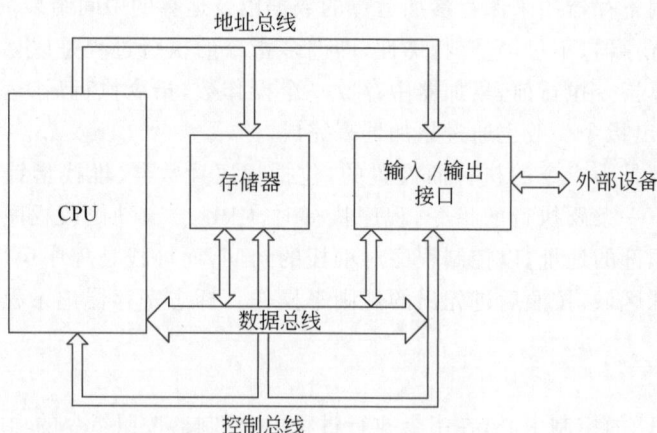

图 1.2 微型计算机的基本结构

在微型计算机系统的不同层次结构中,有不同的总线。和 CPU 直接相连的总线称为CPU 总线。CPU 总线按功能分为 3 组,即数据总线(data bus,DB)、地址总线(address bus,AB)和控制总线(control bus,CB)。

数据总线用来传输数据。数据总线是双向的,即数据既可以从 CPU 送到其他部件,也可以从其他部件送到 CPU。数据总线的位数(也称宽度)通常和微处理器的位数相对应。但是也有例外,尤其是在过渡产品中。例如,Pentium 虽然为 32 位微处理器,但是其与外部的数据传输采用 64 位数据总线传输,所以,其数据总线宽度为 64 位。数据总线宽度越大,传输速度越快。数据的含义是广义的,数据总线上传送的不一定是真正的数据,而可能是指令代码、状态量,有时还可能是一个控制量。

地址总线专门用来传送地址信息。因地址总是从 CPU 送出去的,所以和数据总线不同,通常,地址总线是单向的。地址总线的位数决定了 CPU 可以直接寻址的内存范围。例如,16 位地址总线对应的最大内存容量为 2^{16}B=64KB;20 位地址总线对应的最大内存容量为 2^{20}B=1MB;32 位地址总线对应的最大内存容量为 2^{32}B=4GB。

控制总线用来传输控制信号。其中包括 CPU 送往存储器和输入/输出接口的控制信号,如读信号、写信号和中断响应信号等;还包括其他部件送到 CPU 的信号,如时钟信号、中断请求信号、复位信号和准备就绪信号等。

1.3.3 微型计算机系统

以微型计算机为主体,配上系统软件、应用软件和外部设备之后,就成了微型计算机系统。

1. 系统软件

系统软件包括操作系统、一系列语言处理程序和数据库管理系统。

操作系统是最重要也是最基本的系统软件,它管理计算机系统全部硬件资源和软件资源,使计算机有条不紊地运行,为用户提供操作界面。

具体归纳起来,操作系统具有如下功能:

(1) **CPU 的运行和管理**:使 CPU 能执行各种程序并实现和外界通信。

(2) **文件管理**:对系统文件和用户文件进行管理,包括目录管理、读/写管理和文件保护。

(3) **存储器管理**:对各级存储器进行组织、保护和管理。

(4) **设备管理**:对各种外部设备提供连接机制和功能实现机制。

(5) **人机界面**:为用户使用计算机提供方便的操作界面和引导。

(6) **程序员界面**:为高级用户和程序员提供开发和扩展平台,可使系统的功能得到扩充。

语言处理程序包括汇编程序和高级语言翻译程序。

汇编程序把采用助记符的汇编语言编写的程序翻译成计算机能识别的机器语言程序即目标程序。

高级语言翻译程序的目标是将高级语言编写的程序翻译成机器语言程序,通常有编译程序和解释程序两种方式。编译程序将高级语言写的源程序整个翻译成目标程序,而解释程序每翻译一个语句就立刻执行,即边翻译边执行。

数据库管理系统是对大量数据进行存储、共享、加工和处理的工具,用于财务、图书、库房、人事档案的管理。

有了系统软件,才能发挥计算机硬件的功能,并为用户使用计算机提供方便手段。

2. 应用软件

应用软件是指为特定应用而开发的软件,最常见的有手机应用、办公软件和网络软件。

手机应用是为智能手机和移动设备设计的一种特殊应用软件,通常为用户提供功能相对单一、针对性较强的服务。办公软件是一个庞大的软件包,其功能涵盖了办公所需要的文字输入、文字处理、打印输出等。网络软件的功能是实现网络的连接,网络信息的下载和上传等。应用软件的种类和功能在不断增多和加强。

3. 外部设备

外部设备使计算机实现数据的输入/输出。按照功能,外部设备分为输入设备和输出设备两类。输入设备将文字、图像、语音等输入计算机,最常用的输入设备有键盘、鼠标、扫描仪、光笔等。输出设备将计算机对信息的处理结果输出给用户,最常用的输出设备有显示器、打印机、绘图仪等。外存也是外部设备,往往兼备输入和输出功能。

1.4 微型计算机的应用

由于微型计算机具有体积小、价格低、耗电少和可靠性高等优点,所以应用范围十分广阔,具体有如下几方面。

1. 科学计算

现在,不少微型机系统具有较强的运算功能,特别是用多个微处理器构成的系统,其功能往往可与大型机相匹敌,甚至超过大型机,而成本却低到足以使大型机趋于淘汰。例如,1996 年,由美国能源部(Department of Energy,DOE)发起和支持、由 Intel 建成的 Option Red 系统,用 9 216 个微处理器使系统每秒浮点运算峰值速度达到 1.8TFLOPS,成为世界上第一台万亿次计算机。此后系统性能不断提高,2000 年,在 DOE 支持下,IBM 又建成系统峰值达到 12.3TFLOPS 的 ASCI White。此后,由于并行计算技术的发展,由多处理器构成的并行计算系统在科学计算领域展现出了极高的效能与强大的实用性。

2. 信息处理

利用微型机,可以方便地进行文字录入、编辑和打印,也可对大量数据信息进行分类和检索,还可对图像、语音等多媒体信息进行采集和播放。而连接在互联网上的微型机配上相应软件以后,就可以灵活地对网络上各种信息包括多媒体信息进行浏览、检索、传输、存储和加工。

3. 过程控制

过程控制是微型机应用最多的领域之一。现在,在制造工业和日用品生产厂家中都可见到微型机控制的自动化生产线,微型机在这些部门的应用为生产能力和产品质量的迅速提高开辟了广阔前景。

4. 仪器、仪表控制

在许多仪器、仪表中,已经用微处理器代替传统的机械部件或分离的电子部件,这使产品减小了体积、降低了价格,而可靠性和功能却得到了提高。

此外,微处理器的应用还导致了一些原来没有的新仪器的诞生。在实验室里,出现了用微处理器控制的示波器——逻辑分析仪,它使电子工程技术人员能够用以前不可能采用的办法同时观察多个信号的波形和相互之间的时序关系。在医学领域,出现了用微处理器作为核心控制部件的 CT 扫描仪和超声扫描仪,加强了对疾病的诊断手段。

5. 家用电器、民用产品控制、移动设备

由微处理器控制的洗衣机、冰箱现在已经是很普通的家用电器了。此外,微处理器控制的自动报时、自动空调、自动报警系统也已经进入家庭。还有,装有微处理器的娱乐产品往往将智能融于娱乐中;以微处理器为核心的盲人阅读器则能自动扫描文本,并读出文本的内容,从而为盲人带来福音;而以手机和平板计算机为代表的移动设备更成了不可或缺的生活必需品。确切地讲,微处理器在人们日常生活中的应用所受到的主要限制不是技术问题,而是创造力和技巧上的问题。

微型机技术会往两个方向发展:一个是高性能、多功能的方向,从这方面不断取得的成就使微型机逐步代替价格昂贵、功能优越的中、小型机;另一个是价格低廉、功能专一的方向,这方面的发展使微型机在生产领域、服务部门和日常生活中得到越来越广泛的应用。

现在微型机已发展成为融工作、学习、娱乐于一体，集计算机、电视、电话于一身的综合办公设备和新型家用电器，也成为信息高速公路上千千万万的多媒体用户站点。

1.5 微型计算机的性能指标

微型计算机的主要性能指标如下。

1. CPU 的位数

CPU 的位数是最重要的性能指标，位数越多，功能越强，并可使主存能够配置的容量越大。

2. CPU 的主频

CPU 的主频决定了计算机系统的运算速度，早期的 CPU 主频用 MHz 表示，而自 Pentium 开始主频以 GHz 表示。

3. 内存容量和速度

内存容量越大，信息处理能力越强，能够安装的系统软件级别也越高，运算速度越快。

4. 硬盘容量

硬盘容量越大，系统中可以存放的信息越多，使用越方便。

5. 多核

随着微型计算机进入多核时代，核心的数目和可支持的线程数成为最重要的性能指标。

第 2 章 微 处 理 器

微处理器(CPU)正如其名所示,是微型计算机的核心。本章将从最基础的 CPU 介绍其工作原理。以 Intel 公司为例,它设计和生产的 CPU 一直是市场的主流产品之一。自从 1971 年推出 4004 之后,Intel 相继推出了 8086 至 80486、Pentium 和 Core 等系列 CPU。每一阶段 CPU 的推出,都给计算机世界带来创新和提升。Intel 系列的 CPU 采用向下兼容的策略,每种新的 CPU 都对原有的系列产品保持兼容,从而使此前的软件都能继续运行。

微处理器的性能指标主要为以下 3 项:

(1) 字长:指 CPU 能同时处理的数据位数,也称数据宽度。字长越长,计算能力越高,速度越快。例如,8086/80286 是 16 位字长,80386/80486/Pentium 属于 32 位字长,对应的微型机系统则分别称为 16 位机和 32 位机。Itanium 之后多为 64 位字长。

(2) 主频:即 CPU 的时钟频率,这和 CPU 的运算速度密切相关,主频越高,运算速度越快。例如,8086 的主频为 10MHz,Pentium 4 的主频为 4.0GHz。随着多核技术的推出和发展,主频在 CPU 的代际更新中趋于保持在比较稳定的范围。

(3) 多核:指一颗处理器中集成两个或多个完整的计算引擎。自 2001 年 IBM 公司推出 Power 4 处理器,微型计算机进入多核时代。核心个数的增加大大优化了流水线技术。

8086 是 16 位微处理器,设计中包含了 CPU 最关键最重要的技术,其主要技术和运行机制在当今的微处理器中仍被继承和应用,并在性能上保持对其兼容。Pentium 是通用的 32 位微处理器,但对外数据总线采用 64 位。Pentium 的设计中,一方面保持了 8086 的主要技术;另一方面加入了多个创新性的机制和技术。

为便于读者深入理解 CPU 最重要最关键的技术,以及了解各种 CPU 设计中的创新点,本章先以 8086 为对象讲述 CPU 的基本工作原理,然后讲述 Pentium 的技术要点和 Itanium 微处理器,最后对多核技术的思想进行简单梳理。

2.1　16 位微处理器

8086 是 Intel 系列的 16 位微处理器,是 16 位微处理器的经典代表。本节以 8086 为例,阐述 16 位微处理器的工作原理。

2.1.1　8086 的编程结构

Intel 系列的 8086 微处理器有 16 根数据线和 20 根地址线。因为可用 20 位地址,所以可寻址的地址空间达 2^{20}B 即 1MB。

几乎在推出 8086 微处理器的同时,为了与当时已有的一整套 Intel 外部设备接口芯片直接兼容,Intel 公司还推出了准 16 位微处理器 8088。8088 的内部寄存器、内部运算部件以及内部操作都是 16 位的,但对外的数据总线只有 8 位。

要掌握一个 CPU 的性能和使用方法,首先应该了解它的编程结构。编程结构是指从程序员和使用者的角度看到的结构,当然,这种结构与 CPU 内部的物理结构和实际布局是有区别的。图 2.1 为 8086 的编程结构,从功能上,8086 分为两部分,即总线接口部件(bus interface unit,BIU)和执行部件(execution unit,EU)。

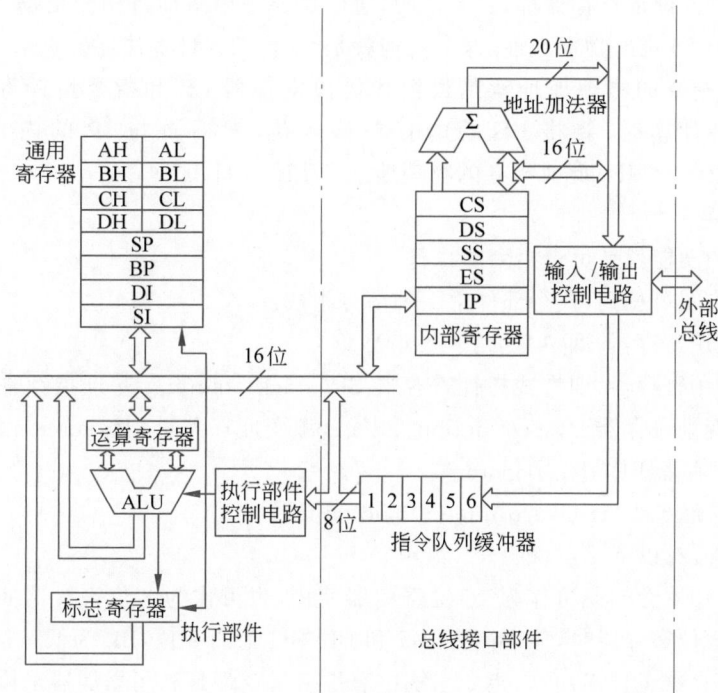

图 2.1   8086 的编程结构

1. 总线接口部件

总线接口部件的功能是负责与存储器、I/O 端口传送数据。具体讲,总线接口部件要从内存取指令送到指令队列;CPU 执行指令时,总线接口部件要配合执行部件从指定的内存单元或者外设端口中取数据,将数据传送给执行部件,或者把执行部件的操作结果传送到指定的内存单元或外设端口中。

8086 的总线接口部件由下列部分组成。

(1) 4 个段地址寄存器。

CS:16 位的代码段寄存器(code segment)。

DS:16 位的数据段寄存器(data segment)。

SS:16 位的堆栈段寄存器(stack segment)。

ES:16 位的附加段寄存器(extra segment)。

(2) 16 位的指令指针寄存器 IP(instruction pointer)。

(3) 20 位的地址加法器。

(4) 6 字节的指令队列缓冲器。

对总线接口部件,作下面两点说明。

(1) 8086 的指令队列为 6 字节。CPU 在执行指令的同时,从内存中取下面 1 条指令或几条指令放在指令队列中。这样,一般情况下,8086 执行完一条指令就可以立即执行下一条指令,而不像以往的计算机那样轮番进行取指令和执行指令的操作,从而提高了 CPU 的效率。

(2) 地址加法器用来产生 20 位地址。上面已经提到,8086 可用 20 位地址寻址 1MB 的内存空间,但 8086 内部寄存器都是 16 位的,所以需要一个附加机构来根据 16 位寄存器提供的信息计算出 20 位的物理地址,这个机构就是 20 位的地址加法器。

例如,一条指令的物理地址就是根据代码段寄存器 CS 和指令指针寄存器 IP 的内容得到的。具体计算时,要将 CS 的内容左移 4 位,然后再与 IP 的内容相加。假设 CS＝FE00H,IP＝0200H,此时指令的物理地址为 FE200H。

2. 执行部件

执行部件的功能就是负责指令的执行。

从编程结构图可见到,执行部件由下列部分组成。

(1) 4 个通用寄存器,即 AX、BX、CX、DX。

(2) 4 个专用寄存器,即堆栈指针寄存器 SP(stack pointer),基址指针寄存器 BP(base pointer),目的变址寄存器 DI(destination index),源变址寄存器 SI(source index)。

(3) 标志寄存器 FR(flag register)。

(4) 算术逻辑部件 ALU(arithmetic logic unit)。

对执行部件,有以下 4 点说明。

(1) 4 个通用寄存器既可作为 16 位寄存器使用,也可作为 8 位寄存器使用。例如,BX 寄存器细分为 8 位寄存器时,分别称为 BH 和 BL,BH 为高 8 位,BL 为低 8 位。

(2) AX 寄存器也称累加器,指令系统中有许多指令都是利用累加器来执行的。

(3) 算术逻辑部件实现算术运算和逻辑运算。

(4) 8086 的标志寄存器共有 16 位,其中 7 位未用,所用的各位含义如下:

15	14	13	12	11	10	9	8	7	6	5	4	3	2	1	0
				OF	DF	IF	TF	SF	ZF		AF		PF		CF

根据功能,8086 的标志可以分为两类:一类为状态标志;另一类为控制标志。状态标志表示前面的操作执行后,算术逻辑部件处在怎样一种状态,这种状态会像某种先决条件一样影响后面的操作。控制标志是人为设置的,指令系统中有专门的指令用于控制标志的设置和清除,每个控制标志都对某一种特定的功能起控制作用。

状态标志有 6 个,即 SF、ZF、PF、CF、AF 和 OF。

(1) 符号标志 SF(sign flag):它和运算结果的最高位相同。当数据用补码表示时,负数的最高位为 1,所以符号标志指出了运算结果是正还是负。

(2) 零标志 ZF(zero flag):如运算结果为零,则 ZF 为 1;如运算结果为非零,则 ZF 为 0。

(3) 奇/偶标志 PF(parity flag):如运算结果的低 8 位中所含的 1 的个数为偶数,则 PF 为 1,否则为 0。

(4) 进位标志 CF(carry flag):当加法运算使最高位产生进位时,或者减法运算引起最高位产生借位时,则 CF 为 1。除此之外,移位指令也会影响这一标志。

(5) **辅助进位标志 AF(auxiliary carry flag)**：当加法运算时，如果第 3 位往第 4 位有进位，或者当减法运算时，如果第 3 位从第 4 位有借位，则 AF 为 1。

(6) **溢出标志 OF(overflow flag)**：当运算过程中产生溢出时，会使 OF 为 1。当字节运算的结果超出了 $-128 \sim +127$ 的范围，或者当字运算的结果超出了 $-32\,768 \sim +32\,767$ 的范围时，称为溢出。

例如，执行下面两个数的加法：

$$
\begin{array}{r}
0010\ 0011\ 0100\ 0101 \\
+\ 0011\ 0010\ 0001\ 1001 \\
\hline
0101\ 0101\ 0101\ 1110
\end{array}
$$

由于运算结果的最高位为 0，所以，SF＝0；而运算结果本身不为 0，所以，ZF＝0；低 8 位所含的 1 的个数为 5 个，即有奇数个 1，所以，PF＝0；最高位没有产生进位，所以，CF＝0；又由于第 3 位没有往第 4 位产生进位，所以，AF＝0；由于运算结果没有超出有效范围，所以，OF＝0。

当然，在绝大多数情况下，一次运算后，并不对所有标志进行改变，程序也并不需要对所有的标志作全面的关注，一般只是在某些操作之后，对其中某个标志进行检测。

控制标志有 3 个，即 DF、IF、TF：

(1) **方向标志 DF(direction flag)**：是控制串操作指令用的标志。如果 DF 为 0，则串操作过程中地址会不断增值；反之，如果 DF 为 1，则串操作过程中地址不断减值。

(2) **中断允许标志 IF(interrupt enable flag)**：是控制可屏蔽中断的标志。如 IF 为 0，则 CPU 不能响应可屏蔽中断请求；如 IF 为 1，则 CPU 可接受可屏蔽中断请求。

(3) **跟踪标志 TF(trap flag)**：也称单步中断标志，如果 TF 为 1，则 CPU 按跟踪方式执行指令。

这些控制标志一旦设置之后，便对后面的操作产生控制作用。

3. 8086 总线周期的概念

为了取得指令或传送数据，就需要 CPU 的总线接口部件执行一个总线周期。

在 8086 中，一个最基本的总线周期由 4 个时钟周期组成，时钟周期是 CPU 的基本时间计量单位，它由计算机主频决定。例如，8086 的主频为 10MHz，1 个时钟周期就是 100ns。在 1 个最基本的总线周期中，习惯上将 4 个时钟周期分别称为 4 个状态，即 T_1 状态、T_2 状态、T_3 状态和 T_4 状态。

(1) 在 T_1 状态，CPU 往多路复用总线上发出地址信息，以指出要寻址的存储单元或外设端口的地址。

(2) 在 T_2 状态，CPU 从总线上撤销地址，使总线的低 16 位浮置成高阻状态，为传输数据作准备。总线的最高 4 位（$A_{19} \sim A_{16}$）用来输出本总线周期状态信息。这些状态信息用来表示中断允许状态、当前正在使用的段寄存器名等。

(3) 在 T_3 状态，多路总线的高 4 位继续提供状态信息，而总线的低 16 位上出现由 CPU 写出的数据或者 CPU 从存储器或端口读入的数据。

(4) 由于外设或存储器速度较慢，常常不能及时配合 CPU 传送数据。这时，外设或存储器会通过 READY 信号线在 T_3 状态启动之前向 CPU 发出一个"数据未准备好"信号，于是 CPU 会在 T_3 之后插入 1 个或多个附加的时钟周期 T_W。T_W 也称等待（wait）状态，在

T_W 状态,总线上的信息情况和 T_3 状态的信息情况一样。当指定的存储器或外设完成数据传送时,便在 READY 线上发出"准备好"信号,CPU 接收到这一信号后,会自动脱离 T_W 状态而进入 T_4 状态。

(5) 在 T_4 状态,总线周期结束。

需要指出,只有在 CPU 和内存或 I/O 接口之间传输数据,以及填充指令队列时,CPU 才执行总线周期。如果在 1 个总线周期之后,不立即执行下一个总线周期,那么,系统总线就处在空闲状态,此时,执行空闲周期。

图 2.2 表示了一个典型的 8086 总线周期序列。

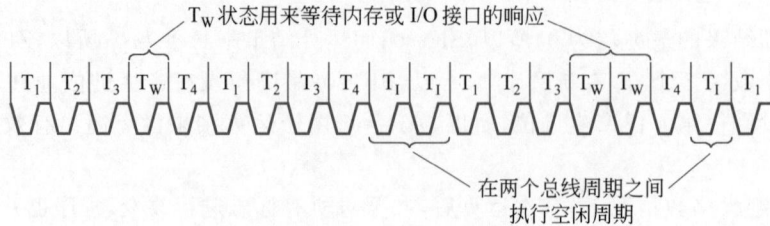

图 2.2　典型的 8086 总线周期序列

2.1.2　8086 的引脚信号和工作模式

1. 最小模式和最大模式的概念

为了尽可能适应各种使用场合,在设计 8086 CPU 芯片时,使其可在两种模式下工作,即最小模式和最大模式。

最小模式就是在系统中只有 8086 一个微处理器。在这种系统中,所有的总线控制信号都直接由 8086 产生,因此,系统中的总线控制电路可减到最少。这些特征就是最小模式名称的由来。

最大模式用在较大规模的 8086 系统中。在最大模式系统中,总是包含两个或多个微处理器,其中一个主处理器就是 8086,其他的处理器称为协处理器,它们是协助主处理器工作的。

和 8086 配合的协处理器有两个:一个是数值运算协处理器 8087;另一个是输入/输出协处理器 8089。

8087 是专用于数值运算的处理器,它能实现多种类型的数值操作,如高精度的整数和浮点运算,也可以进行超越函数(如三角函数、对数函数)的计算。在通常情况下,这些运算往往用软件实现,而 8087 是用硬件来完成这些运算的,所以,系统中加入协处理器 8087 后,会大幅度提高系统的数值运算速度。

8089 有一套专门用于输入/输出操作的指令系统,可直接为输入/输出设备服务,使 8086 不再承担这类工作。所以,在系统中增加协处理器 8089 后,会明显提高主处理器的效率,尤其是在输入/输出频繁的场合。

8086 到底工作在最大模式还是最小模式,这完全由硬件连线决定。

2. 8086 的引脚信号和功能

图 2.3 是 8086 的引脚信号。对于 8086 的引脚信号,首先要注意下列几点。

(1) 8086 的数据线和地址线是复用的,即某一时候总线上出现的是地址,另一时候总线上出现的是数据。正是这种分时使用方法才能使 8086 用 40 条引脚实现 20 位地址、16 位数据及众多的控制信号和状态信号的传输。

(2) 8086 有 16 根数据线,可用高 8 位数据线传送 1 字节,也可用低 8 位数据线传送 1 字节,还可一次传送 1 个字,$\overline{BHE}$(bus high enable)信号就是用来区分这几类传输的。

(3) RESET 是系统复位信号。大部分计算机系统中都有对系统进行启动的复位线,复位线和系统中所有的部件相连。在系统开机时,有一个脉冲发送到复位线上,表示现在系统进行启动,此时,CPU 和各部件都会接收到这个复位脉冲;此外,在操作员按下 RESET 键时,也会有一个复位脉冲发送到复位线上,使系统重新启动。

图 2.3 中的引脚信号(部分):

引脚	名称	引脚	名称
1	GND	40	V_{CC}(5V)
2	AD$_{14}$	39	AD$_{15}$
3	AD$_{13}$	38	A$_{16}$/S$_3$
4	AD$_{12}$	37	A$_{17}$/S$_4$
5	AD$_{11}$	36	A$_{18}$/S$_5$
6	AD$_{10}$	35	A$_{19}$/S$_6$
7	AD$_9$	34	$\overline{BHE}$/S$_7$
8	AD$_8$	33	MN/$\overline{MX}$
9	AD$_7$	32	$\overline{RD}$
10	AD$_6$	31	HOLD ($\overline{RQ/GT_0}$)
11	AD$_5$	30	HLDA ($\overline{RQ/GT_1}$)
12	AD$_4$	29	$\overline{WR}$ ($\overline{LOCK}$)
13	AD$_3$	28	M/$\overline{IO}$ ($\overline{S_2}$)
14	AD$_2$	27	DT/$\overline{R}$ ($\overline{S_1}$)
15	AD$_1$	26	$\overline{DEN}$ ($\overline{S_0}$)
16	AD$_0$	25	ALE (QS$_0$)
17	NMI	24	$\overline{INTA}$ (QS$_1$)
18	INTR	23	TEST
19	CLK	22	READY
20	GND	21	RESET

图 2.3　8086 的引脚信号
(圆括号中为最大模式时引脚名)

当然,我们很关心 CPU 的启动状态到底是什么样的。

在 8086 系统中,CPU 被启动后,处理器的标志寄存器 FR、指令指针寄存器 IP、数据段寄存器 DS、堆栈段寄存器 SS、附加段寄存器 ES 和指令队列都被清除,但是代码段寄存器 CS 被设置为 FFFFH。因为 IP=0000,而 CS=FFFFH,所以,此后 8086 将从地址 FFFF0H 开始执行指令。通常,在安排内存区域时,将高地址区作为只读存储区,而且,在 FFFF0H 单元开始的几个单元中放一条无条件转移指令,转到一个特定的程序中。这个程序往往实现系统初始化、引导操作系统等功能,这样的程序称为引导和装配程序。

(4) READY 是往 CPU 输入的"准备好"信号,内存或 I/O 接口以此告诉 CPU,在下一个时钟周期中,将往总线上放一个数据,或者将从总线上取一个数据。

(5) $\overline{RD}$ 信号指出当前要执行一个输入操作即读操作,$\overline{WR}$ 信号表示要进行输出操作即写操作。这两个信号和 M/$\overline{IO}$ 信号合起来,区分当前进行的是 CPU 和内存之间的数据传输还是 CPU 和 I/O 接口之间的数据传输。要注意的是,输入和输出的方向都是站在 CPU 的角度来说的,一个数据从 CPU 出来,送到内存或外设,那就叫输出,或者叫发送,反过来则叫输入或者接收。

(6) 高 4 位地址和状态线复用。在一个时候,A$_{19}$/S$_6$～A$_{16}$/S$_3$ 引脚用来输出高 4 位地址;在另一个时候,则用来输出状态信息。

下面,分类介绍 8086 各引脚信号。

(1) GND、V_{CC}:地和电源。

8086 用单一的+5V 电压。

(2) AD$_{15}$～AD$_0$(address data bus):地址/数据复用引脚,双向工作。

需要特别指出,在 8086 系统中,常将 AD$_0$ 信号作为低 8 位数据的选通信号,因为每当 CPU 和偶地址单元或偶地址端口交换数据时,在 T$_1$ 状态,AD$_0$ 引脚传送的地址信号必定为低电平,在其他状态,则用来传送数据。而 CPU 的传输特性决定了只要是和偶地址单元或偶地址端口交换数据,那么,CPU 必定通过总线低 8 位即 AD$_7$～AD$_0$ 传输数据。可见,如

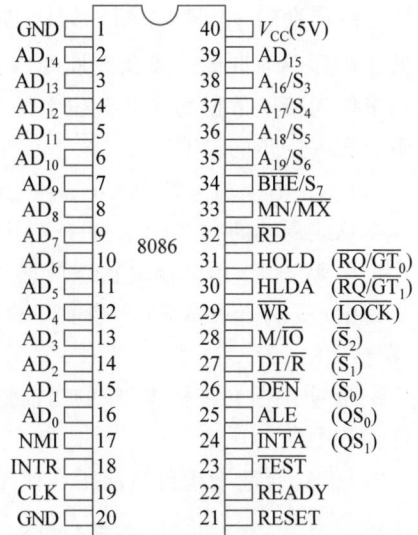

果在总线周期的 T_1 状态,AD_0 为低电平,实际上就指示了在这一总线周期中,CPU 将用总线低 8 位和偶地址单元或偶地址端口交换数据。因此,AD_0 和下面(4)讲到的 $\overline{BHE}$ 类似,可以用来作为接于数据总线低 8 位上的 8 位外设接口芯片的选通信号。这一点,在后面的章节中会作进一步的说明。

(3) $A_{19}/S_6 \sim A_{16}/S_3$(address/status):地址/状态复用引脚,输出。

在总线周期的 T_1 状态,这 4 条引脚用来输出地址的最高 4 位,在总线周期的 T_2、T_3、T_W 和 T_4 状态时,用来输出状态信息。

其中,S_6 为 0 表示 8086 当前与总线相连,所以,在 T_2、T_3、T_W 和 T_4 状态,8086 总是使 S_6 等于 0。

S_5 表明中断允许标志 IF 的当前设置:如为 1,表示允许可屏蔽中断请求;如为 0,则禁止可屏蔽中断。

S_4 和 S_3 合起来指出当前正在使用哪个段寄存器,具体规定如表 2.1 所示。

表 2.1 S_4、S_3 的代码组合和对应的含义

S_4	S_3	含　义
0	0	当前正在使用 ES
0	1	当前正在使用 SS
1	0	当前正在使用 CS,或者未用任何段寄存器
1	1	当前正在使用 DS

(4) $\overline{BHE}/S_7$(bus high enable/status):高 8 位数据总线允许/状态复用引脚,输出。

在总线周期的 T_1 状态,8086 在 $\overline{BHE}/S_7$ 引脚输出 $\overline{BHE}$ 信号,表示高位地址/数据线 $AD_{15} \sim AD_8$ 上的高 8 位数据有效;在 T_2、T_3、T_4 及 T_W 状态,$\overline{BHE}/S_7$ 引脚输出状态信号 S_7。

(5) NMI(non maskable interrupt):非屏蔽中断引脚,输入。

非屏蔽中断不受中断允许标志 IF 的影响,也不能用软件进行屏蔽。每当 NMI 端进入一个正沿触发信号时,CPU 就会在结束当前指令后,执行对应于中断类型号为 2 的非屏蔽中断处理程序。

(6) INTR(interrupt request):可屏蔽中断请求信号,输入。

可屏蔽中断请求信号为高电平有效。CPU 在执行每条指令的最后一个时钟周期会对 INTR 信号进行采样,如果 CPU 的中断允许标志 IF 为 1,并且又接收到 INTR 信号,那么,CPU 就会在结束当前指令后,响应中断请求,执行一个中断处理子程序。

(7) $\overline{RD}$(read):读信号,输出。

读信号指出将要执行一个对内存或 I/O 端口的读操作。到底是读取内存单元中还是 I/O 端口中的数据,这决定于 $M/\overline{IO}$ 信号。

(8) CLK(clock):时钟,输入。

时钟信号为 CPU 和总线控制逻辑电路提供定时手段。8086 要求时钟信号的占空比为 33%,即 1/3 周期为高电平,2/3 周期为低电平。

(9) RESET(reset):复位信号,输入。

8086 要求复位信号至少维持 4 个时钟周期的高电平才有效。复位信号来到后,CPU 便结束当前操作,并对 FR、IP、DS、SS、ES 及指令队列清零,而将 CS 设置为 FFFFH。当复

位信号变为低电平时,CPU 从 FFFF0H 开始执行程序。

（10）READY(ready)：“准备好”信号,输入。

“准备好”信号是由所访问的存储器或者 I/O 设备发来的响应信号,高电平有效。“准备好”信号有效时,表示内存或 I/O 设备准备就绪,马上可进行一次数据传输。CPU 在每个总线周期的 T_3 状态对 READY 信号进行采样。如果检测到 READY 为低电平,则在 T_3 状态之后插入等待状态 T_w。在 T_w 状态,CPU 也对 READY 进行采样,如 READY 仍为低电平,则会继续插入 T_w,所以,T_w 可以插入 1 个或多个。直到 READY 变为高电平后,才进入 T_4 状态,完成数据传送过程,从而结束当前总线周期。

（11）$\overline{\text{TEST}}$(test)：测试信号,输入。

$\overline{\text{TEST}}$信号是和指令 WAIT 结合起来使用的,在 CPU 执行 WAIT 指令时,CPU 处于空转状态进行等待;当$\overline{\text{TEST}}$信号有效时,等待状态结束,CPU 继续往下执行被暂停的指令。

（12）MN/$\overline{\text{MX}}$(minimum/maximum mode control)：最小和最大模式控制信号,输入。

MN/$\overline{\text{MX}}$信号决定了 8086 到底工作在最小模式,还是工作在最大模式。如果此引脚接 +5V,则 CPU 处于最小模式;如果接地,则 CPU 处于最大模式。

上述信号是 8086 工作在最小模式和最大模式时都要用到的。此外,从图 2.3 中可以看到,8086 第 24～31 引脚的 8 个控制信号在最小模式和最大模式下有不同的名称和定义。

3. 最小模式

在最小模式下,第 24～31 引脚的信号含义如下。

（1）$\overline{\text{INTA}}$(interrupt acknowledge)：中断响应信号,输出。

$\overline{\text{INTA}}$用来对外设的中断请求作出响应。对于 8086 来讲,$\overline{\text{INTA}}$信号实际上是位于连续总线周期中的两个负脉冲。第一个负脉冲通知外部设备的接口,它发出的中断请求已经得到允许;外设接口收到第二个负脉冲后,往数据总线上放中断类型号,从而 CPU 便得到了有关此中断请求的详尽信息。

（2）ALE(address latch enable)：地址锁存允许信号,输出。

ALE 是 8086 提供给地址锁存器 8282/8283 的控制信号,高电平有效。在任何一个总线周期的 T_1 状态,ALE 输出有效电平,以表示当前在地址/数据复用总线上输出的是地址信息,地址锁存器将 ALE 作为锁存信号,对地址进行锁存。

（3）$\overline{\text{DEN}}$(data enable)：数据允许信号,输出。

在用 8286/8287 作为数据总线收发器时,$\overline{\text{DEN}}$为收发器提供一个控制信号,表示 CPU 当前准备发送或接收一个数据。

（4）DT/$\overline{\text{R}}$(data transmit/receive)：数据收发信号,输出。

在使用 8286/8287 作为数据总线收发器时,DT/$\overline{\text{R}}$信号用来控制 8286/8287 的数据传送方向。如果 DT/$\overline{\text{R}}$ 为高电平,则进行数据发送;如果 DT/$\overline{\text{R}}$ 为低电平,则进行数据接收。在 DMA 方式时,DT/$\overline{\text{R}}$被浮置为高阻状态。

（5）M/$\overline{\text{IO}}$(memory/input and output)：存储器/输入/输出控制信号,输出。

M/$\overline{\text{IO}}$用来区分 CPU 进行存储器访问还是输入/输出访问。如为高电平,表示 CPU 和存储器之间进行数据传输;如为低电平,表示 CPU 和输入/输出端口之间进行数据传输。

（6）$\overline{\text{WR}}$(write)：写信号,输出。

$\overline{\text{WR}}$有效时,表示 CPU 当前正在进行存储器或 I/O 写操作,具体到底为哪种写操作,则由 M/$\overline{\text{IO}}$信号决定。

（7）HLDA(hold acknowledge)和 HOLD(hold request)：总线保持响应信号和总线保持请求信号。

当系统中 CPU 之外的另一个主模块要求占用总线时，会向 CPU 发一个高电平的请求信号 HOLD。这时，如果 CPU 允许让出总线，就在当前总线周期完成时，于 T_4 状态从 HLDA 引脚发出一个响应信号，对刚才的 HOLD 请求作出响应。同时，CPU 使地址/数据总线和控制/状态线处于浮空状态。总线请求部件收到 HLDA 信号后，就获得了总线控制权，在此后一段时间，HOLD 和 HLDA 都保持高电平。在总线占有部件用完总线之后，会把 HOLD 信号变为低电平，表示放弃对总线的占有。8086 收到低电平的 HOLD 信号后，也将 HLDA 变为低电平，这样，CPU 又获得了对地址/数据总线和控制/状态线的占有权。

除了信号名称和含义以外，我们更关心最小模式下系统是怎样配置的。即除了 CPU 外，还需要哪些芯片来构成一个最小模式系统？这些芯片和 CPU 之间的主要连接关系是什么样的？

图 2.4 是 8086 在最小模式下的典型配置。

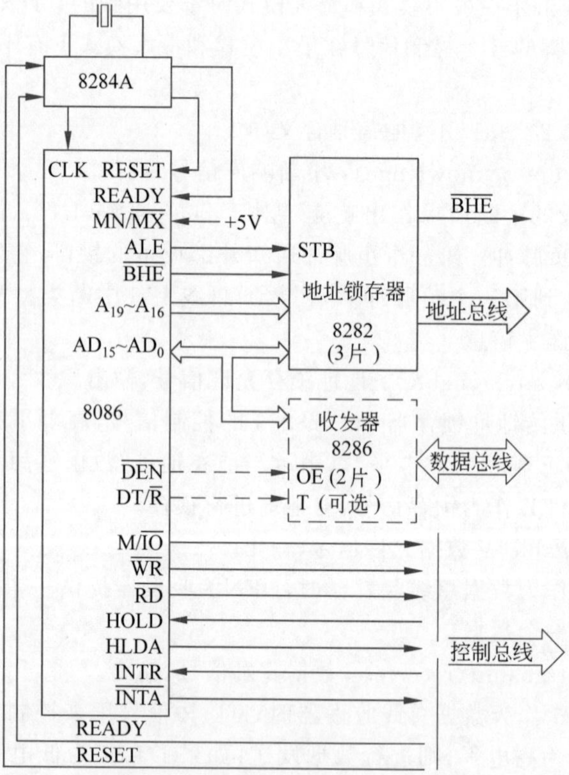

图 2.4 8086 在最小模式下的典型配置

由图 2.4 可以看到，在 8086 的最小模式中，硬件连接上有如下特点。

（1）MN/$\overline{\text{MX}}$端接+5V，决定了 8086 工作在最小模式。

（2）有 1 片 8284A，作为时钟发生器。

（3）有 3 片 8282 或 74LS373，用来作为地址锁存器。

（4）当系统中所连的存储器和外设较多时,需要增加数据总线的驱动能力,这时,要用两片 8286/8287 作为数据总线驱动器。

在总线周期的前一部分时间,CPU 送出地址信息,为了告示地址已经准备好,可以被锁存,CPU 此时会送出高电平的 ALE 信号。所以,ALE 就是允许锁存的信号。

除了地址信号外,$\overline{BHE}$信号也需要被锁存。因为有了锁存器对地址和$\overline{BHE}$进行锁存,所以在总线周期的后半部分,地址和数据同时出现在系统的地址总线和数据总线上,于是,确保了 CPU 对存储器和 I/O 端口的正常读/写操作。

8282 是典型的锁存器芯片,不过它是 8 位的,而 8086 系统采用 20 位地址,加上$\overline{BHE}$信号,所以需要 3 片 8282 作为地址锁存器。除了 8282 之外,8086 系统中也常用 74LS373 作为地址锁存器。

当一个系统中所含的外设接口较多时,数据总线上需要有发送器和接收器来增加驱动能力。发送器和接收器简称收发器,也常常称为总线驱动器。Intel 系列芯片的典型收发器为 8 位的 8286。它是双向传输的,用 $DT/\overline{R}$ 控制传输方向。8086 的数据总线为 16 位,所以要用两片 8286 作为数据总线驱动器。

最小模式系统中,信号 $M/\overline{IO}$、$\overline{RD}$ 和 $\overline{WR}$ 组合起来决定了系统中数据传输的方式。具体讲,其组合方式和对应功能如表 2.2 所示。

表 2.2　信号 $M/\overline{IO}$、$\overline{RD}$、$\overline{WR}$ 和读写操作的对应关系

$M/\overline{IO}$	$\overline{RD}$	$\overline{WR}$	功　　能
0	0	1	I/O 读
0	1	0	I/O 写
1	0	1	存储器读
1	1	0	存储器写

图 2.5 表示了时钟发生器 8284A 和 8086 的连接。8284A 除了提供频率恒定的时钟信号外,还对"准备好"信号和复位信号进行同步。外界的"准备好"信号输入 8284A 的 RDY,同步的"准备好"信号 READY 从 8284A 输出。同样,外界的复位信号输入 8284A 的$\overline{RES}$,同步的复位信号 RESET 从 8284A 输出。这样,从外部来说,可以在任何时候发出这两个信号,但是,8284A 在时钟的下降沿处使 READY 和 RESET 有效而实现同步。

根据不同的振荡源,8284A 和振荡源之间有两种不同的连接方法。一种方法是用脉冲发生器作为振荡源,这时,只要将脉冲发生器的输出端和 8284A 的 EFI 端相连即可;另一种方法是更加常用的,这种方法利用晶体振荡器作为振荡源,这时,将晶体振荡器连在 8284A 的 X_1 和 X_2 两端上。如果用前一种方法,必须将 $F/\overline{C}$ 接为高电平;用后一种方法,则须将 $F/\overline{C}$ 接地。无论用哪种方法,8284A 输出的时钟频率均为振荡源频率的 1/3。

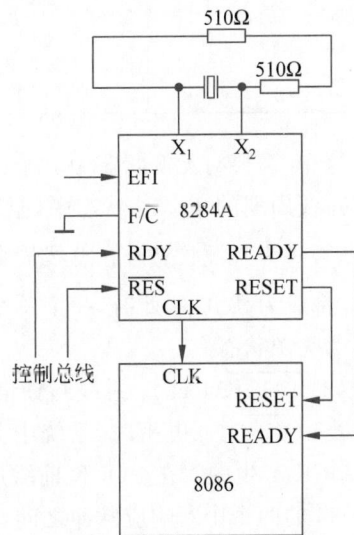

图 2.5　8284A 和 8086 的连接

4. 最大模式

将 8086 的 MN/$\overline{\text{MX}}$ 引脚接地,就使 CPU 工作于最大模式了。最大模式下第 24~31 引脚的信号含义如下。

(1) QS_1、QS_0(instruction queue status):指令队列状态信号,输出。

这两个信号组合起来提供了前一个时钟周期中指令队列的状态,以便于外部对 8086 内部指令队列的动作跟踪。QS_1、QS_0 的代码组合和对应的含义见表 2.3。

表 2.3　QS_1、QS_0 的代码组合和对应的含义

QS_1	QS_0	含　义
0	0	无操作
0	1	从指令队列的第一字节中取走代码
1	0	队列为空
1	1	除第一字节外,还取走了后续字节中的代码

(2) $\overline{S_2}$、$\overline{S_1}$、$\overline{S_0}$(bus cycle status):总线周期状态信号,输出。

这些信号组合起来指出当前总线周期中所进行的数据传输类型。最大模式系统中的总线控制器 8288 就是利用这些状态信号来产生对存储器和 I/O 接口的控制信号的。$\overline{S_2}$、$\overline{S_1}$、$\overline{S_0}$ 的代码组合和对应的操作如表 2.4 所示。

表 2.4　$\overline{S_2}$、$\overline{S_1}$、$\overline{S_0}$ 的代码组合和对应的操作

$\overline{S_2}$	$\overline{S_1}$	$\overline{S_0}$	操作过程
0	0	0	发出中断响应信号
0	0	1	读 I/O 端口
0	1	0	写 I/O 端口
0	1	1	暂停
1	0	0	取指令
1	0	1	读内存
1	1	0	写内存
1	1	1	无源状态

这里,需要对无源状态做一个说明。对于 $\overline{S_2}$、$\overline{S_1}$、$\overline{S_0}$ 来讲,在前一个总线周期的 T_4 状态和本总线周期的 T_1、T_2 状态中,至少有一个信号为低电平时,便对应了某一个总线操作过程,通常称为有源状态。在总线周期的 T_3 和 T_W 状态并且 READY 信号为高电平时,$\overline{S_2}$、$\overline{S_1}$ 和 $\overline{S_0}$ 都成为高电平,此时,一个总线操作过程就要结束,另一个新的总线周期还未开始,通常称为无源状态。

(3) $\overline{\text{LOCK}}$(lock):总线封锁信号,输出。

当 $\overline{\text{LOCK}}$ 为低电平时,系统中其他总线主部件不能占有总线。$\overline{\text{LOCK}}$ 信号是由指令前缀 LOCK 产生的。在 LOCK 前缀后面的一条指令执行完后,便撤销了 $\overline{\text{LOCK}}$ 信号。此外,在 8086 的两个中断响应脉冲之间,$\overline{\text{LOCK}}$ 信号也自动变为有效电平,以防其他总线主部件在中断响应过程中占有总线而使一个中断响应过程被间断。

(4) $\overline{RQ/GT_1}$、$\overline{RQ/GT_0}$(request/grant)：总线请求信号，输入；总线授权信号，输出。

这两个信号端可供 CPU 以外的两个主模块用来发出使用总线的请求信号和接收 CPU 对总线请求的授权信号。$\overline{RQ/GT_1}$ 和 $\overline{RQ/GT_0}$ 都是双向的，总线请求信号和授权信号在同一引脚上传输，但方向相反。其中，$\overline{RQ/GT_0}$ 比 $\overline{RQ/GT_1}$ 的优先级要高。

图 2.6 是 8086 在最大模式下的典型配置。

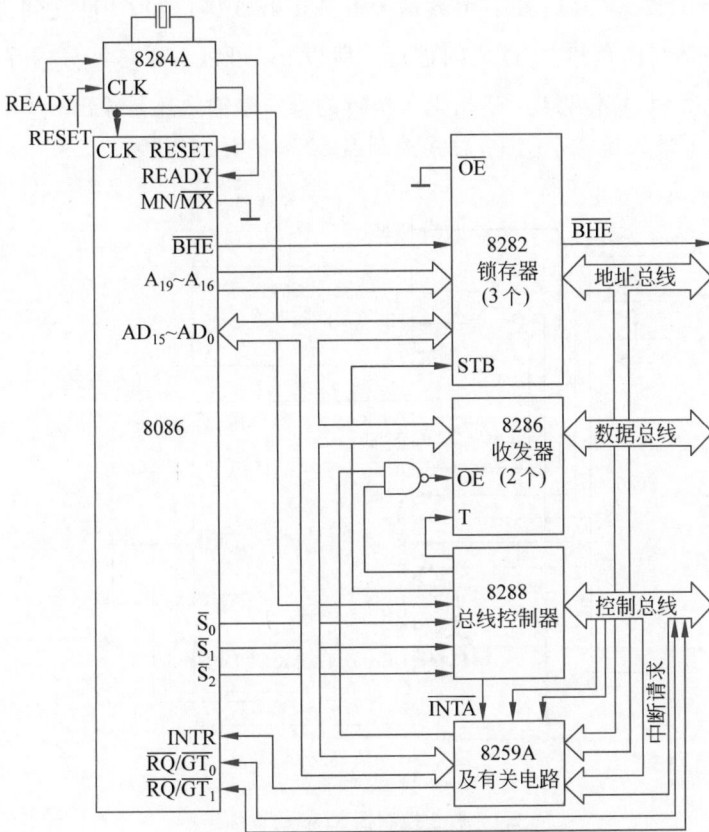

图 2.6　8086 在最大模式下的典型配置

从图 2.6 中可以看到，最大模式配置和最小模式配置有一个主要的差别，就是在最大模式下，需要用外加电路来对 CPU 发出的控制信号进行变换和组合，以得到对存储器和 I/O 端口的读/写信号和对锁存器 8282 及对总线收发器 8286 的控制信号。8288 总线控制器就是完成上面这些功能的专用芯片。

在最大模式系统中，需要用总线控制器来变换和组合控制信号的原因在于：在最大模式系统中，一般包含两个或多个处理器，这样就要解决主处理器和协处理器之间的协调工作问题和对总线的共享控制问题，为此，要从软件和硬件两方面去寻求解决措施。8288 总线控制器就是出于这种考虑而加在最大模式系统中的。

在最大模式系统中，一般还有中断优先级管理部件，当然，在系统所含的设备较少时，也可以省去。反过来，即使在最小模式系统中，如果所含的设备比较多，也要加上中断优先级管理部件。在图 2.7 中，用 8259A 作为中断优先级管理部件。

在最小模式系统中，控制信号 $M/\overline{IO}$、$\overline{WR}$、$\overline{INTA}$、ALE、$DT/\overline{R}$ 和 DEN 是直接从 8086

的第 24～29 引脚送出的,它们指出了数据传送过程的类型,提供锁存器控制信号和总线收发器控制信号,还提供了中断响应信号。在最大模式系统中,状态信号 $\overline{S_2}$、$\overline{S_1}$、$\overline{S_0}$ 隐含了上面这些信息,使用 8288 后,就可以从 $\overline{S_2}$、$\overline{S_1}$、$\overline{S_0}$ 状态信息中组合出完成这几方面功能的信息。

从前面给出的 $\overline{S_2}$、$\overline{S_1}$、$\overline{S_0}$ 的代码组合和各操作过程的对应关系中,可以看到,除了 $\overline{S_1}=\overline{S_0}=1$ 的情况外,只要 $\overline{S_2}$ 为 0,便表示数据传输是在 I/O 接口和 CPU 之间进行;而 $\overline{S_2}$ 为 1 则表示数据传输是在内存和 CPU 之间进行。所以,$\overline{S_2}$ 可以看成是区分内存传输和 I/O 传输的标志。与此类似,可以得出,$\overline{S_1}$ 指出了执行的操作是输入还是输出。

图 2.7 表明了最大模式系统中,总线控制器 8288 的详细连接。

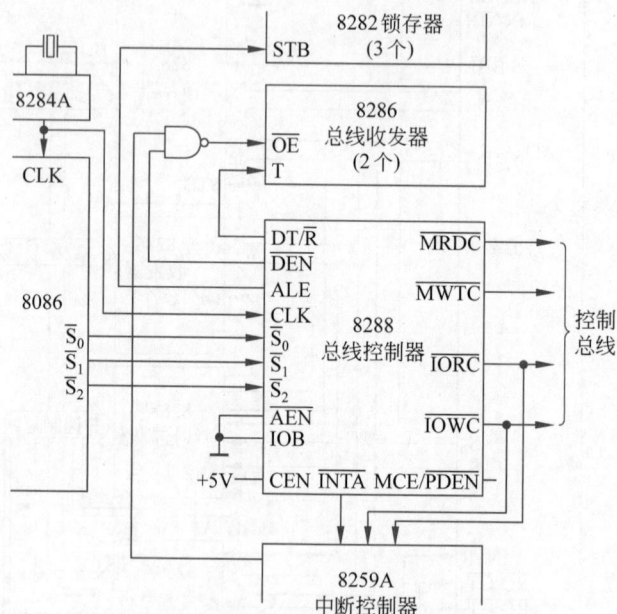

图 2.7 总线控制器 8288 的详细连接

从图 2.7 中可以看到,8288 接收时钟发生器的 CLK 信号和来自 CPU 的 $\overline{S_2}$、$\overline{S_1}$、$\overline{S_0}$ 信号,产生相应的控制信号和时序,并且提高了控制总线的驱动能力。时钟信号 CLK 使 8288 和 CPU 及系统中的其他部件同步。

根据 $\overline{S_2}$、$\overline{S_1}$、$\overline{S_0}$ 的代码组合得到的信号可以分为下列 4 组。

(1) 送给地址锁存器的信号 ALE。这和最小模式中的 ALE 的含义一样。

(2) 送给数据总线收发器的信号 $\overline{\text{DEN}}$ 和 DT/$\overline{\text{R}}$。它们分别为数据允许信号和数据收发信号,前者控制总线收发器是否开启,后者控制数据传输的方向。这两个信号和最小模式中的 DEN 和 DT/$\overline{\text{R}}$ 含义相同,只是数据允许信号的相位在两种模式下相反。

(3) 用来作为 CPU 进行中断响应的信号 $\overline{\text{INTA}}$,与最小模式中的中断响应信号含义相同。

(4) 两组读/写控制信号 $\overline{\text{MRDC}}$、$\overline{\text{MWTC}}$、$\overline{\text{IORC}}$、$\overline{\text{IOWC}}$,分别控制存储器读/写和 I/O 端口的读/写。

$\overline{\text{MRDC}}$ 是读存储器命令(memory read command)信号,此信号用来通知内存将所寻址

的单元中的内容送到数据总线。

$\overline{\text{MWTC}}$是写存储器命令(memory write command)信号,此信号用来通知内存接收数据总线上的数据,并将数据写入所寻址的单元中。

$\overline{\text{IORC}}$是读 I/O 命令(I/O read command)信号,此信号用来通知 I/O 接口将所寻址的端口中的数据送到数据总线。

$\overline{\text{IOWC}}$是写 I/O 命令(I/O write command)信号,此信号用来通知 I/O 接口去接收数据总线上的数据,并将数据送到所寻址的端口中。

这 4 个信号全是低电平有效,显然,在任何一个总线周期内,4 个信号中只能有 1 个可发出,以执行对一个物理部件的读/写操作。

在图 2.7 中,8288 有两个输出信号未注上:一个为提前的写 I/O 命令(advanced I/O write command)信号;另一个为提前的写内存命令(advanced memory write command)信号。这两个命令的功能分别和$\overline{\text{IOWC}}$及$\overline{\text{MWTC}}$一样,只是和$\overline{\text{IOWC}}$及$\overline{\text{MWTC}}$比起来,它们是 8288 提前一个时钟周期向外设端口或存储器发出的,这样,一些较慢的设备或存储器芯片就可得到一个额外的时钟周期去执行写操作。

2.1.3 8086 的操作和时序

一个微型机系统在运行过程中,需要 CPU 执行许多操作。8086 的主要操作有以下几方面。

(1) 复位和启动操作。

(2) 暂停操作。

(3) 总线操作。

(4) 中断操作。

(5) 最小模式下的总线保持。

(6) 最大模式下的总线请求/授权。

1. 复位和启动操作

8086 的复位和启动操作是通过 RESET 信号引发的。8086 要求 RESET 信号起码维持 4 个时钟周期的高电平,如果是初次加电引起的复位,则要求维持不小于 $50\mu s$ 的高电平。

RESET 信号一进入高电平,CPU 就会结束现行操作,并且,只要 RESET 信号停留在高电平状态,CPU 就维持在复位状态。在复位状态,CPU 将 CS 设置为初值 0FFFFH,其他内部寄存器都被设置为 0。

由于 CS 和 IP 分别初始化为 FFFFH 和 0000H,所以,8086 在复位之后再重新启动时,便从内存的 FFFF0H 处开始执行指令。因此,一般在 FFFF0H 处存放一条无条件转移指令,转移到系统程序的入口处。这样,系统一旦被启动,便自动进入系统程序。

在复位时,由于标志寄存器被清零,即中断允许标志 IF 和其他标志位一起被清除,这样,所有从 INTR 引脚进入的可屏蔽中断都得不到允许,因而,系统程序在适当时候,需要通过指令(后面要讲述的开放中断指令 STI)来设置中断允许标志。

复位信号 RESET 从高电平到低电平的跳变会触发 CPU 内部的一个复位逻辑电路,经过 7 个时钟周期之后,CPU 就被启动而恢复正常工作,即从 FFFF0H 处开始执行程序。

图 2.8 是 8086 的复位操作的时序。

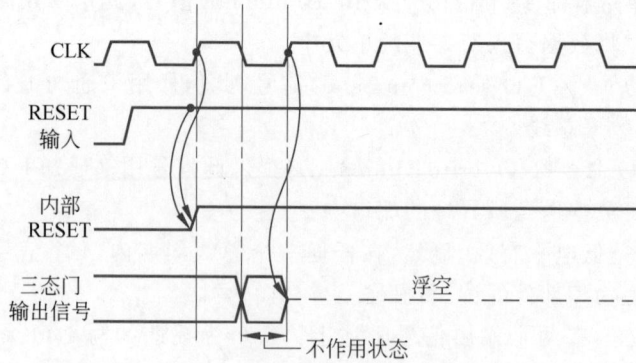

图 2.8　8086 的复位操作的时序

2. 暂停操作

在 8086 微处理器的上下文中,暂停(Pause)操作通常指的是一种使 CPU 暂时停止执行当前程序指令的状态,直到某个外部事件或条件被满足,CPU 才会恢复执行。这种操作在多种场景下都可能有其应用价值,如等待用户输入、等待外部设备准备就绪、在调试过程中暂停执行以便观察状态等。

具体到 8086 指令集中,虽然没有直接用名为 Pause 的单一指令来实现这种暂停操作,但可以通过多种方式达到类似的效果,如 HLT 指令、DOS 系统功能调用及循环和空操作指令等。

(1) 使用 HLT 指令:HLT(Halt)指令是 8086 处理器提供的一个外部同步指令,用于使 CPU 进入暂停状态。当执行 HLT 指令时,CPU 会停止执行指令,直到接收到外部中断或复位信号才会退出暂停状态。需要注意的是,HLT 指令对状态标志位没有影响。然而,在实际的操作系统或应用程序中,直接使用 HLT 指令来实现暂停可能并不常见,因为它会导致 CPU 完全停止工作,直到外部事件触发。这通常不是用户期望的行为,特别是在需要响应用户输入或系统事件的场景中。

(2) 使用 DOS 系统功能调用:在 DOS 环境下,可以通过调用 DOS 系统功能来实现程序的暂停。例如,可以使用 INT 21H 中断的某个功能号来等待用户按键。这种方法在早期的 DOS 应用程序中非常常见。具体实现方式是将 AH 寄存器设置为 01H(或相应的功能号,具体取决于 DOS 版本和所需功能),调用 INT 21H 中断,程序暂停执行并等待用户按键,用户按键后,程序继续执行。需要注意的是,随着操作系统的发展和变化,DOS 系统已经逐渐被现代操作系统所取代。因此,在现代编程环境中,可能不再需要使用 DOS 系统功能调用来实现暂停操作。

(3) 使用循环和空操作指令:在汇编语言中,还可以通过编写一个循环体,并在循环体内执行空操作指令(如 NOP)来实现程序暂停。这种方法的好处是可以在不依赖外部事件的情况下控制暂停的时间长度。具体实现方式是使用一个计数器(如 CX 寄存器)来设置暂停的时间长度,编写一个循环体,在循环体内执行 NOP 指令,每次循环时将计数器减 1,当计数器减至 0 时退出循环。需要注意的是,由于 NOP 指令本身不执行任何操作,只是占用了 CPU 的时钟周期,因此这种方法实现的暂停时间长度可能不够精确,且会受到 CPU 性能和其他系统因素的影响。

在 8086 汇编语言中实现暂停操作有多种方法,具体选择哪种方法取决于应用场景和需求。需要注意的是,随着操作系统和硬件的发展,一些旧的方法可能不再适用或需要调整。因此,在编写汇编程序时,应该根据当前的环境和需求来选择合适的方法。

3. 总线操作

本章开头已经讲到,CPU 为了与存储器及 I/O 端口交换数据,需要执行一个总线周期,这就是总线操作。按照数据传输方向来分,总线操作可分为总线读操作和总线写操作。总线读操作就是指 CPU 从存储器或 I/O 端口读取数据;总线写操作是指 CPU 将数据写入存储器或 I/O 端口。

下面针对最小模式讲述总线读/写操作的时序关系和具体操作过程。最大模式下,对 I/O 和存储器的读/写信号是由 $\overline{S_2}$、$\overline{S_1}$、$\overline{S_0}$ 组合产生的,所以,原始信号与此稍有差别,但是,地址信号、数据信号和控制信号的内在关系是一样的。实际上,这种时序关系也延续到更高档的微型机系统(包括 Pentium 系统)中。

1) 总线读操作

图 2.9 表示 CPU 从存储器或 I/O 端口读取数据的时序。

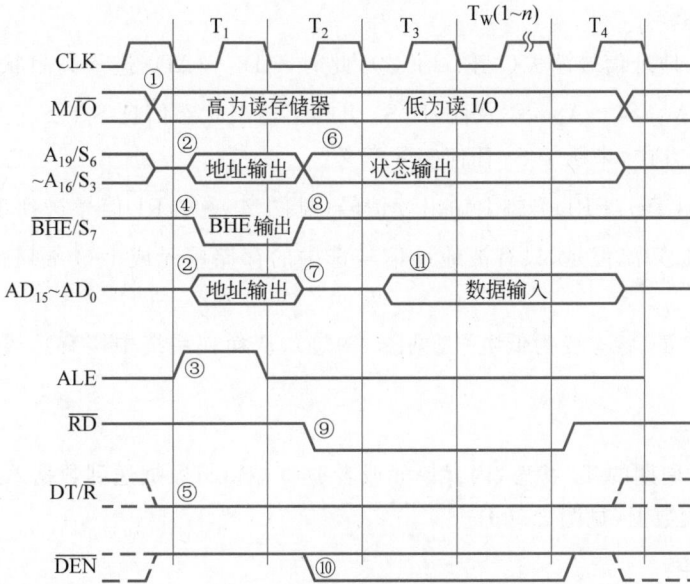

图 2.9 8086 读周期的时序

一个最基本的读周期包含 4 个状态,即 T_1、T_2、T_3、T_4。在存储器和外设速度较慢时,要在 T_3 之后插入 1 个或几个等待状态 T_W。

(1) T_1 状态。

为了从存储器或 I/O 端口读出数据,首先要用 M/$\overline{\text{IO}}$ 信号指出 CPU 是要从存储器还是 I/O 端口读,所以,M/$\overline{\text{IO}}$ 信号在 T_1 状态成为有效(见图 2.9①)。如从存储器读数据,则 M/$\overline{\text{IO}}$ 为高;如从 I/O 端口读数据,则 M/$\overline{\text{IO}}$ 为低。M/$\overline{\text{IO}}$ 信号的有效电平一直保持到整个总

线周期的结束即 T_4 状态。

此外,CPU 要指出所读取的存储单元或 I/O 端口的地址。8086 的 20 位地址信号是通过多路复用总线输出的,高 4 位地址通过地址/状态线 $A_{19}/S_6 \sim A_{16}/S_3$ 送出,低 16 位地址通过地址/数据线 $AD_{15} \sim AD_0$ 送出。在 T_1 状态的开始,20 位地址信息就通过这些引脚送到存储器和 I/O 端口(见图 2.9②)。

地址信息必须被锁存起来,这样才能在总线周期的其他状态往这些引脚上传输数据和状态信息。为了实现对地址的锁存,CPU 便在 T_1 状态从 ALE 引脚上输出一个正脉冲作为地址锁存信号(见图 2.9③)。在 ALE 的下降沿到来之前,$M/\overline{IO}$ 信号、地址信号均已有效。锁存器 8282 正是用 ALE 的下降沿对地址锁存的。

$\overline{BHE}$ 信号也在 T_1 状态通过 $\overline{BHE}/S_7$ 引脚送出(见图 2.9④),它用来表示高 8 位数据总线上的信息可以使用。$\overline{BHE}$ 信号常常作为奇地址存储体的体选信号,配合地址信号来实现存储单元的寻址,因为奇地址存储体中的信息总是通过高 8 位数据线来传输。顺便提一句,偶地址存储体的体选信号就是最低位地址 A_0。

除此之外,当系统中接有数据总线收发器时,要用到 $DT/\overline{R}$ 和 $\overline{DEN}$ 作为控制信号。前者作为对数据传输方向的控制,后者实现数据的选通。为此,在 T_1 状态,$DT/\overline{R}$ 端输出低电平,表示本总线周期为读周期,即让数据总线收发器接收数据(见图 2.9⑤)。

(2) T_2 状态。

在 T_2 状态,地址信号消失(见图 2.9⑦),此时,$AD_{15} \sim AD_0$ 进入高阻状态,以便为读入数据作准备;而 $A_{19}/S_6 \sim A_{16}/S_3$ 及 $\overline{BHE}/S_7$ 引脚上输出状态信息 $S_7 \sim S_3$(见图 2.9⑥、⑧),不过,在 CPU 设计中,未赋予 S_7 任何实际意义。

在 T_2 状态,CPU 于 $\overline{RD}$ 引脚上输出读信号(见图 2.9⑨),$\overline{RD}$ 信号送到系统中所有的存储器和 I/O 接口芯片,但是,只有被地址信号选中的存储单元或 I/O 端口,才会被 $\overline{RD}$ 信号从中读出数据。

$\overline{DEN}$ 信号在 T_2 状态变为低电平(见图 2.9⑩),从而在系统中接有总线收发器时,获得数据允许信号。

(3) T_3 状态。

在基本总线周期的 T_3 状态,内存单元或者 I/O 端口将数据送到数据总线上,CPU 通过 $AD_{15} \sim AD_0$ 接收数据(见图 2.9⑪)。

(4) T_W 状态。

当系统中所用的存储器或外设的工作速度较慢,从而不能用最基本的总线周期执行读操作时,系统中就要用一个电路来产生 READY 信号,READY 信号通过时钟发生器 8284A 同步以后传递给 CPU。CPU 在 T_3 状态的下降沿处对 READY 信号进行采样。如果 CPU 没有在 T_3 状态的一开始采样到 READY 信号为低电平(当然,在这种情况下,在 T_3 状态,数据总线上不会有数据),那么,就会在 T_3 和 T_4 之间插入等待状态 T_W。T_W 可以为 1 个,也可以为多个。以后,CPU 在每个 T_W 的前沿处对 READY 信号进行采样,等到 CPU 接收到高电平的 READY 信号后,便脱离 T_W 而进入 T_4。

(5) T_4 状态。

在 T_4 状态和前一个状态交界的下降沿处,CPU 对数据总线进行采样,从而获得数据。

2) 总线写操作

图 2.10 表示 8086 CPU 往存储器或 I/O 端口写入数据的时序。

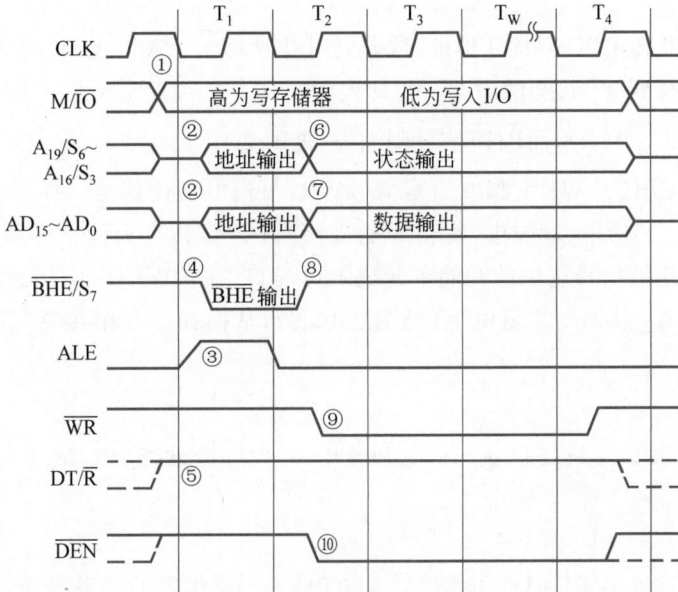

图 2.10　8086 写周期的时序

和读操作一样,最基本的写操作周期也包含 4 个状态,即 T_1、T_2、T_3 和 T_4。当存储器和外设速度较慢时,在 T_3 和 T_4 状态之间,CPU 会插入 1 个或几个等待状态 T_W。

下面,对总线写周期各状态中 CPU 的输出信号情况作一个具体说明。

(1) T_1 状态。

在 T_1 状态,CPU 用 M/$\overline{\text{IO}}$ 信号指出当前执行的写操作是写入存储器还是写入 I/O 端口。如果是写入存储器,则 M/$\overline{\text{IO}}$ 为高电平;如果是写入 I/O 端口,则 M/$\overline{\text{IO}}$ 为低电平。所以,在 T_1 状态,M/$\overline{\text{IO}}$ 便进入有效电平(见图 2.10①),此有效电平一直保持到 T_4 状态才结束。

CPU 在 T_1 状态还提供了地址信号来指出具体要往哪一个存储单元或 I/O 端口写入数据(见图 2.10②)。

高 4 位地址是和状态信号从同一组引脚上分时送出的,低 16 位地址是和数据从同一组引脚上分时传输的,所以,必须把地址信息锁存起来。为了实现地址的锁存,CPU 在 T_1 状态从 ALE 引脚送出一个地址锁存信号。地址锁存信号是一个正向脉冲(见图 2.10③),在 ALE 的下降沿到来之前,地址信号和 $\overline{\text{BHE}}$、M/$\overline{\text{IO}}$ 都已有效,地址锁存器 8282 用 ALE 的下降沿对地址信号、$\overline{\text{BHE}}$ 和 M/$\overline{\text{IO}}$ 信号进行锁存。

$\overline{\text{BHE}}$ 信号是数据总线高位有效信号,CPU 在 T_1 状态的开始就使 $\overline{\text{BHE}}$ 信号有效(见图 2.10④)。$\overline{\text{BHE}}$ 信号在实际系统中作为奇地址存储体的体选信号,配合地址信号来实现对奇地址存储体中存储单元的寻址。偶地址存储体的体选信号则为 A_0。

当系统中有数据收发器时,在总线写周期中,要用$\overline{DEN}$信号作为数据收发器的允许信号,而用 $DT/\overline{R}$ 信号来控制收发器的数据传输方向。为此,CPU 在 T_1 状态就使 $DT/\overline{R}$ 信号成为高电平(见图 2.10⑤),以表示本总线周期执行写操作。

(2)T_2 状态。

地址信号发出后,CPU 立即往地址/数据复用引脚 $AD_{15} \sim AD_0$ 发出数据(见图 2.10⑦),数据信息会一直保持到 T_4 状态的中间。与此同时,CPU 在 $A_{19}/S_6 \sim A_{16}/S_3$ 引脚上发出状态信号 $S_6 \sim S_3$(见图 2.10⑥),而$\overline{BHE}$信号则消失(见图 2.10⑧)。

在 T_2 状态,CPU 从 $\overline{WR}$引脚发出写信号$\overline{WR}$,写信号与读信号一样,一直维持到 T_4 状态(见图 2.10⑨)。在实际系统中,写信号送到所有的存储器(只读存储器除外)和 I/O 接口,但是,只有被地址信号选中的存储单元或 I/O 端口,才被$\overline{WR}$信号写入数据。

$\overline{DEN}$信号在 T_2 状态变为低电平(见图 2.10⑩),从而在系统中接总线收发器时获得数据允许信号。

(3)T_3 状态。

在 T_3 状态,CPU 继续提供状态信息和数据,并且继续维持$\overline{WR}$、$M/\overline{IO}$及$\overline{DEN}$信号为有效电平。

(4)T_W 状态。

如果系统中设置了 READY 电路,并且 CPU 在 T_3 状态的一开始未收到"准备好"信号,那么,会在状态 T_3 和 T_4 之间插入 1 个或几个等待周期,直到在某个 T_W 的前沿处,CPU采样到"准备好"信号有效后,便将此 T_W 状态作为最后一个等待状态,而进入 T_4。在 T_W 状态,总线上所有控制信号的情况和 T_3 时一样,数据总线上也仍然保持要写入的数据。

(5)T_4 状态。

在 T_4 状态,CPU 认为存储器或 I/O 端口已经完成数据的写入,因而,数据从数据总线上被撤除,各控制信号线和状态信号线也进入无效状态。此时,$\overline{DEN}$信号进入高电平,从而使总线收发器不工作。

3)总线空操作

只有在 CPU 和存储器及 I/O 端口之间传输数据时,CPU 才执行总线周期;CPU 在不执行总线周期时,总线接口部件就不和总线打交道,此时,进入总线空闲周期 T_I。

在空闲周期中,尽管 CPU 对总线进行空操作,但在 CPU 内部,仍然进行着有效的操作。如执行某个运算,在内部寄存器之间传输数据等,按照 8086 编程结构,可以想到这些动作都是由执行部件进行的。实际上,总线空操作是总线接口部件对执行部件的等待。

4. 中断操作和中断系统

1)8086 的中断分类

8086 的中断系统,可以处理 256 种不同的中断,每个中断对应一个类型号,所以,256 种中断对应的中断类型号为 0~255。

从产生中断的方法来分,这 256 种中断可以分为两大类:一类叫硬件中断;另一类叫软件中断。

硬件中断是通过外部的硬件产生的,所以,也常常把硬件中断称为外部中断。硬件中断又分为两类:一类叫非屏蔽中断;另一类叫可屏蔽中断。非屏蔽中断是通过 CPU 的 NMI (non maskable interrupt)引脚进入的,它不受中断允许标志 IF 的屏蔽,并且在整个系统中只能有一个非屏蔽中断。可屏蔽中断是通过 CPU 的 INTR(interrupt)引脚进入的,并且只有当中断允许标志 IF 为 1 时,可屏蔽中断才能进入;如果中断允许标志 IF 为 0,则可屏蔽中断受到禁止。在一个系统中,通过中断控制器(如 8259A)的配合工作,可屏蔽中断可以有几个、几十个甚至上百个。

软件中断是 CPU 根据某条指令或者软件对标志寄存器中某个标志的设置而产生的,从软件中断的产生过程来说,完全和硬件电路无关。典型的软件中断是除数为 0 引起的中断和中断指令引起的中断。

图 2.11 表示 8086 系统中关于中断来源的分类。

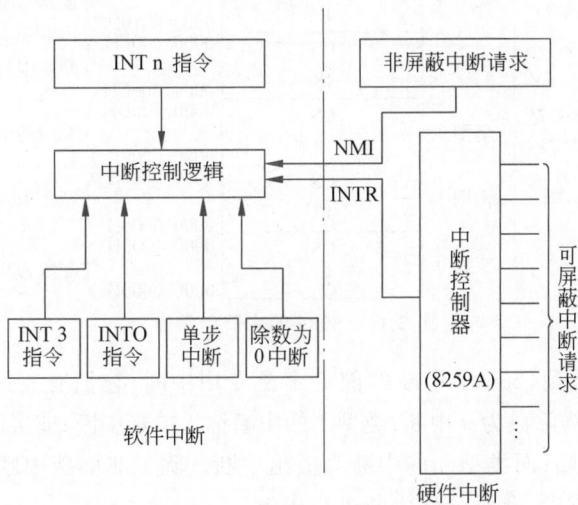

图 2.11　8086 的中断分类

2) 中断向量和中断向量表

8086 的中断系统以位于内存 0 段的 0～3FFH 区域的中断向量表为基础,中断向量表中最多可容纳 256 个中断向量。所谓中断向量,实际上就是中断处理子程序的入口地址,每个中断类型对应一个中断向量。

中断向量并不是任意存放的。一个中断向量占 4 个存储单元。其中,前两个存储单元存放中断处理子程序入口地址的偏移量(IP),低位在前,高位在后;后两个存储单元存放中断处理子程序入口地址的段地址(CS),同样也是低位在前、高位在后。按照中断类型的序号,对应的中断向量在内存的 0 段 0 单元开始有规则地进行排列。

例如,类型号为 20H 的中断所对应的中断向量存放在 0000：0080H 开始的 4 个存储单元中,如果 0080H、0081H、0082H、0083H 这 4 个存储单元中的值分别为 10H、20H、30H、40H,那么,在这个系统中,20H 号中断所对应的中断向量为 4030H：2010H。

又如,一个系统中对应于中断类型号 17H 的中断处理子程序存放在 2345：7890 开始的内存区域中,由于 17H 对应的中断向量存放在 0000：005CH(17H×4＝5CH)处,所以,0段 005CH、005DH、005EH、005FH 这 4 个存储单元中的值应分别为 90H、78H、45H、23H。

图 2.12 表示中断类型号和中断向量所在位置之间的对应关系。

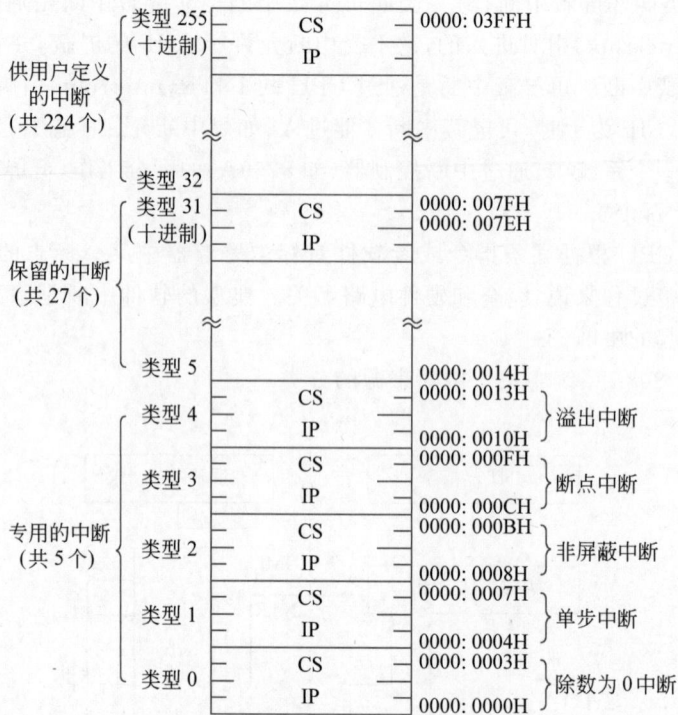

图 2.12　8086 的中断向量表

从图 2.12 中可看到,256 个中断的前 5 个是专用中断,它们有着固定的定义和处理功能。类型 0 的中断称为除数为 0 中断;类型 1 的中断称为单步中断;非屏蔽中断对应类型 2;类型 3 的中断为断点中断;而类型 4 的中断为溢出中断。除了非屏蔽中断外,其他几个中断都是软件中断,在第 3 章中,会对软件中断进行讲解。

从类型 5 到类型 31(1FH)共 27 个中断为保留的中断,是提供给系统使用的。

其余类型的中断原则上可以由用户定义,但是,有些中断类型已有固定用途。例如,21H 类型的中断是操作系统 MS-DOS 的系统调用。

3) 硬件中断

8086 为外部设备向 CPU 送入中断请求信号提供了两条引脚,即 NMI 和 INTR。

从 NMI 引脚进入的中断为非屏蔽中断,它不受中断允许标志 IF 的影响。非屏蔽中断的类型号为 2,所以,非屏蔽中断处理子程序的入口地址放在 0 段的 0008H、0009H、000AH 和 000BH 这 4 个存储单元中。

当 NMI 引脚上出现中断请求时,不管 CPU 当前正在做什么事情,都会响应这个中断请求而进入对应的中断处理,可见,NMI 的中断优先级非常高。正因为如此,除了系统有十分紧急的情况以外,应该尽量避免引起这种中断。在实际系统中,非屏蔽中断一般用来处理系统的重大故障,例如,系统掉电处理常常通过非屏蔽中断处理程序来执行。

一般外部设备发出的中断都是从 CPU 的 INTR 端引入的可屏蔽中断。当 CPU 接收到一个可屏蔽中断请求信号时,如果标志寄存器中的 IF 为 1,那么,CPU 会在执行完当前指令后响应这一中断请求。

4）硬件中断的响应和时序

下面来看看可屏蔽中断的响应过程。

当 CPU 在 INTR 引脚上接收到一个高电平的中断请求信号,并且当前的中断允许标志 IF 为 1 时,CPU 就会在当前指令执行完后,开始响应外部的中断请求。具体地说,就是 CPU 往$\overline{\text{INTA}}$引脚发两个负脉冲,外设接口接到第二个负脉冲后,立即往数据线上给 CPU 送来中断类型号。CPU 在响应外部中断、并进入中断子程序的过程中,要依次做下面几件事:

（1）从数据总线上读取中断类型号,将其存入内部暂存器。

（2）将标志寄存器的值推入堆栈。

（3）把标志寄存器的中断允许标志 IF 和跟踪标志 TF 清零。将 IF 清零是为了在中断响应过程中暂时屏蔽其他外部中断,以免还没有完成对当前中断的响应过程而又被另一个中断请求所打断。清除 TF 是为了避免 CPU 以单步方式执行中断处理子程序。

（4）将断点保护到堆栈中。所谓断点,就是指响应中断时,主程序中当前指令下面的一条指令的地址,包括代码段寄存器 CS 的值和指令指针寄存器 IP 的值。只有保护了断点,才能在中断处理子程序执行完以后,正确返回主程序继续执行。

（5）根据得到的中断类型号,在中断向量表中找到中断向量,再根据中断向量转入相应的中断处理子程序。例如,中断类型号为 0BH,则此中断对应的中断向量的首字节在 0BH×4＝2CH 处,于是 CPU 在 0 段的 002CH、002DH、002EH、002FH 这 4 个存储单元中取得中断向量,并将前两个存储单元中的内容装入 IP,将后两个存储单元中的内容装入 CS。这样,CPU 要执行的下一条指令就是中断处理子程序的第一条指令,也就是说,CPU 转入了对中断处理子程序的执行。

响应 NMI 请求时,CPU 的动作和响应 INTR 请求时的动作基本相同,只有一个差别,就是在响应非屏蔽中断请求时,并不从外部设备读取中断类型号。这是因为从 NMI 进入的中断请求只能有一个,它必定对应中断类型 2,所以,CPU 并不需要从中断类型号计算中断向量的地址,而是直接从中断向量表中读取 0008H、0009H、000AH、000BH 这 4 个存储单元内对应于中断类型 2 的中断向量即可。CPU 将 0008H、0009H 两个存储单元的内容装入 IP,而将 000AH、000BH 两个存储单元的内容装入 CS,于是就转入了对非屏蔽中断处理子程序的执行。

图 2.13 是 8086 对中断响应过程的流程图。对图 2.13,作下面几点说明:

（1）对非屏蔽中断和可屏蔽中断的处理仅仅有两点差别:即 CPU 遇到可屏蔽中断请求时,先要判断 IF 是否为 1,如果 IF 为 1,CPU 便进入中断响应过程;进入响应过程后,CPU 还要读取此中断的类型号。而非屏蔽中断不需要这两个步骤。

（2）TF 是单步中断标志。当单步中断标志为 1 时,便进入中断类型为 1 的单步中断。单步中断是一个专用中断,它的功能是只执行当前程序的一条指令,然后显示各寄存器的内容,并且在每执行一条指令后,又自动产生类型为 1 的中断。于是,可以连续执行单步中断处理程序,直到 TF 为 0 才退出。至于 TF 的置 1、置 0 操作,一般是通过调试程序来实现的。

（3）在一个中断被响应即已进入中断处理子程序后,如又遇到 NMI 引脚上有非屏蔽中断请求,则 CPU 仍然能响应。实际上,如果中断处理程序内部用开中断指令使 IF 置成 1,那么在中断处理程序的执行过程中,还可响应 INTR 引脚上进入的其他可屏蔽中断请求。

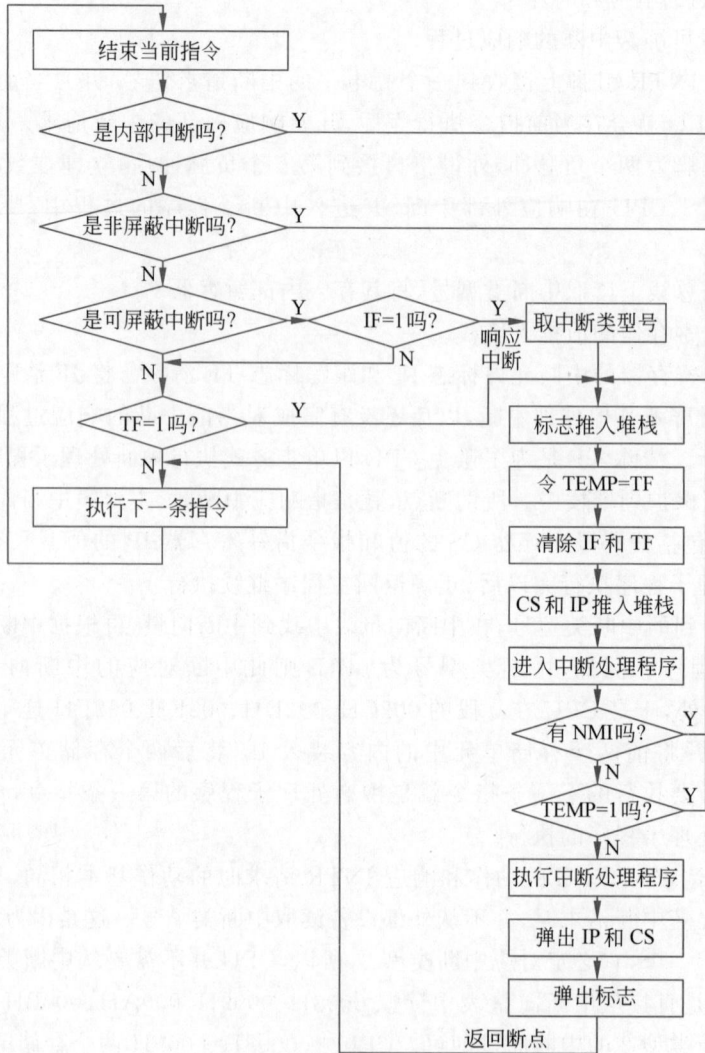

图 2.13　8086 对中断响应过程的流程图

（4）中断处理程序结束时,会按照和中断响应相反的过程返回断点,即先从堆栈弹出 IP 和 CS,再弹出标志,然后按照 IP 和 CS 的值返回主程序断点处继续执行原来的程序。返回断点时的一系列动作具体是由中断返回指令来执行的。

（5）在有些情况下,即使中断允许标志 IF 为 1,CPU 也不能马上响应外部的可屏蔽中断,而是要等执行完下一条指令(而不是仅仅执行完当前指令)后,才能响应中断。一般有下面两种情况。

如果发出中断请求信号时,正好遇到 CPU 执行封锁指令,由于 CPU 将封锁指令和后面的一条指令合起来看成一个整体,所以必须等到后一条指令执行完后才响应中断。

如果是执行往段寄存器传送数据的指令(即 MOV 指令和 POP 指令),那一定会等下一条指令执行完后,才允许中断。这主要是为了堆栈指针的正确指示。设想一下,如果没有这个规定,那么,可能在堆栈段寄存器 SS 的值作出变更、而堆栈指针 SP 尚未变更之时,正好来了中断请求,这时 CPU 就会执行中断响应过程的一系列动作,即把 FR、CS、IP 推入堆栈,而此时,因为 SS 已设为新值,而 SP 并未设为新值,所以堆栈指针很可能是错误的,于是,将 FR、CS 和 IP 推入了错误区域中。有了这个规定之后,就可以避免这种错误。软件设计人员要注意:如果要修改堆栈地址,那么,必须先修改堆栈段寄存器 SS 的值,接着修改堆栈指针 SP 的值,这样做,可以保证两个动作之间不被中断,从而确保堆栈区的正确指示。反过来,如果先修改 SP 的值,再修改 SS 的值,或者在修改 SS 的值之后,先做了其他事情,再修改 SP 的值,就不能保证任何情况下堆栈指针都保持正确。

(6) 当遇到串操作指令时,允许在指令执行过程中进入中断,但必须在一个基本动作完成之后响应中断。中断处理程序执行完毕而返回主程序时,会继续执行原来的串操作指令。软件设计人员了解这一情况之后,就要注意在设计中断处理子程序时,要保护好有关的寄存器,否则中断返回后继续执行串操作指令时,会无法保证正确性。

图 2.14 是 8086 中断响应的总线周期。从图中可见,8086 的中断响应要用两个总线周期。如果在前一个总线周期中,CPU 接收到外界的中断请求信号,而中断允许标志 IF 正好为 1,并且正好一条指令执行完毕,那么,CPU 会在当前总线周期和下一个总线周期中,从 $\overline{\text{INTA}}$ 引脚上往外设接口各发一个负脉冲。这两个负脉冲都将从 T_2 一直维持到 T_4 状态的开始。外设接口(一般是中断控制器)收到第二个负脉冲以后,立即把中断类型号送给 CPU。

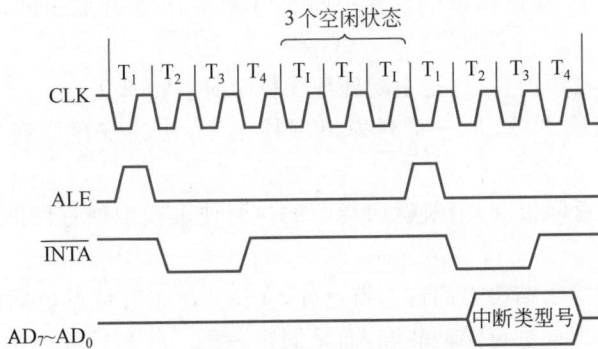

图 2.14　8086 中断响应的总线周期

对于 8086 的中断响应时序,需要作以下几点说明。

(1) 中断响应的第一个总线周期用来通知发中断请求的设备,CPU 准备响应中断,现在应该准备好中断类型号;在第二个总线响应周期中,CPU 接收外设接口发来的中断类型号,以便据此而得到中断向量即中断处理子程序的入口地址。

(2) 在两个中断响应总线周期中,不仅地址/数据总线是浮空的,而且 $\overline{\text{BHE}}/S_7$ 引脚和地址/状态总线 $A_{19}/S_6 \sim A_{16}/S_3$ 也是浮空的。但是 $M/\overline{\text{IO}}$ 为低电平,而 ALE 端在每个总线周期的 T_1 状态输出一个正脉冲,作为地址锁存信号。

(3) 在两个中断响应总线周期之间有 3 个空闲状态,这是 8086 执行中断响应过程的典型情况,实际上,空闲状态也可为两个。

(4) 软件中断和非屏蔽中断并不按照这种时序来响应中断。

当响应一个可屏蔽中断时,CPU 实际执行的总线时序如下。

(1) 执行两个中断响应总线周期,之间用两三个空闲状态隔开。被响应的外设接口在第 2 个中断响应总线周期中送回中断类型号。CPU 接收中断类型号,将它左移两位后,成为中断向量的起始地址。

（2）执行 1 个总线写周期,在这个周期中,把标志寄存器的值推入堆栈。

（3）将标志寄存器的中断允许标志 IF 和单步中断标志 TF 置成 0,这样禁止了中断响应过程中有其他可屏蔽中断进入,还禁止了中断处理过程中出现单步中断。

（4）执行 1 个总线写周期,将 CS 的内容推入堆栈。

（5）执行 1 个总线写周期,将 IP 的内容推入堆栈。

（6）执行 1 个总线读周期,读得中断处理子程序入口地址的偏移量送到 IP 寄存器中。

（7）执行 1 个总线读周期,读得中断处理子程序入口地址的段值送到代码段寄存器 CS 中。

如果是非屏蔽中断或者软件中断,则跳过第 1 步,而从第 2 步开始按次序执行到第（7）步。

5）中断处理子程序

中断处理子程序的功能是各种各样的,但是除去所处理的特定功能外,所有中断处理子程序都有着相同的结构模式,具体如下。

（1）一开始通过一系列推入堆栈指令来保护中断现场,即保护各寄存器的值（当然有时未必需要保存所有寄存器的值）。

（2）在一般情况下,应该用指令设置中断允许标志 IF 来开放中断,以允许级别较高的中断请求进入。

（3）中断处理的具体内容,这是中断处理子程序的主要部分。

（4）中断处理模块之后,是一系列弹出堆栈指令,使各寄存器恢复进入中断处理时的值。

（5）最后是中断返回指令,中断返回指令的执行使堆栈中保存的断点值和标志值分别装入 IP、CS 和 FR。

中断处理子程序除了结构上的这些特点外,在位置上也有特点,它们在 8086 系统中,都不是像其他应用程序那样进行浮动装配,而是固定装配。装配的起始地址由中断向量表给出。并且,中断处理子程序通常都常驻内存,即系统一启动,就完成中断处理子程序的装配。

6）软件中断

从上面可以了解到,中断处理子程序和一般的子程序相比,只是前者的最后一条指令是中断返回指令,而一般子程序的最后一条指令是返回指令。如果是被远程调用的子程序,那么,返回指令的功能就是恢复 IP 和 CS 的值,而中断返回指令的功能是恢复 IP、CS 和 FR 的值。于是产生了这样一个想法,能不能像调用远程子程序那样利用软件来调用中断处理子程序呢?

在 8086 系统中,确实提供了直接调用中断处理子程序的软件手段,这就是中断指令。通过中断指令使 CPU 执行中断处理子程序的方法称为软件中断。在用软件中断时,中断指令本身就为 CPU 提供了中断类型号,所以,CPU 是从指令流中读取中断类型号的,而不是像响应可屏蔽中断那样,要用两个总线周期发出 $\overline{\text{INTA}}$ 脉冲,再读取中断类型号。

从原则上讲,中断类型号可为 0～255 中的任何一个,所以用软件中断的办法可以调用任何一个中断处理程序。也就是说,即使某个中断处理子程序原先是为某个外部设备的硬件中断动作而设计的,但是,一旦将中断处理子程序装配到内存之后,也可以通过软件中断的方法来进入这样的中断处理子程序执行。

归纳起来,软件中断有如下特点。

(1) 用一条指令进入中断处理子程序,并且,中断类型号由指令提供。

(2) 进入中断时,不需要执行中断响应总线周期。

(3) 不受中断允许标志 IF 的影响,也就是说,不管 IF 是 1 还是 0,任何一个软件中断均可执行。不过,软件中断的 1 号中断受标志寄存器中另一个标志 TF(单步中断标志)的影响,只有 TF 为 1 时,才能执行单步中断。

(4) 正在执行软件中断时,如果有外部硬件中断请求,并且是非屏蔽中断请求,那么,会在执行完当前指令后立即给予响应。如果在执行软件中断时有可屏蔽中断请求,并且此前由于中断处理子程序中执行了开放中断指令,从而使中断允许标志 IF 为 1,那么也会在当前指令执行完后响应可屏蔽中断请求。

(5) 软件中断没有随机性。这一点很容易理解,因为硬件中断是由外部硬件设备发出中断请求信号而引起的,一个设备何时要求 CPU 为之服务,完全是随机的、无法预测的,所以,外部硬件中断总是有随机性的。而软件中断是由程序中的中断指令引起的,中断指令放在程序中哪个位置,何时执行,这是可以事先决定的,所以软件中断失去了随机性。由此,引起软件中断和硬件中断的中断处理子程序和主程序之间的关系也有所差别。软件中断总是主程序执行到某种条件时产生的,通常,主程序把这些条件作为入口参数传递给中断处理子程序,中断处理子程序执行后,又把结果作为返回参数回送给主程序。在中断处理子程序执行期间,主程序被中断了,由中断处理子程序返回后,一方面恢复主程序被中断前的现场,另一方面主程序中一定有一个程序段去判断返回参数并据此对原有现场条件作修改,然后在新的条件下继续往下执行。但是,硬件中断是随机产生的,所以,通常主程序不会有参数传递给中断处理子程序。在这种情况下,中断处理子程序往往用输入指令或输出指令来完成一个特定外部设备的输入功能或输出功能。中断处理子程序返回之后,主程序恢复现场,继续原来的工作。所以,对于硬件中断,中断处理子程序和主程序是互相独立的。

实际上,由于中断处理子程序是固定装配的,用软件中断指令调用它们又非常方便,所以,有经验的程序员在设计程序时,总把一些常用的子程序设计为中断处理子程序,再在程序中用软件中断的方法调用它们。

5. 最小模式下的总线保持

当一个系统中具有多个总线主模块时,CPU 以外的其他总线主模块为了获得对总线的控制,需要向 CPU 发出使用总线的请求信号;而 CPU 得到请求之后,如果同意让出总线,就要向请求使用总线的主模块发应答信号。8086 为此提供了一对专用于最小模式下的总线控制联络信号 HOLD 和 HLDA。

HOLD 为总线保持请求信号,由其他总线主模块发给 CPU。当某个总线主模块企图使用系统总线时,便发出高电平的 HOLD 信号,然后等待 CPU 发来总线保持响应信号 HLDA。

在每个时钟脉冲的上升沿处,CPU 会对 HOLD 信号进行检测。如果检测到 HOLD 处于高电平,并且允许让出总线,那么在总线周期的 T_4 状态或者空闲状态 T_I 之后的下一个时钟周期,CPU 会发出 HLDA 信号,将总线让给发出总线请求的设备,直到此后这个发出总线请求的设备又将 HOLD 信号变为低电平,CPU 才又收回总线控制权。

8086 一旦让出总线控制权,便使地址/数据引脚、地址/状态引脚以及控制信号引脚 $\overline{\text{RD}}$、$\overline{\text{WR}}$、$\overline{\text{INTA}}$、$\text{M}/\overline{\text{IO}}$、$\overline{\text{DEN}}$ 及 $\text{DT}/\overline{\text{R}}$ 都处于浮空状态,这样,CPU 和数据总线、地址总线以及上述控制信号之间就暂时没有关系了,不过,ALE 信号引脚不浮空。

图 2.15 是总线保持请求和保持响应操作的时序。

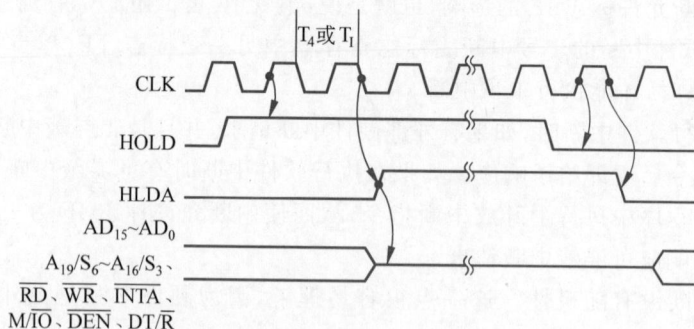

图 2.15　总线保持请求和保持响应操作的时序

6. 最大模式下的总线请求/授权

在最大模式下,8086 也提供了总线主模块之间传递总线控制权的手段。此时,CPU 以外的其他总线主模块包括协处理器和 DMA 控制器。与最小模式下不同的是,在最大模式下,总线控制信号不再是 HOLD 和 HLDA,而是功能更加完善的两个双向信号引脚 $\overline{\text{RQ}}/\overline{\text{GT}}_0$ 和 $\overline{\text{RQ}}/\overline{\text{GT}}_1$,它们都称为总线请求/总线授权信号端,可以分别连接两个其他的总线主模块。

$\overline{\text{RQ}}/\overline{\text{GT}}_0$ 和 $\overline{\text{RQ}}/\overline{\text{GT}}_1$ 有完全相同的功能,但是 $\overline{\text{RQ}}/\overline{\text{GT}}_0$ 比 $\overline{\text{RQ}}/\overline{\text{GT}}_1$ 的优先级高。也就是说,如果 $\overline{\text{RQ}}/\overline{\text{GT}}_0$ 和 $\overline{\text{RQ}}/\overline{\text{GT}}_1$ 都连接了其他总线主模块,当两条引脚上同时出现总线请求时,CPU 会在 $\overline{\text{RQ}}/\overline{\text{GT}}_0$ 先发出授权信号,等到 CPU 再次得到总线控制权时,才响应 $\overline{\text{RQ}}/\overline{\text{GT}}_1$ 引脚上的请求。不过,如果 CPU 已经把总线控制权让给连接 $\overline{\text{RQ}}/\overline{\text{GT}}_1$ 的主模块,此时又在 $\overline{\text{RQ}}/\overline{\text{GT}}_0$ 引脚上收到另一个主模块的总线请求,那么,要等前一个主模块释放总线之后,CPU 收回了总线控制权,才会响应 $\overline{\text{RQ}}/\overline{\text{GT}}_0$ 引脚上的总线请求。可见 CPU 对总线请求的处理并不像对中断请求的处理那样允许"嵌套"。

图 2.16 表示了最大模式下 CPU 以外的其他总线主模块请求总线使用权和 8086 授予其他主模块总线使用权的时序。

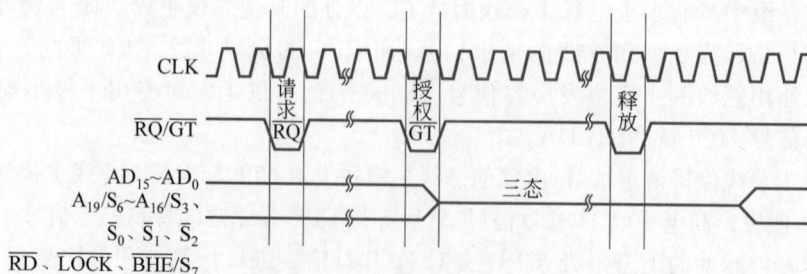

图 2.16　最大模式下的总线请求/授权/释放时序

对最大模式下的总线请求/授权/释放时序作如下说明。

（1）当 CPU 以外的一个总线主模块要求使用系统总线时，从 $\overline{RQ}/\overline{GT}$（即 $\overline{RQ}/\overline{GT}_0$ 或者 $\overline{RQ}/\overline{GT}_1$，以下类同）线上往 CPU 发一个负脉冲，宽度为一个时钟周期。

（2）CPU 在每个时钟周期的上升沿处对 $\overline{RQ}/\overline{GT}$ 引脚进行检测，如果测得外部有一个负脉冲，则在下一个 T_4 状态或 T_1 状态从同一引脚 $\overline{RQ}/\overline{GT}$ 上往请求总线使用权的主模块发一个授权脉冲。CPU 一旦发出了授权脉冲，各地址/数据引脚、地址/状态引脚以及 $\overline{RD}$、$\overline{LOCK}$、$\overline{S}_2$、$\overline{S}_1$、$\overline{S}_0$、$\overline{BHE}/S_7$ 便处于高阻状态，于是在逻辑上暂时和总线断开。

（3）协处理器或其他总线主模块收到授权脉冲后，便得到了总线控制权，于是它可以对总线占用一个或几个总线周期。

（4）当外部主模块准备释放总线时，便在 $\overline{RQ}/\overline{GT}$ 线上往 CPU 发一个释放脉冲，释放脉冲的宽度也为一个时钟周期。CPU 检测到释放脉冲后，在下一个时钟周期便收回了总线控制权。

从时序说明中可以看到，每次总线控制权的切换都是通过 3 个环节来实现的，即协处理器或其他主模块发请求脉冲，CPU 发授权脉冲，外部主模块用完总线后发释放脉冲。这些脉冲都是负脉冲，但并不在一个方向上传输。另外，在每次总线控制权改变后，总线上必须有一个空闲周期。即在一个时钟周期中，没有任何一个主模块使用总线。

2.1.4 8086 的存储器编址和 I/O 编址

1. 8086 的存储器编址

8086 有 20 根地址线，因此，具有 2^{20} B 即 1MB 的存储器地址空间。这 1MB 的内存单元按照 00000～FFFFFH 来编址。

但是，8086 的内部寄存器包括指令指针和堆栈指针都是 16 位的，显然用寄存器不能直接对 1MB 的内存空间进行寻址，为此引入了分段概念。8086 系统的一个段最长为 64KB。在通常的程序设计中，一个程序可以有代码段、数据段、堆栈段和附加段，各段的段地址分别由 CS、DS、SS 和 ES 4 个段寄存器给出。

段寄存器都是 16 位的。要计算一个存储单元的物理地址时，先要将它对应的段寄存器的 16 位值左移 4 位（相当于乘十进制数 16），得到一个 20 位的值，再加上 16 位的偏移量。偏移量也称有效地址，它可能放在指令指针寄存器 IP 中，也可能放在堆栈指针寄存器 SP 或者基址指针寄存器 BP 中，还可能放在变址寄存器 SI、DI 中，甚至可能放在通用寄存器 BX 中。

图 2.17 表示 8086 系统中存储器物理地址的计算方法。

图 2.17　8086 系统中存储器物理地址的计算方法

下面以刚复位后的取指令动作为例来说明物理地址的合成。复位时，除了 CS－FFFFH 外，8086 的其他内部寄存器的值均为 0，指令的物理地址应为 CS 的值乘 16，再加 IP 的值，所以，复位后执行的第一条指令的物理地址为

$$
\begin{array}{r}
F\ F\ F\ F\\
+\quad 0\ 0\ 0\ 0\\
\hline
F\ F\ F\ F\ 0
\end{array}
$$

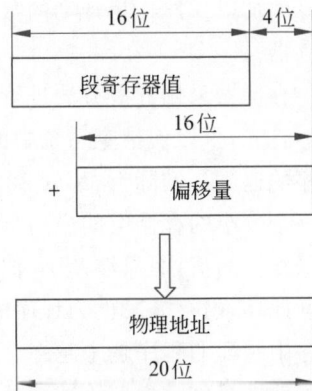

可见复位后 8086 自动指向物理地址 FFFF0H。因此,在存储器编址时,将高地址端分配给 ROM,而在 F FFF0H 开始的几个单元中固化了一条无条件转移指令,转到系统初始化程序。

如图 2.18 所示,在 8086 运行过程中,物理地址的形成因操作而异:每当取指令时,CPU 就会选择代码段寄存器 CS,再和指令指针寄存器 IP 的内容一起形成指令所在单元的20 位物理地址;而当进行堆栈操作时,CPU 就会选择堆栈段寄存器 SS,再和堆栈指针寄存器 SP 或者基址指针寄存器 BP 形成 20 位堆栈地址;当要往内存写一个数据或者从内存读一个数据时,CPU 就会选择数据段寄存器 DS,然后和变址寄存器 SI、DI 或通用寄存器 BX 中的值形成操作数所在存储单元的 20 位物理地址。

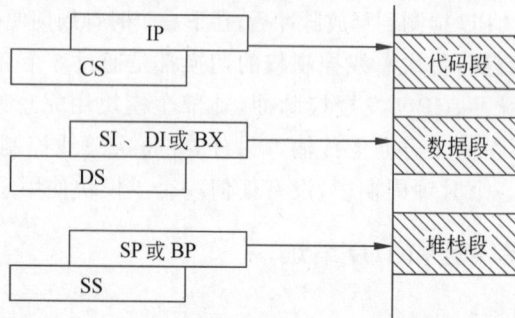

图 2.18　CS、DS、SS 和其他寄存器组合指向存储单元的示意图

存储器中的操作数可以是 1 字节,也可以是 1 个字。如果是字操作数,那么低位字节放在较低的地址单元,高位字节放在较高的地址单元。

附加段一般作为辅助的数据段来使用,8086 对数据的串操作指令多数都要用到附加段寄存器。

存储器采用分段方法进行编址,带来了下列好处。

首先,可以使指令系统中的大部分指令只涉及 16 位地址,从而减少指令长度,提高执行程序的速度。实际上,尽管 8086 的存储空间为 1MB,但在程序执行过程中,多数情况下只在一个较小的存储空间中运行,因此段寄存器的值很少改变。大多数指令运行时,并不涉及段寄存器的值,而只涉及 16 位的偏移量。

此外,内存分段也为程序的浮动装配创造了条件。随着系统复杂性的增加,同一时刻在内存中装配的程序越来越多。例如,一个实时图像采集、压缩和网络通信系统,就是在图像采集软件基础上加上压缩软件,再加上实时通信软件而构成的,因此,这个软件系统含 3 个层次。在每个层次设计时,程序员都希望不论新设计的软件层次具体装在哪个区域系统都能正确运行,也就是说,程序可以浮动地装配在内存任何一个区域中运行,而不需要程序员为了使程序适应某台具体计算机去进行代码修改。为了做到浮动装配要从两方面提出要求:一是系统能够根据当时的内存使用情况将新引入的软件自动装配在合适的地方,这一点是由操作系统来实现的;二是要求程序本身是可浮动的,这就要求程序不涉及物理地址,进一步讲,就是要求程序和段地址没有关系,而只与偏移量有关,这样的程序装在哪段都能正常工作,要做到这一点,只需在程序设计时不涉及段地址即可,凡是遇到转移指令或调用指令则都采用相对转移或相对调用。可见,存储器采用分段结构之后,就可以使程序保持很好的相对性,也就具备了可浮动性。这样,操作系统对程序的浮动装配工作也变得比较简单,装配时只要根据当时的内存情况确定 CS、DS、SS、ES 的值即可。

对 8086 的存储器编址,有以下两点需要指出。

(1) 每个存储单元的物理地址都是将段地址乘 16,再加上偏移量计算得到的,这样,同一个物理地址可以由不同的段地址和偏移量组合得到。例如,CS=0000,IP=1051H,物理地址为 0 1051H;而 CS=0100H,IP=0051H,物理地址也是 0 1051H。当然,还可以有许多其他组合。

(2) 尽管代码段、数据段、堆栈段及附加段都可为 64KB,但实际应用中这些段之间可以有互相覆盖的部分。例如,CS=2000H,DS=2100H,则代码段的物理地址为 2 0000~2 FFFFH;数据段的物理地址为 2 1000~3 0FFFH。这样,代码段和数据段之间有相当大的一个区域是相互重叠的。

在存储器中,有几部分的用处是固定的。

(1) 0 0000~0 03FFH 共 1KB 区域为中断向量表,用来存放 256 个中断向量即中断处理程序的入口地址。每个中断向量占 4 字节,前 2 字节为中断处理子程序入口地址的偏移量,后 2 字节为中断处理子程序入口地址的段地址。但对一个具体系统来说,一般并不需要多达 256 个中断处理程序,因此,实际系统中的中断向量表的大部分区域是空白的。

(2) B 0000H~B 0F9FH 约 4KB 是单色显示器的显示缓冲区,存放单色显示器当前屏幕显示字符所对应的 ASCII 码和属性。

(3) B 8000H~B BF3FH 约 16KB 是彩色显示器的显示缓冲区,存放彩色显示器当前屏幕像素所对应的代码。

(4) 从 F FFF0H 开始到存储器底部 F FFFFH 共 16 个单元,一般用来存放一条无条件转移指令,转到系统的初始化程序。这是因为系统加电或者复位时,会自动转到 F FFF0H 执行。

2. 8086 的 I/O 编址

8086 系统和外部设备之间都是通过 I/O 芯片来联系的。每个 I/O 芯片都有一个或几个端口,一个端口往往对应了芯片内部的一个寄存器。微型机系统要为每个端口分配一个地址,此地址称为端口号。

8086 允许有 65 536(64K)个 8 位的 I/O 端口,两个编号相邻的 8 位端口可以组合成一个 16 位端口。

对 I/O 端口,可用两种方式进行编址。

(1) 通过硬件将 I/O 端口和存储器统一编址的方式。用这种方式时,可以用访问存储器的指令来实现对 I/O 端口的读/写,而对存储器的读/写指令很多,功能很强,使用起来也很灵活。这种方式的优点是不必专门设置 I/O 指令。缺点是 I/O 端口占用了内存地址,使内存空间缩小;访问内存的指令较长,速度慢;访问内存和访问 I/O 的指令形式一样,影响程序的可读性。

(2) I/O 端口独立编址的方式。8086 采用这种方式对 I/O 编址,指令系统中有专用的 I/O 指令。这些指令运行速度快;且访问内存和访问 I/O 端口的指令完全不同,增加程序的可读性。

2.2　32 位微处理器

Pentium 是 Intel 系列的 32 位微处理器,是 32 位微处理器的经典代表。本书以 Pentium 为例,阐述 32 位微处理器的工作原理。

1985 年开始,Intel 公司相继推出了一系列 32 位微处理器,从 80386、80486 到 Pentium,每当推出一代新的处理器,总是使集成度和主频更高,Pentium 4 的内部集成了 6 500 万个晶体管,主频则达到 4.0GHz。

32 位微型机能够更有效地处理数据、文字、图形、图像、语音等各种信息,因此可以在数据处理、工程计算、事务管理、办公自动化、实时控制和传输、人工智能以及 CAD/CAM 等方面发挥更好的作用。如果说,微处理器从 8 位到 16 位主要是总线的加宽,那么,32 位微处理器和 16 位相比,则是从体系结构设计上有了概念性的改变和革新。例如,32 位微处理器普遍采用流水线和指令重叠执行技术、虚拟存储技术、片内二级存储管理技术,这些技术为实现多用户多任务操作系统提供了有力的支持。

与前几代产品相比,Pentium 采用了多项新技术,其中最重要的是体系结构、CISC 和 RISC 相结合的技术、超标量流水线技术和分支预测技术。

1. 体系结构的进步

Pentium 从多方面实施了新的体系结构,使整体性能获得很大提高。

(1) Pentium 内部总线是 32 位的,但和存储器相连的外部数据总线为 64 位,这使在一个总线周期中数据传输量提高一倍。另外,Pentium 支持数据成组传输,从而进一步加快了数据传输率。

(2) 设置了互相独立的片内代码 Cache(高速缓存)和数据 Cache,使总体性能得到显著提高。Cache 是速度非常高但容量较小的存储器,Cache 技术通过一种映射机制,使 CPU 在运行程序时,将原先需要访问主存储器的操作大部分转换为访问 Cache 的操作,有效减少了 CPU 访问相对速度较低的主存储器的次数,因此提高了取指令和读/写数据的速度。

(3) 使用了两条指令流水线并行执行指令。在指令流水线中,Pentium 通过指令预取部件、译码部件以及控制 ROM 中微程序的配合,将等待取指令的时间降到最低,使 CPU 的速度得到充分发挥。

(4) 内部集成了增强型浮点处理部件(floating-point processing unit,FPU),从而不再需要外接协处理器。在 FPU 中,采用快速硬件进行运算,使其浮点运算速度大大加快,适应高性能计算的需求。

(5) 对 ADD、MUL、INC、DEC、PUSH、POP、JMP、CALL 和 LOAD 等常用指令采用硬件来实现,这使常用指令的执行速度大大提高。

(6) 采用分段和分页两级存储管理机制,并且允许页面的大小可调,最大可达 4MB,这使存储管理可靠、快速。

(7) 增强了信息传输准确性的检测能力和机器异常事件的处理能力。除了通常对数据传输的奇/偶校验以外,还增加了对地址传输的奇/偶校验和整体功能的冗余校验,从而为操作系统的安全运行和应用程序的准确执行提供了校验环境。

(8) 为系统的扩展提供了很好的检测和调试能力。设置了多个调试寄存器可用于设置断点,而且,对于内部两条流水线的运行提供了外部指示,使技术人员可以从外部指示中分析两条流水线的运行情况。

2. CISC 和 RISC 相结合的技术

复杂指令集计算机(complex instruction set computer,CISC)和精简指令集计算机(reduced instruction set computer,RISC)是基于不同理论和构思的两种不同的 CPU 设计技术,CISC 技术的产生和应用均早于 RISC 技术。Intel 公司在 Pentium 之前的 CPU 均属于 CISC 体系,从 Pentium 开始,将 CISC 和 RISC 结合,取二者之长,实现更高的性能。

采用 CISC 技术的 CPU 有如下特点。

(1)指令系统中包含很多指令,既有常用指令,也有用得较少的复杂指令。后者对应较复杂的功能,但指令码相当长,这使微处理器的译码部件工作加重,速度减慢。

(2)访问内存时采用多种寻址方式。

(3)采用微程序机制。微程序机制就是在微处理器的控制 ROM 中存放了众多微程序,分别对应于一些复杂指令的功能。

采用 RISC 技术的 CPU 有如下特点。

(1)指令系统只含简单而常用的指令。指令的长度较短,并且每条指令的长度相同。

(2)采用流水线机制来执行指令。按照这种机制,在指令 1 经过取指后进入译码阶段时,指令 2 便进入取指阶段;而在指令 1 进入执行阶段、指令 2 进入译码阶段时,指令 3 进入取指阶段……所以,流水线机制是一种指令级并行处理方式,可以在同样的时间段中比非流水线机制执行更多的指令。

(3)大多数指令利用内部寄存器执行,所以每条指令的执行时间只需要一个时钟周期。这不但提高了指令执行速度,而且减少了对内存的访问,从而使内存管理简化。

RISC 技术需要更多的寄存器配合,以提高指令执行速度。但在多任务环境下,会形成任务切换时众多寄存器保护和恢复的需求,从而增加操作量。

Pentium 的大多数指令是精简指令,但仍然保留了一部分复杂指令,对这部分指令采用硬件来实现。所以,Pentium 吸取了二者之长。

3. 超标量流水线技术

超标量流水线是 Pentium 中最重要的创新技术。标准状态下,一个处理器含一条指令流水线。所谓超标量,就是一个处理器中有多条指令流水线。

在超标量机制中,每条流水线都配置了多个流水线部件。Pentium 的一条流水线含 5 个流水线级,分别为指令预取级 PF、首次译码级 D1、二次译码级 D2、执行级 EX 和回写级 WB。在指令预取级 PF,通过指令预取部件取得指令;在首次译码级 D1,对指令进行译码;在二次译码级 D2,对指令中操作数的地址进行计算;在执行级 EX,执行指令的功能,即访问存储器并完成指令规定的操作;而在回写级 WB,则将指令运行结果送到存储器,同时根据指令运行结果修改状态标志。

在 Pentium 中,采用 U 和 V 两条流水线,每条流水线均含独立的 ALU、一系列寄存器、地址生成电路和连接数据 Cache 的接口,由此可通过各自的接口对 Cache 存取数据,这称为 Cache 双端接口。双端接口使 Pentium 具有更高的速度。超标量流水线机制使得 Pentium 能够对应一个时钟周期执行两条整数运算指令,由此比时钟速度提高一倍。

采用超标量流水线机制的前提条件:一是要求所有的指令基本上都是精简指令;二是

V 流水线总是能够接收 U 流水线的下一条指令,可见,超标量流水线技术是和 RISC 技术密不可分的。

4. 分支预测技术

在程序设计中,分支转移指令用得非常多。通常,分支转移指令在执行前,不能确定转移是否发生。而指令预取缓冲器是顺序取指令的,这样,如果产生转移,那么,指令预取缓冲器中取得的后续指令全部白取,从而造成流水线断流,损失流水线效能。为此,希望在转移指令执行前,能够预测转移是否发生,从而确定此后执行哪段程序。

Pentium 用分支目标缓冲器 BTB(branch target buffer)来执行预测功能,这种功能基于一个重要的分支规律。为了便于说明,先来看下面的程序段,这个程序段用来对屏幕像素填色。

```
          MOV     DX,100        ;取填色矩形右下角像素的 y 坐标
AAA:      MOV     CX,200        ;取填色矩形右下角像素的 x 坐标
BBB:      MOV     AL,04         ;在 AL 中设置红色对应的值 04H
          MOV     AH,0CH        ;在 AH 中设置对应写像素操作的功能号
          INT     10H           ;在用 x 和 y 指定的像素位置填上指定颜色
          DEC     CX            ;x 坐标左移一像素
          JNZ     BBB           ;如未到最左边位置,则继续向下填
          DEC     DX            ;横向填完一行再填一行
          JNZ     AAA           ;如未结束则继续
          HLT                   ;如填好则结束
```

上面程序中,出现两条分支转移指令,即 JNZ BBB 和 JNZ AAA。

由于 CX 中事先设置了参数 200,所以,在执行 JNZ BBB 指令时,有 199 次转向 BBB 处,只有 1 次转向下一条指令。同样,由于 DX 中事先设置了参数 100,所以,在执行指令 JNZ AAA 时,有 99 次转向 AAA 处,只有最后 1 次才转向下一条指令。

实际上,上面程序中的分支转移情况是十分常见的。由此可以归纳出这样的规律:一是大多数分支指令转向每个分支的机会不是均等的;二是大多数分支转移指令排列在循环程序段中。这两点造成的综合结果是,在程序运行过程中,同一处同一条分支转移指令可能会多次甚至成百上千次运行,其中只有一次转向某一个分支,其余全部转向另一个分支,后者一般就是在循环体中循环,而前者则转出循环体。

由此可得到结论:分支转移指令的转移目标地址是可以预测的,预测的依据就是前一次的转移目标地址即所谓历史状态,预测的准确率尽管不是 100%,但是可以很高,有时候甚至非常高。

BTB 正是基于上述结论对转移指令进行分支预测,它含一个 1KB 容量的 Cache,其中可以容纳 256 条转移指令的目标地址和历史状态。历史状态用 2 位二进制数表示 4 种可能情况,即必定转移、可能转移、可能不转移和必定不转移。

在程序运行中,BTB 采用动态预测方法,当一条指令造成分支时,BTB 检测这条指令以前的执行状态,并用此状态信息预测当前的分支目标地址,然后,预取此处的指令。当 BTB 判断正确时,分支程序会如同分支未发生一样,维持流水线照常运行;当 BTB 判断错误时,则修改历史记录并重新取指令、译码……即重新建立流水线。如果预测是正确的,则流水线会不停地运行;如果预测不正确,如产生转移但 BTB 没有预测到,或者 BTB 预测将产生转

移而实际上并不转移,还有,虽然预测到分支转移,但预测的目标地址不对,那么,CPU 会清除流水线中的内容,重新建立流水线中的指令序列,此时,需要 4 个时钟周期。但总的来说,有了 BTB 仍然明显提高了效率。

为了进一步提高性能,Pentium 采用了高速分支预测技术。为此,在芯片内部配置了两个预取缓冲存储器,其中一个按照 BTB 预测结果预取指令,并在预取指令时,在 BTB 中建立一个登记项。另一个以预测排除的方向预取指令。在程序执行过程中,真正遇到转移指令并进入首次译码级 D1 时,CPU 会在 BTB 中检索相应的登记项,以确定实际转移情况是否与预测相符。如果是,则流水线顺利运行;如果不是,则 CPU 立刻按照另一个预测缓冲器的内容对流水线做刷新处理。这种方式尽管在 BTB 预测出错时会消耗一点时间,但延迟非常小,比全部重新从代码 Cache 取指令重建流水线快得多。

2.3 Pentium 的指令流水线技术

本节重点说明 Pentium 指令流水线技术的原理和运行过程。

1. 指令流水线的组成

Pentium 的一个重要特点是采用了流水线(pipeline)技术,这一技术大大加快了指令执行速度。

Pentium 指令流水线由总线接口部件、指令预取部件、指令译码器和执行部件、控制部件构成。

总线接口部件连接 CPU 和其他部件,它控制数据总线和地址总线的信息传输。总线接口部件最主要的操作是读取指令和存取数据。在同一个时候,可能有多个访问总线的请求,为此,Pentium 的总线接口部件具有同时接收多个总线请求的功能,并能按优先级进行选择。由于取指令引发的总线请求优先级最低,因此,只有在没有操作数传送请求和其他总线访问请求即总线空闲时,才读取指令。由于有指令预取部件和指令译码部件进行预译码,因此这种优先级安排并不影响指令的执行。

指令预取部件在总线空闲时从存储器读取指令放入指令预取队列,每当队列有一部分空字节或者产生一次控制转移后,指令预取部件就发总线请求信号,如果没有其他总线请求,那么,总线接口部件就会响应请求,使指令预取队列得到补充。

指令译码器对指令进行译码,它从指令预取队列中取出指令并将其译为内部代码,再将这些代码送入先进先出(FIFO)译码指令队列中,等待执行部件处理。

两条流水线分别由运算器 ALU、一系列寄存器、地址生成电路和连接数据 Cache 的接口组成。控制部件控制两条流水线的运行。

控制 ROM 中,存放着一些复杂指令对应的微程序。对微程序概念说明如下:我们知道,每条指令的功能都是通过一系列有序的基本操作来完成的,如加法指令包含取指令、地址计算、取数、加法运算 4 步,而每一步中又包含若干基本操作,通常将这些基本操作称为微操作。在微程序类型的计算机中,把同时发出的控制信号所执行的一组微操作称为一条微指令。例如,加法指令就由 4 条微指令实现。这样,一条指令就对应了一个微指令序列,这个序列称为微程序。这里,执行一条指令实际上就是执行一段相应的微程序,微程序通常放在控制 ROM 中。

在 Pentium 中,复杂指令包含多个字段,其中必定有一个字段指向该指令对应的微程序的开始地址,执行部件根据指令译码会据此启动对应的微程序。

2. 流水线技术的原理

传统的计算机指令执行过程包括取指令、指令译码和取操作数 3 个操作:首先将指令从存储器取出送到指令寄存器;然后指令译码部件对指令作译码,分析指令要进行什么操作并指明操作数的地址;最后取操作数,并完成指令规定的操作,再把结果送到指定的地方。这种方式下,执行一条指令所需要的时间就是这 3 个步骤所用时间的总和;在一条指令执行时,后面的指令不能有任何动作,而只能处于等待的状态。这就是非流水线方式。

流水线技术最初是 Intel 公司在 80486 上实施的,Pentium 继承并优化了这个技术,采用了 U、V 两条流水线并行运行,使得指令执行速度比此前的任何处理器都提高很多。

Pentium 的整数运算流水线最初由预取级 PF、首次译码级 D1、二次译码级 D2、执行级 EX 和回写级 WB 共 5 级组成。由于流水线的级别越多,会使每级的功能越简单,每一步可更快完成,这样,有利于提高时钟频率,使系统其他环节的速度更快,有利于总体速度的提高,所以,实际上,Pentium 的流水线级数越来越多。例如,Pentium 4 的流水线将 5 个基本级别又进行划分,达到 20 级。

Pentium 的浮点运算部件也采用流水线机制运行。浮点运算流水线由预取级 PF、首次译码级 D1、二次译码级 D2、执行级 EX、一次浮点操作级 X1、二次浮点操作级 X2、写入浮点运算结果级 WF 和出错报告级 ER 共 8 级组成。

不管是整数运算流水线还是浮点运算流水线,其运行原理和过程是类似的。

流水线运行时,一条接一条的指令连续不断地送到流水线,于是,在流水线全速运行时,同一个时钟周期内,多个部件分别对多条指令的不同步骤进行操作。

Pentium 在整数运算流水线中,每个步骤用一个时钟周期。所以,流水线运行以后,从第 5 个时钟周期开始,就可以进入全速运行状态。这样,对应一个时钟周期,即可完成一条指令的处理。

Pentium 采用了两条流水线并行运行的超标量结构,因此,对应一个时钟周期,可以执行两条指令,再加上数据 Cache、代码 Cache、分支预测技术和 64 位外部总线的配合,使处理器实现指令的高速执行。

3. 指令流水线的运行

图 2.19 说明了指令流水线的运行过程。在实际运行时,每个步骤所需要的时间会有差别。为了便于说明,这里设 Pentium 的流水线仍按指令的 5 个操作步骤 PF、D1、D2、EX 和 WB 分为 5 级,都是用一个时钟周期。

第一个时钟周期 CP_1,第一条指令 I_1 进入 PF 步骤实现指令预取。

第二个时钟周期 CP_2,指令 I_1 进入 D1 步骤进行首次译码即指令译码,第二条指令 I_2 进入 PF 步骤。

第三个时钟周期 CP_3,指令 I_1 进入 D2 步骤进行二次译码即地址译码,I_2 指令进入 D1 步骤,第三条指令 I_3 进入 PF 步骤。

第四个时钟周期 CP_4,指令 I_1 进入指令执行步骤 EX,I_2 指令进入 D2 步骤,I_3 指令进入 D1 步骤,而第四条指令 I_4 进入 PF 步骤。

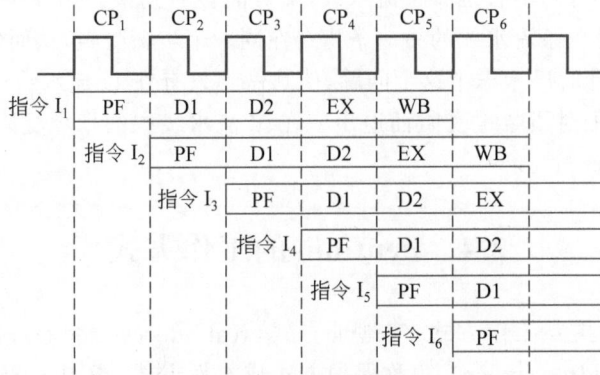

图 2.19　指令流水线的运行过程

第五个时钟周期 CP_5，I_1 指令进入回写步骤 WB，将指令执行结果写到指定的地方，I_2 指令进入 EX 步骤，I_3 指令进入 D2 步骤，I_4 指令进入 D1 步骤，而第五条指令 I_5 进入 PF 步骤。

第六个时钟周期 CP_6，I_1 指令已完成 5 个步骤而退出流水线，I_2 指令进入 WB 步骤，I_3 指令进入 EX 步骤，I_4 指令进入 D2 步骤，I_5 指令进入 D1 步骤，而第六条指令 I_6 进入流水线开始的第一个步骤 PF。

由此周而复始，可以看到，经过 5 个时钟周期后，每个时钟周期都有一条指令进入流水线，同时，有一条指令完成执行过程而退出流水线。于是，从宏观上看，每个时钟周期执行了一条指令。

4. Pentium 超标量流水线的运行

Pentium 采用了超标量流水线机制，以并行方式在 U、V 两条流水线上同时执行两条指令。在 U 流水线中可以执行任何指令，但 V 流水线中只能执行和 U 流水线当前执行的指令符合配对规则的指令。

配对规则是指两条指令都是 RISC 指令，而且互相没有寄存器关联性，即两条指令中的寄存器不是"写后读"或者"读后写"的关系。

由于 Pentium 在微程序设计时，充分考虑了流水线运行环境，所以，复杂指令转换为微程序后，也和 RISC 指令一样，多数能符合指令配对条件。

U、V 两条流水线运行时，在 PF 步骤，Pentium 从片内代码 Cache 相继取出两条指令。

在 D1 步骤，指令译码器中两个并行的译码部件对两条指令进行译码，并用指令配对规则进行判断，以决定是否将两条指令分别发送给 U、V 两条流水线。此时，总是把前一条指令送 U 流水线，后一条指令送 V 流水线。如不符合配对规则，则只把前一条指令送 U 流水线。

在 D2 步骤，对指令进行二次译码，实际上，并不是每条指令都有二次译码这个步骤，因为不是每条指令都需要计算操作数的地址。

EX 步骤其实常常需要超过 1 个时钟周期，在这个步骤中，执行指令规定的 ALU 操作和数据存取操作，此时，如果遇到转移指令，还要对分支预测结果进行验证，如预测发生错误，则需要对流水线进行更新。

WB 步骤将操作结果回写到指定区域。

U、V 两条流水线本身的运行过程与单条流水线类似，只是在 D1 步骤，需要作配对判断，因为配对不会 100% 成功，于是，V 流水线不会全速运行。

另外,由于某些原因,不管是哪条流水线,都可能会遇到某条指令的执行过程不能顺利进行,此时,也会使另一条流水线的另一条指令在同一个步骤受阻,从而使指令退出流水线。不过,Pentium 在设计时已考虑了这个问题,使其做到只有在 U 流水线中执行过程受阻时,才使 V 流水线中的配对指令也受阻而退出。在 V 流水线中的指令受阻时,仍允许 U 流水线中的配对指令执行。

2.4　Pentium 的工作方式

Pentium 有 3 种主要工作方式:实地址方式(real address mode);保护虚拟地址方式(protected virtual address mode),也称保护方式或本性方式;虚拟 8086 方式(virtual 8086 mode)。此外,还有一种叫作系统管理方式(system manage mode)。各种工作方式的寻址机制有重要差别。

1. 实地址方式

Pentium 在刚加电或复位时,便进入实地址方式。实地址方式主要是为系统进行初始化用的。在实地址方式,为保护方式所需要的数据结构做好各种配置和准备。实地址方式下,采用类似于 8086 的体系结构。归纳起来,实地址方式有如下 4 个特点。

(1) 寻址机构、存储器管理、中断处理机构均和 8086 一样。

(2) 操作数默认长度为 16 位。

(3) 存储器容量最大为 1MB,采用分段方式,每段大小固定为 64KB。

(4) 存储器中保留两个固定区域:一个为初始化程序入口区 F FFF0H~F FFFFH;另一个为中断向量区 0 0000~0 03FFH。

2. 保护方式

保护方式是 Pentium 最常用的方式,通常开机或复位后,先进入实地址方式完成初始化,便立即转到保护方式。此种方式提供了多任务环境中的各种复杂功能以及对庞大的存储器组织的管理机制,使各个任务的有关数据互相独立,并各自进行不同级别的保护。只有在保护方式下,Pentium 才能充分发挥其功能和本性,因此,保护方式也称本性方式。所谓保护,主要是指对存储器的保护。在保护方式下,有如下特点。

(1) 存储器用逻辑地址空间、线性地址空间和物理地址空间 3 种方式来描述。

逻辑地址就是通常程序中使用的地址,也称虚拟地址,包含两部分:一部分是段的基地址;另一部分是段内的偏移量。在 Pentium 中,基地址和偏移量的合成不是像 8086 系统中那样通过简单的移位和加法来实现,而是通过一种叫作段描述符的机构进行转换,这样可对更大的存储空间进行表示。线性地址是将基地址和偏移量转换得到的 32 位地址。物理地址就是与存储器芯片引脚相对应的地址,物理地址指出存储单元在内存中的具体位置。

(2) 在保护方式中,借助于映射机制将磁盘的存储空间有效地映射到内存,使逻辑地址空间大大超过实际的内存空间,这样,使主存储器容量似乎非常大。

(3) 既能进行 16 位运算,也能进行 32 位运算。

3. 虚拟 8086 方式

在保护方式下,可通过软件切换到虚拟 8086 方式。虚拟 8086 方式有如下特点。

(1) 可以执行 8086 的应用程序。

（2）段寄存器的用法和实地址方式一样，即段寄存器内容左移 4 位加上偏移量为线性地址。

（3）存储器寻址空间为 1MB，在分段基础上又分页，每页 4KB。

在 Pentium 多任务系统中，可使其中一个或几个任务用虚拟 8086 方式。此时，一个任务所用的页面可定位于某个物理地址空间，另一个任务的页面可定位于其他区域，即对各个任务可转换到物理存储器的不同位置，这样，就把存储器虚拟化了。虚拟 8086 方式的名称正是由此而来。虚拟 8086 方式是 32 位微处理器很重要的设计特点，它可使大量的 8086 软件有效地在 32 位系统中运行。

可见，Pentium 有两种模拟 8086 方式：一种是实地址方式；另一种是虚拟 8086 方式。实地址方式和虚拟 8086 方式都与原始 8086 方式有类似之处，但又有如下区别。

（1）实地址方式下，CPU 不支持多任务，所以，实地址是针对整个 CPU 而言的；而虚拟 8086 方式往往是 CPU 工作于多任务状态下的某一个任务对应的方式。

（2）实地址方式下的整个系统的寻址空间最大为 1MB，而虚拟 8086 方式下则是每个任务的寻址空间为 1MB。

（3）实地址方式下，内存采用分段方式，而虚拟 8086 方式下，内存除了用分段方式，还用分页方式，二者合起来实现对内存的管理。

（4）在保护方式下，支持多任务操作，这时，可能某一个任务是在虚拟 8086 方式，而另一些任务在保护方式。可见，虚拟 8086 方式可以是保护方式中多任务操作的某一个任务，而实地址方式总是针对整个系统。

4. 系统管理方式

系统管理方式用来增强对系统的管理，包括对操作系统的管理、对正在运行的程序的管理、对电源的管理，并为 RAM 子系统提供有效的安全性，此外还提供了软件关机功能。

2.5 Pentium 的原理结构

Pentium 内部的主要部件如图 2.20 所示，包括如下 12 个主要部件，其中的核心部件是两个流水线执行部件和浮点处理部件。

- 总线接口部件；
- U 流水线和 V 流水线；
- 数据 Cache；
- 代码 Cache；
- 指令预取部件；
- 指令译码器；
- 控制 ROM；
- 分支目标缓冲器；
- 控制部件；
- 浮点处理部件；
- 分段部件和分页部件；
- 整数寄存器组。

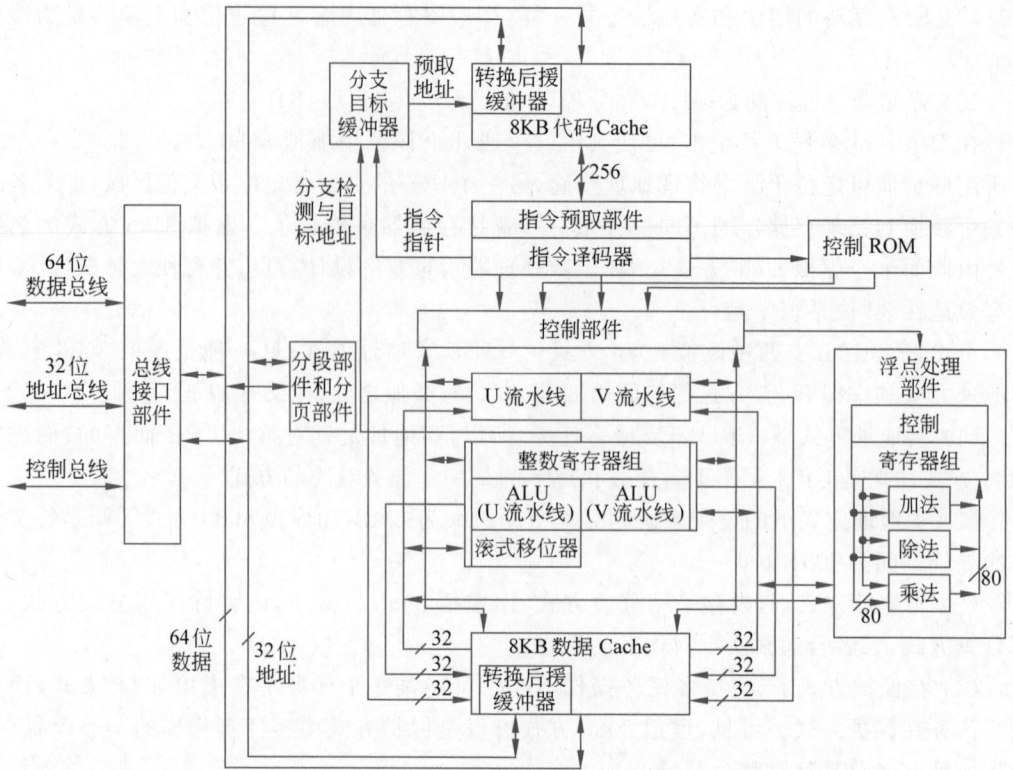

图 2.20　Pentium 内部的主要部件

1. 总线接口部件

总线接口部件(bus interface unit,BIU)实现 CPU 与系统总线的连接,其中包括 64 位数据总线、32 位地址总线和众多控制总线,以此实现信息交换。

BIU 根据优先级来协调指令和数据的传输。在 CPU 内部,BIU 用 32 位地址总线和 64 位数据总线与代码 Cache 以及数据 Cache 通信;而对 CPU 外部,BIU 提供全部总线信号完成如下各种总线功能。

(1) **地址驱动和传输**:BIU 中的地址驱动器和收发器用来驱动和传输地址信号 $A_{31} \sim A_1$,同时,驱动与地址信号相对应的字节允许信号 $\overline{BE_3} \sim \overline{BE_0}$。

(2) **数据驱动**:BIU 通过驱动将数据从 $D_{31} \sim D_0$ 送到总线,或者从总线送到 CPU。

(3) **数据总线宽度控制**:Pentium 的数据总线可以是 64 位,还可以是 32 位、16 位或者 8 位,即数据总线的宽度是可控制的,BIU 通过控制信号实现对总线宽度的控制。

(4) **数据缓冲**:BIU 提供数据缓冲功能,这样,可以在尽量减少等待的情况下,完成数据读/写操作。

(5) **总线操作的控制功能**:BIU 通过众多控制信号来支持各种总线操作,如多数据传输、成组传输、总线仲裁、总线锁存、中断、复位、DMA 操作等。

(6) **奇/偶校验告示功能**:Pentium 在读/写操作时自动进行奇/偶校验,BIU 用由此产生的奇/偶校验信号来告示校验结果。

(7) **Cache 操作控制**:在 Cache 操作时,BIU 通过专用的总线周期对包括片内和片外两类 Cache 的一致性进行控制。关于 Cache 一致性问题,后面章节将作讲解。

2. U 流水线和 V 流水线

Pentium 采用两条流水线,这两条流水线中均有独立的 ALU。

3. 数据 Cache 和代码 Cache

Cache 是容量较小、速度很高的可读/写 RAM,用来存放 CPU 最近要使用的数据和指令。Cache 可以加快 CPU 存取数据的速度,减轻总线负担。Cache 中的数据其实是主存中一小部分数据的复制品,所以,要时刻保持二者相同,即保持数据的一致性。有关 Cache 的组织方式、数据更新方法以及控制的详细内容将在后面的章节中讲述。

在 Pentium 中,代码 Cache 和数据 Cache 二者分开,从而减少了指令预取和数据操作之间可能发生的冲突,并可提高命中率。Cache 命中是指读取数据时,此数据正好已经在 Cache 中,这样使存取速度很快,所以,命中率成为 Cache 的一个重要性能指标。Pentium 的数据 Cache 有两个端口,分别用于两条流水线,以便同时和两条流水线交换数据。

4. 指令预取部件、指令译码器、控制 ROM 和分支目标缓冲器

指令预取部件从代码 Cache 预先取指令,以免处理器等待,从而充分利用 CPU 的速度。指令预取部件每次取两条指令,如果是简单指令,并且后一条指令不依赖于前一条指令的执行结果,那么,便通过指令译码器译码后,将两条指令分别送到 U 流水线和 V 流水线执行。Pentium 的指令译码器中有两个并行工作的译码部件,分别为 U、V 两条流水线进行指令译码。

对绝大部分指令而言,Pentium 可用并行方式做到每个时钟周期完成对两条指令的译码,并将两条指令分别送到 U、V 两条流水线,这样,保证在流水线方式下,平均每个时钟周期执行两条指令。

当指令译码器遇到复杂指令时,Pentium 通过控制 ROM 将其转换成对应的微程序,再送到 U、V 流水线执行。控制 ROM 中含 Pentium 复杂指令对应的微程序。

分支目标缓冲器(branch target buffer,BTB)在遇到分支转移指令时用来预测转移是否发生,并据此为分支指令处的指令提供预取地址。

5. 控制部件

控制部件的功能是通过对来自指令译码器和控制 ROM 中微程序的解析,控制 U、V 两条流水线和浮点处理部件正常运行。

6. 浮点处理部件

浮点处理部件 FPU 主要用于浮点运算,Pentium 的 FPU 由接口、浮点寄存器组、浮点控制部件、浮点指数功能部件、浮点加法部件、浮点乘法部件、浮点除法部件和浮点舍入部件8 个部件构成。Pentium 的 FPU 也是按流水线机制执行指令,其流水线分为 8 级,这样,可对应每个时钟周期完成一个浮点操作。实际上,它是 U 流水线的补充,浮点运算指令的前 4级也在 U 流水线中执行,然后移到 FPU 中完成运算过程。浮点运算流水线的前 4 个步骤与整数流水线的前 4 级一样,即取指、首次译码、二次译码和指令执行,后 4 个步骤为一次浮点操作、二次浮点操作、写入浮点运算结果和出错报告。此外,由于对加、乘、除这些常用浮点指令采用专门的硬件电路实现,所以,大多数浮点运算指令可对应一个时钟周期即执行完毕。有了 FPU 以后,使得在运行密集浮点运算指令的程序时,运算速度得到提高。

Pentium 的浮点处理部件不仅支持 32 位单精度浮点运算,而且支持 64 位双精度浮点运算和 80 位的扩展精度浮点运算,此外,还配置了三倍精度浮点运算的部件,极大地提高了浮点部件的性能。

7. 分段部件和分页部件

Pentium 系统的存储管理是通过 CPU 内部的分段部件和分页部件进行的,称为片内二级存储管理。分段部件将程序提供的逻辑地址转换为线性地址,这是通过段描述符机制结合指令中给出的偏移量计算出来的;分页是在分段基础上进一步把存储段分为固定大小的页面。因为大部分程序在一个时间段只访问很少的页面,所以,有了分页功能之后,可以使内存只保留程序中被访问的页面,从而减轻内存的负担。有关分段部件和分页部件以及相关的转换后援缓冲器(translation lookaside buffer,TLB)的功能,后面的章节将对此作详细讲解。

2.6 Pentium 的寄存器和相关机制

如图 2.21 所示,Pentium 的寄存器分为如下 3 类。

(1) **基本寄存器组**:包括通用寄存器、指令指针寄存器、标志寄存器和段寄存器。

(2) **系统寄存器组**:包括地址寄存器、控制寄存器、调试寄存器和测试寄存器。

(3) **浮点寄存器组**:包括数据寄存器、标记字寄存器、状态寄存器、控制字寄存器、指令指针寄存器和数据指针寄存器。

系统寄存器组只供系统程序访问,其他两组寄存器则供系统程序和应用程序共同访问。

2.6.1 基本寄存器组

1. 通用寄存器

Pentium 有 8 个 32 位的通用寄存器,它们都是 16 位 CPU 中通用寄存器的扩展,故命名为 EAX、EBX、ECX、EDX、ESI、EDI、EBP 和 ESP,用来存放数据或地址。为了和 16 位 CPU 兼容,每个通用寄存器的低 16 位可独立存取,此时,它们的名称分别为 AX、BX、CX、DX、SI、DI、BP、SP,此外,为了和 8 位 CPU 兼容,前 4 个寄存器的低 8 位和次低 8 位也可独立存取,分别称为 AL、BL、CL、DL 和 AH、BH、CH、DH。

2. 指令指针寄存器和标志寄存器

32 位的指令指针寄存器 EIP 用来存放下一条要执行的指令的地址偏移量,寻址范围为 4GB。为了和 8086 兼容,EIP 的低 16 位可作为独立指针,称为 IP。

32 位的标志寄存器 EFLAGS 是在 8086 标志寄存器基础上扩展的,用来存放状态标志、控制标志以及系统标志,如图 2.22 所示。

其中,CF、PF、AF、ZF、SF、TF、IF、DF 和 OF 这 9 个标志的含义、作用和 8086 中的一样。下面几个标志是新扩展的,含义如下。

(1) **IOPL**:I/O 特权级标志。用 0、1、2、3 共 4 个值对应输入/输出的特权级 0～3。仅用于保护方式,它用来限制 I/O 指令的使用特权级。

(2) **NT**:任务嵌套标志。指出当前执行的任务是否嵌套于另一任务中。

(3) **RF**:恢复标志。调试失败后,通过此位置 1 来强迫程序恢复执行,当指令顺利执行时,RF 自动清 0。

(4) **VM**:虚拟 8086 方式标志。当 VM 为 1 时,使 Pentium 工作于虚拟 8086 方式。

```
        31        16 15         0
EIP    [          |          ]    IP
                   15          0
                  [          ]    CS
                  [          ]    DS
                  [          ]    SS
                  [          ]    ES
                  [          ]    FS
                  [          ]    GS

        31        16 15  8 7    0
EAX    [          | AH  | AL ]   AX
EBX    [          | BH  | BL ]   BX
ECX    [          | CH  | CL ]   CX
EDX    [          | DH  | DL ]   DX

        31        16 15         0
ESP    [          |          ]   SP
EBP    [          |          ]   BP
ESI    [          |          ]   SI
EDI    [          |          ]   DI

        31                     0
EFLAGS [                      ]

        47              16 15        0
GDTR   [   线性地址      |  界限   ]
IDTR   [   线性地址      |  界限   ]

                   15          0
LDTR              [          ]
TR                [          ]

        31        16 15         0
CR0    [          |          ]   MSW
CR1    [                     ]
CR2    [                     ]
CR3    [                     ]

        31                     0
DR0    [                     ]
DR1    [                     ]
DR2    [                     ]
DR3    [                     ]
DR4    [                     ]
DR5    [                     ]
DR6    [                     ]
DR7    [                     ]

        31                     0
TR6    [                     ]
TR7    [                     ]
```

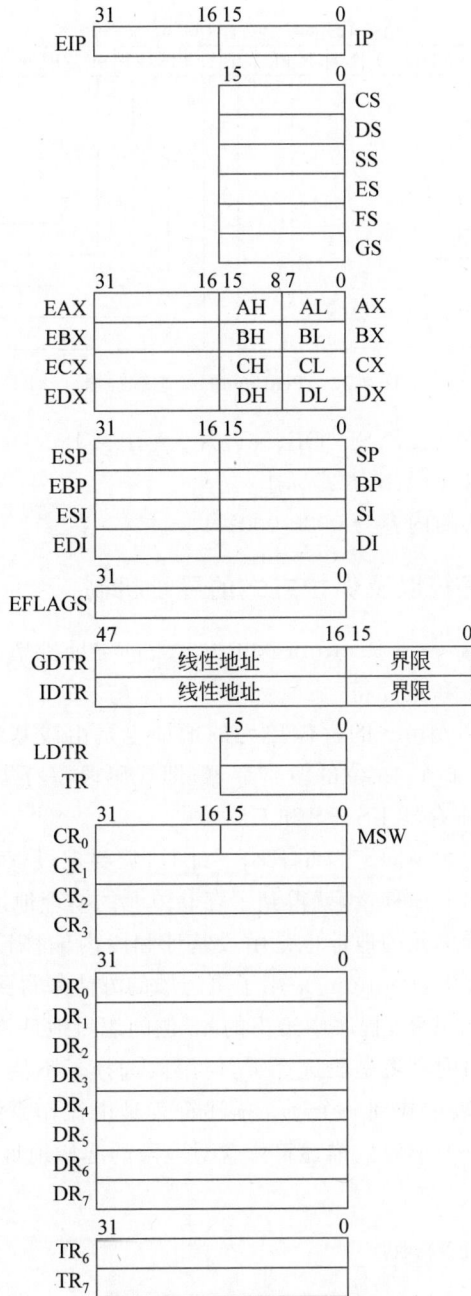

图 2.21　Pentium 的寄存器

（5）**AC**：对准检查标志。在对字、双字、四字数据访问时，此位用来指出地址是否对准字、双字或四字的起始字节单元。

（6）**VIF**：虚拟中断允许标志。此位为 1 表示在虚拟 8086 方式下，中断允许。

（7）**VIP**：虚拟中断禁止标志。此位为 1 表示在虚拟 8086 方式下，当前不允许中断。

（8）**ID**：CPUID 指令允许标志。此位为 1 时，允许使用 CPU 标识指令 CPUID 来读取标识码。

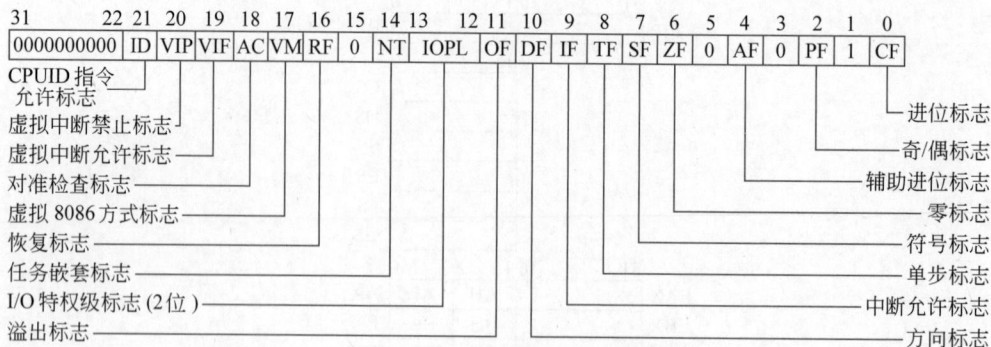

图 2.22　Pentium 的标志寄存器

上述标志中,CF、PF、AF、ZF、SF、OF、NT、AC、VIF、VIP、ID 为状态标志,DF、IF、TF、IOPL 为控制标志,VM、RF 为系统方式标志。

复位以后,标志寄存器的内容为 0000 0002H。

2.6.2　段寄存器和描述符以及保护方式的寻址机制

本节结合介绍段寄存器讲述 Pentium 保护方式下的寻址机制。

1. 段寄存器、段选择子和描述符

和 16 位 CPU 类似,Pentium 的存储单元的地址也是由段基址和段内偏移量构成的。为此,Pentium 内部设置了 6 个 16 位的段寄存器,即代码段寄存器 CS,数据段寄存器 DS,堆栈段寄存器 SS,附加段寄存器 ES、FS 和 GS。

在实地址方式,每段的大小固定为 64KB,寻址时,只要把段寄存器中的值左移 4 位,就得到对应段的基地址,再加上偏移量,就得到了存储单元的物理地址。

在保护方式下,存储器单元的地址也是由段基址和段内偏移量构成,不过,为了得到更大的存储空间,在保护方式下,Pentium 采用了更巧妙的方法来得到段基址和段内偏移量。

如图 2.23 所示,保护方式下,程序中给出的 48 位的逻辑地址被分为段选择子和段内偏移量两部分,段寄存器中的内容就是段选择子,但用段选择子不能直接获得段基址,而是要用段选择子的值从描述符表中找到一个项。描述符表是由操作系统建立的,表内每一项称为描述符,每个描述符对应一个段。描述符中含对应段的起始地址即段基址,另外还含相关段的其他信息。

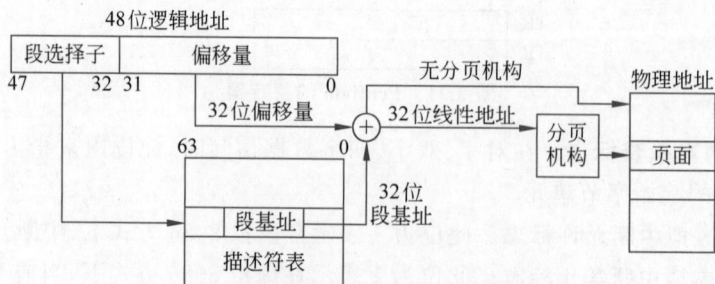

图 2.23　逻辑地址、线性地址和物理地址

可见,在保护方式下,Pentium 的段寄存器并不真正存放段地址,而是存放段选择子,只

是从名称上沿用了 8086 中的叫法而已。CS 中的段选择子指向代码段对应的段描述符,由此可以找到当前代码段的段基址。与此类似,SS 指向当前堆栈段对应的段描述符,DS 指向当前数据段对应的段描述符,而 ES、FS、GS 指向当前 3 个附加段对应的段描述符。

每个描述符含 8 字节,包含段基址、段长度、段的特性等信息。寻址时,通过段选择子从描述符表中获得一个描述符,再从描述符中得到 32 位的段基址,然后加上逻辑地址中的 32 位偏移量,就可得到一个存储单元的地址,这个地址称为线性地址,是 32 位的。如果在存储器管理中没有分页机制,那么线性地址就是物理地址,如果采用分页机制,那么还要通过分页机构将线性地址转换成物理地址。

2. 描述符表

在 Pentium 中有 3 种描述符表,全局描述符表(global descriptor table,GDT)、局部描述符表(local descriptor table,LDT)和中断描述符表(interrupt descriptor table,IDT)。每个描述符表中,最多可含 $8192(2^{13})$ 个描述符,每个描述符对应一个存储段。

一个系统中,GDT 和 IDT 都只能有一个,而 LDT 可以有多个,每个 LDT 对应一个任务。IDT 和每个 LDT 本身也各对应一个存储段,所以也各对应一个描述符放在 GDT 中。

GDT 包含了系统各公用段所对应的描述符,公用段包括操作系统使用的代码段、数据段和堆栈段,IDT 和所有 LDT 占用的段,以及每个任务对应的任务状态段等。每个任务对应一个 LDT,一个 LDT 中包含了对应任务使用的代码段、数据段和堆栈段的描述符,但其状态段对应的描述符在 GDT 中。

在多任务系统中,任务切换时,LDT 也跟着切换,但 GDT 保持不变,所以,LDT 映射的地址空间是随着任务而变的,GDT 映射的地址空间是所有任务共有的。一个任务运行时,与此相关的 GDT 和 LDT 映射的两部分地址空间可以达到 $4GB \times 8\ 192 \times 2 = 64TB$。

3. 保护方式的寻址机制

段选择子的格式如图 2.24 所示,包含 3 部分的内容。

(1) **描述符表指示标志 TI(table indicator)**: TI 为 0 时,将从 GDT 检索描述符;TI 为 1 时,将从 LDT 检索描述符。

(2) **描述符索引 DI(descriptor index)**: 13 位的 DI 可以检索 $2^{13} = 8\ 192$ 个描述符,每个描述符占 8 字节。在检索时,DI 乘以 8 即为描述符在 GDT 或 LDT 中的偏移量。

(3) **请求特权级 RPL(request privilege level)**: 占两位的请求特权级用来定义对应存储段的特权级,可为 0~3 级,0 级最高,3 级最低。

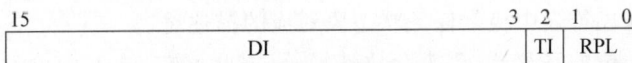

15	3	2	1	0
DI		TI	RPL	

图 2.24 段选择子的结构

每个描述符占 8 字节,包含 32 位的段基址、20 位的界限即段长度和 12 位的段属性。段基址和段界限各自分为几部分而不是连续存放。段属性包括可读/写性、段的类型(系统段还是非系统段,代码段、堆栈段还是数据段)、是否被访问过等。对于不同的段,描述符中对应段属性的各数位定义有所不同,这可通过查找手册获悉详细的信息。图 2.25 表示了存储段描述符的基本格式,这个格式和大多数存储段描述符相符合。在讲解存储器的章节中将对描述符结合存储管理进行具体说明。

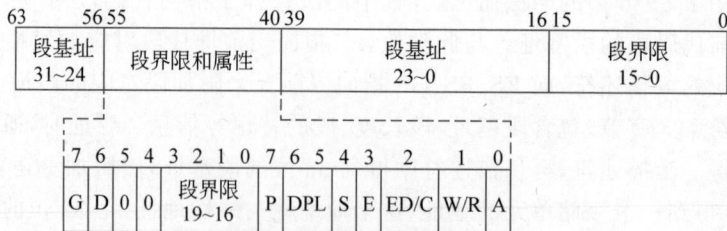

图 2.25 段描述符的基本格式

如图 2.26 所示,概略地说,保护方式下的寻址机制是:由段选择子获得段描述符,由段描述符获得对应段的段基址,此外,还获得段界限、段的读/写类型等信息,于是进入相应的代码段、数据段或堆栈段。

2.6.3 系统寄存器组

Pentium 的系统寄存器包括 4 个系统地址寄存器、8 个调试寄存器、5 个控制寄存器和 18 个测试寄存器。

1. 系统地址寄存器

系统地址寄存器包括全局描述符表寄存器(global descriptor table register,GDTR)、中断描述符表寄存器(interrupt descriptor table register,IDTR)、任务状态寄存器(task state register,TR)

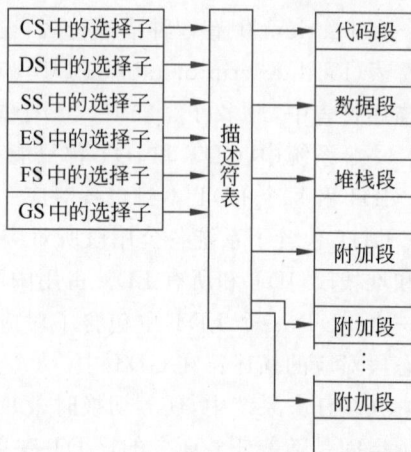

图 2.26 保护方式下段地址的产生

和局部描述符表寄存器(local descriptor table register,LDTR)。这些寄存器的内容都是计算机启动时由操作系统设置的。

GDTR 和 IDTR 都是 48 位的寄存器,分别存放 GDT 和 IDT 的 32 位线性基地址和 16 位的界限值。

Pentium 为每个中断定义了一个中断描述符,当出现中断时,系统把中断向量作为索引从 IDT 中得到一个中断描述符,描述符中含相应的中断处理程序的指针。

Pentium 为每个任务配置一个任务状态段(task state segment,TSS),用来表示此任务的运行状态,TR 是一个 16 位的寄存器,存放当前任务的状态段选择子。通过这个 16 位的选择子,可在全局描述符表中检索任务状态段对应的描述符。

LDTR 也是 16 位的寄存器,用来存放选择子,据此可在 GDT 中检索到当前 LDT 对应的描述符,再据此描述符获得当前 LDT 的基地址。LDT 是针对某个任务而建立的,当一个任务运行中要访问存储器时,需要用选择子(注意,是另一个选择子)在局部描述符表中查找段描述符,而段描述符中含对应段的 32 位的线性基地址和 16 位的界限值。

要注意的是,LDTR 中的选择子是由操作系统启动时设置的,而任务运行时在局部描述符表中查找描述符用的选择子是由任务本身设置的。

图 2.27 表示这 4 个系统地址寄存器的结构。

2. 控制寄存器

如图 2.28 所示,Pentium 内部有 5 个 32 位的控制寄存器 $CR_0 \sim CR_4$,用来设置和保存机器的各种全局性状态,例如,是否存在浮点部件、是否处于保护模式等,这些状态影响系统所有任务的运行。控制寄存器的内容可以被应用程序读取,例如,用 MOV EAX,CR2 指令就可以读取 CR_2 中的值,但多数操作系统禁止应用程序对控制寄存器进行写操作。控制寄存器主要是供操作系统使用的,因此操作系统设计人员需要熟悉这些寄存器。

1) CR_0

CR_0 用来保存系统的标志,这些标志用来表示 CPU 的状态或者控制 CPU 的工作模式。CR_0 的低 16 位称为机器状态字(machine status word,MSW),如图 2.29 所示。

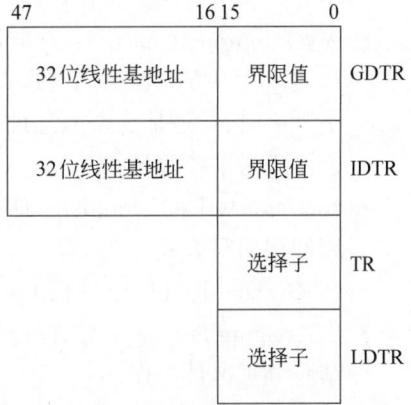

图 2.27　4 个系统地址寄存器的结构

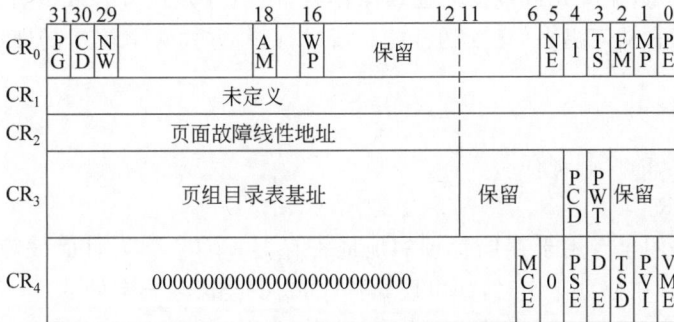

图 2.28　Pentium 的控制寄存器

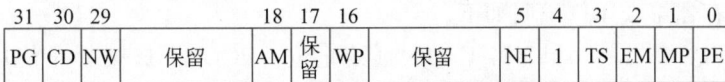

图 2.29　Pentium 的 CR_0 寄存器

CR_0 各位的含义如下。

- PE(protection enable):保护方式允许位。PE 为 1 时,启动系统进入保护方式;PE 为 0 时,则为实地址方式。
- MP(monitor coprocessor):协处理器监控位。若 MP 为 1,则 CPU 在执行 WAIT 指令时,会产生一个"协处理器无效"信号,从而使协处理器不参与运行。
- EM(emulate coprocessor):浮点处理部件控制位。若 EM 为 1,则不支持浮点处理。只有当 EM 为 0 时,才支持浮点处理。
- TS(task switched):任务切换位。在任务切换时,CPU 使 TS 置 1,以保持不同任务的数据隔离。
- NE(numerics exception):浮点异常控制位。NE 为 1 时,若执行浮点运算出现故障,则进入异常中断处理,否则通过外部中断作处理。
- WP(write protect):写保护控制位。WP 为 1,则对用户使用的页面进行写保护,即不允许系统程序对其作修改。

- AM(alignment mask)：对准标志控制位。当标志寄存器的 AC 位有效时，此位为 1，表示在对存储器访问时进行对准校验。在存储器访问时，如没有对准，例如，访问一个字时，首地址为奇数地址，或者访问一个双字时，首地址不是 4 的倍数，那么，就会出现对准校验异常。
- NW(not write through)：通写/回写方式控制位。NW 为 0，则允许采用通写方式，否则用回写方式。
- CD(Cache disable)：片内 Cache 禁止位。只有该位为 0 时，才能使用片内 Cache。
- PG(paging enable)：允许分页位。PG 为 1 时，启动 Pentium 分页部件；PG 为 0 时，禁止分页部件工作。

CD 和 NW 是片内 Cache 的控制位。CD 为 0 才能使用片内 Cache，NW 则控制 Cache 的通写/回写方式。通写方式是指 Cache 中的数据修改以后，也同时对主存中的数据作修改。回写方式是指 Cache 中的数据修改以后，不是立即对主存作修改，只有必须写入时才写回主存。在对一个数据单元或数据区连续操作时，用回写方式可有效节省 Cache 和主存之间的数据交换时间，从而提高 CPU 的性能。所以，回写方式效率较高，但回写方式的 Cache 控制器更加复杂。

2) CR_1

CR_1 是未定义的控制寄存器。

3) CR_2 和 CR_3

实际上，这是两个专用于存储管理的地址寄存器。CR_2 称为页面故障地址寄存器，用来存放故障地址。在分页操作时，如出现异常，CR_2 中会保存异常处的 32 位线性地址，但只有 CR_0 中 PG 位为 1 时，CR_2 才有效。CR_3 的前 20 位用来放一个表的起始地址，此表称为页组目录表，在后面章节将对此概念作具体说明。

对 CR_3 寄存器第 3、4 位说明如下。

- PCD(page Cache disable)：Cache 页禁止位。PCD 为 1，则禁止使用片外 Cache；PCD 为 0，则允许使用片外 Cache。
- PWT(page write through)：页通写位。PWT 为 1，则当前访问的 Cache 用通写方式，否则用回写方式。

4) CR_4

CR_4 只用了最低 7 位中的 6 位，其余 26 位均为 0。所用位的含义如下。

- VME：虚拟 8086 模式扩充：VME 为 1，则允许虚拟 8086 方式；VME 为 0 则禁止。
- PVI：保护虚拟模式中断：在保护模式下，PVI 为 1，则允许中断；PVI 为 0 则禁止。
- TSD：读时间计数器指令的特权设置：只有 TSD 为 1 时，才能使读时间计数器指令 RDTSC 作为特权指令可在任何时候执行，否则仅允许在系统级执行。
- DE：断点有效位：DE 为 1，则支持断点设置；DE 为 0 则禁止。
- PSE：页面扩展位：PSE 为 1 则页面尺寸为 4MB，否则为 4KB。
- MCE：允许机器检查位：MCE 为 1，则允许机器检查异常。

3. 调试寄存器

Pentium 有 8 个调试寄存器 $DR_0 \sim DR_7$，用于设置断点和进行调试。这些寄存器可用

MOV 指令进行访问,其格式如图 2.30 所示。

图 2.30　Pentium 的调试寄存器

$DR_0 \sim DR_3$ 分别用来存放断点的 32 位线性地址。在调试过程中,可一次性设置 4 个断点。程序运行时,当执行到与断点的线性地址一致处,便会停顿下来,并显示当前各个寄存器的状态,以便程序员进行分析。

DR_4 和 DR_5 是 Intel 公司为自己保留的。

DR_6 是调试状态寄存器,在调试过程中,用来报告断点处的状况。其中,$B_0 \sim B_3$ 分别表示 4 个断点的调试状态,在进入调试状态时为 1,退出调试状态时为 0。BD、BS、BT 位分别表示各种操作状态。当指令试图读/写调试寄存器时,BD 为 1;BS 位反映单步调试状态,当标志寄存器中 TF 为 1 进行单步调试时,BS 也为 1;BT 位用于多任务之间的切换,当发生任务切换时,BT 为 1。

DR_7 是配合断点设置的断点控制寄存器。

其中,$RW_0 \sim RW_3$ 分别占 2 位,对应 $DR_0 \sim DR_3$ 中的 4 个线性地址。这 2 位如为 00,则在指令执行到断点地址时不管什么状况都产生中断;如为 01,则在断点地址处写数据时产生中断;10 未定义;如为 11,则在断点地址处读/写数据时均产生中断。

$LEN_0 \sim LEN_3$ 也分别占 2 位,用来指定断点地址的字节数。这 2 位如为 00,则表示断点地址为 1 字节;如为 01,则表示断点地址为 2 字节;10 未定义;如为 11,则表示断点地址为 4 字节。

例如,DR_2 中指定 0022 2220H 这个线性地址作为断点,此时,如 LEN_2 为 00,则系统只把 0022 2220H 作为断点地址;如 LEN 为 01,则系统将 0022 2220H 和 0022 2221H 这 2 字节作为断点地址范围;如 LEN 为 11,则将 0022 2220H ～ 0022 2223H 这 4 字节都作为断点地址的有效范围。作出这种规定是因为所设断点有时并不处在一条指令的结束处,而可能必须再延续 1 字节甚至 3 字节才正好执行完 1 条指令,从而可以作为真正的断点停下来。

GE 和 LE 专用于断点设置在传输数据指令处的状况,当断点设置在数据传输指令处时,如果这 2 位为 1,就能保证数据传输指令能正确完成。其原因是这类指令总是多字节的,所以,可能出现断点正好处于指令的非结束处,现在有了 GE 和 LE 的控制,就可避免出错。

GD 提供一种特别保护,GD 为 1 时,禁止应用程序对所有调试寄存器进行访问。

$L_0 \sim L_3$ 以及 $G_0 \sim G_3$ 在多任务调试时分别对应 4 个断点进行开放控制,$L_3 \sim L_0$ 是局部开放控制位,$G_3 \sim G_0$ 是全局开放控制位。如 $L_0 \sim L_3$ 为1,则从一个任务切换到另一个任务时,会自动清除断点,从而避免在新的任务运行中出现不希望的断点。可见,一般在单任务程序调试中,才使 $G_0 \sim G_3$ 为1,从而使断点一直起作用,而多任务情况下,应该使 $L_0 \sim L_3$ 为1,而 $G_0 \sim G_3$ 为0。

有关调试寄存器的更具体的格式细节,此处不再赘述。

4. 测试寄存器

Pentium 的测试寄存器一共有18个,用寄存器号来区分。每个测试寄存器对应一个特定的测试项,例如,测试寄存器2对应奇/偶校验错误测试,寄存器12H对应计数器0的性能测试……具体细节可通过查阅相关手册来了解。Pentium 在指令系统中,为访问这些寄存器添加了读/写指令 RDMSR 和 WRMSR。使用这两条指令时先在 ECX 寄存器中设置寄存器号,然后可按相关手册说明来设置和读取对应寄存器中的内容。

测试寄存器00H和01H是64位的,读/写的内容在 EDX:EAX 中,其余测试寄存器均为32位,读/写的内容在 EAX 中。

2.6.4 浮点寄存器组

Pentium 内部有浮点处理部件(FPU),与之相配的有8个数据寄存器、1个标记字寄存器、1个状态寄存器、1个控制字寄存器、1个指令指针寄存器和1个数据指针寄存器。

1. 数据寄存器

8个数据寄存器 $R_0 \sim R_7$ 每个为80位,相当于20个32位寄存器。每个80位寄存器中,1位为符号位,15位作为阶码,64位为尾数,以此对应浮点运算时扩展精度数据类型。

2. 标记字寄存器

标记字寄存器是一个16位的寄存器,用标记来指示8个数据寄存器的状态,每个数据寄存器对应标记字寄存器中的2位,数据寄存器 R_0 对应标记字寄存器中的1位、0位,以此类推,R_7 对应标记字寄存器中的15位、14位。通过标记字来表示对应数据寄存器是否为空,这种功能可使 FPU 更加简捷地对数据寄存器作检测。

3. 状态寄存器

16位的状态寄存器用来指示 FPU 的当前状态,如图2.31所示。

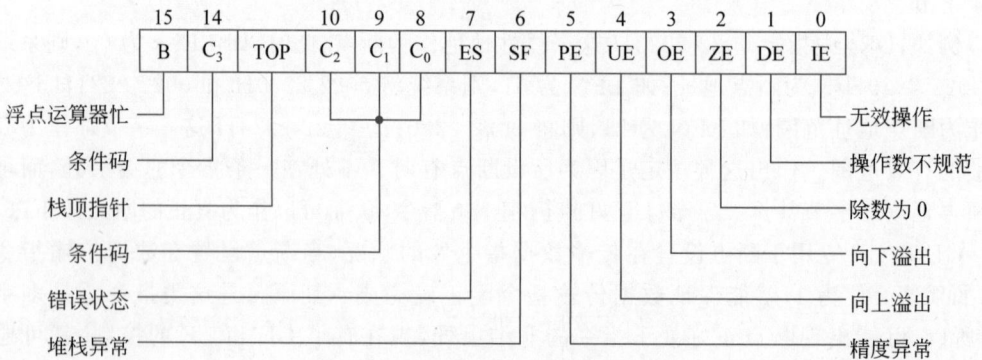

图 2.31 Pentium 的 FPU 状态寄存器

状态寄存器中的 $C_0 \sim C_3$ 被称为条件码,其实是控制位。这几个代码可用 SAHF 指令进行设置,也可用 FSTSW AX 指令读取,然后,程序中可以此为条件实现某种选择,条件码之名正是由此而来。

TOP 是栈顶指针。

4. 控制字寄存器

如图 2.32 所示,控制字寄存器的低 6 位分别用来对 6 种异常进行屏蔽,这些屏蔽位和状态寄存器的标志位一一对应。

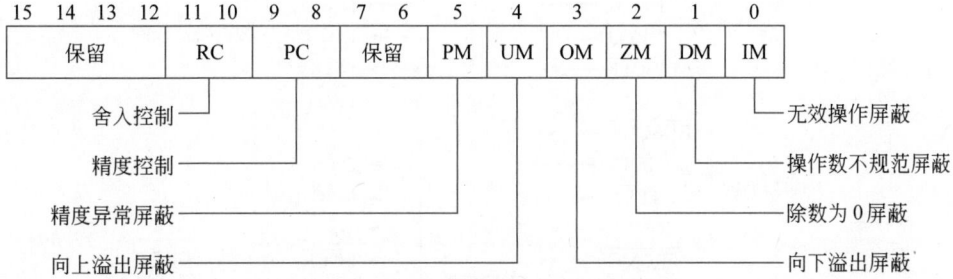

图 2.32 Pentium 的 FPU 控制字寄存器

PC 占 2 位,用作精度控制,可选 24 位单精度(00),53 位双精度(10)和 64 位扩展双精度(11),01 保留。

RC 也占 2 位,用作舍入控制,可设置为靠近偶数舍入(00)、向下舍入(01)、向上舍入和截断舍入(11)。

这些舍入方式的含义如下所述。例如,浮点运算结果为 x,与 x 最靠近的两个数为 m 和 n,并且,$n < x < m$,靠近偶数舍入的含义是指将 x 舍入为 m 和 n 中末位为 0 的那个偶数,如两个均为偶数,则取差值偏小者;向下舍入的含义是指将 x 舍入为 n,这是指往 $-\infty$ 方向舍入;向上舍入的含义是将 x 舍入为 m,指往 $+\infty$ 方向舍入;截断舍入的含义是从 m 和 n 中选择绝对值小的那个数作为舍入值,这是指往 0 方向舍入。

5. 指令指针和数据指针寄存器

指令指针和数据指针寄存器用来提供发生故障的指令的地址及数据操作对应的存储器的地址。

2.7　Pentium 的主要信号

Pentium 由于增加了功能,也使信号数量比 16 位 CPU 有所增加,图 2.33 按功能类型标出了 Pentium 的主要信号,下面对这些信号作说明。

1. 地址线及控制信号

- $A_{31} \sim A_3$:地址线。
- AP:地址的偶校验位。
- $\overline{\text{ADS}}$:地址状态输出信号。
- $\overline{\text{A20M}}$:A_{20} 以上的地址线屏蔽信号。
- $\overline{\text{APCHK}}$:地址校验出错信号。

对这些信号线作简要说明如下。

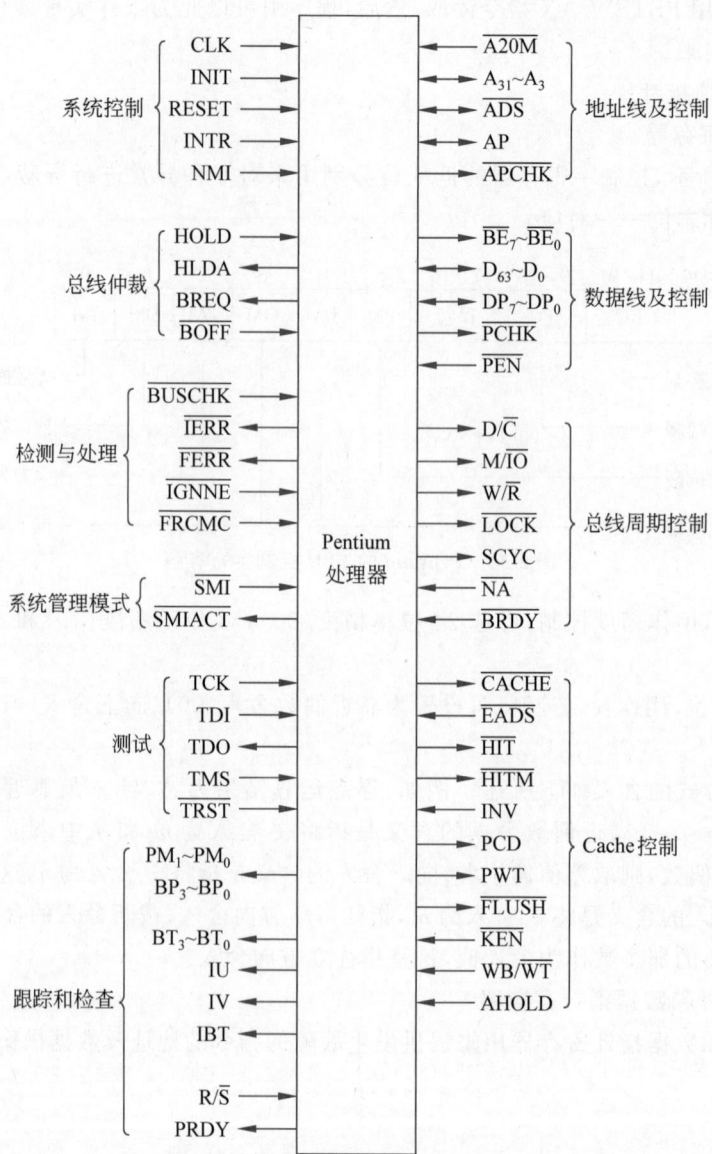

图 2.33　Pentium 的主要信号

（1）由于 Pentium 有片内 Cache，所以，和此前的一些 CPU 不同，Pentium 的地址线是双向的，既能对外选择主存和 I/O 设备，也能对内选择片内 Cache 的单元。Pentium 的 32 位地址线能寻址 4GB（0000 0000H～FFFF FFFFH）的物理存储器和 64KB（0000～FFFFH）的 I/O 端口。32 位地址信号中，低 3 位地址 A_2～A_0 组合成字节允许信号 $\overline{BE_7}$～$\overline{BE_0}$，所以，A_2～A_0 不对外。

（2）当 A_{31}～A_3 有输出时，AP 上输出偶校验码，供存储器对地址进行校验。在读取 Cache 时，如地址校验有错，则地址校验信号 $\overline{APCHK}$ 输出低电平。$\overline{ADS}$ 为地址状态信号，此信号有效表示启动 1 个总线周期。

（3）$\overline{A20M}$ 是为了与只有 20 位地址线的 ISA 总线兼容而设置的信号，此信号为 0 时，将屏蔽第 20 位以上的地址。

2. 数据线及控制信号

- $D_{63}\sim D_0$：数据线。
- $\overline{BE_7}\sim\overline{BE_0}$：字节允许信号。
- $DP_7\sim DP_0$：奇/偶校验信号。
- $\overline{PCHK}$：读校验出错。
- $\overline{PEN}$：奇/偶校验允许信号。

对这些信号作简要说明如下。

(1) Pentium 对外用 64 位数据线，所以数据总线为 $D_{63}\sim D_0$，并增加了奇/偶校验，在对存储器进行读/写时，每字节产生 1 个校验位，通过 $DP_7\sim DP_0$ 输出，在读校验出错时 $\overline{PCHK}$ 信号为有效电平，以告示读校验出错。

(2) $\overline{BE_7}\sim\overline{BE_0}$ 为字节允许信号，对应 8 字节(即 64 位)数据。

(3) 若 $\overline{PEN}$ 为低电平，则允许奇/偶校验。

3. 总线周期控制信号

- $D/\overline{C}$：数据/控制信号。高电平时表示当前总线周期传输数据，低电平时表示当前总线周期传输指令。
- $M/\overline{IO}$：存储器和 I/O 访问信号。高电平时访问存储器，低电平时则访问 I/O 端口。
- $W/\overline{R}$：读/写信号。高电平时表示当前总线周期进行写操作，低电平时则为读操作。
- $\overline{LOCK}$：总线封锁信号。低电平有效，此时将总线锁定，$\overline{LOCK}$ 信号由 LOCK 指令前缀来设置，用以锁定总线。此时，使其他总线主设备不能获得总线控制权，从而确保 CPU 完成当前操作。
- $\overline{BRDY}$：突发就绪信号。表示结束一个突发总线传输周期，此时外设处于"准备好"状态。
- $\overline{NA}$：下一个地址有效信号。从此端输入低电平时，CPU 会在当前总线周期完成之前就将下一个地址送到总线上，从而开始下一个总线周期，构成总线流水线工作方式。
- $\overline{SCYC}$：分割周期信号。表示当前地址指针未对准字、双字或四字的起始字节，因此，要采用 2 个总线周期完成数据传输，即对周期进行分割。

$M/\overline{IO}$、$D/\overline{C}$ 以及 $W/\overline{R}$ 信号和 16 位 CPU 的对应信号相同。$\overline{BRDY}$ 和 16 位系统中的 READY 信号类似，但有差别。READY 信号有效，表示结束一个普通传输周期；$\overline{BRDY}$ 有效，则表示结束一个突发传输周期。

4. Cache 控制信号

- $\overline{CACHE}$：Cache 控制信号。读操作时，如此信号有效，表示主存中读取的数据正在送入 Cache；写操作时，如此信号有效，表示 Cache 中修改过的数据正回写到主存。
- $\overline{EADS}$：外部地址有效信号。此信号为低电平时外部地址有效，此时可访问片内 Cache。
- $\overline{KEN}$：Cache 允许信号。确定当前总线周期传输的数据是否送到 Cache。
- $\overline{FLUSH}$：Cache 擦除信号。此信号有效时，CPU 强制对片内 Cache 中修改过的数据回写到主存，然后擦除 Cache。

- AHOLD：地址保持/请求信号。此信号有效时,强制地址信号浮空,为使地址线转到输入状态访问 Cache 作准备。
- PCD：Cache 禁止信号。高电平时,禁止使用片外 Cache。
- PWT：片外 Cache 的控制信号。高电平时使 Cache 为通写方式,低电平时为回写方式。
- WB/$\overline{\text{WT}}$：片内 Cache 回写/通写选择信号。此信号为1,则为回写方式;为 0 则为通写方式。
- $\overline{\text{HIT}}$ 和 $\overline{\text{HITM}}$：Cache 命中信号和命中 Cache 的状态信号。$\overline{\text{HIT}}$ 为低电平时,表示 Cache 被命中。$\overline{\text{HITM}}$ 为低电平时,表示命中的 Cache 被修改过。
- INV：无效请求信号。此信号为高电平时,使 Cache 区域成为无效。

对这些信号作简要说明如下。

(1) 如外部存储器子系统将 $\overline{\text{KEN}}$ 信号设置为低电平,就会在存储器读周期中将数据复制到 Cache。

(2) PCD 和 PWT 是用来控制片外 Cache 的。PCD 信号用来向外接 Cache 告示,当前访问的页面已在片内 Cache 中,所以,不必启用片外 Cache。PWT 信号有效时,对外接 Cache 按通写方式操作,否则按回写方式操作。

(3) AHOLD 和 $\overline{\text{EADS}}$ 信号用来保证 Cache 数据的一致性。当主存中某个数据被修改时,如这两个信号有效,Pentium 会检查此数据修改前是否在 Cache 中,如是,则应使 Cache 中的原数据无效,以保证数据的正确性和一致性。为此,在写操作后,通过外部电路将 AHOLD 置1,并将 $\overline{\text{EADS}}$ 置0,使地址处于高阻状态,然后,把被修改单元的地址输入地址总线,使外部地址有效,此时,Cache 系统对 Cache 中此数据作无效处理,从而保证 Cache 和主存的数据保持一致。

(4) $\overline{\text{HIT}}$、$\overline{\text{HITM}}$ 和 INV 用于一种特殊的称为询问周期的操作,在这种总线周期中,通过一个专用端口查询数据 Cache 和代码 Cache,以确定当前地址是否命中 Cache。如命中,则 $\overline{\text{HIT}}$ 为低电平;如不但命中 Cache,而且此数据已修改过,则 $\overline{\text{HITM}}$ 也为低电平。而 INV 端输入高电平时,使 Cache 不能访问。

5. 系统控制信号

系统控制信号包括 INTR、NMI、RESET、CLK 和 INIT 信号。这些信号中,除了 INIT 信号外,其他信号的名称和功能都和 16 位 CPU 中相同。INIT 信号称为初始化信号,和 RESET 信号的功能类似,都用于初始化,但两者有区别。一是 RESET 有效时,会使处理器在 2 个时钟周期内终止程序,即进行复位,而 INIT 有效时,处理器先将此信号锁存,直到当前指令结束时才执行复位操作;二是用 INIT 信号复位时,只对基本寄存器进行初始化,而 Cache 和浮点寄存器中的内容不变。但不管是用 RESET 信号还是用 INIT 信号,系统复位以后,程序均从 FFFF FFF0H 处重新开始运行。

6. 总线仲裁信号

总线仲裁信号包括 HOLD、HLDA、BREQ 和 $\overline{\text{BOFF}}$ 信号。

HOLD 和 HLDA 信号的含义及功能和 16 位 CPU 中相应信号相同。BREQ 和 $\overline{\text{BOFF}}$ 称为总线周期请求信号和强制让出总线信号。BREQ 信号有效时,向其他总线主设备告示,CPU 当前已提出一个总线请求,并正在占用总线。$\overline{\text{BOFF}}$ 信号的功能是强制 CPU 让出总线控制权,CPU 接到此信号时,立即放弃总线控制权。

需要说明的是,$\overline{BOFF}$和 HOLD 有类似之处,但有两点不同:一是$\overline{BOFF}$会使当前时钟周期一结束即让出总线控制权,此时总线周期并没结束,而 HOLD 则在当前总线周期结束时才让出总线控制权,所以可能还会持续一个或几个时钟周期,动作较慢;二是$\overline{BOFF}$没有对应的响应信号,而 HOLD 有响应信号 HLDA。外部总线主设备可用$\overline{BOFF}$信号快速获得总线控制权。

7. 检测与处理信号

- $\overline{BUSCHK}$:转入异常处理的信号。
- $\overline{FERR}$:浮点运算出错的信号。
- $\overline{IGNNE}$:忽略浮点运算错误的信号。
- $\overline{FRCMC}$:冗余校验信号,此信号有效使 CPU 进行冗余校验。
- $\overline{IERR}$:冗余校验出错信号,与$\overline{FRCMC}$配合使用,此信号有效表示冗余校验出错。

需要说明的是,$\overline{BUSCHK}$信号由外部电路输入,外部电路在检测到当前总线周期未正常结束时,将此信号置于低电平,CPU 采样到$\overline{BUSCHK}$有效时,会结束当前总线周期,转入异常处理。

此外,如采用到$\overline{FRCMC}$有效,则进行冗余校验,如校验出错,则$\overline{IERR}$输出低电平。

8. 系统管理模式信号

$\overline{SMI}$和$\overline{SMIACT}$分别称为系统管理模式中断请求信号和系统管理模式信号。前者是进入系统管理模式的中断请求信号,后者是对$\overline{SMI}$信号的响应信号。当$\overline{SMIACT}$有效时,表示中断请求成功,当前已处于系统管理模式。

9. 测试信号

- TCK:从此端输入测试时钟信号。
- TDI:用来输入串行测试数据。
- TDO:此端获得输出的测试数据结果。
- TMS:用来选择测试方式。
- $\overline{TRST}$:测试复位,退出测试状态。

10. 跟踪和检查信号

- $BP_3 \sim BP_0$ 以及 $PM_1 \sim PM_0$:$BP_3 \sim BP_0$ 是与调试寄存器 $DR_3 \sim DR_0$ 中的 4 个断点状态相对应的外部输出信号,$PM_1 \sim PM_0$ 是性能监测信号。
- $BT_3 \sim BT_0$:分支地址输出信号,用来输出分支地址的最低 3 位。
- IU 和 IV:IU 和 IV 分别为 U、V 两条流水线的状态指示信号,有效时表示流水线正在执行指令。
- IBT:指令发生分支指示。
- $R/\overline{S}$:探针信号输入端,此信号从高到低的跳变会使处理器停止执行指令而进入空闲状态。
- PRDY:PRDY 是对 $R/\overline{S}$ 的响应信号,输出高电平时表示 CPU 当前停止执行指令,从而可以进入测试。

这里,IU、IV、IBT 都是输出信号,可通过对其电平的检测来跟踪指令的执行。$PM_1 \sim$

PM_0 和 $BP_1 \sim BP_0$ 是复用的,由调试寄存器 DR_7 中的 GE 和 LE 两位确定,如两者为 1,则为 $BP_1 \sim BP_0$,指示 4 个断点是否实现正常功能,否则为 $PM_1 \sim PM_0$。

2.8 Pentium 的总线状态

与 16 位 CPU 一样,Pentium 的一个总线周期也由多个总线状态组成,不过,Pentium 可以少到用两个时钟周期完成一个总线周期。

1. Pentium 的 6 种总线状态

(1) T_1 状态:地址信号有效,$\overline{ADS}$信号也有效。

(2) T_2 状态:数据出现在数据总线上,如$\overline{BRDY}$信号有效,则当前周期为突发式总线周期,否则为单数据传输的总线周期。

(3) T_{12} 状态:流水线式总线周期中特有的状态,此时,系统中有两个总线周期并行进行。第一个总线周期进入 T_2 状态,正在传输数据,并且$\overline{BRDY}$信号有效;第二个总线周期进入 T_1 状态,地址和状态信号有效,并且$\overline{ADS}$信号也有效。

(4) T_{2P}状态:流水线式总线周期中特有的状态,此时,系统中有两个总线周期:第一个总线周期正在传输数据,但由于外设或存储器速度较慢,所以,$\overline{BRDY}$还未有效;第二个总线周期也进入第二个或后面的时钟周期。T_{2P}一般出现在外设或存储器速度较慢的情况下。

(5) T_D 状态:T_{12}状态后出现的过渡状态,一般出现在读/写操作切换的情况下,此时数据总线需要一个时钟周期进行过渡。

(6) T_I 状态:空闲状态,其实 T_I 不属于总线周期,$\overline{BOFF}$信号或 RESET 信号会使 CPU 进入此状态。

2. 总线状态之间的转换

图 2.34 是各个状态之间的转换关系。如果 CPU 没有总线请求,则一直处于等待状态 T_I。以下对应图中标号进行说明。

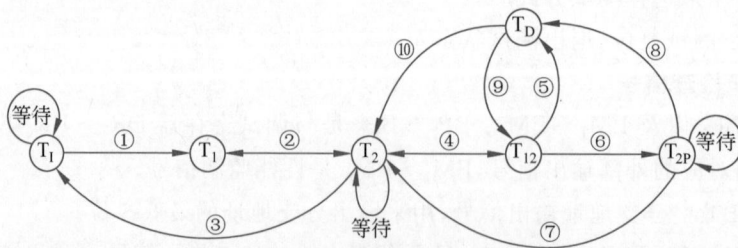

图 2.34 Pentium 的总线状态转换关系

(1) 如$\overline{ADS}$有效,则进入 T_1 状态,开始一个总线周期。

(2) 如$\overline{BOFF}$无效,并且只有一个未完成的总线周期,则由 T_1 进入 T_2 对数据作传输。在$\overline{BRDY}$有效的情况下,如在 T_2 结束前$\overline{NA}$有效,则启动第二个总线周期进入 T_1 状态,从而进入总线流水线方式。

(3) 在 T_2 状态如没有$\overline{NA}$信号,则结束一个总线周期回到 T_1 状态。

(4) 在总线流水线操作时,当 CPU 还在处理当前总线周期,而另一个总线周期请求开始,且$\overline{\text{NA}}$有效、$\overline{\text{ADS}}$也有效,则由 T_2 进入 T_{12},此时 CPU 有两个未完成的总线周期。在总线流水线操作时,CPU 完成第一、二个总线周期,且不需要过渡状态 T_D,则由 T_{12} 转到 T_2。

(5) 在流水线总线操作时,当两个总线周期需要读/写切换时,还需加一个过渡周期,则转到 T_D。

(6) 在流水线总线周期中,第一个总线周期由于外设或存储器较慢,所以还在传输数据,而第二个总线周期也已经进入后面的时钟周期,便转到 T_{2P}。

(7) 在流水线总线操作时,已完成第一个总线周期,且不需要过渡周期,则转到 T_2。

(8) 在流水线总线操作时,已完成第一个总线周期,但还需要过渡周期,则转到 T_D。

(9) 在 T_D 状态,如$\overline{\text{NA}}$有效则转 T_{12}。

(10) 在 T_D 状态,如$\overline{\text{NA}}$无效则转 T_2。

T_1、T_2 和 T_{2P} 处总线都可能等待,但等待原因不同。T_1 处无总线请求,所以处于空闲状态等待。T_2 处是由于外设或存储器没有准备好,从而$\overline{\text{BRDY}}$信号处于无效电平,而且又不是总线流水线方式,即$\overline{\text{NA}}$无效,于是,在 T_2 状态等待。如为流水线操作,由于外设或存储器没有准备好,而第一个总线周期未完成,所以以 T_{2P} 状态等待。

2.9　Pentium 的总线周期

CPU 用总线周期来完成对存储器和 I/O 接口的读/写操作以及中断响应。

Pentium 支持多种数据传输方式,可以是单数据传输方式,也可以是突发传输方式。单数据传输时,一次读/写操作通常用两个时钟周期,可进行 32 位数据传输,也可进行 64 位数据传输。自 80486/Pentium 起,增加了突发传输方式,用这种方式传输时,在 1 个总线周期中可传输 256 位数据。与此相对应,Pentium 的总线周期有多种类型。

按总线周期之间的组织方法来分,有流水线和非流水线类型。在流水线类型中,前一个总线周期中已为下一个总线操作进行地址传输;而在非流水线类型中,每个总线周期独立进行读/写操作,与其他总线周期无关。

按总线周期本身的组织方法来分,有突发式传输和非突发式传输类型。突发式传输时,连续 4 组共 256 位数据可在 5 个时钟周期中完成传输。非突发式传输即单数据传输时,通常用 2 个时钟周期构成 1 个总线周期传输单个数据,可为 8 位、16 位、32 位或 64 位。

下面对最常用的 3 种总线周期时序作说明。

1. 非流水线式读/写周期

非流水线式读/写周期至少含两个时钟周期,即 T_1 和 T_2,在外设或存储器较慢时,则需要多个 T_2 状态。在 T_1 状态,地址状态信号$\overline{\text{ADS}}$为低电平时,在 ADDR 上地址有效,W/$\overline{\text{R}}$如为低电平,则进入读周期,否则为写周期。整个总线周期中,$\overline{\text{NA}}$和$\overline{\text{CACHE}}$为高电平,因此,这是非流水线式的,也不对 Cache 进行读/写。在 T_2 时钟周期,如果$\overline{\text{BRDY}}$信号为低电平,则说明外设已准备好,于是进行数据传输,然后总线周期结束;如果$\overline{\text{BRDY}}$信号为高电平,则总线周期延长,即在 T_2 状态等待,直到 CPU 检测到$\overline{\text{BRDY}}$为低电平,才结束总线周期。图 2.35 是非流水线式读/写周期的时序图。

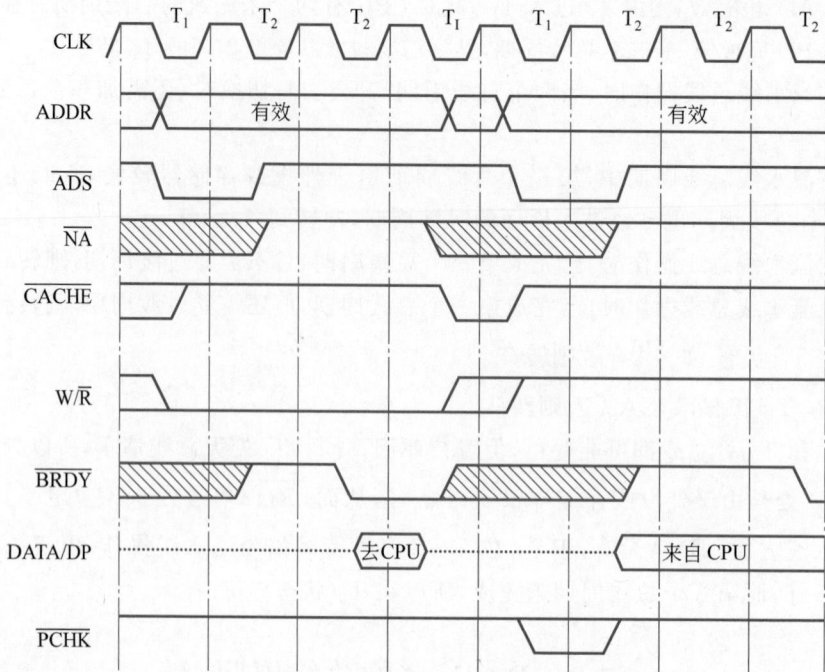

图 2.35　非流水线式读/写周期的时序图

2. 流水线式读/写周期

按这种总线周期类型,在前一个总线周期进行数据传输时,就产生下一个总线周期的地址。图 2.36 是流水线式读/写周期的时序图。

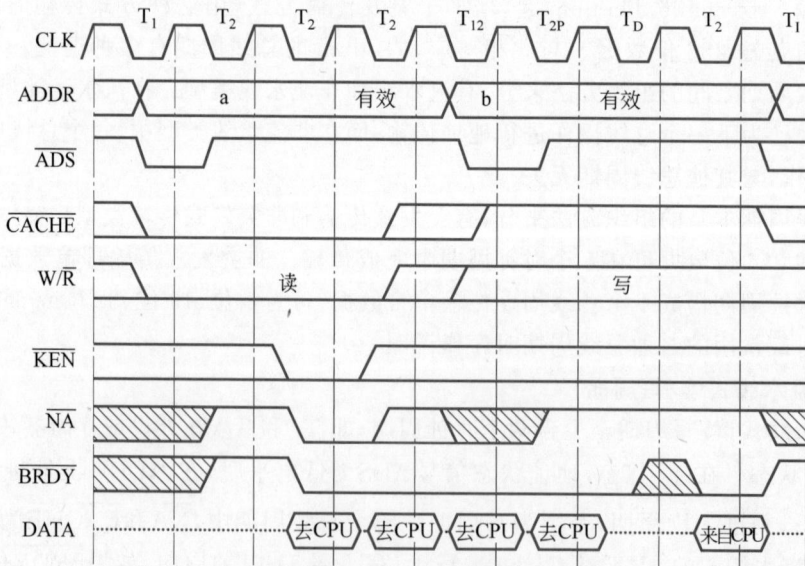

图 2.36　流水线式读/写周期的时序图

从图 2.36 中可看到,$\overline{ADS}$有效时,地址 a 出现在地址总线 ADDR 上,当$\overline{BRDY}$信号有效即外设或存储器处于"准备好"状态时,如下一个地址信号$\overline{NA}$为低电平,那么,这是用流水线方式运行的总线周期,此时,下一个地址 b 输出到地址总线上。这种总线周期的特点是,一个总线周期还未结束时,下一个总线操作已经开始。

3. 突发式读/写周期

突发式读/写周期是自 Pentium 新增的数据传输周期。突发式读周期也称块调用。图 2.37 是突发式读/写周期的时序图。

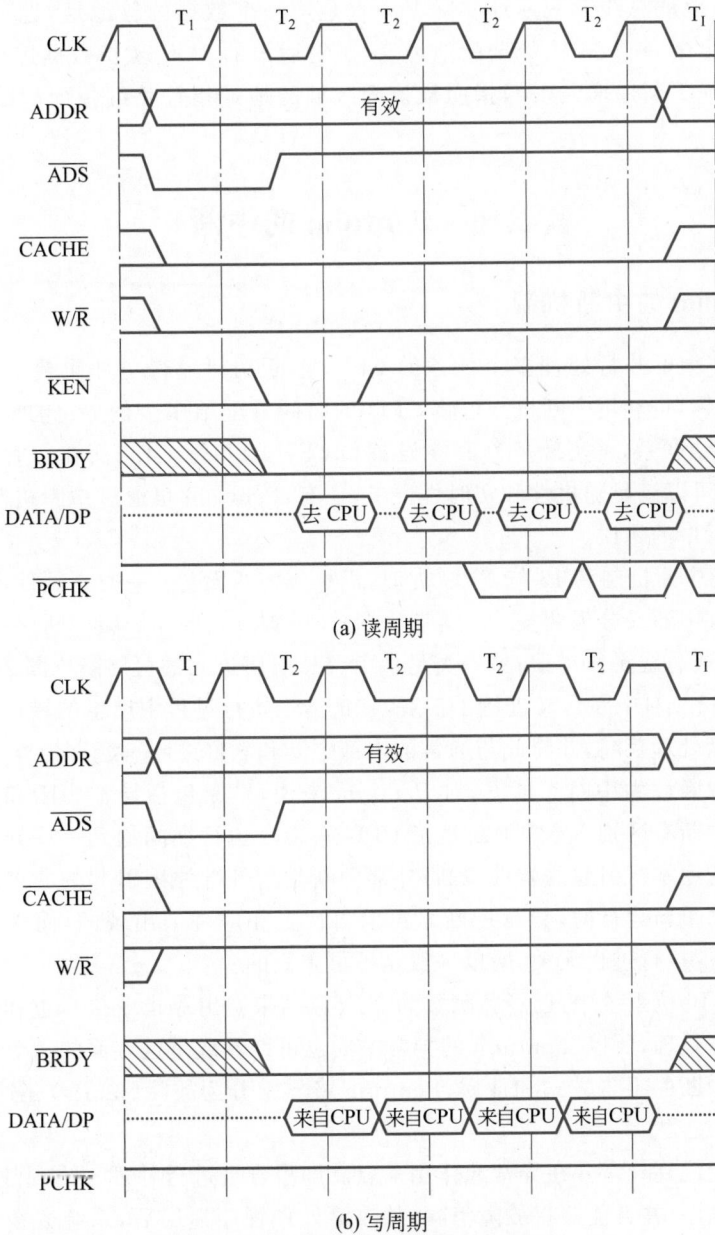

(a) 读周期

(b) 写周期

图 2.37 突发式读/写周期的时序图

用这种方式时,一次总线操作可读/写连续 4 个 64 位数据,从而加快信息存取。在整个周期中,外部电路将 $\overline{BRDY}$ 信号(而不是 $\overline{RDY}$ 信号)置为 0。突发式总线周期由 5 个时钟周期组成，在前两个时钟周期传输第一个 64 位数据，在后 3 个时钟周期，传输后 3 个 64 位数据，因此，用 5 个时钟周期共传输 256 位数据。在整个周期中，$\overline{\text{CACHE}}$信号都处于低电平，因为突发式传输都是和 Cache 有关。在第一个时钟周期，CPU 输出所访问数据的首地址和字节允许信号，并且$\overline{\text{ADS}}$有效。读操作时，第二个时钟周期中，$\overline{\text{KEN}}$输入低电平，这相当于通知 CPU 当前为突发式总线读周期。但是在写操作时，$\overline{\text{KEN}}$无效。在整个突发式周期中，地址总线上的地址实际上一直是第一个数据的首地址，也就是说，从处理器的角度只指出第一个 64 位数据的地址，为了对后面的 3 个 64 位数据进行操作，要通过外部电路将地址不断递增，这样，指向被访问区域的地址指针相继指向后续的 3 个 64 位数据。

2.10 Pentium 的中断

2.10.1 Pentium 的中断机制

Pentium 作为可并行处理多个任务的 CPU，中断功能显得更加重要。在多任务运行时，通过定时时钟，再利用中断机制可将 CPU 的时间分配给多个任务；此外，I/O 设备通过中断机制和 CPU 联系，可实现多个 I/O 设备和 CPU 的并行工作；而在实时处理和传输系统中，中断机制可以满足随机性和实时性要求；还有，Pentium 也通过中断机制来检测、报告和处理系统运行中的错误。

Pentium 的中断机制和 16 位 CPU 类似，仍然分为两大类：一类是硬件中断；另一类是软件中断。硬件中断又分为两类：一类是从 NMI 引脚进入的非屏蔽中断，用来处理电源故障、存储器出错或总线操作错误；另一类是从 INTR 引脚进入的可屏蔽中断。

不过，Pentium 对中断含义进行了扩展，它把指令执行过程中产生的错误以及错误处理过程也归为中断处理范畴，并将此与通常的内部中断和软件中断一起称为异常。为了区分，将传统的外部中断称为中断。可见，对 Pentium 来说，中断包括异常中断和外部中断。异常中断和外部中断有区别：异常中断是指 CPU 在指令执行期间遇到一些异常事件而产生的中断和中断指令本身引起的软件中断；外部中断是指外部原因引起的非屏蔽中断和可屏蔽中断。在程序重新运行时，异常中断是可以再次在相应环节出现的，而外部中断是随机的，和当前程序的执行过程无关，所以一般是不可重复的。

实际上，在 16 位系统中，已经将除数为 0、计算结果溢出等指令执行过程中产生的某些错误作为中断来处理，所以，Pentium 的异常中断也可以看成是这方面的一个延伸。

根据异常中断的报告方式和性质，Pentium 将异常分为故障（faults）、陷阱（traps）和异常终止（aborts）三类。

故障是指检测到异常并在异常起作用前就立即报告且进行处理。出现故障时，CPU 会进入故障处理程序，并且能够将故障消除，从故障处理程序返回后，系统会在引起故障的指令处重新启动程序，使程序往下执行。例如，应用程序访问存储器中一个页面，如果这个页面当前不在内存中，那么就会引起故障。此时，异常处理程序就会把相应的页面从硬盘装入。从异常处理程序返回以后，系统会重新从引起异常的访存指令运行程序，此时，就不再产生故障。所以，故障其实是一种调度机制，而不是通常意义上的问题和错误，对应用程序来说,故障的产生、发现、处理完全是透明的,没有受到任何影响。

陷阱是指执行某一条指令时产生异常,从而立即报告并进入中断处理的异常中断。出现陷阱中断以后,CS 和 EIP 寄存器中下面要执行的指令的地址保存到堆栈。实际上,这就是通常理解的软件中断。最典型的陷阱中断是断点中断,程序执行到断点处时,保存下一条指令的地址,然后显示断点处各寄存器的值,当外部操作使得退出断点中断时,便继续执行保存的下一条指令地址开始的程序。

只有异常终止中断才是真正遇到问题和处理问题,异常终止往往对应一个硬件错误或者一个非法的数值,此时会出现对错误的报告信息。

和 16 位 CPU 一样,Pentium 系统中也可以容纳 256 个中断,分别赋予中断类型号 0～255。其中,0～31 为系统保留的中断(包括非屏蔽中断),但现在还没有对这 32 个中断全部赋予定义。表 2.5 是 Pentium 的保留中断。

中断 0～4 的名称和含义与 16 位 CPU 中一样。

中断 5 为 BOUND 指令异常中断。此中断的功能是在 BOUND 指令执行过程中作界限检查,如指令中的操作数超过了界限,例如,数组下标超过了此前定义的界限,那么,就会产生此中断。

表 2.5　Pentium 的保留中断

中断类型号	含　义	中断类型号	含　义
0	除数为 0 中断	11	段不存在中断
1	单步中断	12	堆栈异常中断
2	非屏蔽中断	13	一般保护中断
3	断点中断	14	页故障中断
4	溢出中断	15	保留
5	BOUND 指令异常中断	16	浮点错误中断
6	无效操作码中断	17	对准检查中断
7	浮点部件不可用中断	⋮	保留
8	双故障中断	⋮	
9	保留	32～255	供用户定义的中断
10	无效任务状态段中断		

中断 6 为无效操作码中断。这是指令操作码为无效代码而引起的。例如,试图将某个数据装入段寄存器,又如,LOCK 前缀本来只用于写内存指令,如用于其他指令前,就会产生无效操作码中断。

中断 7 为浮点处理部件不可用中断,这是 CPU 调用浮点处理部件进行浮点运算、而控制寄存器 CR_0 中的 EM 为 1(即不支持浮点部件运行)而引起的。

中断 8 为双故障中断。Pentium 在进行异常处理时,如又遇到一个异常,那么,通常可对两个异常串行处理,如不能处理,就会产生双故障中断。例如,如果两个异常都是属于页面故障,则会产生双故障中断。而在调用双故障中断处理程序时,如又出现异常,则会使系统停机。

中断 10 为无效任务状态段中断。这是指多任务系统中,如试图将一个任务切换到一个无效任务状态段时,就会产生此中断。无效任务状态段,是指类似如下的情况:段的长度小于 67H;涉及的局部描述符表不存在;涉及的数据段不可读;涉及的代码段不可执行等。

中断 11 为段不存在中断。例如,在一个任务切换到另一个任务期间,试图装载针对其中一个任务的局部描述符表寄存器,那么就会引起此中断。

中断 12 为堆栈异常中断。这是一些指令对堆栈进行非法操作产生的中断。例如,用指令 MOV AX,SS:[EAX+6],则会引起此中断。

中断 13 为一般保护中断。这是指违背保护规则产生的中断。例如,对只读数据段进行写操作;又如,指令长度超过 15 字节;还如,对 CR_4 寄存器的保留位企图写入 1(应该为 0)等。

中断 14 为页故障中断。这是操作数所在页面不在内存或者访问页面的程序不够访问级别而引起的故障。

中断 16 为浮点错误中断。这是在控制寄存器 CR_0 的 NE 被置为 1 时,浮点运算指令运行过程中产生错误引发的中断。如 NE 为 0,则浮点运算引发的错误会使 CPU 发出 $\overline{FERR}$ 信号,此时,会引起外部中断来处理异常事件。

中断 17 为对准检查中断。这是在对不符合对准标准的操作数进行访问时引发的中断。对准标准是指字的首地址应为偶地址,双字的首地址应为 4 的倍数,32 位指针的首地址也应为 4 的倍数等。

中断 9、中断 15、中断 18~31 为保留,但其中有许多已被操作系统和应用程序使用。

2.10.2 中断描述符表

在实地址方式,Pentium 采用和 8086 相同的方式处理中断,即在内存 0 段设置一个中断向量表,中断响应时,根据中断类型号从中断向量表获得中断处理子程序入口地址,然后进入中断处理子程序,完成指定的处理。

在保护方式下,Pentium 通过 IDT 而不是中断向量表来协助中断响应和处理,IDT 中的每项包含 8 字节,称为中断描述符。中断描述符从功能上有些类似于实地址方式的中断向量,但中断向量只用 4 字节提供中断处理程序的入口地址,而 8 字节的中断描述符包含更多的信息。IDT 可以存放在内存的任何位置,而不是像中断向量表那样必须存放在 0 0000~0 03FFH 处。

图 2.38 是中断描述符的通用格式。中断描述符中包含了 3 方面的内容:一是选择子的值,由此可获得段基址等;二是 32 位的偏移量;三是相关段的参数,这些参数指示了引起中断的原因属于哪类。一个系统中最多可以有 256 个中断描述符 ID 组成 IDT。

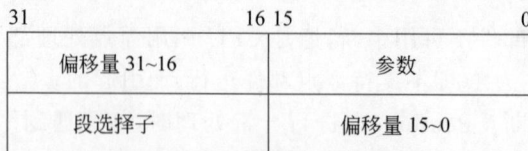

31	16 15	0
偏移量 31~16		参数
段选择子		偏移量 15~0

图 2.38 中断描述符的通用格式

Pentium 系统中,有一个 48 位的 IDTR,IDTR 的高 32 位保存 IDT 基址,低 16 位保存 IDT 的界限值即表长度。图 2.39 表示了根据 IDT 寄存器和中断类型号找到中断描述符的原理。

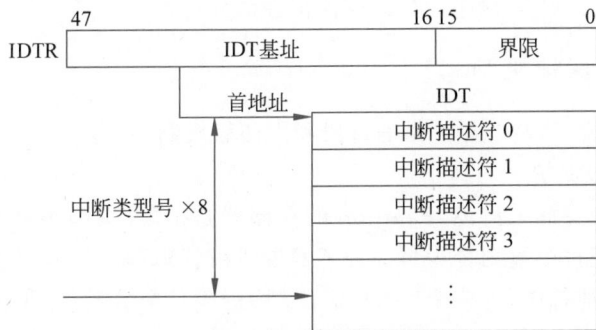

图 2.39   中断类型号和中断描述符

对于一个给定的中断类型号,先根据 IDTR 的高 32 位得到 IDT 基址即首地址,然后,加上一个位移量,即得到对应此中断类型号的描述符的起始地址。因为每个中断描述符为 8 字节,所以,此位移量为中断类型号乘以比例因子 8。找到中断描述符以后,再根据中断描述符中提供的段选择子和偏移量便可以获得中断处理程序的入口地址。

要说明的是,IDTR 的内容是操作系统启动时设置的,IDTR 中存放的也是一个描述符,只是缺少了 16 位的选择子值。选择子的功能是产生一个位移量实现对某个表的检索,此处显然不需要这个功能。另外还要提到的是,这个描述符最初在 GDT 中。不难理解,在 GDT 中,这个描述符尽管也有 8 字节,但选择子字段是无效的。

随着系统对 IDTR 的设置,IDT 以及其中的每个描述符的位置也由此确定。而中断描述符中的内容(即中断处理子程序的入口地址)是安装中断处理程序时确定的。大部分中断处理子程序是系统程序的一部分,系统启动时也随之安装;少部分中断处理子程序属于用户程序,由用户应用程序运行时安装,安装过程就是在 IDT 中添加相应的描述符。

细分起来,中断描述符可以依照引起中断的原因分为 3 类,它们对应于 3 种不同的门,即陷阱门描述符、任务门描述符和中断门描述符。有的书中也把这些描述符分别简称为陷阱门、任务门和中断门。之所以称为门,是因为从引起中断到进入中断处理程序,必须在描述符这个环节受到一系列检查,例如,中断处理程序是否存在,描述符的特权级是否相符等,这如同得到进门许可证一样。

3 类门连接 3 类不同的中断处理程序。陷阱门对应异常处理子程序,任务门在多任务系统中完成任务切换,中断门对应外部中断处理程序。

陷阱门和中断门只有一点区别,用中断门时,进入中断处理之前 IF 清 0,然后由中断返回指令恢复为原来的值,而陷阱门不会影响 IF 的状态。

2.11   Pentium 的保护技术

在计算机运行过程中,代码是不能被随便修改的,大多数数据也是不能被修改的;另外,某些数据只能被一些程序访问;Pentium 具有多任务处理功能,多个任务不能互相干扰,常常要禁止一个任务修改另一个任务的数据。这些都要求 Pentium 有很好的保护机制。

Pentium 的保护机制的设计思想:一方面对存储器的每次访问进行保护性检查,如不符合,就产生保护性异常中断,保护性检查和内存访问时的地址转换并行进行,所以,不会影响系统的性能;另一方面,对程序运行提供保护性措施。

2.11.1 段页两级保护机制

Pentium 对访问存储器的保护是通过段和页两级机制提供的。

1. 存储器的段级保护

在后面的章节中将详细讲述,Pentium 的存储器是按段、页两级划分的,先将存储空间划分为段,然后,再把每个段划分为页。为了实现段级管理,Pentium 为每个段设置了 64 位的段描述符,在段描述符中,含多个字段,每个字段对应一个参数,这些参数反映对应段的特点,包括段的大小、位置以及状态信息和控制信息。

Pentium 的段描述符中也为保护机制提供了多个参数,对应如下多种段级保护。

1) 段类型提供读/写保护

数据段描述符中,用可写位 W 控制是否可向此段写入信息。代码段描述符中,用可读位 R 控制是否可从此段读取信息。在程序运行时,Pentium 会自动进行保护性检查,这样,就不能任意对代码段进行写操作,提供代码段写保护;而且,对可读位 R 为 0 的代码段不能进行读操作,也不能对可写位 W 为 0 的数据段进行写操作。

2) 界限和粒度提供范围保护

段描述符中,用段界限字段表示段长度,以此防止寻址操作时超出段的范围。

此外,描述符中还有一个参数叫粒度,用 G 表示,G 也和段长度有关。如 G 为 0,则段的大小就是描述符中 20 位的界限值,此时,段的大小为 $1 \sim 0F\ FFFFH(2^{20}-1)$,即最大为 1MB。如 G 为 1,则段的长度为 $0FFFH(2^{12}-1) \sim FFFF\ FFFFH(2^{32}-1)$,即 4KB~4GB,也就是说,如 G 为 1 而界限值为 0,则此段的大小为 4KB,如 G 为 1 而界限值为 0F FFFFH,则此段的大小为 4GB。

当访问存储器时,如访问地址超出段的界限值和大小,那么,就会引起保护性异常中断。如果不进行界限检查,那就可能导致一个程序超出段的范围而对其他程序所用的信息作修改。

3) 特权级对操作系统和驱动程序提供保护

为了有效地实施保护技术,Pentium 设置了 4 个特权级 0~3,0 级最高,3 级最低。在段描述符中用 DPL(descriptor privilege level)字段来标明段描述符特权级。通常,操作系统的特权级最高,应用程序的特权级最低,设备驱动程序的特权级在两者之间,由此构成 Pentium 的保护环,如图 2.40 所示。处于特权级 0 的程序可以访问其他各个特权级的段,而处于特权级 1 的程序只能访问 1~3 级的段,以此类推。

在访问存储器时,Pentium 先进行存储段的类型检查和界限检查,然后再进行特权级检查。如果一个级别较低的程序试图访问级别较高的存储段,就会产生一个异常中断。

操作系统拥有最高特权级,以防止其他程序对操作系统造成损坏,为操作系统的可靠性提供了很好支持。同理,也防止设备驱动程序由于应用程序出错而遭到毁坏。

2. 存储器的页级保护

Pentium 还对存储器提供了页级保护。在后面的章节中将看到,Pentium 的存储器管理中,每个页面对应一个页表项,1024 个页表项组成一个页映射表,简称页表。和段描述符反映段的特点类似,页表项反映了对应页面的特点,包括页面的保护信息,由此提供如下两

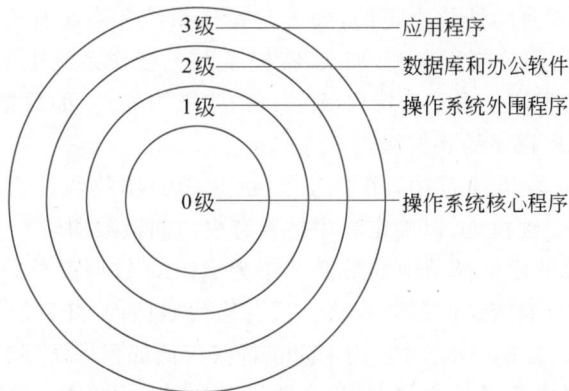

图 2.40　Pentium 的保护环

方面的页级保护。

1）页的特权级提供页保护

在页表项中，有一个 U/S 字段，用来表示页面的特权级，不过，和段级保护用 0～3 级共4 个特权级不同，页级保护只用两个特权级，它们分别为管理级和用户级。

如果 U/S 字段为 1，则表示此页为系统级页面，对应操作系统、系统软件、驱动程序和页表等；如果 U/S 字段为 0，则此页为用户级页面，对应应用程序。

2）标志 R/W 提供页面写保护

页表项中，用 R/W 字段来标明对应的页面为只读页还是可读/写页。当应用程序运行时，只有处于 U/S 为 0 且 R/W 是 1 的页才可写；否则，会产生异常中断。

在 Pentium 的段、页两级保护机制在实施过程中，先处理段保护，再处理页保护，所以，如果出现了关于分段的异常中断，就不会产生关于分页的异常中断。

2.11.2　程序运行中的保护

在程序运行中，Pentium 通过当前特权级（current privilege level，CPL）、段描述符特权级（descriptor privilege level，DPL）和请求特权级（requestor privilege level，RPL）3 种数据结构来实施特权级保护，如图 2.41 所示。

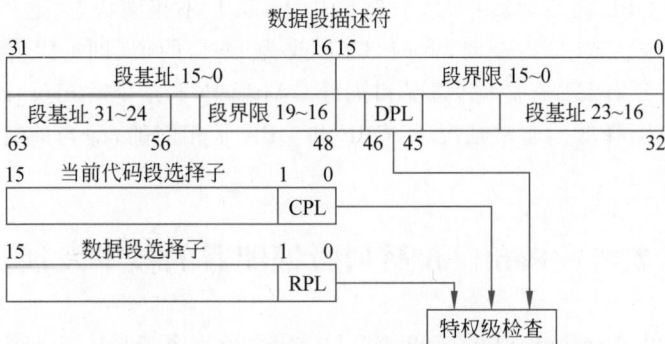

图 2.41　Pentium 的特权级保护

这些数据结构的含义如下。

（1）CPL：当前代码段的选择子中，最低 2 位为 CPL，这表示当前正在运行的程序的特权级。CPL 是由程序本身的性质决定的,如果是操作系统和系统核心程序,如存储器管理程序、任务调度程序、访问控制程序等,那么,特权级为 0;操作系统中较外围的系统程序(如缓冲区分配程序、外设驱动程序等),特权级为 1;一些应用软件(如数据库管理系统、办公软件等),特权级为 2;用户程序的特权级为 3。

(2) **DPL**:每段的段描述符中,用 DPL 表示此段的特权级。程序运行时,数据段的 DPL 在每次被访问时受到检查,以确定程序是否有权访问该数据段。

(3) **RPL**:数据段的段选择子中的最低 2 位为 RPL。数据段总是被代码段访问的,此时,RPL 将受到检测,以确定访问是否合法。只有当代码段的 CPL 的级别不低于 RPL 时,才能使访问顺利进行。数据段的 RPL 用来防止特权级低的程序访问特权级较高的数据段。

一般情况下,数据段选择子中的 RPL 和此段描述符中的 DPL 是相等的。由于在程序运行中,要访问数据时,总是先装入选择子,再由此找到段描述符,然后找到对应段。所以,提前在选择子这一环用 RPL 进行特权级保护检查,使保护机制更加快捷。当一个程序访问数据段时,其 CPL 的级别必须高于或等于被访问段的 DPL。例如,CPL 为 0,则对任何特权级的数据段都可以访问;又如 CPL 为 1,则只能访问特权级为 1~3 的数据段等。

需要说明的是:

(1) DPL 是段描述符提供的,每段都对应了一个 DPL,而 CPL 和 RPL 是选择子中提供的。

(2) CPL 对应代码段,RPL 对应数据段。

(3) 一个代码段运行时,CPL 就是其 DPL。

(4) CPL 为 0 时,可以访问任何 RPL 级别的数据段;CPL 为 1 时,只能访问 RPL 为 1~3 的数据段;以此类推。

程序运行中,除了在数据读/写操作时进行界限检查外,当遇到转移指令 JMP、中断指令 INT、调用指令 CALL 和返回指令 RET 时,因为可能涉及不同的段,所以也会进行界限检查。如果是段内转移,则 Pentium 会检查这些指令的目标地址是否超出了当前代码段的界限;如果是段间转移,则 Pentium 会对目标段的特权级进行检查,只有 CPL 级别低于或等于目标段的 DPL 时,才能实现转移。也就是说,转移总是往较高级别或相同级别的目标段进行。

当 CPL 低于 DPL 而实现转移时,出现 CPL 和 DPL 不相同状态,这种情况产生在异常中断和用 INT 指令、CALL 指令时,此时,CPL 改为 DPL 的值,即 CPL 数值减小,级别提高。但在执行 RET、IRET 指令时,情况和执行 CALL、INT 指令时相反,此时,CPL 的数值可能会增大,即级别降低。通常情况下,CPL 和 DPL 是相同的,即当前特权级就是当前代码段的特权级。

2.12 Pentium 系列微处理器的技术发展

在 1993 年推出 Pentium 以后,1995 年 11 月至 2000 年 11 月,Intel 公司又相继推出 Pentium Pro、Pentium MMX、Pentium Ⅱ、Pentium Ⅲ 和 Pentium 4。在此过程中,CPU 的集成度和主频不断提高。每个 CPU 小版本的推出都带来重大的技术革新。

1995 年推出的 Pentium Pro 与之前的版本相比,在结构上含两个芯片:一个是真正的

CPU;另一个是 512 KB 的二级 Cache。两者之间通过 64 位的专用总线连接。大容量二级 Cache 的加入大大提高了运行速度。

Pentium MMX 虽然片内没有二级 Cache,但是其代码 Cache 和数据 Cache 均达 16KB。 Pentium MMX 最主要的特点是多媒体扩展指令集(multi media extension,MMX)的加入, MMX 是在常用指令集基础上又增加了 57 条多媒体指令而构成的,通过这些指令,可加快 多媒体程序的运行速度。此外,MMX 定义了四种紧缩型数据类型,这些数据类型非常有利 于图像数据的表达、传输和处理。按照这些数据类型,要求每次将 8 字节的数据作为一个数 据包进行传输和处理,为此,CPU 内部增加了 8 个 64 位的 MMX 寄存器。

1997 年 5 月推出的 Pentium Ⅱ 汇总了 Pentium Pro 和 Pentium MMX 两者之长,不但 支持 MMX,而且除了 16KB 的一级代码 Cache 和 16KB 的一级数据 Cache 外,还含 512KB 的内部二级 Cache。在结构上,用一块印制电路板容纳 CPU 和两级 Cache。Pentium Ⅱ 最 重要的创新技术是增加了由多分支预测技术、数据统计分析技术和推测执行技术相结合而 实现的动态执行机制。多分支预测技术是 CPU 在遇到多分支情况下通过查看前面的历史 状态来预测程序的流程走向;数据统计分析技术着重分析哪些指令依赖于其他指令的执行 结果,从而建立优化的指令执行队列;推测执行技术通过数据相关情况分析和程序执行过程 分析,从而更有效地提高流水线的执行效率。

1999 年 2 月,Intel 公司又推出 Pentium Ⅲ,这是一个专门为提高微型机的网络性能而 设计的 CPU。Pentium Ⅲ 除了一级 Cache 外,还有 512KB 的二级 Cache。它通过 8 个 64 位 MMX 寄存器和 8 个 128 位的 SSE(streaming SIMD extension)寄存器,达到既支持 MMX,又可执行含 70 条互联网流式单指令多数据(SIMD)的指令集 SSE。SSE 中有 8 条连 续数据流优化指令,这些指令通过数据流预取技术减少了处理如音频、视频、数据库这些连 续数据的中间环节,提高了 CPU 处理连续数据的效率;SSE 中还有 50 多条浮点运算指令, 每条指令能处理多组浮点运算数据,从而可有效提高浮点数据处理速度;另外,还有 12 条多 媒体指令,它们采用改进的算法,显著提高了视频处理和图片处理的质量。

2001 年 11 月,Pentium 4 走向市场,其内部含 4 200 万个晶体管。它采用如下一系列 技术来强化网络功能和图像功能。

(1) **超级流水线技术**:Pentium 4 将指令流水线划分为 20 级,而 Pentium Ⅲ 的指令流 水线只有 10 级。指令流水线的级数越多,会使每级的执行过程越简单,每步可更快完成,对 应电路结构也更简化。这样,有利于提高时钟频率,使系统的其他环节速度加快,从而提高 总体速度。

(2) **跟踪性代码 Cache 技术**:这种技术将代码 Cache 和数据 Cache 彻底分开,并且只把 数据 Cache 作为一级 Cache。将代码 Cache 作为二级 Cache,再采用一种跟踪性机制,在分 支预测出错时,由于是跟踪性的,所以,可很快从代码 Cache 取指重建指令流水线。

(3) **采用双沿指令快速执行机制**:Pentium 4 在时钟的上升沿和下降沿都执行指令,即 采用双沿机制,从而对应半个时钟周期就可使流水线运行一步,使总体运算速度显著提高。

(4) **能执行 SSE2 指令集**:SSE2 指令集含 144 条指令,在 SSE 指令集基础上进一步提 升了多媒体性能。

2.13 Itanium 微处理器概述

Itanium 是 Intel 公司的第一代 64 位微处理器,其数据总线为 64 位,地址总线也为 64 位,国内译为安腾。Itanium 在 Pentium 基础上又引入了多个新技术,从各方面提高了性能,综合起来有如下 5 方面。

(1) 可拥有三级 Cache:Itanium Ⅰ片内含二级 Cache,一级 Cache 包括 16KB 的代码 Cache 和 16KB 的数据 Cache,二级 Cache 容量为 96KB;此外,还可外接 4MB 的三级 Cache,而从 ItaniumⅡ开始,已把三级 Cache 也容纳在片内。

(2) 多个执行部件和多个通道:Itanium 将指令流水线分为 10 级,从而可同时执行 10 条指令,此外,Itanium 内部有 4 个整数处理部件和 4 个浮点处理部件,并有 9 个传输通道。多个执行部件和多个通道使 Itanium 在 1 个时钟周期中的峰值能力达到可执行 20 个操作,从而适用于密集型浮点运算和三维图形处理。

(3) 更多的寄存器:Itanium 内部含 128 个 64 位的通用寄存器、128 个 82 位的浮点寄存器和 64 个属性寄存器。更多的寄存器使 Itanium 即使在峰值操作状态也能保证内部寄存器充足够用,从而减少了等待与传输,提高了效率,并且适用于多任务操作。

(4) 完全并行指令计算(explicitly parallel instruction computing,EPIC)技术:EPIC 是 Itanium 采用的最重要技术,由于 EPIC 技术的引入,使 Itanium 具有更加好的指令级并行性能。EPIC 技术的特点是指令的长度长,指令功能复杂,指令中除了包含操作码以及和操作数据有关的信息外,还包含并行执行的方法等信息。在 Itanium 运行程序时,由编译器在编译过程中将程序编译成几组机器代码,并进行分组和打包,多条指令打成一个包。几组指令并行地在不同的执行部件中执行,由此,Itanium 的性能在很大程度上依赖于编译器的性能和应用程序的算法。

(5) 分支预测技术:在 Pentium 中尽管分支预测技术的效率非常高,但是一旦预测出错,仍要重建指令流水线,而预测出错的概率实际上是不可能降为 0 的,这导致了预测效率难以进一步提高。如果程序中没有分支结构,那么,无疑是消除预测失误的最有效途径,从而可更有效地提高流水线的效率,并提高指令执行的并行度。Itanium 通过编译软件预先将分支结构的程序段分成几个指令序列,然后利用 Itanium 本身具有的很强的并行处理能力同时执行这些指令序列,执行之后,再舍弃其中的一部分,这样,所有的流水线分支总是不会停顿和反复,客观上起到了消除分支预测出错的效果。

2.14 微处理器多核技术

2.14.1 多核技术的概念

多核技术是在单处理器上集成多个处理核心(core)。在多核处理器出现前,一些高性能计算机往往选择搭载多个处理器,图 2.42 是两个单核心 CPU 组成的双 CPU 系统,两个 CPU 可以通过系统总线共享主存,也可以通过高速网络连接通信。

伴随半导体工艺不断发展,更先进的工艺使得在单个 CPU 芯片上集成多个处理核心成为可能。商业领域第一款多核处理器是 IBM 公司在 2001 年推出的 Power 4 处理器,该处理器具有两个处理核心,如图 2.43 所示。图中显示了典型的单片 CPU 内的双核处理器结构,其中核心 1 与核心 2 各有自己的私有一级和二级缓存 L1 及 L2,但两个核心共享三级缓存 L3。自此,微处理器开始进入多核时代。

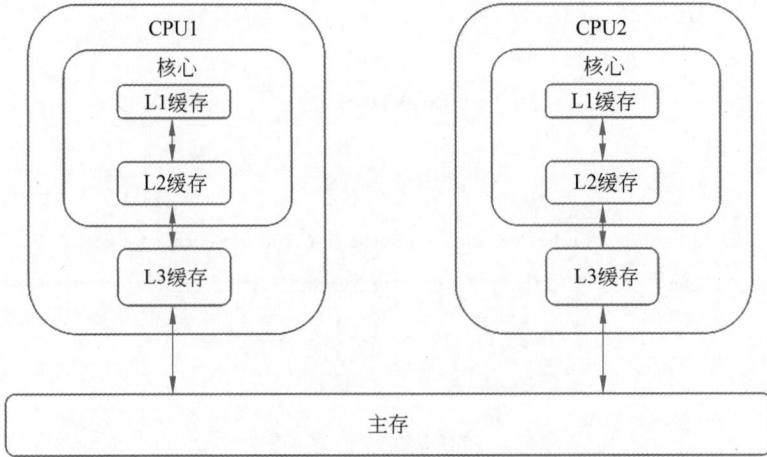

图 2.42　典型单核处理器组成的双 CPU 结构

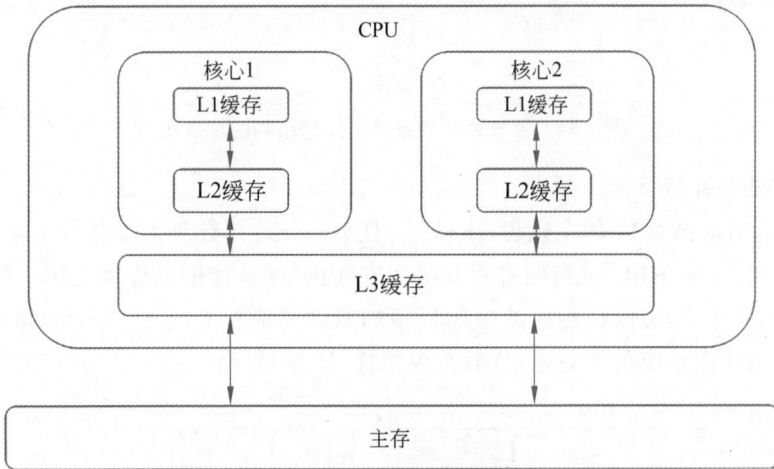

图 2.43　典型单片 CPU 内的双核处理器结构

在图 2.43 的双核处理器中,两个核心间可以通过片内总线或共享 L3 缓存进行通信,这种通信方式相较于图 2.42 中通过系统总线或高速网络进行通信,节省了大量的通信时间,大幅提高了通信效率,优化实现了流水线技术并实现了指令级并行,计算性能明显提升。因此,一般情况下,由双核或多核构成的 CPU 芯片比双 CPU 或多 CPU 构成的系统的性能会更高。

2.14.2　多核技术简要分析

图 2.44 为一个多核处理器系统与并行结构的示意图。图中显示该处理器有 4 个处理

核心(core)，每个核心有自己独立的 L1 Cache，包括指令 Cache(i-Cache)和数据 Cache (d-Cache)，每个核心另有自己独立的 L2 Cache，4 个核心共享三级缓存 L3 Cache。L3 Cache 通过系统总线与主存及 I/O 外设相连。图中，在主机操作系统(host operating system)上层是用户的各个应用程序(APP1，APP2，…，APPn)。

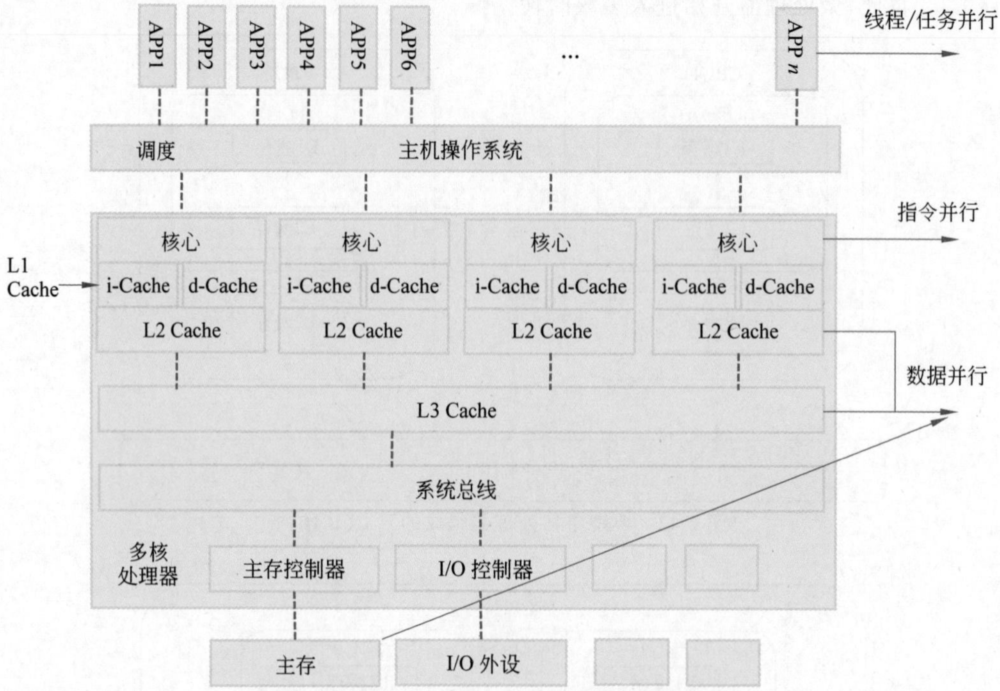

图 2.44　多核处理器系统与并行结构的示意图

1. 线程/任务并行及指令并行

图 2.45 为对应图 2.44 的多线程(thread)/任务(task)并行及指令并行示意图。图中每个任务(即程序/task/APP)是按照进程及线程方式执行的，这里以线程为例。程序运行时，在操作系统的调度下，可以将相应的应用程序加载到对应核心的 L1 Cache 相应的 i-Cache 中，这些工作由操作系统负责完成，从而实现线程/任务并行。

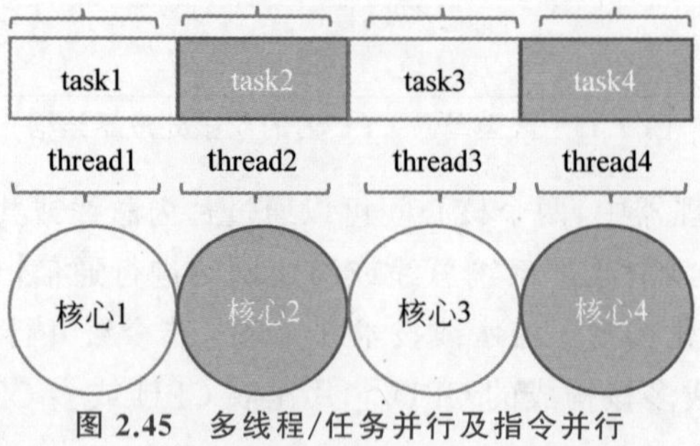

图 2.45　多线程/任务并行及指令并行

但在每个核心内部如何完成指令的取指和执行是由 CPU 完成的，原理上每个时钟周期可以取出 4 条指令并分别在相应的核心中执行，如果采用超线程技术，则可以实现 8 条指令并发执行，如果再通过超标量流水线技术、乱序执行技术等便可以大大提高执行效率，从而实现指令级的并行,这是单核处理器所无法比拟的。

例如,有一段 C 程序如下:

```
1. a = 8 + 3
2. b = 15 + 5
3. c = a + b
```

第1、2条指令的执行顺序是无关的,也就是谁先执行谁后执行对整个程序没有影响,但第3条指令与顺序有关,即它必须等待前两条指令执行的结果出来才能执行。

因此,前两条指令便可以乱序执行,发送到不同的核心中并行(同时)执行。不难想象,假设每条指令执行完成的周期为一个时钟周期,则完成3条指令的执行可以节省1/3的时间,也就是只用两个时钟周期就可以执行完成。比单核正常的顺序(串行)执行提高了约33%的效率。

当然,限于技术及工艺等原因,CPU 中的多核不可能无限增加。例如,Intel 13 代酷睿处理器的 i9 系列拥有 24 个核心,共有 32 个线程,包括 8 个性能核(P 核,俗称大核)和 16 个能效核(E 核,俗称小核),P 核采用超线程技术设计(即 8 个性能核可以构成 16 个虚拟核心,构成 16 个线程),P 核的最高睿频为 5.6GHz。

2. 数据并行

数据并行主要针对图 2.44 中主存、L3 Cache 以及 L2 Cache 中存放的数据。3 种存储器之间一般采用多路组相联的地址映射算法保持数据一致,且该算法完全由硬件完成(其原理此处略)。

数据并行技术通过采用专用的指令集和超长的寄存器(可以是 128 位、256 位、512 位等)来完成,如要进行 4 个 32 位的浮点运算,采用 Intel 的 SSE 的 128 位向量计算指令,便可以一次性完成 4 个 32 位浮点的运算。

图 2.46 展示了一个数据并行的应用实例,其中,a 表示存储了 4 个双精度浮点数(每个64 位)的向量,共 256 位,即 a 中存储了(1.0,2.0,3.0,4.0)256 位的数据,每个数据代表 64位浮点数,向量 b 与 a 的数值相同,将 a 和 b 相加后结果为(2.0,4.0,6.0,8.0),8 个数的相加运算一次完成,大大提高了计算效率。

```
// Construction from scalars or literals.
__m256d a - _mm256_set_pd(1.0, 2.0, 3.0, 4.0);
__m256d b = a;
// Add the two vectors, interpreting the bits as 4 double-precision floats.
__m256d c=_mm256_add_pd(a,b);
```

图 2.46　数据并行之向量计算

例如,Intel、RISC-V 等系列计算机均支持向量计算;Intel CPU 处理器支持向量化指令集(如 MMX、SSE、AVX 等)并设置向量寄存器;AVX2(advanced vector extensions2)系列支持 256 位向量计算(见图 2.46),以后会继续扩展并支持 512 位甚至 1024 位的向量计算。

2.14.3　超线程技术

超线程技术(hyper-threading technology)允许单个物理处理器核心模拟多个逻辑处理器核心,使其能够同时执行多个线程,旨在提高处理器的多任务性能和多线程性能。具体来说,超线程技术允许在一个物理核心上同时执行两个或多个线程。虽然逻辑核心共享资源,但它们可以独立执行指令流。当一个线程等待某些资源或执行其他操作时,另一个线程可以继续执行,提高了处理器的效率。Intel 公司在 2002 年首次在其单核处理器 Pentium 4处理器中引入了该项技术,即采用单个物理处理器核心模拟两个逻辑处理器核心。随后主流的多核处理器也都搭载了超线程技术。

如图 2.47 所示,图 2.47(a)表示单核单线程,如果有两个线程需要处理,则只能串行顺序进入处理器进行处理;图 2.47(b)表示单核超线程,相当于从一个物理处理器虚拟出两个逻辑处理器,逻辑处理器并不是真正的实体处理器,这两个逻辑处理器是操作系统程序所能看到的。那么,如果把 CPU 的两个逻辑处理器(核心)组合起来共享同一套运算器,让两个核心的指令调度协同起来,保证不会同时使用相同的运算器,就可以进一步提升效率。两个核心运行的是操作系统上两个不同的线程,这就是超线程的含义。

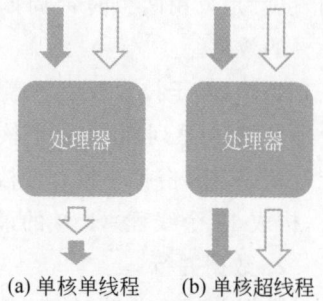

(a) 单核单线程　　(b) 单核超线程

图 2.47　超线程技术

能够实现超线程是由于 CPU 内部有很多加法器、乘法器之类的不同的运算组件,一条指令通常只会用到其中的一个组件或一部分组件,这样可能会导致大部分时间运算器都会存在空闲状态,从而使两个线程能够按照空闲的情况并发运行。但当一个线程要占所有资源的情况下,另一个线程则进入等待状态。超线程技术充分利用了核心在等待其他任务完成时的空闲时间,提高了 CPU 吞吐量。在适当的情况下,该技术允许 CPU 核心在同一时间有效地执行两项操作。

第3章　32位x86指令系统

微处理器的指令系统与其性能密切相关,CPU设计中千方百计采用各种技术,最终都集中体现在通过性能优越的指令系统更快更好地运行各种程序,实现更多更强的性能。

本章将以32位微处理器Pentium为例介绍其指令系统。Pentium的指令系统也称x86指令系统,这是在16位的8086指令系统基础上,随着80386/80486/Pentium的相继推出不断扩展而来的,它兼容了低档CPU的全部指令。在功能上,这是一个设计得非常成功的指令系统。

本章讲述Pentium的寻址方式,并讲述Pentium指令系统指令的含义、设计考虑和使用方法。

3.1　Pentium的寻址方式

对于一条汇编语言指令来说,有两个问题要解决:首先,需要指出进行什么操作,这由指令操作符来表明;其次,需要指出大多数指令涉及的操作数和操作结果放在何处。为了使指令形式比较简单,一般情况下,约定将操作结果送到原来放操作数的地方,这样,第二个问题就归结为指出操作数的来源,即操作数的寻址方式。

指令系统中有一类指令叫转移指令,还有一类叫调用指令,这两类指令涉及转移地址或调用地址的提供方式,一般也称指令地址的寻址方式。

所以,实际上在两种情况下涉及寻址方式:一种是对操作数进行寻址;另一种是对转移地址和调用地址进行寻址。下面所讨论的寻址方式都是针对操作数的,关于指令地址的寻址,将在讲述转移指令和调用指令时作具体说明。

对于操作数来说,实际上,可以有4种来源:直接由指令本身提供;由寄存器提供;由存储器提供;或者由输入端口提供。反过来,操作结果可以有3种去向:送到寄存器、存储器或输出端口。这样,综合起来就有4类寻址方式:立即数寻址、寄存器寻址、输入/输出端口寻址和存储器寻址。前面3种寻址方式都比较简单,但是,存储器的地址可以用多种方法提供,所以对应存储器有多种寻址方式。其实,前2种情况下,并不需要寻找操作数的地址,但是,习惯上也称寻址。

3.1.1　立即数寻址

Pentium指令系统中,有一部分指令所用的操作数就在指令中提供,这种方式叫立即数寻址。例如:

MOV	AL,80H	;将80H送AL
MOV	AX,1090H	;将1090H送AX,AH中为10H,AL中为90H
MOV	EAX,10002000H	;将10002000H送EAX

注意：

① 立即数只能作为源操作数，不能作为目的操作数。

② 立即数寻址一般用于对寄存器赋值。

③ 因为操作数可从指令中直接取得，不需要总线周期，所以，立即数寻址方式的显著特点就是速度快。

3.1.2 寄存器寻址

如果操作数在 CPU 的内部寄存器中，那么，寄存器名可在指令中指出，此为寄存器寻址方式。

对 8 位操作数来说，寄存器可为 AH、AL、BH、BL、CH、CL、DH、DL；对 16 位操作数来说，寄存器可为 AX、BX、CX、DX、SI、DI、SP 或 BP；而对 32 位操作数来说，寄存器可为 EAX、EBX、ECX、EDX、ESI、EDI、ESP 或 EBP。例如：

```
INC    CX              ;将 CX 的内容加 1
ROL    AH,1            ;将 AH 中的内容循环左移一位
MOV    ECX ,EAX        ;将 EAX 中的 32 位数送 ECX
```

注意：

① 寄存器寻址的指令执行时，操作就在 CPU 内部进行，不需要使用总线周期，因此，执行速度快。

② 可对源操作数用寄存器寻址，也可对目的操作数用寄存器寻址，还可两者都用寄存器寻址。

3.1.3 输入/输出端口寻址

CPU 和外部设备都是通过输入/输出(I/O)端口来传输数据。在此过程中，涉及直接寻址和间接寻址两种方式。

1. I/O 直接寻址

用这种方式时，I/O 端口的地址直接在指令中提供。例如：

```
IN     AL,82H          ;将 82H 端口中的字节输入 AL
OUT    80H,AX          ;将 AL 中的数据送 80H 端口,将 AH 中的数据送 81H 端口
IN     EAX,80H         ;将 80H～83H 端口中的 4 字节由低到高送 EAX 中
```

2. I/O 间接寻址

用这种方式时，先在 DX 寄存器中设置好 I/O 端口的地址，I/O 指令用 DX 进行寄存器间接寻址。例如，事先在 DX 中设置端口号 80H，那么，下列指令完成注释中对应的功能。

```
IN     AL,DX           ;将端口 80H 中的字节读入 AL
OUT    DX,AX           ;将 AL 中内容输出到端口 80H,将 AH 中的内容输出到端口 81H
OUT    DX,EAX          ;将 EAX 中的 4 字节由低到高分别送 80H～83H 这 4 个端口
```

注意：

① I/O 直接寻址时，寻址范围为 0～255，即最大端口号为 FFH。

② I/O 间接寻址时，只能用 DX 寄存器，寻址范围为 0～65 535，即最大端口号为 FFFFH。

3.1.4 存储器寻址

程序运行时，大多数情况下，操作数在存储器中，为此，Pentium 提供了多种存储器寻址方式。存储单元的地址由段基址和偏移量组成，但通常一个程序涉及的数据都放在某一个段中，段基址确定以后并不需要经常改变。所以，对存储单元的寻址实际上是确定偏移量即有效地址(effective address，EA)。

EA 的完整表达式为

$$EA＝基址＋变址×比例因子＋位移量$$

从上式可见，有效地址由基址、变址、位移量 3 个分量计算得到，而变址分量还可以带一个比例因子。

(1) 基址。任何通用寄存器都可作为基址寄存器，其内容即为基址。注意，这里的基址不是段基址，而只是一个延续下来的习惯叫法，实际上是指有效地址的一个基础量。

(2) 位移量。这是指令操作码后面的 32 位、16 位或 8 位数。

(3) 变址。除了 ESP 寄存器外，其他通用寄存器都可作为变址寄存器，但常用的变址寄存器为 DI、SI、EDI 和 ESI。

(4) 比例因子。变址寄存器的值可乘以一个比例因子，比例因子可为 1、2、4 或 8。

至于段基址，在保护方式，是指段寄存器中的选择子所指的相应段描述符中的段基址，在实地址方式和模拟 8086 方式，就是段寄存器中的值左移 4 位得到的值。

图 3.1 表示了存储器寻址计算方法图解。

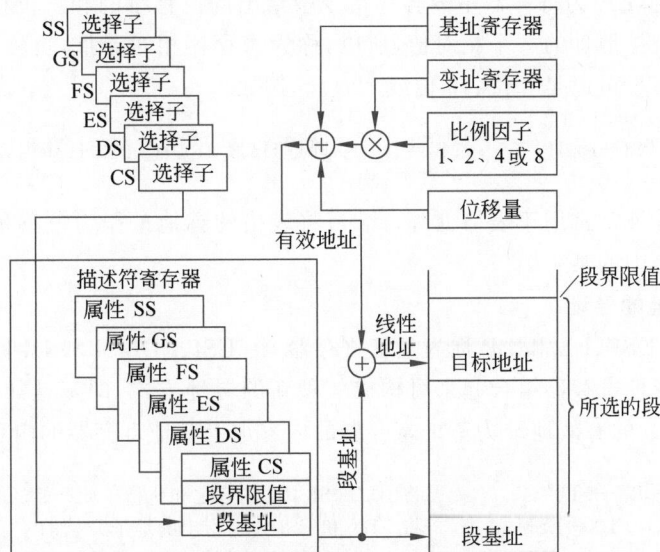

图 3.1　存储器寻址计算方法图解

按照上述表达式，可以有如下 8 种存储器寻址方式，但只有前 5 种是常用的。

1. 存储器直接寻址

这种方式中，存储单元的有效地址由指令直接指出，所以，直接寻址是对存储器访问时可采用的最简单方式。例如：

MOV	AX,[1070H]	;将 DS 段的 1070H 和 1071H 两单元的内容取到 AX 中
MOV	EAX,ES:[1000H]	;将 ES 段 1000H 开始的 4 字节数据送到 EAX 中

2. 寄存器间接寻址

这种方式中,存储单元的有效地址由寄存器指出。可用 16 位寄存器 AX、BX、CX、DX、SI、DI、BP 或 SP,也可用 32 位寄存器 EAX、EBX、ECX、EDX、ESI、EDI、EBP 和 ESP。

注意:

① 用 BP、SP、EBP 和 ESP 进行间接寻址时,默认段为 SS,用其他寄存器进行间接寻址时,默认段为 DS。例如:

MOV	AX,[BX]	;将 DS 段中由 BX 所指地址开始的两单元的内容送 AX
MOV	EAX,[EBX]	;将 DS 段中由 EBX 所指地址开始的 4 个单元的内容送 EAX
MOV	EAX,[BP]	;对 SS 段由 BP 所指单元开始的 4 字节送 EAX

② 如果对非默认段进行寻址,则必须在指令前用前缀指出段寄存器名。例如:

MOV	CX,ES:[BX]	;将 ES 段由 BX 所指单元开始的 2 字节送 CX

SI、DI、EDI 和 ESI 称为变址寄存器,所以用这 4 个寄存器间接寻址也称变址寻址。变址寻址通常用于对数组元素操作,另外,后面还将讲到串操作指令要求用固定的变址寄存器对操作数寻址,操作过程中,指令会自动修改变址寄存器中的地址,以指向下一个操作数。

3. 寄存器相对寻址

用这种方式时,EA 为寄存器中内容和指令中给出的位移量的和。位移量可正可负,被看成是对寄存器所指地址的一个相对值,所以,称为寄存器相对寻址,也称带位移量的寄存器间接寻址。位移量可以是 8 位、16 位或 32 位。例如:

MOV	AX,[SI+100H]	;如 SI=2000H,则将 DS 段 2100H~2101H 中内容送 AX

寄存器相对寻址常常用于表格处理,此时,将表格的首地址作为位移量,通过修改寄存器的内容指向表格中的某一项。

4. 基址加变址的寻址

通常将 EBX、EBP、BX 和 BP 称为基址寄存器,将 ESI、EDI、SI 和 DI 称为变址寄存器,把基址寄存器和变址寄存器组合起来可构成一种新的寻址方式,即基址加变址的寻址。用这种方式时,操作数的有效地址为基址寄存器的内容加上变址寄存器的内容。例如:

MOV	AX,[BX+SI]	;将 BX 和 SI 中的内容之和所指单元开始的 2 字节送 AX
MOV	EDX,[EBX+ESI]	;将 EBX 和 ESI 共同指出的地址开始的 4 字节送 EDX
MOV	EDX,[EBX][ESI]	;和上面的指令功能相同

注意:

① 在基址加变址的寻址方式中,有一个对段寄存器的约定规则,即如果将 EBP 或 BP 作为基址寄存器,则默认段为 SS,在其他情况下,默认段为 DS。

② 如果操作数不在默认段,则要用前缀指出相应的段寄存器名。

由于基址加变址的寻址方式中,允许两个地址分量分别改变,所以,使用起来很灵活,特别是为访问堆栈中的数组提供了极大的方便,所以,常常用于数组或表格处理,可用基址寄存器放数组或表格首地址,用变址寄存器指向数组或表格的某一项。

5. 相对的基址加变址寻址

用基址加变址来指出存储单元地址时,也允许带一个位移量,成为相对的基址加变址寻址。对这种寻址方式的约定和使用场合同于基址加变址寻址方式。例如:

```
MOV      AX,[BP+SI+0050]        ;将 ES 段由 BP 和 SI 中的内容与 0050 相加作为有效地址
```

如图 3.2 所示,在访问堆栈数组时,可在 BP(或 EBP)中存放栈顶的地址,用位移量表示数组第一个元素到栈顶的距离,变址寄存器 SI(也可为 DI、EDI 或 ESI)指向数组元素。

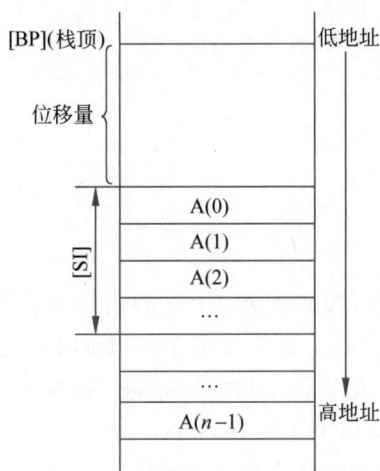

图 3.2   对堆栈中数组的访问

6. 相对的带比例因子的变址寻址

用这种方式时,EA 为变址寄存器中的值乘以比例因子再加位移量,比例因子可为且只可为 1、2、4、8,这是为了便于处理元素长度为 1 字节、2 字节、4 字节、8 字节的数组。例如:

```
IMUL     EBX,[ESI*4+7]        ;ESI 的内容乘以 4 再加 7 形成有效地址
```

7. 基址加比例因子的变址寻址

这种方式中,EA 为基址寄存器的内容与比例因子和变址寄存器内容的乘积之和,比例因子可为且只可为 1、2、4、8。例如:

```
MOV      EAX,[EBX][ESI*4]     ;将 DS 段由 EBX+ESI×4 所指单元开始的 4 字节送 EAX
MOV      ECX,[EDI*8][EAX]     ;EDI 内容乘以 8 再加 EAX 内容即为有效地址
```

8. 相对的基址加比例因子的变址寻址

这是计算有效地址的最完整的表达方式,有效地址为基址寄存器的内容、比例因子与变址寄存器内容的乘积,以及位移量三者之和。例如:

MOV	EAX,[EDI*4][EBP+80]	;EDI 的内容乘以 4,加 EBP 的内容,再加 80 即为有效地址

3.2 Pentium 的指令系统

Pentium 的指令分为如下 10 类。

(1) 传送指令。

(2) 算术运算指令。

(3) 逻辑运算和移位指令。

(4) 串操作指令。

(5) 调用/转移/循环控制/中断指令。

(6) 标志操作和处理器控制指令。

(7) 条件测试和字节设置指令。

(8) 位处理指令。

(9) 系统管理指令。

(10) 支持高级语言的指令。

3.2.1 传送指令

Pentium 有 7 组传送指令,用来实现 CPU 的内部寄存器之间、CPU 和存储器之间、CPU 和 I/O 端口之间的数据传送。这 7 组指令是：通用传送指令、堆栈操作指令、交换指令、输入/输出指令、换码指令、地址传送指令和标志传送指令。

1. 通用传送指令 MOV 和 MOVZX/MOVSX

(1) 两个操作数的位数相同的传送指令 MOV。

MOV 指令是用得最多的指令,它可实现 CPU 内部寄存器之间的数据传送、寄存器和内存之间的数据传送,还可把一个立即数送给内部寄存器或内存单元。例如：

MOV	AL,BL	;BL 中的 8 位数据送 AL
MOV	ES,DX	;DX 中的 16 位数据送 ES
MOV	AX,[BX]	;BX 和 BX+1 所指的两个内存单元的内容送 AX
MOV	[DI],AX	;累加器的内容送 DI 和 DI+1 所指的两个单元
MOV	CX,[1000]	;将 1000 和 1001 两单元的内容送 CX
MOV	WORD PTR [SI],6070H	;将 6070H 送 SI 和 SI+1 所指出的两个单元
MOV	DX,5040H	;立即数 5040H 送 DX
MOV	EAX,[EBX+ECX*2+1000H]	;将 DS 段由 EBX 的内容加 ECX 内容乘以 2,再加上
		;1000H 三者之和所指单元开始的 4 字节送 EAX
MOV	CRn,EAX	;往控制寄存器 CRn 中设置一个 32 位值,其中
		;CRn 可为 CR_0、CR_2、CR_3 或 CR_4
MOV	DRn,EAX	;往调试寄存器 DRn 设置一个初值,DRn 可为
		;$DR_0 \sim DR_3$、DR_6、DR_7

(2) 两个操作数的位数不相同的传送指令 MOVZX/MOVSX。

当传送的源操作数和目的操作数位数不相同时,就要用到 MOVZX 和 MOVSX 指令,前者在传送时进行零扩展,后者在传送时进行符号扩展。例如,设 BL 中为 80H,下面指令分别实现对应注释中的功能。

```
MOVZX    EAX,BL    ;80H 被零扩展为 0000 0080H 送 EAX 中
MOVSX    EAX,BL    ;80H 被符号扩展为 FFFF FF80H 送 EAX 中
```

对于通用传送指令的使用,有以下 8 点需要注意:

① 通用传送指令可传送 8 位、16 位或 32 位数据,具体取决于指令中涉及的寄存器是 8 位、16 位还是 32 位,也取决于立即数的形式。

② 通用传送指令中总是既含源操作数,又含目的操作数,两者之中至少有一个是用寄存器指出的,这可减少指令长度。

③ 不能在两个内存单元之间直接传送数据。

④ 不能从一个段寄存器向另一个段寄存器传送数据。

⑤ 在通用传送指令中,寄存器既可作为源操作数,也可作为目的操作数,但 CS、IP、EIP 寄存器不能作为目的操作数,即这些寄存器的值不能随意修改。

⑥ 用 EBX、ESI、EDI、BX、SI、DI 来间接寻址时,默认的段寄存器为 DS;而用 EBP、ESP、BP 或 SP 来间接寻址时,默认的段寄存器为 SS。

⑦ 当执行给 SS 寄存器赋值的传送指令时,系统会自动禁止外部中断,等到本条指令和下条指令执行之后,又自动恢复对 SS 寄存器赋值前的中断开放情况。这样做是为了允许程序连续用两条指令分别对 SS 和 SP(或 ESP)寄存器赋值,同时又防止堆栈空间变动过程中出现中断。了解这点后,就应该注意在修改 SS 和 SP(或 ESP)的指令之间不要插入其他指令。

⑧ 所有的通用传送指令都不改变标志。

2. 堆栈操作指令 PUSH/POP、PUSHA/POPA 和 PUSHAD/POPAD

计算机运行中需要设置堆栈,堆栈是内存中的特殊存储区,按照"先进后出、后进先出"的规则存取数据。在子程序调用和转向中断处理程序时,分别要保存返回地址或断点地址;在进入子程序和中断处理程序后,还需要保留通用寄存器的值;子程序返回和中断处理程序返回时,则要恢复通用寄存器的值,并分别将返回地址或断点地址恢复到指令指针寄存器中。这些功能都要通过堆栈来实现,其中寄存器值的保存和恢复需要由堆栈操作指令来完成。

Pentium 指令系统中提供了两类堆栈操作指令:一类是普通堆栈操作指令;另一类是堆栈成组操作指令。

(1) 普通堆栈操作指令 PUSH/POP。

PUSH 指令把一个 2 字节或 4 字节的数据推入堆栈,操作数既可为立即数,也可为寄存器和存储器中的数。例如:

```
PUSH    EAX                    ;将 EAX 的内容推入堆栈,栈顶为低位字节,栈指针减 4
PUSH    BX                     ;将 BX 的内容推入堆栈,堆栈指针减 2
PUSH    [BX+DI]                ;将 BX+DI 和 BX+DI+1 所指两个单元的内容推入堆栈
PUSH    0870H                  ;将立即数 0870H 推入堆栈,栈顶单元中为 70H
PUSH    DWORD PTR [EBX+ESI]    ;将 DS 段中由 EBX 和 ESI 的内容所指单元开始的 4 字节
                               ;推入堆栈,栈顶地址减 4
```

同样,还有一系列弹出指令。例如:

```
POP    BX        ;将栈顶两单元弹出送 BX,栈顶地址加 2
POP    ES        ;将栈顶两单元弹出送 ES,栈顶地址加 2
POP    EAX       ;将栈顶 4 个单元弹出送 EAX,栈顶地址加 4
```

(2) 堆栈成组操作指令 PUSHA/POPA 和 PUSHAD/POPAD。

堆栈成组操作指令有很强的功能,用一条 PUSHA 指令就可将 8 个 16 位通用寄存器的内容按 AX、CX、DX、BX、SP、BP、SI、DI 的次序推入堆栈,堆栈指针减 16,栈顶单元为 DI 的低 8 位,其中进栈的 SP 内容是推入堆栈操作前的值。而用 PUSHAD 指令则可将 8 个 32 位寄存器推入堆栈,堆栈指针减 32。PUSHAD 推入堆栈的次序为 EAX、ECX、EDX、EBX、ESP、EBP、ESI、EDI,栈顶单元为 EDI 的低 8 位,进栈的 ESP 内容为推入堆栈操作前的值。

POPA/POPAD 指令和 PUSHA/PUSHAD 进行相反的操作,即从堆栈栈顶弹出一系列数据送到 8 个 16 位或 32 位寄存器,栈顶指针分别加 16 或 32。

堆栈操作指令的形式很简单,但使用时,仍有 4 点必须注意:

① 堆栈操作总是按字或双字进行的,不能按字节进行,也就是说,没有 PUSH AH、POP BL 这样的字节操作指令。

② 每推入一个字,堆栈地址指针减 2,推入堆栈的数据放在栈顶,低位字节放在较低地址单元(真正的栈顶单元),高位字节放在较高地址单元。执行弹出指令时,正好相反,每弹出 1 个字,栈顶指针加 2。推入或弹出双字,则堆栈指针减 4 或加 4。堆栈成组操作指令则指针按 16 或 32 改变,但推入指令总是使指针的值减小,弹出指令总是使指针的值加大。

③ CS 寄存器的值可推入堆栈,但反过来,不能从堆栈中弹出 1 个值到 CS 寄存器。

④ 堆栈中的内容是按后进先出的次序进行传送的。因此,保存寄存器和恢复寄存器的内容时,要按照对称的次序执行一系列推入指令和弹出指令。也就是说,如果一个子程序开头这样保存寄存器的值:

```
PUSH    EAX
PUSH    EBX
PUSH    EDI
PUSH    ESI
```

则子程序返回前,应按以下方式恢复寄存器的值:

```
POP    ESI
POP    EDI
POP    EBX
POP    EAX
```

3. 交换指令 XCHG/BSWAP

(1) 字节、字和双字交换指令 XCHG。

XCHG 指令可实现字节交换、字交换或双字交换。交换过程可以在通用寄存器之间进行,也可在通用寄存器和存储单元之间进行,但不能在存储单元之间进行。一条 XCHG 指令相当于 3 条 MOV 指令。例如：

XCHG	AL,BL	;AL 和 BL 之间进行字节交换
XCHG	BX,CX	;BX 和 CX 之间进行字交换
XCHG	[2530],CX	;CX 中的内容和 2530、2531 两单元的内容交换
XCHG	EAX,EDI	;寄存器和寄存器之间进行双字交换
XCHG	ESI,[EBX]	;寄存器和内存之间进行双字交换

使用交换指令时，要注意以下两点：

① 目的操作数和源操作数不能均为内存单元。

② 段寄存器和 IP、EIP 寄存器不能作为交换指令的操作数。

（2）寄存器内部字节交换指令 BSWAP。

BSWAP 指令将指定的 32 位寄存器中的 4 字节通过两两交换实现反序排列，即双字的第 31~24 位与第 7~0 位交换，第 23~16 位与第 15~8 位交换，使数据次序按字节为单位反过来，以此改变数据的存放方式。

例如，[EAX]=0123 4567H，则执行指令：

BSWAP	EAX	;使[EAX]=6745 2301H

4. 输入/输出指令 IN/OUT

在主机和外部设备之间传送信息时，用输入/输出指令。对输入/输出端口的寻址有两种方式：直接寻址和利用 DX 寄存器的间接寻址。

执行输入指令时，CPU 可从 1 个 8 位端口读 1 字节到 AL 中，也可从 2 个连续的端口读 1 个字到 AX 中，或者从连续的 4 个 8 位端口读 1 个双字到 EAX 中。

执行输出指令时，CPU 可将 AL 中的 1 字节写到 1 个 8 位端口中，也可将 AX 中的 1 个字写到 2 个连续的 8 位端口中，或将 EAX 中的双字写到连续的 4 个端口中。

输入/输出指令即 I/O 指令可分为两大类：一类是直接 I/O 指令；另一类是间接 I/O 指令。

（1）直接 I/O 指令。

直接 I/O 指令中直接提供了 I/O 端口号。例如：

IN	AL,50H	;将 50H 端口的字节读入 AL
IN	AX,70H	;将 70H、71H 两端口的值读入 AX,70H 端口的值读入 AL,71H 端口的值读入 AH
IN	EAX,70H	;将 70H~73H 共 4 个端口的值读入 EAX
OUT	80H,AX	;将 AX 中的内容输出到 80H、81H 端口

（2）间接 I/O 指令。

间接 I/O 指令执行前，必须在 DX 寄存器中设置好端口号。假设现在 DX 寄存器中为 80H，则下面指令的功能如注释所示。

IN	AL,DX	;从 DX 所指的端口 80H 中读取 1 字节
IN	AX,DX	;从两个端口中读取 1 个字送到 AX 中,80H 中值送 AL,81H 中值送 AH
IN	EAX,DX	;从 80H~83H 共 4 个端口读取 1 个双字送到 EAX 中,83H 中读取的值为 EAX ;的最高 8 位

```
OUT   DX,AX        ;将 AX 中的字输出到 80H、81H 端口
OUT   DX,EAX       ;将 EAX 中的双字输出到 80H～83H 共 4 个端口
```

使用 I/O 指令时,要注意以下 5 点:

① 只能用累加器作为执行 I/O 过程的机构,不能用其他寄存器代替。

② 用直接 I/O 指令时,寻址范围为 0～255,即 FFH 是直接 I/O 指令中允许使用的最大端口号。而 Pentium 最多可有 65 535 个外设端口,对应的端口地址为 0～FFFFH,当端口号大于 255 时,只能用间接 I/O 指令。当然,凡是能用直接 I/O 指令的地方都可用间接 I/O 指令来代替。间接 I/O 指令的寻址范围为 0～65 535。不过用间接 I/O 指令前,要在 DX 寄存器中设置好端口号。

③ 用间接 I/O 指令时,特别要注意,只能用 DX 寄存器,而不能用别的寄存器,甚至不能用 EDX 寄存器。

④ 每次 I/O 指令传输的字节数决定于累加器。如用 AL,则 I/O 操作对应一字节;如用 AX,则 I/O 操作对应一个字;如用 EAX,则 I/O 操作对应一个双字。

⑤ I/O 指令不影响标志位。

5. 换码指令 XLAT/XLATB

XLAT 和 XLATB 指令将累加器中的一个值变换为内存表格中的某一个值,一般用来实现编码制的转换,换码指令的名称也正是由此而来。

使用换码指令时,要求用 BX 或 EBX 寄存器指向表的首地址,AL 中为表内某一项的地址与表格首地址之间的位移量,指令执行时,会将 BX 或 EBX 中的值和 AL 中的值相加作为有效地址,然后将此地址所指单元中的值取到 AL 中。如以 BX 为基址寄存器,则指令形式为 XLAT;如以 EBX 为基址寄存器,则指令形式为 XLATB。XLATB 和 XLAT 指令功能相同,只是 XLATB 以 EBX 为基址,这样,就可对更大的数据组进行换码操作。

图 3.3 表示了以 BX 为基址寄存器时换码指令的功能。

换码指令对一些不规则代码的转换非常方便。例如,通信系统中用到这样一种代码,称为格雷码,其中每个码由两个 1、3 个 0 组成,这种代码比较容易检错和纠错。具体编码规则如下:

0——11000	1——00011	2——00101	3——00110
4——01001	5——01010	6——01100	7——10001
8——10010	9——10100		

从二进制数的角度看这些编码,它们之间没有明显的规律,这时就可用换码指令来实现转换,即在内存中存放一个代码表,如图 3.4 所示。

于是,要将二进制数字(如 5)转换成对应代码时,只要将此二进制数送 AL 寄存器,而表的首地址(这里为 1000H)送 BX,之后,再执行 XLAT 指令即可。

6. 地址传送指令 LEA 和 LDS/LES/LSS/LFS/LGS

Pentium 指令系统中,有 6 条专用于传送地址的指令,即 LEA、LDS、LES、LSS、LFS 和 LGS。

(1) 取有效地址指令 LEA。

LEA 指令的功能是将存储器的有效地址送一个寄存器,这条指令常用来使一个寄存器作为地址指针。例如:

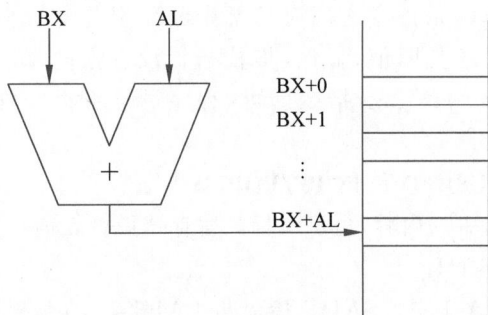

图 3.3 换码指令的功能

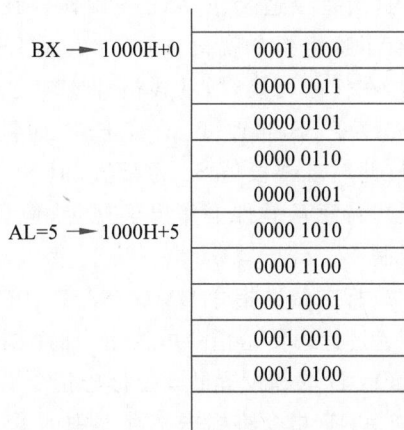

图 3.4 XLAT 指令对表格的访问

LEA	AX,[3820]	;将有效地址 3820 送 AX,指令执行后,AX 中为 3820
LEA	BX,[BP+SI]	;指令执行后,BX 中的内容为 BP+SI 的值
LEA	ESI,[EBX+ECX+2530H]	;如 EBX=2000 0000H,ECX=1000 0000H,则执行指令后,ESI=3000 2530H
LEA	EDI,[BX+1946H]	;如 BX=1000H,则执行指令后,EDI=0000 2946H

注意:

① LEA 指令执行以后,目的寄存器中为内存的有效地址,而不是内存单元中的值。

② 当目的寄存器位数多而数据位数少时,则如最后一个例子那样进行高位零扩展。

(2) 取段码和偏移量的指令 LDS/LES/LSS/LFS/LGS。

这些指令的功能相似,只是段寄存器不同,其功能是把段码和偏移量传送到 2 个目的寄存器。例如:

LDS	DI,[2530H]	;将 2530H 和 2531H 中的 16 位偏移量送 DI,而把 ;2532H 和 2533H 中的 16 位段码送 DS
LES	EDI,[1000H]	;将 1000H~1003H 中的 32 位偏移量送 EDI ;将 1004H~1005H 中的 16 位段码送 ES
LSS	ESP,[EDX]	;如 EDX 所指单元开始为 78H,56H,34H,12H,BCH、 ;9AH,则指令使 ESP 为 1234 5678H,SS 中为 9ABCH
LFS	EDX,[EDX]	;把[EDX]所指单元开始的 6 字节送 EDX 和 FS
LGS	ESI,[EDX]	;把[EDX]所指单元开始的 6 字节送 ESI 和 GS

这组指令的特点:

① 随着寄存器的位数不同,传送的字节数也不同。如"LDS DI,[DX]"和"LDS EDI,[EDX]"这两条指令,前者传送 4 字节,后者传送 6 字节。

② 源操作数总是来自存储器,不过存储器的地址可能是直接指出的,也可能是间接指出的。

③ 尽管目的操作数只指出了存放偏移量的寄存器名,并没有出现段寄存器名,但是在指令执行以后,分别往段寄存器传送了数据。实际上,在指令 LDS、LES、LSS、LFS、LGS 的操作符中指出了段寄存器名 DS、ES、SS、FS 和 GS。

这组指令适合于多任务操作。在任务切换时,需要改变段寄存器和偏移量指针的值,有了这组指令就很方便,尤其是 LSS 指令。因为多任务处理中,每个任务都有自己的堆栈,在任务切换时,堆栈指针要随之改变。如没有这组指令,就必须使用两条 MOV 指令,先改变 SS,再改变 SP 或 ESP,而且为防止两条指令之间有外部中断而引起堆栈操作错误(此时堆栈段值 SS 为新值,但 SP 或 ESP 还是旧值,显然,堆栈指针没有指向真正的栈顶),特意从软件上作出了规定,但现在只要一条 LSS 指令即可,程序员也不再受规定的限制。

7. 标志传送指令 LAHF/SAHF、PUSHF/PUSHFD 和 POPF/POPFD

通过标志传送指令可读出当前标志寄存器中的内容,也可对标志寄存器设置新值。

(1) 读取和设置低 8 位标志指令 LAHF/SAHF。

LAHF 指令将标志寄存器中的低 8 位送 AH 中。SAHF 指令与 LAHF 的功能相反,SAHF 指令将 AH 寄存器的内容送标志寄存器的低 8 位。

(2) 对标志寄存器的推入和弹出堆栈指令 PUSHF/PUSHFD 和 POPF/POPFD。

PUSHF 指令将标志寄存器低 16 位的值推入堆栈,栈指针 SP 的值减 2;PUSHFD 指令将标志寄存器 32 位值推入堆栈,栈指针 ESP 的值减 4。这两条指令执行时标志寄存器本身的值不变。

POPF 和 POPFD 指令执行时从堆栈中弹出一个字或一个双字送到标志寄存器中,同时堆栈指针的值加 2 或加 4。

PUSHF/PUSHFD 和 POPF/POPFD 指令一般用在子程序和中断处理程序的首尾,起保存和恢复主程序标志的作用。

3.2.2 算术运算指令

在本节开始,先说明一下算术运算指令涉及的一些问题。

算术运算指令进行加、减、乘、除运算,其中涉及两种类型的数据,即无符号数和有符号数。

无符号数将所有的数位都看成数据位,所以无符号数只有正数没有负数。8 位无符号数的表示范围为 $0 \sim 2^8 - 1$(即 255),16 位无符号数的表示范围为 $0 \sim 2^{16} - 1$(即 65 535),32 位无符号数的表示范围是 $0 \sim 2^{32} - 1$。

有符号数将最高位作为符号,数据本身用补码表示,因此,有符号数既可表示正数,也可表示负数。8 位有符号数的表示范围为 -128(即 -2^7)$\sim +127$(即 $2^7 - 1$),16 位有符号数的表示范围为 $-32\,768$(即 2^{15})$\sim +32\,767$(即 $2^{15} - 1$),32 位有符号数的表示范围则为 $-2^{31} \sim +2^{31} - 1$。表 3.1 列出了 8 位、16 位和 32 位的表示范围和常见数的表示方式。

那么,能否用一套加、减、乘、除指令既实现对无符号数的运算,又实现对有符号数的运算呢? 对这个问题的回答:对加法或减法来说,无符号数和有符号数可采用同一套指令;对乘法或除法来说,无符号数和有符号数不能采用同一套指令。

无符号数和有符号数采用同一套加法指令及减法指令有两个条件。首先就是要求参与加法或减法运算的两个加数、被减数或减数必须同为无符号数或有符号数;此外,要用不同的方法检测无符号数或有符号数的运算结果是否溢出。

表 3.1　8 位、16 位和 32 位二进制数的表示范围及常见数的表示

位数	符号	十进制数	二进制数	十六进制数
8	无	255	1111 1111	FF
		128	1000 0000	80
		100	0110 0100	64
		0	0000 0000	00
	有	+127	0111 1111	7F
		+100	0110 0100	64
		0	0000 0000	00
		−1	1111 1111	FF
		−100	1001 1100	9C
		−128	1000 0000	80
16	无	65 535	1111 1111 1111 1111	FFFF
		32 768	1000 0000 0000 0000	8000
		10 000	0010 0111 0001 0000	2710
	有	+32 767	0111 1111 1111 1111	7FFF
		+10 000	0010 0111 0001 0000	2710
		$2^{10}=1\ 024$	0000 0100 0000 0000	0400
		−10 000	1101 1000 1111 0000	D8F0
		−32 768	1000 0000 0000 0000	8000
32	无	4 294 967 295	1111 … 1111	FFFF FFFF
		2 147 483 648	1000 … 0000	8000 0000
		$2^{30}=1\ 073\ 741\ 824$	0100 0000 … 0000	4000 0000
		$2^{20}=1\ 048\ 576$	0000 0000 0001 … 0000	0010 0000
	有	+2 147 483 647	0111 … 1111	7FFF FFFF
		−2 147 483 648	1000 … 0000	8000 0000

为了说明无符号数或有符号数运算结果溢出的规律,下面来具体分析两个 8 位数相加时的几种情况。

①

$$
\begin{array}{r}
0000\ 0101 \\
0000\ 1010 \\
\hline
0000\ 1111
\end{array}
\quad \text{CF=0, OF=0}
$$

上面算式如表示为无符号数,就是 5+10=15;如表示为有符号数,就是(+5)+(+10)=+15。此时,由于没有产生进位,因此 CF 为 0。对有符号数来说,由于正数加正数,仍为正数,也就是说没有改变符号,所以溢出标志 OF 为 0。

②
$$\begin{array}{r} 0000\ 1000 \\ \boxed{1}\ 1111\ 1011 \\ \hline 0000\ 0011 \end{array}$$ CF=1, OF=0

上面算式如表示为无符号数,就是 8+251=3,此结果显然不对,原因是 8 和 251 相加超出了 8 位无符号数最大值 255,即产生溢出,此时 CF 为 1。如表示为有符号数,则为(+8)+(−5)=(+3),由于是一个正数和一个负数相加,因此溢出标志 OF 不为 1,而为 0。

③
$$\begin{array}{r} 0000\ 1000 \\ 0111\ 1100 \\ \hline 1000\ 0100 \end{array}$$ CF=0, OF=1

上面算式如表示为无符号数,则为 8+124=132,没有产生进位,因此 CF 为 0。对有符号数来说,则为(+8)+(+124)=(−124),这个结果显然不对,原因是+8 和+124 相加时,超出了 8 位有符号数的最大值+127,此时,计算机根据两个相同符号数相加产生相反符号的现象,使溢出标志 OF 为 1。

④
$$\begin{array}{r} 1000\ 0111 \\ \boxed{1}\ 1111\ 0101 \\ \hline 0111\ 1100 \end{array}$$ CF=1, OF=1

上面算式如果表示为无符号数,则为 135+245=124,这个结果当然不对,原因和②中所出现的情况一样,是因为运算结果超出 8 位无符号数的最大值 255,即产生了溢出,此时,CF 为 1。如果为有符号数,则为(−121)+(−11)=+124,这个结果也不对,原因是−121 和−11 相加时,结果为−132,超出了 8 位有符号数的最小值−128,此时,计算机根据两个相同符号数相加产生相反符号的现象,使溢出标志 OF 为 1。

从上面的分析中可归纳出这样的结论:如果 CF 为 1,则表示无符号数运算产生溢出;如果 OF 为 1,则表示有符号数运算产生溢出。

由此可见,对无符号数运算时,只要在运算后,判断 CF 是否为 1,便可知道结果是否溢出;而对有符号数运算时,只要在运算后,判断 OF 是否为 1,便可知道是否产生了溢出。

总的来说,有以下规则。

① 如果运算结果为 0,则 ZF 为 1。

② 运算中出现进位或借位时,CF 为 1。

③ 符号标志 SF 和溢出标志 OF 支持有符号数的运算。

④ 当有符号数运算产生溢出时,OF 为 1。

⑤ 如果运算结果为负数,则 SF 为 1。

⑥ 如果运算结果中有偶数个 1,则 PF 为 1。

⑦ 所有的算术运算指令,都会影响状态标志。

这里还要指出,无符号数运算产生溢出的唯一原因就是运算结果超过了最大表示范围,因此溢出也就是有进位。正因为这是唯一原因,于是可看成是一种因果关系,而不是出错情况。有符号数运算产生溢出表示出现了错误,这与无符号数运算产生溢出的情况不同。

算术运算指令可对 8 位、16 位或 32 位数据进行运算。其中,源操作数可以是立即数、通用寄存器或存储器中的数,而目的操作数可为通用寄存器或存储器中的数。

1. 加法类指令 ADD/ADC/XADD/INC

（1）不带进位位的加法指令 ADD。

ADD 指令用来执行 2 字节、2 个字或 2 个双字的相加操作，运算时不考虑 CF 位，结果放在原来存放目的操作数的地方。例如：

ADD	CX,1000H	;CX 中的内容和 1000H 相加,结果放在 CX 中
ADD	DI,SI	;DI 和 SI 的内容相加,结果放在 DI 中
ADD	[BX+DI],AX	;BX+DI 和 BX+DI+1 所指两个存储单元的内容与 AX 中的数 ;相加,结果放在 BX+DI 和 BX+DI+1 所指的存储单元中
ADD	EAX,[BX+2000H]	;BX+2000H～BX+2003H 所指 4 个存储单元的内容与 EAX ;的内容相加,结果放在 EAX 中

注意：ADD 指令影响 OF、SF、ZF、AF、PF 和 CF 标志。

（2）带进位位的加法指令 ADC。

ADC 指令在形式和功能上都和 ADD 指令类似，只有一点区别，即执行 ADC 指令时，将进位标志 CF 的值加在和中。例如：

ADC	AX,SI	;AX 和 SI 中的内容以及 CF 的值相加,结果放在 AX 中
ADC	DX,[SI]	;SI 和 SI+1 所指单元的内容和 DX 的内容以及 CF 的值相加, ;结果放在 DX 中
ADC	BX,3000H	;BX 中内容和立即数 3000H 以及 CF 的值相加,结果在 BX 中

注意：

① ADC 指令用于多字节加法运算，如两个 8 字节数据相加，应先用 ADD 指令将低 32 位相加，再用 ADC 指令将高 32 位相加，此时会把低位字节产生的进位传递到高位字节的运算中。

② ADC 指令影响 OF、SF、ZF、AF、PF 和 CF 标志。

（3）字交换加法指令 XADD。

XADD 指令同时实现两个功能：一是通过交换将目的操作数送入源操作数处；二是将源操作数和目的操作数相加再送目的操作数处。

例如：[AX]=1234H,[BX]=1111H,执行指令：

XADD	AX,BX

那么,会使得：[AX]=2345H,[BX]=1234H。

又如：[EAX]=2000 0002H,而 1000H 开始的内存单元中为 3000 0003H,执行指令：

XADD	[1000H],EAX

那么,会使得：[EAX]=3000 0003H,而 1000H 开始的内存单元处为 5000 0005H。

注意：

① XADD 指令的源操作数必须为寄存器，目的操作数可为寄存器或存储器。

② 相加结果送目的操作数处，而目的操作数送源操作数处。

（4）增量指令 INC。

INC 指令只有 1 个操作数,指令在执行时,将操作数的内容加 1。这条指令一般用在循环程序中修改指针和循环次数。例如:

INC	AL	;将 AL 中的内容加 1
INC	ECX	;将 ECX 中的内容加 1
INC	BYTE PTR [BX+DI+500]	;将 BX+DI+500 所指单元的内容加 1

注意:

① INC 指令影响 AF、OF、PF、SF 和 ZF 标志。

② 要特别注意,INC 指令不影响进位标志 CF。一些缺乏经验的程序员常以为执行 INC 指令时,由于不断加 1 而会产生进位,在这种想法指导下设计的程序往往进入死循环。

2. 减法类指令 SUB/SBB/DEC/NEG 和 CMP/CMPXCHG/CMPXCHG8B

(1) 不考虑借位的减法指令 SUB。

SUB 指令完成 2 个数相减,操作数可为有符号或无符号的字节、字或双字。例如:

SUB	EBX,ECX	;将 EBX 中的双字减去 ECX 中的双字,结果在 EBX 中
SUB	[BP+2],CL	;将 SS 段的 BP+2 所指单元中的值减去 CL 中的值, ;结果在 BP+2 所指的堆栈单元中
SUB	SI,5010H	;SI 中的数减去 5010H,结果在 SI 中
SUB	WORD PTR [DI],1000H	;DI 和 DI+1 所指单元中的数减去 1000H,结果在 DI 和 ;DI+1 所指单元中

注意:SUB 指令影响 OF、SF、ZF、AF、PF 和 CF 标志。

(2) 考虑借位的减法指令 SBB。

SBB 指令在形式和功能上都和 SUB 指令类似,只是 SBB 指令在执行减法运算时,还要减去 CF 的值。在减法运算中,CF 的值就是两数相减时向高位产生的借位,所以,SBB 在执行减法运算时,是用被减数减去减数,并减去低位字节产生的借位。和带进位位的加法指令类似,SBB 主要用在多字节减法运算中,当分步进行减法运算时,可用 SBB 指令传递借位。例如:

| SBB | AX,2530H | ;将 AX 的内容减去 2530H,并减去 CF 的值 |
| SBB | WORD PTR [EDI+2],1000H | ;将 EDI+2 和 EDI+3 所指两个单元的内容减去 1000H, ;并减去 CF 的值,结果在 DI+2 和 DI+3 所指的单元中 |

注意:SBB 指令影响 OF、SF、ZF、AF、PF 和 CF 标志。

(3) 减量指令 DEC。

DEC 指令只有 1 个操作数,执行时,将操作数的值减 1,此指令常用在循环中对计数器进行修改,而不会干扰循环中的算术运算产生的状态。例如:

DEC	EBX	;将 EBX 的内容减 1,再送回 EBX 中
DEC	AX	;将 AX 的内容减 1,再送回 AX 中
DEC	BYTE PTR [DI+2]	;将 DI+2 所指的单元的内容减 1,结果送回此单元

注意:DEC 指令影响 OF、SF、ZF、AF 和 PF 标志。

（4）求补指令 NEG。

NEG 指令对给出的操作数取补码,再将结果送回。因为对 1 个操作数取补码相当于用 0 减去此操作数,所以 NEG 指令执行的也是减法操作。例如:

```
NEG   EAX                    ;将 EAX 中的数取补码
NEG   ECX                    ;将 ECX 中的数取补码
```

注意:

① 如果操作数的值为 80H、8000H 或 8000 0000H,那么,执行求补指令后,结果没有变化,但溢出标志 OF 置 1。

② NEG 指令影响 AF、CF、OF、PF、SF 和 ZF 标志。此指令执行时,通常使 CF 为 1,只有当操作数为 0 时,才使 CF 为 0。这是因为 NEG 指令执行时,是用 0 去减某个操作数,除非给定的操作数为 0,否则均会产生借位,而减法运算时,CF 正是表示借位。

（5）比较指令 CMP。

CMP 指令也是执行两个数的相减操作,但不送回相减的结果,只是使结果影响标志位。例如:

```
CMP       AX,2000H                 ;将 AX 的内容和 2000H 相比较,结果影响标志位
CMP       EAX,[EBX+EDI+100]        ;将累加器内容和 4 个存储单元的数相比
CMP       EDX,EDI                  ;将 EDX 和 EDI 的内容相比
```

注意:比较指令在执行时,会影响 AF、CF、OF、PF、SF 和 ZF 标志。

那么,怎样根据这些标志来判断比较结果呢?

首先,如果所比较的两个操作数相等,那么标志位 ZF 为 1,所以,根据 ZF 就可判断两数是否相等。

如果两数不等,则看下面两种情况。

① 两个无符号数的比较。无符号数相减时,CF 就是借位标志。所以,如果 CF 为 0,则表示无借位,即被减数大、减数小;如果 CF 为 1,则表示有借位,即被减数小、减数大。

② 两个有符号数的比较。有符号数的最高位表示符号,而符号标志 SF 总是和结果的最高位相同,所以,当两个正数相比较或两个负数相比较时,毫无疑问,可用 SF 来判断被减数比减数大还是小。如果 SF 为 0,则表示被减数大;如果 SF 为 1,则表示被减数小。

如一个为正数,另一个为负数,当两者相比较时,可能会出现这样的情况:

例如,被减数为 127,减数为 −50,显然是被减数大。但是,$127-(-50)=177$,在计算机中运算时为

$$\begin{array}{r}0111\ 1111 \\ +\ 0011\ 0010 \\ \hline 1011\ 0001=-79\end{array}$$

按照有符号数的观点看,结果为 −79,是一个负数。为什么一个正数减一个负数会得到一个负的结果呢? 原因就在于正确的计算结果 177 已超出了有符号数 −128～+127 的范围,即产生了溢出,因此,在这种情况下,溢出标志 OF 为 1。也就是说,如果两个有符号数比较时,使得 OF=1,而且 SF=1,那么,结果为被减数大。

同样，不难用被减数为-50、减数为 127 的情况说明，如果两个有符号数比较时，使得 SF=0，而且 OF=1 时，那么，结果为被减数小。

由此可见，没有溢出时，只要用标志位 SF 来判断两数的比较结果即可。当 SF=0 时，被减数大；当 SF=1 时，被减数小。在有溢出时，OF=1，这时，如果 SF=0，则被减数小；如果 SF=1，则被减数大。

归纳上面两种情况以及两个正数和两个负数的情况（后面两种情况下，OF 始终为 0），可得出结论：对于有符号数的比较，如果得到 OF 和 SF 的值相同（均为 1 或均为 0），则说明被减数大；如果得到 OF 和 SF 的值不同（一个为 0，另一个为 1），则说明被减数小。因此，对于有符号数的比较，要根据 OF 和 SF 两者的关系来判断结果。

注意：CMP 指令影响 OF、SF、ZF、AF、PF 和 CF 标志。

（6）比较并交换指令 CMPXCHG。

CMPXCHG 指令不但具有比较功能，而且进行交换操作。此指令执行时，将目的操作数和累加器中数比较，根据比较结果决定数据如何传送：如相等，则 ZF 为 1，并将源操作数送目的操作数；否则，ZF 为 0，并将目的操作数送累加器。两种情况下，源操作数的值都不变。

例如：[AL]=11H，[BL]=24H，[1000H]=22H，执行指令：

```
CMPXCHG          [1000H],BL
```

则先比较 AL 和 1000H 单元中的数据，由于两者不等，所以，ZF 置 0，且将[1000H]中的 22H 送 AL 中。所以，[AL]=22H，[BL]=24H，[1000H]=22H。

又如：[EBX]=7654 3210H，[ECX]=0123 4567H，[EAX]=0123 4567H，则执行指令：

```
CMPXCHG          ECX,EBX
```

由于 ECX 和 EAX 中数相等，所以，ZF 为 1，且 EBX 中数送 ECX。最后，[ECX]=7654 3210H，[EAX]=0123 4567H，[EBX]=7654 3210H。

注意：

① CMPXCHG 指令只影响 ZF 标志。

② CMPXCHG 的源操作数必须为寄存器，目的操作数可为寄存器或存储器。

（7）8 字节比较指令 CMPXCHG8B。

CMPXCHG8B 与 CMPXCHG 指令类似，不过，CMPXCHG8B 指令是将 EDX：EAX 中的 8 字节与存储器中的 8 字节比较：如相等，则 ZF 为 1，并将 ECX：EBX 中 8 字节数据送到目的操作数处；否则，ZF 为 0，并将目的操作数送 EDX：EAX 中。

例如：[EAX]=1111 1111H，[EBX]=2222 2222H，[ECX]=3333 3333H，[EDX]=4444 4444H，设 DS 段 1000H 所指单元开始的 8 字节为 4444 4444 1111 1111H，执行指令：

```
CMPXCHG8B          [1000H]
```

便将 EDX：EAX 中 8 字节和 DS 段 1000H 所指单元开始的 8 字节比较，由于[EDX：EAX]中为 4444 4444 1111 1111H，而存储器中的 8 字节也是 4444 4444 1111 1111H，所以，ZF

为 1,并将 ECX：EBX 中数送 DS 段 1000H 处,使得[1000H]处开始的 8 字节为 3333 3333 2222 2222H。

注意：

① CMPXCHG8B 指令只影响 ZF 标志。

② CMPXCHG8B 的操作包含比较和数据传输,比较结果影响数据传输方向。

③ CMPXCHG8B 指令的目的操作数和源操作数的位置都是默认的。

3. 乘法指令 MUL/IMUL

进行乘法时,如果两个 8 位数据相乘,会得到一个 16 位的乘积。与此类似,如果两个 16 位数据相乘,则得到一个 32 位的乘积;如果两个 32 位数相乘,则得到一个 64 位的乘积。

需要指出的是,执行乘法指令时,有一个乘数总是放在 AL、AX 或 EAX 中。另外,将 DX 看成是 AX 的扩展,将 EDX 看成是 EAX 的扩展。因此,当得到 16 位乘积时,结果就在 AX 中;而得到 32 位乘积时,结果在 DX 和 AX 两个寄存器中,DX 中为乘积的高 16 位,AX 中为乘积的低 16 位;当得到 64 位的乘积时,EDX 中为乘积的高 32 位,EAX 中为乘积的低 32 位。

Pentium 指令系统对无符号数和有符号数提供两种乘法指令。为什么要这样做呢？我们来看一个简单的例子。

如 $3 \times (-2) = -6$,而 $3 \times 14 = 42$(2AH)。用 4 位二进制补码表示时,-2 表示为 1110,因此 $3 \times (-2)$ 和 3×14 都成了 0011×1110。

如果用直接相乘的办法计算 0011×1110,则为

$$
\begin{array}{r}
0011 \\
\times 1110 \\
\hline
0010\ 1010 = 2AH
\end{array}
$$

这个结果对于 3×14 来说是正确的,但对于 $3 \times (-2)$ 却是错误的。

如果用另一种方法来计算,即先将 1110 复原为 -2,并去掉符号位,计算 3×2 后,再添上符号位,即取结果的补码,则为

$$
\begin{array}{r}
0011 \\
0010 \\
\hline
0000\ 0110
\end{array}
$$

再取补码 $1111\ 1010 = FAH = -6$,这个结果对于 $3 \times (-2)$ 是正确的,但对于 3×14 是错误的。

可见,在执行乘法运算时,要想使无符号数相乘得到正确的结果,则有符号数相乘时,就可能得不到正确结果;要想使有符号数相乘得到正确的结果,则无符号数相乘时,就可能得不到正确结果。为了使两种情况下分别获得正确的结果,于是,对无符号数相乘和有符号数相乘提供了不同的乘法指令 MUL 及 IMUL。实际上,刚才举的计算 3×14 的例子中体现的就是 MUL 指令的执行过程,而计算 $3 \times (-2)$ 的例子中体现的就是 IMUL 指令的执行过程。

对于除法运算,也有同样的情况。因此,对无符号数和有符号数也有两种不同的除法指令。

(1) 无符号数的乘法指令 MUL。

无符号数相乘时,用指令 MUL 来执行。例如：

MUL	CX	;AX 中和 CX 中的两个 16 位数相乘,结果在 DX 和 AX 中
MUL	BYTE PTR [DI]	;AL 中和 DI 所指的单元中的两个 8 位数相乘,结果在 AX 中
MUL	WORD PTR [SI]	;AX 中的 16 位数和 SI、SI+1 所指单元中的 16 位数相乘,结果 ;在 DX 和 AX 中

(2) 有符号数的乘法指令 IMUL。

IMUL 指令在功能和形式上与 MUL 指令类似,只是要求两个乘数必须均为有符号数。例如:

IMUL CL	;AL 中与 CL 中的两个 8 位有符号数相乘,结果在 AX 中
IMUL BX,100	;BX 中内容乘以 100,再送 BX
IMUL BYTE PTR [BX]	;AL 中 8 位有符号数和 BX 所指单元中的 8 位有符号数相乘, ;结果在 AX 中
IMUL WORD PTR [DI]	;AX 中 16 位有符号数和 DI、DI+1 所指单元中的 16 位有符号 ;数相乘,结果在 DX 和 AX 中

(3) 有符号数乘法指令的扩充形式。

IMUL 指令有两种扩充形式。先看第一组指令:

IMUL	BX,CX	;BX 中的内容乘以 CX 中内容,结果在 BX 中
IMUL	EDX,ECX	;EDX 中的内容乘以 ECX 中的内容,结果在 EDX 中
IMUL	DI,MEM_WORD	;DI 中的内容和内存中字相乘,结果送 DI
IMUL	EDX,MEM_DWORD	;EDX 中的内容和内存中双字相乘,结果在 EDX 中

上面是 IMUL 指令的第一种扩充形式,允许任何一个字节寄存器、字寄存器或双字寄存器操作数和另一个来自寄存器或存储器的同样长度的操作数相乘,乘积放在前一个操作数所在的寄存器中。

再看一下第二组指令:

IMUL	DX,BX,300	;将 BX 中内容乘以 300,送 DX
IMUL	CX,23	;将 CX 中内容乘以 23,再送 CX
IMUL	EBP,200	;将 EBP 内容乘以 200,再送 EBP
IMUL	ECX,EDX,2000	;将 EDX 内容乘以 2000,再送 ECX
IMUL	BX,MEM_WORD,300	;将存储器中字乘以 300,结果送 BX
IMUL	EDX,MEM_DWORD,20	;将存储器中双字乘以 20,结果送 EDX

上面指令是 IMUL 指令的第二种扩充形式。这类指令用一个立即数去乘一个放在寄存器或存储器中的操作数,结果放在指定寄存器。

归纳起来,对乘法指令有 3 点需要注意:

① 乘法运算指令 MUL 和 IMUL 在执行时,会影响 CF 和 OF 标志。

② 乘法运算指令 MUL、IMUL 的操作数可为 2 个 8 位数、2 个 16 位数或 2 个 32 位数。寄存器 AL、AX 或 EAX 存放其中一个操作数并保存乘积的低半部分,另一个操作数来自寄存器和存储器,也可为立即数。乘积的高半部分在 8 位×8 位时放在 AH,在 16 位×16 位时放在 EAX 的高 16 位,同时放在 DX 中(为了和 16 位的 8086 兼容),在 32 位×32 位时则放在 EDX 中。

③ 在 IMUL 指令的两种扩充形式中,由于被乘数、乘数和乘积的给定长度一样,所以,有时会溢出。遇溢出时,溢出部分抛弃,且溢出标志 OF 置 1。

4. 除法指令 DIV/IDIV

除法运算时,规定除数必须为被除数的一半字长。即被除数为 16 位时,除数为 8 位;被除数为 32 位时,除数为 16 位;被除数为 64 位时,除数为 32 位。16 位的被除数放在 AX 中,32 位的被除数放在 DX 和 AX 中,DX 中放高 16 位,AX 中放低 16 位,即把 DX 看成是 AX 的扩展。与此类似,64 位的被除数放在 EDX 和 EAX 中。指令中给出的是除数的长度和形式,计算机根据给定的除数为 8 位、16 位还是 32 位来确定默认的被除数是 16 位、32 位还是 64 位。

当被除数为 16 位,除数为 8 位时,得到 8 位的商放在 AL 中,8 位的余数放在 AH 中。当被除数为 32 位,除数为 16 位时,得到 16 位的商放在 AX 中,16 位的余数放在 DX 中。当被除数为 64 位,除数为 32 位时,得到 32 位的商放在 EAX 中,32 位的余数放在 EDX 中。

(1) 无符号数的除法指令 DIV。

DIV 指令实现无符号数相除。例如:

```
DIV       CL                    ;AX 中的数据除以 CL 中的数据,商在 AL 中,余数在 AH 中
DIV       WORD PTR [DI]         ;DX 和 AX 中的 32 位数除以 DI、DI+1 所指单元中的 16 位数,
                                ;商在 AX 中,余数在 DX 中
```

DIV 指令对字节为除数的操作,商最大为 255;对字为除数的操作,商最大为 65 535;对双字为除数的操作,商最大为 $2^{32}-1$。

(2) 有符号数的除法指令 IDIV。

IDIV 指令在功能及形式上和 DIV 指令很类似,差别是 IDIV 指令在执行时,将被除数和除数都看成有符号数,因此,具体执行过程和 DIV 指令不同。例如:

```
IDIV   BX                       ;将 DX 和 AX 中的 32 位数除以 BX 中的 16 位数,商在 AX 中,
                                ;余数在 DX 中
IDIV   BYTE PTR [DI]            ;将 AX 中的 16 位数除以 DI 所指单元中的 8 位数,商在 AL 中,
                                ;余数在 AH 中
```

对除法指令有 5 点需要注意:

① 除法指令 DIV 和 IDIV 用 AX、DX:AX 或 EDX:EAX 存放 16 位、32 位或 64 位被除数,除数的长度为被除数的一半,可放在寄存器或存储器中。指令执行后,商放在原存放被除数的寄存器低半部分,余数放在高半部分。

② 除法运算时,要求被除数的数位是除数数位的 2 倍,否则就必须将被除数进行扩展。如果没有进行扩展,那就会得到错误的结果。对于无符号数相除来说,被除数的扩展很简单,只要将 AH、DX 或 EDX 这几个寄存器清 0 即可。对于有符号数来说,AH、DX 或 EDX 的扩展就是字节、字或双字的符号扩展,即把 AL 中的最高位扩展到 AH 的 8 位中,把 AX 中的最高位扩展到 DX 中,或把 EAX 的最高位扩展到 EDX 中。为此,Pentium 指令系统提供了专用于有符号数扩展的指令 CBW、CWD、CWDE 和 CDQ。

③ 用 IDIV 指令时,如果是一个字除以一字节,则商的范围为 $-128\sim+127$;如果是一个双字除以一个字,则商的范围为 $-32\,768\sim+32\,767$;如果是一个四字除以一个双字,则商

的范围为 $-2^{31} \sim +2^{31}-1$；如果超出了上述范围，那么，会产生 0 号中断，而不是按照通常的想法使溢出标志 OF 置 1。0 号中断通常称为除数为 0 中断，实际上称为除数过小（极限为 0）中断更合适。

④ 在对有符号数进行除法运算时，如 -30 除以 $+8$，可得到商为 -4，余数为 $+2$；也可得到商为 -3，余数为 -6。这两种结果都正确，前一种情况的余数为正数，后一种情况的余数为负数。Pentium 指令系统中规定余数的符号和被除数的符号相同，因此，对这个例子，会得到后一种结果。

⑤ 除法运算后，标志位 AF、CF、OF、PF、SF 和 ZF 都是不确定的，也就是说，它们或为 0，或为 1，但都没有意义。

5. 类型转换指令 CBW/CWD/CWDE/CDQ

CBW/CWD/CWDE 指令的功能分别是将字节转换成字、将字转换成双字、将双字转换成四字。转换以后，其符号、数值大小和原来相同，通常也将此称为符号扩展，目的是产生一个双倍长度的被除数，以适应除法运算的要求。

CBW 指令将 AL 寄存器中的符号位扩展到 AH 中，从而将字节扩展成字。

CWD 指令把 AX 寄存器中的符号位扩展到 DX 中，把字扩展成 DX：AX 中的双字。

CWDE 指令将 AX 寄存器中的字扩展到 EAX 的高位成为双字。

CDQ 指令将 EAX 中的双字扩展到 EDX，成为 EDX：EAX 中的四字。

6. BCD 码指令 AAA/DAA、AAS/DAS、AAM 和 AAD

在计算机中，可用 4 位二进制码表示 1 个十进制码，这种代码叫 BCD 码。当然 BCD 码只有 0～9 共 10 个编码。

BCD 码有两类：一类叫组合的 BCD 码，组合就是用 1 字节表示 2 位 BCD 码；另一类叫非组合的 BCD 码，用这类代码时，1 字节只用低 4 位来表示 BCD 码，高 4 位为 0。

计算机对 BCD 码进行加、减、乘、除运算时，通常采用两种方法：一种方法是在指令系统中设置一套专用于 BCD 码运算的指令；另一种方法是利用对普通二进制数的运算指令算出结果，然后用专门的指令对结果进行调整，或反过来，先对数据进行调整，再用二进制数指令进行运算。Pentium 采用的是第二种方法。

那么为什么用普通二进制数运算指令对 BCD 码运算时，要进行调整呢？又怎样进行调整呢？下面通过简单的例子说明十进制调整的原理。

例如，$8+7=15$。用组合的 BCD 码表示，运算结果为

$$
\begin{array}{r}
0000\ 1000 \\
+\ 0000\ 0111 \\
\hline
0000\ 1111 \quad (0F)
\end{array}
$$

即结果为 0FH。在 BCD 码中，只有 0～9 这 10 个数字，0FH 不代表任何 BCD 码，因此要对它进行变换。

怎样变换呢？BCD 码应该是逢 10 进 1，但计算机是逢 16 进 1。因此，可在个位上补一个 6，让其产生进位，而此进位作为十位数出现，即

$$
\begin{array}{r}
0000\ 1111 \\
+\ 0000\ 0110 \\
\hline
0001\ 0101 \quad (15)
\end{array}
$$

可见在 BCD 码运算结果中,如果 1 位 BCD 码所对应的 4 位二进制码超过 9,那就应该加上 6 产生进位来进行调整。

又如,9+9=18,用组合的 BCD 码表示时,运算过程为

$$
\begin{array}{r}
0000\ 1001 \\
+\ 0000\ 1001 \\
\hline
0001\ 0010 \quad (12)
\end{array}
$$

即结果为 12,这显然是错误的。为什么会得到错误的结果呢?原因就是计算机在运算时,如遇到低 4 位往高 4 位产生进位,那是按逢 16 进 1 的规则进行的。但 BCD 码要求逢 10 进 1,可见,当 BCD 码按二进制数运算时,只要产生了进位,就会"暗中"丢失一个 6。于是,应该在出现进位时,进行如下调整:

$$
\begin{array}{r}
0001\ 0010 \\
+\ 0000\ 0110 \\
\hline
0001\ 1110 \quad (18)
\end{array}
$$

也就是说,凡是遇到低 4 位往高 4 位有进位,就必须在低 4 位加上 110 进行调整。计算机运算时,如果低 4 位往高 4 位有进位,则辅助进位位 AF=1,所以,对这种情况进行调整时,只要把辅助进位位作为判断依据即可。换句话说,对 BCD 码进行运算时,凡遇到 AF 变为 1,则在低位加 6 进行调整。

当 BCD 码的位数增多时,调整的原理类似。即凡是遇到某 4 位二进制码对应的 BCD 码大于 9 时,则加 6 进行调整;凡是低 4 位往高 4 位产生进位时,也加 6 进行调整。

当对多字节进行 BCD 码运算时,如果低位字节往高位字节产生进位,则 CF 为 1;而当 1 字节中的低 4 位往高 4 位产生进位时,AF 为 1。十进制调整指令会根据 CF 和 AF 的值判断是否进行"加 6 调整",并进行具体的调整操作。然后程序再对高位字节进行运算,再进行十进制调整。

上面说的这些就是对 BCD 码进行加法、减法和乘法运算时作十进制调整的原理和思想。对于 BCD 码的除法运算,十进制调整过程与此有所差别,将在后面再作说明。下面来具体介绍 BCD 码的有关指令。

(1) BCD 码的加法十进制调整指令 AAA/DAA。

BCD 码的加法十进制调整指令有两条,即 AAA 和 DAA。前者用于对两个非组合的 BCD 码相加结果进行调整,产生一个非组合的 BCD 码;后者用于对两个组合的 BCD 码相加结果进行调整,产生一个组合的 BCD 码。这两条指令使用时,都紧跟在加法指令之后,对 BCD 码加法运算结果进行调整。

用非组合的 BCD 码时,1 字节只用低 4 位来表示 1 位 BCD 码,高 4 位为 0。如用 0000 0111 表示 7,用 0000 0101 表示 5,这两个 BCD 码相加后,应为 12,即 AH 中为 0000 0001,而 AL 中为 0000 0010。但是,在调整之前,得到的结果为

$$
\begin{array}{r}
0000\ 0111 \\
+\ 0000\ 0101 \\
\hline
0000\ 1100
\end{array}
$$

然后执行调整指令 AAA,因为低 4 位超过 9,所以调整时先往低 4 位加 6,以产生进位,即

$$\begin{array}{r} 0000\ 1100 \\ +\ 0000\ 0110 \\ \hline 0001\ 0010 \end{array}$$

AL 的高 4 位为 1,使 AH+1→AH,即 AH 中为 0000 0001,然后,将 AL 中的内容与 0FH 相"与",最后,AX 中得到非组合的 BCD 码 0000 0001 0000 0010。

AAA 指令会影响 AF 和 CF 标志。

用组合的 BCD 时,1 字节可表示 2 位 BCD 码。两个组合的 BCD 数据相加后,用 DAA 指令进行调整,调整原理和 AAA 类似。DAA 指令会影响 AF、CF、PF、SF 和 ZF 标志。

(2) BCD 码的减法十进制调整指令 AAS/DAS。

BCD 码的减法十进制调整指令也有两条,即 AAS 和 DAS。前者对两个非组合的 BCD 码数据的相减结果进行调整,产生一个非组合的 BCD 码形式的差;后者对两个组合的 BCD 码数据的相减结果进行调整,得到一个组合的 BCD 码的差。

使用时,AAS 和 DAS 指令都是紧跟在减法指令后面。AAS 指令和 AAA 指令的功能类似,对标志位的影响也和 AAA 指令相同,即影响 AF、CF 标志。DAS 指令则和 DAA 指令的功能类似,也影响 AF、CF、PF、SF 和 ZF 标志。

(3) BCD 码的乘法十进制调整指令 AAM。

对 BCD 码数据进行乘法运算时,要求乘数和被乘数都用非组合的 BCD 码来表示,否则得到的结果将无法调整。由此,Pentium 指令系统中只提供了对于非组合的 BCD 码的乘法十进制调整指令 AAM。

需要说明的是:

① AAM 指令总是紧跟在乘法指令 MUL 之后,对两个非组合的 BCD 码相乘结果进行调整,最后得到一个正确的非组合的 BCD 码结果。

② BCD 码总是作为无符号数看待,所以相乘时用 MUL 指令,而不用 IMUL 指令。

③ AAM 指令影响 SF、ZF 和 PF 标志。

(4) BCD 码的除法十进制调整指令 AAD。

BCD 码的除法十进制调整指令为 AAD。对 BCD 码进行除法运算时,也要求除数和被除数都用非组合的 BCD 码形式来表示,这与对 BCD 码乘法的要求类似。这里要特别注意一点,对 BCD 码除法运算的调整是在除法之前进行的,而且必须对除数和被除数都进行调整。

对除数和被除数的调整过程本身比较简单。例如,一个数据为 65,用非组合的 BCD 码表示,则 AH 中为 0000 0110,AL 中为 0000 0101,调整时执行 AAD 指令,这条指令将 AH 中的内容乘以 10,再加到 AL 中,这样,得到的结果为 41H。

AAD 指令影响 SF、ZF 和 PF 标志。

3.2.3 逻辑运算和移位指令

Pentium 的逻辑操作指令分为两类:一类是逻辑运算指令;另一类是移位指令。

1. 逻辑运算指令 AND/OR/NOT/XOR/TEST

AND、OR、NOT、XOR 和 TEST 指令分别执行与、或、非、异或和测试操作。AND、OR 和 XOR 指令的使用形式很相似,它们都是双操作数指令,可对 8 位、16 位或 32 位数操作。

例如：

AND	AX,1000H	;AX 中的 16 位数和 1000H 相与,结果在 AX 中
AND	EAX,EBX	;EAX 和 EBX 中的内容相与,结果在 EAX 中
AND	EDX,[EBX+ESI]	;EDX 和 EBX+ESI 所指单元开始的 4 字节相与,结果送 EDX
OR	AX,00F0H	;AX 和 00F0H 相或,结果在 AX 中
XOR	AL,0FH	;AL 和 0FH 相异或,结果在 AL 中
XOR	EAX,EAX	;EAX 的内容本身进行异或,结果使 EAX 清 0
XOR	ECX,100	;ECX 寄存器和立即数相异或
XOR	ECX,10000000H	;ECX 的内容和 1000 0000H 相异或,结果在 ECX 中

TEST 指令不仅执行 AND 指令的操作,而且把 OF 和 CF 标志清 0,修改 SF、ZF 和 PF 标志。TEST 指令不送回操作结果,而仅仅影响标志位,其操作数可为字节、字或双字。例如：

TEST EAX,80000000H	;如 EAX 的最高位为 1,则 ZF=0,否则 ZF=1
TEST AL,01	;如 AL 的最低位为 1,则 ZF=0,否则 ZF=1

NOT 指令的操作数只有一个,它求出指令所给的操作数的反码,再送回。例如：

NOT AL	;AL 中内容求反码,结果在 AL 中
NOT EBX	;EBX 中内容求反码,结果在 EBX 中
NOT WORD PTR [1000H]	;1000H 和 1001H 两单元中的内容求反码,再送回

对逻辑运算指令需要注意如下几点：

① 在程序设计中,常常用 AND 指令对指定位清 0。例如,AND AL,0FH 指令实现将高 4 位清 0。BCD 码进行乘、除运算时,要求数据是非组合的 BCD 码,所以在进行乘、除运算前,可用 AND 指令将数据变换为要求的格式。

② OR 指令常用来对一些指定位置 1。例如,指令 OR AL,02 实现对累加器中的第 1 位置 1。

③ XOR 指令常用在程序开头使某个寄存器清 0,以配合初始化工作的完成。例如,XOR EAX,EAX 使累加器清 0。

④ NOT 指令常用来将某个数据取反码,再加上 1 便得到补码。

⑤ TEST 指令用来检测指定位是 1 还是 0,而这个指定位往往对应一个物理量。例如,某一个状态寄存器的最低位反映一种状态,为 1 时,说明状态满足要求,于是,就可先将状态寄存器的内容读到 AL 中,再用 TEST AL,01 指令,此后就可通过对 ZF 的判断来了解此状态位是否为 1。如果 ZF=1,说明结果为 0,即最低位为 0,条件不满足;如果 ZF=0,说明结果不为 0,即最低位不为 0,而为 1,所以条件满足。

⑥ NOT 指令不影响标志位;AND、OR 和 XOR 指令使 OF 和 CF 清 0,并影响 SF、ZF 和 PF 标志;TEST 指令影响 ZF 标志。

2. 移位指令 SAL/SAR/SHL/SHR、ROL/ROR/RCL/RCR 和 SHLD/SHRD

移位指令分为如下几类：非循环移位指令、循环移位指令和双精度移位指令。

(1) 非循环移位指令 SAL/SAR/SHL/SHR。

Pentium 指令系统中有 4 条非循环移位指令,即算术左移指令 SAL、算术右移指令

SAR、逻辑左移指令 SHL 和逻辑右移指令 SHR。通过这些指令,可对寄存器或内存单元中的 8 位、16 位或 32 位的操作数进行移位。这 4 条指令所执行的操作如图 3.5 所示。

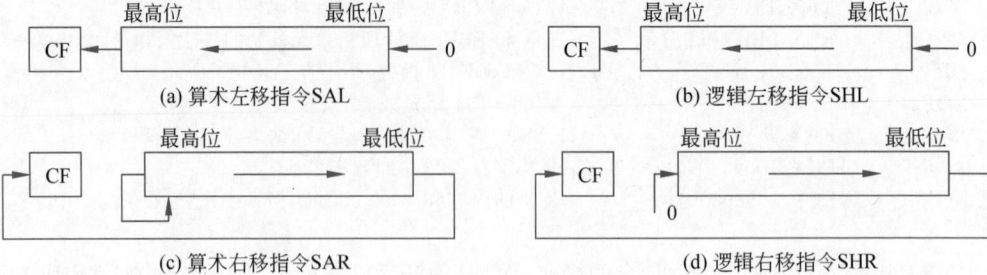

图 3.5　移位指令的功能

SAL、SHL、SAR 和 SHR 指令的使用方法是类似的,下面以 SAL 指令为例来说明这些指令的使用格式。

```
SAL    EDX,5                    ;EDX 中的值左移 5 位,最低位补 0
SAL    EAX,CL                   ;EAX 中的值左移若干位,CL 中指出所移的位数,如
                                ;CL 中为 4,则左移 4 位
SAL    AL,1                     ;AL 中的值左移 1 位,低位补 0
```

对非循环移位指令要注意的是:

① 逻辑移位指令执行时,实际上是把操作数看成无符号数进行移位,所以,右移时最高位补 0;算术移位指令执行时,则将操作数看成有符号数来进行移位,所以,右移时保持最高位的值不变,这里的最高位就是符号位。

② SHL 和 SAL 这两条指令的功能完全一样,因为对一个无符号数乘以 2 和对一个有符号数乘以 2 没有什么区别,每左移一次,最低位补 0,最高位进入 CF。在左移位数为 1 的情况下,移位后,如果最高位和 CF 不同,则溢出标志 OF 置 1,这样,对有符号数来说,可由此判断移位后的符号位和移位前的符号位不同;反过来,如果移位后的最高位和 CF 相同,则 OF 为 0,这表示移位前后符号位没有变。

③ SAR 和 SHR 的功能不同。SAR 指令在执行时最高位保持不变,因为算术移位指令将最高位看成符号位,而 SHR 指令在执行时最高位补 0。

④ 移位指令使用时,如果只移 1~31 位,那么,指令中可直接指出移动位数,也可用 CL 寄存器指出移动位数;如果移动超过 31 位,那么,必须用 CL 寄存器指出所移的位数,但对于 32 位寄存器来说,实际上这种情况很少出现。

⑤ 所有的移位指令执行时,都会影响 CF、OF、PF、SF 和 ZF 标志。

(2) 循环移位指令 ROL/ROR/RCL/RCR。

Pentium 指令系统中有 4 条循环移位指令,即不带进位位的循环左移指令 ROL、不带进位位的循环右移指令 ROR、带进位位的循环左移指令 RCL 和带进位位的循环右移指令 RCR。这 4 条指令的功能如图 3.6 所示。

从图 3.6 可看到,ROL 和 ROR 指令在执行时,没有把 CF 套在循环中;而 RCL 和 RCR 指令在执行时,则连同 CF 一起循环移位。

这 4 条循环移位指令可对字节、字或双字进行操作,操作数可以是寄存器,也可以是存

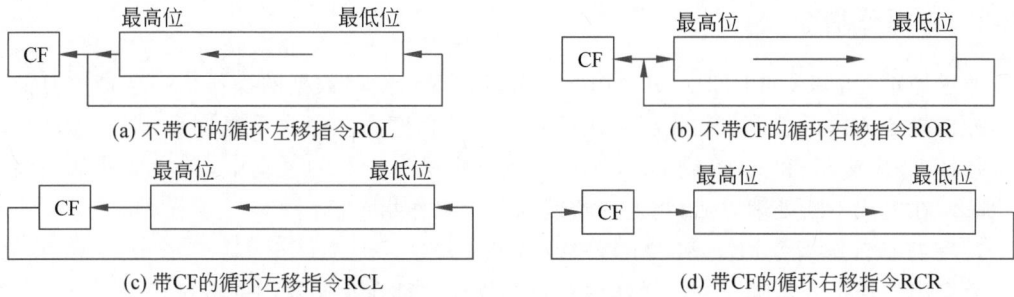

(a) 不带CF的循环左移指令ROL   (b) 不带CF的循环右移指令ROR

(c) 带CF的循环左移指令RCL   (d) 带CF的循环右移指令RCR

图 3.6   循环移位指令的功能

储单元。和非循环移位指令一样,如果循环移位指令只移动 1～31 位,则可在指令中直接指出移动位数,也可在 CL 中指定移动位数。例如:

ROL	WORD PTR [DI],CL	;对 DI 所指单元开始字作不带 CF 的循环左移,CL 中为 ;所移位数
RCR	EBX,CL	;按 CL 中指定数将 EBX 中数连同进位循环右移
ROL	BX,1	;BX 中的内容不带进位位循环左移 1 位

需要说明的是:

① ROL 和 RCL 指令在执行一次左移后,如果操作数的最高位和 CF 不等,则 OF 置 1。因为 CF 是由最高位移入的,而对有符号数来说,最高位即符号位,所以 CF 代表了数据原来的符号。这就是说,如果一个有符号数左移后,新的符号位和原来的符号不同,则会使 OF 为 1,于是,可根据 OF 的值判断循环左移操作是否造成了溢出。同样,ROR 和 RCR 指令在执行 1 位右移后,如果操作数的最高位和次高位不等,则表示移位后的数据符号和原来的符号不同,此时也会使 OF 为 1。因此,循环移位指令在执行后,标志位 OF 表示数据的符号是否有了改变。

② 用移位指令时,左移 1 位相当于将操作数乘以 2,右移 1 位相当于将操作数除以 2。用乘法指令和除法指令执行乘、除运算,一般所需要的时间较长,如果用移位指令来编制一些常用的乘除法程序,由于移位指令执行速度快,所以常可将计算速度提高五六倍之多。

(3) 双精度移位指令 SHLD/SHRD。

双精度移位指令包括双左移指令 SHLD 和双右移指令 SHRD。利用双精度移位指令可进行快速数据移位。双精度移位指令中,有 3 个操作数,源操作数必须在寄存器中,目的操作数可在寄存器或存储器中,移位的次数用立即数或 CL 寄存器指出,指令执行以后,结果在目的操作数中,源操作数不变。例如:

SHLD	EAX,EBX,3	;EAX 左移 3 位,EBX 的高位移入 EAX 低位
SHLD	MEM_WORD,DX,8	;MEM_WORD 中内存字左移 8 位,DX 高位移入内存单元
SHLD	ECX,EDX,21	;ECX 左移 21 位,EDX 高位移入 ECX
SHLD	MEM_DWORD,EAX,2	;内存双字左移 2 位,EAX 的高位移入内存单元
SHLD	AL,BL,CL	;AL 中数左移,左移次数由 CL 指出,BL 高位移入 AL 中
SHRD	EAX,EBX,10	;将 EAX 中内容右移 10 位,高 10 位由 EBX 的低 10 位来 ;补充,而 EBX 的内容不变
SHRD	ECX,EDX,19	;ECX 右移 19 位,EDX 低位移入 ECX,EDX 中值不变
SHRD	EAX,EBX,CL	;EAX 中数右移,CL 指出右移次数,EBX 低位移入 EAX

3.2.4 串操作指令

通过加重复前缀(如 REP),串操作指令可以实现对一串数据的操作。一条带重复前缀的串操作指令的执行过程往往相当于执行一个循环程序。在每次重复之后,都会自动修改地址指针 ESI(或 SI)和 EDI(或 DI),如果在执行串操作指令的过程中,有一个外部中断进入,那么,在完成中断处理以后,将返回继续执行串操作指令。

1. 字符串传送指令 MOVSB/MOVSW/MOVSD

字符串传送指令是唯一的源操作数和目的操作数都在存储器中的传送指令。

MOVSB/MOVSW/MOVSD 指令将位于 DS 段由 ESI(或 SI)所指的存储单元开始的字节、字或双字传送到位于 ES 段由 EDI(或 DI)所指的存储单元开始的区域中,再修改 ESI(或 SI)和 EDI(或 DI),从而指向下一个元素。MOVSB 用于字节传送,MOVSW 用于字传送,而 MOVSD 用于双字传送。

MOVSB、MOVSW 和 MOVSD 指令前面通常加重复前缀 REP,以便实现字节串、字串和双字串的传输。

如下面的程序段:

```
MOV        SI,1000H        ;源地址为 DS:1000H
MOV        DI,2000H        ;目的地址为 ES:2000H
MOV        CX,100          ;字符串长 100 字节
CLD                        ;方向标志清 0,使地址指针按增量方向修改
REP        MOVSB           ;将源地址开始的 100 字节传送到目的地址
```

上面的程序段相当于一个循环程序段。

又如,设 ESI=1000 0000H,EDI=2000 0000H,CX=100,DF=0,则执行指令:

```
REP   MOVSD                ;使 DS 段 1000 0000H 开始的 400 字节送 ES 段 2000 0000H
                           ;开始的区域,传输时,地址作增量修改
```

使用 MOVSB/MOVSW/MOVSD 指令时要注意 3 点:

① 源地址默认用 ESI 或 SI 寄存器指出,目的地址默认用 EDI 或 DI 寄存器指出,并且默认源地址在 DS 段,目的地址在 ES 段。

② CX 或 ECX 寄存器中事先存放好要传送的字节数、字数或双字数。但对应的是字节、字还是双字,决定于指令形式而不是寄存器名,即 CL 中存放的也可能是双字数。

③ 如果用 CLD 指令将方向标志 DF 清 0,则用 MOVSB 指令时,每传送一次,地址指针 ESI(或 SI)和 EDI(或 DI)自动增 1;用 MOVSW 指令时,每传送一次,地址指针 ESI(或 SI)和 EDI(或 DI)自动增 2;而用 MOVSD 指令时,每传送一次,地址指针 ESI(或 SI)和 EDI(或 DI)自动增 4。反过来,如果用 STD 指令将方向标志 DF 置 1,则每次传送以后,地址指针自动减 1、减 2 或减 4。对带 REP 重复前缀的串传送指令来说,每传送一次,CX 或 ECX 中的计数值总是减 1,与 DF 无关,但此处的 1 可能代表 1 字节、1 个字或一个双字,这随指令而定。

2. 字符串比较指令 CMPSB/CMPSW/CMPSD

字符串比较指令 CMPSB/CMPSW/CMPSD 把 DS 段由 ESI(或 SI)所指的字节、字或双

字和 ES 段由 EDI(或 DI)所指的字节、字或双字比较,并且在比较之后自动修改地址指针。通过重复前缀的控制,利用 CMPSB、CMPSW 或 CMPSD 指令可实现在两个字符串中寻找第一个不相等的元素或第一个相等的元素。

例如,下面这段程序用来判断一个微型机系统是否为初次加电,如果不是初次加电,那么,可检测到在 RAM 的 400H 单元开始的 4 字节分别设置了加电标志"12""23""34""45"。这 4 字节的加电标志是在初次加电时,由 ROM 区(位于 0E2DH 单元开始的 4 字节)复制过去的。这里,假设 ES 指向 RAM 区,DS 指向 ROM 区。

```
        MOV     DI,0400H        ;DI 寄存器指向 RAM 区标志单元
        MOV     SI,0E2DH        ;SI 寄存器指向 ROM 区标志单元
        CLD                     ;清方向标志
        MOV     CX,0004         ;计数器为 4
        REPZ    CMPSB           ;如比较结果相等,则继续比较下一字节,此时 DI
                                ;和 SI 分别加 1,CX 减 1
        JZ      DONE            ;如 4 字节都符合,则说明已设好加电标志
        RET                     ;否则返回
DONE:   ⋮                       ;后续处理
```

使用 CMPSB/CMPSW/CMPSD 指令时,有以下 3 点需要注意:

① 要预先将源字符串的首地址设置到 DS 段和 ESI(或 SI)寄存器中,目的字符串的首地址设置到 ES 段和 EDI(或 DI)寄存器中,比较的字节数、字数或双字数设置到 ECX(或 CX)中,并且要设置方向标志以决定地址指针的修改是增量方向还是减量方向。

② 在 DF=0 的情况下:如果用 CMPSB 指令,每次比较后,ESI(或 SI)和 EDI(或 DI)加 1,ECX(或 CX)减 1;如果用 CMPSW 指令,每次比较后,ESI(或 SI)、EDI(或 DI)加 2,ECX(或 CX)减 1;如果用 CMPSD 指令,每次比较后,ESI(或 SI)、EDI(或 DI)加 4,ECX(或 CX)减 1。在 DF=1 的情况下,每次比较后,对应 3 条指令,ESI(或 SI)和 EDI(或 DI)减 1、减 2 或减 4,但是 ECX(或 CX)总是减 1,对应指向下一字节、下一个字或者下一个双字。

③ CMPSB/CMPSW/CMPSD 指令的前缀可有 REPNZ/REPNE 或 REPZ/REPE。加上前一种前缀时,表示两个字符串的字节、字或双字比较不等时,继续下一组比较。加上后一种前缀时,则表示两个字符串的字节、字或双字比较相等时,继续下一组比较。每一种前缀都有两种形式,如 REPNZ 和 REPNE,它们的功能一样。

3. 字符串检索指令 SCASB/SCASW/SCASD

使用字符串检索指令 SCASB、SCASW 或 SCASD 时,将 AL 中的字节、AX 中的字或 EAX 中的双字与位于 ES 段由 EDI(或 DI)寄存器所指地址开始的字节、字或双字比较。通过前缀,可实现在 EDI(或 DI)所指的字符串中,寻找第一个与 AL(或 AX 或 EAX)中的内容不同的字节、字或双字,或寻找第一个与 AL(或 AX 或 EAX)中的内容相同的字节、字或双字。

例如,下面这段程序,假设 AL 中为接收到的键盘命令字节,0EEDH 开始的 4 个单元中存放"+""-"","和":"这 4 个符号对应的 ASCII 码,如果键盘命令字节与上面 4 个符号中的某一个相等,则在 440H 开始的对应单元中加 1。

```
        MOV     DI,0EEDH                ;目的字符串首地址送到 DI
        CLD                             ;方向标志清 0
        MOV     CX,4                    ;字符串中共有 4 字节
        MOV     DX,CX                   ;保存字节数
        REPNZ   SCASB                   ;比较结果不等,则继续往下比
        JNZ     AAA                     ;AL 中值和字符串中所有字节都不等,则转 AAA
        SUB     DX,CX
        DEC     DX                      ;AL 中的值和字符串中的某字节相等,则算出是
                                        ;第几字节
        MOV     DI,DX                   ;DI 中为字符序号
        INC     BYTE PTR [DI+440]       ;使对应的计数单元加 1
AAA:    ⁝                               ;后续处理
```

使用 SCASB、SCASW 或 SCASD 指令时,有以下两点需要注意:

① 目的字符串默认在 ES 段中,字符串首址的偏移量必须用 EDI(或 DI)指出。

② 上面例子中,退出 REPNZ SCASB 串操作循环的情况有两种:一种情况是检索到字符串中某字节与 AL 中的字节相等,从而退出;另一种情况是字符串中没有任何一字节和 AL 中的字节相等,但已检索完毕,从而退出。随后,可通过对 ZF 的检测来判断当前处于哪种情况。如果是前一种情况,则 ZF=1;如果是后一种情况,则 ZF=0。特别要注意的是,ZF 并不因为 CX 在串操作过程中不断减 1 而受影响。

4. 取字符串指令 LODSB/LODSW/LODSD

LODSB/LODSW/LODSD 指令的操作比较简单,分别将位于 DS 段由 ESI(或 SI)所指的存储单元的内容取到 AL、AX 或 EAX 中。用 LODSB 时取的是字节,此后地址自动加 1 或减 1;用 LODSW 时取的是字,此后地址自动加 2 或减 2;用 LODSD 时取的是双字,此后地址自动加 4 或减 4。地址到底是作增量修改还是减量修改,取决于方向标志 DF,DF=1 时作减量修改,DF=0 时作增量修改。

因为使用 LODSB/LODSW/LODSD 指令时,取来的字节、字或双字放在 AL、AX 或 EAX 中,所以 LODSB/LODSW/LODSD 指令前不能加前缀,否则,AL、AX 或 EAX 中的内容会被后一次取数据操作覆盖。

LODSB/LODSW/LODSD 指令一般用在循环程序中。

5. 存字符串指令 STOSB/STOSW/STOSD

存字符串指令 STOSB/STOSW/STOSD 把 AL、AX 或 EAX 中的数据存到 ES 段由 EDI 或 DI 寄存器所指的内存单元,并且自动修改地址指针。加上前缀 REP 以后,用 STOSB、STOSW 或 STOSD 指令可使一串内存单元中填满相同的数。

例如,下面的程序段使 0404H 开始的 256 个单元清 0。

```
BBB:    CLD                             ;清除方向标志
        LEA     DI,[0404H]              ;将目的地址 0404H 送 DI
        MOV     CX,0080H                ;共有 128 个字
        XOR     AX,AX                   ;AX 清 0
        REP     STOSW                   ;将 256 字节清 0
```

6. I/O 串操作指令 INSB/OUTSB、INSW/OUTSW 和 INSD/OUTSD

串输入指令 INSB/INSW/INSD 允许从一个输入端口读一串数据送到由 EDI(或 DI)指

出的连续存储单元,分别代表字节串输入、字串输入或双字串输入。在 DF 标志控制下,每输入一次,EDI 或 DI 作增量修改或减量修改。

要注意的是,INSB、INSW 和 INSD 指令要求预先在 DX 中存放端口号,而不能用直接寻址方式在指令中给出端口号。此外,这种情况下,I/O 端口的速度必须足够快。

串输出指令 OUTSB/OUTSW/OUTSD 允许从 ESI(或 SI)指出的连续的存储单元输出一串数据到输出端口,OUTSB、OUTSW 和 OUTSD 分别输出一个字节串、字串或双字串。

和 INSB/INSW/INSD 指令一样,OUTSB、OUTSW 和 OUTSD 指令也要求用 DX 存放端口号,而不能用直接寻址方式在指令中给出端口号。在 DF 标志控制下,每输出一次,ESI 或 SI 作增量修改或减量修改。例如:

```
INSW                    ;从 DX 所指端口输入 1 个字到 EDI 所指单元开始的存储区
OUTSD                   ;从 ESI 所指单元开始输出 1 个双字到 DX 所指端口
```

I/O 串操作指令连续从一个端口读取数据,或者把数据连续写入一个端口,端口地址必须由 DX 指出,而不能直接寻址。INSB/INSW/INSD 指令执行时,目的地址默认在 EDI(或者 DI)所指的存储单元,通过重复前缀,可以实现串输入,每进行一次输入,EDI(或 DI)根据 DF 标志自动作增量修改或减量修改,并修改 ECX(或 CX)。OUTSB/OUTSW/OUTSD 执行时,源地址默认由 ESI(或 SI)指出,并且根据 DF 标志作增量修改或减量修改,并修改 ECX(或 CX)。要注意的是,在任何情况下,ECX(或 CX)中的计数值都是作减 1 修改。还有,使用重复前缀时,要求 I/O 端口的速度和指令执行速度相匹配。

I/O 串操作指令用于磁盘等外设的数据块传输。

归纳起来,使用串操作指令时要注意如下 4 点:

① 用 ESI(或 SI)作为源变址寄存器,用 EDI(或 DI)作为目的变址寄存器,ECX(或 CX)给出要传送的字节数、字数或双字数。传送过程中,ESI(或 SI)和 EDI(或 DI)的修改受方向标志 DF 控制。若 DF 为 1,则每次传送后,ESI(或 SI)和 EDI(或 DI)作减量修改;若 DF 为 0,则每次传送后,ESI(或 SI)和 EDI(或 DI)作增量修改。

② 串操作指令最后一个字母区分每次传送是以字节为单位、还是以字或双字为单位。例如,MOVSB 表示每次传送 1 字节,传送后,ESI(或 SI)和 EDI(或 DI)随 DF 设置均加 1 或减 1; MOVSW 表示每次传送 1 个字,传送后,ESI(或 SI)和 EDI(或 DI)按 DF 设置均加 2 或减 2; MOVSD 则表示每次传送 1 个双字,传送后,ESI(或 SI)和 EDI(或 DI)按 DF 设置均加 4 或减 4。但 ECX 在每次传送后均减 1,含义可能为 1 字节、1 个字或 1 个双字,与 DF 标志无关。

③ CMPS 和 SCAS 指令执行时会影响 ZF 标志,当比较结果相同或检索到匹配字符时,则 ZF 置 1,而其他串操作指令不影响 ZF 标志。

④ 使用串操作指令时,可在前面加重复前缀 REP、REPE、REPZ、REPNE 或 REPNZ,从而真正发挥串操作指令的效能。但串操作指令前严格禁止加 LOCK 前缀,这是因为串操作可能会跨越访问不驻留在内存的页面,此时,操作系统须将所访问的页调入内存,如用了 LOCK 指令,就无法实现调页功能。

3.2.5　调用/转移/循环控制/中断指令

调用/转移/循环控制/中断指令包括子程序调用和返回指令、无条件转移和条件转移指令、循环控制指令、中断和中断返回指令。

1. 关于转移指令和调用指令的寻址

在讲述这一组指令之前,首先把寻址方式中遗留的一部分问题即转移地址和调用地址的寻址方式作一个分析。为了叙述简明,下面以转移指令为对象来分析各种转移地址的寻址方式。这些寻址方式也适用于调用指令中对调用地址的寻址。

(1) 段内直接转移方式。

用段内直接转移方式寻址时,指令中给出一个相对位移量,这样,转移地址为 EIP(或 IP)的当前内容再加上一个 8 位、16 位或 32 位的位移量。因为位移量是相对于 EIP(或 IP)来计算的,所以段内直接转移寻址也称相对寻址。

段内直接转移方式既可用在条件转移指令中,也可用在无条件转移指令中,同样也可用在调用指令中。

(2) 段内间接转移方式。

用段内间接转移方式寻址时,有效地址总是在寄存器中或在内存单元中,而对内存单元则可用前面所述的对数据的各种寻址方式进行访问。

需要指出的是段内间接转移寻址方式只适用于无条件转移指令。

(3) 段间直接转移方式。

用段间直接转移方式寻址时,指令中要给出转移地址的段码(段码在 16 位系统中为段地址,在 32 位系统中为段选择子,下同)和偏移量。产生转移时,将段码装入 CS 中,将偏移量装入 EIP(或 IP)中。用这种寻址方式,可提供一种使程序从一个代码段转移到另一个代码段的方法。

(4) 段间间接寻址方式。

在段间间接寻址方式下产生转移时,EIP(或 IP)和 CS 用内存中内容来装入。而对内存区域,可通过前面所讲的对数据的各种寻址方式来访问。

这里要指出的是,凡是段间转移和段内间接转移都必须是无条件转移指令。换句话说,条件转移指令不能用段间转移,也不能用段内间接转移,而只能用段内直接寻址方式。

2. 子程序调用和返回指令 CALL/RET

Pentium 指令系统中提供了子程序的段内直接调用指令、段内间接调用指令、段间直接调用指令和段间间接调用指令。

下面是各种调用指令的例子。

```
CALL    1000H               ;段内直接调用,调用地址在指令中给出
CALL    EAX                 ;段内间接调用,调用地址由 EAX 给出
CALL    2500H:3600H         ;段间直接调用,调用的段码和偏移量都在指令中给出
CALL    DWORD PTR [DI]      ;段间间接调用,调用地址在 DI 所指地址开始的 4 单元
```

和调用指令相对应的是返回指令。返回指令总是作为子程序的最后一条指令用来返回高一层的程序。返回指令在执行时,会从堆栈顶部弹出返回地址。为了能正确返回,返回指令的类型要和调用指令的类型相对应。也就是说,如果一个子程序是供段内调用的,那么,末尾用段内返回指令;如果一个子程序是供段间调用的,那么末尾用段间返回指令。

不过,在 Pentium 指令系统中,段内返回指令和段间返回指令的形式是一样的,都是

RET,它们的差别在于指令代码不同。段内返回指令 RET 对应的代码为 C3H,段间返回指令对应的代码为 CBH。

在一个汇编语言子程序编好之后,被汇编成机器代码时,对于 RET 指令,到底是产生段内返回指令对应的代码,还是产生段间返回指令对应的代码呢? 实际上,这是在对源程序进行汇编时自动进行的。

返回指令还有另一种形式,即带参数的返回指令,形式如下:

RET　　　　　n

其中,n 可为 0～FFFFH 的任何一个偶数。例如,RET 6 这条指令表示从栈顶弹出返回地址以后,再使 ESP 或 SP 的值加上 6。

下面举例说明 RET n 这种形式的返回指令的用处。

设在进入下列子程序之前,主程序将一个字符串的首地址(包括段码和偏移量)放在栈顶。这样,进入子程序后,从栈顶往下(往高地址方向)依次为返回地址(这里设返回地址为 2 字节)、字符串首址偏移量(设 2 字节)、字符串首址段码(2 字节),如图 3.7 所示(设此时堆栈栈顶地址为 SP=2010H)。

图 3.7　进入子程序前的栈顶内容

子程序如下:

DDD:	PUSH	BP	;将 BP 的内容推入堆栈
	MOV	BP,SP	;使 BP 指向当前栈顶
	PUSH	ES	;保存 ES 的值
	PUSH	DI	;保存 DI 的值
	LES	DI,[BP+04]	;将字符串首址送到 ES 和 DI 中
AAA:	MOV	AL,ES:[DI]	;从 ES 和 DI 所指的单元中取字符
	CMP	AL,00	;是否为字符串的结束符
	JZ	EEE	;如为结束符,则转 EEE
	PUSH	AX	;保存字符
	CALL	DISPLAY	;调用显示程序显示字符
	INC	DI	;指向下一个字符
	JMP	AAA	;对下一个字符进行处理
EEE:	POP	DI	;恢复 DI 的值
	POP	ES	;恢复 ES 的值
	POP	BP	;恢复 BP 的值
	RET	0004	;返回,并使堆栈指针加 4

上述子程序中的 RET 0004 指令在执行时,弹出 2010H 和 2011H 处的返回地址,然后,堆栈指针 SP 又加上 4,所以 SP 指向 2016H,相当于将 2012H~2015H 共 4 个单元腾出。

RET n 形式的返回指令一般用在这样一种情况:主程序为某个子程序提供一定的参数或参数的地址,在进入子程序前,主程序将这些参数或参数地址先送到堆栈中,通过堆栈传递给子程序。子程序运行过程中,使用了这些参数或参数地址,子程序返回时,这些参数或参数地址已没有在堆栈中保留的必要,因而,可在返回指令后面加上参数 n,这样,使得在返回的同时,将堆栈指针自动移几字节,从而腾出那些已无用的参数或参数地址所占用的单元。

从上述子程序中,还可看到有一条指令 PUSH AX,子程序 DDD 通过这条指令为更低一层的子程序 DISPLAY 提供参数,即要显示的字符。读者可想到,在 DISPLAY 子程序返回时,应该用 RET 2 指令将堆栈中已用过的那个字符单元腾出。

这里要注意的是,RET n 指令中的参数 n 必须是偶数,不能为奇数。

3. 无条件转移指令和条件转移指令 JMP/J ∗(其中,∗ 代表各种条件)

(1) 无条件转移指令 JMP。

无条件转移指令可转到内存中任何程序段。转移地址可在指令中给出,也可在寄存器中给出,或在存储器中指出。

和调用指令类似,无条件转移指令也可有 4 种形式。下面是 4 种无条件转移指令的实例。

```
JMP     1000H                ;段内直接转移,转移地址的偏移量由指令给出
JMP     CX                   ;段内间接转移,转移地址的偏移量由 CX 指出
JMP     1000H:2000H          ;段间直接转移,段码和偏移量由指令给出
JMP     DWORD PTR [SI]       ;段间间接转移,转移地址在 SI 所指地址开始的 4 个单元中
```

(2) 条件转移指令 J ∗。

Pentium 条件转移指令比较多,这类指令以某一个标志位的值或某个比较结果作为判断是否进行转移的依据:如果满足指令中所要求的条件,则产生转移;否则往下执行排在条件转移指令后面的一条指令。

条件转移指令有如下特点:

① 所有的条件转移指令都是相对转移形式的,也就是说,只能在以本指令所指的 EIP(或 IP)加上 8 位、16 位或 32 位的位移量范围内转移。之所以这样做,是为了节省指令长度和提高程序执行速度。当需要往一个较远的地方进行条件转移时,可先用条件转移指令转到附近一个单元,然后,从此单元起放一条无条件转移指令,再通过此无条件转移指令转到较远的目的地址。由于多数情况下需要的是根据条件转到附近的区域,只有很少数的情况下才需要转到较远的区域,所以从全局来看,用相对的条件转移指令得到的是节省内存和提高运算速度的双重好处。

② 条件转移指令中,有相当一部分指令是在比较两个数的大小以后,根据比较结果而决定是否转移,但对于具体的两个二进制数据,将它们看成有符号数或无符号数,比较后会得出不同的结果。

例如,1111 1111 和 0000 0000 这两个数,如果将它们看成无符号数,那么前者为 255,后

者为 0,这当然是前一个数大,后一个数小;但如把它们看成有符号数,那么前者为 -1,后者为 0,比较之后会得到一个相反的结论。

为了作出正确的判断,Pentium 指令系统分别为无符号数的比较和有符号数的比较提供了条件转移指令。对于无符号数的比较过程,判断结果时,用"高于"和"低于"的概念来作为判断依据进行条件转移;对于有符号数的比较过程,判断结果时,用"大于"和"小于"的概念来作为判断依据进行条件转移。

③ 条件转移指令中,大部分指令可用两种不同的助记符表示。例如,一个数大于另一个数和一个数不小于也不等于另一个数的结论是等同的,因此,条件转移指令 JG 和 JNLE 是等同的。

条件转移指令的具体形式如下:

```
JE/JZ                    ;结果为 0,则转移
JNE/JNZ                  ;结果不为 0,则转移
JG/JNLE                  ;大于,即不小于且不等于,则转移
JNG/JLE                  ;不大于,即小于或等于,则转移
JL/JNGE                  ;小于,即不大于且不等于,则转移
JNL/JGE                  ;不小于,即大于或等于,则转移
JB/JNAE                  ;低于,即不高于且不等于,则转移
JNB/JAE                  ;不低于,即高于或等于,则转移
JA/JNBE                  ;高于,即不低于且不等于,则转移
JNA/JBE                  ;不高于,即低于或等于,则转移
```

上面的条件转移指令都是根据两个数的比较结果来决定转移的。除此以外,还有几条条件转移指令根据某一个标志位的值来决定是否转移。这类条件转移指令如下:

```
JS                       ;符号标志 SF 为 1,则转移
JNS                      ;符号标志 SF 为 0,则转移
JO                       ;溢出标志 OF 为 1,则转移
JNO                      ;溢出标志 OF 为 0,则转移
JP                       ;奇/偶标志 PF 为 1,则转移
JNP                      ;奇/偶标志 PF 为 0,则转移
```

还有两条条件转移指令即 JCXZ 和 JECXZ,这是专门根据 CX(或 ECX)中的值来决定是否转移的,前者的转移地址的范围为 $-128 \sim +127$,后者的转移地址范围为 $-32\,768 \sim +32\,767$。例如:

```
JCXZ        LABLE        ;CX 为 0,则转移到 LABLE 处,否则执行下一条指令
JECXZ       ABC          ;ECX 为 0,则转移到 ABC 处,否则执行下一条指令
```

下面举例说明条件转移指令的使用。

设 2000H 开始的区域中,存放着 14H 个数据,要求找出其中最大的一个数,并存到 2000H 单元。程序段如下:

```
GETMAX: MOV    BX,2000H       ;BX 指向 2000H 单元
        MOV    AL,[BX]        ;取第一个数
        MOV    CX,14H         ;CX 作为计数器
```

P1:	INC	BX	;BX 指向下一个数
	CMP	AL,[BX]	;和下一个数比较
	JAE	P2	;如比下一个数大或相等,则转 P2
	MOV	AL,[BX]	;如下一个数大,则将下一个数取到 AL
P2:	DEC	CX	;CX 中计数值减 1,如不为 0,则转 P1
	JNZ	P1	
	MOV	BX,2000H	;如已比较完毕,则使 BX 再指向 2000H
	MOV	[BX],AL	;将最大的一个数送到 2000H 单元

4. 循环控制指令 LOOP、LOOPZ/LOOPE 和 LOOPNZ/LOOPNE

在设计循环程序时,可用控制指令来控制循环是否继续。Pentium 指令系统提供了 3 种形式的循环控制指令,这些指令所控制的目的地址都受限制。如用 CX 作为初值寄存器,则目的地址在 $-128\sim+127$ 的范围内;如用 ECX 为初值寄存器,则目的地址在 $-32\,768\sim +32\,767$ 的范围内。

(1) 计数循环指令 LOOP。

执行 LOOP 指令时,先将 ECX(或 CX)的内容减 1,再判断 ECX(或 CX)中是否为 0。如不为 0,则继续循环;如为 0,则退出循环,执行下一条指令。可以想到,在 LOOP 指令前,一定有对 ECX(或 CX)寄存器设置初值的指令。

例如,下面两条指令可构成最简单的延迟子程序:

	MOV CX,0100H	;设置循环次数
KKK:	LOOP KKK	;CX 减 1,如不为 0,则循环
	⋮	;后续处理

LOOP 指令在产生循环时,要消耗一定的时间,退出循环时则执行下一条指令。由此,在 ECX(或 CX)中设置一定的循环初值,程序员在不同的计算机上根据测试,就可设计一个延迟程序。

(2) 相等则循环指令 LOOPZ/LOOPE。

LOOPZ 和 LOOPE 是同一条指令的两个不同助记符。执行这条指令时,先将 ECX(或 CX)减 1,再判断 ECX(或 CX)中的值是否为 0,并且判断 ZF 是否为 1。如果 ZF=0,或 ECX (或 CX)中的值为 0,则退出循环;只有在 ZF=1,并且 ECX(或 CX)中的值不为 0 的情况下,才继续循环。

这里要注意的是,ECX(或 CX)中的值为 0 时,并不会影响 ZF 标志,这就是说,ZF 是否为 1,是由前面其他指令通常是比较指令的执行决定的。

例如,下面的程序段用来在 40 个元素构成的数组中寻找第一个非 0 元素。

	MOV	CX,28H	;数组长度为 28H,即 40 个元素
	MOV	SI,0FFH	;数组元素序号从 0 开始,先设为 FFH
NEXT:	INC	SI	;当前数组元素序号放在 SI 中
	CMP	BYTE PTR [SI],0	;判断此元素是否为 0
	LOOPZ	NEXT	;当 ZF=1 且 CX≠0 时再循环,即当前元素为 0 且
			;未找完时,则再寻找
	JNZ	OKK	;当找到一个非 0 元素时,转 OKK
	CALL	DISPLAY1	;如未找到任何一个非 0 元素,则转显示程序显示

			;出错信息,再返回
	RET		
OKK:	CALL	DISPLAY2	;如找到非 0 元素,则转显示程序显示此元素,且返回
	RET		

上面程序中的标志 ZF 是由 CMP 指令设置的,而与 CX 减 1 动作无关。

(3) 不等则循环指令 LOOPNZ/LOOPNE。

当执行 LOOPNZ/LOOPNE 指令时,先使 ECX(或 CX)减 1,再判断 ECX(或 CX)是否为 0,且判断 ZF 的值。如果 ECX(或 CX)不为 0 且 ZF=0,则继续循环;如果 ECX(或 CX)为 0,或 ZF=1,则退出循环,执行下一条指令。

和 LOOPZ/LOOPE 的执行情况类似,一般情况下,从 LOOPNZ/LOOPNE 指令构成的循环退出以后,紧接着用 JNZ(或 JZ)指令来判断是在什么情况下退出循环的。要特别注意的是,ZF 标志并不受 ECX(或 CX)减 1 这个动作的影响,当 ZF 为 1 时,ECX(或 CX)中的值未必是 0,因为这里零标志 ZF 是由其他因素决定的,与 ECX(或 CX)是否为 0 无关。

5. 中断指令 INT 和中断返回指令 IRET/IRETD

(1) INT 指令和 IRET/IRETD 指令。

在第 2 章介绍中断机构时,已经提到,Pentium 中断系统为程序员提供了软件中断手段,这就是中断指令 INT n。与中断指令相对应的是中断返回指令 IRET/IRETD,任何中断处理程序都以 IRET/IRETD 作为最后一条指令。

IRET 和 IRETD 指令功能上类似,但执行时,前者从堆栈中先弹出 2 字节装入 IP,再弹出 2 字节装入 CS;后者从堆栈中先弹出 4 字节装入 EIP,再弹出 2 字节装入 CS。

执行 INT n 指令时,将使 CPU 转到一个中断处理程序。此时,标志寄存器的值被推入堆栈,堆栈指针 ESP(或 SP)减 4(或 2);然后清除中断允许标志 IF 和单步中断标志 TF。清除 IF 使进入中断处理程序的过程不被外面的其他中断所打断,清除 TF 可以避免进入中断处理程序后按单步执行;接着,CPU 将主程序的下一条指令地址即断点地址推入堆栈,同时,堆栈指针 ESP(或 SP)减 6(或减 4)。

在 Pentium 系统中,在不同的工作方式下,获得中断处理子程序入口地址的方法是不同的。

实地址方式和虚拟 8086 方式下,中断类型号的 4 倍即是中断向量在 0 段的存放地址,因此,由中断类型号乘以 4 得到 1 个单元地址,由此地址开始的前 2 个单元存放的就是中断处理程序入口地址的偏移量,后 2 个单元存放的就是中断处理程序入口地址的段码。

在保护方式下,中断向量表不一定在 0 段,此时,中断向量的段码和偏移量都由中断描述符给出,进入中断时,根据中断描述符表寄存器 IDTR 的内容和中断类型号,便可获得对应的中断描述符。IDTR 的内容是在系统启动时由操作系统设置的,中断描述符表中的描述符是在装配中断处理子程序时设置的,而大部分中断处理子程序也是系统启动时装配的。具体说,根据 IDTR 的高 32 位得到中断描述符表的基址,加上中断类型号乘以 8 得到的和,便是中断描述符的起始地址,取得中断描述符后,便可得到中断处理子程序的段选择子和偏移量,从而找到中断处理子程序的入口地址。

但是,对程序员来说,上述过程都是透明的。不管是在哪种方式下,都是根据中断类型号得到中断处理子程序的入口地址。总体效果都是:先把标志寄存器推入堆栈,然后将 IF

和 TF 清 0,再把主程序中下一条指令的地址推入堆栈,接着根据指令中提供的中断类型号得到中断向量的存放地址,再转入中断处理程序。

各个中断处理程序的功能不同,但是,中断处理程序的最后一条指令总是 IRET/IRETD。执行 IRETD/IRET 指令时,先从堆栈中弹出 6 个(或 4 个)单元的内容送入 EIP(或 IP)和 CS,从而恢复断点地址,然后弹出标志寄存器的值。

(2) 类型 0~4 的中断。

下面对类型 0~4 这几个特殊的中断进行说明。

类型为 0 的中断称为除数为 0 中断。每当运算过程中遇到除数为 0 的情况,或对有符号数进行除法运算所得商超出规定范围(四字除以双字的商的范围为 -2^{31}~$2^{31}-1$,双字除以字的商的范围为 $-32\,768$~$+32\,767$,字除以字节的商的范围为 -128~$+127$)的情况,则 CPU 会自动产生类型为 0 的中断。此中断既不是外部硬件产生的,也不是用软件指令产生的,而是 CPU 自身产生的,因此 0 号中断没有对应的中断指令。也就是说,指令系统中没有 INT 0 这条指令。

类型为 1 的中断是单步中断。CPU 进入单步中断的依据是标志寄存器中的单步中断标志 TF 为 1。也就是说,与类型为 0 的中断类似,单步中断也不是由外部硬件或程序中的中断指令产生的,而是由 CPU 对 TF 标志的测试而产生的。当然,对 TF 标志的设置是通过指令实现的,不过这是通过传输指令完成的,并不是中断指令完成的。

单步中断的功能是,每执行一条指令,就进入一次单步中断处理程序,此程序用来显示一系列寄存器的值,并且告示一些附带的信息。因此,单步中断一般用在调试程序中逐条执行用户程序。

CPU 测试到标志寄存器中的 TF 为 1 时,就进入单步中断。此时,按照一般的软件中断过程,CPU 把标志寄存器的值推入堆栈,清除当前标志寄存器中的 TF 和 IF,再把断点地址推入堆栈,然后进入单步中断处理程序。

进入单步中断处理程序后,由于此时标志寄存器中的 TF 为 0,所以,CPU 不会以单步方式执行单步中断处理程序,而是以连续方式执行单步中断处理程序。具体地说,就是显示一系列寄存器的值,必要时还指出一些重要信息,最后执行中断返回指令。执行中断返回指令时,从堆栈中弹出断点地址和标志寄存器的值,然后返回调试程序,并使单步计数单元的值减 1。

由于从堆栈中弹出了标志寄存器的值,于是 TF 又变为 1,所以在执行下条指令后,又进入单步中断处理程序。然后又显示一系列寄存器的值,同时使单步计数单元的值减 1……如此下去,会见到每执行一条指令,便显示一系列内部寄存器的内容,直到单步计数单元的值减为 0 时,调试程序又用传输指令将标志寄存器中的 TF 改为 0,从而结束单步中断的状态。

单步中断为调试程序提供了逐条运行用户程序的手段,于是,可在执行每条指令以后,检查这条指令的执行是否得到了预期的结果。

类型为 2 的中断是非屏蔽中断 NMI。有关非屏蔽中断的特点和响应过程在第 2 章中已介绍过了,这里不再重复。

类型为 3 的中断称为断点中断。和单步中断类似,断点中断也是提供给用户的一个调试手段,一般用在调试程序中。

下面来看看断点中断具体有什么用处。

一个比较长的用户程序往往要完成多个功能,而在编制好程序后,一般总有这样或那样的错误,为此要对程序进行调试。调试时,常用的手段就是设置断点和单步运行。

前面已介绍了利用单步中断对用户程序作单步运行的原理。但在程序较长时,不可能对整个程序全部用单步方式来调试。

那么,怎样从一个较长的程序中分离出一个较短的存在问题的程序段呢?

这就是断点中断要解决的问题。当调试一个用户程序时,一般把编写的程序分为几个程序段,每个程序段都应达到一个预期的功能。例如,程序从 100H 开始,到 200H 处应该完成一个多字节加法运算。那么在调试时,可在程序所要求的单元中设置几个初值,然后让程序运行到 200H 处停下来,看看运算结果是否正确。为了做到这一点,就必须在 200H 处设置一个断点。

设置断点的过程,实际上就是在用户程序的指定点用断点中断指令 INT 3 来代替用户程序的原有指令,同时把用户程序的原有指令保存起来,这样,当此后运行到断点位置时,便会执行指令 INT 3。执行 INT 3 指令时,将使 CPU 进入类型为 3 的中断处理程序。和其他软件中断进入过程一样,此时 CPU 要保存标志寄存器的值,清除当前标志寄存器中的 TF 和 IF,然后保存断点地址,从而进入中断处理程序。

断点中断处理程序的主要功能就是显示一系列寄存器的值,并给出一些重要信息。程序员由此可判断在断点前的用户程序运行是否正常。此外,断点中断处理程序还负责恢复进入中断以前在用户程序中被 INT 3 所替换掉的那条指令;在中断返回之前,还必须修改堆栈中的断点地址,以便正确返回到曾被替换掉的那条指令所在的单元。如果不修改断点地址,返回时指令指针将指向被替换掉的指令的下一个单元,也就是说,将少执行一条指令。

执行断点中断处理程序以后,CS 和 EIP(或 IP)指向用户程序的下一条指令,CPU 则处于调试程序状态。此时,可在用户程序中设置下一个断点,继续程序的调试。Pentium 系统也允许一次设置多个断点,这样,在调试用户程序过程中,会自动在第 1 个断点处、第 2 个断点处……停下,以便程序员检查运行结果。

类型为 4 的中断称为溢出中断。为什么要有溢出中断这个功能呢?

前面讲到,对无符号数和有符号数的乘法指令和除法指令是各不相同的,但是对这两类数据的加法指令以及减法指令是相同的。在某些情况下,无符号数的加、减运算和有符号数的加、减运算都可能造成溢出。溢出就是超出了数据的规定范围。对于无符号数来说,产生溢出并不是什么错误,这种情况下的溢出实际上是低位字节、字或双字运算时往高位产生了进位或借位。但对于有符号数来说,产生溢出就意味着出现了错误,所以应该避免,或一旦产生便能立即发现。

在讲算术运算指令时进行过分析,即如果运算过程使 CF 为 1,则表示无符号数运算产生溢出,这是允许的,如果运算过程使 OF 为 1,则表示有符号数运算产生溢出,这就说明有了错误。从另一方面说,如果是对无符号数进行处理,这时也可能会使 OF 为 1,但不是什么错误。如果这是对有符号数进行处理,那就意味着出错了,如不能及时处理,再往下运行程序,结果就没有意义。

对 CPU 来说,它并不能知道当前处理的数据是无符号数还是有符号数,只有程序员才明确这一点。为此,指令系统提供了一条溢出中断指令 INTO,它专门用来判断有符号数加、减运算是否溢出。程序设计中,INTO 指令总是跟在有符号数的加法运算或减法运算指令后面。当运算指令使 OF 为 1 时,执行 INTO 指令就会进入类型为 4 的溢出中断,此时中断处理程序给出出错标志。如果运算指令并没有使 OF 为 1,那么,接着执行 INTO 指令时,也会进入中断处理程序,但此时中断处理程序仅仅是对标志进行测试,然后很快返回主程序。由此可见,在对有符号数执行加法或减法之后,执行 INTO 指令可对溢出情况进行测试,一旦有了溢出,便能及时告警。

(3) INT 指令的例子。

对于程序员来说,INT 指令是非常有用的,因为可用 INT 指令很方便地调用系统中已有的许多驱动程序,最重要也是程序员使用最多的是 21H 中断和 10H 中断,其中,21H 中断包含多达 87 个功能,对每个功能都只需要几条汇编语言指令就可以实现调用,为汇编语言程序或者可以嵌入汇编指令的高级语言程序编写带来很大方便。在本书的辅助教材《微型计算机技术及应用——习题、实验题和综合训练题集》的附录中列出了这两个中断每个功能的含义、入口参数和出口参数。

所有用 INT 指令进行的系统调用都需要按照给定的格式进行,但大致规则是:先在指定的寄存器中设置入口参数,然后用 INT 指令即可。下面以最常用的系统调用为范例,读者可以由此举一反三。例子中涉及的伪指令 DB、OFFSET 等将在本章后面讲述。

例 1,下面的程序段用了 21H 系统调用的第 9 号和第 0AH 号功能,分别显示一个字符串和接收一个字符串。

KEYBUF	DB	DUP（?）	;键盘缓冲区
ME	DB	'INPUT YOUR PASSWORD'	;提示字符串
DAI:	MOV	DX,OFFSET ME	;字符串首地址作为入口参数送 DX
	MOV	AH,9	;功能号为 9
	INT	21H	;调用 21H 中断的 9 号功能显示字符串
KEYIN:	MOV	DX,OFFSET KEYBUF	;入口参数为缓冲区首址
	MOV	AH,0AH	;功能号为 0AH
	INT	21H	;调用 21H 的 0AH 号功能接收键盘输入
			;的字符串

例 2,下面的程序段将一个标号为 MYPROG 的中断处理程序装配到系统中,其中断类型号为 50H,此后,可以用 INT 50H 指令非常方便地调用它。

INTERSET: CLI			
	MOV	DX OFFSET MYPROG	;入口参数为中断处理程序首地址偏移量
	MOV	AL,50H	;中断类型号为 50H
	MOV	AH,25H	;功能号为 25H,此调用的功能是装配中
			;断处理程序
	INT	21H	;将程序进行装配

例 3,下面 2 条指令把键盘输入的字符读到 AL 寄存器中。

	MOV	AH,01	;功能号为 01
	INT	21H	;调用 21H 的 01 功能

例4，下面3条指令把 DL 中的字符显示在屏幕上。

```
            MOV     DL,′A′          ;入口参数放在 DL 中,此处为 A 的
                                    ;ASCII 码
            MOV     AH,02           ;功能号为 02
            INT     21H             ;调用 21H 的 02 功能
```

例5，下面的程序段利用滚行功能清除屏幕。

```
CLEAR:      MOV     AH,6            ;滚行功能号
            MOV     AL,0            ;空白屏幕的代码
            MOV     CH,0            ;左上角的行号
            MOV     CL,0            ;左上角的列号
            MOV     DH,24           ;右下角的行号
            MOV     DL,79           ;右下角的列号
            MOV     BH,7            ;空白行属性
            INT     10H             ;清除屏幕
```

例6，下面程序段使光标定位在窗口的左下角。

```
POS_CURSE:  MOV     AH,2            ;光标定位功能号
            MOV     DH,16           ;行号
            MOV     DL,30           ;列号
            MOV     BH,0            ;当前页号,如改变页号,则会往前
                                    ;或往后翻页
            INT     10H             ;光标定位在 16 行、30 列处
```

3.2.6 标志操作和处理器控制指令

1. 标志操作指令 STC/CLC/CMC、STD/CLD 和 STI/CLI

标志操作指令用来对进位标志 CF、方向标志 DF 和中断允许标志 IF 进行设置或清除。

(1) 进位标志处理指令 STC/CLC/CMC。

进位标志 CF 在多字节运算中,用来传递低位往高位的进位或借位,在此过程中,需要对 CF 进行处理。利用 STC 指令可使进位标志 CF 置 1,用 CLC 指令则可使进位标志 CF 清 0,而用 CMC 指令便可对进位标志 CF 求反。

(2) 方向标志设置和清除指令 STD/CLD。

方向标志 DF 在执行串操作指令过程中决定了字符地址的修改方向。STD 使 DF 为 1,字符地址进行减量修改;CLD 使 DF 为 0,字符地址进行增量修改。

(3) 中断允许标志设置和清除指令 STI/CLI。

中断允许标志 IF 是 1 还是 0 决定了系统是否可响应外部可屏蔽中断。STI 指令使 IF 置 1,即开放中断;CLI 指令使 IF 清 0,从而屏蔽了外部中断。

2. 暂停指令 HLT 和无操作指令 NOP

(1) 暂停指令 HLT。

HLT 指令经常和中断过程联系在一起,当 CPU 执行 HLT 指令时,指令指针指向 HLT 后面一条指令的地址,而 CPU 则处于"什么也不干"的暂停状态。此时,如果有一个外

部硬件中断,只要中断允许标志 IF 为 1,CPU 便响应中断,转入中断处理程序。中断返回以后,CPU 接着执行 HLT 后面的一条指令。所以,HLT 指令的执行实际上是用软件方法使 CPU 处于暂停状态等待硬件中断,而硬件中断的进入又使 CPU 退出暂停状态。

除了外部硬件中断(包括可屏蔽中断和非屏蔽中断)会使 CPU 退出暂停状态外,对系统进行复位操作,也会使 CPU 退出暂停状态。

（2）无操作指令 NOP。

NOP 指令使 CPU 不进行任何操作,往往在程序调试中用 NOP 指令为断点设置占一个位置。

3. 交权指令 ESC 和等待指令 WAIT

ESC 和 WAIT 指令是从 16 位 CPU 延续下来的为配合外接协处理器而设置的一对指令,在 Pentium 及以后版本中一般不再应用,但也可以运行。ESC 称为交权指令,表明主处理器调用协处理器工作;WAIT 称为等待指令,程序设计中放在 ESC 后面,使主处理器等待协处理器的处理结果。

4. 总线封锁指令 LOCK

LOCK 指令可放在其他指令前面,所以 LOCK 实际上是一个指令前缀。例如:

```
LOCK    XCHG    EAX,ECX
```

用了指令 LOCK 以后,在 CPU 访问存储器或外设时,就会对总线实行封锁,以防止其他总线主设备使用总线。

这样做,有什么必要呢?

让我们用例子来说明这个问题。例如,在一个多处理器系统中,多个处理器共享一个打印机。为避免几个处理器同时使用打印机,可以用一个标志单元来实现对打印机的管理。如标志单元为 1,表示有处理器正在使用打印机,所以,其他处理器要使用打印机时,必须排队等待;标志单元为 0,表示当前打印机空闲,所以,如有哪个处理器要使用,则可将标志单元先改为 1,然后得到打印机使用权。

这样是不是就安然无恙了呢?考虑这种情况:如果当前打印机管理标志为 0,即打印机处于空闲状态,此时,正好有两个处理器都要使用打印机,它们又同时得知打印机管理标志为 0。而且由于不少访问存储器的指令要用两个总线周期,所以,还会有两个处理器一前一后得知打印机管理标志为 0 的可能。于是,就有可能造成两个处理器都来修改存储器中的打印机管理标志,产生同时启动打印机或者一前一后启动打印机的情况。当然,这种情况是要设法避免的。

解决的办法就是使用 LOCK 前缀。在这个例子中,处理器用带 LOCK 前缀的指令测得打印机管理标志为 0 并且打算使用打印机时,就可以再用一条带 LOCK 前缀的指令修改管理标志。因为用 LOCK 前缀的指令在执行时,对总线进行了封锁,所以,其他处理器不可能得到总线控制权去访问管理标志,这样就确保一个时候只有 1 个处理器访问标志单元,等到其他处理器访问管理标志时,此单元中的值已改为 1,于是就避免了刚才的错误。

要提到的一点是,LOCK 前缀不允许用在重复串操作指令前,即 LOCK 前缀和 REP 类前缀不能出现在同一条指令中,以防串操作所访问的页面不在内存时,由于 LOCK 前缀毫无间隙地长期封锁总线而妨碍操作系统将所需要的页面调入内存,引起不该有的故障。

LOCK 前缀可以用于下列指令。

① 传送指令 MOV。

② 交换指令 XCHG。

③ 算术运算指令 ADD、ADC、INC、SUB、SBB、DEC 和 NEG。

④ 逻辑运算指令 AND、OR、XOR 和 NOT。

⑤ 位操作指令 BT、BTS、BTR 和 BTC。

3.2.7 条件测试和字节设置指令

条件测试和字节设置指令基于对某个标志的测试或者基于对一个比较操作的结果来执行,把指定位置的一字节设置为 0 或 1。按照测试条件的不同,分为如下 3 类。

1. 基于某个标志测试的字节设置指令 SETZ/SETE、SETNZ/SETNE、SETC/SETNC、SETS/SETNS、SETO/ SETNO 和 SETP/ SETNP

SETZ 指令和 SETE 指令等同,对 ZF 标志进行测试,如 ZF＝1,则对指定字节置 1,否则置 0。

SETNZ 指令和 SETNE 指令等同,对 ZF 标志进行测试,如 ZF＝0,则对指定字节置 1,否则置 0。

SETC 指令对 CF 标志进行测试,如 CF＝1,则对指定字节置 1,否则置 0。

SETNC 指令对 CF 标志进行测试,如 CF＝0,则对指定字节置 1,否则置 0。

SETS 指令对 SF 标志进行测试,如 SF＝1,则对指定字节置 1,否则置 0。

SETNS 指令对 SF 标志进行测试,如 SF＝0,则对指定字节置 1,否则置 0。

SETO 指令对 OF 标志进行测试,如 OF＝1,则对指定字节置 1,否则置 0。

SETNO 指令对 OF 标志进行测试,如 OF＝0,则对指定字节置 1,否则置 0。

SETP 指令对 PF 标志进行测试,如 PF＝1,则对指定字节置 1,否则置 0。

SETNP 指令对 PF 标志进行测试,如 PF＝0,则对指定字节置 1,否则置 0。

2. 基于无符号数比较的字节设置指令 SETB/SETNAE/SETC、SETNB/SETAE/SETNC、SETBE/SETNA 和 SETNBE/SETA

这一组指令放在对两个无符号数比较之后,根据比较结果对指定字节作设置,如满足条件,则置 1,否则置 0。对无符号数的比较,用"低于""高于"这样的术语来表达。

SETB(若低于则置 1)指令、SETNAE(若不高于也不等于则置 1)指令和 SETC(若 CF 为 1 则置 1)指令的功能相同,如满足条件,则指定字节置 1,否则置 0。

SETNB(若不低于则置 1)指令、SETAE(若高于或等于则置 1)指令和 SETNC(CF 为 0 则置 1)指令的功能相同,如满足条件,则指定字节置 1,否则置 0。

SETBE(若低于或等于则置 1)指令和 SETNA(若不高于则置 1)指令的功能相同,如满足条件,则指定字节置 1,否则置 0。

SETNBE(若不低于也不等于则置 1)指令和 SETA(若高于则置 1)指令的功能相同,如满足条件,则指定字节置 1,否则置 0。

3. 基于有符号数比较的字节设置指令 SETL/SETNGE、SETNL/SETGE、SETLE/SETNG 和 SETNLE/SETG

这组指令放在对两个有符号数比较之后,根据比较结果对指定字节作设置,如满足条件,则置 1,否则置 0。对有符号数的比较,用"小于""大于"这样的术语来表达。

SETL(若小于则置 1)指令和 SETNGE(若不大于也不等于则置 1)指令的功能相同,如满足条件,则指定字节置 1,否则置 0。

SETNL(若不小于则置 1)指令和 SETGE(若大于或等于则置 1)指令的功能相同,如满足条件,则指定字节置 1,否则置 0。

SETLE(若小于或等于则置 1)指令和 SETNG(若不大于则置 1)指令的功能相同,如满足条件,则指定字节置 1,否则置 0。

SETNLE(若不小于也不等于则置 1)指令和 SETG(若大于则置 1)指令的功能相同,如满足条件,则指定字节置 1,否则置 0。

条件测试和字节设置指令常用来帮助高级语言估价布尔代数式,从而简化编译结果。例如,在高级语言中,有如下对布尔变量赋值的语句:

```
WITHIN_LIMIT = (VAR≤10000)
```

其中,WITHIN_LIMIT 是一个布尔变量,VAR 是无符号整数。上述语句表示 VAR 如小于或等于 10 000,则 WITHIN_LIMIT 为真,否则为假。此语句编译后产生如下代码:

```
        CMP         VAR,10000          ;比较 VAR 是否小于或等于 10 000
        MOV         WITHIN_LIMIT,1     ;设变量为 1
        JBE         ABC                ;如满足条件则转移
        DEC         WITHIN_LIMIT       ;否则变量为 0
ABC:    ⋮
```

有时,编译程序对一个语句产生的代码比人工演绎的要多得多,但有了条件设置指令,就可简化编译结果。条件设置指令在判断以后,把结果存入指定的一个 8 位寄存器或一个存储单元。例如,上述指令序列用条件设置指令 SETBE 后变成只含两条汇编指令:

```
CMP         VAR,10000           ;将 VAR 和 10 000 比较
SETBE       WITHIN_LIMIT        ;如 VAR 小于或等于 10 000,则将 1 存入
                                ;WITHIN_LIMIT 单元
```

下面是条件测试和字节设置指令的一些例子:

```
SETZ        AL          ;ZF 为 1,则 AL 为 1,否则为 0
SETGE       CL          ;大于或等于时,CL 为 1,否则为 0
SETO        DH          ;溢出时,则 DH 为 1,否则为 0
SETC        MEM_BYTE    ;CF 为 1 时,MEM_BYTE 所指单元为 1,否则为 0
SETA        MEM_BYTE    ;如高于,则 MEM_BYTE 所指单元为 1,否则为 0
SETNZ       MEM_BYTE    ;如不为零,则 MEM_BYTE 所指单元为 1,否则为 0
```

3.2.8 位处理指令

Pentium 系统常用来对数据的某些位组成的阵列进行操作。例如,在处理图像数据和语音数据时,就常用到位处理。还有,在高级语言编译过程中,编译程序常通过位处理来有

效地压缩布尔阵列。细分起来,位处理指令又分为位测试和设置指令以及位扫描指令。

1. 位测试和设置指令 BT/BTS/BTR/BTC

为了进行位处理,Pentium 设置了一系列位测试和设置指令。这些指令先将选中的位值装入 CF,再对此位操作。

BT 指令将选中的位送到 CF,实现对指定位测试。

BTS 指令将选中的位送到 CF,并使选中位置 1。

BTR 指令将选中的位送到 CF,并使选中位置 0。

BTC 指令将选中的位送到 CF,并对选中位求反。

这 4 条指令的形式类似,都包含两个操作数:前一个操作数为寄存器或存储器,指出数据的位置;后一个操作数一般为立即数,用来指出对哪一位进行操作,但有时也用寄存器指出。指令执行时,CF 用来保存要操作的位。例如:

```
BT      AX,2        ;将 AX 的第 2 位装入 CF
BTS     AX,1        ;将 AX 的第 1 位置 1。如 AX=1234H,则指令使 CF=0,AX=1236H
BTR     EBX,2       ;将 EBX 的第 2 位置 0。如 EBX=1234 5677H,则指令执行后,CF=1,
                    ;EBX=1234 5673H
BTC     EAX,4       ;如 EAX=1234 5678H,第 4 位为 1,指令执行后,CF=1,
                    ;EAX=1234 5668H
```

2. 位扫描指令 BSF/BSR

位扫描指令对一个字或一个双字作扫描,并将第一个为 1 的位的序号找出来;被扫描的数可在寄存器中,也可在存储器中。

BSF 指令对源操作数从最低位往高位扫描:如全为 0,则 ZF 置 1;如有某位为 1,则 ZF 置 0,并将第一个 1 所在位号送目的寄存器。BSR 指令对源操作数从最高位往低位扫描:如全为 0,则 ZF 置 1;否则,ZF 为 0,并将第一个 1 所在位号送目的寄存器。

这两条指令形式类似,都包含两个操作数:前一个操作数用来放扫描结果,后一个操作数则指出要扫描的数据所在的位置。例如:

```
BSF     CX,AX       ;对 AX 从低到高扫描,设 AX=1234H,则指令使 ZF=0,CX=2
BSR     ECX,EAX     ;对 EAX 从高到低扫描,设 EAX=1122 3344H,则指令使 ZF=0,
                    ;ECX=28
```

在磁盘操作系统中,经常用位图来表示扇区使用情况。位图实际是一个布尔阵列,若 N 扇区为空,则第 N 位为 1,否则为 0。因此,操作系统如要寻找一个未用扇区,就要在布尔阵列中寻找为 1 的位,确定位置后,便可在对应扇区进行写操作。以下是实现此功能的程序段。设位图从地址 MAP 开始,整个位图由 N 个双字组成。

```
SSS:    CLD                 ;方向标志清 0,使串操作时,EDI 自动加 4
        MOV     EDI,MAP     ;EDI 指向位图起始地址
        MOV     ECX,N       ;位图的双字数送 ECX
        SUB     EAX,EAX     ;EAX 清 0
        REPZ    SCASD       ;检索位图,寻找非 0 双字
        JZ      FAIL        ;如未找到非 0 双字,则转 FAIL
```

```
        BSF     EAX,[EDI−4]    ;如找到,则此双字在 EDI−4 所指单元开始的内存,于是对
                               ;此双字进行扫描,以找到为 1 的位
FAIL:      :
```

最后一条指令中,之所以将 EDI−4 作为要扫描的双字,是因为此处串操作指令每执行一次,EDI 自动加 4。在找到非 0 双字后,EDI 已指向下一个双字,上一个即 EDI−4 所指的才是所找到的第一个非 0 双字。这条指令对此双字从 D_0 位往 D_{31} 位扫描,找到为 1 的位序号(如 $D_{17}=1$,则位序号为 17),送入 EAX 中。

3.2.9 系统管理指令

系统管理指令一般出现在操作系统设计中,用于对系统的设置和测试,其中一些指令禁止普通用户随意使用,防止对系统的破坏。

1. 系统测试和管理指令 RDTSC、CPUID、RSM 和 INVLPG

(1) 读时钟周期数指令 RDTSC。

RDTSC 指令读取 CPU 中用来记录时钟周期数的 64 位计数器的值,并将读取的值送EDX：EAX。应用软件可以通过前后两次执行 RDTSC 指令来确定执行某段程序需要多少时钟周期。

(2) 读取 CPU 的标识信息指令 CPUID。

CPUID 指令用来获得处理器的类型等有关信息。在执行此指令前,如 EAX 中为 0,则指令执行后,EAX、EBX、ECX、EDX 中内容合起来即为 Intel 产品的标识字符串;如此前EAX 中为 1,则指令执行后,在 EAX、EBX、ECX、EDX 中得到 CPU 的级别(如 PⅣ、PⅢ)、工作模式、可设置的断点数等。

(3) 进入系统管理模式指令 RSM。

RSM 指令使系统进入管理模式。

(4) TLB 项清除指令 INVLPG。

INVLPG 指令使转换检测缓冲器 TLB 的 32 个表项中某个项清除。例如:

```
INVLPG      5                  ;清除 TLB 中的第 5 项
```

2. 状态字操作指令 LMSW、SMSW 和 CLTS

(1) 装入机器状态字指令 LMSW。

LMSW 指令将存储器中 2 字节送到控制寄存器 CR_0 的低 16 位即机器状态字字段MSW。通过这种方式,可使 CPU 进行任务切换或工作方式切换。例如:

```
LMSW      [ESP]    ;将堆栈指针 ESP 所指出的 2 字节送 MSW
```

(2) 存储机器状态字指令 SMSW。

SMSW 指令将机器状态字 MSW 存入内存 2 字节中。例如:

```
SMSW      MEM1     ;将 MSW 存入 MEM1 指出的 2 字节中
```

(3) 清 TS 标志指令 CLTS。

CLTS 指令用来清除机器状态字中的任务切换标志 TS。

3. 描述符表指令 SGDT/SLDT/SIDT 和 LGDT/LLDT/LIDT

（1）存储全局描述符表/局部描述符表/中断描述符表寄存器指令 SGDT/SLDT/SIDT。

SGDT/SLDT/SIDT 指令分别将全局描述符表寄存器、局部描述符表寄存器或中断描述符表寄存器的内容送到存储器中。要注意的是，局部描述符表寄存器为 2 字节，两者分别为 6 字节。例如：

SGDT	MEM1	;将 GDTR 的内容存入 MEM1 开始的 6 个存储单元
SLDT	[EBX]	;将 LDTR 的内容存入 EBX 指出的 2 个存储单元
SIDT	MEM2	;将 IDTR 的内容存入由 MEM2 开始的 6 个存储单元

（2）装入全局描述符表/局部描述符表/中断描述符表寄存器指令 LGDT/LLDT/LIDT。

LGDT/LLDT/LIDT 指令分别将存储器中的字节装入全局描述符表寄存器、局部描述符表寄存器或中断描述符表寄存器。例如：

LGDT	MEM1	;将 MEM1 开始的 6 字节装入全局描述符表寄存器

4. 任务寄存器指令 LTR 和 STR

（1）装入任务寄存器指令 LTR。

LTR 指令用于多任务操作系统中，它将内存中的 2 字节装入任务寄存器 TR。执行 LTR 指令后，相应的 TSS 标上"忙"标志。例如：

LTR	MEM1	;将 MEM1 开始的 2 字节送到 TR 中

（2）存储任务寄存器指令 STR。

STR 指令将任务寄存器的内容保存到内存中。例如：

STR	[EBX]	;将任务寄存器的 2 字节内容送到内存，首字节地址由 EBX ;指出

5. 段选择子操作指令 VERR/VERW、LSL、LAR 和 ARPL

（1）检测段类型指令 VERR/VERW。

VERR 指令检测一个选择子所对应的段是否可读，VERW 指令则检测一个选择子所对应的段是否可写。例如：

VERR SELE1	;检测选择子 SELE1 对应的段是否可读
VERWSELE2	;检测选择子 SELE2 对应的段是否可写

（2）装入段界限值指令 LSL。

LSL 指令将描述符中的段界限值送目的寄存器，在指令中，由段选择子来指出段描述符。例如：

| LSL | BX,SELE2 | ;将 SELE2 段选择子所指的描述符中 2 字节的界限值送 BX |

（3）装入请求特权级指令 LAR。

LAR 指令将 2 字节选择子中的请求特权级字节送到目的寄存器。例如：

| LAR | AX,SELECT | ;把选择子中的请求特权级字节送 AH,AL 清 0 |

（4）调整请求特权级指令 ARPL。

ARPL 指令的功能是对选择子的 RPL 字段进行调整，由此常用来阻止应用程序访问操作系统中涉及安全的高级别的子程序。ARPL 的第一个操作数可由存储器或寄存器指出，第二个操作数则必定为寄存器。如果前者的 RPL（最后 2 位）小于后者的 RPL，则 ZF 置 1，且将前者的 RPL 增值，使其等于后者的 RPL；否则，ZF＝0，并不改变前者的 RPL。例如：

| ARPL | MEM_WORD,BX | |

6. 测试寄存器指令 RDMSR 和 WRMSR

（1）读取测试寄存器的指令 RDMSR。

RDMSR 指令用来读取测试寄存器中的值。执行此指令前，在 ECX 中设置寄存器号，可为 0～14H，指令执行后，读取的内容在 EDX：EAX 中。

（2）写入测试寄存器的指令 WRMSR。

WRMSR 将 EDX：EAX 中 64 位数写入测试寄存器，此前，ECX 中先设置测试寄存器号，可为 0～14H。

7. Cache 操作指令 INVD 和 WBINVD

（1）Cache 清除指令 INVD。

INVD 指令先将片内 Cache 中的内容清除，并且启动一个擦除总线周期，使外部电路清除外部 Cache 中的内容。

（2）Cache 清除和回写指令 WBINVD。

WBINVD 指令将片内 Cache 中的内容清除，并启动一个回写总线周期，使外部电路将外部 Cache 中的数据回写到主存，再清除外部 Cache 中的内容。

3.2.10 支持高级语言的指令

Pentium 提供了 3 条与高级语言有关的指令 BOUND、ENTER 和 LEAVE，可用来简化如数组、过程等编译后所得的代码。实际上，这些指令常常嵌入高级语言编写的程序中。

1. 检查超出范围的指令 BOUND

BOUND 指令用来检查 16 位寄存器或 32 位寄存器中的值是否符合给定的界限，此界限用存储器中的两个相邻的字或双字给出。这条指令一般用来检查数组下标是否超出范围，如超出，则引起异常中断。

BOUND 有两个操作数，前者指出要检查的通用寄存器，后者指出内存中的上、下界限，界限用字或双字来表示。例如：

| BOUND | EBX,MEM_DWORD | ;检查 EBX 中值是否超过 MEM_DWORD 至 MEM_DWORD+3 |
| | | ;中的上、下界限，如是，则产生 5 号中断 |

2. 进入过程的指令 ENTER

ENTER 指令用在过程调用中。在进入过程时,用 ENTER 指令建立一个堆栈空间。本指令带两个操作数:第一个操作数指出过程中各个局部变量所需要的总的存储器字节数,据此,建立局部堆栈;第二个变量指出过程嵌套的级别,可为 0～31,最外层为 0 级,表示不允许嵌套。本指令执行后,EBP 作为过程用的局部堆栈指针。例如:

```
ENTER    48,3                  ;表示过程中需要用 48 字节作为堆栈以容纳局部变量,
                               ;过程的嵌套级别为 3 级
```

3. 退出过程的指令 LEAVE

LEAVE 指令不带参数,它用来产生一个过程返回,即退出进程,功能与 ENTER 相反。LEAVE 清除所有局部变量,从而释放过程所占用的堆栈空间,执行 LEAVE 指令后,堆栈指针恢复为系统堆栈指针 ESP。

3.3　汇编语言中的标记、表达式和伪指令

3.3.1　汇编语言概况

和机器语言相比,使用汇编语言来编写程序的突出优点是可使用符号,就是可用助记符来表示指令的操作码和操作数,可用标号和符号来代替地址、常量和变量。助记符一般都是英文单词的缩写,便于识别和记忆。不过,用汇编语言编写的程序不能由机器直接执行,而必须翻译成由机器代码组成的目标程序,这个翻译过程称为汇编。汇编过程是通过软件完成的。把汇编语言编写的程序翻译成目标程序的软件称为汇编程序。对 Pentium 汇编语言源程序进行汇编的是微软公司的 MASM 5.0(Micro Assembler),简称为宏汇编程序。汇编过程的含义如图 3.8 所示。

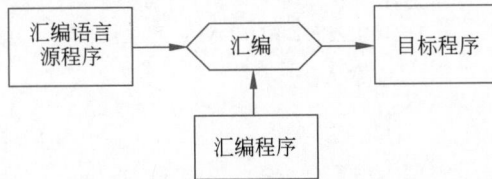

图 3.8　由汇编程序执行的汇编过程

用汇编语言编写的程序称为源程序。汇编语言源程序中的指令和机器语言的指令之间有一一对应的关系。用汇编语言编写的源程序通过汇编之后,大约得到几倍容量的目标代码程序。

所以,汇编语言是和机器密切相关的,是面向机器的语言,CPU 不同的计算机有不同的汇编语言。

还有一类程序设计语言称为高级语言,如 BASIC、FORTRAN、PASCAL、C、C++、Java、Python。这类语言更接近英语自然语言和数学表达式,一般的用户更容易掌握。高级语言的一个语句相当于很多条汇编语言指令或机器语言指令,往往一小段用高级语言编写的源程序通过编译就成了几十 KB 或上百 KB 的目标程序。对程序员来说,同样一个问题,用高

级语言来编程序要比使用汇编语言简便得多。

总的来讲,用高级语言编写的源程序可读性好,但得到的目标代码容量大。高级语言一般被大量的非计算机技术人员所采用,常用于科学计算和事务处理。

有了高级语言,是不是就可以不要汇编语言了?其实不然。和高级语言相比,汇编语言为程序员提供了几乎直接使用目标代码的手段,而且可对 I/O 端口直接调用,实时性能好;此外,用汇编语言编写的程序效率高、节省内存、运行速度快。所以,汇编语言被计算机高级技术人员用来编写计算机系统程序、实时通信程序、实时控制程序等,也可被各种高级语言所嵌用,在用高级语言编写的程序中,也可见到汇编语言的程序段。

为了很好地掌握汇编语言的使用方法,除了熟悉指令系统以外,还必须了解汇编语言中的标记、表达式和伪指令的使用格式,特别是伪指令,几乎和指令系统中的常用指令占有同样重要的地位。

为下面叙述方便,先看一个用 Pentium 汇编语言编写的程序(称它为规范程序),为节省篇幅,此程序的功能极为简单,但格式完整。

```
DATA      SEGMENT                                          ;数据段开始
DAI       DB           'INPUT STRING: $'
BUFDMA    DB           80H DUP (?)
DATA      ENDS
STACK     SEGMENT                                          ;堆栈段开始
ME1       DB           80H DUP (?)
STACK     ENDS
CODE      SEGMENT                                          ;代码段开始
ASSUME    CS: CODE, DS: DATA, SS: STACK, ES: DATA
START:    MOV          AX,DATA                             ;设置 DS 寄存器
          MOV          DS,AX
          MOV          DX,OFFSET DAI                       ;取字符串首址
          MOV          AH,09H                              ;显示字符串
          INT          21H
          MOV          DX,OFFSET BUFDMA                    ;接收输入字符
          MOV          AH,0AH
          INT          21H
CODE      ENDS
          END
```

对此程序侧重了解它的格式,而不是内容。下面,结合这个程序讲解汇编语言中的标记、表达式、语句和伪指令。

3.3.2　标记

一个完整的汇编语言的语句由标识符、保留字、分界符、常数和注释 5 部分组成,所有这些都称为标记。

1. 标识符

标识符是为了使程序便于理解和书写所使用的一些字符串,常作为一段程序的开头或一个数据块的开头。如规范程序中的 DAI、BUFDMA、START、MEI 等。

使用标识符要注意以下两点:

① 标识符不能以数字开头,但数字可出现在标识符中间或末尾,如 KK1、P2D。

② 标识符可由数字、字母和下画线组合而成。

2. 保留字

孤立地看,保留字和标识符没有什么区别,但实际上,保留字不能作为标识符用,因为保留字是汇编语言中预先保留下来的具有特殊含义的符号,只能作为固定的用途。例如,MOV、INT、DB、SEGMENT、END 等。指令、伪指令、寄存器名等都是保留字。

3. 分界符

分界符作为一个程序中或一条指令中两部分的分隔符用。例如,在 MOV AX,100H 这条指令中,",",就是分界符。表 3.2 列出了 Pentium 汇编语言程序中可用的分界符。

表 3.2　**Pentium 汇编程序中可用的分界符**

'	;	>	<	*
,	:	[	]	+
—	=	(	)	$
&	?	·	/	

4. 常数

常数就是指令中出现的固定值。例如,立即数寻址时所用的立即数,直接寻址时所用的地址等都是常数。

常数可用二进制表示,此时数字后面跟一个字母 B,以表示这是二进制数,如 01000111B。常数也可用十进制表示,此时数字后面用来表示十进制数的字母 D 可加可不加,如 2008D 或 2008 均可。多数情况下,汇编语言源程序中用十六进制来表示数据,如 073FH。常数不能以字母开头,而必须用数字开头。因此,一个十六进制数如果要以字母 A~F 来开头,则必须在前面加一个 0,如 0A748H。常数也可用 Q 结尾的八进制来表示,如 2560Q;还可用浮点数来表示,如 28.35E-2。

此外,一个用引号引起来的字符串也代表常数,如带引号的字符串'ABCD',实际上等效于常数 41H、42H、43H、44H,也就是说,给出带引号的字符相当于给出了字符所对应的 ASCII 码,所以,这样的字符串通常称为字符串常数。

5. 注释

在汇编语言源程序中,为了便于理解和阅读程序,常加上注释。注释要用分号(;)开头,可加在任何一行程序中,直到行尾为止。如果一行写不下,要延续到下一行,则下一行仍要以分号开头。在汇编过程中,注释被略去而不作处理。

3.3.3　表达式

表达式由操作数和运算符组成,在汇编时,从一个表达式得到一个值。

1. 操作数

一个操作数在内容上可能代表一个数据,也可能代表一个存储单元的地址。

对于数据,最简单的表达方式就是用常数形式,如 100H。汇编语言源程序中也常用标号来表示数据,如用 PORT 表示一个端口号,而此前又对 PORT 作了定义,使它等于某个常数。

在源程序中,存储器地址常用标识符(也称标号)表示。如规范程序中的 DAI、START、MEI 等。程序中的地址标号常作为转移指令的转移地址或调用指令的调用地址。

2. 运算符

用一个运算符可对一个操作数或几个操作数进行运算,从而得到一个新的值。

有 5 类运算符,即算术运算符、逻辑运算符、关系运算符、分析运算符和综合运算符。

(1) 算术运算符。

算术运算符包括加(+)、减(-)、乘(*)、除(/)运算符,此外,还包括取模运算符 MOD。用 MOD 运算符取得的是两个数相除的余数,如表达式 20 MOD 7 的值为 6。

所有的算术运算符都可对数据进行运算,得到的结果也是数据。但存储器地址受到一定的限制,例如,不能对两个存储器地址相乘,因为这种结果显然没有意义。常用的对地址的运算是在标号上加、减某一个数字量,如可用 START+2、MOVE+3 这样的表达式来表示存储单元的地址。

(2) 逻辑运算符。

逻辑运算符包括与(AND)、或(OR)、非(NOT)和异或(XOR)运算。

例如,NOT 0FFH=00,而 77H AND 84H=04H。

要注意的是,逻辑运算符只能对常数进行运算,得到的结果也是常数。上面这些逻辑运算符也是指令系统中的指令助记符,即 AND、OR、NOT 和 XOR 既可作为指令助记符,也可作为汇编语言的运算符。那么这会不会造成混淆呢?

实际上,运算符是在汇编过程中进行计算用的,而指令助记符对应操作码,是在程序执行时起作用的。如在源程序中有如下语句,内部既包含了指令助记符 AND,又包含了运算符 AND:

```
AND          DX,PORT AND 0FEH
```

后一个 AND 作为运算符,它是在汇编过程中执行运算的,如 PORT 为 90H,则汇编时算出表达式 PORT AND 0FEH 的值也是 90H。前一个 AND 是指令,对应的操作码在程序运行时把 DX 中的内容和上述表达式代表的值 90H 相与,结果在 DX 中。

(3) 关系运算符。

关系运算符有相等(EQ)、不等(NE)、小于(LT)、大于(GT)、小于或等于(LE)、大于或等于(GE)。

如在表达式 PORT LE 5 中,就含关系运算符 LE。

要指出的是,参与关系运算的两个操作数必须都是数据,或是同一段中的存储单元地址,而结果总是一个数值。如果关系式不成立,则在汇编时,此数值为 0;如果关系式成立,则汇编时此数值为 0 FFFFH 或 0 FFFF FFFFH。

例如,程序中有如下语句,其中含一个带关系运算符的表达式:

```
MOV          BX,PORT LT 5
```

如果 PORT 的值确实小于 5,则汇编后得到的代码相当于指令:

```
MOV          BX,0FFFFH
```

如果 PORT 的值大于或等于 5,则汇编后得到的代码相当于指令:

```
MOV        BX,0
```

关系运算符不单独出现,而往往和逻辑运算符组合起来使用。例如:

```
MOV        BX ((PORT LT 5) AND 20) OR ((PORT GE 5) AND 30)
```

当 PORT 小于 5 时,则汇编后上面语句相当于指令:

```
MOV        BX,20
```

当 PORT 大于或等于 5 时,则汇编后上面语句相当于指令:

```
MOV        BX,30
```

(4) 分析运算符。

利用分析运算符可把一个存储单元地址分解为段码和偏移量。分析运算符有 OFFSET、SEG、TYPE、SIZE 和 LENGTH。其中,OFFSET 是程序设计中最常用的, OFFSET 用来取地址的偏移量。如规范程序中用了这样的语句:

```
MOV        DX,OFFSET DAI
```

此语句将标号 DAI 处的地址的偏移量取到 DX 中。

与此类似,SEG 运算符用来取存储单元地址的段码。例如:

```
MOV        AX,SEG ABC
MOV        DS,AX
```

这两个语句使得 DS 中存放对应于地址 ABC 的段码。

(5) 综合运算符。

最常用的综合运算符是 PTR。PTR 用来对存储单元规定类型,通常和后面讲述的伪指令 BYTE、WORD、DWORD 等连起来使用。例如:

```
MOV        BYTE PTR [1000],0
```

此语句用 BYTE 和 PTR 规定 1000 单元作为字节单元,所以执行结果使 1000 单元清 0。

但是,如果使用如下语句:

```
MOV        WORD PTR [1000],0
```

则对 1000、1001 两单元清 0,因为这里用 WORD 和 PTR 规定 1000 作为一个字的开始。

3.3.4 语句

在宏汇编语言中,有两种语句:指令性语句和指示性语句。

一条指令性语句实际上就是一条指令,如 ADD AL,BL 和 MOV AX,1000 都是指令性语句。指示性语句也称伪指令,如后面要讲的 ABC DB 50H,SEGMENT 等。

指令性语句和指示性语句的差别何在?

每条指令性语句在汇编过程中都会产生对应的目标代码,而指示性语句为汇编程序提供某些信息,让汇编程序在汇编过程中执行某些特定的功能。

在形式上,指示性语句和指令性语句很类似,指示性语句中也用到标号,不过此时标号不带冒号;而在指令性语句中,标号后面一定带冒号,这是两者之间在形式上的差别。伪指令与指令的本质差别是,在汇编过程中伪指令并不形成任何代码。

3.3.5 伪指令

不同的汇编语言中,伪指令的符号、意义往往有差别,但多数是类似的。

Pentium 汇编语言的伪指令约有 20 条,最常用的伪指令如下:

- 确定 CPU 的伪指令.586/.586 P;
- 标号赋值伪指令 EQU;
- 定义存储单元伪指令 DB、DW、DD、DQ 和 DT;
- 定义存储单元类型伪指令 BYTE、WORD、DWORD;
- 段定义伪指令 SEGMENT、ENDS、ASSUME 和 ORG;
- 简约段定义伪指令.DATA/.STACK/.CODE;
- 定义过程伪指令 PROC、ENDP、NEAR、FAR;
- 源程序结束伪指令 END。

1. 确定 CPU 的伪指令.586/.586 P

Pentium 的汇编程序支持从 8086/8088 到 Pentium 的整个系列的 CPU,每一代 CPU 的推出都跟随着指令的增加,所以,每代 CPU 对应的指令系统从功能和指令数量上都有区别。为了使汇编语言准确运行,要求在汇编语言源程序的开头用伪指令".586"或者".586 P"来表明当前的程序是在 Pentium 系统中运行的。否则,汇编程序会采用默认值".8086",造成汇编过程出错。顺便提一下,如 CPU 为 80486 或 80386 等,则确定 CPU 的伪指令分别为".486"或".386"。

2. 标号赋值伪指令 EQU

前面讲过,为了便于阅读和修改,汇编语言程序常使用标号来代表数据、数据地址或程序地址。用标号代表数据时,必须在源程序的前面赋值,EQU 就是用来对标号赋值的伪指令。

EQU 不仅可使一个标号等于一个数值,也可使一个标号等于另一个标号。

EQU 有两种使用格式,即

标号	EQU	表达式
新标号	EQU	旧标号

在第一种格式中,表达式可为常数或数据的地址。在第二种格式中,旧标号就是指前面已赋过值的标号。例如:

```
ABC        EQU        220
XYZ        EQU        ABC
```

第一个语句使 ABC 为数值 220,第二个语句使 XYZ 和 ABC 等同。

3. 定义存储单元的伪指令 DB、DW、DD、DQ 和 DT

伪指令 DB 和 DW 等用来给出程序中所需要的数据、字符串和地址表以及存储单元。DB 用来定义字节,DW 用来定义字,DD 用来定义双字,DQ 用来定义四字,DT 则用来定义 10 字节。例如:

```
CR         DB         0DH
LF         DB         0AH
BUF_DIS    DB         ?
DO_2       DB         9 DUP (?)
DONT       DW         10 DUP (?)
TABLE      DB         00,01,03,02,06,04,05,07
           DB         0FH,0EH,0CH,0DH,09,0BH,0AH,08
```

第一、二个语句使得汇编程序在汇编过程中在单元 CR 处放数值 0DH,在单元 LF 处放数值 0AH。要注意伪指令 DB 和 EQU 的差别,如果是语句 CR EQU 0DH,则表示 CR 就代表 0D,而这里第一个语句却表示在存储单元 CR 中存放了数值 0DH。

第三个语句中用了问号(?),表示在 BUF_DIS 单元中没有存放初值。在汇编过程中,汇编程序在对应于 BUF_DIS 处留出一个单元,用户程序可用这样的存储单元存放中间数据、标志或运算结果。

第四个语句使汇编程序在对应于 DO_2 的存储单元开始留出 9 个单元,此语句相当于下列语句:

```
DO_2          DB         ?????????
```

第五个语句则使得在内存中留出 10 个字单元即 20 字节。这样留出的单元可用来存放中间结果或最终结果。

最后一个语句则直接设置了一个格雷码表,当然,也可用同样的方法设置其他代码表或地址表。

除了 DB 和 DW 以外,还有 DD(定义双字)、DQ(定义四字)和 DT(定义 10 字节)伪指令,它们的含义和用法与 DB、DW 类似。例如:

```
COUNT1        DT           ?
```

此语句相当于语句

```
COUNT1        DB         10 DUP (?)
```

4. 定义存储单元类型伪指令 BYTE、WORD 和 DWORD

定义存储单元类型的伪指令并不是单独使用的,而是要和指令结合起来使用。这些伪指令用于规定存储单元的类型。例如:

```
MOV        BYTE PTR [DI],00
MOV        WORD PTR [1000],00
INC        BYTE PTR [DI]
MOV        DWORD PTR [2000],FFFFFFFFH
```

上面第一个语句使 DI 所指的 1 个单元清 0,第二个语句则将 1000 所指的 1 个字即 2 个单元清 0,第三个语句使得 DI 所指的单元加 1,第四个语句则使 2000～2003 共 4 个单元设置数值 FFFF FFFFH。

5. 段定义伪指令 SEGMENT、ENDS、ASSUME 和 ORG

伪指令 SEGMENT 和 ENDS 总是成对使用的。用这一对伪指令可将汇编语言源程序分成几个段,通常分为数据段、堆栈段和代码段。

伪指令 ASSUME 则告诉汇编程序,哪个段为数据段,哪个段为堆栈段,哪个段为代码段。

伪指令 ORG 用来规定目标程序存放单元的偏移量。例如,如果在源程序的第一条指令前用了如下伪指令:

```
ORG        2000H
```

那么,汇编程序将把指令指针 EIP(或 IP)的值置成 0000 2000H 或 2000H,即目标程序的第一字节放在此处,后面的内容则顺序存放,除非遇上另一个 ORG 语句。这样,在对程序进行调试时有利于跟踪。

6. 简约段定义伪指令 .DATA/.STACK/.CODE

在段定义中,可以采用简约的段定义伪指令,这是基于约定的简化形式。此时,约定的规则是:后一个段的开始即前一个段的结束。所以,段的定义变得简单,不再有"DATA ENDS""STACK ENDS""CODE ENDS"语句,而段的开始如"DATA SEGMENT"被简约为".DATA",同样,"STACK SEGMENT"被简约为".STACK",而"CODE SEGMENT"被简约为".CODE"。但采用简约段定义伪指令时,要求在程序的开头采用".MODEL SMALL"这样的伪指令定义存储类型。

下面举例说明这些伪指令的用法。此程序用来实现两个 16 位二进制数的相乘。

```
.MODEL    SMALL
.586
.DATA
M1        DW    00FFH
M2        DW    00FFH
P1        DW    ?
P2        DW    ?
.STACK
ST        DB          100 DUP (?)
.CODE
START:    MOV    AX,DATA
          MOV    DS,AX
          MOV    AX,TOP
          MOV    SP,AX
```

```
MOV        BX,OFFSET M1
MOV        AX,[BX]
MOV        DX,00
MOV        BX,OFFSET M2
MUL        [BX]
MOV        BX,OFFSET P1
MOV        [BX],AX
MOV        BX,OFFSET P2
MOV        [BX],DX
HLT
END        START
```

上面程序执行时,M1 和 M2 中分别存放乘数和被乘数,乘积则放在 P2、P1 所指的 4 个单元,P2 所指的两个单元中为乘积高位,P1 所指的两个单元中为乘积低位。

从程序中可看到:

① 用".586"表示这个程序的运行环境是 Pentium,但此前必须有".MODEL SMALL" 这样的存储类型定义语句。

② 用带"."号的简约段定义伪指令对数据段、堆栈段和代码段进行了定义,取代了以前用 SEGMENT 和 ENDS 的前呼后应的段定义方式。

③ 使用简约段定义伪指令以后,不再用 ASSUME 语句。

7. 定义过程伪指令 PROC/ENDP/NEAR/FAR

Pentium 的汇编语言中,过程的含义和子程序是一样的,一个过程可由其他程序调用,它的最后一条指令总是返回指令,以控制此过程在执行完毕后,返回到调用它的程序。

定义过程伪指令 PROC 和 ENDP 总是成对出现,这两条伪指令中间的内容作为一个过程,即一个子程序。

在前面讲指令系统时曾提到,在源程序中,不管段间返回指令还是段内返回指令,指令形式都是 RET。但在汇编时,对于供段内调用的子程序,对应 RET 产生代码 C3H,而对供段间调用的子程序,对应 RET 产生代码 CBH。

那么,一个子程序到底是作为段间调用的子程序还是作为段内调用的子程序呢? 在源程序中可用伪指令 NEAR 或 FAR 指明。NEAR 或 FAR 从两个方面为汇编程序提供信息:一方面是在主程序中遇到调用指令 CALL 时,如果对应的子程序头部标有 FAR,则产生一个段间调用地址,它包括段码和偏移量;另一方面是对子程序进行汇编时,如果遇到子程序头部标有 NEAR,则对 RET 指令产生代码 C3H,如果遇到子程序头部标有 FAR,则对 RET 指令产生代码 CBH。

为了具体说明伪指令的用法,我们来看看下面实现多字节的 BCD 码相加的程序段。

```
.MODEL  SMALL
.586
.DATA
FIRST     DB       11,22,33,44              ;第 1 个加数
SECOND    DB       55,66,77,88              ;第 2 个加数
SUM       DB       20 DUP（?）              ;结果存放单元
.STACK
```

STA	DB	20 DUP（?）	;设堆栈长度为 20 字节
.CODE			
START:	MOV	AX,DATA	;设数据段寄存器的值
	MOV	DS,AX	
	MOV	AX,TOP	;设堆栈指针
	MOV	SP,AX	
	MOV	SI,OFFSET FIRST	;SI 指向第 1 个加数
	MOV	DI,OFFSET SUM	;DI 指向结果单元
	MOV	BX,OFFSET SECOND	;BX 指向第 2 个加数
	MOV	CX,04	;共长 4 字节
	CLD		;清方向标志
	CLC		;清进位标志
ADITI:	CALL	AAA	;完成多字节加法
	LOOP	ADITI	
	⋮		;主程序后续部分
	⋮		
AAA	PROC	NEAR	;单字节加法子程序
	LODSB		;取第 1 个加数
	ADC	AL,[BX]	;相加
	DAA		;十进制调整
	STOSB		;结果送 DI 所指单元
	INC	BX	
	RET		;返回
AAA	ENDP		;子程序结束
	END	START	;程序结束

注意,过程中的伪指令 NEAR 可省去。因为若一个过程没有注明是段内(NEAR)还是段间(FAR)形式,则汇编程序将它默认为是供段内调用的过程。

8. 源程序结束伪指令 END

源程序结束伪指令 END 是源程序的结束标志。伪指令 END 并不和其他伪指令成对使用。汇编程序在对源程序进行汇编的过程中,如果遇到 END,就认为源程序到此结束,那么,此后的内容将被认为不属于本程序的范畴。

END 语句在形式上为

END	表达式

这里的表达式通常就是程序第一条指令前面的标号,这样,程序在汇编、链接后,得到的目标程序在执行时会自动从第一条指令开始。当然,这个表达式也可省去。

第4章　存储器、存储管理和高速缓存技术

4.1　存储器和存储器件

4.1.1　存储器的分类

存储器是用来存储信息的部件,正是因为有了存储器,计算机才有信息记忆功能。

计算机的存储器根据用途和特点可分为两大类:一类为内部存储器,简称内存或主存;另一类为外部存储器,简称外存。内存是计算机主机的一个组成部分,它用来容纳当前正在使用的或经常要使用的程序和数据,对于内存,CPU 可直接访问。外存也是用来存储各种信息的,但是 CPU 要使用这些信息时,必须通过专门的机制将其中的信息先传送到内存中,因此,外存存放相对来说不经常使用的程序和数据。

因为内存可由 CPU 直接存取,再加上一般都用快速存储器件来构成内存,这就使内存的存取速度很快。但是,内存空间的大小受到地址总线位数的限制。例如,在 16 位微型机系统中,地址总线是 20 位的,所以,最大的直接寻址空间为 2^{20} B 即 1MB;在 32 位地址总线的微型机系统中,直接寻址空间为 2^{32} B 即 4GB。

正是内存的快速存取和容量受限制的特点,使得它被用来存放系统软件、系统参数以及当前运行的应用软件和数据。系统软件中有一部分软件,如系统引导程序、监控程序以及操作系统中的基本输入/输出系统(basic input/output system,BIOS),都是常用的,它们必须常驻内存,更多的系统软件和应用软件则在用到时传送到内存。整个内存区域由 ROM 和 RAM 两部分组成,但是,通常 RAM 的容量要大得多,所以,一般说的内存主要是指 RAM。

作为一个计算机系统,必然要对许多程序和数据进行存储,这样,光有内存就不够了。另外,人们希望既能方便地对程序进行修改,又能对它做长期保存,这也是大多数构成内存的器件所不能实现的功能。于是,人们又设计出各种外存。在计算机系统中出现过的外存有软盘、硬盘、闪存、磁带和光盘等形式。这些外存的容量都不受限制,所以,外存也称海量存储器。多数外存中的信息既可方便地被修改,又可长期保存。不过,外存都必须配置专门的驱动设备才能实现访问功能。例如,硬盘要配置硬盘驱动器,光盘则要配置光盘驱动器。

外存的特点是容量大,大部分外存所存信息既可保存又可修改,但所有外存的速度都比内存慢。

计算机工作时,一般先由 ROM 中的引导程序启动系统,再从外存中读取系统程序和应用程序送到内存中。在程序运行过程中,中间结果一般放在内存中,程序结束时,又将最后结果送入外存。外存中的程序和数据随时可被调入内存再次运行或被修改。

本章讲述构成内存的各类器件,在此基础上讲述存储器的体系结构、存储管理技术和高速缓存技术。

4.1.2　微型计算机内存的行列结构

尽管微型计算机的数据宽度从 8 位、16 位、32 位到 64 位,但是,因为计算机系统中最基

本的代码包括 ASCII 码和汉字内码都是按 8 位制定的,所以,在微型机系统中,不管是 8 位、16 位、32 位还是 64 位机,都是以 8 位二进制码作为 1 字节,2 字节则作为 1 个字,此外还有双字。

和微型机系统中的字节机制相配合,存储器的容量也以 B(字节)为基本单位。存储器的常用单位有 KB、MB、GB 和 TB,1KB＝1 024B,1MB＝1 024KB,1GB＝1 024MB,1TB＝1 024GB。

为了区分不同的存储单元,每个单元有一个地址。在对内存进行读/写操作时,都要给出地址来选择单元。为了简化选择单元的译码电路,在组成内存时,总是将大量存储单元按照多行多列的矩阵形式排列,这样,就可通过行选择线和列选择线来确定 1 个内存单元。

为什么用矩阵形式可节省译码电路呢?让我们来看一个例子。例如,要组成 1KB 的内存,如果不用矩阵来组织这些单元,而是将它们一字排开,那么就要 1024 条译码线才能实现对这些单元的寻址。如果用 32×32 的矩阵来实现排列,那么,就只要 32 条行选择线和 32 条列选择线。实际上,由于还可通过译码器为每个单元赋予地址,所以,只要 5 条行地址线和 5 条列地址线分别提供 2^5 即 32 个行地址和 32 个列地址即可。

随着芯片集成度的提高,现在,存储器的矩阵架构基本在芯片内部完成。使用时只需连接地址线即可。图 4.1 表示了 32 行×32 列矩阵和外部的连接。

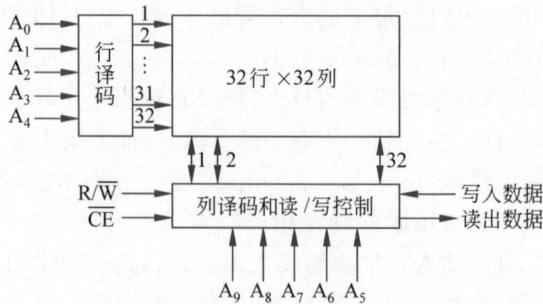

图 4.1　32 行×32 列矩阵和外部的连接

4.1.3　选择存储器件的考虑因素

在微型计算机系统中,内存是用半导体存储器件构成的,习惯上,人们把存储器件简称存储器。那么,选择存储器时,应该从哪几方面考虑呢?

1. 易失性

易失性是区分存储器种类的重要特性之一。易失性就是指电源断开之后,存储器的内容是否丢失,如果某种存储器在断电之后,仍能保存其中的内容,则称为非易失性存储器,否则称为易失性存储器。对于易失性存储器,即使电源只是瞬间断开,也会使原有的指令和数据丢失殆尽,因此,计算机每次启动时,都要对这部分存储器中的程序进行装配。在大多数微型机使用场合,要求系统必须至少有一部分存储器是非易失性的。

外存一般都是非易失性的,例如,硬盘、U 盘、光盘、磁带。内存中,ROM 是非易失性的,所以,微型机系统中,用 ROM 来存放系统启动程序、监控程序和基本输入/输出程序;RAM 是易失性的,一旦关机,RAM 中的数据全部丢失,所以,RAM 用来存放当前正在运行的程序和相应数据。在计算机工作过程中,需要经常将程序和数据从外存传输到内存,再把操作结果送到外存保存。

2. 只读性

只读性是区分存储器种类的又一个重要特性。如果某个存储器中写入数据后,只能被读出,但不能用通常的办法重写或改写,那么这种存储器就叫只读存储器,即 ROM(read only memory);如果一个存储器在写入数据后,既可对它进行读出,又可再对它修改,那么就叫可读/写存储器。大家还会听到一个名词叫随机存储器,随机存储的原意是指对所有的存储单元都可用同样的时间进行访问。与随机存储相对应的是按序存储,例如,磁带就是采用按序存储方式,在这种方式中,存储数据必须按顺序进行,如果要对两个不同位置的数据进行访问,那么,所需要的时间往往是不同的。计算机的内存主要是指随机存储器,不过,作为沿用下来的计算机专用名词随机存储器(random access memory,RAM),实际上只是指内存中的可读/写存储器。

所以,按照只读性来区分,计算机的内存分为两个主要类型,即 ROM 和 RAM。ROM 除了具有只读性外,当然还具有非易失性。

3. 存储容量

每个芯片中的存储单元的总数即存储容量。存储容量和芯片集成度有关,也和器件基本单元的工作原理和类型有关。早期的存储芯片的容量用 b(bit,位)表示,称为位容量。随着大规模集成电路技术的快速提高,单个芯片的容量也今非昔比。现在,存储容量通常以 B(Byte,字节)来表示,例如,512KB、1MB、1GB、1TB 等。

现在厂商在为用户提供存储器件时,都将多片内存装在一块印制电路板上组成内存条,而且,每个内存条的容量相当可观。常见的内存条有单列直插式内存组件(single in-line memory module,SIMM)和双列直插式内存组件(dual in-line memory module,DIMM)。随着内存寻址空间和数据宽度越来越大,内存条的引脚数也越来越多。

4. 速度

存储器的速度是用访问时间来衡量的。访问时间就是指存储器接收到稳定的地址信号到完成操作的时间,例如,读出时,存储器往数据总线上输出数据就是操作结束的标志。访问时间的长短决定于许多因素,主要与制造器件的工艺有关。半导体存储器主要用两大类工艺:一类是晶体管晶体管逻辑(transistor-transistor logic,TTL)技术;另一类是金属氧化物半导体(metal-oxide-semiconductor,MOS)技术,后者又分 CMOS(complementary MOS)和 HMOS(high density MOS)等技术。用前一类技术制造的器件速度快,但功耗大,价格贵;用后一类技术制造的器件功耗非常低,但速度较慢,不过,随着工艺的提高和改进,此类器件的速度也在不断提高。

5. 功耗

在用电池供电的系统(如用于野外作业的微型机系统)中,功耗是非常重要的问题。CMOS 能够很好地满足低功耗要求,但 CMOS 器件容量较小,且速度慢。功耗和速度是成正比的。用 HMOS 技术制造的存储器件在速度、功耗、器件容量方面得到了很好的折中。

4.1.4 随机存储器

随机存储器(RAM)的主要特点是既可读又可写。RAM 按其结构和工作原理分为静态 RAM(static RAM,SRAM)和动态 RAM(dynamic RAM,DRAM)。SRAM 速度快,不需要刷新,但片容量低,功耗大;DRAM 片容量高,但需要刷新,否则其中的信息就会丢失。

1. SRAM

SRAM 保存信息的机制是基于双稳态触发器的工作原理,组成双稳态触发器的 A、B 两管中,A 导通 B 截止时为 1;反之,A 截止 B 导通时为 0。在 SRAM 的基本电路中,用 2 个晶体管构成双稳态触发器,2 个晶体管作为负载电阻,还有 2 个晶体管用来控制双稳态触发器。

由此,SRAM 基本电路中包含的晶体管数目比较多,所以,一个 SRAM 器件的容量相对较小;另外,在 SRAM 基本电路中,双稳态触发器的 2 个管子总有 1 个处于导通状态,所以,就会持续消耗功率,使得 SRAM 的功耗较大。这是 SRAM 的两个缺点。SRAM 的主要优点是不需要刷新,因此简化了外部电路。

SRAM 常常用在存储容量较小的系统中。

2. DRAM

1) DRAM 器件

DRAM 是利用电容存储电荷的原理来保存信息的,它将晶体管结电容的充电状态和放电状态分别作为 1 和 0。

DRAM 的基本单元电路简单,最简单的 DRAM 单元只需 1 个管子构成,这使 DRAM 器件的芯片容量很高,而且功耗低。但是由于电容会逐渐放电,所以对 DRAM 必须不断进行读出和再写入,以使释放的电荷得到补充,也就是进行刷新。一次刷新过程实际上就是对存储器进行一次读取、放大和再写入,由于不需要信息传输,所以,这个过程很快。

由于 DRAM 需要刷新用的支持电路,所以,如果存储系统容量小,那么,从总的经济角度看,使用 DRAM 几乎说不上什么优点。但是,在存储容量比较大时,DRAM 价格低廉的优点会很显著,所以,在微型机系统中,都配置大容量的 DRAM。

此外,现在的 DRAM 本身大多带片内刷新电路,这样,就不需要外部刷新电路了,当然,芯片的价格有所上升。

2) DRAM 的刷新和 DRAM 控制器

刷新的方法有多种,但最常用的是"只有行地址有效"的方法。按照这种方法,刷新时,存储体的列地址无效,一次选中存储体中的一行进行刷新。具体执行时,每当一个行地址信号$\overline{RAS}$有效选中某一行时,该行的所有存储单元都分别和对应的读出放大电路接通,在定时时钟作用下,读出放大电路分别对该行存储单元进行一次读出、放大和重写,即进行刷新。只要在刷新时限 2ms 中对 DRAM 系统进行逐行选中,就可实现全面刷新。

为了实现刷新,DRAM 控制器具有如下功能。

(1) 时序功能:DRAM 控制器需要按固定的时序提供行地址选通信号$\overline{RAS}$,为此,用一个计数器产生刷新地址,同时用一个刷新定时器产生刷新请求信号,以此启动一个刷新周期,刷新地址和刷新请求信号联合产生行地址选通信号$\overline{RAS}$,每刷新一行,又产生下一个行地址选通信号。

(2) 地址处理功能:DRAM 控制器一方面要在刷新周期中顺序提供行地址,以保证在 2ms 中使所有的 DRAM 单元都刷新一次;另一方面,要用一个多路开关对地址进行切换,因为正常读/写时,行地址和列地址来自地址总线,而刷新时只有来自刷新地址计数器的行地址而没有列地址。

（3）仲裁功能：当来自 CPU 对内存的正常读/写请求和来自刷新电路的刷新请求同时出现时,仲裁电路要作出仲裁,原则上,CPU 的读/写请求优先于刷新请求。内部的"读/写和刷新的仲裁和切换"电路一方面会实现仲裁功能,另一方面完成总线地址和刷新地址之间的切换。

图 4.2 是 DRAM 控制器的原理图。其中,$\overline{CAS_0} \sim \overline{CAS_n}$ 和 $\overline{WE}$ 是传递的总线信号,与刷新过程无关。

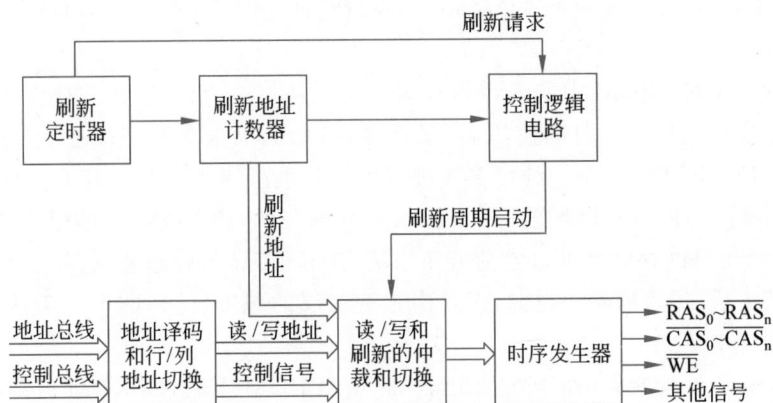

图 4.2　DRAM 控制器的原理图

4.1.5　只读存储器

只读存储器(ROM)有两个显著的优点。

（1）结构简单,所以位密度比可读/写存储器高。

（2）具有非易失性,ROM 中一旦有了信息,就不能改变,也不会丢失,所以可靠性高。

但是,由于 ROM 只许读出、不许写入,所以,它只能用在不需要对信息进行修改和写入的地方。在计算机系统中,ROM 中常用来存放系统启动程序和参数表,也用来存放常驻内存的监控程序或操作系统的常驻内存部分,还可用来存放字库或某些语言的编译程序及解释程序。

根据其中信息的设置方法,ROM 分为如下 5 种。

（1）掩模型 ROM(mask programmed ROM)。

（2）可编程只读存储器(programmable ROM,PROM)。

（3）可擦可编程只读存储器(erasable programmable ROM,EPROM)。

（4）电擦除可编程只读存储器(electrically-erasable programmable ROM,E^2PROM)。

（5）闪存(flash memory)。

1. 掩模型 ROM

掩模型 ROM 中的信息是厂家根据用户给定的程序或数据对芯片进行光刻而写入的。根据制造技术,掩模型 ROM 又可分为 MOS 型和双极型两种。MOS 型功耗小,但速度比较慢,微型机系统中用的 ROM 主要是这种类型;双极型速度比 MOS 型快,但功耗大。

在数量较少时,掩模型 ROM 的造价很贵,但是,如果进行批量生产,就相当便宜。所以,总是在一个计算机系统完成开发后,才用掩模型 ROM 来容纳不再作修改的程序或数据。

2. PROM

PROM 便于用户按照自己的需要写入信息。这种 ROM 一般由二极管矩阵组成,写入时,利用外部引脚输入地址,对其中的二极管键进行选择,使某些被烧断,另一些保持原状,于是就进行了编程。保持原状的二极管键代表"1",而被烧断的二极管键代表"0"。PROM 一旦编程,就不能再修改。

由于 PROM 的电路和工艺比 ROM 复杂,又具有可编程特性,所以价格较贵。在非批量使用时,用 PROM 比用掩模型 ROM 便宜;在批量使用时,则掩模型 ROM 较便宜。

3. EPROM

掩模型 ROM 和 PROM 中的内容一旦写入就无法修改。但是,在实际工作中,往往一个设计好的程序在经过一段时间使用后,又需要修改,如果这个程序放在 ROM 和 PROM 中就会感到不便。EPROM 是一种可多次进行擦除和重写的 ROM,正好可满足这种要求。

PROM 是通过对二极管键烧穿来进行永久性编程的,EPROM 的编程方法与此不同。在 EPROM 中,信息的存储是通过电荷分布来决定的,所以,编程过程就是一个电荷的注入过程。编程结束后,尽管撤除了电源,但是由于绝缘层的包围,注入的电荷无法泄漏,因此,电荷分布能维持不变。

只有当某一个外部能源(如紫外线光源)加到 EPROM 上时,EPROM 内部的电荷分布才会被破坏,此时,聚集在各基本存储电路中的电荷状态发生变化,使电路恢复为初始状态,从而擦除了写入的信息。这样的 EPROM 又可写入新的信息。不过,EPROM 的写入过程很慢,所以,它仍然是作为 ROM 来使用的。

为了使 EPROM 具有可修改性,EPROM 和其他集成电路的包装方法不同,如图 4.3 所示,在 EPROM 芯片上方,有一个圆形石英窗,从而允许紫外线穿过而照射到电路上。将 EPROM 放在紫外线光源下照射 30min 左右,EPROM 中的内容就被抹除,于是,就可重新对它编程。

EPROM 在初始状态下,所有的数位均为"1",写入时,只能将"1"改变为"0",用紫外线光源抹除时,才能将"0"变为"1"。

EPROM 有 3 种工作方式:读方式、编程方式和检验方式。读方式就是对已写入数据的 EPROM 进行读取,这和一般存储器的读操作完全一样,V_{PP} 和 V_{CC} 接 5V 电压,当片选信号 $\overline{CE}$ 和地址信号有效时,即可实现读操作。编程方式就是对 EPROM 进行写操作,此时,V_{CC} 仍加 5V 电压,V_{PP} 引脚按厂家要求加上 $21\sim25$V 的电压,$\overline{CE}$引脚为高电平,从 $A_{12}\sim A_0$ 端输入要编程的单元的地址,在 $D_7\sim D_0$ 端输入数据,这时,再在$\overline{PGM}$端加上 5V 编程脉冲,便可进行编程。检验方式是与编程方式配合使用的,用来在每次写入一个数据后,紧接着将写入的数据读出,以检查写入的信息是否正确。在检验方式下,V_{PP} 和 V_{CC} 与编程方式时的接法一样,$\overline{CE}$端和$\overline{PGM}$端为低电平。

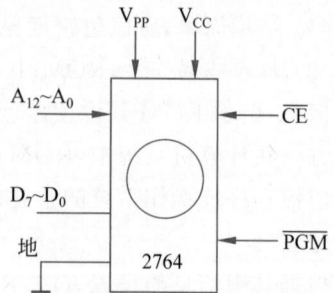

图 4.3　Intel 2764 EPROM 的外形和引脚信号

4. E²PROM

EPROM 尽管可擦除后重新编程,但擦除时需用紫外线光源,使用起来仍然不太方便。现在常用的 E²PROM 和 EPROM 有同样的功能,其外形和引脚分布也极为相似,只是擦除过程不需要用紫外线光源。

E^2PROM 有 4 种工作方式：读方式、写方式、字节擦除方式和整体擦除方式。

读方式是 E^2PROM 最常用的工作方式，如同对普通 ROM 的操作，用来读取其中的信息；写方式下，对 E^2PROM 进行编程；字节擦除方式下，可擦除某个指定的字节；整体擦除方式下，使整片 E^2PROM 中内容全部擦除。

5. 闪存

闪存属于 E^2PROM 类型，性能又优于普通的 E^2PROM。这是 Intel 公司率先研制和推出的一种存储器，存取速度相当快，而且容量相当大。

闪存最大的特点：一方面可使内部信息在不加电的情况下保持 10 年之久；另一方面又能以比较快的速度将信息擦除后重写，可反复擦除/重写几十万次之多，而且，可实现分块擦除和重写、按字节擦除和重写，所以有很大的灵活性。兼备非易失性、可靠性、高速度、大容量和擦除/重写的灵活性使得闪存得到普遍欢迎。

闪存主要分为 NorFlash 和 NandFlash。NorFlash 最早是由 Intel 公司开发的随机访问存储器，具备专用的地址线，可以按照字节方式读写，可靠性较高，不容易出现坏块，但是它的耐久性相对较低。NandFlash 最早是由东芝公司发布的非易失性存储器，没有专用的地址线，只能按页的方式访问，可靠性相对较低，容易出现坏块，但是它的耐久性相对高很多。使用 NandFlash 存储的文件系统一般都需要考虑坏块处理及其数据备份和恢复。

主机板上均用闪存存放 BIOS，因此 BIOS 被称为 Flash BIOS。BIOS 是设备驱动程序的汇总，随着外设的快速更新，BIOS 也不断升级，利用具有上述多个特性的闪存存放 BIOS，正好适应这种需求。每当推出新的 BIOS 版本时，只需将闪存中旧的 BIOS 擦除，再重写新版本的 BIOS 即可，非常方便。

按擦除和使用的方式，闪存有 3 种类型。

(1) 整体型：擦除和重写操作时都按整体来实现。

(2) 块结构型：将存储器划分为大小相等的存储块，每块可独立进行擦除和重写。

(3) 带自举块型：在块结构基础上，用自举块增加自举功能，自举块受信号控制，只有在自举块开放时，才能进行擦除和重写，自举块被锁定时，只能读出而不能擦除或重写。

闪存除了要配置一般只读存储器必备的片选电路、地址锁存器、译码器和读出控制电路外，还要另加为擦除和重写而配置的电路。在使用时，只要往闪存的命令寄存器写入相应命令，就可实现其各方面的功能。

这些命令如下。

(1) 读命令：使存储器进入可读状态。

(2) 读标识码命令：标识码指品牌、厂名等，放在开始的 2 个单元中。

(3) 准备擦除和擦除命令：两个连续写入的命令，第一个命令使存储器准备好擦除，第二个命令确认并实现擦除操作。

(4) 验证擦除的命令：擦除操作后用来检查是否擦干净的命令，此命令一次只检查一个单元，要检查其他单元时，需要再发一次命令并指定单元地址。

(5) 准备编程、编程及编程验证命令：3 个连续的命令。第一个命令使存储器准备好编程；第二个命令通过写操作将数据写入存储器；每写入一次，都验证其操作的正确性，第三个命令即完成此功能。

（6）复位命令：用来结束擦除操作或编程操作的命令，此命令执行以后，器件进入可读状态。

4.2 存储器的连接

4.2.1 存储器和 CPU 的连接要考虑的问题

存储器和 CPU 之间通过地址线、数据线和控制线实现连接时，要考虑如下 4 个问题。

（1）高速 CPU 和较低速度存储器之间的速度匹配问题：这个问题如同处理 CPU 和慢速外设之间的关系一样，通过 CPU 插入等待状态 T_W 来解决。

（2）CPU 总线的负载能力问题：由 RAM 和 ROM 构成的主存储器如果直接挂在 CPU 总线上，则会造成 CPU 不堪负担。为此，要加入总线驱动器来增加 CPU 总线的驱动和负载能力。在 PCI 总线结构系统中，PCI 总线控制器会自动承担总线驱动功能。

（3）片选信号和行地址、列地址的产生机制：存储器的地址译码分为片选译码和片内译码两部分。在读/写操作时，对存储单元的寻址用两步实现，首先通过片选信号选择芯片或芯片组，然后对芯片内部或组内某个单元地址做选择。片选信号一般是通过片选电路对高位地址进行译码产生的。

（4）对芯片内部的寻址方法：由存储芯片厂家确定，通常用行列矩阵结构对存储单元进行选择，在 CPU 连接时，通过低位地址线和芯片连接，为芯片提供行地址和列地址。

4.2.2 片选信号的产生方法

由于存储器芯片的容量有限，而存储器的总容量需求却很大，因此，往往要多个存储芯片组合才能满足存储容量的需求，于是，对存储器的读/写需要片选信号。片选信号由高位地址构成，其产生方法有如下 4 种：线选法、全译码法、部分译码法和混合译码法。

1. 线选法

线选法就是直接用地址线作为片选信号，每条地址线选一个芯片。这种方法用在存储容量小、存储芯片也少的小系统中。

例如，存储容量为 4KB，每个芯片为 1KB，那么，只要 4 个芯片。此时，对应片内 1KB 的容量，只要 10 位就可完成对存储单元的寻址。所以，在 20 位地址线的系统中，可利用高 10 位地址中的任意 4 位产生片选信号。如选择 $A_{13} \sim A_{10}$，每条线连接一个芯片的片选端即可。

线选法连线简单，不必加片选译码器。但有两个缺点：一是整个存储器的地址常常不连续；二是同一个单元可对应不同的地址，从而形成地址重叠。例如，在上述例子中，$A_{19} \sim A_{14}$ 这 6 条地址线没有用，所以，当 $A_{19} \sim A_{14}$ 为任何组合时，如果 $A_{13} \sim A_0$ 的值不变，那么，其实对应同一个存储单元。

地址不连续和地址重叠给程序员编程带来不便。

2. 全译码法

全译码法就是留下用作片内译码的低位地址后，把全部高位地址进行译码来产生片选信号。全译码法提供了对全部存储器空间的寻址能力，所以，用在较大的系统中，当存储的实际容量比寻址空间小时,可只用某几个片选信号。

全译码法得到的存储器单元地址是唯一的,不会有地址重叠问题;即使没有使用全部片选信号,但只要选择得好,也仍然可保证地址的连续性。

3. 部分译码法

部分译码法在留出作为片内译码的低位地址后,只将高位地址的一部分进行译码产生片选信号。这种方法用在存储空间较大又不是足够大的情况,此时如用线选法则地址线不够,但又不需要采用将全部地址译码的全译码法。

显然,使用部分译码法时,会有地址的重叠问题,因为没有选用的高位地址为 1 或为 0时,可能选择了同一个存储单元;另外,选择不同的高位地址产生片选信号,会产生不同的地址空间。但如果组织得好,部分译码法可使地址的连续性得到实现。

4. 混合译码法

混合译码法将线选法和部分译码法结合起来产生片选信号。实施时,将高位地址线分为两组:一部分片选信号用较高的一组地址通过线选法产生;另一部分片选信号用另一组地址通过部分译码法产生。

混合译码法由于包含了线选法,所以也有地址不连续性和重叠问题。

4.2.3 SRAM 和 DRAM 的连接举例

1. SRAM 的使用举例

SRAM 不需要刷新,所以没有刷新电路连接。以图 4.4 为例了解 SRAM 的使用方法,其中,用 4 个 4K×8b 的芯片构成 16KB 的 SRAM 子系统。

这个子系统分为两部分:一是 4K×8b 的存储模块;二是总线驱动器和外围电路。其中,一片 8286 芯片作为数据总线驱动器,两片 8286 芯片作为地址总线驱动器。在外围电路中包括产生模块选择信号的地址译码器,产生片选信号的逻辑电路以及写脉冲发生器。

这里有两点需要说明。

(1) 关于片选信号$\overline{CE}$和数据线。这里有 4 个 4K×8b 的存储模块,由于同一时刻,只能有一个模块的$\overline{CE}$有效,其他 3 个$\overline{CE}$都处于无效状态,而$\overline{CE}$信号无效时,数据端处于高阻状态,所以 4 个芯片的数据端可连在一起。

(2) 关于写信号$\overline{WE}$。读者会注意到,4 个模块上除了连有写信号外,没有读信号。那么,怎么控制读操作呢? 其实,对于 1 个 RAM 单元来说,在地址信号有效以后,一定是进行读/写操作,也就是说,非读即写,正是利用这样一个简单的规律,使得只用写信号$\overline{WE}$就可既控制写操作,又控制读操作。在写操作时,写脉冲发生器往$\overline{WE}$端送来一个负脉冲作为写入信号;在读操作时,写脉冲发生器不产生负脉冲,即$\overline{WE}$处于高电平,此高电平用来作为读出信号。这种办法可使芯片节省引脚。

2. DRAM 的使用举例

DRAM 是需要定时刷新的,否则,其中的数据会丢失。如图 4.5 所示,下面通过 DRAM控制器 2164 和 8203 的连接来讲述 DRAM 及其刷新控制器的使用。

2164 是 64K×1b 的 DRAM 芯片,其内部有 4 个 128×128 的基本存储电路矩阵,合起来组成 64K×1b 的容量。但是,2164 对外只有 8 条地址引脚 $A_7 \sim A_0$,即行地址和列地址共用同一组引脚,这样,就得靠时序来区分是行地址还是列地址,然后通过内部锁存器将行地

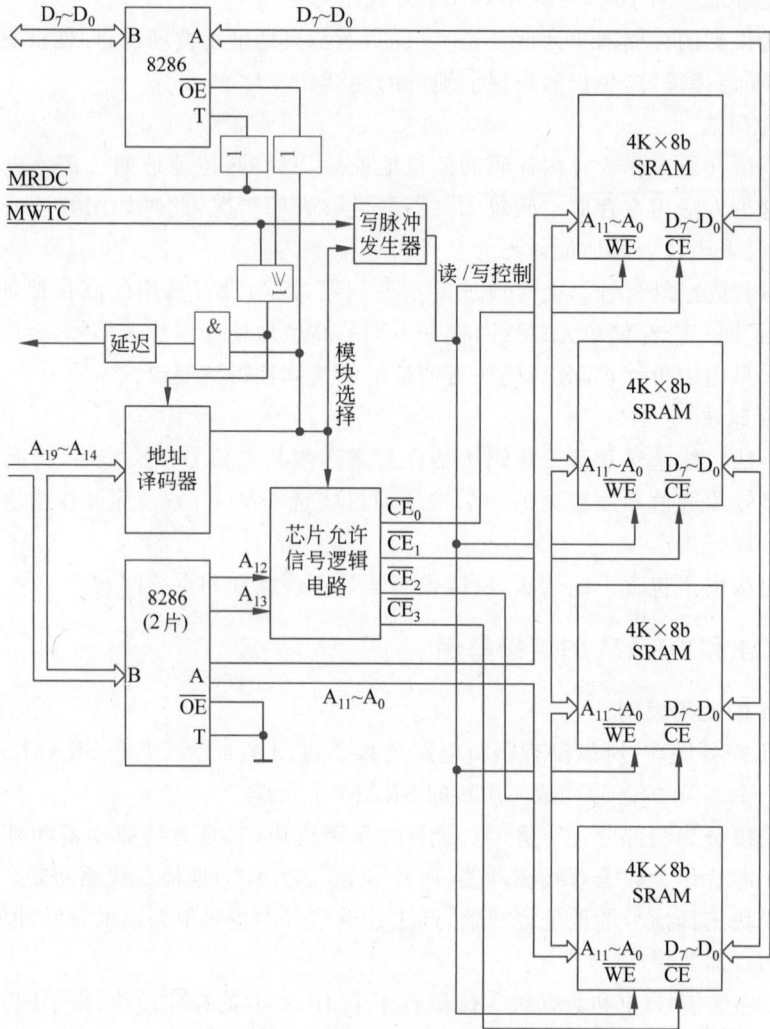

图 4.4　16KB 的 SRAM 子系统

址和列地址锁存起来。8203 送来行地址时,同时送来$\overline{RAS}$负脉冲作为行地址的选通信号;送来列地址时,同时送来$\overline{CAS}$负脉冲作为列地址的选通信号。在内存刷新周期中,4 个矩阵通过行地址被选通而同时被刷新,用 128 个时钟周期构成一个刷新周期,就可将 64KB 的 DRAM 整个刷新一遍。

尽管 DRAM 控制器的主要功能是实现刷新,但在芯片设计时,还把其他一些功能也包括其中,实际上,DRAM 控制器成了 CPU 和 DRAM 之间的接口。作为 CPU 和 DRAM 之间的接口,DRAM 控制器也传递列地址选通信号$\overline{CAS}$和写信号$\overline{WE}$。

8203 在设计时,已经考虑了使输出信号和 2164 的输入要求进行很好的配合。由$\overline{OUT_7} \sim \overline{OUT_0}$先后提供行地址和列地址,$\overline{RAS}$、$\overline{CAS}$和$\overline{WE}$则为模块中所有的 2164 提供行地址选通信号、列地址选通信号和写信号。内部的"读/写和刷新的仲裁和切换"电路一方面会实现仲裁功能,另一方面完成总线地址和刷新地址之间的切换。

图 4.5 中的 8203 是一个典型的 DRAM 控制器,其中,$\overline{PCS}$是 8203 的片选信号,这是因

为有时系统中有多个 8203 及其管理的 DRAM 子系统。$\overline{RAS_0}$ 和 $\overline{RAS_1}$ 是行地址选通信号；$\overline{CAS}$ 为列地址选通信号；SACK 是一个输出信号，用来表明存储器读/写周期开始，如果 CPU 读/写信号到来时，正好处于刷新周期中，则 SACK 会自动延时到下一个周期发出。

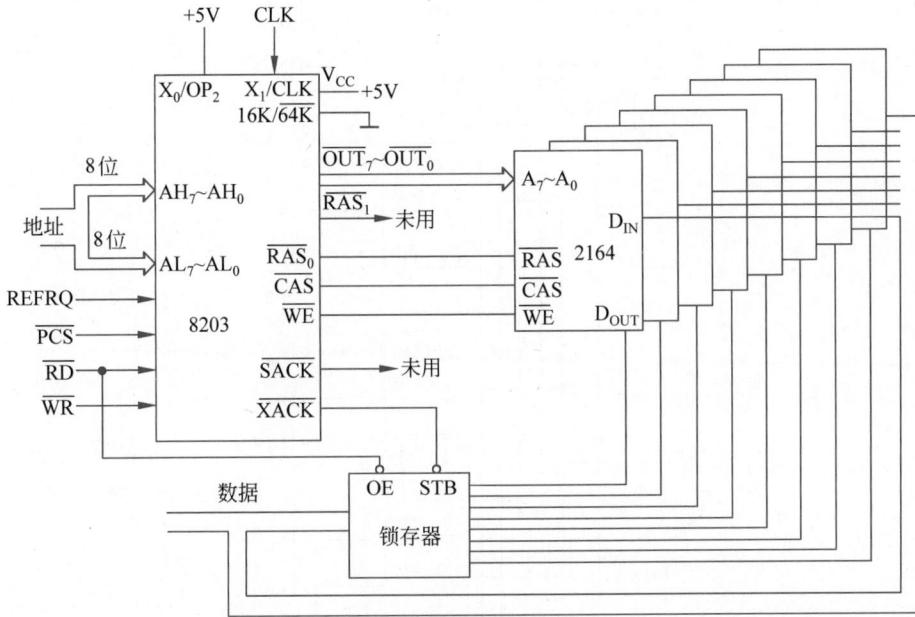

图 4.5　DRAM 控制器 8203 和 2164 的连接关系

$\overline{XACK}$ 在读周期中表明当前数据已有效，在写周期中表明当前已完成写操作。$\overline{WE}$ 是写信号，由于采用非写即读的法则，即在行列地址均有效时：如果 $\overline{WE}$ 有效，则对指定的单元写操作；如 $\overline{WE}$ 无效，则为读操作。所以，尽管 8203 输入端有 $\overline{WE}$ 和 $\overline{RD}$ 两个信号，但 8203 的输出端只有 $\overline{WE}$ 信号而没有 $\overline{RD}$ 信号。

REFRQ 专门用来输入外部刷新请求信号，8203 内部有一个定时刷新器，它使所连 RAM 子系统每隔 2ms 刷新一次，但有时由于 RAM 参数不同，希望从外部控制刷新定时，就可从 REFRQ 端输入刷新请求。

X_0/OP_2 和 X_1/CLK 两端用来引入时钟信号，具体有两种方式：一种是两端直接连接时钟信号；另一种是将 X_0/OP_2 接电源，从 X_1/CLK 引入时钟信号。

4.2.4　存储器的数据宽度扩充和字节数扩充

在微型机系统中，需要的存储器容量常常比单个芯片的容量大，所以需要扩充，这体现在两方面：一是数据宽度扩充；二是字节数扩充。在扩充时，要涉及地址线、数据线和控制线连接。

下面通过例子来说明数据宽度扩充和字节数扩充的方法。

1. 数据宽度扩充

例如，现在用 32K×8b 的 EPROM 芯片 27C256 组成 32 位的 EPROM 子系统，即进行数据宽度扩充，如图 4.6 所示，可采用 4 个 27C256 来组构。为此，将 4 个芯片上的地址信号 $A_{14} \sim A_0$、芯片允许信号 $\overline{CE}$ 和输出允许信号 $\overline{OE}$ 连在一起。每个芯片分别连接 8 位数据线。

$\overline{CE}$有效时,芯片开始工作,$\overline{OE}$有效时,数据线上产生数据,于是,将 4 个 32K×8b 的芯片组成 32K×32b 即 1Mb 的 EPROM。

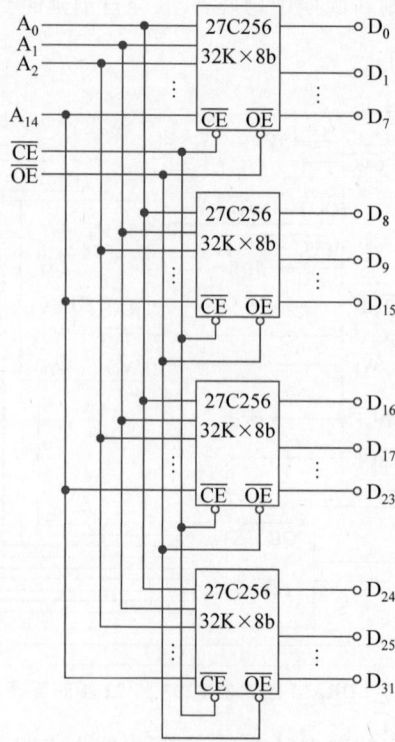

(a) 数据宽度扩充

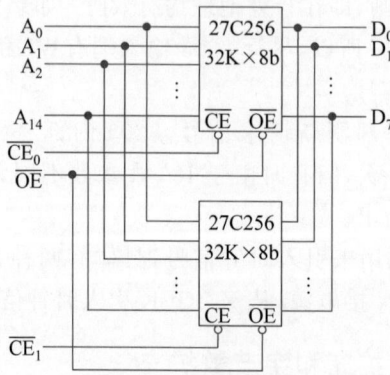

(b) 字节数扩充

图 4.6　扩充存储器

2. 字节数扩充

例如,现在用 32K×8b 的 EPROM 芯片 27C256 进行字节数扩充,将每个芯片的地址信号 A_{14}～A_0、输出允许信号$\overline{OE}$分别连在一起,但芯片允许信号$\overline{CE}$要分开,并由地址译码电路的不同输出端$\overline{CE_0}$ 和 $\overline{CE_1}$ 来提供,这样,在某一时刻,两片中有一片被选中,通过这种方法,用两片 32K×8b 的芯片组构成 64K×8b 的 EPROM 子系统。

按照上述两个方法,在将存储器的数据宽度扩充到字、双字之后,可再扩充字总容量或双字总容量,从而适应各种需求。

4.3 微型计算机系统中存储器的体系结构

4.3.1 层次化的存储器体系结构

微型机系统中,整个存储器体系采用层次化结构。这种层次化结构不但出现在存储器总体结构中,也出现在内存结构中。

1. 层次化总体结构

在存储器总体结构中,层次化就是把各种速度不同、容量不同、存储技术也可能不同的存储设备分为几层,通过硬件和管理软件组成一个既有足够大的存储空间又能满足 CPU 存取速度要求而且价格适中的整体,这样使存储体具有最好的性能价格比。

早期的微型机系统中,主存储器就是主要由 DRAM 构成的内存。因为 CPU 速度不够快,所以,这种情况下,内存的存取速度基本能满足要求,CPU 和内存交换数据时,CPU 不需要等待。随着 CPU 不断升级和总线速度不断提高,存储器的速度远远不能与之匹配。尽管 SRAM 速度比较快,但如果全部用 SRAM 来代替 DRAM 构成内存,又会使价格上升。

为此,采用将主存储器往上下两个方向扩充的策略构成层次化存储器来解决这个问题。这种结构的思想是用 Cache、内存和辅存来构成层次化的存储器,按使用频度将数据分为不同的档次分放在不同的存储器中,不同层次的存储器之间可互相传输。

Cache 是速度最快的存储器,是 SRAM 类型,存取速度和 CPU 的速度相匹配,但其价格也较高,且容量较小。CPU 运行过程中,自动将当前要运行的指令和数据装入 Cache。Cache 的内容是不断更新的,大多数情况下,CPU 所需要的信息都可在 Cache 中找到,只有较少数情况下,CPU 需要通过访问 DRAM 来获得当前所要的信息。这样,CPU 大大减少了对相对速度较慢的内存的直接访问。

内存由 DRAM 构成,速度比 Cache 慢,但容量较大。内存的容量和计算机系统的性能密切相关。

在微型机中,辅存(即外存)出现过软盘、硬盘和光盘这些存储设备,速度比内存慢得多,但容量比内存大得多。

为了使 Cache、内存和辅存构成协调工作的存储体系,采用虚拟存储技术来实现内存和辅存之间的映射,采用高速缓存技术来实现 Cache 和内存之间的映射。

图 4.7 表示了存储器的层次化总体结构。在系统运行时,通常将使用最频繁的程序和数据放在 Cache 中,经常使用的程序和数据放在内存中,不太常用并且容量较大的程序和数据放在辅存中。图中各部分,从上到下,价格不断降低,容

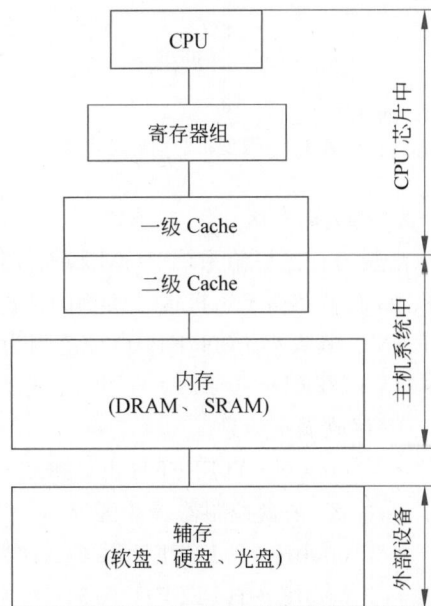

图 4.7 存储器的层次化总体结构

量依次增加,速度则逐个下降,而 CPU 的访问频度则依次减少。三者之间的内容通过高速缓存技术和虚拟存储技术来自动进行转换和调度。

2. 内存的分区结构

微型机系统所能配置的最大内存容量决定于 CPU 的地址总线的位数。例如,具有 20 位地址总线的 8086 最大内存容量为 1MB;具有 32 位地址总线的 80386/80486/Pentium 最大内存容量为 4GB;而 Pentium Pro 开始的后续芯片,内存地址数位越来越长,容量飞速扩展。

在微型机系统中,尽管内存主要由 DRAM 组成,但仍是用分区方式进行层次化组织,这种分区结构有利于软件的开发和系统的维护。具体来说,如图 4.8 所示,内存分为基本内存区(conventional memory)、高端内存区(upper memory)、扩充内存区(expanded memory)和扩展内存区(extended memory)。

1) 基本内存区

早些时候,基本内存区主要供硬盘操作系统(disk operating system,DOS)使用,其中容纳了 DOS、DOS 运行需要的驱动程序、系统、数据及中断向量表等。由于后来的 Windows 操作系统将 DOS 作为其下属的一个子系统,并保持对 DOS 的兼容,所以,从 8086 到 Pentium 的基本内存区的大小、内容、功能都一直保持未改。基本内存区为 640KB,从 0 0000H~9 FFFFH。图 4.9 表示了基本内存区的组织。

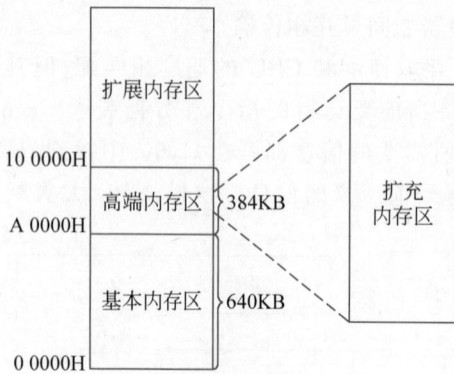

图 4.8 微型机的内存组织

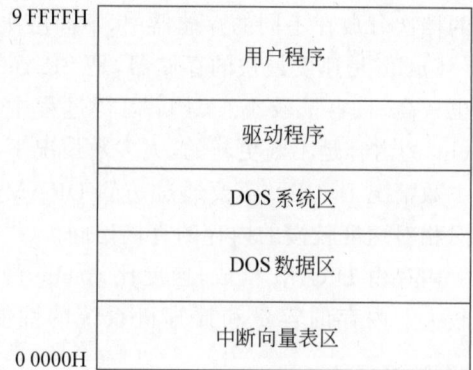

图 4.9 基本内存区的组织

2) 高端内存区

高端内存区留给系统 ROM 和外部设备的适配卡缓冲区使用,适配卡的缓冲区不在主机板上,而是在插于主机板总线槽的适配卡中,所以,在主机板上找不到这部分内存区对应的 RAM。其大小为 384KB,地址范围为 A 0000H~F FFFFH。具体分配如下。

- A 0000H~B FFFFH 共 128KB 为显示缓冲区,对应显示适配器上的 VRAM,用来存放显示信息。
- C 0000H~D FFFFH 共 128KB 为 I/O 卡保留区,用作显卡扩展驱动 ROM、网卡缓冲区、硬盘控制器缓冲区等。
- E 0000H~E FFFFH 共 64KB 为保留区。
- F 0000H~F FFFFH 共 64KB 为系统 ROM BIOS。

高端内存区中,有 64KB 的保留区,此外,有些微型机未装网卡,这样,有更多的空间被保留下来。为了充分利用这部分空间,可运行一些内存管理软件将这部分内存空间释放。图 4.10 是高端内存区的组织。

3）扩充内存区

扩充内存区早先是在 16 位微型机系统中为扩大内存空间而采用的技术,它通过在总线槽上插内存扩充卡来扩大内存空间,最大扩充容量为 32MB。扩充内存实际上是 CPU 直接寻址范围以外的物理存储器,对于 16 位 CPU 来说,直接寻址的内存空间为 1MB,1MB 之外的内存区即为扩充内存。

系统运行时,扩充内存需要通过扩充内存管理软件 EMM（expanded memory manage）来管理。EMM 利用高端内存中的 64KB 空间来衔接扩充内存区,它将这 64KB 的内存分为 4 页,每页 16KB;同时,EMM 也把扩充内存分为许多 16KB 大小的页,每 4 页作为 1 个页组,如图 4.11 所示。当使用扩充内存时,EMM 将扩充内存中的页组映射到高端内存的 4 页中,由此可间接访问扩充内存中的数据。

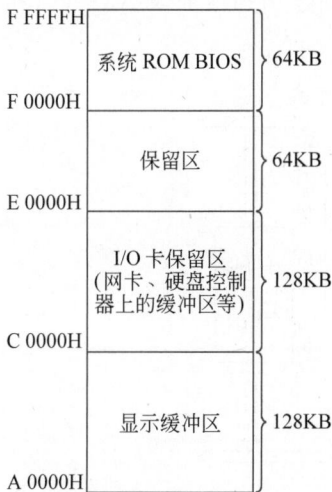

图 4.10　高端内存区的组织

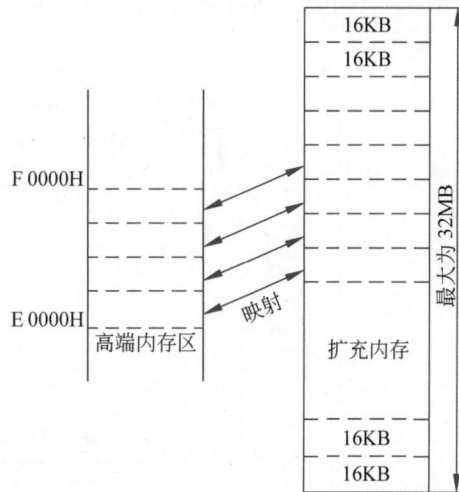

图 4.11　用高端内存区 64KB 映射扩充内存的 1 个页组

由于现在扩展内存区可以很大,所以,不再采用扩充内存卡来建立扩充内存。但是因为有软件采用扩充内存机制,所以,在 DOS 中的内存驱动软件仍将一部分扩展内存空间仿真扩充内存使用。具体操作是在 CONFIG.SYS 文件中加入如下语句:

```
DEVICE=C:\DOS\HIMEM.SYS
DEVICE=C:\DOS\EMM386.EXE RAM 32000
DOS=UMB
```

这 3 个命令行的作用:将扩展内存驱动程序 HIMEM.SYS 装到 DOS 区,此程序管理扩展内存;然后,从扩展内存划出 32MB 的空间作为扩充内存使用,由 EMM386.EXE 管理扩充内存;这部分内存空间成了高端内存区块 UMB 中的一部分供 DOS 使用。

4）扩展内存区

扩展内存区是 32 位及以上微型机系统中才有的内存区,这是指 1MB 以上但不是通过内存扩充卡映射来获得的内存空间。扩展内存区在 CPU 的寻址范围内,其大小随具体系统的内存配置而定。

本来,DOS 是不能访问和管理扩展内存的,为了使 DOS 也能使用扩展内存,在系统配置程序 CONFIG.SYS 的第一行加入命令 DEVICE=C：\DOS\HIMEM.SYS 即可。

扩展内存对应地址从 10 0000H 开始,对于具有 32 位地址线的 80386/80486/Pentium 来说,可一直到 FFFF FFFFH,从而可使内存容量达 4GB;而从 Pentium Pro 开始的系列芯片,地址线位数增加,通过扩展内存,其内存容量也进一步增加。

4.3.2 微型计算机系统的内存组织

1. 16 位微型机系统的内存组织

16 位 CPU 用 20 位地址总线寻址 1MB 存储空间,首地址为 0 0000H,末地址为 F FFFFH。整个内存由两个 512KB 的存储体组成:一个为奇地址存储体,因为其数据线与数据总线的高 8 位相连,所以也称高字节存储体;另一个为偶地址存储体,因为其数据线与数据总线的低 8 位相连,所以也称低字节存储体。两个存储体均和地址线 $A_{19} \sim A_1$ 相连,如图 4.12 所示。

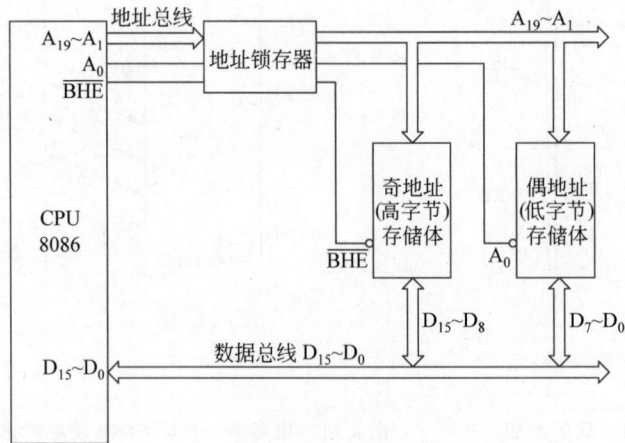

图 4.12　16 位微型机系统的内存组织

16 位 CPU 对存储器访问时,分为按字节访问和按字访问两种方式。按字节访问时,可只访问奇地址存储体,也可只访问偶地址存储体。

$\overline{BHE}$作为体选信号连接奇地址存储体,因为每个偶地址的 A_0 位为 0,所以,A_0 作为另一个体选信号连接偶地址存储体,当 $A_0=0$ 且 $\overline{BHE}=1$ 时,按字节访问偶地址存储体,数据在$D_7 \sim D_0$ 传输;当 $A_0=1$ 且 $\overline{BHE}=0$ 时,按字节访问奇地址存储体,数据在 $D_{15} \sim D_8$ 传输;当 A_0 和$\overline{BHE}$两者均为 0 时,按字访问两个存储体,数据在 $D_{15} \sim D_0$ 上传输;当 A_0 和$\overline{BHE}$两者均为 1 时,不能访问任何一个存储体。

按字访问时,有对准状态和非对准状态。字的对准状态要求起始地址为偶数。在对准状态,1 个字的低 8 位在偶地址存储体中,高 8 位在奇地址存储体中,这种状态下,当 A_0 和$\overline{BHE}$均为 0 时,用 1 个总线周期即可通过 $D_{15} \sim D_0$ 完成 16 位的字传输。在非对准状态,1 个字的低 8 位在奇地址存储体中,高 8 位在偶地址存储体中,此时,CPU 要用两个总线周期完成 16 位的字传输:第一个总线周期访问奇地址存储体,在 $D_{15} \sim D_8$ 传输低 8 位数据;第二个总线周期访问偶地址存储体,在 $D_7 \sim D_0$ 传输高 8 位数据。非对准状态是由于提供的对字访问的地址为奇地址造成的。在字访问时,CPU 把指令提供的数据地址作为字的起始地址。为了避免这种非对准状态造成的周期浪费,程序员编程时,应尽量用偶地址进行字访问。

2. 32 位微型机系统的内存组织

32 位微型机系统的内存组织体系是在 16 位微型机系统基础上扩展来的。32 位地址总线可寻址 4GB 的物理地址空间,地址范围为 $0 \sim$ FFFF FFFFH,分为 4 个存储体,每个为 1GB。4 个存储体分别与 32 位数据总线中的 8 位相连,但均与地址线 $A_{31} \sim A_2$ 相连。字节允许信号 $\overline{BE_3} \sim \overline{BE_0}$ 则作为体选信号分别连接 1 个存储体,当某字节允许信号为有效电平时,便选中对应的存储体。图 4.13 表示了 32 位微型机系统的内存组织。

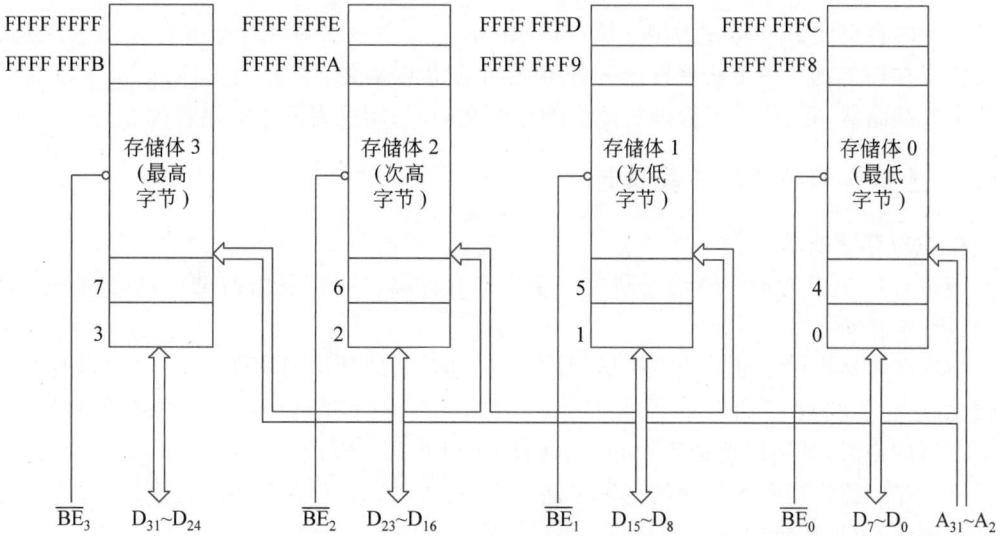

图 4.13 32 位微型机系统的内存组织

4 个存储体可组成双字。双字中 4 字节分别对应 4 字节允许信号,32 位存储器要满足对 8 位、16 位、32 位各种不同规格的数据的访问。当只有 $\overline{BE_0}$ 有效而其他字节允许信号无效时,通过 $D_7 \sim D_0$ 传输最低字节;当只有 $\overline{BE_1}$ 有效而其他字节允许信号无效时,通过 $D_{15} \sim D_8$ 传输次低字节;如果 $\overline{BE_0}$ 和 $\overline{BE_1}$ 有效而另两字节允许信号无效,则通过 $D_{15} \sim D_0$ 传输低字,与此类似,如果 $\overline{BE_2}$ 和 $\overline{BE_3}$ 有效而另两字节允许信号无效,则通过 $D_{31} \sim D_{16}$ 传输高字;如果 $\overline{BE_1}$ 和 $\overline{BE_2}$ 有效而其他两字节允许信号无效,则在 $D_{23} \sim D_8$ 上传输 1 个字;当只有 $\overline{BE_0}$ 无效或只有 $\overline{BE_3}$ 无效时,分别在 $D_{31} \sim D_8$ 或 $D_{23} \sim D_0$ 上传输 3 字节;而如果 4 字节允许信号都有效,则通过 $D_{31} \sim D_0$ 传输双字。

32 位系统中在对存储器访问时,除了有字的对准状态规定外,还有双字的对准状态。双字的对准状态要求起始地址为 4 的倍数。所以,如果用奇地址进行字访问,或用不是 4 的倍数的地址进行双字访问,就会出现非对准状态,这时需要用 2 个总线周期完成字传输或双字传输。

例如,要访问地址为 0000 0006 的双字,则 CPU 认为此双字在 6、7、8、9 这 4 个存储单元中,这 4 字节分别在次高、最高、最低、次低字节存储体中。在传输时,CPU 会用第一个总线周期使 $\overline{BE_1}$ 和 $\overline{BE_0}$ 有效来传输低字,第二个总线周期使 $\overline{BE_3}$ 和 $\overline{BE_2}$ 有效来传输高字。所以,为减少总线周期的浪费,在 32 位系统中,如要对字或双字访问,编程时应注意尽量避免非对准状态。

例如,在 Pentium 系统中,内部数据总线是 32 位的,但其外部数据总线为 64 位。由于有 64 位数据线,所以,内存由 8 个存储体构成,每个存储体 8 位,Pentium 的寻址空间为 4GB,每个存储体为 512MB,用 $\overline{BE_7}$ ~ $\overline{BE_0}$ 作为存储体的体选信号。Pentium Pro、Pentium Ⅱ、Pentium Ⅲ 和 Pentium 4 的寻址空间为 64GB,每个存储体为 8GB。

4.4　虚拟存储机制和片内两级存储管理

以下内容仍以 Pentium 为例介绍。Pentium 充分重视了对多任务操作系统的支持性。主要体现在两方面:一是从硬件上为任务之间的切换提供了良好的条件;二是支持容量极大的虚拟存储器,并且,为了管理如此大的存储空间,采用片内两级存储管理。

4.4.1　虚拟存储技术和三类地址

1. 虚拟存储技术

虚拟存储技术的最终体现是建立一个虚拟存储器。虚拟存储器是相对物理存储器而言的。

物理存储器指由地址总线直接访问的存储空间,其地址称为物理地址。显然,地址总线的位数决定了物理存储器的最大容量。例如,32 位微型机系统中,物理存储器对应 4GB(2^{32})的空间,其物理地址为 0000 0000H~FFFF FFFFH。

虚拟存储器是指程序使用的逻辑存储空间,它可以比物理存储器大得多,其对应地址称为虚拟地址,也称逻辑地址。

虚拟存储器机制由主存、辅存和存储管理部件共同组建。通过管理软件,达到主存和辅存密切配合,使整个存储系统具有接近主存的速度和接近辅存的容量。这种技术不断改进完善,就形成了虚拟存储系统。

程序运行时,CPU 用虚拟地址即逻辑地址访问主存。在此过程中,先通过硬件和软件找出逻辑地址到物理地址之间的对应关系;判断要访问单元的内容是否已装入主存,如是则直接访问,否则说明出现虚拟地址往物理地址的转换故障,此时会产生一个异常中断,通过这个中断处理,把要访问的单元及有关数据块从辅存调入实际主存,覆盖掉主存中原有的一部分数据;然后将虚拟地址变为物理地址。

从上可见,虚拟存储器是由存储器管理软件在主存和辅存基础上建立的一种存储体系。从整体上看,这种体系的速度接近于主存的速度,但其容量却接近于辅存的大小。这种机制解决了存储器的大容量和低成本之间的矛盾。

有了虚拟存储器,用户程序就可不必考虑主存的容量大小了。程序运行时,存储管理软件会把要用到的程序和数据从辅存一块一块调入主存,好像主存的容量变得足够大,从而程序不再受到主存容量的限制。实际上,这是由于辅存在不断地更新主存数据的缘故,这就是虚拟存储器一词的由来。

在虚拟存储系统中,RAM成为存放当前正在使用的代码和数据的存储区,而应用程序面对的也就是程序设计人员感觉到的,是一个比内存大得多的、实际位于磁盘上的空间(即虚拟存储器)。要注意的是,Pentium只有保护模式下才支持虚拟存储技术。

2. 段式虚拟存储和页式虚拟存储

按照对主存的划分方式,虚拟存储器有段式虚拟存储机制和页式虚拟存储机制两类。

1) 段式虚拟存储

段式虚拟存储机制把主存按段来进行管理,分段的特点如下。

(1) 每段的长度不是固定的,在一个系统中,有的段长,有的段短。系统是按程序模块将主存划分为段,程序中的一个模块、数组或表格可以分别对应一个段。

(2) 每个段都是受到保护的独立空间,分段机制禁止超过段界限对另一个段进行访问。

段式虚拟存储机制的长处是段和程序模块相对应,易于管理和维护。缺点是由于各段长度不一,给主存空间的分配带来不便,且容易在段间留下碎片式的存储空间,造成存储器浪费和效率降低。

2) 页式虚拟存储

页式虚拟存储机制按页来划分主存,分页的特点如下。

(1) 页的长度一旦确定,在一个系统中的所有页面大小便固定。在Pentium系统中,页面的大小可为4KB或4GB,一般取为每页4KB。

(2) 页面大小确定后,页面的起点和终点也固定。

(3) 只有分页机制才支持虚拟存储,即用小容量的主存虚拟很大的存储空间。

分页机制将虚拟存储器和主存一起分页,主存中的页为实页,虚拟存储器中的页为虚页。实页和虚页大小相同,只是由于虚拟空间大得多,所以虚页数目也多得多。CPU访问主存时用逻辑地址(即虚拟地址),在访问过程中,首先要判断该地址对应的内容是否在主存中,如在主存中要找到对应的实页号,否则需要将所在页从辅存调入主存。

页式虚拟存储机制的长处是存储器可充分利用,但不便于和模块化程序相衔接。

为此,Pentium系统中,采用段页式虚拟存储机制。这种机制采用两级存储管理,综合了段式虚拟存储机制和页式虚拟存储机制对主存空间的划分方法,也综合了两者的优点。在Pentium的两级存储管理中,段的大小可选择,因此,可随数据结构和代码模块的大小而确定,使用起来很灵活;另外,对每段还可赋予属性和保护信息,从而可有效地防止在多任务环境下各个模块对存储器的越权访问。

3. 逻辑地址、线性地址和物理地址

Pentium的存储管理是由分段部件和分页部件共同完成的,也由此产生了存储器的逻辑地址空间、线性地址空间和物理地址空间。

逻辑地址就是程序员所看到的地址,也称虚拟地址。逻辑地址的特点如下。

(1) 程序员编写的源程序中使用的地址。

(2) 完整的逻辑地址一共48位,包括16位的选择子和32位的偏移量,但程序中常常以32位偏移量形式作为逻辑地址。

(3) 逻辑地址中的选择子对应段基址,此地址指向一个段空间,逻辑地址中的偏移量则指向此段中的1字节。在指令中,偏移量可能是由基址、变址、位移量等多个因素构成,习惯上,也常将最后计算出的偏移量称为有效地址。Pentium的每个任务最多可拥有 $16\,384(2^{14})$ 个段,每段可达到 4GB(即 2^{32}B),所以,一个任务的逻辑地址空间可达 64TB(即 2^{46}B)。

分段部件将包含选择子和偏移量的逻辑地址转换为 32 位线性地址,这种转换是通过段描述符表来实现的。线性地址是单一的 32 位地址,但也是一个含义最复杂的地址。线性地址的特点如下。

(1) 从来源说,32 位的线性地址是由两个 32 位量相加而成的,一个是 32 位的段基址,一个是 32 位的偏移量。

(2) 段基址是由段选择子所指的 64 位的段描述符中得到的,其中体现了分段机制中段描述符的功能。

(3) 从后面的讲述中将看到,通常,32 位的线性地址是分为 3 个字段来体现其功能的,并非真正是一个从低到高的 32 位地址。

物理地址和芯片引脚上的地址信号相对应,它为每个存储单元在存储体中指定唯一的地址。但是,程序是不能直接对物理存储器进行寻址的,程序中出现的是逻辑地址。

分页部件将线性地址转换为物理地址,如果分页部件处于禁止状态,即段内不分页,那么,线性地址就是物理地址。

在 Pentium 的程序中,一个偏移量可能由立即数和另一两个寄存器给出的值构成。分段部件把各地址分量送到一个加器中,形成有效地址;然后,再经过另一个加法器和段基址相加,得到线性地址;同时还要通过一个 32 位的减法器和段的界限值比较,检查是否越界。

接着,分段部件把线性地址送到分页部件,由分页部件将线性地址转换为物理地址,并且负责向总线接口部件请求总线服务。

为了提高性能,Pentium 还将存储管理过程中用到的段描述符表、页组目录表、页表等都放在高速缓冲存储器中,而且把分段部件和分页部件集成于 Pentium 芯片中,这样,使多级地址转换快速进行。在典型情况下,可用 1.5 个时钟周期完成逻辑地址往物理地址的转换,而且,由于转换是和微处理器的其他动作重叠的,所以,从程序员的角度看,转换时间几乎为 0。

4.4.2 分段管理

存储器中的段实际上就是一个独立的存储空间,可以是存放程序的代码段,也可以是存储数据的数据段,还可以是用来保存堆栈元素的堆栈段。

对于一个存储段来说,相关的控制信息包括段的大小、界限、访问的优先级、共享性及访问的特性,后者指只读还是可读/写。如果违反了这些特性就会出现异常。

为了实现分段管理,于是,把有关段的信息即段基址、界限、访问属性全部存放在一个称为段描述符(segment descriptor)的 8 字节长的数据结构中,并把系统中所有的描述符编成表,以便硬件查找和识别。段基址就是段的起始地址,是一个 32 位的值。界限就是段的大小。访问属性是指是否可读/写以及访问特权等。

如 2.6.2 节所述,Pentium 共设置了 3 种描述符表,即全局描述符表(GDT)、局部描述符表(LDT)和中断描述符表(IDT)。前两个表定义了 Pentium 系统中使用的所有的段,其中,LDT 是专门供某个程序使用的,每个程序都有自己的 LDT;而 GDT 是供系统中所有程序使用的,可被系统中所有的程序使用。IDT 则包含了指向多达 256 个中断处理程序入口的中断描述符。

采用描述符表带来如下 3 方面的优点。

(1) 可大大扩展存储空间。有了描述符表后,段地址不再由 16 位的段寄存器直接指出,而是由段描述符指出,因此,存储器的地址空间决定于段描述符的数量和每个描述符能表示的段长度。在 Pentium 中,可以同时有 16 384 个段描述符,对应 16 384 个段,而每个描述符能表示的段的长度最大可为 2^{32}(4G)字节,所以,存储器最大地址空间为 64TB。

(2) 可实现虚拟存储。在 Pentium 系统中,并不是所有的段都放在内存,而是将大部分段放在磁盘中,但用户程序并未觉察到这一点,这就是虚拟存储,而虚拟存储机制正是利用描述符表来实现的。在每个段描述符中,专用一位属性指示当前此描述符所对应的段驻留在磁盘还是在内存。如果一个程序试图访问当前不在内存而在磁盘上的段,则 Pentium 会通过一个中断处理程序将此段调入内存,然后再往下执行程序。

(3) 可实现多任务隔离。在多任务系统中,希望多个任务互相隔离。有了描述符表,就很容易做到这一点。只要在系统中除了设置一个公用的全局描述符表外,再为每个任务建一个局部描述符表即可,这样,每个任务除了一些和系统有关的操作要访问全局描述符表外,其他时候只能访问本任务相关的局部描述符表。因此,每个任务都有独立的地址空间,就像每个任务独享一个 CPU 一样。

4.4.3 段选择子、段描述符和段描述符表

在 32 位计算机系统中,逻辑地址包含 16 位的选择子和 32 位的偏移量。但一般程序给出的地址都是 32 位偏移量。在访问内存时,段寄存器中的选择子通过描述符表找到描述符,又从描述符中找到对应的 32 位段基址,然后将段基址和 32 位的偏移量相加,便得到线性地址。

可见,逻辑地址经过分段部件转换以后形成线性地址,如果没有分页机构,那么,此时线性地址即物理地址。

1. 段选择子

段选择子不是应用程序指定的,也不是应用程序能够修改的,段选择子通常是在程序运行前由链接程序或装配程序根据当时的计算机环境指定和修改的。

段选择子指向段描述符,而段描述符中含对应于此段的全部信息。

16 位的段选择子分为 3 部分,如图 4.14 所示。

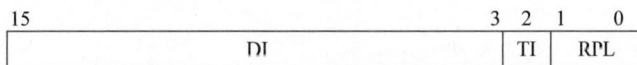

15			3	2	1	0
DI				TI	RPL	

图 4.14　16 位段选择子的数据结构

1) 段描述符索引字段 DI

在段选择子中,13 位的段描述符索引字段 DI 可用来在 LDT 或 GDT 的可多达 2^{13}(即 8 192 个)项中选择一个段描述符。因为每个描述符为 8 字节,所以,索引值乘以 8 就是此描述符在描述符表中离起始地址的位移量,于是,加上描述符表的起始地址,就是这个选择子对应的描述符的地址。描述符表的起始地址来自描述符表寄存器。对于全局描述符表寄存器(GDTR)来说,其内容是操作系统启动时设置的。对于局部描述符表寄存器(LDTR)来说,其内容是对应任务启动运行时设置的,此时,还在全局描述符表中同步设置了一个对应

于该 LDT 的描述符,因为操作系统把 LDT 也看成是一个段。在系统不是重新启动的情况下,此后,就据此描述符对 LDTR 进行设置。

2) 描述符表指示标志 TI

TI 指出选择子索引的是 GDT 还是 LDT。如 TI 为 0,则选择子将索引 GDT;如 TI 为 1,则选择子将索引 LDT。

由于索引字段可用 13 位指向 8 192 个描述符,再加上 TI 可指向 GDT 和 LDT,这样从理论上一个应用程序可使用多达 16 384 个描述符,即对应于 16 384 个存储段。因为段的偏移量为 32 位,因而,对应一个段的容量可达 4GB,这样,16 384 个段可对应 4GB×16K=64TB,即 Pentium 可访问的地址空间达 64TB。

3) 请求特权级字段 RPL

RPL 占两位,可对应 0~3 共 4 个特权级,0 级最高,3 级最低。这是为了防止特权级低的程序访问特权级高的程序的数据而设置的。如果一个程序的特权比较低,企图访问较高级别的程序所用的存储空间,那么,就会产生异常,从而阻止访问。

操作系统通过这种特权级管理机制保护系统程序所用的数据不受破坏。

2. 段描述符

段描述符中包含对应段的所有信息。段描述符也不是应用程序本身生成的。在系统启动时,最初由操作系统生成固定格式的描述符表,在每个程序运行前,由链接程序、编译程序或装配程序在描述符表中填写对应这个程序的描述符。段描述符中包含了段的相关信息,包括段的大小、位置,以及状态信息和控制信息。系统程序和应用程序使用的段分别称为系统段和非系统段,它们对应的段描述符稍有差别,而应用程序的代码段和数据段对应的描述符也各有一些差别。但大体上,段描述符如图 4.15 所示分为如下几个字段。

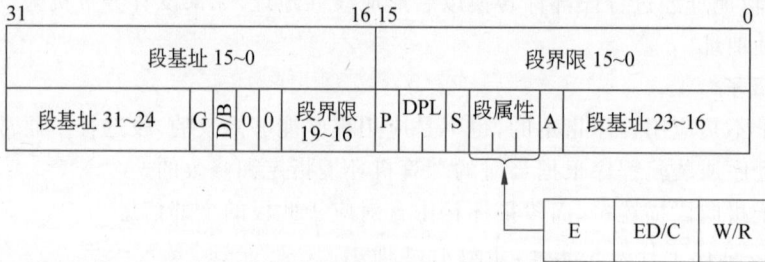

图 4.15 描述符的通常格式和含义

1) 32 位的段基址

32 位的段基址分为 3 部分,分别为段基址的高 8 位、次 8 位和低 16 位,即 31~24、23~16、15~0,共 32 位,用来指出本段在主存物理空间中的开始位置。

2) 段类型 S

如 S=1,则为非系统段描述符,对应段为代码段、数据段或堆栈段;如 S=0,则为系统段描述符。

系统段包括 TSS、各种门机构、LDT 和 IDT。

TSS 是多任务系统中的一种特殊数据结构,它对应一个任务的各种信息。

门实际上是一种转换机构,这种转换机构含一定的检测功能,只有符合条件才能实现转换,如同门卫要进行身份验证一样,这种机制使得一些具备相应特权级的程序转到一个通常不能直接执行的程序。门的类型有调用门、任务门等,Pentium 把中断也作为一种门(即中断门),还将陷阱类中断专称为陷阱门。调用门用来改变任务或程序的特权级别;任务门像个开关一样,用来执行任务切换。

3) 20 位的段界限

段界限就是段的长度。在描述符中,段界限分为两部分,即 19~16、15~0 共 20 位。段界限与被称为"粒度"的长度单位有关:当粒度为 0 时,长度单位就是 1 字节,每当段界限加1,就使实际的存储段增加 1B,20 位段界限可对应 1B~1MB 中的某个长度;当粒度为 1 时,长度单位为 4KB,每当界限值加 1,则真正的存储段长度增加 4KB,于是,段的界限值对应4KB~4GB 中的某个值。

4) 3 位的段属性

段属性是指段的可读/写类型、可执行类型以及段偏移量和界限值之间的关系。应用程序和系统程序对应的描述符中,这 3 位段类型格式不同。

(1) E 为可执行位。此位用来区分代码段和数据段。如 E 为 1,且 S=1,则对应段为应用程序的代码段,可执行;如 E 为 0,且 S=1,则对应段为应用程序的数据段,不可执行。

(2) ED/C 为扩展方向/符合位。当 E=1 且 S=1,对应段为可执行代码段,本位作为符合位 C,此时,如 C=1,则本代码段可被调用并执行,否则不能被当前任务调用。当 E=0 且 S=1时,对应段为数据段(包括堆栈段),本位作为扩展方向 ED 用,据扩展方向 ED 可判断此段为数据段还是堆栈段。ED=0 表示向上扩展,即段界限值为最大值,使用时,段的偏移量必须小于段界限值,这种段一般为真正的数据段。ED=1 表示向下扩展,即段界限值为最小值,段的偏移量必须大于段界限值,这种段实际上是堆栈段。堆栈底部的地址最大,随着堆栈中数据的增多,栈顶的地址越来越小,这就是"向下扩展"的含义。为此,要规定一个界限,使栈顶偏移量不能小于这个值,所以,当 ED=1 时,规定了在使用中偏移量必须大于段界限值。

(3) W/R 为可读/写位。此位用来定义代码段的可读性和数据段的可写性。当 S=1且 E=1 时,对应段为代码段,此时,本位作为 R。如 R 为 0,则此代码段不可读;如 R=1,则此代码段可读。代码段是不允许写入的。当 S=1 且 E=0 时,对应段为数据段,此时,本位作为 W。如 W=0,则为不可写;如 W=1,则为可写。堆栈段的 W 必须为 1。

5) 粒度 G

粒度就是长度单位。如 G 为 1,则长度以 4KB 为单位;如 G 为 0,则长度以字节为单位。段界限的值受 G 的影响。

6) 存在位 P

如 P=1,则对应段已装入主存储器;如 P=0,则对应段目前并不在主存储器中,而要从磁盘上调进来,所以,如此时访问该段,就会出现段异常。

7) 特权级 DPL

DPL 指出了对应段的特权级,从高到低可为 0~3 级,0 级最高,3 级最低。特权级用来防止一般用户程序随意访问操作系统的对应段。

8) 访问位 A

如 A 为 1,则为已访问过;如 A 为 0,则为未访问过。操作系统利用 A 位对给定段进行使用率统计。

9) D/B 字段

D/B 字段在代码段描述符中为 D,用来指出代码段使用的操作数长度,如 D 为 1,则表示使用 32 位代码和 32 位有效地址;如 D 为 0,则为 16 位代码和 16 位有效地址。在数据段描述符中,D/B 字段作为 B 位,用来控制堆栈操作,如 B 为 1,则使用 32 位的堆栈指针寄存器 ESP,此时,堆栈顶部最高地址为 FFFF FFFFH;如 B 为 0,则使用 16 位的堆栈指针寄存器 SP,此时,堆栈顶部最高地址为 FFFFH。

由上可见,段描述符不只给出了段基址,而且根据段界限、ED、G 和 D 可决定段的长度,根据 E 可决定本段为代码段还是数据段,根据 C 则可知道本段是否可执行,此外还可根据 DPL 决定段的特权级,根据 P 知道对应段是否在物理主存,根据 A 则可知段的使用情况。

前面提到,Pentium 有两类段,即系统段和非系统段。对应的段描述符也分为系统段描述符和非系统段描述符。非系统段描述符又分为数据段描述符和代码段描述符。

与通常格式相比,具体的各种描述符主要有如下差别。

(1) 当描述符中的 S 为 0 时,此描述符对应一个系统段。

(2) 系统段描述符中,A 位不再存在,第 6 字节的低 4 位作为段类型值,而且也不再按 E、ED/C、W/R 来划分类型。

(3) 系统段描述符中不用 D/B 位。

(4) 数据段描述符中,D/B 位为 B;代码段描述符中,D/B 位为 D。对系统段来说,此位无意义。

(5) 系统段的 S 位为 0,而数据段和代码段的 S 位均为 1。

(6) 段属性中,对于代码段,W/R 位作为 R 位来分辨是否可读:如为 0,则不能读取;如为 1,则可读取。对于数据段,W/R 位作为 W 位来说明是否可写:如为 1,则为可读/写;如为 0,则为只读。

3. 描述符表

Pentium 系统中,有 3 类描述符表,即 GDT、LDT,以及与中断机制有关的 IDT。每个描述符表最多可容纳 2^{13}(即 8 192 个)描述符,不过,Pentium 的 GDT 中的第一个描述符作为空描述符,不对应任何存储空间,另外,IDT 中最多只含对应于 256 个中断的 256 个描述符。

GDT 含可供系统中所有任务使用的段描述符,另外,系统把每个 LDT 也看成一种特殊的段,并分别赋予描述符,这样,GDT 中还包含各个 LDT 对应的描述符,而 LDT 只含与某一个给定任务相关的各个段描述符。

通常,Pentium 的多任务操作系统除了设置一个 GDT 外,还使每个任务有一个独立的 LDT,这样,就可使每个任务的代码段、数据段、堆栈段和系统其他部分隔离,但和所有任务有关的公用段(通常为操作系统使用的数据段、堆栈段及表示任务状态的任务状态段)的描述符仍放在 GDT 中。如果某一任务的段描述符不包含在 GDT 和当前 LDT 中,那么,该任务就不能访问相应的段。这样,既保证了全局性数据被所有任务共享,又保证了各任务的自我保护和相互隔离。

每个任务可定义很多段,最多可为 16 384 段,每段对应一个段描述符。描述符中提供 32 位的段基址,再与 32 位的偏移量组合,便得到线性地址,16 384 个段总共可对应 64TB 的地址空间。一个任务运行时,可使用系统中两个描述符表:一个是所有任务公用的 GDT;另一个是专为此任务设置的 LDT。

在任务运行过程中,通过段寄存器中的段选择子来选择 GDT 或 LDT 中的对应项,如图 4.16 所示。

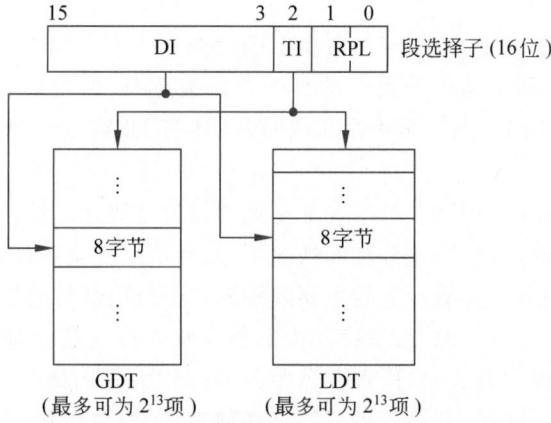

图 4.16 段选择子的含义和功能

从图 4.16 中可见,段选择子的第 0、1 位 RPL 用来定义此段使用的特权级别,可为 0～3级。第 2 位 TI 称为描述符表的指示符,用来指出此描述符在哪个描述符表中。如 TI 为 1,则在 LDT 中;如 TI 为 0,则在 GDT 中。高 13 位是段描述符索引 DI,以此指出所选项在描述符表中的位置。一个描述符表最多可含 8K 个描述符,故用 13 位便可确定表中一个描述符的位置。每个描述符为 8 字节,因此,描述符表的长度最大可达 64KB。

4.4.4 逻辑地址转换为线性地址

现在先用图 4.17 来了解一下逻辑地址到线性地址的转换,这个转换是由分段部件完成的。

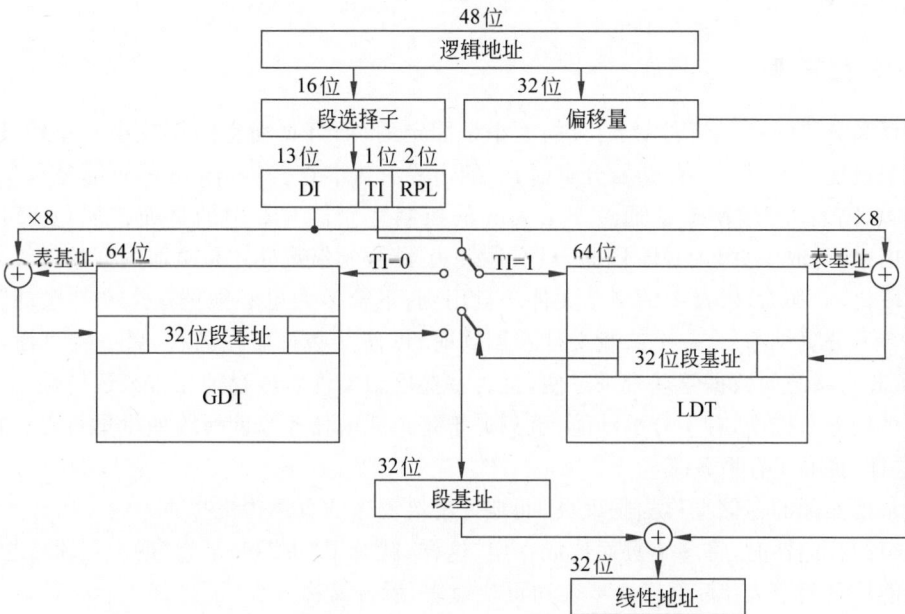

图 4.17 分段部件实现从逻辑地址到线性地址的转换

从图 4.17 可看到,线性地址由两部分组成:一部分是段基址;另一部分是偏移量。段描述符中包含 32 位的段基址。段描述符可以是来自 GDT 中的全局描述符,也可是来自 LDT 中的局部描述符。

在指令中,所用的是由 16 位段寄存器指出的段选择子和 32 位的偏移量构成的逻辑地址。段选择子用来指向两个描述符表中的某一个段描述符,即先依据段选择子的 TI 值选中 GDT(TI=0)或 LDT(TI=1),再由高 13 位段描述符 DI 在某个描述符表中选中一个描述符。

段描述符提供 32 位的段基址,段基址加上偏移量就是线性地址。线性地址经过分页部件的转换,便得到物理地址,在禁止分页的情况下,线性地址就是物理地址。

实地址方式和保护方式在机制上的主要差别就在于分段部件将逻辑地址转换为线性地址的方法不同。用实地址方式时,段寄存器中的值左移 4 位就是段基址,再加上 16 位的偏移量即为线性地址;用保护方式时,段寄存器中的内容作为段选择子,而段选择子和描述符中一个 32 位的段基址相联系,这种联系不符合任何算法,而是由操作系统的装配程序根据当时的系统情况确定的。

分段部件除了将逻辑地址转换为线性地址外,还进行保护检验,如果出现违反保护权限的访问,则转入异常处理。

不管是 GDT 还是 LDT,两者都在主存储器中。如果每次对存储器的访问都要通过位于主存储器中的描述符表进行逻辑地址到线性地址的转换,那会大大降低系统的性能。为此,Pentium 为 6 个段寄存器各设置了一个 64 位的段描述符寄存器(注意,不是描述符表寄存器),实际上这是一个高速缓冲存储器,其中保存着相应段选择子所对应的段描述符,每次装入段选择子时,段描述符也一起装入,这样,以后访问存储器时,就不必通过段描述符表查找段描述符而代之以高速缓存中的描述符信息,从而节省了访问存储器的时间。段描述符寄存器中的信息是程序员看不见的,在段寄存器的内容改变时,对应的段描述符寄存器的内容也跟着改变。

4.4.5 分页管理

分页和分段的主要差别在于,页的大小是固定的,而且页面空间比较小。此外,段可从任何一个地址开始,但是,存储器分页时,页的边界有对准点。Pentium 的页面是可调节的,既可为 4KB,也可为 4MB,这通过 Pentium 的控制寄存器 CR_4 中的页面扩展位 PSE 来选择。使用中,常取一页为 4KB,因此,只有地址为 4KB 的倍数处才是页面的开始位置。如果只用分段机制,那么,磁盘中的某个文件一旦用到,不管多大也必须把这个文件全部装入内存。而有了分页机制后,一个磁盘文件在用到时,可使某些页面在内存,另一些页面仍在磁盘中,由此为系统的数据管理带来方便,也为一些巨型文件对内存使用带来适应性。

在多任务系统中,有了分页功能,就只需把每个活动任务当前所需的少量页面放在存储器中,这样,提高了存取效率。

通常把实际的存储页称为物理页,而把分配给程序的页称为虚拟页。

在组织存储器时,将多个页面构成一组,这样,就有了“页”和“页组”两个层次。也因此,分页功能涉及两个表:页组目录项表和页映射表,后者简称页表。

页表本身就是一个页,大小为 4 096 字节,可容纳 1K 个 32 位的页表项。分页部件用页组目录项表和页表实现地址转换。

下面结合图 4.18 来说明这两个表的结构和功能。

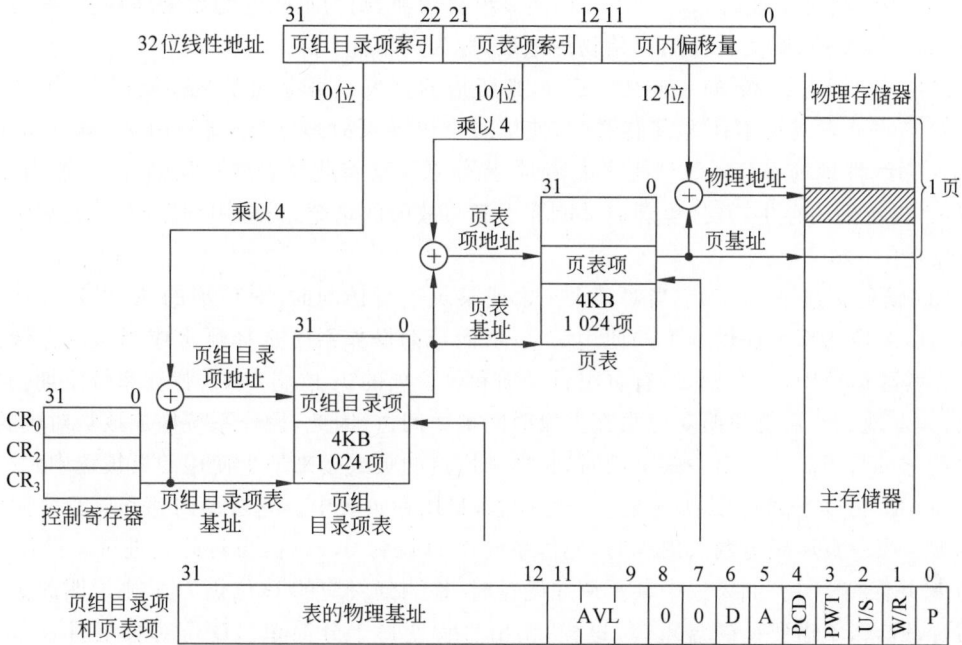

图 4.18 分页机构实现线性地址到物理地址的转换

较高一级的页组目录项表中可含 1K 个页组目录项,每项占 4 字节,包含下一级某个页表的基地址信息,对应一个页表。

较低一级的表(即页表)可含 1K 个页表项,每项也是 4 字节,对应物理存储器中某一页的基址等信息,所以,一个页表对应了物理存储器中 1K 个页面的寻址。而一个页组目录项表对应了 $1M(2^{20})$ 个页面。

页组目录项表和页表都是 4KB 长,两个表内每项为 4B,这样,每个表含 1 024 项。对应于每页 4KB 大小,一个页组目录项表可映射 $4KB \times 1\,024 \times 1\,024 = 4GB$ 的地址空间。

32 位的控制寄存器 CR_3 是页组目录项表的基址寄存器,用来保存页组目录项表在存储器中的起始物理地址。因为页组目录项表的大小是 4KB,所以,CR_3 的低 12 位始终为 0,从而保证页组目录项表总是从 4KB 的交界处开始。

4.4.6 线性地址转换为物理地址

线性地址往物理地址的转换是由分页机构实现的,下面,结合图 4.18 来说明分页部件将线性地址转换为物理地址的过程。

分页机构把 32 位的线性地址分为 3 部分:最高 10 位作为进入页组目录项的索引,从 4KB 共 1 024 项的页组目录项表中选取一个页组目录项,因为每个页组目录项为 4 字节,所以,用高 10 位乘以 4,即指向所要的页组目录项;线性地址的中间 10 位作为进入页表项的索引,也是从 4KB 共 1 024 项的页表中选取一个页表项,每个页表项也是 4 字节,所以,用这 10 位乘以 4,即指向所要的页表项;最低 12 位作为页内偏移量,它和页表项提供的页基址共同产生存储单元的物理地址。

页组目录项表和页表中的项虽然内容不同,但格式相同,如图 4.18 所示,都是 4 字节即 32 位,其中包含了如下信息。

(1) 表的物理基址(位 31～12)。如为页组目录项,则为页表的起始物理基址,称为页表基址;如为页表项,则为页面的起始物理地址,称为页基址。

(2) 存在标志 P(位 0)。如 P 等于 1,则所指的页表或页存在于主存储器中;如 P 等于 0,则对应的页表或页不在主存储器中,使用时会出现页故障,CR_2 就是用来保存页故障的 32 位页面线性地址寄存器。产生页故障时,操作系统会将此页表或页从辅存(一般为磁盘)中取出,再装到内存中,并且重新启动刚才引起页故障的指令,对应用程序而言,完全觉察不到所发生的一切。

(3) 访问标志 A(位 5)。当对某个页表或某页进行访问时,对应项的 A 为 1,并保持为 1。可见,A 位为系统提供本页的使用信息,从而帮助操作系统选择哪页应当从内存调到磁盘。在实际运行中,一开始,所有页组目录项和页表项的 A 位均为 0。操作系统定期扫描这些项,如发现 A＝1,就说明对应页在上段时间被访问过,因此,操作系统增加该页对应的“使用次数记录”,当需要调出一些页面时,长期未用的页或近来最少使用的页被选中。

(4) 脏位 D(位 6)。其实这是一个写标志,只用在页表中。它协助内存和磁盘之间的页面调动。当一页从磁盘调入内存时,操作系统将 D 设为 0,以后,当对此页进行写操作时,D 位为 1,并保持为 1。如果选中某页调往磁盘时,检测到对应的 D 位仍为 0,则说明此页一直没写过,所以,不需要往磁盘重写,这样,调出过程变得十分简单。D 位对页组目录项无意义,因为对此类项不会有写操作。

从上可见,A 和 D 用来跟踪页面的使用情况。

(5) 保留位 AVL。一般供操作系统记录页的使用情况,如用来记录页面使用次数,据此可换掉一些最少使用的页。

(6) 用户/系统位 U/S(位 2)。如为 0,则表示此页为系统级页面,用户程序不能访问该页;如为 1,则对应页为用户级页面,允许用户程序读/写该页。这是为了保护操作系统所使用的页面不受用户程序损坏而设置的。

(7) 可读/写标志 W/R(位 1)。如为 0,为只读;如为 1,为可读/写。

U/S 和 W/R 提供页级保护,只有在页组目录项表中的页组目录项和页表中的页表项内 U/S 都为 1 时,一个程序或进程才能读对应的页,同样,只有两个表中的对应项内 U/S 和 W/R 都为 1 时,才能写入。如果违反了页保护规则,也会引起页故障。

(8) Cache 控制位 PWT(位 3)和 PCD(位 4)。PWT 称为页透明写(page write transparent),PCD 称为 Cache 页禁止位(page Cache disable),两者合起来实现 Cache 中页面的写操作管理。

下面,归纳一下 Pentium 如何将线性地址映射为物理地址。

映射的第一步是查询 CR_3,CR_3 的高 20 位指向页组目录项表,此表容纳 1 024 个双字组成的页组目录项,将 4GB 的地址空间分为 1 024 个页组,每组为 4MB。

映射的第二步是将线性地址的高 10 位作为页组目录项号从页组目录项表中找到所需要的项,此项的首字节地址就是项地址,它由 CR_3 的高 20 位和线性地址高 10 位乘以 4 所得的值相加组成。

映射的第三步是查询相应页组目录对应的页表,一个页表也占 4KB,内含 1 024 个页表项,它将 4MB 空间分为 1 024 页,每页 4KB。现在将找到的页组目录中的高 20 位和线性地址的中间 10 位乘以 4 所得到的值相加,就可找到一个页表项。

有了页表项,再将其中高 20 位和线性地址的最低 12 位相加,就得到了所要的物理地址。

举一个具体例子。设页组目录从物理地址 0000 0000H 开始,它是在系统初始化时,最早定位的表。因为每页的大小总是为 4KB 即 1000H 字节,所以,以后各页在内存定位时的物理地址分别从 0000 1000H、0000 2000H、0000 3000H 等处开始,这些开始点称为页框,如图 4.19 所示。现在设线性地址为 0123 5674H。

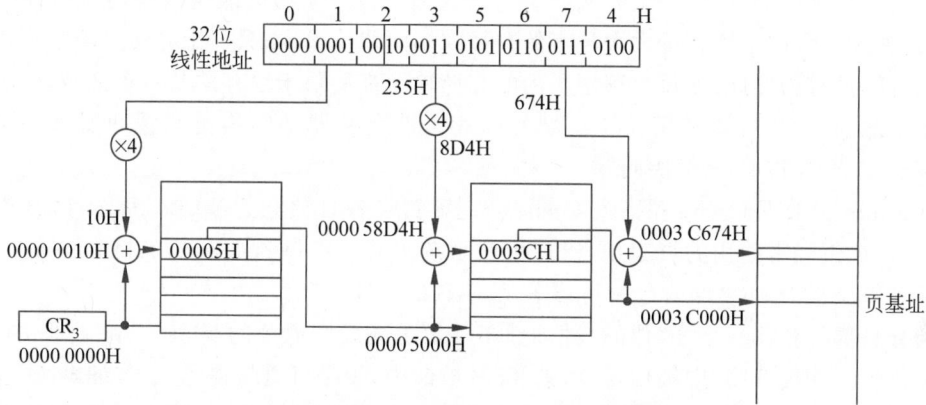

图 4.19 线性地址转换为物理地址的例子

线性地址的高 10 位给出页组目录的序号,这里为 00 0000 0100 即第 4 项,接着的 10 位给出页组中的页号,为 10 0011 0101 即 235H,低 12 位是存储单元在页内的偏移量,为 0110 0111 0100 即 674H。

Pentium 在将此线性地址往物理地址转换时依次完成下列工作。

(1) 查询 CR$_3$,现在 CR$_3$ 中的页组目录项表首地址为 0000 0000H。

(2) 取线性地址高 10 位即 00 0000 0100,此为页组目录项号 4,再乘以 4,得 10H,在 0000 0010H 单元得到页组目录项。

(3) 设用户程序当前正在执行,故现在检查页组目录项中的 P 位和 U/S、W/R 位,以了解所访问的页组的情况。再设置 A 位,以指示此页组被访问过。

(4) 从得到的页组目录项中取高 20 位求得页表首地址。设第一次访问这个页组前,内存中已有 5 页(包括页组目录表、页表等)被定位,故操作系统将此页表地址定为 0000 5000H,即此时,页组目录项高 20 位为 0 0005H。

(5) 从 0000 5000H 为首地址的页表中取一项。这一项的序号即页号来自线性地址中间 10 位,为 10 0011 0101 即 235H,此项所在的 4 个单元的首地址为 0000 5000H+4× 235H=0000 58D4H,这 4 个单元中放着所需的页表项。

(6) 检查页表项的 P 位,如 P=0,说明此页当前不在内存,于是会产生页故障中断,由此通过中断处理程序将此页从磁盘调入内存;再设 P=1,并重新执行用户程序,查 U/S、W/R 位,且使 A 位为 1,如为写操作,则还须设 D 位为 1。

(7) 取页表项高 20 位作为页基址,设访问该页前已有 60(即 3CH)个页在内存被定位过,则操作系统将本页的页基址定为0003 C000H。再从线性地址低12位得到674H,于是最后得到物理地址为0003 C674H。

从上可见,安排线性地址的高10位作为页组号、中间10位作为页号、低12位作为页内偏移量很合理。另外,将4KB作为一页也很恰当。

4.4.7 转换检测缓冲器

4.4.6节已经讲述了分页机制为实现从线性地址到物理地址的转换要使用两种表,这两种表都存放在存储器中,因此,进行地址转换时要读两次存储器,这样做使时间上的开销太大了。为了解决这个问题,一个办法是将这两类各含1 024项的表全放在高速缓冲存储器中,但这种做法会由于表容量太大且表的数目太多而代价昂贵;另一个办法是着眼于大多数程序运行时具有局部性,即每个程序所用的存储单元都局限于主存的某一个区域,而不会分布于整个地址空间,所以采用一个小型的高速缓冲存储器即转换检测缓冲器(translation lookaside buffer,TLB)来解决问题。

Pentium为数据Cache和指令Cache分别配置了各自独立的TLB。每个TLB中存放了共32个最近经常使用的页表项,通过操作系统跟踪来控制这些项的保持和更新。32个页表项和每个页面4KB结合起来可覆盖128KB的存储空间。

当分页部件获得一个32位的线性地址时,先通过线性地址的高20位和TLB的32个页表项比较。如果TLB中某项符合,则TLB被命中,于是可直接得到32位的页表信息,并且用此信息实现对物理存储单元的访问,而不必再去查找页组目录项表和页表。图4.20表示了这个过程。

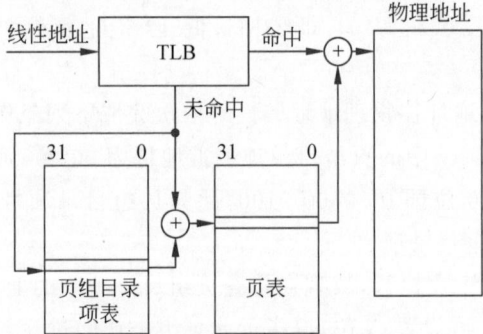

图4.20 TLB的功能

如果TLB中没有此项,那么,Pentium便根据线性地址的高10位和CR_3寄存器的值读出相应的页组目录项,如此项的P=1,则说明对应的页表在存储器中,于是,再结合32位线性地址的中间10位读出相应的页表项,并将页组目录项的A位置1。如页表项的P=1,则说明对应的页也在存储器中,此时,Pentium将页表项的A置1,并根据读/写操作类型修改此项的D位。至此,通过线性地址的高20位进行两级查表找到一个目标页面,再根据线性地址的低12位从4KB的页面中找到存储单元,从而完成对存储器的访问。此外,还把线性地址的高20位存储到TLB中,以便供此后访问时使用。

采用TLB后,对通常的多任务系统,可使TLB的命中率达到98%。这就是说,只有2%的情况下,才需要按部就班地通过两级表格来实现线性地址到物理地址的转换。可见

TLB 就像是线性地址到物理地址的快速转换旁路,用这条旁路来进行地址转换时不需要用页组目录表和页表,所以免去了两次访问主存的操作,这无疑可使系统速度得到有效提高。

图 4.21 表示了 TLB 的工作原理。TLB 中共有 32 个页表项,分为 4 组,每组 8 个。

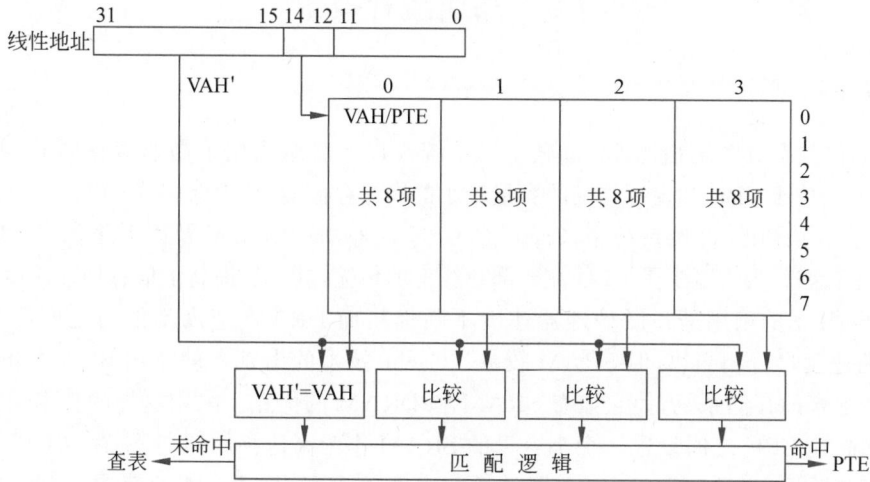

图 4.21 TLB 的工作原理

从图 4.21 中可看到,32 位的线性地址中,第 14～12 位作为进入 TLB 的索引地址,从 TLB 的每组中(0～7 项)读一项,这样,同时读出 4 个 32 位的页表项。每个页表项由 3 部分组成:一是线性地址高位 VAH(18 位);二是页表项 PTE;三是控制信息。通过比较电路将 VAH 和要转换的线性地址高 18 位 VAH'比较,如匹配,并且控制信息(如 P、U/S、W/R 位)说明此项有效,即完成转换,得到所需要的页表项 PTE。如果没有命中,则匹配逻辑会发一个信号给 CPU,再由 CPU 执行查表操作。

如果页组目录项或页表项中的 P 为 0,那就会出现页故障。另外,如果操作类型违反了由两个项中的 U/S 和 W/R 所确定的页保护属性,如企图对一个只读页进行写操作,那也会引起页故障,于是,就要进行页故障处理,这个任务是由操作系统来完成的。此时,控制寄存器 CR_2 用来保存引起页故障的线性地址,而 CS:EIP 指向引起该页故障的那条指令。操作系统根据出错代码确定页故障的类型,并作出相应处理。页故障实际上多数情况是由于 P 为 0 引起的缺页故障,遇此故障时,操作系统便启动调页功能,把新的一页由磁盘装入主存且重新执行刚才的指令。

可见,分页部件将线性地址转换为物理地址的过程还需要操作系统参与,正是由于软件的参与,所以减少了分页部件的负担。从另一个角度看,对 Pentium 的操作系统,也增加了如下基本要求。

(1) 建立初始页组目录表和页表,在分页部件功能的基础上完成线性地址到物理地址的转换。

(2) 完成存储数据的交换,当出现缺页故障时,将缺页从磁盘调到内存,并重新启动引起页故障的指令,遇到其他页故障时,也能作出相应处理。

(3) 在虚拟存储器的管理中,操作系统须周期性地检测当前任务占有的各页所对应页表项的访问位 A,通过周期性地检测和信息收集,可以知道哪些页是程序常用的,然后,使这些页作为当前工作页组驻留在主存中。

（4）确保 TLB 的内容和分页部件两个表相符。例如，操作系统将页表项中的 P 置 0，TLB 就必须清除对应项。

4.5 高速缓存技术

4.5.1 Cache 概述

和 16 位微型机系统相比，32 位微型机系统及以上普遍采用了高速缓存即 Cache 技术。Cache 是一种位于 CPU 和主存之间的容量较小的高速存储器，其中保存着 CPU 正在使用的代码和数据。在最初的 32 位系统中，Cache 在 CPU 片外，而 Pentium 及以上采用了 CPU 片内Cache 技术，这样，大大减少了 CPU 在外部总线上的传输，进一步提高了信息处理速度。

Cache 技术的采用是和微处理器速度不断提高而 DRAM 速度不能与之匹配有关的。SRAM 的速度尽管相当快，但 SRAM 较贵。Cache 技术的出发点就是用 SRAM 和 DRAM构成一个组合的存储系统，使它兼有 SRAM 和 DRAM 的优点。采用这样的技术，具体就是在主存和高速 CPU 之间设置一个小容量的 SRAM 作为高速存储器，其中存放 CPU 正在使用的程序和数据，于是，CPU 对存储器的访问主要体现在对 SRAM 的存取，因此可不加等待状态而保持高速操作。可见，在引入 Cache 的系统中，主存由两级存储器组成：一级是小容量的高速的 SRAM 即 Cache，它作为面向 CPU 的即时存储部件；另一级是大容量的较慢速的 DRAM 即主存。两级存储器通过 Cache 控制器进行协调控制，使系统以接近 DRAM的价格获得了 SRAM 的性能。

图 4.22 就是 Cache 系统的简单框图。

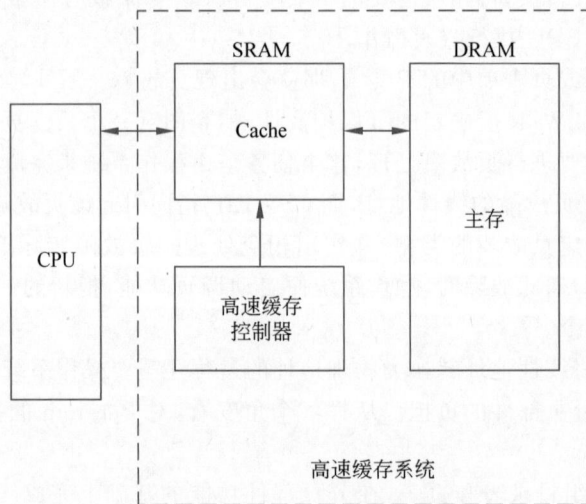

图 4.22 Cache 系统的简单框图

在 Cache 系统中，主存保存所有的数据，Cache 中保存主存的部分副本。当 CPU 访问存储器时，首先检查 Cache，如果要存取的数据已经在 Cache 中，CPU 就能很快完成访问，这种情况称为命中 Cache；如果数据不在 Cache 中，那么，CPU 必须从主存中提取数据。Cache 控制器决定哪一部分存储块移入 Cache，哪一部分移出 Cache，移入和移出都在

SRAM 和 DRAM 之间进行。

按照良好的组织方式,通常程序所用的大多数数据都可在 Cache 中找到,即大多数情况下能命中 Cache。Cache 的命中率取决于 Cache 的容量、Cache 的控制算法和 Cache 的组织方式,当然还和所运行的程序有关。使用组织良好的 Cache 系统,命中率可达 95%。这样的系统,从速度上已经很接近全部由 SRAM 组成的存储系统了。

实际上,大部分软件对存储器的访问并不是任意的、随机的,而是有明显的区域性。也就是说,存在一个区域性定律(principle of locality),这表现在以下两方面。

(1) 时间区域性。即存储体中某一个数据被存取后,可能很快又被存取。

(2) 空间区域性。存储体中某个数据被存取了,附近的数据也很快被存取。

正是这个区域性定律导致了存储体设计的层次结构,即把存储体分为几层。我们将最接近 CPU 的层次称为最上层,当然最上层是最小且最快的,Cache 就是最上层的存储器部分。通常可把正在执行的指令附近的一部分指令或数据从主存调入 Cache,供 CPU 在一段时间内使用。这样做,大大减少了 CPU 访问容量较大、速度较慢的主存的次数,对提高存储器存取速度,从而提高程序运行速度非常有效。

4.5.2 Cache 的组织方式

在 Cache 系统中,主存总是以区块为单位映射到 Cache。在 32 位微型机系统中,通常用的区块长度为 4 字节,即一个双字。CPU 访问 Cache 时,如果所需要的字节不在 Cache 内,则 Cache 控制器会把此字节所在的整个区块从主存复制到 Cache。

按照主存和 Cache 之间的映射关系,Cache 有 3 种组织方式。

(1) 全相联方式(fully associative):按这种方式,主存的一个区块可能映射到 Cache 的任何一个地方。

(2) 直接映射方式(direct mapped):在这种方式下,主存的一个区块只能映射到 Cache 的一个对应的地方。

(3) 组相联方式(set associative):在这种方式下,将 Cache 分为均等容量的几路,每路又含许多组,各路中,组的数量和编号相同,每组又含 1 个或多个区块。通过约定的机制,使主存的 1 个区块只能映射到 Cache 的指定组号和指定块号的区块,但可以映射到不同路中的相应区块。

下面用图 4.23 说明 Cache 的 3 种组织方式。设 Cache 有 8 个区块(实际可能有几千个),而主存有 32 个区块(实际可能有几十万个),按双路组相联方式,分为 A 路和 B 路,每路含 4 组,组号为 0~3,每组内有 1 个区块。

下面来看主存第 12 块映射到 Cache 中哪一块。

在全相联方式,主存第 12 块可映射到 Cache 的 8 个区块的任何一个。在直接映射方式,主存中序号为 8 的倍数的区块均映射到 Cache 中的区块 0,序号为 8 的倍数加 1 的区块均映射到 Cache 中的区块 1……主存第 12 区块将映射到 Cache 中的区块 4(12/8 的余数)。在组相联方式,这里,因为每路含 4 组,所以,主存中序号为 4 的倍数的区块均映射到 Cache 中的第 0 组,但可能在 A 路,也可能在 B 路;序号为 4 的倍数加 1 的区块均映射到 Cache 中的 A 路或 B 路中的第 1 组……主存第 12 区块将映射到 Cache 的第 0 组(12/4 的余数)中,可能在 A 路,也可能在 B 路。

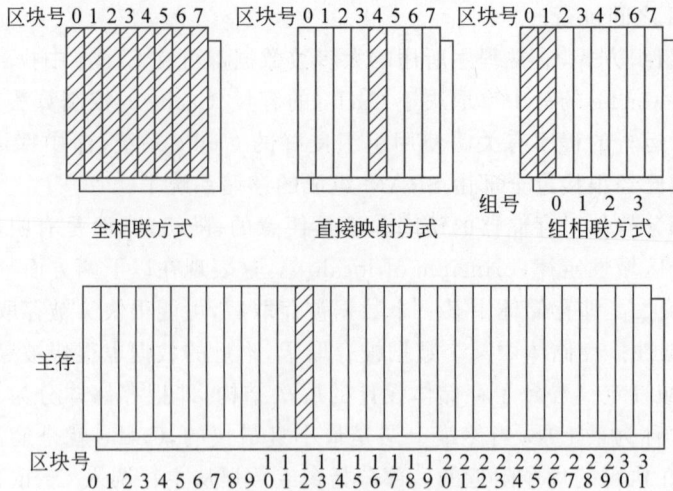

图 4.23　Cache 的 3 种组织方式

可见,组相联方式其实是多路的直接映射方式。

顺便提一下,如果组相联方式下,每个组内含多个区块,如有 n 个区块,编号为 $0 \sim n-1$,那么,上面例子中的第 12 区块将映射到 A 路或 B 路相同组号和相同区块号的区块。

Cache 的访问过程和组织方式密切相关。仍然用主存第 12 区块在 Cache 中怎样检索作为例子。在全相联方式,所有的区块都被平行检索;在直接映射方式,则只对区块 4 进行检索;而在组相联方式,仅对 A 路和 B 路中组号为 0 的两个组内的区块进行检索。

下面结合具体例子比较这 3 种组织方式的优缺点。

图 4.24 是一个全相联 Cache 的例子。设每个区块为 4 字节,主存为 16MB。由于用这种方式时,Cache 中区块的地址之间没有联系,所以 Cache 中除了存储数据块外,还要存储对应每个区块的完整地址。这里用 22 位作为区块地址(即区块号),另加上 2 位以区分区块内的 4 字节。每当一个区块从主存复制到 Cache 时,同时也把 22 位区块地址存入 Cache。如果 Cache 中有 128 个区块放数据,则应有相应的 22×128 位放区块地址,所以,Cache 中共用 4 096(32×128)位存放数据,用 2 816 位存放地址。

可见,虽然全相联 Cache 结构为映射主存的区块提供了很大的灵活性,但是,当 CPU 访问存储器时,为了确定所需要的数据是否在 Cache 中,Cache 控制器必须把所需数据块的地址和 Cache 中的每个区块地址比较,自然这个过程是很慢的。

直接映射方式是最简单的一种方式。用直接映射方式时,只需要一次地址比较,就能确定 CPU 所需要的数据是否在 Cache 中。因为按这种方式,主存中的区块映射到 Cache 中时,对每个区块而言只有唯一的可能位置。为了实现这一点,将 Cache 的地址分为两部分:第一部分为索引(即区块号),用来表示一个区块的位置;第二部分为标记,用来选择 Cache 子系统。

例如,主存为 16MB,配备一个 64KB 的 Cache,每个区块为 4 字节,这样,Cache 中可容纳 16K 个区块,索引部分含 14 位,用来选择 16K 个区块中的一个,另加 2 位用来区分区块内的 4 字节,共 16 位。按 64KB Cache 的容量,16MB 主存就有 256 个这样的 64KB 空间,故用 8 位标记选择 Cache 子系统。

如图 4.25 所示,设现在要访问地址为 54 FFF5H 的单元,系统将按如下步骤进行操作。

(1) Cache 控制器根据索引即 FFF5H 的高 14 位 FFF4H 确定缓存中要检索的区块位置。

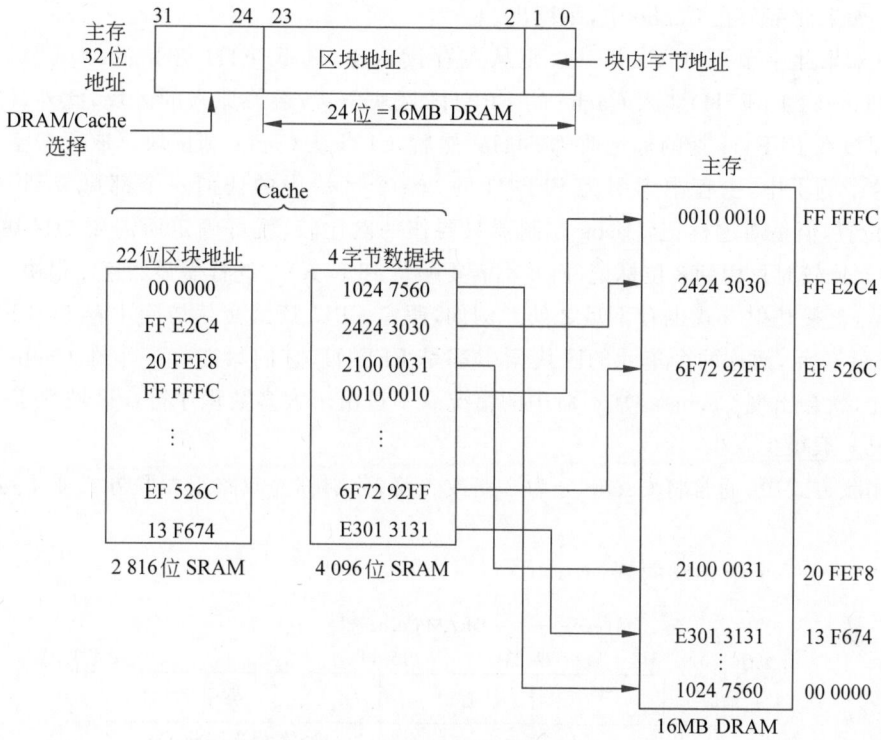

图 4.24 全相联 Cache 的例子

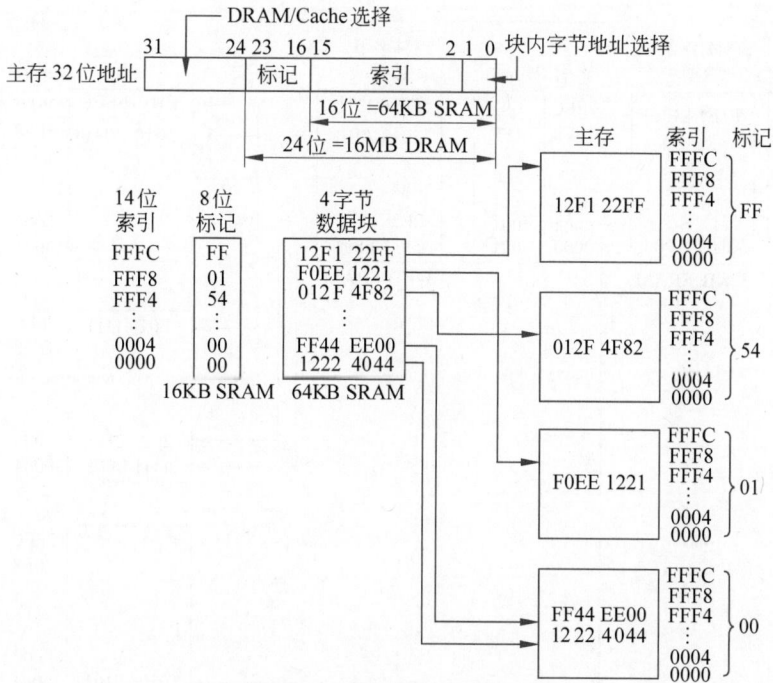

图 4.25 直接映射 Cache 的例子

（2）Cache 控制器将地址高 8 位 54H 和标记部分比较,确定此字节是否在 Cache 中。

（3）如果此字节在 Cache 中,则读出。

（4）如果此字节不在 Cache 中,则从主存读取由 54 FFF4H 开始的 4 字节区块（即 54 FFF4H～54 FFF7H)装入 Cache 的 FFF4H 区块位置,替换原来的区块,此外,Cache 控制器将存放在 FFF4H 处的标记改为 54H。然后,CPU 从 Cache 新区块读取所需字节。

在这个例子中,主存中索引为 FFF4H 的 256 个区块中的任何一个都可装到 Cache 的 FFF4H 位置,但是通过标记,Cache 控制器只要作一次比较,就可确定所需要的区块是否在 Cache 中。比较时只用到 8 位标记,而并不需要顾及 16 位索引,这样做显然速度很快。

但是,直接映射方式也有不足之处。例如,假定 CPU 频繁交替访问主存 54 FFF5H 和 21 FFF6H 单元,而这两个单元的区块索引都是 FFF4H,它们只能有一个在 Cache 子系统中。因此,就会出现 Cache 经常不命中的情况。不过由于大多数程序符合区域性定律,所以这种情况一般很少发生。

组相联方式中,通常将 Cache 分为 2 路或 4 路,分别称为双路组相联方式或 4 路组相联方式。

图 4.26 是一个组相联的例子。

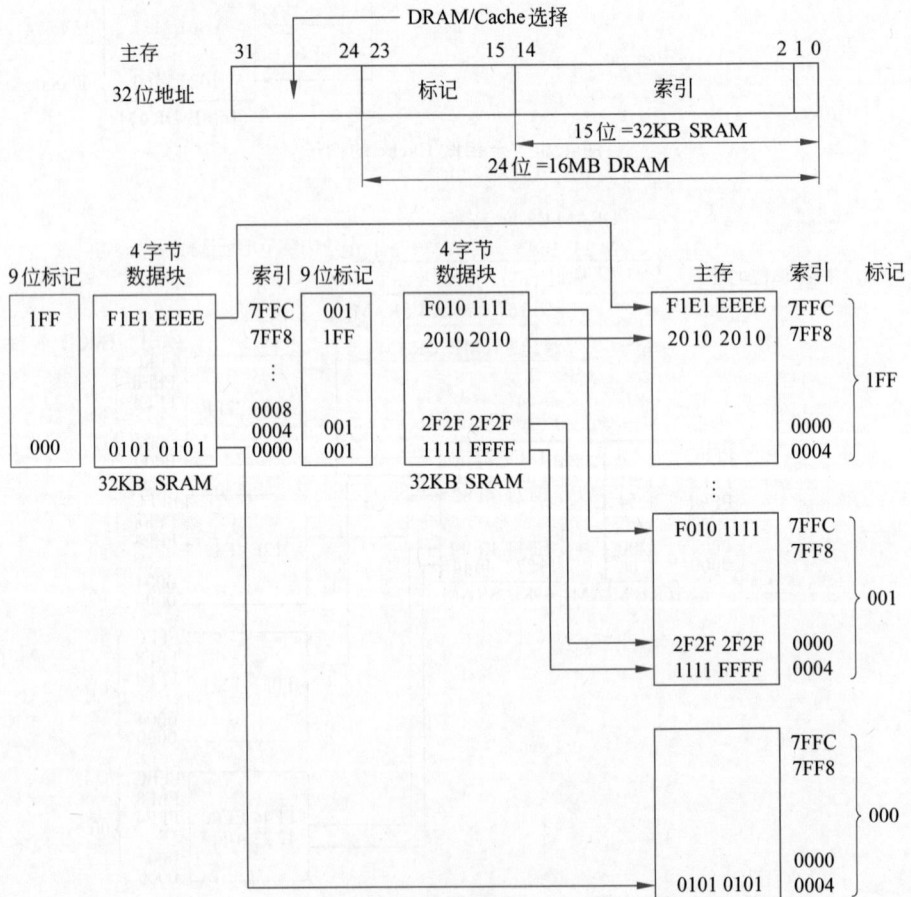

图 4.26　组相联 Cache 的例子

这里，Cache 的容量也是 64KB，但是，将每两个区块作为一组（注意：同组的两个区块分别在两个 32KB SRAM 中的同一位置），组的数目是区块总数的 1/2，现在用 13 位作为索引，9 位作为标记。

在这个例子中，主存的每个区块在 Cache 中可有两个可能的映射位置，因此，判断一个区块是否在 Cache 中，Cache 控制器要作两次地址比较。从另一个角度讲，组相联 Cache 所用的标记域比直接映射 Cache 大，因此，标记要用较多的 SRAM。此外，当进行区块映射时，还要决定映射到一个组内的哪个区块。

对最后一个问题，一般可有 3 种解决方法：第一种方法是由 Cache 控制器决定替换"最近最少使用"的区块，简称 LRU 方式，当然，为实现这一点，Cache 控制器中要设置相应位反映使用情况；第二种方法是按先进先出（FIFO）的方法替换 Cache 中保存时间最长的区块；第三种方法是随意选择。

组相联 Cache 的优点是命中率比直接映射方式稍高；缺点是标记占用较多的 SRAM，另外，Cache 控制器较复杂。

4.5.3 Cache 的数据更新方法

在 Cache 系统中，同样一个数据可能既存在于 Cache 中，也存在于主存中。这样，当数据更新时，可能前者已更新，而后者未更新，这种情况会造成数据丢失。另外，在有 DMA 控制器的系统和多处理器系统中，有多个部件可访问主存，这时，可能每个 DMA 部件和处理器配一个 Cache，这样，主存的一个区块可能对应于多个 Cache 中的各一个区块，于是，就会产生主存中的数据被某个总线主部件更新过，而某个 Cache 中的内容未更新，这种情况造成 Cache 中数据过时。不管是数据丢失还是数据过时，都导致主存和 Cache 的数据不一致。如果不能保证数据一致性，那么，往下的程序运行就要出现问题。

1. 防止数据丢失的一致性问题

对前一种防丢失的一致性问题，有如下 3 个解决方法。

（1）通写式（write through）。如用这种方法，那么，每当 CPU 把数据写到 Cache 中时，Cache 控制器也立即把数据写入主存对应位置。所以，主存随时跟踪 Cache 的最新版本，从而，也就不会有主存将新的数据丢失这样的问题。此方法的优点是简单；但缺点也显而易见，就是每次 Cache 内容有更新，就有对主存的写入操作，这样，造成总线活动频繁，系统速度较慢。

（2）缓冲通写式（buffered write through）。这种方式是在主存和 Cache 之间加一个缓冲器，每当 Cache 中作数据更新时，也对主存作更新，但是，要写入主存的数据先存在缓冲器中，在 CPU 进入下一个操作时，缓冲器中的数据写入主存，这样，避免了通写式速度较低的缺点。不过用此方式，缓冲器只能保持一次写入数据，如果有两次连续的写操作，CPU 还是要等待。

（3）回写式（write back）。用这种方式时，Cache 每个区块的标记中都要设置一个更新位，CPU 对 Cache 中的一个区块写入后，如未更新相应的主存区块，则更新位置 1。在每次对 Cache 写入时，Cache 控制器须先检查更新位，如为 0，则可直接写入；反之，则 Cache 控制器先把 Cache 现有内容写入主存相应位置，再对 Cache 进行写入。

用回写式时，如果 Cache 中更新一个数据，此后又不是立即被再次更新，那么就不会写入主存,这样,真正写入主存的次数可能少于程序的写入次数,从而,可提高效率。但是,用这种方式,Cache 控制器比较复杂。

2. 防止数据过时的一致性问题

对后一种防过时的一致性问题,一般有如下 4 种解决方法。

(1) 总线监视法。在这种方法中,由 Cache 控制器随时监视系统的地址总线,如其他部件将数据写入主存,并且写入的主存区块正好是 Cache 中的区块对应的位置,那么,Cache 控制器会自动将 Cache 中的区块标为"无效"。4.5.4 节要讲述的 Cache 控制器 82385 就是用这种方式来实现 Cache 中内容防过时的一致性问题。

(2) 硬件监视法。我们把主存中映射到 Cache 的区块称为已映射区块,硬件监视法就是通过外加硬件电路,使 Cache 本身能观察到主存中已映射区块的所有存取操作。要达到这个目的,最简单的办法是所有部件对主存的存取都通过同一个 Cache 完成。另一个办法是每个部件配备各自的 Cache,当一个 Cache 有写操作时,新数据既复制到主存,也复制到其他 Cache,从而防止数据过时,这种方法也称广播式。

(3) 局部禁止高速缓存法。按这种方式,要在主存中划出一个区域作为各部件共享区,这个区域中的内容永远不能取到 Cache,因此,CPU 对此区域的访问也必须是直接的,而不是通过 Cache 来进行的。用这种方法便可避免主存中一个区块映射到多个 Cache 的情况,于是也避免了数据过时问题。

(4) Cache 清除法。这种方法是将 Cache 中所有已更新的数据写回主存,同时清除 Cache 中的所有数据。如果在进行一次这样的主存写入时,系统中所有的 Cache 作一次大清除,那么,Cache 中自然不会有过时的数据。

衡量 Cache 最主要的指标就是命中率,这除了和 Cache 的组织方式、Cache 的容量有关外,还有一个重要因素,就是 Cache 和主存之间的数据一致性,当然,也和当前运行的程序本身有关。

4.5.4 Cache 控制器 82385

Cache 子系统主要由 Cache 和 Cache 控制器组成。Cache 中存放 CPU 常用的代码和数据;Cache 控制器会拦截 CPU 的每次访存操作,并且检查 CPU 所需要的信息是否已在 Cache 中。如果 CPU 所需要的信息不在 Cache 中,即 Cache 未命中,则再访问主存。

下面介绍一个 Cache 控制器 82385。它作为一个设计成功的部件也被集成于此后更高集成度的 Pentium 芯片中。82385 对 Cache 系统的管理体现于以下 3 方面。

- Cache 和主存的映射关系处理。
- 未命中 Cache 时的处理。
- Cache 的数据更新。

82385 通过片内的 Cache 目录使外部的 32KB Cache 和 4GB 的主存之间实现映射,可采用两种常用的映射方式,即直接映射方式和双路组相联映射方式。前者较简单,而后者较复杂。82385 芯片有一个引脚 $W/\overline{D}$ 专门用于这两种方式的选择。当此端接地时,工作于直接映射方式,接高电位时,则工作于双路组相联方式。下面介绍 82385 工作于这两种方式时的原理和技术特点。

1. 82385 控制的直接映射方式 Cache 系统

图 4.27 表示了直接映射方式系统中,82385 内部的 Cache 目录、Cache 和主存三者之间的关系。

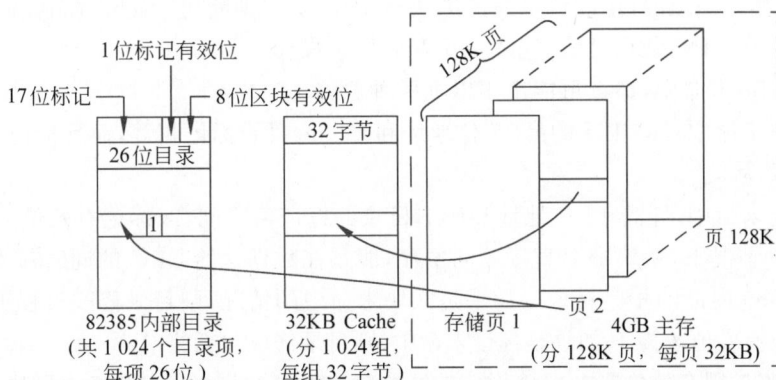

图 4.27 82385 工作于直接映射方式时 Cache 目录、Cache 及主存三者之间的关系

为了便于理解,将 4GB 的主存空间看成由一系列 32KB(8K 个双字)的"存储页"组成(注意,这和虚拟存储系统中的页不同)。每页的大小正好和 Cache 的容量一样。再把 Cache 看成 1 024 个组,每组含 32 字节(8 个双字)。另外,将主存或 Cache 中的每个双字称为一个区块,这样一个组内含 8 个区块,而一个区块正好是主存和 Cache 之间一次传输的信息量。

Cache 的每组都对应一个 26 位的目录项,所有的目录项都包含在 82385 内部,1 024 个目录项组成一个 Cache 总目录。Cache 目录项中包含 17 位的标记、1 位标记有效位、8 位区块有效位。标记的值就是 32KB 的存储页的页号。例如,第 4 存储页的第 6 区块目前已映射到 Cache 中,但是按照直接映射方式的原理,主存中每个存储页的第 6 区块都可映射到 Cache 的第 6 区块。对这个 4GB 的系统来说,相当于有 4GB/32KB=128K 个主存第 6 区块。因此,标记要用 17 位来指出:在 128K 个存储页中是哪页的第 6 区块映射到了 Cache 第 6 区块。标记有效位表示 Cache 中这一组的值是否有效,如为 0,则整个组内 8 个区块的值均无效,只有此值为 1 时,这一组内的区块值才可能有效。而一个区块值是否的确有效,还要看区块有效位的值,此值 8 位分别对应本组内 8 个区块中一个。

82385 把来自 CPU 引脚 $A_{31} \sim A_2$ 的地址分为 3 部分,其中 $A_{31} \sim A_{15}$ 对应 17 位标记值,$A_{14} \sim A_5$ 构成 10 位组地址,$A_4 \sim A_2$ 则作为组内的区块选择。组地址和区块选择合成 Cache 的一个区块地址,从 Cache 中选一个区块,如图 4.28 所示。

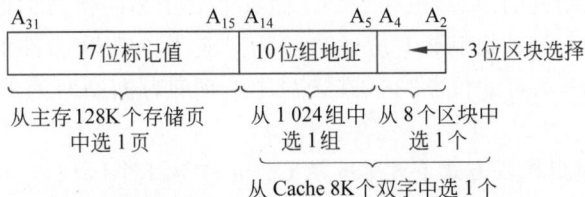

图 4.28 直接映射方式下 82385 从 Cache 中选 1 个区块

在 CPU 进行一次读操作时,82385 便以 10 位组地址从其内部 1 024 个目录项中选择 1

个,现假设为 SS,再根据 3 位区块选择值从组内 8 个区块中选择 1 块。也就是说,用这 13 位组成的地址选中 Cache 内一个双字。

此外,82385 也将 CPU 送来的 32 位地址的高 17 位和刚才所选定的目录 SS 中的 17 位标记比较,如相等,并且测得此目录项的区块有效位为 1,则断定 Cache 命中,从而使 Cache 中选定的双字送 CPU 数据总线,完成一次存储器读操作。

如果 Cache 未命中,那么可能出于以下两种原因。

(1) 区块未命中,即 CPU 的高 17 位地址和 Cache 目录标记相等,而且标记有效位为 1,但区块有效位为 0。

(2) 标记未命中,即高 17 位地址和所选目录的标记值不同,或标记有效位为 0。

在这两种情况下,系统都会直接访问主存,而且在数据送给 CPU 的同时写入 Cache 中,接着修改 82385 内部的相应目录。如果是区块未命中的情况,则目录修改过程很简单,只是将对应的区块有效值改为 1;如果是标记未命中,则目录修改包括将 $A_{31} \sim A_{15}$ 的值写入目录项的标记中,再将标记有效位置 1,又将对应的区块有效位置 1,同时将其他 7 个区块有效位置 0。以后,再遇到这个目录项的标记命中而区块未命中时,只需将对应的区块有效位置 1 即可。

在系统复位时,所有 Cache 目录项的标记有效位均清 0。此后的读操作往往产生标记未命中的情况,因此,主存的内容在读到 CPU 的同时写入 Cache,并设置目录项的标记,将标记有效位置 1,也将相应的区块有效位置 1,而且使其余的 7 个区块有效位均清 0。由于读操作(尤其是为取指令而进行的读操作)一般是连续的,因此,往往随后的读操作使附近的区块依次被写入,从而同一目录项中的区块有效位依次改为 1,然后又用到另一个目录项等,就这样,使 Cache 中填上了最近常用的数据,同时 Cache 目录中也依次填满了有效的内容。

在写入操作时,如果写入主存的区块已经映射到 Cache 中,则 Cache 命中,这种情况下,Cache 的内容和主存内容同时更新。

2. 82385 控制的双路组相联方式 Cache 系统

图 4.29 表示工作于双路组相联方式的 82385 中 Cache 目录、Cache 和主存三者之间的关系。

设主存仍为 4GB,Cache 为 32KB,将 32KB Cache 分为 A 路和 B 路,每路 16KB。将 32 字节作为一组,这样,每路有 512 组,每组含 8 个双字,每个双字即一个区块。同时,也将主存分为一系列存储页,每页 16KB,4GB 空间分为 256K 个存储页。82385 内部的 Cache 目录中,共含 512×2 个目录项。每个目录项 27 位,其中,18 位作为标记,以区分 256K 个存储页,所以,标记值即存储页号,并设 1 位作为标记有效位,另 8 位为区块有效位。

按照双路组相联结构的思想,主存每个存储页上处于相同位置的区块对应 Cache 中双路内的各一个区块。与这种机制相对应,82385 为对应于 A 路和 B 路的每对目录配置一位最近最少使用位 LRU,通过此位,82385 在未命中处理时判断新写入的数据存入 A 路还是 B 路的区块。

图 4.30 表示双路组相联方式下 82385 从 Cache 中选 1 个区块。

在双路组相联方式的系统中,82385 进行读操作时,根据 CPU 的 $A_{13} \sim A_5$ 共 9 位从 512×2 个目录中选中一对,暂且称为 SS_1 和 SS_2,它们对应双路 Cache 中的各一个组。然后,82385 用 $A_{31} \sim A_{14}$ 与两个所选目录项的标记比较,并检查两个目录项的标记有效位和区

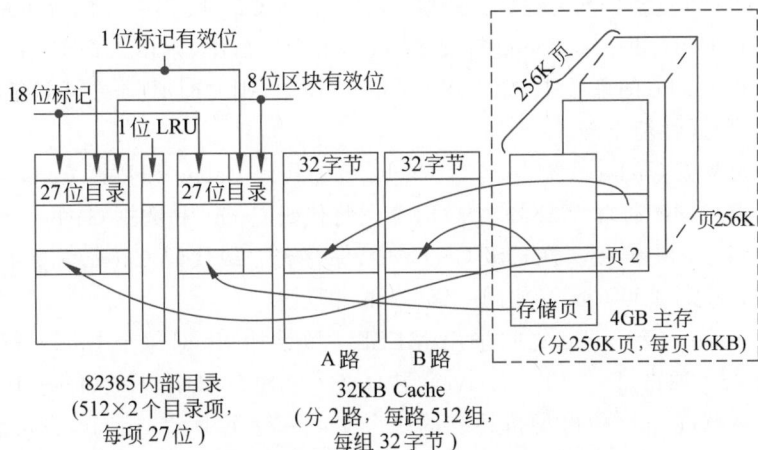

图 4.29　82385 工作于双路组相联方式时 Cache 目录、Cache 及主存三者之间的关系

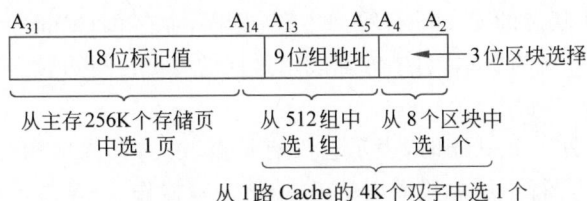

图 4.30　双路组相联方式下,82385 从 Cache 中选 1 个区块

块有效位,对这两个目录项的比较和检测是同时进行的。如果检测到有一个目录项符合命中要求,那么,82385 会使对应的一路 Cache 中的一个双字送到系统数据总线。如果数据在 A 路 Cache 中,则这一对目录项的 LRU 位指向 B;反之,则 LRU 位指向 A。

　　和直接映射方式一样,双路组相联方式的未命中也源于标记未命中和区块未命中两种情况。在刚才的例子中,标记未命中时,$A_{31} \sim A_{14}$ 的值和 SS_1、SS_2 目录的标记值都不同,设此时 LRU 位指向 A 路,则数据从主存读出后,会同时写入 A 路的对应区块,并且,82385 根据 $A_{31} \sim A_{14}$ 修改 A 路对应的目录项标记,再使标记有效位置 1,对应的区块有效位置 1,其他 7 个区块有效位清 0,然后,使 LRU 指向 B 路,表示这一对目录项所对应的一对 Cache 组中,A 路的那组是最近最常用的,而 B 路的那一组则是最近最少用的。

　　如果 CPU 紧接着读下一个区块,那么,这一次可能是标记命中而区块未命中,当然,也可能此区块属下一个组而又遇一次标记未命中。在区块未命中的情况下,当数据从主存读取后,同时写入 Cache,而目录项的修改则仅仅是使对应的区块有效位置 1,同时使 LRU 位指向另一路。但刚才的一次读操作已使 LRU 位指向另一路,所以,这个动作也省去了。

　　在 CPU 进行写操作时,如果写入主存的区块已映射到 Cache 中,则产生 Cache 写入命中。这时,Cache 相应区块和主存一起更新内容。如果 A 路 Cache 命中,则更新 A 路的区块,且使 LRU 位指向 B 路;如果 B 路命中,则更新 B 路的 Cache,并使 LRU 位指向 A 路。

　　复位时,目录中所有的标记有效位清 0。

4.5.5　两级 Cache 组织

　　为了进一步提高性能,从 Pentium II 开始,Pentium 都配置了两级 Cache,这样,内存由主存、二级 Cache 和一级 Cache 组成。一级 Cache 的速度最快,而主存的容量最大。在两级 Cache 的系统中,CPU 和一级 Cache 打交道时,如出现不命中,则由二级 Cache 提供代码或数据。而在一级 Cache 的系统中,如出现 Cache 不命中,则此时必须访问主存,由于主存的速度较慢,就导致了性能下降。

Pentium 的两级 Cache 系统中,一级 Cache 分为代码 Cache 和数据 Cache,通常分别为 8~16KB。二级 Cache 通常为 256KB~1MB,它将代码 Cache 和数据 Cache 合在一起,通过内部总线和一级 Cache 连接。在二级 Cache 中,保存着一级代码 Cache 和数据 Cache 的副本和扩充部分,所以,二级 Cache 如同一级 Cache 的后备。

二级 Cache 和一级 Cache 之间采用 MESI 一致性协议,即每个 Cache 行分别用修改(M——Modified)、独占(E——Exclusive)、共享(S——Shared)或无效(I——Invalid)4 个状态来表示可存取状况。32 位微型机系统的一个 Cache 行至少为 4 字节,也可为 8 字节、16 字节、32 字节。

当一个 Cache 行处于 M 状态时,表示它已被修改过,而且与主存的相应数据不同,此后,CPU 会把这个 M 状态的 Cache 行写回主存,这样,主存和 Cache 保持一致。M 状态的 Cache 一方面表示是最新的版本,另一方面表示这样的 Cache 行可读/写,但当被 CPU 执行写回操作以后,会改为 S 状态。

当一个 Cache 行处于 E 状态时,表示它没有被修改过,其内容和主存中的对应数据相同。对 E 状态的 Cache 行不用总线周期就可进行读/写操作,一旦进行写操作,立即成为 M 状态。

当一个 Cache 行处于 S 状态时,表示它可被共享,对这样的 Cache 行进行读操作时,不需要总线操作,但如果对它进行写操作,则需进行对主存的写回操作。

当一个 Cache 行处于 I 状态时,表示其中内容无效。如对 I 状态的 Cache 行进行读操作,结果则不命中,接着会从主存取数据对其进行填充。对 I 状态的 Cache 行进行写操作时,CPU 会同时进行对主存的写回操作。

一级代码 Cache 是不允许写入的,其中的 Cache 行只有 S 和 I 两种状态。二级 Cache 和一级代码 Cache 的关系很简单,当 CPU 的指令预取部件从一级代码 Cache 预取指令但不命中时,一级代码 Cache 就会向二级 Cache 发一个请求,于是,在二级 Cache 中查找,如找到,则二级 Cache 被命中,于是将找到的内容送一级代码 Cache,每次以 64 位(即 4 个字)为一组作为一个 Cache 行。从二级 Cache 传送到一级代码 Cache 的 Cache 行总是处于 S 状态。如果此时二级 Cache 不命中,那么,二级 Cache 会通过总线部件发请求到主存读取所需要的信息,并使其处于 S 状态。

当 CPU 从一级数据 Cache 读取数据但不命中时,也是向二级 Cache 发请求。如找到,则命中,于是将找到的内容送一级 Cache;如不命中,则二级 Cache 通过总线部件从主存读取 32 字节送到二级 Cache,再完成读操作。要说明的是,CPU 从 Cache 读取数据时,限于总线宽度,往往不是读取 32 字节,而可能是 8 字节、4 字节、2 字节,此时,实际上每次从二级 Cache 复制到一级 Cache 的最多只有 8 字节即 64 位,所以,一级 Cache 和二级 Cache 之间其实是以 8 字节为单位传输的。

当 CPU 往一级数据 Cache 写入数据时,如果命中,但 Cache 处于 S 状态,即这个 Cache 行是被共享的,那么,在缓冲通写方式下,会在修改后把此 Cache 行放到 Cache 中一个叫作记入式缓冲区的区域,等以后再写回到主存。如果是通写式或回写式且此 Cache 行处于 M 状态或 E 状态,则顺利写入,并使此 Cache 行保持 M 状态或成为 M 状态。

当 CPU 往一级数据 Cache 写入数据时,如果不命中,则会向二级 Cache 发请求;如果二级 Cache 命中,则将此 Cache 行复制到一级数据 Cache 并完成写操作,二级 Cache 中的对应 Cache 行成为 I 即无效状态,而一级 Cache 中的行成为 M 状态。如果二级 Cache 也不命中,则从主存读取相应 Cache 行直接传输到一级 Cache 并进行写操作,然后 Cache 行成为 M 状态。

归纳起来,Pentium 的 Cache 操作有如下特点。

(1) 当一级代码 Cache 和一级数据 Cache 出现不命中时,会向二级 Cache 请求读取所需要的 Cache 行。

(2) 二级 Cache 接收一级 Cache 的请求以后,便开始查找,如果找到所需要的信息,则说明命中二级 Cache,于是,将找到的信息送一级 Cache 供给 CPU 使用,一级 Cache 和二级 Cache 之间的数据按 64 位(即 8 字节)传输。

(3) 如果二级 Cache 没有找到所需要的 Cache 行,则二级 Cache 向总线部件发请求,经过总线部件的识别和仲裁以后,再向主存发信息读取请求,从主存取得信息送一级 Cache 和二级 Cache。

(4) Pentium 对 Cache 行的长度有特殊的规定,在和 Cache 外部即主存交换信息时,Cache 行的长度为 32 字节即 256 位,但每次传输 64 位,而一级 Cache 和二级 Cache 内部,Cache 行的长度为 64 位即 8 字节。

(5) 当一级数据 Cache 执行一次写操作并被命中时,CPU 将写入一级 Cache 的数据同时写入二级 Cache。

(6) 对于一级数据 Cache 中 M 状态的 Cache 行,Cache 控制器会将其复制到二级 Cache;而对于二级 Cache 中的 M 状态的 Cache 行,Cache 控制器会将其写回到主存。

(7) 不管用哪种写回方式,二级 Cache 中的数据被修改以后,也都会对主存中的数据进行修改。从宏观上看,通写方式是在写入 Cache 时立即将数据写入主存,但从微观上说,写回操作不是级别很高的操作,如 CPU 有更重要的操作,则会优先执行,然后才进行写回操作。

(8) 在二级 Cache 向主存发请求取信息时,先把最急需的 64 位信息从主存读取并送到一级 Cache,以便执行部件马上进行后面的读/写操作,对整个 32 字节(即 256 位)信息的传输采用轮回方法,即先送急需的 8 字节,然后再送次 8 字节……最后完成对整个 Cache 行即 32 字节从主存往 Cache 的传输。

对于最后一个要点的具体例子如下。

设要从 2012H 和 2013H 读取 2 字节的代码,但一级 Cache 和二级 Cache 都没有命中,于是要从主存读取,然后传输到 Cache 中。

因为对外的 Cache 行为 32 字节,所以,当前要读取的信息附近的 Cache 行的起始地址为 2000H、2020H、2040H……现在要读取的 2012H 和 2013H 字节位于 2000H 开始的 Cache 行中,此 Cache 行包含 4 个四字,分别开始于 2000H、2008H、2010H 和 2018H。要读取的两字节实际上位于的第三个四字中,这个四字的地址为 2010H～2017H。

主存得到二级 Cache 的请求以后,第一次是将最急需的 2010H～2017H 处的四字传输到一级 Cache;然后,第二、三、四次分别将 2018H～201FH、2000H～2007H、2008H～200FH 处的信息传输到二级 Cache。

等到在一级 Cache 中完成了相应的操作以后,会将新的 64 位的 Cache 行复制到二级 Cache。

4.5.6 影响 Cache 性能的因素

Cache 最重要的性能是速度和命中率。速度越快且命中率越高,则性能越好。从上面的叙述中可归纳出,Cache 的性能受到多个因素的影响,主要是如下 6 方面。

1. Cache 芯片的速度

组成 Cache 的芯片速度越快,当然也使 Cache 的速度越高。Pentium 把 Cache 集成在 CPU 芯片内部,有效地减少了 CPU 访问 Cache 时在外部总线上的传输,进一步提高了速度。

2. Cache 的容量

Cache 的容量越大,保存的数据越多,命中率越高。但 Cache 的容量越大,结构也越复杂,成本也相应提高。

3. Cache 的级数

采用两级 Cache 结构,既有较大的容量,又保持较简单的结构,比一级 Cache 的命中率高,又兼备较高的速度。

4. Cache 的组织方式

全相联方式操作灵活,但速度较慢。直接映射方式结构简单,但命中率低。组相联方式结构复杂,但在同样容量下,比直接映射方式命中率高出 40% 左右,而四路组相联方式比双路组相联方式的命中率又高 20% 左右,但是,四路组相联方式结构更复杂,速度也更低。

5. Cache 行的大小

32 位系统的 Cache 行可为 4 字节、8 字节……Pentium 系统规定对外的 Cache 行为 32 字节,而内部的 Cache 行为 8 字节。Cache 行越小,传输速度越快;而 Cache 行越大,整个 Cache 体系的结构越简单,寻找越方便,而且,在不命中时,从主存取数据填充新的 Cache 行时,填写的数据越多,这样,可提高后面的命中率,但是,由于传输的数据多,会使速度减慢。

6. Cache 对主存的写回方式

通写式比较简单,但每次 Cache 内容的更新伴随对主存的写入操作,这样使系统的速度减慢。缓冲通写式提高了速度,但是需要设置一个缓冲器,结构较复杂,另外,对速度的提高有限度。回写式效率较高,但 Cache 控制器较复杂。

第 5 章 微型计算机和外设的数据传输

5.1 为什么要用接口

要构成一个实际的微型计算机系统,除了微处理器以外,还需要各种接口。接口按功能分为两类:一类是使 CPU 正常工作所需要的辅助电路,通过这些辅助电路,使 CPU 得到时钟信号或接收外部的多个中断请求等;另一类是输入/输出接口,利用这些接口,CPU 可接收外设送来的信息或将信息发送给外设。

最常用的外设如键盘、显示器、打印机、磁盘驱动器等都是通过输入/输出接口和总线相连,完成检测和控制的仪器仪表也属于外设之列,通过接口和主机相连。

外设为什么一定要通过接口和主机总线相连呢?能不能将外设和 CPU 的数据总线、地址总线及控制总线直接连接呢?

从时序上看,CPU 对外设的输入/输出操作和对存储器的读/写操作很类似,那么,是什么原因决定了存储器不需要接口,可以直接连在总线上,而输入/输出设备却一定要通过接口与总线相连呢?

为回答这两个问题,需要分析外设的输入/输出操作和存储器读/写操作的不同之处。

所有存储器都是用来保存信息的,功能单一;存储器品种也有限,只有只读类型和可读/可写类型;此外,存储器的存取速度基本上可和 CPU 的工作速度匹配。这些决定了存储器可通过总线和 CPU 相连,即通常说的直接将存储器挂在 CPU 总线上。

但是,外设的功能却是多种多样的。有些外设作为输入设备,有些外设作为输出设备,也有些外设既作为输入设备又作为输出设备,还有一些外设作为检测设备或控制设备,而每一类设备可能又包括了多种工作原理不同的具体设备。对于一个具体设备来说,它所使用的信息可能是数字式的,也可能是模拟式的,而非数字式信号必须经过转换,使其成为数字信号才能送到计算机总线。这种将模拟信号变为数字信号或者反过来将数字信号变为模拟信号的功能是 A/D、D/A 接口来完成的。

大多数外设所用的信息是数字式的,但其中,有些外设的信息是并行的,有些外设的信息是串行的。串行设备只能接收和发送串行的数字信息,而 CPU 却只能接收和发送并行信息。这样,串行设备必须通过接口将串行信息变为并行信息,才能送给 CPU;反过来,要将 CPU 送出的并行信息变为串行信息,才能送给串行设备。这种双向的转换都由串行接口来完成。可见接口也起到并行数据和串行数据的转换作用。

这么说,如果一个微型机系统中连接的是并行设备,是否可不用接口了呢?也不是。因为 CPU 通过总线要和多个外设打交道,而在同一时刻 CPU 通常只和一个外设交换信息,也就是说,一个外设不能长期和 CPU 相连,只有被 CPU 选中的外设,才接收数据总线上的数据或将外部信息送到数据总线上。所以,即使是并行设备,也同样要通过接口与总线相连。这种接口就是 6.2.6 节要介绍的并行接口。

除了上面这些原因外,外设的工作速度通常比 CPU 的速度低得多,而且各种外设的工作速度互不相同,这就要求接口对输入/输出过程能起一个缓冲和联络的作用。

对于输入设备来说,接口通常起信息转换和缓冲作用。转换的含义包括模拟量到数字量的转换、串行数据往并行数据的转换以及电平转换等,总之,目的是将输入设备送来的信息转换成 CPU 能接收的格式,并将其放在缓冲器中让 CPU 接收。对于输出设备来说,接口要将 CPU 送来的并行数据放到缓冲器中,并将它变成外设所需要的信息形式,这种形式可能是串行数据,也可能是模拟量等。

可见,输入/输出接口是为了解决计算机和外设之间的信息转换问题而提出来的,输入/输出接口是计算机和外设之间传送信息的部件,每个外设都要通过接口和主机系统相连。接口技术就是专门研究 CPU 和外设之间的数据传送方式、接口的工作原理和使用方法的,以下将逐步讨论这些问题。

5.2　CPU 和输入/输出设备之间的信号

为了说明 CPU 和外设之间的数据传送方式,应该先了解 CPU 和输入/输出设备之间传输信号的分类。通常,CPU 和输入/输出设备之间有以下几类信号。

5.2.1　数据信息

CPU 和外设交换的基本信息就是数据。数据信息大致分为如下 3 种类型。

1. 数字量

数字量是指从键盘、磁盘驱动器等读入的信息,或主机送给打印机、磁盘驱动器、显示器及绘图仪的信息,它们是二进制形式的数据或是以 ASCII 码表示的数据及字符。

2. 模拟量

如果一个微型机系统是用于控制的,那么,多数情况下的输入信息是现场的连续变化的物理量,如温度、湿度、位移、压力、流量等,这些物理量一般通过传感器先变成电压或电流,再放大。电压和电流仍是连续变化的模拟量,而计算机无法直接接收和处理模拟量,要经过模拟量往数字量(A/D)的转换,变成数字量,才能送入计算机。反过来,计算机输出的数字量要经过数字量往模拟量(D/A)的转换,变成模拟量,才能控制现场。

3. 开关量

开关量可表示两个状态,如开关的闭合和断开、电机的运转和停止、阀门的打开和关闭等,这样的量只要用 1 位二进制数表示即可。

上面这些数据信息,一般由外设通过接口传递给系统。在输入过程中,数据信息由外设经过外设和接口之间的数据线进入接口,再到达系统的数据总线,从而送给 CPU。在输出过程中,数据信息从 CPU 经过数据总线进入接口,再通过接口和外设之间的数据线送到外设。外设和接口之间的数据信息可以是串行的,也可以是并行的,相应地要使用串行接口或并行接口。

5.2.2　状态信息

状态信息反映了当前外设所处的工作状态,是外设通过接口往 CPU 传送的。对于输入设备来说,通常用"准备好"(READY)信号来表明输入的数据是否准备就绪;对于输出设备来说,通常用忙(BUSY)信号表示输出设备是否处于空闲状态,如为空闲状态,则可接收 CPU 送来的信息,否则 CPU 要等待。

5.2.3 控制信息

控制信息是 CPU 通过接口传送给外设的,以此控制外设的工作,外设的启动信号和停止信号就是常见的控制信息。控制信息往往随着外设的具体工作原理不同而含义不同。

从含义上说,数据信息、状态信息和控制信息各不相同,应该分别传送。但在微型机系统中,CPU 通过接口和外设交换信息时,状态信息、控制信息也被广义地看成是一种数据信息,即状态信息作为一种输入数据,而控制信息作为一种输出数据。这样,状态信息和控制信息也通过数据总线来传送。但在接口中,这 3 种信息进入不同的寄存器。具体说,CPU送往外设的数据或外设送往 CPU 的数据放在接口的数据缓冲器中,从外设送往 CPU 的状态信息放在接口的状态寄存器中,而 CPU 送往外设的控制信息送到接口的控制寄存器中。

5.3　接口部件的 I/O 端口

每个接口部件都包含一组寄存器,如图 5.1 所示,CPU 和外设进行数据传输时,各类信息在接口中进入不同的寄存器,一般称这些寄存器为 I/O 端口,每个端口有一个端口地址。

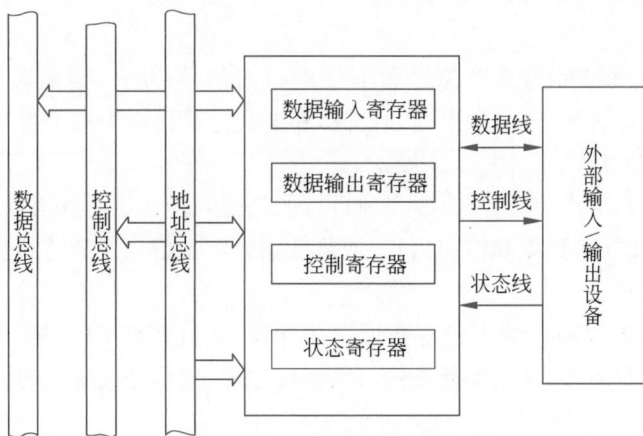

图 5.1　外设通过接口和系统的连接

有些端口是用于对来自 CPU 和内存的数据或对送往 CPU 和内存的数据起缓冲作用的,这些端口称为数据端口。还有一些端口用来存放外设或接口部件本身的状态,称为状态端口。CPU 通过对状态端口的访问可检测外设当前的状态。第三类端口用来存放 CPU 发出的命令,以便控制设备的动作,这类端口称为控制端口或命令端口。可以说,计算机主机和外设之间都是通过接口部件的 I/O 端口来沟通的。

对 I/O 端口有两种编址方式:与存储器统一编址方式、I/O 端口独立编址方式。

对内存和 I/O 端口统一编址时,系统中只有一个统一的地址空间,这样,所有访问内存的指令也都能访问 I/O 端口。在 I/O 端口独立编址的系统中,要建立两个地址空间:一个为内存地址空间;另一个为 I/O 地址空间。通过控制总线来确定 CPU 到底要访问内存还是 I/O 端口。为确保控制总线发出正确的信号,系统提供了专用于和 I/O 端口通信的输入/输出指令。

应该指出,不管是输入还是输出,所用到的地址总是对端口而言的,而不是对接口部件而言的。一个双向工作的接口芯片通常有 4 个端口,即数据输入端口、数据输出端口、状态端口和控制端口。因为数据输入端口和状态端口是"只读"的,数据输出端口和控制端口是"只写"的,所以,系统为了节省地址空间,往往将数据输入端口和数据输出端口对应一个端口地址,CPU 用此地址进行读操作时,实际上是从数据输入端口读取数据,而当 CPU 用此地址进行写操作时,实际上是往数据输出端口写入数据。同样,状态端口和控制端口也用同一个端口地址。

可见,有了端口地址,CPU 对外设的输入/输出操作归结为对接口芯片各端口的读/写操作。

5.4 接口的功能以及在系统中的连接

5.4.1 接口的功能

简单地说,一个接口的基本功能是在系统总线和 I/O 设备之间传输信号,提供缓冲作用,以满足接口两边的时序要求。下面是从广义的角度概括出来的接口功能,对于一个具体的接口来说,未必全部具备,但必定具备其中的几个。

1. 寻址功能

首先,接口要能够识别选择存储器和 I/O 端口的信号;此外,要能够识别片选信号,以便判断当前本接口是否被访问;如果受到访问,还要决定是接口中哪个寄存器被访问。

2. 输入/输出功能

接口要根据送来的读/写信号决定当前进行的是输入操作还是输出操作,并且随之能从总线上接收来自 CPU 的数据和控制信息,或将数据或状态信息送到总线上。

3. 数据转换功能

接口不但要从外设输入数据或将数据送往外设,并且要把 CPU 输出的并行数据转换成所连的外设可接收的格式(如串行格式);或者反过来,把从外设输入的信息转换成并行数据送往 CPU。

4. 联络功能

当接口从总线上接收一个数据后,或者在把一个数据送到总线上后,能发一个就绪信号,以通知 CPU,数据传输已经完成,从而可准备进行下一次传输。

5. 中断管理功能

作为中断控制器的接口应该具有往 CPU 发送中断请求信号和从 CPU 接收中断响应信号的功能,而且还有往 CPU 发送中断类型号的功能。此外,一些接口还应该具有优先级管理功能。

6. 复位功能

接口应该能接收复位信号,从而能使接口本身以及所连的外设重新启动。

7. 可编程功能

为了使一个接口可以工作于不同的方式,而且可用软件来决定到底工作于哪一种方式,此外,还为了能够用软件来设置控制信号,一个接口应该有可编程功能,即可以通过程序控制其工作方式、修改其状态标志等。几乎所有大规模集成电路接口芯片都具有这个功能。

8. 错误检测功能

在接口设计中,常常要考虑对错误的检测问题。多数可编程接口芯片能检测下列两类错误。

一类是传输错误。因为接口和设备之间的连线常常受各种干扰,从而引起传输错误,所以一般接口采用奇/偶校验位对传输错误进行检测。传输时,如用奇校验,那么使信息中 1 的数目(包括校验位)为奇数。也就是说,所传输的数据中如 1 的个数为奇数,则校验位为 0;所传输的数据中如 1 的个数为偶数,则校验位为 1。这样,在传输一个数据时,连同校验位,1 的总数目总是为奇数。同样的道理,如用偶校验,那么,信息中 1 的数目(包括校验位)总是为偶数。如发现有奇/偶校验错误,则对状态寄存器中的相应位进行设置。而状态寄存器的内容可通过程序进行读取和检测。

另一类是覆盖错误。当计算机输入数据时,实际上是从接口的输入缓冲器中取数。如果 CPU 还没有取走数据,输入缓冲器由于某种原因又被装上了新的数据,那么,就会产生覆盖错误。在输出时,也会有类似的情况,即输出缓冲寄存器中的数据在被外设取走以前,如果 CPU 又往接口输出一个新的数据,那么,原来的数据就被覆盖了。在产生覆盖错误时,接口也会在状态寄存器中设置相应的状态位。

5.4.2 接口与系统的连接

图 5.2 是一个典型的 I/O 接口和外部电路连接图,右边的大框代表接口部件。各种具体接口的内部结构和功能随所连的 I/O 设备的不同而差别很大,但从结构上看,都可把一个接口分为两部分:第一部分用来和 I/O 设备相连;第二部分用来和系统总线相连。其中,前一部分的结构是和 I/O 设备的传输要求及数据格式有关的,所以,各接口之间互不相同,例如,对串行接口和并行接口来说,这部分的差别就很大。不过,所有接口与总线相连的那部分的结构非常类似,原因很简单,因为这些接口要连在同一总线上。

为了支持接口的工作,系统中通常有总线收发器和相应逻辑电路。逻辑电路把 CPU 的控制信号翻译成接口所需要的联络信号。联络信号随接口的不同而异。典型的外部逻辑电路应能接收 CPU 送来的读/写信号,以便决定数据传输方向。对于比较小的系统来说,可省去总线收发器,因为大多数接口部件内部都带有一定驱动能力的总线驱动电路。

系统中还必须有地址译码器,以便将总线提供的地址翻译成对接口的片选信号。地址译码器除了接收地址信号外,还需要把 CPU 提供的用来区分 I/O 地址空间和内存地址空间的信号 M/$\overline{\text{IO}}$ 用于译码过程。

如果地址译码器确定了某一个接口要被访问,那么,会使此接口得到有效的片选信号。一个接口通常有若干寄存器可读/写,由此,还要指出访问哪个寄存器。在实际使用时,一般用一两位低位地址结合读/写信号来实现对接口内部寄存器的寻址。

例如,一个接口内部有两个可读寄存器,称为 A、B,另外还有两个可写寄存器,称为 C、D,那么,在片选信号和 M/$\overline{\text{IO}}$ 信号有效后,用写信号、读信号和地址 A_0 就可以将 4 个内部寄存器加以区分,具体如表 5.1 所示。

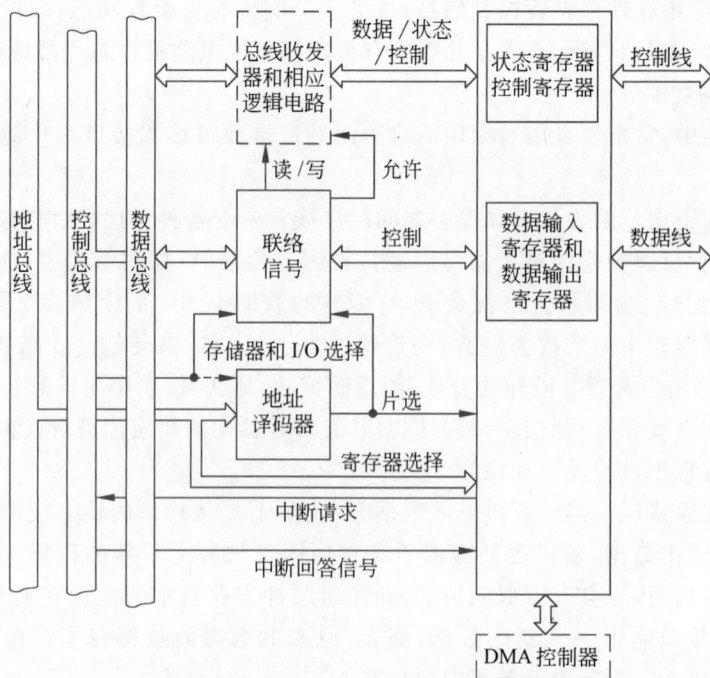

图 5.2　典型的 I/O 接口和外部电路连接

表 5.1　对 4 个内部寄存器的寻址

写信号	读信号	A_0	被访问的寄存器
0	1	0	A
0	1	1	B
1	0	0	C
1	0	1	D

5.5　CPU 和外设之间的数据传送方式

　　各种外设的工作速度相差很大,有些相当高,如硬盘的内部传输率达百兆字节每秒,而有些外设却由于机械和其他因素所致速度相当低,如键盘是用于人工输入数据的,通常速度为几十毫秒输入 1 字节。这样,CPU 何时从输入设备读取数据以及何时往输出设备写入数据,就成为较复杂的定时问题。

　　概括起来,有如下 3 种传送方式解决上述问题:程序方式、中断方式、DMA 方式。

5.5.1　程序方式

　　程序方式是指在程序控制下进行信息传送,又分为无条件传送方式和条件传送方式。

1. 无条件传送方式

　　如果 CPU 能够确信一个外设已经准备就绪,那就不必查询外设的状态而可直接进行信息传输,这称为无条件传送方式。

　　在无条件传送方式下,程序设计较简单。不过,名为无条件传送,实际上是有条件的,那就是传送不能太频繁,以保证每次传送时,外设处于就绪状态。所以无条件传送方式用得较少,只用在对一些简单外设的操作,如开关、七段显示管等。

由于简单外设作为输入设备时,输入数据保持时间相对于 CPU 的处理速度要长得多,所以可直接使用输入缓冲器和数据总线相连,如图 5.3 所示。当 CPU 执行输入指令时,读信号$\overline{RD}$有效,选择信号 M/$\overline{IO}$处于低电平,因而输入缓冲器被选通,使其中早已准备好的输入数据进入数据总线,再到达 CPU。可见,要求 CPU 在执行输入指令时,外设的数据是准备好的,即已经存在输入缓冲器中,否则出错。

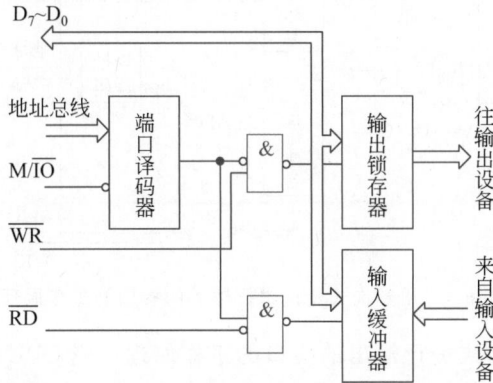

图 5.3　无条件传送方式的接口的工作原理

简单外设作为输出设备时,一般都需要锁存器,也就是说,要求 CPU 送出的数据在接口的输出端保持一段时间。其原因仍然是由于外设的速度比较慢,所以,要求 CPU 送到接口的数据能保持和外设动作相应的时间。如图 5.3 所示,CPU 执行输出指令时,M/$\overline{IO}$和$\overline{WR}$信号有效,于是,接口中的输出锁存器被选中,CPU 输出的信息经过数据总线送到输出锁存器,输出锁存器保持这个数据,直到外设取走。显然,这里要求 CPU 在执行输出指令时,确信所选中的输出锁存器是空的。

2. 条件传送方式

条件传送也称查询式传送。用条件传送方式时,CPU 通过执行程序不断读取并测试外设的状态,如外设处于"准备好"状态(输入设备)或空闲状态(输出设备),则 CPU 执行输入指令或输出指令与外设交换信息。为此,接口部件除了有传送数据的端口以外,还有传送状态的端口。对于输入过程来说,当外设将数据准备好时,则使接口的状态端口中的"准备好"标志位置 1;对于输出过程来说,外设取走一个数据后,接口便将状态端口中的对应标志位置 1,表示当前输出寄存器已处于"空"状态,可接收下一个数据。

可见,对于条件传送来说,一个数据传送过程由以下 3 个环节组成:

(1) CPU 从接口中读取状态字。

(2) CPU 检测状态字对应位是否满足"就绪"条件,如不满足,则返回前一步读取状态字。

(3) 如状态字表明外设已处于"就绪"状态,则传送数据。

图 5.4 表明了用查询式传送进行输入的接口的工作原理。输入设备在数据准备好后便往接口发一个选通信号。这个选通信号有两个作用:一方面将外设的数据送到接口的锁存器中;另一方面使接口中的一个 D 触发器输出 1,从而使接口中三态缓冲器的 READY 位置

1。数据信息和状态信息从不同的端口经过数据总线送到 CPU。按数据传送过程的 3 个步骤，CPU 从外设输入数据时先读取状态字，检查状态字看数据是否准备就绪，即数据是否已进入接口的锁存器中，如准备就绪，则执行输入指令读取数据，此时，状态位清 0，这样，便开始下一个数据传输过程。

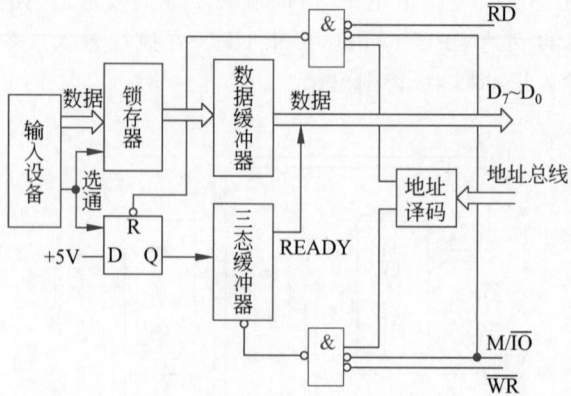

图 5.4　用查询式传送进行输入的接口的工作原理

图 5.5 表明了用查询式进行输出的接口的工作原理。当 CPU 要往一个外设输出数据时，先读取接口中的状态字，如状态字表明外设有空（或"不忙"），则说明可往外设输出数据，此时 CPU 执行输出指令，否则 CPU 必须等待。

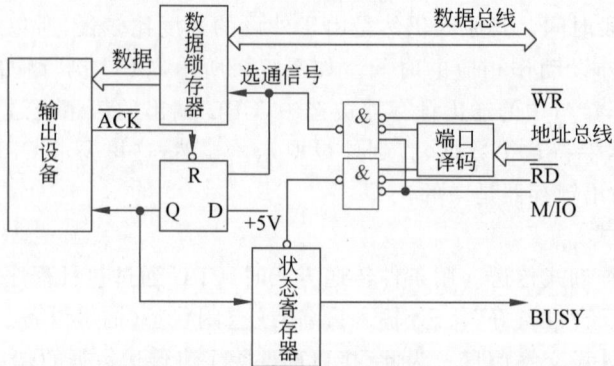

图 5.5　用查询式传送进行输出的接口的工作原理

CPU 执行输出指令时，由 M/$\overline{\text{IO}}$ 和 $\overline{\text{WR}}$ 产生的选通信号将数据总线上的数据送到数据锁存器，同时使 D 触发器输出 1。D 触发器一方面为外设提供联络信号，告诉外设现在接口中已有数据可提取；另一方面，D 触发器使状态寄存器的对应标志位置 1（有些设备用"忙"标志表示状态，有些设备用"空"标志表示状态，两者有效电平相反）告诉 CPU，当前外设处于"忙"状态，从而阻止 CPU 输出新的数据。

当输出设备从接口中取走数据后，通常会送一个应答信号 $\overline{\text{ACK}}$，$\overline{\text{ACK}}$ 使接口中的 D 触发器置 0，从而使状态寄存器中的对应标志位置 0，这样就可开始下一个输出过程。

图 5.6 是一个查询式输入过程的流程图。图中假定要输入 1 字节串或 1 个字串，每字节或字被送到 CPU 以后进行一定的处理，然后再送到内存缓冲区，当所有的数据都输入完毕并送到缓冲区后，再对缓冲区中的数据进行处理。

下面举一个使用查询式输入/输出方式的实例。

假设从键盘往缓冲区输入 1 个字符行,当遇到回车符(0DH)或字符行超过 80 个字符时,输入便结束,并自动加上 1 个换行符(0AH)。如在输入的 81 个字符中未见到回车符,则在终端上输出信息"BUFFER OVERFLOW"。

因为键盘往 CPU 输入的是 ASCII 码,而 ASCII 码采用 7 位二进制数据表示,所以,用第 7 位(即最高位)作为键盘往 CPU 传送时的校验位,这里假定用偶校验。如校验出错,则输出错误信息;如没有校验错误,则先清除校验位,再传送到缓冲区。

假定接口的数据输入端口地址为 0052H,数据输出端口地址为 0054H,状态端口地址为 0056H,并且假定状态寄存器中第 1 位为 1,表示输入缓冲器中已经有 1 字节准备好,可进行输入。此外,还假定状态寄存器的第 0 位为 1,表示输出缓冲器已经腾空,因而 CPU 可往终端输出数据。当然,后面两个假设都是有条件的,即在设计接口部件时,使状态寄存器的第 1 位在接口从设备输入 1 字节时,便自动置 1,而当 CPU 从接口读取 1 字节时,便自动置 0;相类似的,当 CPU 往接口输出 1 字节时,状态寄存器的第 0 位自动置 0,而当 1 字节从接口输出到设备时,则自动置 1。具体程序如下:

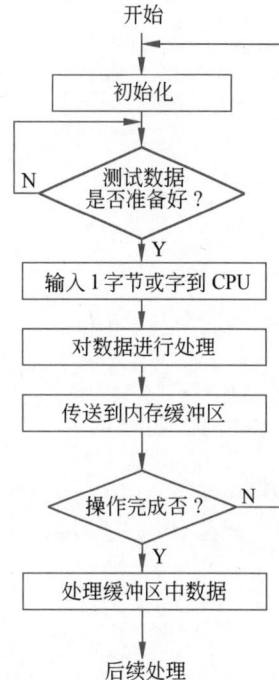

图 5.6 查询式输入过程的流程图

DATA_SEG	SEGMENT		
MESSAGE	DB	'BUFFER OVERFLOW',0DH,0AH	
	⋮		
DATA_SEG	ENDS		
COM_SEG	SEGMENT		
BUFFER	DB	82 DUP (?)	;接收缓冲区
COUNT	DW	?	;计数器
COM_SEG	ENDS		
	⋮		
CODE	SEGMENT		
ASSUME	DS:DATA_SEG,ES:COM_SEG,CS:CODE		
STAT:	MOV	AX,DATA_SEG	;对 DS 作初始化
	MOV	DS,AX	
	MOV	AX,COM_SEG	;对 ES 作初始化
	MOV	ES,AX	
	MOV	DI,OFFSET BUFFER	;计数器指向缓冲区首址
	MOV	COUNT,DI	
	MOV	CX,81	;字符行长度
	CLD		;清方向标志
NEXT_IN:	IN	AL,56H	;读入状态
	TEST	AL,02H	;测状态寄存器第 1 位
	JZ	NEXT_IN	;未准备好,则等待,再测
	IN	AL,52H	;准备好,则输入字符

```
              OR        AL,0                    ;校验
              JPE       NO_ERROR                ;校验正确,则转 NO_ERROR
              JMP       ERROR                   ;校验出错误,则转 ERROR 程序
NO_ERROR:     AND       AL,7FH                  ;清除校验位
              STOSB                             ;将字符送缓冲区
              CMP       AL,0DH                  ;是否为回车符
              LOOPNE    NEXT_IN                 ;不是回车,则再输入
              JNE       OVERF                   ;不是回车且溢出,则转 OVERF
              MOV       AL,0AH                  ;加一个换行符
              STOSB                             ;存入缓冲区
              SUB       DI,COUNT                ;计算输入字符数
              MOV       COUNT,DI                ;COUNT 中为输入字符数
              ⋮
OVERF:        MOV       SI,OFFSET MESSAGE       ;SI 中为字符串首址
              MOV       CX,17                   ;字符数
NEXT_OUT:     IN        AL,56H                  ;读状态寄存器
              TEST      AL,01H                  ;测状态寄存器第 0 位
              JZ        NEXT_OUT                ;如没有就绪,则再测
              LODSB                             ;将字符取到 AL 中
              OUT       54H,AL                  ;输出字符
              LOOP      NEXT_OUT                ;输出下一个字符
              ⋮
```

对上面的程序作以下 5 点说明:

(1) 程序中用 ES 和 DI 作为段寄存器和变址寄存器指向输入缓冲区,CX 作为控制循环次数的寄存器,一开始,CX 寄存器中设置为字符行的最大长度。

(2) 方向标志 DF 清 0 是为了使 STOSB 指令和 LODSB 指令在执行时,地址值自动加 1,否则,地址会按减量修改。

(3) NEXT_IN 标号后面的 3 条指令是用来测试接口状态寄存器的,如状态寄存器的值表明端口未准备好,则用循环测试来等待,直到规定的状态位为 1 才退出循环。

(4) 奇/偶校验是通过把输入字符和 0 相"或"设置奇/偶标志 P,然后对 P 标志进行判断来实现的,这样做很简单,不需要另外设计子程序进行校验。校验完成后,将结果和 7F 相"与",以清除奇/偶校验位,再送到输入缓冲区。

(5) 当用 CMP 指令判断遇到的字符为回车符 0DH 时,程序紧接着再附加一个换行符 0AH,并存入缓冲区,这样做是为了实现程序的设计要求。

利用查询式进行输入/输出操作时,如果系统中有多个利用查询式实现输入/输出的设备,那该怎么处理呢?通常是用轮流查询检测接口的状态位来解决此问题。

假定一个系统中有 3 个输入设备,那么,可用下面的程序实现轮流查询的输入操作。

```
TREE_IN:      MOV       FLAG,0                  ;清除标志
INPUT:        IN        AL,STAT1                ;读入第一个设备的状态
              TEST      AL,20H                  ;是否准备就绪
              JZ        DEV2                    ;如否,则转 DEV2
              CALL      PROC1                   ;如准备就绪,则调 PROC1
              CMP       FLAG,1                  ;如标志被清除,则输入另一个数
```

```
                JNZ     INPUT
DEV2：     IN      AL,STAT2            ;读入第二个设备的状态
           TEST    AL,20H             ;是否准备就绪
           JZ      DEV3               ;如未准备好,则转 DEV3
           CALL    PROC2              ;如准备就绪,则调 PROC2
           CMP     FLAG,1             ;如标志被清除,则输入另一个数
           JNZ     INPUT
DEV3：     IN      AL,STAT3            ;读入第三个设备的状态
           TEST    AL,20H             ;是否准备就绪
           JZ      NO_INPUT           ;如未准备好,则转 NO_INPUT
           CALL    PROC3              ;如准备就绪,则调 PROC3
NO_INPUT： CMP     FLAG,1             ;如标志被清除,则输入另一个数
           JNZ     INPUT
           ⋮
```

对上面的程序,作如下说明:

(1) 在程序中,对状态寄存器用标号 STAT1、STAT2 和 STAT3 来表示。

(2) PROC1、PROC2 和 PROC3 是 3 个执行输入操作的子程序,这里没有具体列出,从上一个例子中,读者不难实现正确编写这 3 个类似的子程序。

(3) 3 个接口的状态寄存器均用第 5 位作为准备好标志,故程序中用 20H 测试状态寄存器的值,再对测试结果作判断,如为 0,则表示未准备好,于是再测下一个接口的状态。

(4) 程序中设置了 1 个标志 FLAG,实际上,这是 1 个任选的内存单元,将它作为标志单元来用。有了 FLAG 标志后,就可使第一个输入设备有比较高的优先级,第二个输入设备次之,第三个输入设备最低。FLAG 开始设置为 0,只有当第一个输入设备结束输入过程时,才使 FLAG 设置为 1。例如,第一个输入设备要输入 10 个字符,那么,当输入第 1、2、3、……、9 个字符时,FLAG 一直保持为 0,所以,程序一直在 INPUT 标号段运行。当输入第 10 个字符后,FLAG 置 1,于是,进入 DEV2。另一种情况下,如开始第一个输入设备没有准备就绪,那么,转到 DEV2 并且从第二个输入设备输入 1 个字符后,又会立刻回到 INPUT 程序段。从程序中可想到,只有在第一个设备未准备好,并且第二个设备也未准备好的情况下,才会转到 DEV3 程序段对第三个输入设备作状态测试,如状态表明已准备好,则再执行 PROC3 子程序进行输入。

从上面的例子可看到,利用轮流查询式时,可通过程序来决定设备的优先级。根据这样的思想,当系统中有更多的设备时,便可安排一个优先级链。

当然,也可使系统中几个设备处于完全等同的地位,即没有优先级,这种方法称为循环查询法。下面就是实现使 3 个设备处于相同优先级的循环查询程序,在此程序中,FLAG 标志只在循环底部受到检测,如 FLAG 为 1,则退出循环。可见,在这个程序中,FLAG 被作为退出所有 3 个设备输入过程的标志来用。具体程序如下:

```
INTREE：   MOV     FLAG,0             ;清除标志
INPUT：    IN      AL,STAT1            ;读入第一个设备的状态
           TEST    AL,20H             ;测试状态是否准备好
           JZ      DEV2               ;如未准备好,则转 DEV2
           CALL    PROC1              ;如准备好,则调 PROC1
```

```
DEV2:        IN      AL,STAT2        ;读入第二个设备的状态
             TEST    AL,20H          ;测试状态是否准备好
             JZ      DEV3            ;如未准备好,则转 DEV3
             CALL    PROC2           ;如准备好,则调 PROC2
DEV3:        IN      AL,STAT3        ;读入第三个设备的状态
             TEST    AL,20H          ;测试状态是否准备好
             JZ      NO_INPUT        ;如未准备好,则转 NO_INPUT
             CALL    PROC3           ;如准备好,则调 PROC3
NO_INPUT:    CMP     FLAG,1          ;如标志仍为 0,则继续进行输入
             JNZ     INPUT
             ⋮
```

5.5.2　中断方式

1. 中断传送方式的原理

从原理上看,查询式传送比无条件传送可靠,因此使用场合也较多。但在查询式下,CPU 不断地读取状态字和检测状态字,如状态字表明外设未准备好,则 CPU 须等待。这些过程占用了 CPU 大量的工作时间,而 CPU 真正用于传送数据的时间却很少。

例如,操作员用键盘进行输入,按每秒输入 10 个字符计算,那么 CPU 平均用 100 000μs 时间完成一个输入过程,而 CPU 真正用来从键盘读入一个字符的时间却只有 10μs,这样,99.99% 的时间被浪费了。可见,由于大多数外设的速度比 CPU 的工作速度低得多,所以,查询式传送无异于让 CPU 降低有效的工作速度去适从慢得多的外设。

另外,用查询式时,如果一个系统有多个外设,那么 CPU 只能轮流对每个外设进行查询,而这些外设的速度往往不同。这时 CPU 显然不能很好满足各个外设随机性地对 CPU 提出的输入/输出要求,所以,不具备实时性。可见,在实时系统以及多个外设的系统中,采用查询式进行数据传送往往是不相宜的。

为了提高 CPU 的效率和使系统有实时性能,可采用中断传送方式。在中断传送方式下,外设具有申请 CPU 服务的主动权,当输入设备将数据准备好或输出设备可接收数据时,便可向 CPU 发中断请求,使 CPU 暂时停下目前的工作而和外设进行一次数据传输。等输入操作或输出操作完成后,CPU 继续进行原来的工作。

可见,中断传送方式就是由外设中断 CPU 的工作,使 CPU 暂停执行当前程序,而去执行一个数据输入/输出的程序,此程序称为中断处理子程序或中断服务子程序,中断子程序执行完后,CPU 又转回来执行原来的程序。

使用中断传送方式时,CPU 就不必花费大量时间查询外设的工作状态了,因为当外设就绪时,会主动向 CPU 发中断请求信号。而 CPU 本身具有这样的功能:在每条指令执行完后,如有中断请求,那么在中断允许标志为 1 的情况下,CPU 保留下一条指令的地址和当前的标志,转到中断服务子程序执行。被外界中断时,程序中下一条指令所在处称为断点。从中断服务子程序返回时,CPU 会恢复标志和断点地址。

可以看到,在中断传送时,CPU 和外设处在并行工作的情况下。CPU 不必在两个输入/输出过程之间对接口进行状态测试和等待,而可去作其他处理。因为每当外设准备就绪时,会主动向 CPU 发中断请求,由此进入一个传输过程。此过程完成后,CPU 又可执行

别的任务,而不是处在等待状态,这样就大大提高了 CPU 的效率。

图 5.7 表示利用中断方式进行数据输入时所用的基本接口电路的工作原理。

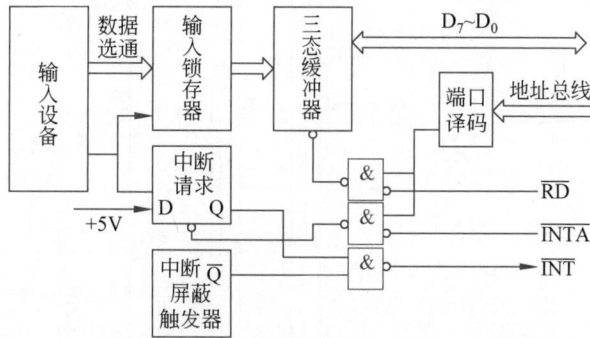

图 5.7 利用中断方式进行数据输入时所用的基本接口电路的工作原理

从图 5.7 中可看到,当外设准备好一个数据供输入时,便发一个选通信号,从而将数据送到接口的输入锁存器,并使中断请求触发器置 1,此时,如中断屏蔽触发器处于未屏蔽状态,从而反向输出端 $\overline{Q}$ 的值为 1,则产生一个向 CPU 的中断请求信号 $\overline{INT}$。中断屏蔽触发器的状态为 1 还是为 0 决定了是否允许本接口发出中断请求。

CPU 接收到中断请求信号后,如标志寄存器中的中断允许标志为 1,则在当前指令被执行完后,响应中断。

Intel 系列微处理器的中断引脚有两个:一个标为 NMI;另一个则标为 INTR。从 NMI 引脚引入的为非屏蔽中断,它对应于中断类型 2。CPU 总是一收到非屏蔽中断请求便立即响应。一般系统中,非屏蔽中断请求信号是从某些检测电路发出的,而这些检测电路往往是用来监视电源电压、时钟等系统基本工作条件的。如不少系统中,当电源电压严重下降时,检测电路便发出非屏蔽中断请求信号,这时 CPU 不管在进行什么处理,也不管中断允许标志 IF 是否为 1,总是立刻进入非屏蔽中断处理子程序。非屏蔽中断处理子程序的功能通常是紧急保护现场,例如,把 RAM 中的关键性数据进行保存,或通过程序接通一个备用电源等。INTR 引脚上进入的中断请求信号是可被 IF 标志屏蔽的,所以称为可屏蔽中断。如 IF 标志为 0,则从 INTR 引脚进入的中断请求得不到响应;只有当 IF 为 1 时,CPU 才会响应可屏蔽中断,发回两个 $\overline{INTA}$ 负脉冲作为回答信号。中断接口收到 $\overline{INTA}$ 信号后,将中断类型号发送到数据总线。CPU 根据中断类型号找到中断处理子程序的入口地址,从而进入中断处理子程序。

中断处理子程序中除了包含输入指令或输出指令用以完成数据传输外,前后分别有保存通用寄存器内容和恢复通用寄存器内容的指令。当执行完中断处理子程序后,CPU 返回断点处继续执行刚才被中断了的程序。图 5.8 表示一个可屏蔽中断的响应和执行过程。

2. 中断优先级问题的解决

当系统中有多个设备用中断方式与 CPU 进行数据传输时,就有一个中断优先级处理问题。在微型机系统中解决中断优先级管理的最常用的办法是采用可编程的中断控制器。图 5.9 给出了典型的可编程中断控制器的逻辑结构以及在系统中的接法。

从图 5.9 中可看到,中断控制器中除中断优先级管理电路和中断请求锁存器外,还有中断类型寄存器、当前中断服务寄存器和中断屏蔽寄存器。在后面讲述中断控制器 8259A

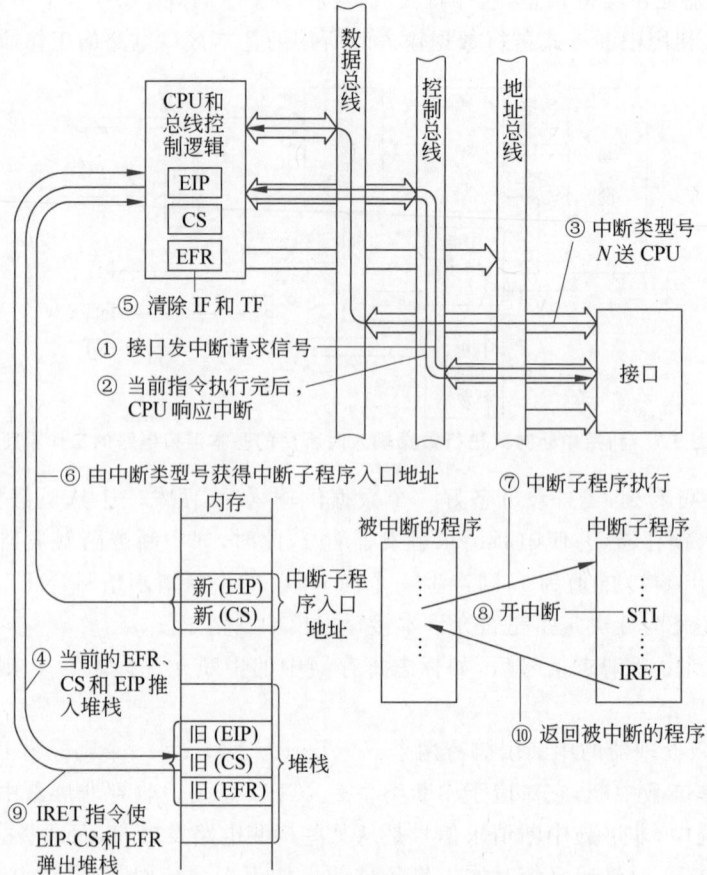

图 5.8 可屏蔽中断的响应和执行过程

时,将对这些部件的具体功能作说明。

CPU 的 INTR 引脚和 $\overline{\text{INTA}}$ 引脚连接中断控制器;来自外设的 I/O 接口的中断请求信号并行地送到中断优先级管理电路,此管理电路为各中断请求信号分配优先级,例如,最高的优先级分配给 IR_0,下一个优先级分配给 IR_1……最低的优先级分配给 IR_7 等。当一个外部中断请求被中断优先级管理电路确认为是当前级别最高的中断请求时,中断类型寄存器的最低 3 位的值(即对应于中断请求的序号)就会送到当前中断服务寄存器。此后,中断控制器向 CPU 发中断请求信号 INTR,如中断允许标志为 1,则 CPU 发出中断响应信号 $\overline{\text{INTA}}$,中断控制器在接到两个 $\overline{\text{INTA}}$ 负脉冲之后,便将中断类型号发给 CPU。在整个过程中,优先级较低的请求受到阻塞,直到通过程序中的指令或者由于中断处理子程序执行完毕而引起当前中断服务寄存器的对应位清 0,级别较低的中断请求才可能得到响应。

可编程中断控制器中的中断类型寄存器、中断屏蔽寄存器都是可编程的,当前中断服务寄存器也可用软件控制,而且优先级排列方式也可通过指令来设置,所以可编程中断控制器使用起来很灵活方便。

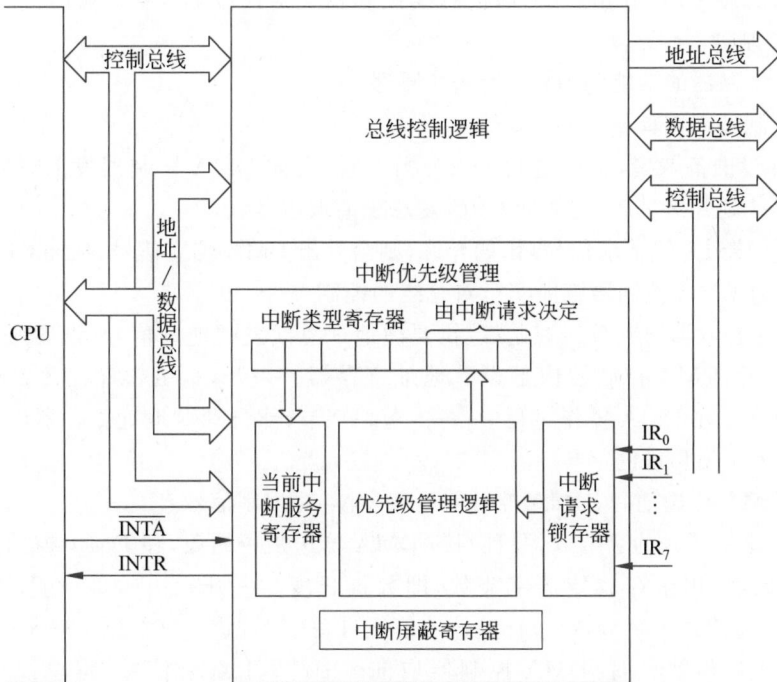

图 5.9　典型的可编程中断控制器的逻辑结构以及在系统中的接法

5.5.3　DMA 方式

1. DMA 传送方式的提出

比起程序方式,利用中断方式进行数据传送可大大提高 CPU 的工作效率。但在中断方式下,仍然是通过 CPU 执行程序来实现数据传送的,每进行一次传送,CPU 都必须执行一遍中断处理子程序。而每进入一次中断处理子程序,CPU 都要保护断点和标志;此外,在中断处理子程序中,通常有一系列保护寄存器和恢复寄存器的指令,这些指令显然和数据传送没有直接关系,但在执行时,却要使 CPU 花费不少时间;还有,从 16 位 CPU 开始就采用指令队列来提高性能,但是,一旦进入中断,指令队列就要清除,再装入中断处理子程序处的指令执行,而返回断点时,指令队列也要清除,重新装入断点处的指令才开始执行,这使得并行工作机制损失效能。上述几个因素造成中断方式下的传输率仍然不是很高。

如 I/O 设备的数据传输率较高,那么 CPU 和这样的外设进行数据传输时,即使尽量压缩中断方式中的非数据传输时间,也仍然不能满足要求。这是因为还存在另一个影响传输速度的原因,即这里都是按字节或字来进行传输的。为了解决这个问题,实现按数据块传输,就需要改变传输方式,这就是直接存储器存取方式,即 DMA(direct memory access)方式。

在 DMA 方式下,外设利用专用的接口直接和存储器进行高速数据传送,而并不经过CPU,当然也不需要 CPU 执行指令。这样,传输时就不必进行保护现场之类的一系列额外操作,数据的传输速度基本上决定于外设和存储器的速度。

在利用 DMA 方式进行数据传输时,当然要利用系统的数据总线、地址总线和控制总线。但这三组总线原是由 CPU 管理的,因此在用 DMA 方式进行数据传输时,接口要向

CPU 发出请求,使 CPU 让出总线,即把总线控制权交给控制 DMA 传输的接口,这种接口就是 DMA 控制器。

2. DMA 控制器的功能和 DMA 传送的原理

DMA 控制器应该具备下列功能。

(1) 当外设准备就绪,希望进行 DMA 操作时,会向 DMA 控制器发 DMA 请求信号,DMA 控制器接到此信号后,应能向 CPU 发总线请求信号。

(2) CPU 接到总线请求信号后,如允许,则会发出 DMA 响应信号,从而 CPU 放弃对总线的控制,这时 DMA 控制器应能实行对总线的控制。

(3) DMA 控制器得到总线控制权后,要往地址总线发送地址信号,设置所用的存储器地址指针。为此,DMA 控制器内部设有地址寄存器。一开始,由软件往此寄存器中设置 DMA 的首地址。在 DMA 操作过程中,每传送一字节,能自动对地址寄存器的内容进行修改,以指向下一个要传送的字节。

(4) 在 DMA 传送期间,DMA 控制器应能发读/写控制信号。

(5) 为了决定传送的字节数,并且判断 DMA 传送是否结束,在 DMA 控制器内部必须有 1 字节计数器,用来存放传送字节数,即数据长度。一开始由软件设置数据长度,在 DMA 过程中,每传送 1 字节,字节计数器的值便自动减 1,减为 0 时,则 DMA 过程结束。

(6) DMA 过程结束时,DMA 控制器应向 CPU 发出结束信号,将总线控制权交还给 CPU。

在 Pentium 系统中,CPU 通过 HOLD 引脚接收 DMA 控制器的总线请求,而在 HLDA 引脚上发出对总线请求的响应信号。当 DMA 控制器往 HOLD 引脚上发一个高电平信号时,就相当于发总线请求。通常,CPU 在完成当前总线操作后,就使 HLDA 引脚出现高电平而响应总线请求,DMA 控制器接收到此信号后就成了主宰总线的部件。此后,当 DMA 控制器将 HOLD 信号变为低电平时,便放弃对总线的控制,CPU 检测到 HOLD 信号变为低电平后,也将 HLDA 信号变为低电平,于是,CPU 又控制系统总线。

在 DMA 控制器控制系统总线后,完全由 DMA 控制器决定什么时候将总线请求信号变为低电平。所以每次数据传输后,DMA 控制器既可立刻将总线控制权还给 CPU,也可继续进行传输,等到整个数据块传输完毕后,再交出总线控制权。前一种是用 DMA 方式进行单个数据传输的情况,后一种是用 DMA 方式进行数据块传输的情况。图 5.10 表示了用 DMA 方式传输单个数据的工作过程。

不管是单个数据传输,还是连续传输,下一次传输总是用紧挨着的内存单元。在 DMA 传输期间,DMA 控制器要提供所访问的内存单元地址,所以从结构上看,DMA 控制器内部,一定有 1 个寄存器用来存放下一个要访问的内存单元的地址。另外,DMA 控制器还必须知道什么时候结束数据传输,所以它内部也必然有 1 个计数器。图 5.11 给出了 DMA 控制器的内部最小配置和接口要求。从图中可看到,DMA 控制器内部含控制寄存器、状态寄存器、地址寄存器和字节计数器。除了状态寄存器外,其他寄存器在块传输前都要进行初始化。每传输 1 字节,地址寄存器的内容加 1(或减 1——这决定于 DMA 控制器的设计),字节计数器减 1。当然,在进行字或双字传输时,地址寄存器和字节计数器以 2 或 4 为修改量。

如用 DMA 方式从接口往内存传输一个数据块,系统将按照下面的过程动作。

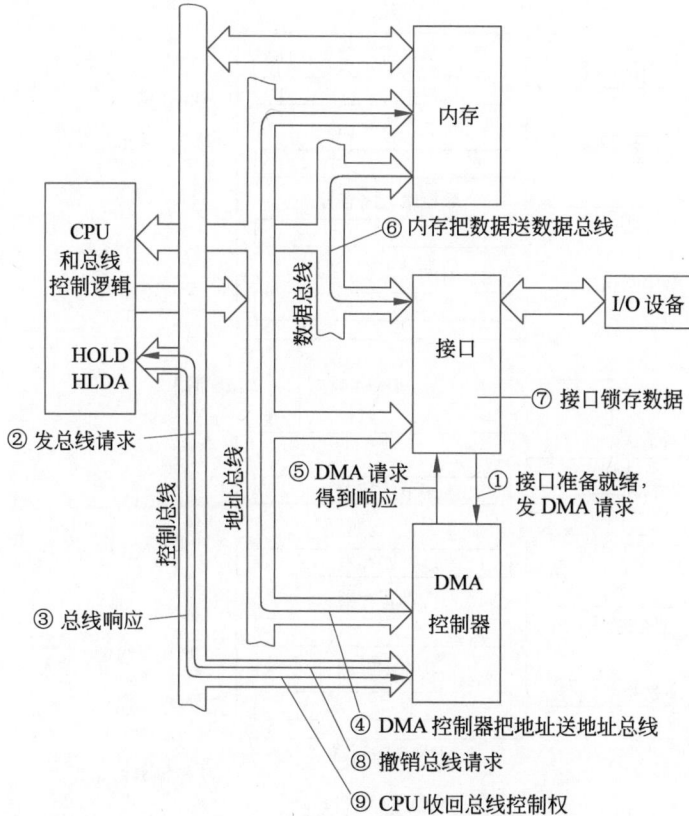

图 5.10　用 DMA 方式传输单个数据的工作过程(输出过程)

(1) 接口往 DMA 控制器发一个 DMA 请求。

(2) DMA 控制器发总线请求,然后得到 CPU 送来的总线响应信号,从而得到总线控制权。

(3) DMA 控制器中地址寄存器的内容送到地址总线上。

(4) DMA 控制器往接口发一个响应 DMA 传输的信号,以便通知接口将数据送到数据总线(如果是输出过程,则此信号通知接口去锁住总线上出现的下一个数据)。

(5) 数据送到地址总线所指出的内存单元。

(6) 地址寄存器的值加 1。

(7) 字节计数器的值减 1。

(8) 如字节计数器的值不为 0,则回到(1),否则结束。

从图 5.11 中看到,DMA 控制器连有双向地址线,而 I/O 接口的地址线却是单向的。这是因为 DMA 控制器可控制总线,当它得到总线控制权时,将地址送到地址总线上以选定对应的存储单元,而接口却只能接收端口地址。

另外,双向的数据总线既连到接口,也连到 DMA 控制器。读者会问:既然只有接口才和内存传送数据,为什么 DMA 控制器还要与数据总线相连呢?这是因为 CPU 要和 DMA 控制器的各个寄存器通信,具体地说,往 DMA 控制器设置控制字、设置地址初值和计数初值以及读取状态字,这些都要通过数据总线来进行。

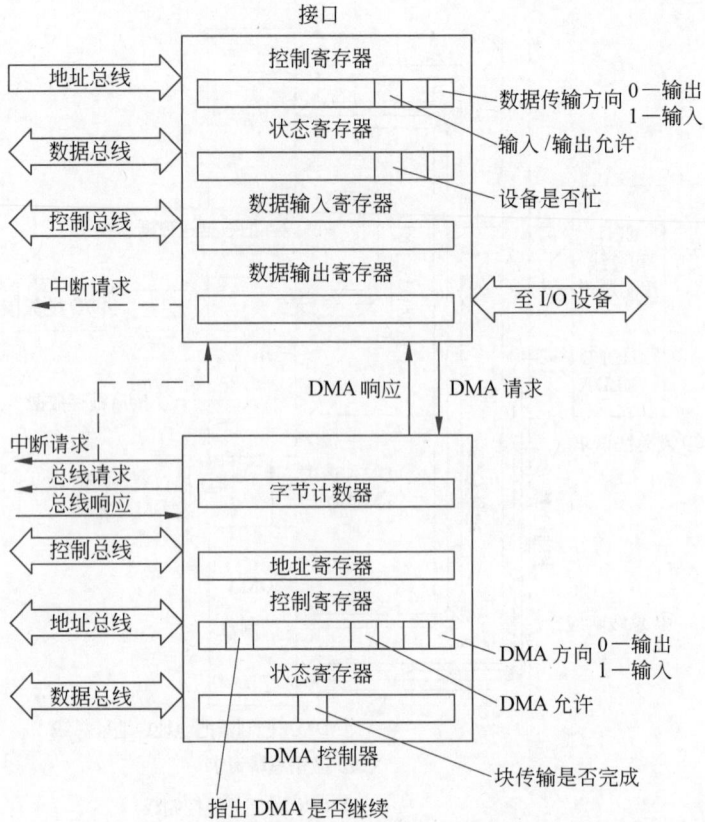

图 5.11 DMA 控制器的内部最小配置和接口要求

考虑采用 DMA 传输的 I/O 接口(通常是磁盘)一般可双向工作,即它所连的设备既能执行输入操作,又能执行输出操作,所以对这里的 I/O 接口提出下列要求。

(1) 控制寄存器中须有 1 位来指出数据传输方向,这样,当 DMA 控制器控制总线时,就能判断是进行输入还是输出。

(2) 控制寄存器中须有 1 位用来启动 I/O 操作,通过这 1 位的设置来启动外设的动作。

(3) 状态寄存器中必须有 1 位用来指出设备当前是否处于忙状态。

对于 DMA 控制寄存器,也提出了一些具体要求。

(1) 控制寄存器中专有 1 位作为 DMA 允许位,以控制是否响应来自接口的 DMA 请求。

(2) 控制寄存器中须有 1 位用来确定 DMA 方向,以确定发送读信号还是写信号。

(3) 控制寄存器中还有 1 位用来决定进行一次传输后,是放弃还是保持对总线的控制。

(4) 状态寄存器中须有 1 位表示数据块传输是否结束。

为了使 DMA 过程正确进行,系统程序要对 DMA 控制器和接口部件预置如下信息。

(1) 往 DMA 控制器的字节计数器设置初值,以决定数据传输长度。

(2) 往 DMA 控制器的地址寄存器设置地址初值,以确定数据传输所用的存储区的首址。

(3) 对 DMA 控制器设置控制字,指出传输方向、是否进行块传输,并启动 DMA 操作。

（4）对接口部件设置控制字，指出数据传输方向，并启动 I/O 操作。

下面是一个典型的启动数据块输入的程序段，标号 INTSTAT 代表接口的状态寄存器，INTCON 代表接口的控制寄存器，DMACON 代表 DMA 控制器中的控制寄存器。BYTE_REG 和 ADD_REG 分别代表 DMA 控制器的字节计数器和地址寄存器。

控制寄存器和状态寄存器所用的一些位含义如下。

（1）INTSTAT 的第 2 位：I/O 设备的忙位。

（2）INTCON 的第 0 位：数据传输方向，如为 1，则为输入；如为 0，则为输出。

（3）INTCON 的第 2 位：接口允许位，如为 1，则启动 I/O 操作。

（4）DMACON 的第 0 位：传输方向控制，如为 1，则为输入；如为 0，则为输出。

（5）DMACON 的第 3 位：DMA 控制器允许位，本位为 1 时，可接收 DMA 请求。

（6）DMACON 的第 6 位：如两次 DMA 传输之间，DMA 控制器放弃对总线的控制，则为 0；否则为 1。

程序如下：

```
IDLE:   IN      AL,INTSTAT          ;检测设备是否处于忙状态,如是,则等待
        TEST    AL,04
        JNZ     IDLE
        MOV     AX,COUNT            ;设置计数值
        OUT     BYTE_REG,AX
        LEA     AX,BUFFER           ;设置地址初值
        OUT     ADD_REG,AX
        MOV     AL,DMACON           ;取原 DMA 控制字
        OR      AL,49H              ;设置方向、块传输和允许标志
        OUT     DMACON,AL           ;设置 DMA 控制字
        MOV     AL,INTCON           ;设置接口的传输方向及允许标志
        OR      AL,05H
        OUT     INTCON,AL           ;设置接口的控制字
        ⁝                           ;后续处理
```

在数据块传输结束时，DMA 控制器的状态寄存器中有一个传输结束标志位被置 1，同时，DMA 控制器会送出传输结束信号。因此，一方面，主程序可通过对状态位的检测来判断块传输是否结束，从而决定是否转入相应的后续处理；另一方面，也可将 DMA 控制器输出的结束信号作为中断请求信号。

如有多个接口连接 DMA 控制器，那么，DMA 控制器还必须能够对来自各接口的 DMA 请求进行优先级排队。

3. DMA 控制器的工作特点

据前所述，可归纳出 DMA 控制器的一些工作特点：一方面，它是一个接口，因为其也有 I/O 端口地址，CPU 可通过端口地址对 DMA 控制器进行读/写操作，以便对 DMA 控制器进行初始化或读取状态；另一方面，DMA 控制器在得到总线控制权后，能够控制系统总线，它可提供一系列控制信号，像 CPU 一样操纵外设和存储器之间的数据传输，所以，DMA 控制器又不同于一般的接口。

在 DMA 控制器控制数据传输时，也有不同于其他情况的传输特点。在程序传送和中断方式传送时，都是由 CPU 执行输入/输出指令实现和外设的数据交换。具体说，要通过

取指令、对指令进行译码,由此而决定发出一个读信号或写信号,CPU才能完成一个数据传输过程。但DMA控制器在传输数据时不用指令,而是通过硬件逻辑电路用固定的顺序发地址和用读/写信号来实现高速数据传输,在此过程中,CPU完全不参与,数据也不经过CPU而是直接在外设和存储器之间传输。

5.5.4 输入/输出过程中涉及的几个问题

不管是查询式、中断方式还是DMA方式,都有一些共同的问题,下面作一归纳。

1. 系统和接口的联系方式

首先,系统如何知道接口已准备好数据等待CPU提取或准备接收CPU送来的数据呢?

在查询式下,是通过程序来检测接口中状态寄存器中的"准备好"(READY)位,以确定当前是否可进行数据传输的;在中断方式下,当接口中已经有数据要往CPU输入或准备好接收数据时,接口会向CPU发一个中断请求,CPU在得到中断请求后,如响应中断,便通过运行中断处理程序来实现输入/输出;在DMA方式下,外设要求传输数据时,接口会向DMA控制器发DMA请求信号,DMA控制器转而往CPU发送总线请求信号,以请求得到总线控制权,如得到DMA允许,那么,就可在没有CPU参与的情况下实现DMA传输。

2. 优先级

当系统中有几个设备处于同一种传输方式之下,而且同时发传输请求时,系统到底先响应哪个请求呢?

这涉及系统中预定的优先级。在实际系统中,可用多种方法来设计同类接口的优先级,有的方法是以软件为基础的,有的方法是以硬件为基础的,也有的方法是通过硬件和软件两者结合起来实现的。软件方式的解决办法比较简便、灵活,但速度慢,硬件方式的解决办法速度快,但硬件开销大。

现在,一些接口,如中断控制器,内部就有中断优先级管理功能,可以通过软件对优先级管理方式进行设置,这种优先级管理无疑是最有效、最方便的。

3. 缓冲区

在讲述输入/输出的过程中,还涉及缓冲区的概念问题。

有时传送1个字或1字节就足够了,但大多数情况下,却需要系统和外设之间传输一系列数据,传输完后,这些数据才能被使用。这时就要用内存中的一组连续的存储单元来存放从外设输入的数据,或者先把数据存放在这片连续的内存单元中,再输出到外设。一般将用于这种目的的存储区称为内存缓冲区(简称缓冲区)。

例如,所有的计算机系统都有命令行缓冲区,因为键盘是一个输入设备,计算机由此接收操作员的命令,但要等整个命令行输入完毕后,才能对命令作出解释,所以由键盘输入的字符先要存入命令行缓冲区,直到遇见回车或换行符后才对命令行作处理。

其实一个系统中常常使用多个缓冲区,而且缓冲区也不是只用于输入/输出目的。

如一个系统开辟两个缓冲区均作为输入缓冲区用,当前一个缓冲区装满时,便把操作转向另一个缓冲区,这样的操作方式称为双缓冲区工作方式。当然,还有多缓冲区工作方式。例如,当输入、处理、输出需要同时进行时,就要用到三缓冲区工作方式。另外,在计算机网络中,一台计算机作为网络中的一个站点要与网上多个站点进行通信,在这种情况下,就要采用多缓冲区工作方式,使每个站点有一个专用缓冲区相对应。

5.5.5 接口部件和多字节数据总线的连接

随着 CPU 的不断升级,数据总线的位数不断增加。8086 的数据总线为 16 位,以 Pentium 为例,对外数据总线为 64 位。但是,由于多数外设限于和机械操作有关,所以仍然采用 8 位数据宽度,与此相关的接口部件也是 8 位,即使高度集成于多功能芯片中的接口子部件,也仍然是 8 位。那么,8 位接口芯片的数据线怎样和计算机系统的多字节数据总线相连呢?

如果把 Pentium 的 64 位数据线分为 8 组,即 $D_{63} \sim D_{56}$、$D_{55} \sim D_{48}$、……、$D_{15} \sim D_8$、$D_7 \sim D_0$,那么,从原则上说,可以把 8 位的 I/O 接口部件和上面任何一组 8 位数据线相连,然后通过地址线 $A_2 \sim A_0$ 控制字节允许信号 $\overline{BE_7} \sim \overline{BE_0}$ 来实现 CPU 和 I/O 之间的数据、命令和状态信息的传输。同样,在 16 位系统中,原则上也可以把 I/O 接口部件和高 8 位或低 8 位数据线相连。

但在使用中,不管是 16 位系统,还是 32 位系统,I/O 部件常常连在低 8 位数据总线上。

5.5.6 接口部件和地址总线的错位连接

大多数接口用两个连续的端口地址对应内部寄存器的读/写。那么,怎样在接口和数据总线的某 8 位数据线相连时,又满足接口对端口地址的设置要求,即一个接口用一奇一偶两个连续地址,能准确无误地和 CPU 进行数据信息、控制信息和状态信息的传输呢?

为了便于详细讲解其中的原理,下面先以 16 位系统为对象来进行说明。

在 16 位系统中,为了使所有的数据传输都利用数据总线的低 8 位,必须把地址总线的 A_1 线和接口的 A_0 端相连。为什么要这样进行地址的错位连接呢?

因为在 16 位系统中约定,CPU 用数据总线传输 16 位数据时,总是把数据送到以偶地址开头的两个相邻单元或者两个相邻端口,或者从这样两个单元或两个端口取数。因为数据作为"字"在内存存放时,低位字节放在地址较低的单元,高位字节放在地址较高的单元,也就是说,当 CPU 往内存传输数据时,低 8 位数据传输到较低的偶地址单元,高 8 位数据传输到较高的奇地址单元。当 CPU 从内存取数时,偶地址单元的数据通过低 8 位数据线传送到 CPU,奇地址单元的数据通过高 8 位数据线传送到 CPU。CPU 和接口之间的 16 位数据交换情况也与此类似。由此可见,偶地址的端口及内存单元总是和数据总线的低 8 位相联系,而奇地址的端口及内存单元总是和数据总线的高 8 位相联系。

现在,I/O 接口一方面连接在数据总线的低 8 位上,另一方面又有一奇一偶两个地址,那么,怎样才能既可以实现对偶地址端口的读/写操作,又可以实现对奇地址端口的读/写操作呢?

所采取的措施就是将地址总线的最低位 A_0 不连到接口部件,而将地址次低位 A_1 作为地址最低位来用,错位连接到接口的 A_0 端即可。在这种情况下,如果 CPU 这边给出连续的两个偶地址,到了接口这边,由于将地址次低位作为地址最低位来用,相当于将 CPU 给出的地址除以 2,而两个连续的偶地址中,必定有一个能被 4 整除,另一个不能被 4 整除,于是,两个偶地址分别除以 2 之后,就成了一奇一偶两个地址。这样一来,从 CPU 这边来说,端口地址都是偶地址,所以,传输信息时,信息总是出现在低 8 位数据线上;而从接口这边来说,端口地址中既有奇地址,也有偶地址,而且是连续的,这又正好满足了许多 8 位接口芯片对端口地址的要求。

将上面讲的道理归纳起来就是说,只要在硬件上将总线的 A_1 与接口的 A_0 引脚相连接,而在软件设计时用连续的偶地址代替接口的奇/偶地址,就解决了 8 位接口芯片与 16 位数据总线的连接。

所以,将地址总线的 A_1 和接口的 A_0 端错位相连,就可以用两个相邻的偶地址来作为接口的端口地址,从而可保证总是用数据总线的低 8 位和接口交换数据。

如用 86H 和 84H 两个地址,在总线上看,由于都是偶地址,所以,确保数据在低 8 位数据线上传输,但由于地址进行了错位连接,所以,到了接口芯片内部,86H 被看成是奇地址,只有 84H 才是偶地址,于是可以实现对一奇一偶地址管辖下的寄存器的读/写。

上面这个原理和处理方法也在高档微型机系统的多功能接口芯片中被采用,只是在 Pentium 系统中,$A_2 \sim A_0$ 不对外,而用 $\overline{BE_7} \sim \overline{BE_0}$ 来代替了这 3 位地址对 64 位数据线上 8 字节的选择功能。

例如,一个 I/O 部件和数据线的 $D_7 \sim D_0$ 相连,并和 $\overline{BE_0}$ 相连,那么,就可以使数据在低 8 位数据线上传输,端口地址则通过较高位地址线(常用 A_3)来设置,即总线的 A_3 和接口芯片的 A_0 端相连。但为了保证数据确实在最低 8 位数据线上传输,$A_2 A_1 A_0$ 必须为 000,从而使 $\overline{BE_0}$ 有效,而 A_3 为 1 还是为 0,分别对应了奇、偶两个端口地址。

例如,用 0080H 和 0088H 作为一个 I/O 部件的端口地址,此时,最低 4 位地址 $A_3 A_2 A_1 A_0$ 为 0000B 和 1000B,A_3 和接口部件的 A_0 连接,所以,从接口的角度看,这两个地址一奇一偶,又因为最低 3 位地址均保持为 0,所以数据出现在低 8 位数据线上,且 $\overline{BE_0}$ 有效,保证了数据在低 8 位数据线上的正确传输。

后面章节中,为了阐述方便,我们仍然将这两个端口地址称为奇地址和偶地址,而在实际系统中,其实是两个偶地址。在 16 位系统中,是两个连续的偶地址,而在 32 位系统中,这两个偶地址至少相差 8。

有些接口要用 4 个端口地址,同样的道理,在 16 位和 32 位系统中,也是采用错位技术连接地址线,使得实际的地址其实是几个偶地址。但为了叙述方便和统一,我们仍然站在接口部件的角度来表示地址,于是仍然有奇地址、偶地址之称。

第6章　串并行通信和接口技术

从本章开始,我们将用连续 5 章的篇幅介绍微型机系统中主要接口部件的工作原理和使用方法。在 32 位微型机系统中,采用多功能接口芯片来实现接口功能,多功能接口芯片是在集成度不断提高的前提下,将多个接口部件组合在一起,同时还包含了如等待逻辑电路、RAM 刷新电路等系统所需要的辅助电路后构成的,其中,接口部件的工作原理和分立部件相同。在第 9 章最后面,将讲述典型的多功能接口芯片 82380 的组成和工作原理。

6.1　串行接口和串行通信

6.1.1　串行通信涉及的几个问题

许多外设和计算机是按照串行方式来进行通信的,也就是说,数据是一位一位进行传输的,在传输过程中,每一位数据都占据一个固定的时间长度。这种情况下,就要用串行接口把这个外设连接到计算机总线上。从不同角度分类,串行通信有多种方式。

1. 全双工方式、半双工方式和单工方式

按照数据传输时发送过程和接收过程的关系来划分,串行通信有全双工方式、半双工方式和单工方式。

如果一个通信系统中,对数据的两个传输方向采用不同的通道,那么,这样的系统就可以同时进行发送和接收,这就是全双工方式。

和全双工方式相对应的叫半双工方式。在半双工方式中,输入过程和输出过程使用同一通道,所以,两者不能同时进行。

此外,还有一种叫单工方式,在这种方式下,系统只能在一个方向传输信息,即只能发送或只能接收。

2. 同步方式和异步方式

按照时钟对通信过程的定时方式,串行通信可分为同步通信和异步通信两种类型。

采用同步方式通信时,收发双方采用同一个时钟信号来定时,此时,将许多字符组成一个信息组,这样,字符可一个接一个地传输,但是,在每组信息(通常称为信息帧)的开始要加上同步字符,另外,在没有信息要传输时,必须填上空字符,因为同步传输不允许有间隙。同步通信靠同步字符来识别信息帧,同步通信时,一个信息帧可含多个甚至上千个字符。

采用异步方式通信时,收发双方不用统一的时钟进行定时,两个字符之间的传输间隔是任意的,所以,每个字符的前后都要用若干位作为分隔位来进行识别。实际上,异步通信方式中,是靠起始位和停止位来识别信息帧的。异步通信的一个信息帧只含一个字符。

比较起来,在传输率相同时,同步方式的信息有效率比异步方式高,因为同步方式下的非数据信息比例比较小。但是,从另一方面看,同步方式下,要求进行信息传输的双方必须用同一个时钟进行协调,正是这个时钟确定了同步传输过程中每位的位置。这样,如采用同步方式,那么,在传输数据的同时,还必须传输时钟信号;而在异步方式下,接收方的时钟频率和发送方的时钟频率不必完全一样,只要比较相近即不超过一定的允许范围即可。

图 6.1 是异步通信的标准数据格式。

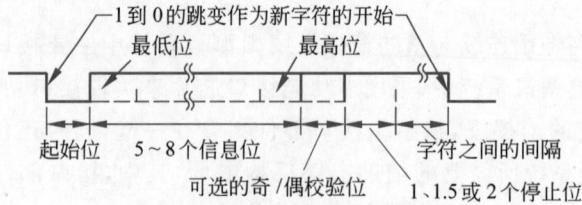

图 6.1 异步通信的标准数据格式

从图 6.1 中可看到,按标准的异步通信数据格式,1 个字符在传输时,除了传输实际信息外,还要传输几个附加位。具体说,在 1 个字符开始传输前,输出线必须处于"1"状态,这称为标识态。传输一开始,输出线由标识态变为"0"状态,从而作为起始位。起始位后面为 5~8 个信息位,信息位由低往高排列,即第 1 位为字符的最低位,在同一个传输系统中,信息位的数目是固定的。信息位后面为校验位,校验位可按奇校验设置,也可按偶校验设置,不过,校验位也可以不设置。最后为停止位,取值为"1"。停止位可占 1 位、1.5 位或 2 位。如传输完 1 个字符以后,立即传输下一个字符,那么,后一个字符的起始位必须紧挨着前一个字符的停止位,否则,输出线又会进入标识态。

尽管在不同的传输系统中,信息位的数目、停止位的数目可不同,校验位的设置方法也可不同,但是,对于同一传输系统,这些都是固定的。像 6.2 节要讲到的 8251A 这样的可编程串行接口被用来进行通信时,可通过对控制寄存器的编程对这些参数进行设置。

在用异步方式通信时,发送端需要用时钟来决定每位对应的时间长度,接收端也需要用一个时钟来确定每位的时间长度,前一个时钟称为发送时钟,后一个时钟称为接收时钟。这两个时钟的频率可以是位传输率的 16 倍、32 倍或 64 倍,这个倍数称为波特率因子,而位传输率称为波特率。

例如,取波特率因子为 16。通信时,接收端在检测到电平由高到低变化以后,便开始计数,计数时钟就是接收时钟。当计到 8 个时钟以后,就对输入信号进行采样,如仍为低电平,则确认这是起始位,而不是干扰信号。此后,接收端每隔 16 个时钟脉冲对输入信号进行一次采样,直到各个信息位以及停止位都输入以后,采样才停止。当下一次出现由 1 到 0 的跳变时,接收端重新开始采样。

鉴于接收端是用采样方式来确定起始位和检测信息,所以在异步通信时,发送端可在字符之间插入不等长的时间间隔。

接收端总是在每个字符的起始位进行一次重新定位,因此,保证每次采样对应一位。但如果接收时钟和发送时钟的频率相差太大,那么会引起在起始位之后刚采样几次就造成错位,从而造成信息帧格式错误。对于这类错误,大多数串行接口有能力检测出来。实际上,大多数可编程串行接口可检测 3 种错误:奇/偶校验错误、覆盖错误和信息帧格式错误。

一个部件如果能够将并行数据变为串行数据,按图 6.1 所示的格式把数据发送出去,或者反过来,能够接收图 6.1 所示格式的数据,再把它变成并行数据,而且能够检测奇/偶错误、覆盖错误和信息帧格式错误,那么,通常称这样的部件为通用异步收发器(universal asynchronous receiver and transmitter,UART)。在有些情况下,UART 只是接口的一部分。例如,6.2 节讲述的 8251A,它既是一个异步通信接口部件,也是一个同步通信接口部件。

在同步传输过程中,一个字符也可对应 5～8 位。当然,对同一个传输过程,所有字符对应的位数相同,如 n 位。这样,传输时按每 n 位划为一个时间片,发送端在一个时间片中发送一个字符,接收端则在一个时间片中接收一个字符。在整个系统中,由一个统一的时钟控制发送端的发送和接收端的采样。

同步传输时,一个信息帧中包含许多字符,每个信息帧用同步字符作为开始,一般将同步字符和空字符用同一个代码。接收端当然应该能识别同步字符,当检测到的代码和同步字符相匹配时,就认为开始一个信息帧,于是,把此后的数位作为实际信息来处理。

这样,就出现一个问题,即干扰可能使同步字符本身的传输出现差错,从而引起漏收一个信息帧,或者其他字符在传输中出现差错而当成同步字符被接收端滤掉。为此,大多数实际系统中,用一个同步字符串作为信息帧的开头,这样,接收端在收到确定数量的同步字符后,才认为传输开始。到了接收端以后,同步字符的去除既可通过接口硬件来完成,也可通过输入程序来完成。

3. 串行通信的传输率

传输率是指每秒传输多少位,串行传输率也常被称为波特率。国际上还规定了一个标准波特率系列,这也是最常用的波特率,标准波特率系列为 110、300、600、1 200、1 800、2 400、4 800、9 600 和 19 200。大多数显示器都能够按 110～19 200 的任何一种波特率工作。打印机由于机械速度较慢而使传输波特率受到限制,所以,一般的串行打印机工作在 110 波特,点阵式打印机和激光打印机由于内部有较大的缓冲区,所以可按 2 400 波特甚至更高的速度接收打印信息。

大多数接口的接收波特率和发送波特率可分别设置,而且,可通过编程来指定。

作为例子,我们可考虑这样一个异步传输过程:设每个字符对应 1 个起始位、7 个信息位、1 个奇/偶校验位和 1 个停止位,如波特率为 1 200b/s,那么,每秒能传输的最大字符数为 1 200/10=120 个。

作为比较,我们再来看一个同步传输的例子。假如也用 1 200b/s 波特率工作,用 4 个同步字符作为信息帧头部,但不用奇/偶校验,那么,传输 100 个字符所用时间为 $7×(100+4)/1\ 200=0.606\ 7\mathrm{s}$,这就是说,每秒能传输的字符数可达 100/0.606 7=165 个。

可见,在同样的传输率下,同步传输时实际字符传输率要比异步传输时高。

6.1.2 串行接口

采用串行通信方式的外设,要用串行接口和计算机主机系统连接。可编程串行接口有许多种,图 6.2 是其典型结构,从图中可见到,串行接口部件内部有 4 个主要寄存器,即控制寄存器、状态寄存器、数据输入寄存器和数据输出寄存器。

控制寄存器用来容纳 CPU 送来的各种控制信息,以决定接口的工作方式。状态寄存器的各位称为状态位,每个状态位都可用来指示传输过程中的某一种状态。数据输入寄存

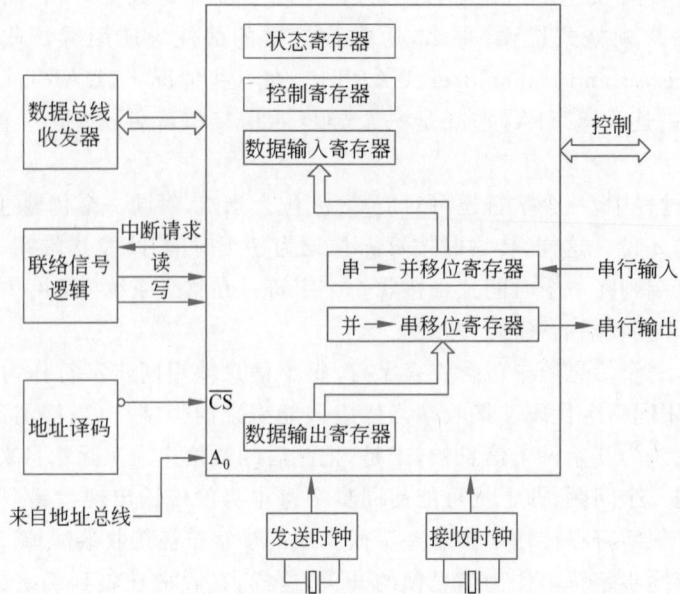

图 6.2　可编程串行接口的典型结构

器和串行输入并行输出移位寄存器配对使用。在输入过程中,串行数据一位一位从外设进入接口的移位寄存器,当接收完 1 个字符以后,数据就从移位寄存器送到数据输入寄存器,再等待 CPU 来取走。输出的情况和输入过程反过来,此时,数据输出寄存器和并行输入串行输出移位寄存器配对使用,当 CPU 往数据输出寄存器中输出 1 个数据后,数据便传输到移位寄存器,然后转换成串行数据一位一位通过输出线送到外设。

　　CPU 可访问串行接口中的 4 个主要寄存器。从原则上说,对这 4 个寄存器可通过不同的地址来访问,不过,因为控制寄存器和数据输出寄存器是只写的,状态寄存器和数据输入寄存器是只读的,所以,可用读信号和写信号来区分这两组寄存器,再用一位地址来区分两个只读寄存器或两个只写寄存器,因此,4 个寄存器只用两个端口地址。

6.2　可编程串行通信接口

　　8251A 是一款基础的可编程的串行通信接口,读者可以从该款芯片一步步了解串口通信的基本原理。

6.2.1　8251A 的基本性能

　　8251A 是可编程的串行通信接口,概括起来,它有下列基本功能。

　　(1) 通过编程,可工作在同步方式,也可工作在异步方式。同步方式下,波特率为 0~64kb/s;异步方式下,波特率为 0~19.2kb/s。

　　(2) 在同步方式时,可用 5、6、7 或 8 位来代表字符,并且能自动检测同步字符,从而实现同步。除此之外,8251A 也允许同步方式下增加奇/偶校验位进行校验。

　　(3) 在异步方式下,也可用 5、6、7 或 8 位来代表字符,用 1 位作为奇/偶校验。此外,8251A 在异步方式下能自动为每个数据增加 1 个起始位,并能根据编程为每个数据增加 1

个、1.5 个或 2 个停止位。

6.2.2 8251A 的基本工作原理

1. 8251A 的功能结构

图 6.3 是 8251A 的内部工作原理图。从图中可看到,8251A 由 7 个模块组成,这 7 个模块为接收缓冲器、接收控制电路、发送缓冲器、发送控制电路、数据总线缓冲器、读/写控制逻辑电路和调制/解调控制电路。

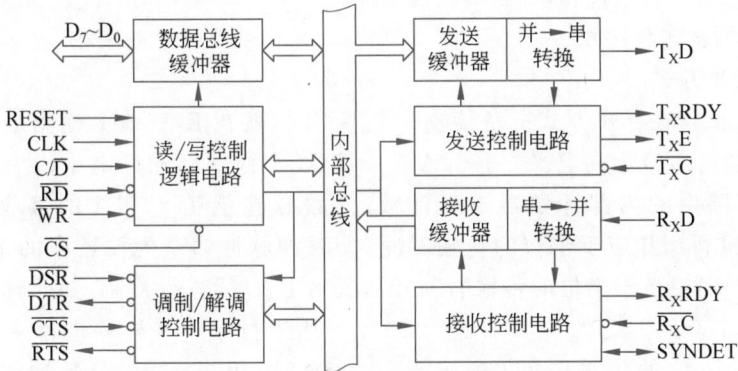

图 6.3 8251A 的内部工作原理图

接收缓冲器的功能就是从 R_XD 引脚上接收串行数据,并按照相应的格式将串行数据转换成并行数据。

接收控制电路是配合接收缓冲器工作的,它管理有关接收的所有功能。

(1) 在异步方式下,芯片复位后,先检测输入信号中的有效"1",一旦检测到,就接着寻找有效的低电平来确定起始位。

(2) 消除假启动干扰。

(3) 对接收到的信息进行奇/偶校验,并根据校验结果建立相应的状态位。

(4) 检测停止位,并按照检测结果建立状态位。

发送缓冲器把来自 CPU 的并行数据加上相应的控制信息,然后转换成串行数据从 T_XD 引脚发送出去。

发送控制电路和发送缓冲器配合工作,它控制和管理所有与串行发送有关的功能。

(1) 在异步方式下,为数据加上起始位、校验位和停止位。

(2) 在同步方式下,插入同步字符,在数据中插入校验位。

数据总线缓冲器用来把 8251A 和系统数据总线相连,在 CPU 执行输入/输出指令时,由数据总线缓冲器发送和接收数据,此外,控制字、命令字和状态信息也通过数据总线缓冲器传输。所以,数据总线缓冲器其实包含了数据输入缓冲器、数据输出缓冲器、控制寄存器和命令寄存器。

读/写控制逻辑电路用来配合数据总线缓冲器工作。

(1) 接收写信号 $\overline{WR}$,并将来自数据总线的数据和控制字写入 8251A。

(2) 接收读信号 $\overline{RD}$,并将数据或状态字从 8251A 送往数据总线。

(3) 接收控制/数据信号 C/$\overline{D}$,将此信号和读/写信号组合起来通知 8251A,当前读/写的是数据还是控制字、状态字。

(4) 接收时钟信号 CLK，完成 8251A 的内部定时。

(5) 接收复位信号 RESET，使 8251A 处于空闲状态。

调制/解调控制电路用来实现 8251A 和调制/解调器的连接。在进行远程通信时，常常要用解调器将串行接口送出的数字信号变为模拟信号，再发送出去，接收端则要用调制器将模拟信号变为数字信号，再由串行接口转换为并行数据送往计算机主机。在全双工通信情况下，每个收发站都要连接调制/解调器。有了调制/解调控制电路，就提供了一组通用的控制信号，使得 8251A 可直接和调制/解调器连接。

2. 8251A 的发送和接收

1) 异步接收方式

当 8251A 工作在异步方式准备接收一个字符时，就在 R_XD 线上检测是否为低电平，没有字符信息时，R_XD 为高电平。8251A 将 R_XD 线上检测到的低电平作为起始位，并启动接收控制电路中的内部计数器进行计数，计数脉冲就是 8251A 的接收器时钟脉冲 $\overline{R_XC}$。当计数进行到相应于半位的传输时间（如时钟脉冲频率为波特率的 16 倍时，则计到第 8 个脉冲，即相当于半位的传输时间）时，又对 R_XD 线进行检测，如此时仍为低电平，则确认收到一个有效的起始位。于是，8251A 开始进行常规采样并进行字符装配，具体地说，就是每隔 1 位的传输时间（在波特率为 16 时，相当于 16 个脉冲间隔时间），对 R_XD 进行一次采样。数据进入串/并转换器中的输入移位寄存器被移位，并进行奇/偶校验和去掉停止位，就变成了并行数据，送到接收缓冲器，同时接收控制电路发出 R_XRDY 信号送 CPU，表示已收到一个可用的数据。对于少于 8 位的数据，8251A 则将它们的高位填上 0。

在异步接收时，有时会遇到这样的情况，即 8251A 在检测起始位时，过半个数位传输时间后，没有再次测得低电平，而是测得高电平，此时，8251A 就会把刚才检测到的信号看成干扰脉冲，于是重新开始检测 R_XD 线上是否又出现低电平。

2) 异步发送方式

在异步发送方式下，当程序对控制寄存器中的允许发送位 T_XEN(transmit enable)置 1，并且在 $\overline{CTS}$(clear to send)信号有效的情况下，便开始发送过程。在发送时，发送器为每个字符加上 1 个起始位，并按照编程要求加上奇/偶校验位以及停止位。数据以及起始位、校验位、停止位总是在发送时钟 $\overline{T_XC}$ 的下降沿时从 8251A 发出，数据传输的波特率为发送时钟频率的 1、1/16 或 1/64，具体决定于编程时给出的波特率因子。图 6.4 是异步方式时的数据传输格式。

3) 同步接收方式

在同步接收方式下，8251A 首先搜索同步字符。具体地说，8251A 监测 R_XD 线，每当 R_XD 线上出现一个数据位时，就把它接收下来并把它送入串/并转换器中的移位寄存器移位，然后送到接收控制电路，将移位得到的内容与其中的同步字符寄存器的内容比较，如两者不相等，则接收下一位数据，并重复上述比较过程。当两者比较相等时，8251A 的 SYNDET 引脚输出高电平，以告示同步字符已找到，同步已实现。

8251A 有两个同步字符寄存器，所以，可采用双同步字符方式。这种情况下，就要在测得输入字符与第一个同步字符寄存器的内容相同后，再继续检测此后的串/并转换结果是否

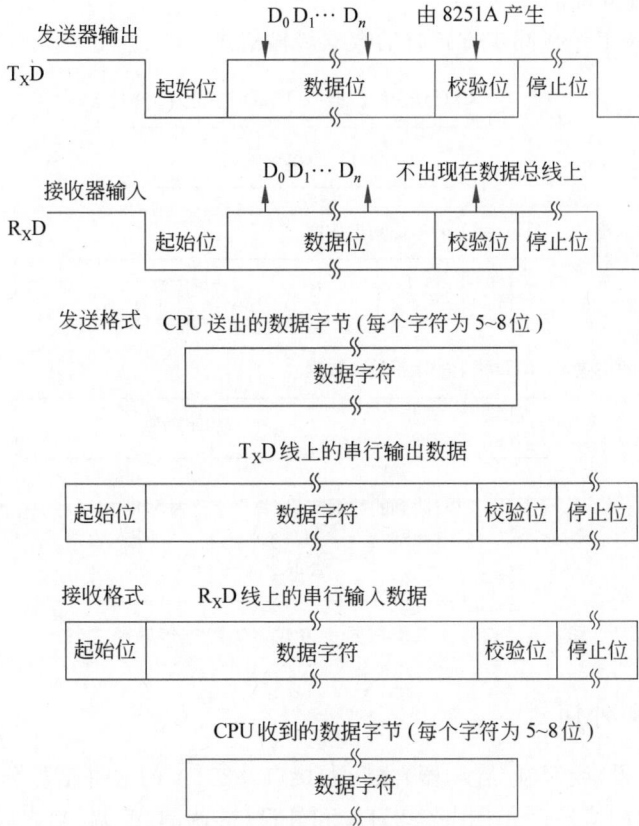

图 6.4　8251A 工作在异步方式时的数据传输格式

* 注：如果 1 个字符对应的数据不到 8 位，而是为 5、6 或 7 位，则其余的位被设置为 0。

与第二个同步字符寄存器的内容相同。如不同，则重新比较输入移位寄存器和第一个同步字符寄存器的内容；如相同，则认为同步已实现。

在外同步情况下，和上面过程不同，因为这时是通过在同步输入端 SYNDET 加 1 个高电位来实现同步的。SYNDET 端一出现高电平，8251A 就会立刻脱离对同步字符的搜索，只要此高电位能维持 1 个接收时钟周期，8251A 便认为已完成外同步。

实现同步之后，接收器和发送器之间就开始进行数据的同步传输。这时，接收器利用时钟信号对 $R_X D$ 线进行采样，并把收到的数据位送到串/并转换器的移位寄存器中。每当收到的数据位达到规定的 1 个字符的位数时，就将移位寄存器的内容送到接收缓冲器，并在 $R_X RDY$ 引脚上发出 1 个信号，表示收到了 1 个字符。

4）同步发送方式

在同步发送方式下，也要在程序中将控制寄存器的 $T_X EN$ 位置 1，并在 $\overline{CTS}$ 有效的情况下，才能开始发送过程。此时，发送器先根据编程要求发送 1 个或 2 个同步字符，然后发送数据块。在发送数据块时，发送器会根据编程要求对数据块中的每个数据加上奇/偶校验位，当然，如在 8251A 编程时不要求加奇/偶校验位，那么，在发送时就不添任何附加位。

在同步发送时，会遇到这样的情况，即 8251A 正在发送数据，而 CPU 却来不及提供新的数据给 8251A，这时，8251A 的发送器会自动插入同步字符，于是，就满足了在同步发送时不允许数据之间存在间隙的要求。

图 6.5 是 8251A 工作在同步方式时的数据传输格式。

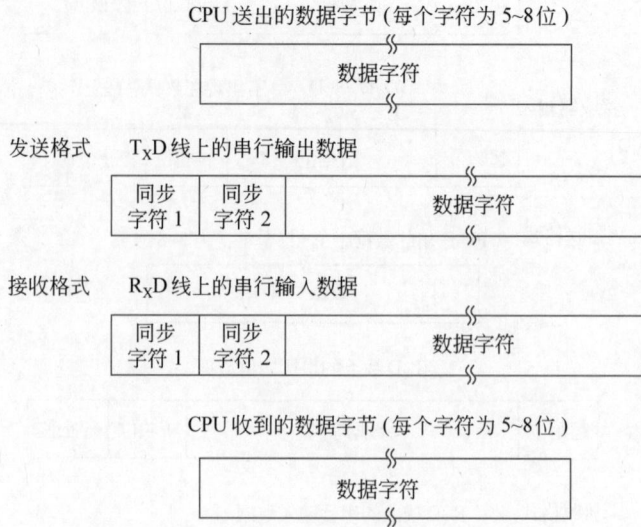

CPU 送出的数据字节(每个字符为 5~8 位)

数据字符

发送格式　　T$_X$D 线上的串行输出数据

同步 字符 1	同步 字符 2	数据字符

接收格式　　R$_X$D 线上的串行输入数据

同步 字符 1	同步 字符 2	数据字符

CPU 收到的数据字节(每个字符为 5~8 位)

数据字符

图 6.5　8251A 工作在同步方式时的数据传输格式

6.2.3　8251A 的对外信号

作为 CPU 和外设(或调制/解调器)之间的接口,8251A 的对外信号分为两组:一组是 8251A 和 CPU 之间的信号;另一组是 8251A 和外设(或调制/解调器)之间的信号。图 6.6 是 8251A 与 CPU 及外设之间的连接关系示意图。

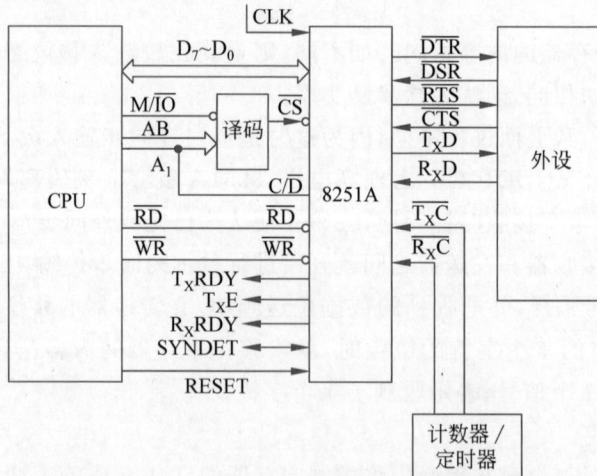

图 6.6　8251A 与 CPU 及外设之间的连接关系示意图

1. 8251A 和 CPU 之间的连接信号

8251A 和 CPU 之间的连接信号可分为 4 类,具体如下。

1) 片选信号

$\overline{\text{CS}}$:片选信号 $\overline{\text{CS}}$ 是 CPU 的一部分地址信号通过译码后得到的。$\overline{\text{CS}}$ 为低电平时,

8251A 被选中。反之，$\overline{CS}$ 为高电平时，8251A 未被选中，这种情况下，8251A 的数据线处于高阻状态，读信号 $\overline{RD}$ 和写信号 $\overline{WR}$ 对芯片不起作用。

2）数据信号

$D_7 \sim D_0$：8251A 有 8 根数据线 $D_7 \sim D_0$，以此与系统的数据总线相连。实际上，数据线上不只传输一般的数据，也传输 CPU 对 8251A 的编程命令和 8251A 送往 CPU 的状态信息。

3）读/写控制信号

（1）$\overline{RD}$：读信号 $\overline{RD}$ 为低电平时，用来通知 8251A，CPU 当前正在从 8251A 读取数据或状态信息。

（2）$\overline{WR}$：写信号 $\overline{WR}$ 为低电平时，用来通知 8251A，CPU 当前正在往 8251A 写入数据或控制信息。

（3）$C/\overline{D}$：控制/数据信号 $C/\overline{D}$ 也是 CPU 送往 8251A 的信号，用来区分当前读/写的是数据还是控制信息或状态信息。具体地说，CPU 在读操作时，如 $C/\overline{D}$ 为低电平，则读取的是数据，如 $C/\overline{D}$ 为高电平，则读取的是 8251A 当前的状态信息；CPU 在写操作时，如 $C/\overline{D}$ 为低电平，则写入的是数据，如 $C/\overline{D}$ 为高电平，则写入的是 CPU 对 8251A 的控制命令。

归纳起来，$\overline{RD}$、$\overline{WR}$、$C/\overline{D}$ 这 3 个信号和读/写操作之间的关系如表 6.1 所示。

表 6.1　$C/\overline{D}$、$\overline{RD}$、$\overline{WR}$ 的编码和对应的操作

$C/\overline{D}$	$\overline{RD}$	$\overline{WR}$	具体的操作
0	0	1	CPU 从 8251A 输入数据
0	1	0	CPU 往 8251A 输出数据
1	0	1	CPU 读取 8251A 的状态
1	1	0	CPU 往 8251A 写入控制命令

8251A 只用两个连续的端口地址，数据输入端口和数据输出端口合用同一个偶地址，而状态端口和控制端口合用同一个奇地址。在具体系统中，利用 1 位地址线区分奇地址端口和偶地址端口。在 16 位系统中，用 A_1 来区分，A_1 为低电平时，选中偶地址端口，再与 $\overline{RD}$ 或 $\overline{WR}$ 配合，便实现了数据的读/写；A_1 为高电平时，选中奇地址端口，再与 $\overline{RD}$ 或 $\overline{WR}$ 配合，便实现了状态信息的读取和控制信息的写入。这样，地址线 A_1 的电平变化正好符合了 8251A 对 $C/\overline{D}$ 端的信号要求。因此，在 16 位系统中，将地址线 A_1 和 8251A 的 $C/\overline{D}$ 端相连；32 位系统中，在多功能接口芯片内部实现了连接，实际上，是用 A_3 代替了 16 位系统中 A_1 的位置。

4）收发联络信号

（1）$T_X RDY$：发送器“准备好”信号 $T_X RDY$ 用来告诉 CPU，8251A 已准备好发送一个字符。具体地说，当 $\overline{CTS}$ 为低电平而 $T_X EN$ 位为 1，并且发送缓冲器为空时，使 $T_X RDY$ 为高电平，于是 CPU 便得知，当前 8251A 已做好发送准备，因而可往 8251A 传输一个数据。实际使用时，如 8251A 和 CPU 之间采用中断方式联系，则 $T_X RDY$ 可作为中断请求信号；如 8251A 和 CPU 之间采用查询式联系，则 $T_X RDY$ 可成为一个联络信号，CPU 通过读操作便能检测 $T_X RDY$，从而了解 8251A 的当前状态，进一步决定是否可往 8251A 输送一个字符。不管是用中断方式还是查询式，当 8251A 从 CPU 得到一个字符后，$T_X RDY$ 便成为低

电平。

(2) T_XE：发送器空信号 T_XE 有效时，表示此时 8251A 发送器中并-串转换器空，它实际上指示了一个发送动作的完成。当 8251A 从 CPU 得到一个字符时，T_XE 便成为低电平。这里需要指出一点，即在同步方式时，不允许字符之间有空隙，但是 CPU 有时却来不及往 8251A 输出字符，此时 T_XE 变为高电平，发送器在输出线上插入空字符，从而填补了传输间隙。

(3) R_XRDY：接收器准备好信号 R_XRDY 用来表示当前 8251A 已从外设或调制/解调器接收到一个字符，正等待 CPU 取走。因此，在中断方式时，R_XRDY 可用作中断请求信号；在查询方式时，R_XRDY 可用作联络信号。当 CPU 从 8251A 读取一个字符后，R_XRDY 便成为低电平，等到下一次接收到一个新的字符后，又升为高电平，即有效电平。

(4) SYNDET：同步检测信号 SYNDET 只用于同步方式，SYNDET 引脚既可工作在输入状态，也可工作在输出状态，这决定于 8251A 工作在内同步还是外同步状态，而这两种状态又决定于 8251A 的初始化编程。当 8251A 工作在内同步状态时，SYNDET 作为输出端，如 8251A 检测到了所要求的同步字符，则 SYNDET 便变为高电平，用来表明 8251A 当前已达到同步。当 8251A 工作在外同步情况时，SYNDET 作为输入端，从这个输入端进入的一个正跳变，会使 8251A 在 $\overline{R_XC}$ 的下一个下降沿时开始装配字符。

2. 8251A 与外设之间的连接信号

8251A 与外设之间的连接信号分为以下两类。

1) 数据信号

(1) T_XD：发送器数据信号 T_XD 用来输出数据，CPU 送往 8251A 的并行数据转换为串行数据后，通过 T_XD 送往外设。

(2) R_XD：接收器数据信号 R_XD 用来接收外设送来的串行数据，数据进入 8251A 后转换为并行方式。

2) 和外设的联络信号

(1) $\overline{DTR}$(data terminal ready)：数据终端准备好信号。

(2) $\overline{DSR}$(data set ready)：数据设备准备好信号，其实，这是对 $\overline{DTR}$ 的应答信号，告诉对方可进行通信。

(3) $\overline{RTS}$(request to send)：请求发送信号。

(4) $\overline{CTS}$(clear to send)：清除发送信号，其实，这是对 $\overline{RTS}$ 的应答信号，表示可以进行通信。

对这 4 个信号，初学者很容易发生疑惑：为什么 8251A 有这么多联络信号？使用时有什么差别？使用中怎样把握这种差别？

实际上，这 4 个信号是提供给 8251A 与外设联络用的，因为 8251A 可以用 T_XD 和 R_XD 工作于全双工方式，即可以同时连接发送设备和接收设备，所以，需要两对即 4 个联络信号。

使用时，一般将 $\overline{DTR}$ 和 $\overline{DSR}$ 连接接收器，将 $\overline{RTS}$ 和 $\overline{CTS}$ 连接发送器。其中，$\overline{DTR}$ 和 $\overline{RTS}$ 是 8251A 送往外设的，在后面讲到 8251A 的控制寄存器时，读者从中可以知道，CPU 通过软件对控制寄存器中 DTR 位或 RTS 位置 1，就可以使 8251A 的 $\overline{DTR}$ 或 $\overline{RTS}$ 信号输出有效电平，所以，$\overline{DTR}$ 和 $\overline{RTS}$ 也是 CPU 对 8251A 的控制信号。$\overline{DSR}$ 和 $\overline{CTS}$ 是外设送给 8251A 的，当外设使 $\overline{DSR}$ 为低电平时，会使 8251A 的状态寄存器中的 DSR 位为 1，而 CPU 可以通

过软件对 DSR 位检测,所以,$\overline{\text{DSR}}$是状态信号。$\overline{\text{CTS}}$本身是 8251A 和外设的联络信号,但其电平为低还是高,会影响 T_XRDY 端的电平,而 T_XRDY 正是 8251A 送给 CPU 的一个状态信号,所以,$\overline{\text{CTS}}$也起到将外设的状态通知 CPU 的联络作用。

由此可见,这 4 个信号在 CPU 和外设之间起联络作用,不过这种作用是通过 8251A 传递的。在形式上,这些信号都接在 8251A 和外设之间。

使用中,如果 8251A 和外设之间不是工作于全双工状态,而是半双工或单工状态,那么,可以只用其中一对联络信号;如果 8251A 和外设之间不需要任何联络信号(如无条件传送),但 CPU 需要发送数据。那么,不管是全双工方式还是半双工、单工方式,都必须将$\overline{\text{CTS}}$端接地,使其处于有效电平,其他 3 个信号可悬空。原因很简单,因为只有$\overline{\text{CTS}}$为低电平时,才能使 T_XRDY 为高电平,而 T_XRDY 为高电平时,CPU 才能往 8251A 发送数据,再送到外设;如果 8251A 仅仅工作于接收状态接收外设的数据,那么,$\overline{\text{CTS}}$也可以悬空。

实际使用中,这 4 个信号可赋予不同的物理意义,可以将两对联络信号都用上,也可以只用其中的一对,还可以只用其中的 1 个信号进行联络。

最典型的使用是 8251A 和调制/解调器之间的连接。利用电话网进行远程联网时,8251A 通过调制/解调器连接电缆。调制/解调器其实包含两个独立的部件:一个是调制器;另一个是解调器。CPU 发送信息时,调制器将 8251A 输出的数字信号调制为模拟信号送往远方;解调器则将远方送来的模拟信号解调为数字信号送 8251A,再由 CPU 接收。此时,$\overline{\text{DTR}}$和$\overline{\text{DSR}}$与解调器连接,$\overline{\text{RTS}}$和$\overline{\text{CTS}}$与调制器连接。

又如,系统通过 8251A 和串行打印机相连,而打印机这边的串行口的$\overline{\text{DTR}}$有效表示可接收主机送来的数据,它应该和主机这边的串行口的$\overline{\text{DSR}}$连接,CPU 通过软件检测状态寄存器,便可获悉打印机是否处于"忙"状态。还如,当主机和鼠标连接时,只用$\overline{\text{DTR}}$作为主机和鼠标的联络信号,而将$\overline{\text{RTS}}$巧妙地作为主机对鼠标的供电电源,从而鼠标不必自备电源。

8251A 除了有与 CPU 及外设的连接信号外,还有电源端、地端和 3 个时钟端。其中,时钟 CLK 用来产生 8251A 器件的内部时序。要求 CLK 的频率在同步方式下大于接收数据或发送数据的波特率的 30 倍,在异步方式下则要大于数据波特率的 4.5 倍。发送器时钟$\overline{\text{T}_X\text{C}}$控制发送字符的速度,在同步方式下,$\overline{\text{T}_X\text{C}}$的频率等于字符传输的波特率;在异步方式下,$\overline{\text{T}_X\text{C}}$的频率可以为字符传输波特率的 1 倍、16 倍或 64 倍,具体倍数决定于 8251A 编程时指定的波特率因子。接收器时钟$\overline{\text{R}_X\text{C}}$控制接收字符的速度,和$\overline{\text{T}_X\text{C}}$一样,在同步方式下,$\overline{\text{R}_X\text{C}}$的频率等于字符传输的波特率;在异步方式下,则可为波特率的 1 倍、16 倍或 64 倍。在实际使用时,$\overline{\text{R}_X\text{C}}$和$\overline{\text{T}_X\text{C}}$往往连在一起,由同一个外部时钟来提供,CLK 则由另一个频率较高的外部时钟来提供。

6.2.4 8251A 的编程

1. 8251A 的初始化

8251A 有一奇一偶两个端口地址,偶地址端口对应数据输入寄存器和数据输出寄存器,奇地址端口对应状态寄存器、模式寄存器、控制寄存器和同步字符寄存器。

显而易见,用偶地址端口时,如写入,则对应数据输入寄存器,如读出,则对应数据输出寄存器;对奇地址端口读出时对应状态寄存器。那么,对奇地址端口写入时,到底是往

8251A 的模式寄存器、控制寄存器还是往同步字符寄存器写入呢?

这实际上涉及 8251A 初始化的有关约定。设计 8251A 芯片时,对使用 8251A 的程序员作出了必须遵守的约定,主要有如下 3 方面。

(1) 芯片复位以后,第一次用奇地址端口写入的值作为模式字送入模式寄存器。

(2) 如果模式字中规定了 8251A 工作在同步模式,那么,CPU 接着往奇地址端口输出的就是同步字符,同步字符被写入同步字符寄存器。如此前规定同步字符为 2 个,则会按先后次序分别写入第 1 个同步字符寄存器和第 2 个同步字符寄存器。

(3) 此后,只要不是复位命令,不管是同步模式还是异步模式,由 CPU 往奇地址端口写入的值都将作为控制字送到控制寄存器,而往偶地址端口写入的值将作为数据送到数据发送缓冲器。

图 6.7 是 8251A 的初始化流程图。

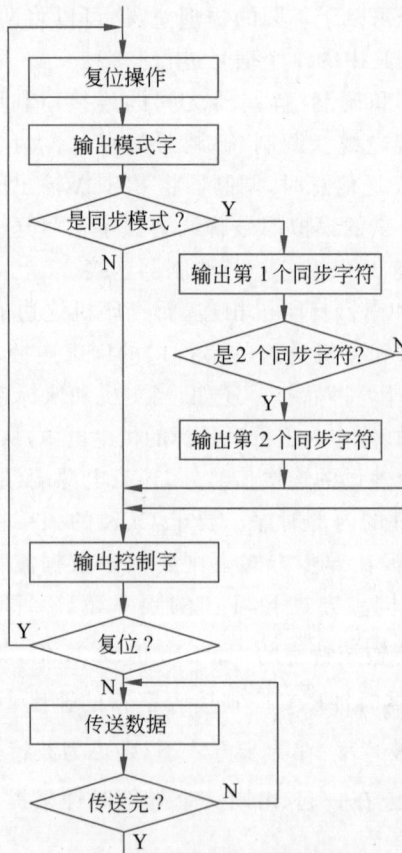

图 6.7　8251A 的初始化流程图

当硬件上复位或通过软件编程对 8251A 复位后,就通过奇地址端口对 8251A 进行初始化。按照约定,CPU 往奇地址端口写入的第一个数被作为模式字送到模式寄存器。模式字决定了 8251A 将工作在同步模式还是异步模式,如工作在同步模式,模式字中还指出了同步字符的数目,同步字符可能是 1 个,也可能是 2 个。8251A 获得模式字后,就会判断程序员要设定的 8251A 的工作模式。

按照约定,如果设定为同步模式,那么,在模式字之后,接下来就是给出模式字中规定的相应数目的同步字符。8251A 会将收到的同步字符送到同步字符寄存器。如有 2 个同步字符,则会将它们按先后次序分别送到第 1 个同步字符寄存器和第 2 个同步字符寄存器。接下来,8251A 便准备接收控制命令。

如果为异步方式,则设置模式字后,便接着设置控制字。

不管是同步模式还是异步模式,控制字的主要含义相同,控制字就是各种控制命令,包括复位命令。在初始化流程中可见到,当 CPU 往 8251A 发控制字之后,8251A 会首先判断控制字是否为复位命令。如控制字是复位命令,则又返回去重新开始接收模式字;如不是,则 8251A 便可开始执行数据传输。

2. 模式寄存器的格式

对 8251A 进行初始化时,要按模式寄存器的格式来设置模式字,模式寄存器的格式如图 6.8 所示。图中说明了 8251A 工作在同步和异步两种模式下,模式寄存器各位的含义。当模式寄存器最低 2 位为 0 时,8251A 便工作在同步模式,此时,最高位决定了同步字符的数目;如模式寄存器的最低 2 位不全为 0,则 8251A 进入异步模式。

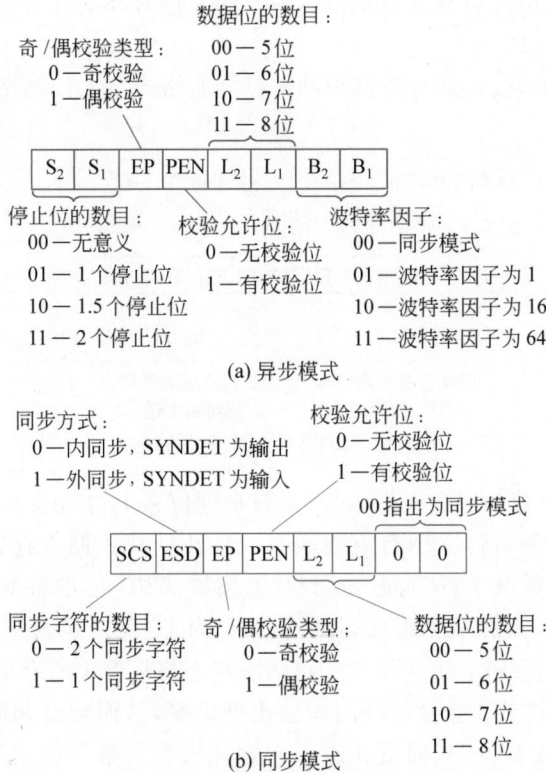

数据位的数目:
00—5 位
01—6 位
10—7 位
11—8 位

奇/偶校验类型:
0—奇校验
1—偶校验

| S_2 | S_1 | EP | PEN | L_2 | L_1 | B_2 | B_1 |

停止位的数目:
00—无意义
01—1 个停止位
10—1.5 个停止位
11—2 个停止位

校验允许位:
0—无校验位
1—有校验位

波特率因子:
00—同步模式
01—波特率因子为 1
10—波特率因子为 16
11—波特率因子为 64

(a) 异步模式

同步方式:
0—内同步,SYNDET 为输出
1—外同步,SYNDET 为输入

校验允许位:
0—无校验位
1—有校验位

00 指出为同步模式

| SCS | ESD | EP | PEN | L_2 | L_1 | 0 | 0 |

同步字符的数目:
0—2 个同步字符
1—1 个同步字符

奇/偶校验类型:
0—奇校验
1—偶校验

数据位的数目:
00—5 位
01—6 位
10—7 位
11—8 位

(b) 同步模式

图 6.8 8251A 模式寄存器的格式

在同步模式中,发送和接收的波特率(实际上就是移位寄存器的移位率)分别和 $\overline{T_XC}$ 引脚、$\overline{R_XC}$ 引脚上的输入时钟的频率相等。但在异步模式中,要用模式寄存器中的最低 2 位来确定波特率因子,此时 $\overline{T_XC}$ 和 $\overline{R_XC}$ 的频率、波特率因子和波特率之间有如下关系:

$$时钟频率 = 波特率因子 \times 波特率$$

例如,模式寄存器的最低 2 位为 10,而要求发送数据的波特率为 300,接收数据的波特率为 1 200,那么,供给 $\overline{T_XC}$ 的时钟频率应为 4 800Hz,而供给 $\overline{R_XC}$ 的时钟频率应为 19.2kHz。

不管是同步模式还是异步模式,模式寄存器的第 2、3 位用来指出每个字符所对应的数据位的数目,第 4 位用来指出是否用校验位,第 5 位则用来指出校验类型是奇校验还是偶校验。

在异步模式中,用最高 2 位指出停止位的数目;但在同步模式中,第 6 位用来决定引脚 SYNDET 是作为输入还是输出,第 7 位则用来指出同步字符的数目。

在讲述 8251A 的对外连接信号时,已经提到,SYNDET 是同步检测信号。8251A 既可工作在内同步模式,也可工作在外同步模式。当工作在内同步模式时,SYNDET 作为输出,当输出高电平时,表示当前 8251A 已达到同步;当工作在外同步模式时,SYNDET 作为输入,在这种情况下,由外部其他机构来检测同步字符,外部检测到同步字符以后,从 SYNDET 端往 8251A 输入一个正跳变信号,用来通知 8251A 当前已检索到同步字符,即已达到同步,于是,8251A 便在下一个 $\overline{R_XC}$ 脉冲的下降沿开始收集字符信息。

实际上,在异步模式中,SYNDET 端也有定义,不过,只能作为输出使用,此输出信号为空白检测信号,每当 8251A 收到各数据位均为 0 的字符时,SYNDET 便输出高电平。

3. 控制寄存器的格式

对 8251A 进行初始化时,还要按照控制寄存器的格式写入控制字。控制寄存器的格式如图 6.9 所示。

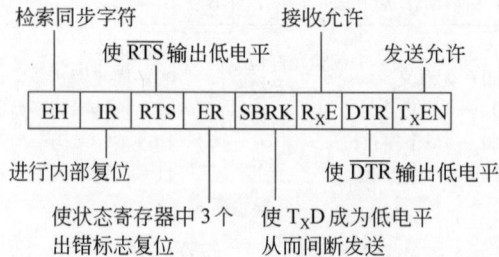

图 6.9　8251A 控制寄存器的格式

控制寄存器的第 0 位为发送允许信号,只有将此位置 1,才能使数据从 8251A 接口往外设传输。第 1 位 DTR 和引脚 $\overline{DTR}$ 有直接联系,当 CPU 将控制寄存器的 DTR 位设置为 1 时,便使 $\overline{DTR}$ 引脚变为低电平,从而通知调制/解调器,CPU 已准备就绪。第 2 位为接收允许信号,在 CPU 从 8251A 接收数据前,先要使此位为 1。第 3 位为 1 使引脚 T_XD 变为低电平,于是,输出一个空白字符。第 4 位置 1 将清除状态寄存器中所有的出错指示位。第 5 位用来设置发送请求,此位置 1 会使 RTS 引脚输出低电平,从而允许调制/解调器往远方发送数据。第 6 位使 8251A 复位,从而重新进入初始化流程。第 7 位只用在内同步模式,为 1 时,8251A 便会对同步字符进行检索。

4. 状态寄存器的格式

当需要检测 8251A 的工作状态时,经常要用到状态字。状态字存放在状态寄存器中,状态寄存器的格式如图 6.10 所示。

状态寄存器的第 1、2、6 位分别与 8251A 引脚 R_XRDY、T_XE、SYNDET 上的信号有关,第 0 位 T_XRDY 为 1 用来指出当前发送缓冲器为空。这里要注意的一点是,状态位

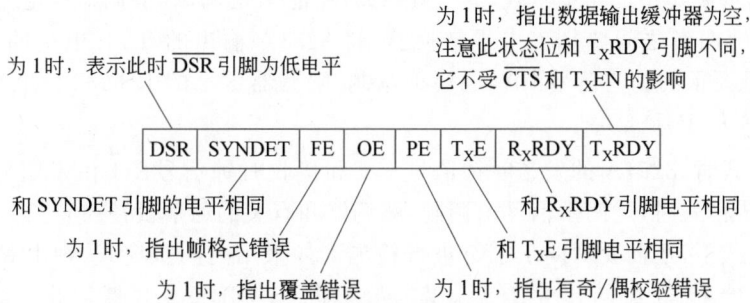

为1时，表示此时 $\overline{\text{DSR}}$ 引脚为低电平

为1时，指出数据输出缓冲器为空，注意此状态位和 T_XRDY 引脚不同，它不受 $\overline{\text{CTS}}$ 和 T_XEN 的影响

| DSR | SYNDET | FE | OE | PE | T_XE | R_XRDY | T_XRDY |

和 SYNDET 引脚的电平相同

为1时，指出帧格式错误

为1时，指出覆盖错误

为1时，指出有奇/偶校验错误

和 T_XE 引脚电平相同

和 R_XRDY 引脚电平相同

图 6.10　8251A 状态寄存器的格式

T_XRDY 和引脚 T_XRDY 上的信号不同，状态位 T_XRDY 不受输入信号 $\overline{\text{CTS}}$ 和控制位 T_XEN 的影响，而引脚 T_XRDY 必须在发送缓冲器空、$\overline{\text{CTS}}$ 为低电平且 T_XEN 为1时，才为高电平，即 T_XRDY 为1的条件为

$$数据输出缓冲器空 \cdot \overline{\text{CTS}} \cdot T_X\text{EN} = 1$$

状态位 R_XRDY 为1指出接口中已接收到1个字符，当前正准备好输入 CPU。不管是 T_XRDY 还是 R_XRDY 状态位，都可以在程序中用来实现对 8251A 数据发送过程和接收过程的测试。当然，也可对引脚 T_XRDY 和 R_XRDY 上的信号加以利用，实际使用中，这两个信号常常作为外设对 CPU 的中断请求信号。

当 CPU 往 8251A 输出1个字符以后，状态位 T_XRDY 会自动清0，与此类似，当 CPU 从 8251A 输入1个字符时，状态位 R_XRDY 也会自动清0。

状态寄存器的第2位 T_XE 为1时，指出当前发送移位寄存器正在等待发送缓冲器送字符过来。在同步传输方式下，当 T_XE 状态位为0时，发送移位寄存器会先从同步字符寄存器取得同步字符，并对此进行移位，然后再对实际数据进行移位。

状态寄存器的第3、4、5位分别作为奇/偶校验错误的指示、覆盖错误的指示和帧格式错误的指示，当数据传输过程中产生其中某种类型的错误时，相应的出错指示位被置1。

如果 8251A 的 $\overline{\text{DSR}}$ 引脚和调制/解调器相连，那么，状态寄存器的第7位 DSR 就和调制/解调器的状态有关，当调制/解调器被接通并有数据要送往 8251A 时，状态位 DSR 为1。

6.2.5　8251A 编程举例

图 6.11 是 8251A 和调制/解调器按同步模式或异步模式进行连接的典型例子。

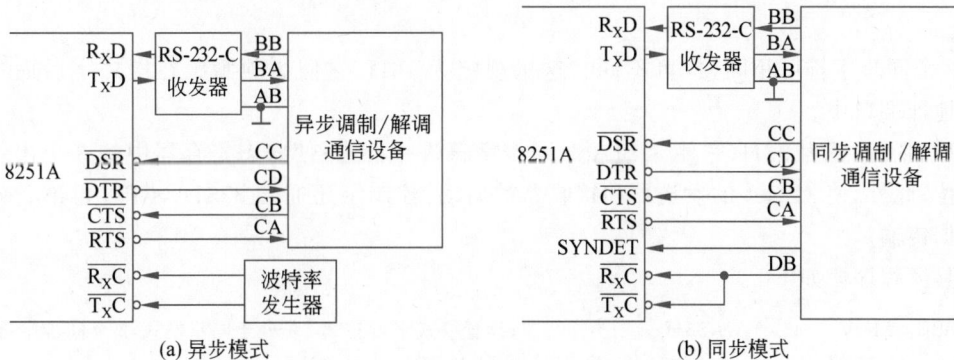

(a) 异步模式　　　　　　　　(b) 同步模式

图 6.11　8251A 和调制/解调器的连接

不管是同步模式还是异步模式,为了使 8251A 能满足调制/解调器在电平方面要求的 RS-232-C 标准,两者之间要加上电平转换器,将 8251A 输出的 TTL 电平的 T_XD 变换为 RS-232-C 标准要求的相应信号 BA,还要把调制/解调器送来的 RS-232-C 电平的 BB 信号变为 TTL 电平的 R_XD 信号。

在异步模式时,8251A 的发送时钟信号 $\overline{T_XC}$ 和接收时钟信号 $\overline{R_XC}$ 由专门的时钟发生器供给;而在同步模式时,这两个信号由调制/解调器和有关的通信设备控制。

在同步模式下,还需要对同步字符进行检测。如采用内同步模式,则由 8251A 自身检测同步字符,当检索到同步字符后,8251A 会从 SYNDET 引脚输出一个信号通知调制/解调器当前已检索到同步字符,从而已达到同步。如采用外同步模式,则由调制/解调器和有关设备完成对同步字符的检测,测得同步字符后,调制/解调器会通过 SYNDET 引脚往 8251A 送一个信号,从而通知 8251A 当前已实现同步。

1. 异步模式下的初始化程序举例

下面是按照初始化流程对 8251A 作异步模式设置的程序段。前面已讲过,模式字和控制字都必须写入"奇"地址端口,这里假设为 42H。设置模式字时,设定了字符用 7 位二进制数表示,带 1 个偶校验位、2 个停止位;异步模式下必须给出波特率因子,这里设波特率因子为 16。

控制字设为 37H。其含义:清除出错标志,即让出错指示处于初始状态;使请求发送信号处于有效电平;此外,使数据终端准备好信号 $\overline{DTR}$ 处于有效电平,以通知调制/解调器,CPU 已准备好接收数据;使发送允许位 T_XEN 为 1,从而让发送器处于启动状态;还使接收允许位 R_XE 为 1,从而让接收器也处在启动状态。

具体程序段如下:

```
AAA: MOV    AL,0FAH        ;设置模式字,使 8251A 为异步模式,波特率因子为 16,
     OUT    42H,AL          7 个数据位,偶校验,2 个停止位
     MOV    AL,37H
     OUT    42H,AL         ;设置控制字,使发送启动、接收启动,并设置有关信息
```

2. 同步模式下的初始化程序举例

下面是按初始化流程对 8251A 作同步模式设置的程序段。"奇"地址端口地址仍为 42H,按照初始化流程,程序往此端口中设置的数据依次作为模式字、同步字符和控制字。

模式字为 38H。其含义:用 2 个同步字符;采用内同步模式;用偶校验;用 7 位作为数据位。

2 个同步字符可相同,也可不同。这里规定为 16H,它们必须紧跟在模式字后面写入"奇"地址端口中。

控制字设置为 97H,它使 8251A 对同步字符进行检索;使状态寄存器中的 3 个出错标志复位;此外,使 8251A 的发送器和接收器被启动;控制字还通知 8251A,CPU 已准备好进行数据传输。

具体程序段如下:

```
BBB: MOV    AL,38H         ;设置模式字,使 8251A 处于同步模式,2 个同步字符,
     OUT    42H,AL          7 个数据位,偶校验
```

```
      MOV        AL,16H          ⎫
      OUT        42H,AL          ⎬ ;两个同步字符均为16H
      OUT        42H,AL          ⎭
      MOV        AL,97H
      OUT        42H,AL            ;设置控制字,使发送器启动,接收器启动,并设置其他信号
```

3. 利用状态字进行编程的举例

下面的程序段先对 8251A 进行初始化,再对状态字作测试,以便输入字符。本程序段可用来输入 80 个字符。

这里,规定 8251A 的控制和状态端口地址为 42H,数据输入和输出端口地址为 40H(输出端口未用)。字符输入后,放在 BUFFER 标号所指的内存缓冲区中。

程序的内循环中,对状态寄存器的状态位 $R_X RDY$ 不断测试,看 8251A 是否已从外设接收到 1 个字符。如已接收到,则将它读入并送到内存缓冲区。程序还对状态寄存器的出错指示位进行检测,如发现传输过程中有奇/偶校验错误、覆盖错误或帧格式错误,则停止输入,并调用出错处理子程序。这里,出错处理子程序没有具体给出,其功能主要有两方面:一是显示出错信息;二是清除状态寄存器中的出错指示位,这可通过设置控制字来实现。

这里,作以下两点简要的说明。

(1) 字符接收过程本身会自动使 $R_X RDY$ 位置 1。如没有收到字符,由于 $R_X RDY$ 位为 0,所以会使内循环不断继续,当收到一个字符时,$R_X RDY$ 位被置 1,于是退出内循环。当 CPU 从 8251A 接口读取字符后,$R_X RDY$ 位又自动复位,即成为 0。

(2) 当输入字符少于 8 位时,那么,数据位从右边对齐,8251A 会在高位上自动填 0。

具体的程序段如下:

```
           MOV      AL,0FAH       ⎫ ;设置模式字,异步模式,波特率因子为16,用7
           OUT      42H,AL        ⎭   个数据位,2个停止位,偶校验

           MOV      AL,35H        ⎫ ;设置控制字,使接收器启动,并清除出错指示位
           OUT      42H,AL        ⎭
           MOV      DI,0            ;变址寄存器初始化
           MOV      CX,80           ;共接收80个字符
BEGIN:     IN       AL,42H        ⎫ ;读状态字,测试 RₓRDY 位,如为0,则未收到字
           TEST     AL,02H        ⎬   符,故继续读取状态字并测试
           JZ       BEGIN         ⎭

           IN       AL,40H          ;读取字符
           MOV      DX,OFFSET BUFFER ⎫
           MOV      [DX+DI],AL    ⎬ ;将字符送到缓冲区,修改缓冲区指针
           INC      DI            ⎭
           IN       AL,42H          ;读取状态字
           TEST     AL,38H        ⎫
                                  ⎬ ;测试有无帧格式错误、奇/偶校验错误和覆盖错
                                  ⎪   误,如有则转出错处理程序
           JNZ      ERROR         ⎭
```

LOOP	BEGIN	;如没有错,则再接收下一个字符	
JMP	EXIT	;如输入满 80 个字符,则结束	
ERROR：CALL	ERR_OUT	;调用出错处理程序	
EXIT：	：		

6.2.6 8251A 的使用实例

下面,我们来举一个实际的例子进一步说明 8251A 的使用方法,这是一个 16 位微型机系统中的串行通信部分,8251A 作为 CRT 的接口,具体的线路如图 6.12 所示。

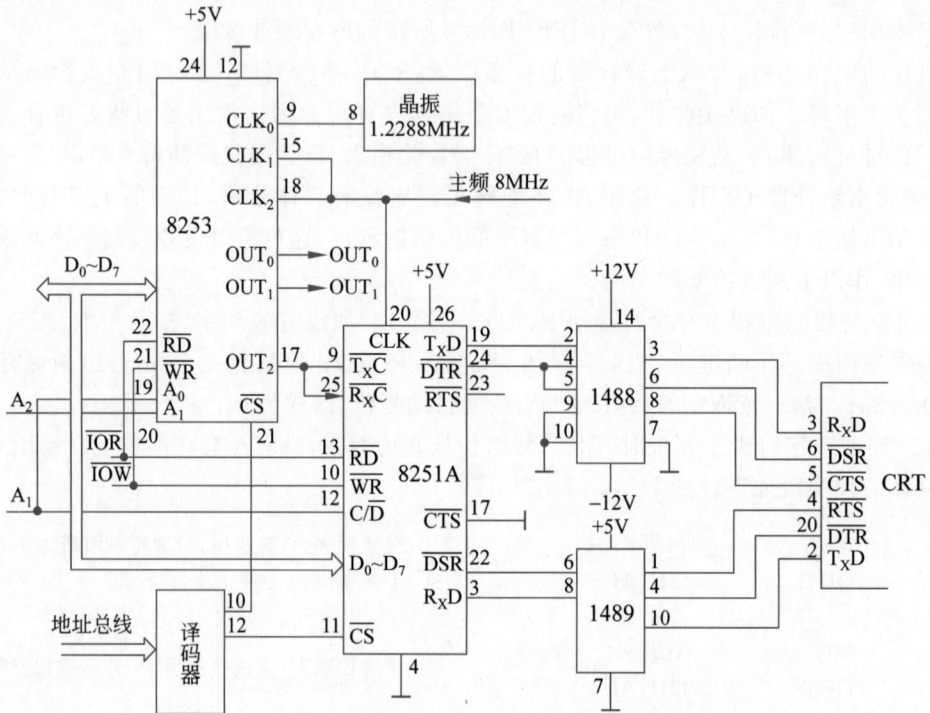

图 6.12 用 8251A 作为 CRT 接口的实际例子

8251A 的主时钟 CLK 是由系统主频提供的,为 8MHz,发送时钟 T_XC 和接收时钟 R_XC 由 8253 的计数器 2 的输出供给。8251A 的片选信号 $\overline{CS}$ 由译码器供给。读信号 $\overline{RD}$ 和写信号 $\overline{WR}$ 分别由控制总线上的 $\overline{IOR}$ 和 $\overline{IOW}$ 供给。8251A 的数据线 $D_0 \sim D_7$ 、8253 的数据线 $D_0 \sim D_7$ 都和系统 16 位数据总线的低 8 位 $D_0 \sim D_7$ 相连。

8251A 的输出信号和输入信号都是 TTL 电平的,而 CRT 的信号是 RS-232-C 电平的。所以,要通过 1488 将 8251A 的输出信号变为 RS-232-C 电平再送给 CRT;反过来,要通过 1489 将 CRT 的输出信号变为 TTL 电平再送给 8251A。

下面是 8251A 的初始化程序段。需要特别指出一点,在实际使用中,当未对 8251A 设置模式字时,如要使 8251A 进行复位,那么,一般采用先送 3 个 00H,再送 1 个 40H 的方法,这也是 8251A 的编程约定,40H 可看成是使 8251A 执行复位操作的实际代码。其实,即使在设置了模式字之后,也可用这个方法来使 8251A 进行复位。在这个例子中,我们可以看到,在对 8251A 设置模式字之前,先用这种方法使 8251A 进行内部复位。

```
INIT:    XOR      AX,AX              ;AX 清零
         MOV      CX,0003     ⎫
         MOV      DX,00DAH    ⎬
OUT1:    CALL     KKK         ⎬    ;往控制口 DAH 送 3 个 00
         LOOP     OUT1        ⎭
         MOV      AL,40H      ⎫
         CALL     KKK         ⎬    ;往控制口 DAH 送 1 个 40H,使它复位
         MOV      AL,4EH      ⎫    ;往控制口 DAH 设置模式字,异步模式,波特率因子
         CALL     KKK         ⎬    为 16,8 位数据,1 位停止位

         MOV      AL,27H      ⎫
         CALL     KKK         ⎬    ;往控制口 DAH 设置命令字,使发送器和接收器启动
              ⋮
KKK:     OUT      DX,AL              ;下面是输出子程序,将 AL 中的数据输出到 DX 指
                                    ;出的端口
         PUSH     CX
         MOV      CX,0002     ⎫
ABC:     LOOP     ABC         ⎬    ;等待输出动作完成
         POP      CX          ⎫
         RET                  ⎬    ;恢复 CX 的内容,并返回
```

下面是往 CRT 输出一个字符的程序段,要输出的字符事先放在堆栈中。程序段先对状态字进行测试,以判断 $T_X RDY$ 状态位是否为 1,如 $T_X RDY$ 为 1,说明当前数据输出缓冲区为空,于是,CPU 可以往 8251A 输出一个字符。

```
CHAR:    MOV      DX,0DAH     ⎫
STATE:   IN       AL,DX       ⎬    ;从状态端口 DAH 输入状态字
         TEST     AL,01       ⎫
         JZ       STATE       ⎬    ;测试状态位 T_X RDY 是否为 1,如不是,则再测试
         MOV      DX,0D8H            ;DX 寄存器中为数据端口号 0D8H
         POP      AX                 ;AX 中为要输出的字符
         OUT      DX,AL              ;往端口中输出 1 个字符
```

6.3 并行通信和并行接口

并行通信就是把一个字符的各位用几条线同时进行传输。和串行通信相比,在同样的传输率下,并行通信的信息实际传输速度快、效率高。当然,由于并行通信比串行通信所用的电缆要多,随着传输距离的增加,电缆的开销会成为突出的问题,所以,并行通信总是用在数据传输率要求较高而传输距离较短的场合。

实现并行通信的接口就是并行接口。一个并行接口可设计为只用来作为输出接口,也可只用来作为输入接口,此外,还可将它设计成既作为输入又作为输出的接口。在后一种情况下,有两种方法可采用,一种方法是利用同一个接口中的两个通路,一个作为输入通路,一个作为输出通路;另一种方法是用一个双向通路,既作为输入通路又作为输出通路。

图 6.13 是典型的并行接口和外设连接的示意图,图中的并行接口用一个通道和输入设备相连,用另一个通道和输出设备相连,每个通道都配有一定的控制线和状态线。

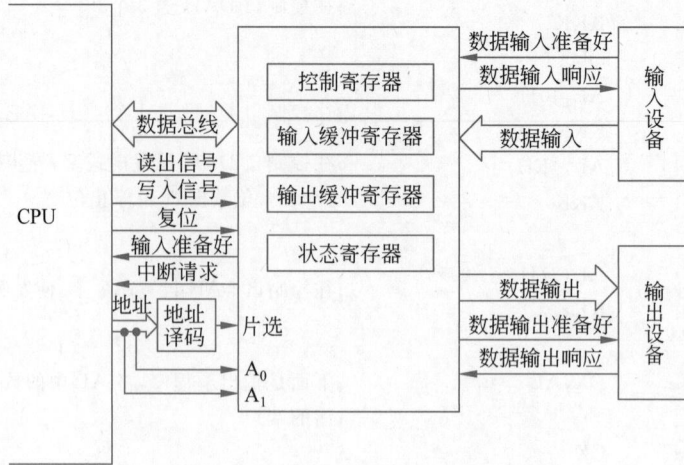

图 6.13　并行接口连接外设的示意图

从图中可看到,并行接口中有一个控制寄存器用来接收 CPU 的控制命令,有一个状态寄存器提供各种状态位供 CPU 查询。为了实现输入和输出,并行接口中还有相应的输入缓冲寄存器和输出缓冲寄存器。

接下来,我们简述并行接口在输入过程和输出过程中的作用。

在输入过程中,外设将数据送给接口,并使状态线"数据输入准备好"成为高电平。接口在把数据接收到输入缓冲寄存器中的同时,使"数据输入响应"线变为高电平作为对外设的响应。外设接到这个响应信号后,就撤除数据和"数据输入准备好"信号。数据到达接口之后,接口会在状态寄存器中设置"输入准备好"状态位,以便 CPU 对其进行查询,接口也可以通过外部连线在此时向 CPU 发一个中断请求。所以,CPU 既可用软件查询的方式,也可用中断方式来读取接口中的数据。CPU 从并行接口读取数据后,接口会自动清除状态寄存器中的"输入准备好"状态位,并使数据总线处于高阻状态。此后,又可开始下一个输入过程。

在输出过程中,每当外设从接口取走一个数据之后,接口就会将状态寄存器中的"输出准备好"状态位置"1",以表示 CPU 当前可以往接口输出数据,这个状态位可供 CPU 进行查询。此时,接口也可以通过外部连线向 CPU 发一个中断请求。所以,CPU 既可用软件查询的方式,也可用中断方式往接口中输出一个数据。当 CPU 输出的数据到达接口的输出缓冲寄存器之后,接口会自动清除"输出准备好"状态位,并将数据送往外设,与此同时,接口往外设发送一个"数据输出准备好信号"来启动外设接收数据。外设收到启动后,便收取数据,并往接口发一个"数据输出响应"信号。接口收到此信号后,会将状态寄存器中的"输出准备好"状态位重新置"1",以便 CPU 输出下一个数据。

6.4　可编程并行通信接口

8255A 是 Intel 系列的并行接口芯片,由于它是可编程的,可通过软件来设置芯片的工作方式,所以,用 8255A 连接外设时,通常不需要附加外部电路,给使用带来很大的方便。

6.4.1　8255A 的内部结构

8255A 的内部结构如图 6.14 所示。从图中可看到,8255A 由以下几部分组成。

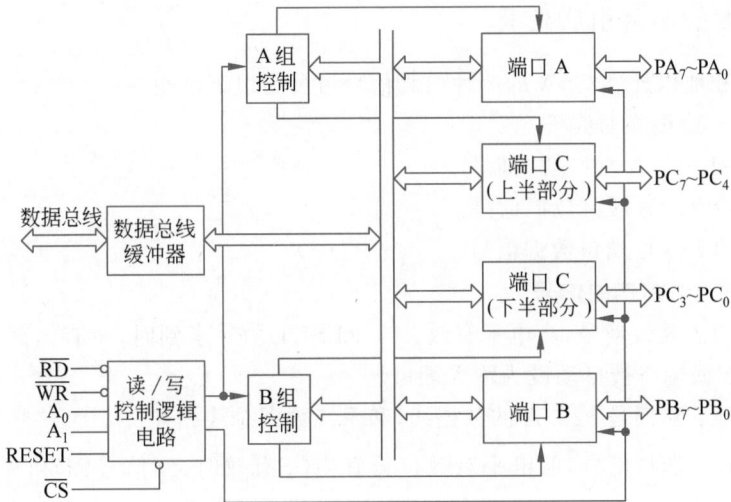

图 6.14　8255A 的内部结构图

1. 数据端口 A、B、C

8255A 有 3 个 8 位数据端口,即端口 A、端口 B、端口 C。设计人员可用软件使它们分别作为输入端口或输出端口。不过,这 3 个端口有着各自的特点。

(1) 端口 A。端口 A 对应一个 8 位数据输入锁存器和一个 8 位数据输出锁存器/缓冲器,所以,用端口 A 作为输入口或输出口时,数据均受到锁存。

(2) 端口 B。端口 B 对应一个 8 位数据输入缓冲器和一个 8 位数据输出锁存器/缓冲器。

(3) 端口 C。端口 C 对应一个 8 位数据输入缓冲器和一个 8 位数据输出锁存器/缓冲器。当端口 C 作为输入端口时,对数据不作锁存,而作为输出端口时,对数据进行锁存。

在使用中,端口 A 和端口 B 常常作为独立的输入端口或输出端口,端口 C 则配合端口 A 和端口 B 的工作。具体地讲,端口 C 常常通过控制命令被分成两个 4 位端口,它们分别用来为端口 A 和端口 B 提供控制信号和状态信号。

2. A 组控制和 B 组控制

这两组控制电路一方面接收芯片内部总线上的控制字,另一方面接收来自读/写控制逻辑电路的读/写命令,据此决定两组端口的工作方式并实现读/写操作。

A 组控制电路控制端口 A 和端口 C 的高 4 位($PC_7 \sim PC_4$)的工作方式和读/写操作。

B 组控制电路控制端口 B 和端口 C 的低 4 位($PC_3 \sim PC_0$)的工作方式和读/写操作。

3. 读/写控制逻辑电路

读/写控制逻辑电路负责管理 8255A 的数据传输过程。它接收$\overline{CS}$信号以及来自系统地址总线的选择端口的信号(在 16 位系统中为 A_2、A_1,在 32 位系统中为 A_4、A_3),还接收控制总线的信号 RESET、$\overline{WR}$和$\overline{RD}$,将这些信号进行组合后,得到对 A 组控制部件和 B 组控制部件的控制命令,并将命令发给这两个部件,以完成对数据、状态信息和控制信息的传输。

4. 数据总线缓冲器

这是一个双向三态的 8 位数据缓冲器,8255A 正是通过它与系统数据总线相连。输入数据、输出数据以及 CPU 发给 8255A 的控制字都是通过这个缓冲器传递的。

6.4.2 8255A 的芯片引脚信号

除了电源和地以外,8255A 的芯片引脚信号可分为以下两组。

1. 和外设一边相连的信号

(1) $PA_7 \sim PA_0$:A 端口数据信号。

(2) $PB_7 \sim PB_0$:B 端口数据信号。

(3) $PC_7 \sim PC_0$:C 端口数据信号。

2. 和 CPU 一边相连的信号

(1) RESET:复位信号,高电平有效。当 RESET 信号来到时,所有内部寄存器都被清除,同时,3 个数据端口被自动设为输入端口。

(2) $D_7 \sim D_0$:它们是 8255A 的数据线,和系统数据总线相连。

(3) $\overline{CS}$:芯片选择信号,低电平有效。只有当$\overline{CS}$有效时,读信号$\overline{RD}$和写信号$\overline{WR}$才对 8255A 有效。

(4) $\overline{RD}$:读出信号,低电平有效。当$\overline{RD}$有效时,CPU 可从 8255A 中读取输入数据。

(5) $\overline{WR}$:写入信号,低电平有效。当$\overline{WR}$有效时,CPU 可往 8255A 中写入控制字或数据。

(6) A_1、A_0:端口选择信号。8255A 有 3 个数据端口和 1 个控制端口。规定当 A_1、A_0 为 00 时,选中 A 端口;为 01 时,选中 B 端口;为 10 时,选中 C 端口;为 11 时,选中控制口。所以,8255A 有 4 个端口地址。

6.4.3 8255A 的控制字

8255A 用指令在控制端口中设置控制字来决定其工作。

控制字分为两类。一类是各端口的方式选择控制字,它可使 8255A 的 3 个数据端口工作在不同的方式。方式选择控制字常常将 3 个数据端口分为两组来设定工作方式,即端口 A 和端口 C 的高 4 位作为一组,端口 B 和端口 C 的低 4 位作为一组。另一类是 C 端口的按位置 1/置 0 控制字,它可使 C 端口中的任何一位进行置位或复位。

方式选择控制字的第 7 位总是 1,而端口 C 的置 1/置 0 控制字的第 7 位总是 0,8255A 正是通过这一位来识别这两个同样写入控制端口中的控制字到底是哪一类,所以,第 7 位称为标识位。D_7 为 1 称为方式选择控制字的标识符,D_7 为 0 称为 C 端口的按位置 1/置 0 控制字的标识符。

下面,我们对控制字的格式作具体讲述。

1. 方式选择控制字

方式选择控制字的格式如图 6.15 所示。对 8255A 的方式选择控制字,我们作下面几点说明。

(1) 8255A 有 3 种基本工作方式。

① 方式 0:基本的输入/输出方式。

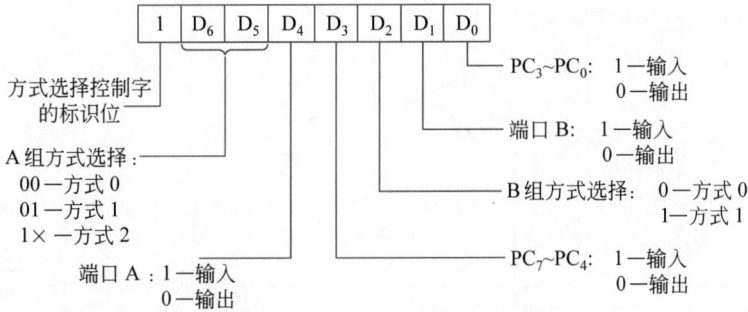

图 6.15　8255A 的方式选择控制字

② 方式 1：选通的输入/输出方式。

③ 方式 2：双向传输方式。

（2）端口 A 可工作在 3 种工作方式中的任何一种，端口 B 只能工作在方式 0 或方式 1，端口 C 则常常配合端口 A 和端口 B 工作，为这两个端口的输入/输出传输提供控制信号和状态信号。可见，只有端口 A 能工作在方式 2。

（3）归为同一组的两个端口可分别工作在输入方式和输出方式，并不要求同为输入方式或同为输出方式。而一个端口到底作为输入端口还是输出端口，这也由方式选择控制字来决定。

为了说明方式选择控制字的具体使用，举例如下。

设一个微型机系统中有两个 8255A 芯片 J_1 和 J_2，如图 6.16 所示。从图中可看到，两个 8255A 的 A_1、A_0 端分别和系统地址总线的 A_2、A_1 端相连，而 RESET、$\overline{RD}$、$\overline{WR}$ 以及数据线也都分别连在一起，然后与系统的有关信号端相连，系统仅靠 $\overline{CS}$ 端来区分当前是对 J_1 还是 J_2 进行访问。

J_1 和 J_2 的片选信号 $\overline{CS}$ 通过 3-8 译码器 74LS138 来供给。74LS138 的输入信号为地址 A_5、A_4、A_3，由这 3 位地址可构成 8 组代码，从而可作为 8 个接口芯片的片选信号。当 A_5、A_4、A_3 为某两组代码时，$\overline{Y_4}$ 或 $\overline{Y_5}$ 端输出为低电平，从而使 J_1 或 J_2 得到了有效的片选信号而被选中。

74LS138 的 3 个控制端 $\overline{G}$、G、$\overline{G}$ 中，一个控制端接地，另一个控制端接地址总线的 A_8，还有一个控制端接芯片分组译码器的输出端。分组译码器是比片选译码器高一层次的译码器。多级译码的方法常用在外接芯片较多的系统中。

如果要求 J_1 的各个端口处于如下工作方式。

端口 A：方式 0，输出。

端口 B：方式 0，输入。

端口 C 的高 4 位：输出。

端口 C 的低 4 位：输入。

于是，J_1 的方式选择控制字代码应如图 6.17 所示，即方式选择控制字为 83H。

我们还要求 J_2 各个端口处于如下工作方式。

端口 A：方式 0，输入。

端口 B：方式 1，输出。

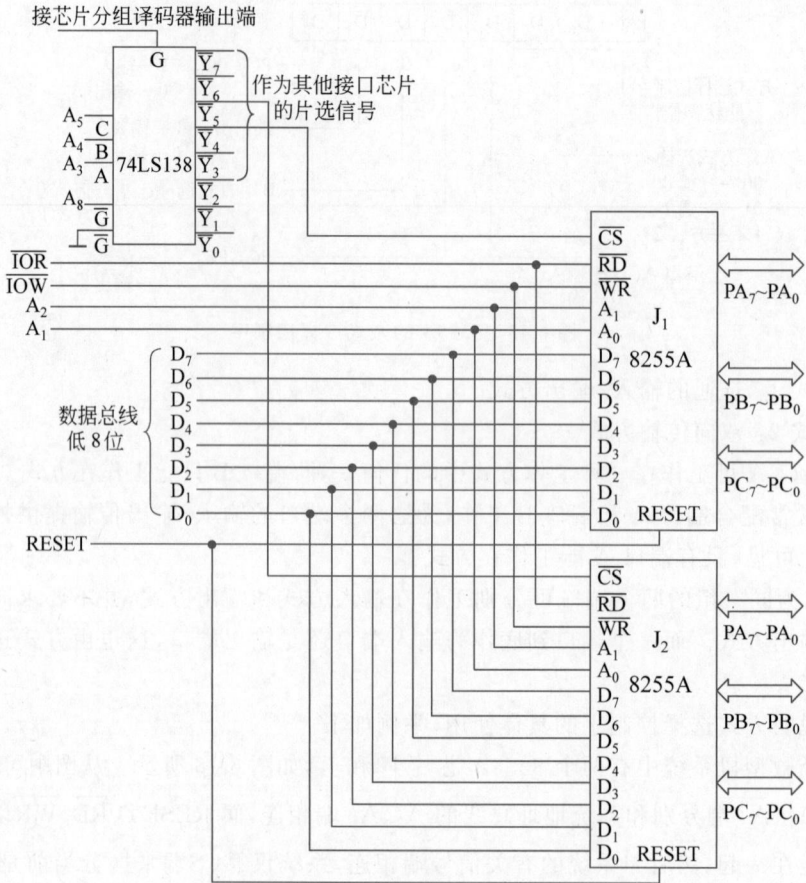

图 6.16 两片 8255A 在微型机系统中的连接

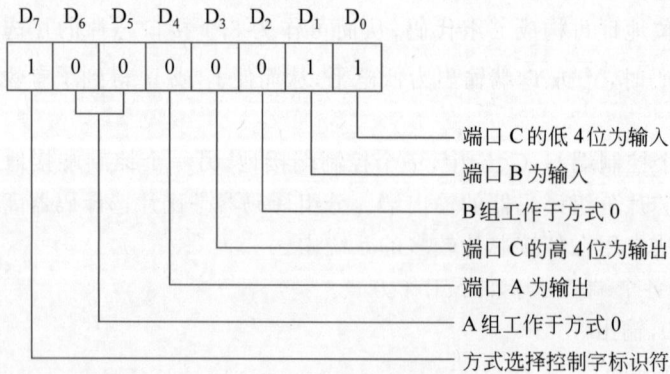

图 6.17 J_1 的方式控制字

端口 C 的高 4 位：输出。

端口 C 的低 4 位：配合端口 B 工作（已由方式 1 决定），可任意为 1 或 0，此处设为 0。

于是，J_2 方式选择控制字应如图 6.18 所示，即 J_2 的方式选择控制字为 94H。

利用下面 6 条指令就可为 J_1、J_2 这两片 8255A 设置方式选择控制字（它们的控制端口地址分别为 00E6H 和 00EEH，J_1 的其他 3 个地址分别为 00E0H、00E2H 和 00E4H，J_2 的其他

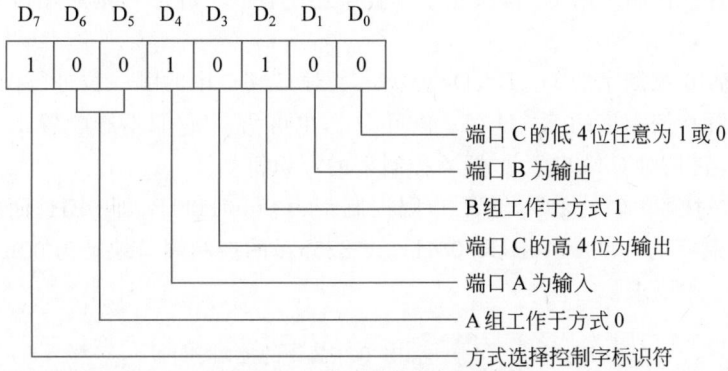

图 6.18 J₂ 的方式选择控制字

3 个地址分别为 00E8、00EAH 和 00ECH)。

```
MOV     AL,83H
MOV     DX,00E6H
OUT     DX,AL        } ;对第 1 片 8255A 设置方式选择控制字
MOV     AL,94H
MOV     DX,00EEH
OUT     DX,AL        } ;对第 2 片 8255A 设置方式选择控制字
```

2. 端口 C 置 1/置 0 控制字

8255A 的端口 C 中的各位均可用置 1/置 0 控制字单独设置,这使其很适合作为控制位使用。

当 8255A 接收到控制字时,就对最高位即标识位进行测试。如为 1,则将此字节作为方式选择控制字写入控制寄存器;如为 0,则此字节便作为对端口 C 的置 1/置 0 控制字。端口 C 置 1/置 0 控制字的具体格式如图 6.19 所示。

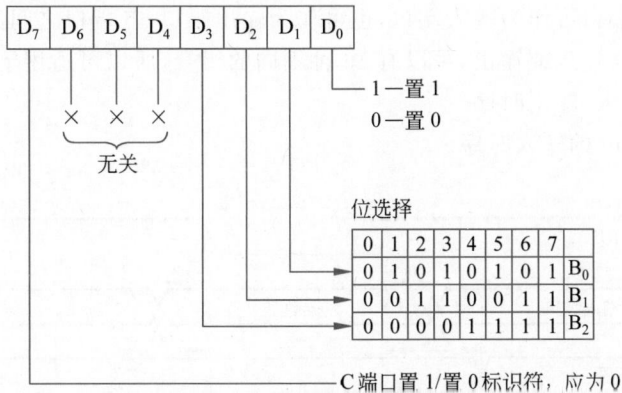

图 6.19 端口 C 置 1/置 0 控制字的具体格式

对 C 端口置 1/置 0 控制字作如下 4 点说明。

(1) C 端口置 1/置 0 控制字尽管是针对端口 C 进行操作,但必须写入控制端口,而不是写入 C 端口。

（2）置 1/置 0 控制字的 D_0 位决定了是置 1 还是置 0。如为 1,则对端口 C 中某位置 1;如为 0,则置 0。

（3）置 1/置 0 控制字的 D_3、D_2、D_1 位决定了对 C 端口中的哪一位进行操作。

（4）置 1/置 0 控制字的 D_6、D_5、D_4 位可为 1,也可为 0,它们不影响置 1/置 0 操作。但 D_7 位必须为 0,它是对 C 端口置 1/置 0 控制字的标识符。

例如,要求对端口 C 的 PC_7 位置 1,则控制字为 00001111B,即 0FH;而端口 C 的 PC_3 要求置 0,则控制字为 00000110B,即 06H。设 8255A 的控制端口地址为 00EEH,则下面的程序段可实现上述要求。

```
MOV        AL,0FH              ;对 PC7 置 1 的控制字
MOV        DX,00EEH            ;控制端口地址送 DX
OUT        DX,AL               ;对 PC7 进行置 1 操作
MOV        AL,06H              ;对 PC3 置 0 的控制字
OUT        DX,AL               ;对 PC3 进行置 0 操作
```

6.4.4 8255A 的工作方式

前面已提到,8255A 的端口 A 可以工作于方式 0、方式 1、方式 2,而端口 B 只能工作于方式 0 和方式 1。此外,我们也说明了端口的工作方式是由方式选择控制字决定的。下面,介绍 3 种工作方式的具体含义。

1. 方式 0

1) 方式 0 的工作特点

方式 0 也称基本输入/输出方式。在这种方式下,端口 A 和端口 B 可通过方式选择字规定为输入端口或输出端口,端口 C 分为两个 4 位端口,高 4 位为一个端口,低 4 位为一个端口。这两个 4 位端口也可由方式选择字规定为输入端口或输出端口。

概括地说,方式 0 的基本特点如下。

（1）任何一个端口可作为输入端口,也可作为输出端口,各端口之间没有必然的关系。

（2）各个端口的输入或输出,可以有 16 种不同的组合,所以可适用于多种使用场合。

2) 方式 0 的输入/输出时序

图 6.20 是方式 0 的输入时序。

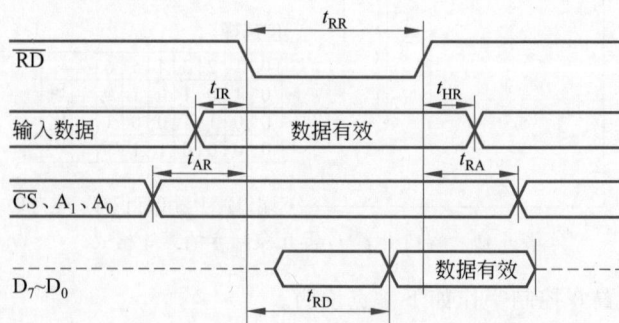

图 6.20　方式 0 的输入时序

CPU 为了从 8255A 读取数据,在方式 0 下,要满足以下两个条件。

（1）要求 CPU 在发出读信号前，先发出地址信号，从而使 8255A 的片选信号$\overline{\text{CS}}$和端口选择信号 A_1、A_0 有效，于是，8255A 得以启动。

（2）要求 CPU 在发出读信号前，外设已将数据送到 8255A 的输入缓冲器中，即输入数据要领先于读信号。

从时序图 6.20 上可以看到如下内容。

（1）CPU 在发出地址信号以后，至少经过 t_{AR} 时间，再发出读信号$\overline{\text{RD}}$。

（2）数据比读信号提前 t_{IR}。

（3）读信号要保持一定时间，图 6.20 中用 t_{RR} 表示。

图 6.20 中的 t_{HR} 和 t_{RA} 分别是读信号撤除以后的数据和地址保持时间。

图 6.21 是方式 0 的输出时序。为了将数据有效地传输到 8255A，对各信号有如下要求。

（1）地址信号必须在写信号前 t_{AW} 时间就有效，从而使片选信号$\overline{\text{CS}}$、端口选择信号 A_1、A_0 提前有效。并要求地址信号一直保持到写信号撤除以后再过 t_{WA} 时间才消失。

（2）写脉冲要有一定宽度，图 6.21 中用 t_{WW} 表示。

（3）数据必须在写信号结束前 t_{DW} 时间就能出现在数据总线上，且在写信号撤除后再保持 t_{WD} 时间。

这样，在写信号结束后最多 t_{WB} 时间，CPU 输出的数据就可送到 8255A 的指定端口，从而可送到外设。

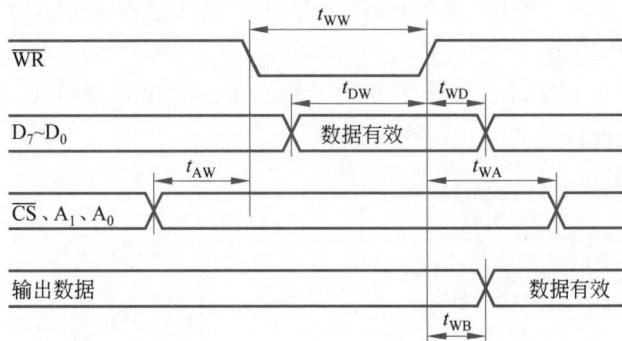

图 6.21　方式 0 的输出时序

3）方式 0 的使用场合

方式 0 的使用场合有两种：一种是同步传送；另一种是查询式传送。

在同步传送时，发送方和接收方由一个时序信号来管理，所以，双方互相知道对方的动作，不需要应答信号，这种情况下，对接口的要求很简单，只要能传送数据即可。因此，在同步方式工作时，3 个数据端口可实现三路数据传输。

查询式传输时，需要有应答信号。但是，在方式 0 情况下，没有规定固定的应答信号，所以，这时将端口 A 和端口 B 作为数据端口，把端口 C 的高 4 位或低 4 位规定为输出端口，用来输出一些控制信号，而把端口 C 的另外 4 位规定为输入端口，用来读入外设的状态。这样，就利用端口 C 配合了端口 A 和端口 B 的输入/输出操作。

2. 方式 1

1）方式 1 的工作特点

方式 1 也称选通的输入/输出方式。和方式 0 相比，最重要的差别是 A 端口和 B 端口用方式 1 进行输入/输出传输时,端口 C 自动提供选通信号和应答信号,这些信号与端口 C 的若干位有着固定的对应关系,这种关系不是程序可改变的,除非改变工作方式。

概括地讲,方式 1 有如下特点。

(1) 端口 A 和端口 B 可分别作为两个数据端口工作在方式 1,并且,任何一个端口可作为输入端口或输出端口。

(2) 如果端口 A 和端口 B 中只有一个工作于方式 1,那么,端口 C 中就有 3 位被规定为配合方式 1 工作的信号,此时,另一个端口可工作在方式 0,端口 C 中的其他位也可工作在方式 0,即作为输入或输出。

(3) 如果端口 A 和端口 B 都工作在方式 1,那么,端口 C 中就有 6 位被规定为配合方式 1 工作的信号,剩下的 2 位仍可作为输入或输出。

2) 方式 1 输入情况下有关信号的规定和输入时序

当端口 A 工作在方式 1 并作为输入端口时,端口 C 的 PC_4 作为选通信号输入端 $\overline{STB_A}$,PC_5 作为输入缓冲器满信号输出端 IBF_A,PC_3 则作为中断请求信号输出端 $INTR_A$。

当端口 B 工作在方式 1 并作为输入端口时,端口 C 的数位 PC_2 作为选通信号输入端 $\overline{STB_B}$,PC_1 作为输入缓冲器满信号输出端 IBF_B,PC_0 则作为中断请求信号输出端 $INTR_B$。

当 8255A 的端口 A 和端口 B 都工作在方式 1 的输入情况时,端口 C 的 $PC_0 \sim PC_5$ 共 6 位都被定义,只剩下 PC_6、PC_7 这 2 位还未用。此时,方式选择控制字的 D_3 位用来定义 PC_6 和 PC_7 的数据传输方向。当 D_3 为 1 时,PC_6 和 PC_7 这 2 位作为输入来用;当 D_3 为 0 时,PC_6 和 PC_7 作为输出来用。

图 6.22 是端口 A 和端口 B 工作于方式 1 情况下作为输入端口时,各控制信号的示意图,图中还给出了应该设置的方式选择控制字。

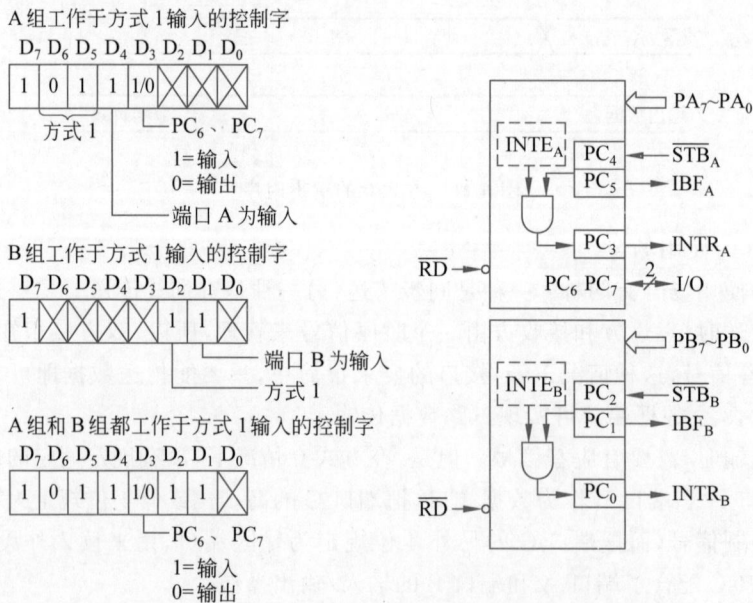

图 6.22　方式 1 时输入端口对应的控制信号和控制字

对于各控制信号,说明如下。

（1）$\overline{\text{STB}}$（strobe）：选通信号输入端，低电平有效。它由外设送往8255A，当$\overline{\text{STB}}$有效时，8255A接收外设送来的一个8位数据，从而8255A的输入缓冲器中得到一个新的数据。

（2）IBF（input buffer full）：缓冲器满信号，高电平有效。它是8255A输出的状态信号，有效时，表示当前已有一个新的数据在输入缓冲器中，此信号供CPU查询用。IBF信号是由$\overline{\text{STB}}$信号使其有效的，而由读信号$\overline{\text{RD}}$的后沿即上升沿使其复位。

（3）INTR（interrupt request）：8255A送往CPU的中断请求信号，高电平有效。INTR端在$\overline{\text{STB}}$、IBF均为高时被置为高电平，从而可用来向CPU发出中断请求信号。在CPU响应中断读取输入缓冲器中的数据时，由读信号$\overline{\text{RD}}$的下降沿将INTR降为低电平。

（4）INTE（interrupt enable）：中断允许位。实际上，它是控制中断允许或中断屏蔽的信号。INTE没有外部引出端，它是由软件通过对C端口的按位置1/置0指令来实现对中断的控制的。具体地说，对PC_4置1，则使A端口处于中断允许状态；对PC_4置0，则使A端口处于中断屏蔽状态。与此类似，对PC_2置1，则使B端口处于中断允许状态；对PC_2置0，则使B端口处于中断屏蔽状态。当然，如要使用中断功能，应该用软件使相应的端口处于中断允许状态。

图6.23是方式1的输入时序，从图中可看到：当来自外设的输入数据出现之后，选通信号接着就来到，选通信号要有一定的宽度，这里用t_{ST}表示。经过t_{SIB}时间后，输入缓冲器满信号IBF有效①，此信号可供CPU查询，这为CPU工作在查询方式下输入数据提供了条件。选通信号结束以后，经过t_{SIT}时间，便发出中断请求信号INTR②，这样，为CPU工作在中断方式下输入数据提供了条件。

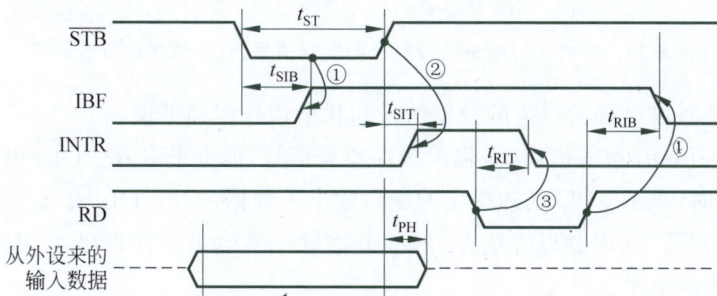

图6.23　方式1的输入时序

不管是用查询方式还是中断方式，每当CPU从8255A读入数据时，都会发出读信号$\overline{\text{RD}}$。如工作在中断方式，那么，当读信号$\overline{\text{RD}}$有效以后，经过t_{RIT}时间，就将中断请求信号清除③。$\overline{\text{RD}}$信号结束之后，数据已读到CPU中，经过t_{RIB}时间，输入缓冲器满信号IBF变低④，从而可开始下一个数据输入过程。外设送来的数据要求有一个保持时间，而且在选通信号无效以后仍需要保持一段时间，图6.23中分别用t_{PS}和t_{PH}来表示。

3）方式1输出情况下有关信号的规定和输出时序

当端口A工作在方式1并作为输出端口时，端口C的PC_7作为输出缓冲器满信号$\overline{\text{OBF}}_A$的输出端，PC_6作为外设接收数据后的响应信号$\overline{\text{ACK}}_A$的输入端，PC_3则作为中断请求信号$INTR_A$的输出端。

当端口B工作在方式1并作为输出端口时，端口C的PC_1作为输出缓冲器满信号

$\overline{OBF_B}$输出端,PC_2 作为外设接收数据后的响应信号$\overline{ACK_B}$输入端,PC_0 则作为中断请求信号 $INTR_B$输出端。

和作为输入端口时的情况一样,端口 A、端口 B 和这些信号之间的对应关系是在方式 1 时自动确定的,不需要程序员干预。

当端口 A 和端口 B 都工作在方式 1 输出情况下时,端口 C 中共有 6 位被定义为控制信号端和状态信号端使用,仅剩下 PC_4、PC_5 这 2 位未用。此时,方式选择字的 D_3 位用来定义 PC_4、PC_5 的传输方向。当 D_3 为 1 时,PC_4、PC_5 作为输入使用;当 D_3 为 0 时,PC_4、PC_5 作为输出使用。

图 6.24 是端口 A 和端口 B 工作在方式 1 情况下作为输出端口时应该设置的方式选择字以及各控制信号和状态信号的示意图。

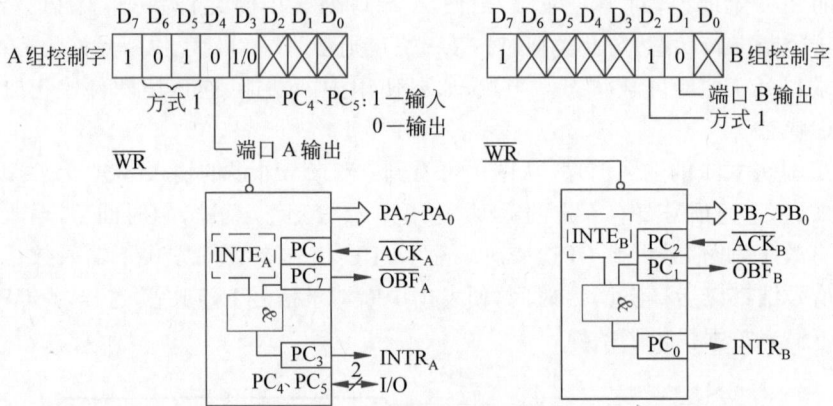

图 6.24 方式 1 时输出端口对应的控制信号、状态信号以及控制字

对于方式 1 时输出端口对应的控制信号和状态信号作如下说明。

(1) $\overline{OBF}$(output buffer full):输出缓冲器满信号,低电平有效。$\overline{OBF}$由 8255A 送给外设,当$\overline{OBF}$有效时,表示 CPU 已向指定的端口输出了数据,所以,$\overline{OBF}$是 8255A 用来通知外设取走数据的信号。$\overline{OBF}$由写信号$\overline{WR}$的上升沿置成有效电平即低电平,而由$\overline{ACK}$的有效信号使它恢复为高电平。

(2) $\overline{ACK}$(acknowledge):外设响应信号,它是由外设送给 8255A 的,低电平有效。当$\overline{ACK}$有效时,表明 CPU 通过 8255A 输出的数据已送到外设。

(3) INTR(interrupt request):中断请求信号,高电平有效。当输出设备从 8255A 端口中提取数据,从而发出$\overline{ACK}$信号后,8255A 便向 CPU 发新的中断请求信号,以便 CPU 再次输出数据。所以,当$\overline{ACK}$变为高电平,并且$\overline{OBF}$也变为高电平时,INTR 便成为高电平即有效电平,而当写信号$\overline{WR}$的下降沿来到时,INTR 变为低电平。

(4) INTE(interrupt enable):中断允许位。与端口 A、端口 B 工作在方式 1 输入情况时 INTE 的含义一样,INTE 为 1 时,使端口处于中断允许状态,而 INTE 为 0 时,使端口处于中断屏蔽状态。在使用时,INTE 也是由软件来设置的,具体地说,PC_6 为 1 使端口 A 的 INTE 为 1,PC_6 为 0,则使端口 A 的 INTE 为 0。PC_2 为 1,使端口 B 的 INTE 为 1,PC_2 为 0,则使端口 B 的 INTE 为 0。

图 6.25 是方式 1 的输出时序。工作在方式 1 的输出端口一般采用中断方式与 CPU 相

联系。从时序图中可见到,CPU 响应中断后,便往 8255A 输出数据,并发出写信号$\overline{WR}$。图中用 t_{WIT} 表示中断请求信号的有效时间,写信号$\overline{WR}$的上升沿一方面清除中断请求信号 INTR①,表示 CPU 已响应了中断;另一方面,写信号无效后经过 t_{WOB} 时间,使$\overline{OBF}$有效②,通知外设接收数据。

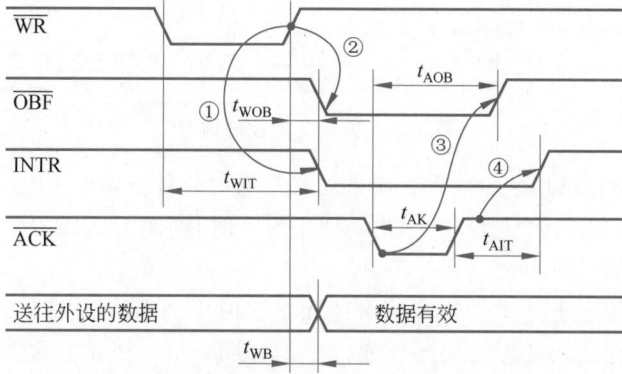

图 6.25　方式 1 的输出时序

实际上,在 CPU 撤除写信号后经过 t_{WB} 时间,数据就出现在端口的输出缓冲器中。当外设接收数据后,便发一个宽度为 t_{AK} 的脉冲信号$\overline{ACK}$。$\overline{ACK}$信号一方面经过 t_{AOB} 后使$\overline{OBF}$无效③,表示数据已取走,当前输出缓冲器为空;另一方面,又使 INTR 有效④,即向 CPU 发出中断请求,从而可开始一个新的输出过程,但此前必须至少有 t_{AIT} 长的时间间隔。

4) 方式 1 的使用场合

在方式 1 下,规定一个端口作为输入端口或输出端口的同时,自动规定了有关的控制信号和状态信号,尤其是规定了相应的中断请求信号。这样,在采用中断方式进行输入/输出的场合,如外设能为 8255A 提供选通信号或数据接收应答信号,那么常常使 8255A 的端口工作于方式 1。用方式 1 工作比用方式 0 更方便有效。

3. 方式 2

1) 方式 2 的工作特点

方式 2 也称双向传输方式,概括起来,有如下特点。

(1) 方式 2 只适用于端口 A。此时,CPU 对连在 A 端口的外设既可读,也可写,如用于磁盘读/写。

(2) 端口 A 工作于方式 2 时,端口 C 用 5 个数位自动配合提供控制信号和状态信号。

2) 方式 2 的控制信号和状态信号

当端口 A 工作于方式 2 时,端口 C 中的 $PC_3 \sim PC_7$ 共 5 位分别作为控制信号和状态信号端,具体对应关系如图 6.26 所示。图中还给出了端口 A 工作于方式 2 时的各信号和方式选择控制字格式。其中,端口 C 的 5 个控制信号的含义和方式 1 时相同,只是都针对端口 A 而言。此外,当一个过程完成而要进入下一个过程时,不管是输入还是输出,8255A 都是通过同一个 INTR_A引脚向 CPU 发中断请求信号。

$INTE_1$ 和 $INTE_2$ 为中断允许位。$INTE_1$ 针对输出过程,为 1 时,允许 8255A 由 $INTR_A$ 往 CPU 发中断请求信号,以通知 CPU 往 8255A 的端口 A 输出一个数据;为 0 时,则屏蔽了中断请求。$INTE_2$ 针对输入过程,为 1 时,端口 A 的输入处于中断允许状态,为 0 时,处于

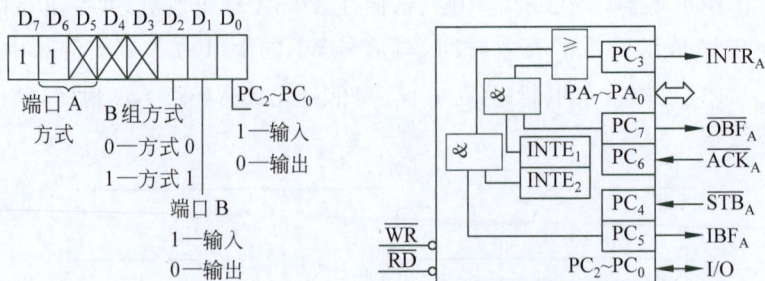

图 6.26　方式 2 的控制信号

中断屏蔽状态。$INTE_1$ 和 $INTE_2$ 为 1 还是为 0 是通过软件分别对 PC_6 和 PC_4 的设置来决定的。例如,将 PC_4 置 1,则使 $INTE_2$ 为 1,PC_4 为 0 时,则使 $INTE_2$ 为 0。

　　3) 方式 2 的时序

　　方式 2 的时序相当于方式 1 的输入时序和输出时序的组合。图 6.27 表示了一个数据输出过程和一个数据输入过程的时序。实际上,当端口 A 工作在方式 2 时,输入过程和输出过程的顺序以及各自的次数是任意的。

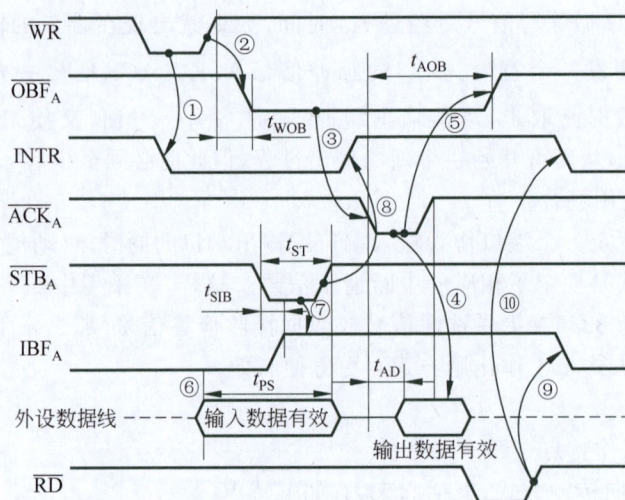

图 6.27　方式 2 的时序

　　对于输出过程,作如下说明。

　　CPU 响应中断,并用输出指令往 8255A 的 A 端口中写入一个数据时,会发出写脉冲信号 $\overline{WR}$。$\overline{WR}$ 一方面使中断请求信号 INTR 变低①,另一方面经过 t_{WOB} 时间后使输出缓冲器满信号 $\overline{OBF_A}$ 变低②。$\overline{OBF_A}$ 信号送往外设,外设得到此信号后,发出 $\overline{ACK_A}$ 信号③。$\overline{ACK_A}$ 使 8255A 的输出锁存器打开,经过 t_{AD} 时间后,数据便出现在 8255A 与外设之间的数据连线上④,$\overline{ACK_A}$ 信号经过 t_{AOB} 时间段后使输出缓冲器满信号 $\overline{OBF_A}$ 变为高电平⑤,从而可开始下一个数据传输过程,下一个传输过程可能仍是一个输出过程,也可能是一个输入过程。

　　对于输入过程,也作如下说明。

　　当外设往 8255A 送来数据(图 6.27 中用 t_{PS} 表示要求数据保持一定时间)时⑥,宽度为 t_{ST} 的选通信号 $\overline{STB_A}$ 也随后来到,选通信号将数据锁存到 8255A 的输入锁存器中,经过 t_{SIB}

时间段后,输入缓冲器满信号 IBF_A 成为高电平⑦,选通信号结束时,使中断请求信号为高⑧。

当 CPU 响应中断进行读操作时,会发出读信号 $\overline{RD}$ 。 $\overline{RD}$ 信号有效后,将数据从 8255A 读到 CPU 中,于是,输入缓冲器满信号 IBF_A 又成为低电平⑨,且中断请求信号变为低电平⑩。

4)方式 2 的使用场合

如果一个并行外设既可作为输入设备,又可作为输出设备,并且输入/输出动作不会同时进行,那么,将这个外设和 8255A 的端口 A 相连,并使它工作在方式 2,就非常合适。例如,磁盘驱动器就是这样一个外设,主机既可往磁盘输出数据,也可从磁盘输入数据,但数据输出过程和数据输入过程总是不会重合,所以,可将磁盘驱动器的数据线与 8255A 的 $PA_7 \sim PA_0$ 相连,再使 $PC_7 \sim PC_3$ 和磁盘驱动器的控制线及状态线相连即可。

5)方式 2 和其他方式的组合

从方式选择控制字可知道,当 8255A 的端口 A 工作于方式 2 时,端口 B 可工作在方式 1,也可工作在方式 0,而且,端口 B 可作为输入端口,也可作为输出端口。在各种组合下,端口 C 都用一定的位配合工作。下面对此作一个归纳。

(1)方式 2 和方式 0 输入的组合。

当端口 A 工作于方式 2,端口 B 工作于方式 0 的输入情况时,方式选择控制字如图 6.28 所示。在这种组合情况下,端口 C 的 $PC_7 \sim PC_3$ 配合端口 A 工作于方式 2,即 $PC_3 = INTR_A$, $PC_4 = \overline{STB_A}$, $PC_5 = IBF_A$, $PC_6 = \overline{ACK_A}$, $PC_7 = \overline{OBF_A}$ 。

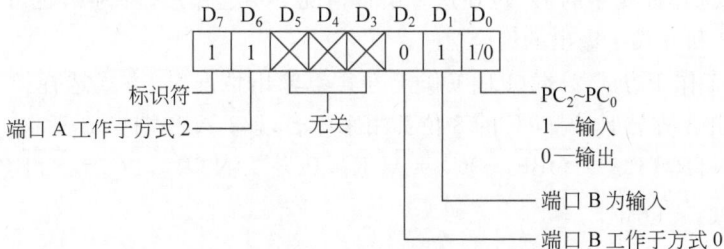

图 6.28　A 端口工作于方式 2,B 端口工作于方式 0 的输入情况

$PC_2 \sim PC_0$ 工作于方式 0,这 3 位可以都是输入,也可以都是输出。

(2)方式 2 和方式 0 输出的组合。

当端口 A 工作于方式 2,端口 B 工作于方式 0 的输出情况时,方式选择控制字应如图 6.29 所示。

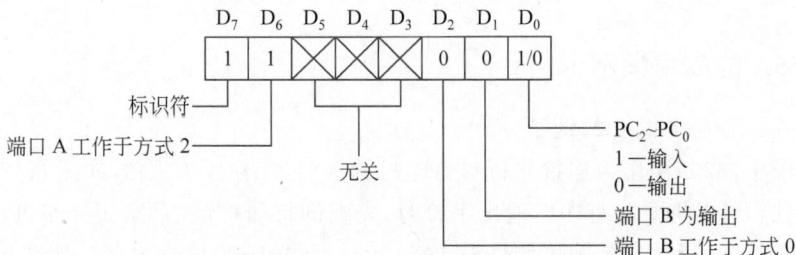

图 6.29　A 端口工作于方式 2,B 端口工作于方式 0 的输出情况

在这种组合下，端口 C 的 $PC_7 \sim PC_3$ 配合端口 A 的工作，即 $PC_3 = INTR_A$，$PC_4 = \overline{STB_A}$，$PC_5 = IBF_A$，$PC_6 = \overline{ACK_A}$，$PC_7 = \overline{OBF_A}$。

从这种组合和前一种组合中可看到，当端口 A 工作于方式 2，端口 B 工作于方式 0 时，端口 C 只剩下 3 位（$PC_2 \sim PC_0$）工作于方式 0，因为端口 A 用方式 2 工作时，借用了 PC_3 作为中断请求信号。至于 $PC_2 \sim PC_0$ 到底是作为输入还是输出，则由方式选择控制字的 D_0 位来决定，这和端口 C 低 4 位工作于方式 0 的情况一样。

（3）方式 2 和方式 1 输入的组合。

当端口 A 工作于方式 2，端口 B 工作于方式 1 输入情况时，方式选择控制字应如图 6.30 所示。

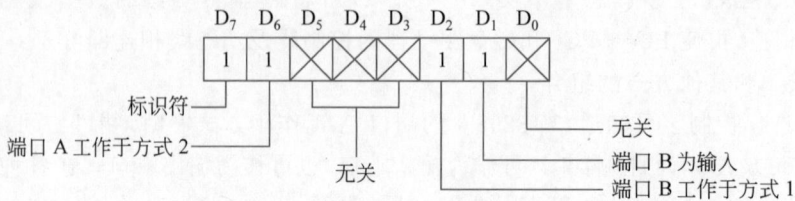

图 6.30　A 端口工作于方式 2，B 端口工作于方式 1 的输入情况

在这种组合下，端口 C 的 8 位都配合端口 A 和端口 B 工作，具体对应关系如下：$PC_0 = INTR_B$，$PC_1 = IBF_B$，$PC_2 = \overline{STB_B}$，$PC_3 = INTR_A$，$PC_4 = \overline{STB_A}$，$PC_5 = IBF_A$，$PC_6 = \overline{ACK_A}$，$PC_7 = \overline{OBF_A}$。

所以，方式选择控制字的 D_0 位在这种组合情况下不起作用，可为 0，也可为 1。

（4）方式 2 和方式 1 输出的组合。

当端口 A 工作于方式 2，端口 B 工作于方式 1 输出情况时，方式选择控制字如图 6.31 所示。在这种组合情况下，端口 C 的 8 位都用来配合端口 A 和端口 B 工作，具体对应关系如下：$PC_0 = INTR_B$，$PC_1 = \overline{OBF_B}$，$PC_2 = \overline{ACK_B}$，$PC_3 = INTR_A$，$PC_4 = \overline{STB_A}$，$PC_5 = IBF_A$，$PC_6 = \overline{ACK_A}$，$PC_7 = \overline{OBF_A}$。

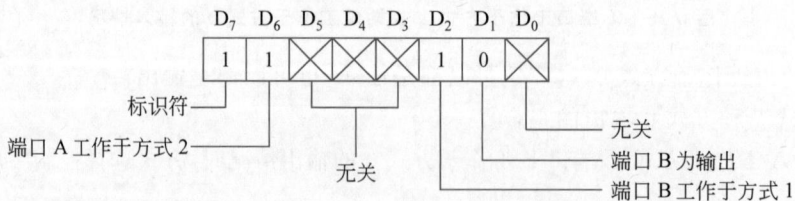

图 6.31　A 端口工作于方式 2，B 端口工作于方式 1 的输出情况

6.4.5　8255A 的应用举例

1. 8255A 工作于方式 0 的例子

这个例子中，8255A 作为连接并行口打印机的接口，工作于方式 0，如图 6.32 所示。

工作过程：当主机要往打印机输出字符时，先查询打印机忙信号，如打印机正在处理一个字符或正在打印一行字符，则忙信号 BUSY 为 1，反之，则忙信号为 0。因此，当查询到忙信号为 0 时，则可通过 8255A 往打印机输出一个字符。此时，要将选通信号 $\overline{STB}$ 置成低电

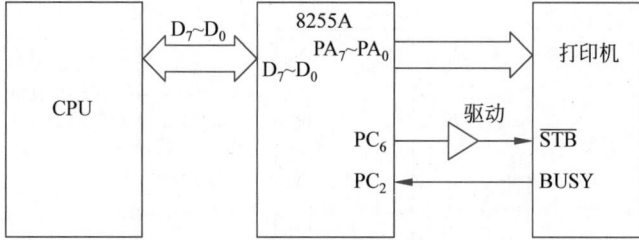

图 6.32 8255A 作为打印机接口的示意图

平,然后再使$\overline{STB}$为高电平,这样,相当于在$\overline{STB}$端输出一个负脉冲(在初始状态,$\overline{STB}$也是高电平),此负脉冲作为选通脉冲将字符送到打印机输入缓冲器。

现将 A 端口作为传送字符的通道,工作于方式 0,输出方式;B 端口未用;端口 C 也工作于方式 0,PC_2 作为 BUSY 信号输入端,故 $PC_3 \sim PC_0$ 为输入方式,PC_6 作为$\overline{STB}$信号输出端,故 $PC_7 \sim PC_4$ 为输出方式。

设 8255A 的端口地址如下。

A 端口:00D0H。

B 端口:00D2H。

C 端口:00D4H。

控制口:00D6H。

具体程序段如下:

PP:	MOV	AL,81H	;控制字,使 A、B、C 三个端口均工作于方式 0,A 口 ;为输出,$PC_7 \sim PC_4$ 为输出,$PC_3 \sim PC_0$ 为输入
	OUT	0D6H,AL	
	MOV	AL,0DH	;用置 1/置 0 方式使 PC_6 为 1,即$\overline{STB}$为高电平
	OUT	0D6H,AL	
LPST:	IN	AL,0D4H	;读端口 C 的值
	AND	AL,04H	
	JNZ	LPST	;如不为 0,说明忙信号为 1,即打印机处于忙状态, ;故等待
	MOV	AL,CL	
	OUT	0D0H,AL	;如不忙,则把 CL 中字符送端口 A
	MOV	AL,0CH	
	OUT	0D6H,AL	;使$\overline{STB}$为 0
	INC	AL	
	OUT	0D6H,AL	;再使$\overline{STB}$为 1
	⋮		;后续程序段

2. 8255A 工作于方式 1 的例子

在这个例子中,8255A 工作于方式 1,作为用中断方式工作的打印机的接口,如图 6.33 所示。

8255A 的 A 端口作为数据通道,工作在方式 1,输出方式,此时,PC_7 自动作为$\overline{OBF}$信号输出端,PC_6 则自动作为$\overline{ACK}$信号输入端,而 PC_3 自动作为 INTR 信号输出端。

打印机需要一个数据选通信号,故由 CPU 控制 PC_0 来产生选通脉冲。$\overline{OBF}$在这里没有用,将它悬空即可。$\overline{ACK}$连接打印机$\overline{ACKNLG}$端。PC_3 连到 8259A 的中断请求信号输

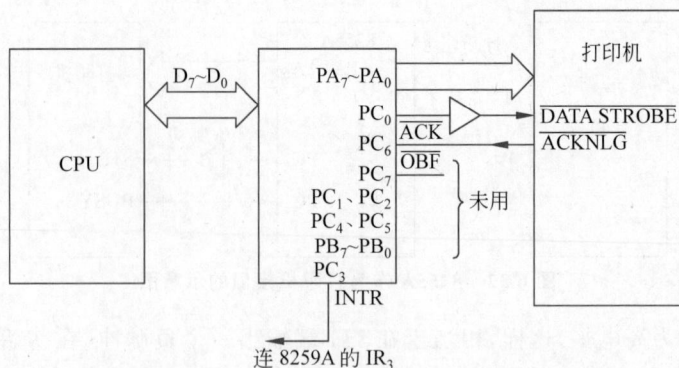

图 6.33　8255A 作为中断方式打印机接口的示意图

入端 IR_3,对应于中断类型号 0BH,中断处理程序入口地址放在 00 段 2CH、2DH、2EH、2FH 这 4 个单元中。

设 8255A 的端口地址如下。

A 端口：00C0H。

B 端口：00C2H。

C 端口：00C4H。

控制端口：00C6H。

方式控制字为 A0H,其中 $D_3 \sim D_1$ 位为任选,现取为 0,其他各位的值使 A 组工作于方式 1,A 端口为输出,PC_0 作为输出。

实际使用时,在这个系统中由中断处理子程序完成字符输出,而主程序仅仅对 8255A 设置方式控制字、开放中断即可。此后,就可执行其他操作。要指出的是,这里开放中断不仅是指用开中断指令 STI 使 CPU 的中断允许标志 IF 为 1,还要使 8255A 的 INTE 为 1,即让 8255A 也处于中断允许状态。

在中断处理子程序中,设字符已放在主机的字符输出缓冲区,往 A 端口输出字符后,CPU 用对 C 端口的置 1/置 0 命令使选通信号为 0,从而将数据送到打印机。当打印机接收并打印字符后,发出响应信号 $\overline{ACK}$,由此清除了 8255A 的"缓冲器满"指示,并使 8255A 产生新的中断请求。如果中断是开放的,CPU 便响应中断,进入中断处理子程序。

下面是具体程序段：

```
MAIN： MOV     AL,0A0H              ;主程序段
       OUT     0C6H,AL              ;设置 8255A 的控制字
       MOV     AL,01                ;使 PC₀ 为 1,即让选通无效
       OUT     0C6H,AL
       XOR     AX,AX
       MOV     DS,AX
       MOV     AX,2000H
       MOV     WORD PTR [002CH],AX  ;设置中断处理子程序的入口地址
       MOV     AX,1000H               1000H：2000H 在 2CH～2EH 中
       MOV     WORD PTR [002EH],AX
       MOV     AL,0DH               ;使 PC₆ 为 1,允许 8255A 中断
       OUT     0C6H,AL
       STI                          ;开放中断
```

中断处理子程序的主要程序段如下：

```
TINTR: MOV    AL,〔DI〕              ;DI 为打印字符缓冲区指针,字符送 A 端口
       OUT    0C0H,AL
       MOV    AL,00
       OUT    0C6H,AL              ;使 PC₀ 为 0,产生选通信号
       INC    AL
       OUT    0C6H,AL              ;使 PC₀ 为 1,撤销选通信号
        ⋮                         ;后续处理
       IRET                        ;中断返回
```

第 7 章 中断控制器

中断控制器的功能就是在有多个中断源的系统中,接收外部的中断请求,并进行判断,选中当前优先级最高的中断请求,再将此请求送到 CPU 的 INTR 端;当 CPU 响应中断并进入中断子程序后,中断控制器仍负责对外部中断请求的管理,当某个外部中断请求的优先级高于当前正在处理的中断优先级时,中断控制器会让此中断通过而到达 CPU 的 INTR 端,从而实现中断的嵌套,反之,对其他级别较低的中断则禁止。

本章讨论 Intel 系列的可编程中断控制器 8259A 的工作原理、工作方式和编程方法,最后举例说明 8259A 的使用方法。

7.1 中断控制器的引脚信号、编程结构和工作原理

8259A 是一款基础的可编程的中断控制器,读者可以从该款芯片一步步了解中断控制器的基本原理。

7.1.1 8259A 的外部信号和含义

图 7.1 是 8259A 的编程结构,为了分析 8259A 的工作原理,先介绍 8259A 的外部信号。

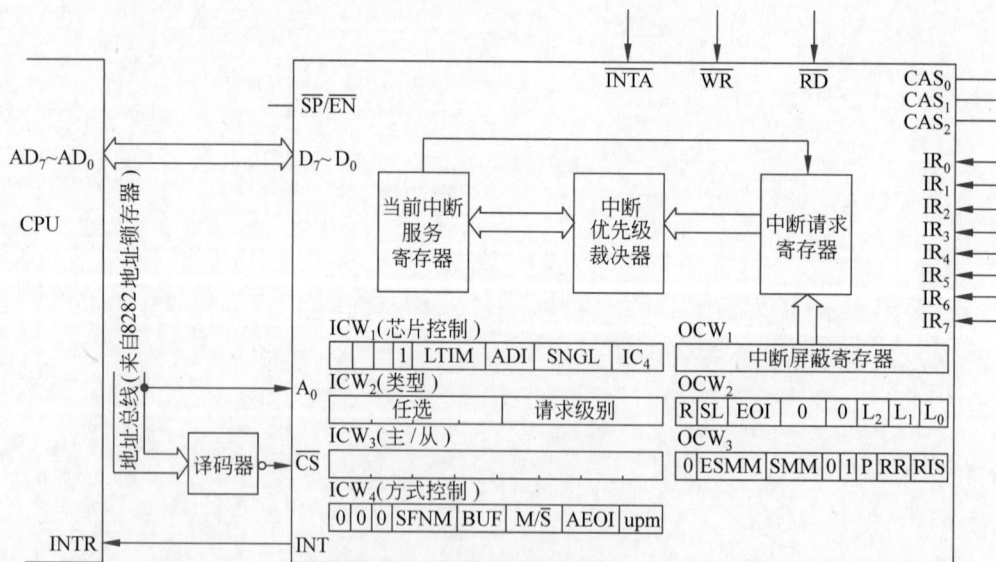

图 7.1 8259A 的编程结构

除了电源和地以外,8259A 的其他信号和含义如下。

(1) $D_7 \sim D_0$:数据线。在系统中,它们和数据总线相连。

(2) INT:中断请求信号。它和 CPU 的 INTR 端相连,用来向 CPU 发中断请求。

（3）$\overline{\text{INTA}}$：中断应答信号。它接收来自 CPU 的中断应答信号。如果 CPU 接收到中断请求信号，而此时中断允许标志为 1，并且正好一条指令执行完毕，那么，在当前总线周期和下一个总线周期中，CPU 将在 $\overline{\text{INTA}}$ 引脚上分别发一个负脉冲作为中断响应信号，在第二个 $\overline{\text{INTA}}$ 脉冲结束时，CPU 读取 8259A 送到数据总线上的中断类型号。

（4）$\overline{\text{RD}}$：读出信号。此信号有效时，将 8259A 某个内部寄存器的内容送数据总线。

（5）$\overline{\text{WR}}$：写入信号。使 8259A 从数据线上接收数据。这些数据实际上就是 CPU 写入 8259A 的命令字。

（6）$\overline{\text{CS}}$：芯片选通信号。$\overline{\text{CS}}$ 有效时选中本片。

（7）A_0：端口选择信号。指出 8259A 对应的两个端口地址，其中一个为偶地址，另一个为奇地址，要求偶地址较低，奇地址较高。

（8）$IR_7 \sim IR_0$：I/O 设备的中断请求信号。一片 8259A 可通过 $IR_7 \sim IR_0$ 连接 8 个 I/O 设备。在含多片 8259A 的复杂系统中，主片的 $IR_7 \sim IR_0$ 分别和各从片的 INT 端相连，以接收来自从片的中断请求。

（9）$CAS_2 \sim CAS_0$：从片选择信号。这 3 个信号组合起来指出具体的从片。对此，将在后面作具体讲解。

（10）$\overline{\text{SP}}/\overline{\text{EN}}$：主片和从片的选择和驱动信号。此引脚是双向的，它有两个用处。当作为输入时，用来决定本片 8259A 是主片还是从片。如 $\overline{\text{SP}}/\overline{\text{EN}}$ 为 1，则为主片；如 $\overline{\text{SP}}/\overline{\text{EN}}$ 为 0，则为从片。当作为输出时，由 $\overline{\text{SP}}/\overline{\text{EN}}$ 输出的信号启动数据总线驱动器。$\overline{\text{SP}}/\overline{\text{EN}}$ 到底作为输出还是输入，决定于 8259A 是否采用缓冲方式工作。如采用缓冲方式，则 $\overline{\text{SP}}/\overline{\text{EN}}$ 端作为输出；如采用非缓冲方式，则 $\overline{\text{SP}}/\overline{\text{EN}}$ 端作为输入。

7.1.2 8259A 的编程结构和工作原理

从图 7.1 的编程结构图中可看到，下半部分有 7 个 8 位寄存器，这是 8259A 的控制部分。这些寄存器都是可编程的，即可用指令对其进行设置。

7 个寄存器可分为两组，第一组寄存器为 4 个，它们用来存放初始化命令字（initialization command word，ICW），分别称为 $ICW_1 \sim ICW_4$；第二组寄存器为 3 个，它们用来存放操作命令字（operation command word，OCW），分别称为 $OCW_1 \sim OCW_3$。初始化命令字往往是计算机系统启动时由初始化程序设置的，一旦设定，一般在系统工作过程中不再改变。操作命令字则是由应用程序设定的，用来对中断处理过程作动态控制，在一个系统运行过程中，操作命令字可被多次设置。

编程结构图的上半部分是 8259A 的处理部件。它由中断请求寄存器（interrupt request register，IRR）、中断优先级裁决器（priority resolver，PR）和当前中断服务寄存器（interrupt service register，ISR）组成。处理部件的功能是接收和处理从 $IR_7 \sim IR_0$ 进入的中断。

具体地说，8259A 对外部中断请求的处理过程和工作原理如下。

IRR 接收外部的中断请求，其有 8 位，分别和引脚 $IR_7 \sim IR_0$ 相对应。接收到来自某一引脚的中断请求后，IRR 中的对应位便置 1，即对此中断请求作锁存。此后，逻辑电路根据中断屏蔽寄存器（interrupt mask register，IMR，即 OCW_1）中的对应位决定是否让此请求通过。如 IMR 中的对应位为 0，则表示对此中断未加屏蔽，所以让它通过，进入 PR 做裁决；相反，如 IMR 中的对应位为 1，则说明此中断当前被屏蔽，所以，会受到封锁，不能进入 PR。

PR 把新进入的中断请求和当前正在处理的中断比较,从而决定哪个优先级更高。而当前 ISR 存放现在正在处理的中断请求。如判断新进入的中断请求具有足够高的优先级,那么, PR 会通过相应的逻辑电路使 8259A 的输出端 INT 为 1,从而向 CPU 发出一个中断请求。

如 CPU 的中断允许标志 IF 为 1,那么,CPU 执行完当前指令后,就可响应中断。这时, CPU 从 $\overline{\text{INTA}}$ 端往 8259A 回送两个负脉冲。

第一个负脉冲到达时,8259A 完成以下 3 个动作。

(1) 使 IRR 的锁存功能失效。这样,对在 $IR_7 \sim IR_0$ 线上的中断请求信号就不再接收。 直到第二个负脉冲到达时,才又使 IRR 的锁存功能有效。

(2) 使当前 ISR 中的相应位置 1,以便为 PR 以后的工作提供判断依据。

(3) 使 IRR 中的相应位(即接收中断请求时设置的位)清 0。

第二个负脉冲到达时,8259A 完成以下两个动作。

(1) 将中断类型寄存器中内容 ICW_2 送数据总线的 $D_7 \sim D_0$,CPU 将此作为中断类型号。

(2) 如 ICW_4 中的中断自动结束位为 1,则将当前 ISR 的相应位清 0。

7.2 8259A 的工作方式

8259A 有多种工作方式,这些工作方式可通过编程来设置,所以使用灵活。但是,正是由于可以设置的工作方式多,使一些读者感到 8259A 的编程和使用不易掌握。为此,在讲述 8259A 的编程之前,先对 8259A 的工作方式分类进行简明介绍。

1. 设置优先级的方式

按照优先级设置方法来分,8259A 有如下几种工作方式。

1) 全嵌套方式

全嵌套方式是最常用的工作方式,如对 8259A 初始化后没有设置其他优先级方式,那么,就按全嵌套方式工作。在全嵌套方式中,中断请求按优先级 $0 \sim 7$ 进行处理,0 级最高。

当一个中断被响应时,中断类型号被放到数据总线上,当前 ISR 中的对应位 IS_n 被置 1,然后进入中断服务程序。一般情况下(除了中断自动结束方式外),在 CPU 发出中断结束命令(EOI)前,此对应位一直保持"1"。这样做,可以为中断优先级裁决器的裁决提供依据,因为中断优先级裁决器总是将新收到的中断请求和当前中断服务寄存器中的 IS 位进行比较,判断新收到的中断请求的优先级是否比当前正在处理的中断的优先级高,如是,则实行中断嵌套。

2) 特殊全嵌套方式

特殊全嵌套方式和全嵌套方式基本相同,只有一点差别,就是在特殊全嵌套方式下,当处理某一级中断时,如有同级的中断请求,那么,也会给予响应,从而实现一种对同级中断请求的特殊嵌套。而在全嵌套方式中,只有当更高级的中断请求来到时,才会进行嵌套,当同级中断请求来到时,不会给予响应。

特殊全嵌套方式一般用在 8259A 级联的系统中。在这种情况下,对主片编程时,让它工作在特殊全嵌套方式,但从片仍处于其他优先级方式。这样,当来自某一从片的中断请求正在处理时,一方面,和普通全嵌套方式一样,对来自优先级较高的主片其他引脚上的中断请求开放,当然,这些中断请求是由其他从片引入的;另一方面,对来自同一从片的较高优先级请求也会开放。对同一从片中这样的中断请求,在主片引脚上反映出来,是与当前正在处理的中断请求处于同一级的,但是,在从片内部看,新来的中断请求一定比当前正在处理的中断的优先级别高,否则,在从片中的中断优先级裁决电路裁决时,就不会发出 INT 信号,从而也就不会在主片引脚上产生中断请求信号。

由此可见,在使用单片 8259A 的系统中,当外部中断请求不太频繁时,用特殊全嵌套方式也无妨,因为在这种情况下,与全嵌套工作方式完全一样。但在中断请求频繁时,可能会造成同级中断的多重嵌套,从而引起混乱。在使用多片 8259A 的系统中,每个从片的中断请求输出与主片的中断请求输入端相连。在主片看来,一个从片为一级,尽管从片内部可判断连在从片上各中断请求的优先级,但要真正让从片内部的优先级得到系统的确认,则必须让主片工作在特殊全嵌套方式。如主片工作在一般全嵌套方式或其他方式,则尽管从片可识别片内优先级,但主片却无法识别。所以,特殊全嵌套方式是专门为多片 8259A 系统提供的、专用于主片的、用来确认从片内部优先级的工作方式。

3) 优先级自动循环方式

优先级自动循环方式一般用在系统中多个中断源优先级相等的场合。在这种方式下,优先级队列是在变化的,一个设备受到中断服务以后,它的优先级自动降为最低。

读者会问,中断系统一开始工作时,哪一级中断的优先级最高呢? 在优先级自动循环方式中,初始优先级队列规定为 IR_0、IR_1、IR_2、……、IR_6、IR_7。如这时 IR_0 端正好有中断请求,则进入 IR_0 的中断处理子程序,IR_0 处理完后,如又来 IR_4 中断请求,则处理 IR_4。处理完 IR_4后,IR_5 为最高优先级,然后依次为 IR_6、IR_7、IR_0、IR_1、IR_2、IR_3、IR_4,以此类推。

系统中是否采用自动循环优先级,由 8259A 的操作命令字 OCW_2 决定。

4) 优先级特殊循环方式

优先级特殊循环方式和优先级自动循环方式相比,只有一点不同,就是在优先级特殊循环方式中,一开始的最低优先级是由编程确定的,从而最高优先级也由此而定。例如,确定 IR_5 为最低优先级,那么,IR_6 就是最高优先级。而在优先级自动循环方式中,一开始的最高优先级一定是 IR_0。

优先级特殊循环方式也是由 8259A 的 OCW_2 来设定的。

2. 屏蔽中断源的方式

按照对中断源的屏蔽方式来分,8259A 有如下两种工作方式。

1) 普通屏蔽方式

在普通屏蔽方式中,8259A 的每个中断请求输入端都可通过对应屏蔽位的设置而被屏蔽,从而使对应中断请求不能从 8259A 送到 CPU。

8259A 内部有一个屏蔽寄存器,它的每一位对应了一个中断请求输入,程序设计时,可通过设置 OCW_1 使屏蔽寄存器中任一位或几位置 1。当某 位为 1 时,对应的中断就受到屏蔽。

当然,对中断的屏蔽总是暂时的,过了一定时间,程序中又需要撤销屏蔽,这时,可通过对 OCW_1 的重新设置来实现。例如,在计算机网络通信中,接收中断的优先级比较高,所以,当一个计算机站点进行信息发送时,要对接收中断进行屏蔽,以免本站的发送过程被其他站点的发送过程打断,而在完成本站发送过程后,要立即开放接收中断,以免其他站点往本站的发送过程迟迟得不到应答。这一切,就是通过用 OCW_1 对中断屏蔽寄存器中某一位的置 1 和置 0 来实现的。

2) 特殊屏蔽方式

在有些场合中,希望在中断服务过程中能动态地改变系统的优先级结构。例如,在执行中断处理程序某一部分时,希望禁止较低级的中断请求;但是,在执行中断处理程序另一部分时,又能够开放比本身的优先级别较低的中断请求。

为此,自然会想到一个办法,即在此中断服务程序中用 OCW_1 将屏蔽寄存器中本级中断的对应位置 1,使本级中断受到屏蔽,这样,便为开放较低级中断请求提供可能。

但是,这样做有一个问题。每当一个中断请求被响应时,就会使当前中断服务寄存器中的对应位 IS_n 置 1,只要中断处理程序没有发出 EOI,8259A 就会据此而禁止所有优先级比它低的中断请求,所以,尽管由于用 OCW_1 设置屏蔽字使当前处理的中断被屏蔽,但由于 IS_n 未被复位,所以,较低级的中断请求在当前中断处理完之前仍得不到响应。

于是,引进了特殊屏蔽方式。设置了特殊屏蔽方式后,再用 OCW_1 对屏蔽寄存器中某一位进行置位时,就会同时使当前中断服务寄存器中的对应位自动清 0,这样,就不只屏蔽了当前正在处理的这级中断,而且真正开放了其他级别较低的中断。

由此可见,特殊屏蔽方式总是在中断处理程序中使用的。使用了这种方式后,尽管系统当前仍在处理一个较高级的中断,但是,从外界看来,由于 8259A 的屏蔽寄存器中,对应于此中断的位被置 1,并且当前中断服务寄存器中的对应位被清 0,所以,好像不在处理任何中断,从而,这时即使有最低级的中断请求,也会得到响应。

3. 结束中断处理的方式

按照对中断处理的结束方法来分,8259A 有两类工作方式,即自动结束方式和非自动结束方式。而非自动结束方式又分为两种:一种为一般的中断结束方式;另一种为特殊的中断结束方式。

这里,先说明一下中断结束处理的必要性和中断结束处理的具体动作。

我们已经知道,不管用哪种优先级方式工作,当一个中断请求得到响应时,8259A 都会在当前中断服务寄存器中设置相应位 IS_n,这样,为此后中断裁决器的工作提供了依据。当中断处理程序结束时,必须使 IS_n 位清 0,否则,8259A 的中断控制功能就会不正常。这个使 IS_n 位清 0 的动作就是中断结束处理。

下面,具体介绍 8259A 的 3 种中断结束方式。

1) 中断自动结束方式

中断自动结束方式只能用在系统中只有一片 8259A 并且多个中断不会嵌套的情况。

在中断自动结束方式中,系统一进入中断过程,8259A 就自动将当前中断服务寄存器中的对应位 IS_n 清除,这样,尽管系统正在进行中断服务,但对 8259A 来说,当前中断服务寄存器中却没有对应位作指示,所以,好像已经结束了中断服务一样。这是最简单的中断结束方式,主要是怕没有经验的程序员忘了在中断服务程序中给出中断结束命令而设立的。

中断自动结束方式的设置方法很简单,只要在对 8259A 初始化时,使 $\overline{ICW_4}$ 的 AEOI 位为 1 即可。在这种情况下,当第二个中断响应脉冲 $\overline{INTA}$ 送到 8259A 后,8259A 就会自动清除当前中断服务寄存器中的对应位 IS_n。

2）一般的中断结束方式

一般中断结束方式用在全嵌套情况下。当 CPU 用输出指令往 8259A 发出一般中断结束命令时,8259A 就会把当前中断服务寄存器中的最高的非零 IS 位复位。因为在全嵌套方式中,最高的非零 IS 位对应了最后一次被响应和被处理的中断,也就是当前正在处理的中断,所以,最高的非零 IS 位的复位相当于结束了当前正在处理的中断。

后面我们将会看到,一般中断结束命令的发送很简单,只要在程序中往 8259A 的偶地址端口输出一个 OCW_2,并使得 OCW_2 中的 EOI＝1,SL＝0,R＝0 即可。

3）特殊的中断结束方式

在非全嵌套方式下,用当前中断服务寄存器是无法确定哪一级中断为最后响应和处理的,也就是说,无法确定当前正在处理的是哪级中断,这时,就要采用特殊的中断结束方式。采用特殊中断结束方式反映在程序中就是要发一条特殊中断结束命令,这个命令中指出了要清除当前中断服务寄存器中的哪个 IS 位。

特殊中断结束命令实际上也是通过操作命令字 OCW_2 来发送的。在后面,我们将会看到,当 OCW_2 中的 EOI＝1,SL＝1,且 R＝0 时,就是一个特殊的中断结束命令,此时,OCW_2 中的 L_2、L_1、L_0 这 3 位指出了到底要对哪一个 IS 位进行复位。

还要指出一点,在级联方式下,一般不用中断自动结束方式,而用非自动结束方式。这时,不管是用一般的中断结束方式,还是用特殊的中断结束方式,一个中断处理程序结束时,都必须发两次中断结束命令,一次是对主片发的,另一次是对从片发的。

4. 连接系统总线的方式

按照 8259A 和系统总线的连接来分,有下列两种方式。

1）缓冲方式

在多片 8259A 级联的系统中,8259A 通过总线驱动器连接数据总线,这就是缓冲方式。

在缓冲方式下,有一个对总线驱动器的启动问题。为此,将 8259A 的 $\overline{SP}/\overline{EN}$ 端和总线驱动器相连,因为 8259A 工作在缓冲方式时,会在输出状态字或中断类型的同时,从 $\overline{SP}/\overline{EN}$ 端输出一个低电平,此低电平正好可作为总线驱动器的启动信号。

后面我们会讲到,缓冲方式是用 8259A 的 ICW_4 来设置的。

2）非缓冲方式

非缓冲方式是相对缓冲方式而言的。当系统中只有单片 8259A 时,一般将它直接与数据总线相连;在一些不太大的系统中,即使有几片 8259A 工作在级联方式,只要片数不多,那么,也可将 8259A 直接与数据总线相连。在上面两种情况下,8259A 就工作在非缓冲方式。

后面将讲到,非缓冲方式也是通过 8259A 的 ICW_4 设置的。

在非缓冲方式下,8259A 的 $\overline{SP}/\overline{EN}$ 端作为输入端。当系统中只有单片 8259A 时,此 8259A 的 $\overline{SP}/\overline{EN}$ 端必须接高电平;当系统中有多片 8259A 时,主片的 $\overline{SP}/\overline{EN}$ 端接高电平,而从片的 $\overline{SP}/\overline{EN}$ 端接低电平。

5. 引入中断请求的方式

按照中断请求的引入方法来分,8259A 有如下工作方式。

1）边沿触发方式

在边沿触发方式下,8259A 将中断请求输入端出现的上升沿作为中断请求信号。

后面我们将会看到,边沿触发方式是通过 ICW_1 来设置的。

2）电平触发方式

如用 ICW_1 对 8259A 设置为电平触发方式，那么，8259A 工作时，便把中断请求输入端出现的高电平作为中断请求信号，这就是电平触发方式。

在电平触发方式下，要注意的一点是当中断输入端出现一个中断请求并得到响应后，输入端必须及时撤除高电平，如果在 CPU 进入中断处理过程并且开放中断前未去掉高电平信号，则可能引起不应该有的第二次中断。

3）中断查询方式

中断查询方式的特点如下。

（1）设备仍然通过往 8259A 发中断请求信号要求 CPU 服务，但 8259A 不使用 INT 信号向 CPU 发中断请求信号。

（2）CPU 内部的中断允许触发器复位，所以整个中断过程并不是按常规进行。

（3）CPU 要使用软件查询来确认中断源，从而实现对设备的中断服务。

可见，中断查询方式既有中断的特点，又有查询的特点。从外设来讲，仍然是靠中断方式来请求服务，并且既可用边沿触发，也可用电平触发；而对 CPU 来讲，是靠查询方式来确定是否有设备要求服务，同时靠查询方式确定要为哪个设备服务。

CPU 执行的查询软件中必须有查询命令，才能实现查询功能。查询命令是通过往 8259A 发送相应的 OCW_3 来实现的。当 CPU 往 8259A 的偶地址端口发查询性质的 OCW_3 时，如果此前正好有外设发出过中断请求，那么 8259A 就会在当前中断服务寄存器中设置好相应的 IS 位，于是，CPU 就可在查询命令之后的下一个读操作时，从当前中断服务寄存器中读取这个优先级。

从 CPU 发出查询命令到读取中断优先级期间，CPU 所执行的查询程序段应该包括下面几个环节：系统先关中断，然后用输出指令将 OCW_3 送到 8259A 的偶地址端口，接着用输入指令从偶地址端口读取 8259A 的查询字。

后面我们将会了解，用 OCW_3 构成的查询命令格式如下，其中，D_2 位为 1 使 OCW_3 具有查询性质。

D_7	D_6	D_5	D_4	D_3	D_2	D_1	D_0
×	0	0	0	1	1	0	0

8259A 得到查询命令后，立即组成查询字，等待 CPU 来读取，所以，CPU 执行下一条输入指令时，便可读得如下格式的查询字。

D_7	D_6	D_5	D_4	D_3	D_2	D_1	D_0
I	—	—	—	—	W_2	W_1	W_0

查询字中，如 I 为 1，表示有设备请求中断服务；如 I 为 0，表示没有设备请求中断服务。W_2、W_1、W_0 组成的代码表示当前中断请求的最高优先级。

中断查询方式一般用在接近含 64 级中断的系统中，也可用在一个中断服务程序中的几个模块分别为几个设备服务的情况。在这两种情况下，CPU 用查询命令得知中断优先级后，在中断服务程序中进一步判断运行哪个模块，从而转到此模块为指定的外设进行服务。

7.3 8259A 的初始化命令字和初始化流程

7.3.1 8259A 的初始化命令字

前面曾经提到,初始化命令字通常是系统开机时由初始化程序填写的,而且在整个系统工作过程中保持不变。下面我们就来讨论初始化命令字的填写规则和格式。

8259A 有两个连续的端口地址,按第 5 章末尾的约定,称之为偶地址和奇地址。这里要求偶地址较低,奇地址较高。

初始化命令字必须按顺序填写,并且要求把 ICW_1 写到偶地址端口,而其余的初始化命令字写到奇地址端口。

1. ICW_1 的格式和含义

ICW_1 叫芯片控制初始化命令字。须写到偶地址端口(即让 8259A 的 A_0 端为 0)。ICW_1 各位的具体定义如下。

A_0	D_7	D_6	D_5	D_4	D_3	D_2	D_1	D_0
0				1	LTIM	ADI	SNGL	IC_4

(1) $D_7 \sim D_5$:在 16 位和 32 位系统中不用这几位,可为 1,也可为 0。

(2) D_4:此位作为 ICW_1 标识位以区分 OCW_2 和 OCW_3。后面将讲到,OCW_2 和 OCW_3 也要求写到 8259A 的偶地址端口中,所以,用 $D_4 = 1$ 作为指示 ICW_1 的标志。

(3) D_3(LTIM):设定中断请求信号的形式。如 LTIM 为 0,则中断请求为边沿触发方式;如 LTIM 为 1,则中断请求为电平触发方式。

(4) D_2(ADI):在 16 位和 32 位系统中不起作用,可为 0,也可为 1。

(5) D_1(SNGL):用来指出本片是否与其他 8259A 处于级联状态,当系统中只有一片 8259A 时,D_1 为 1,当系统中有多片 8259A 时,则主片和从片的 ICW_1 的 D_1 均为 0。

(6) D_0(IC_4):用来指出后面是否将设置 ICW_4。如初始化程序中使用 ICW_4,则 IC_4 必须为 1,否则 8259A 不予辨认 ICW_4。由于要用 ICW_4 的第 0 位(D_0)设置为 1 来表示本系统为非 8 位系统,所以,在 16 位和 32 位系统中,ICW_4 必须使用,即 IC_4 必定为 1。

2. ICW_2 的格式和含义

ICW_2 是设置中断类型号的初始化命令字,必须写到 8259A 的奇地址端口中。

实际上,中断类型号的具体取值不但和 ICW_2 有关,也和引入中断的引脚 $IR_0 \sim IR_7$ 有关。如表 7.1 所示,中断类型号的高 5 位就是 ICW_2 的高 5 位,而低 3 位的值则决定于引入中断的引脚序号。

归纳起来,ICW_2 和中断类型号之间的关系如下。

(1) ICW_2 是任选的,而 ICW_2 一旦确定,$IR_0 \sim IR_7$ 所对应的 8 个中断类型号也确定了。

(2) ICW_2 的低 3 位并不影响中断类型号的具体数值,只有 ICW_2 的高 5 位影响中断类型号,中断类型号的高 5 位就是 ICW_2 的高 5 位,而中断类型号的低 3 位是由引入中断请求的引脚 $IR_0 \sim IR_7$ 决定的。例如,ICW_2 为 20H,则 8259A 的 $IR_0 \sim IR_7$ 对应的 8 个中断类型号为 20H、21H、22H、23H、24H、25H、26H、27H;如果设 ICW_2 为 40H,则 8 个中断类型号为 40H、41H、42H、43H、44H、45H、46H、47H;又如 ICW_2 为 45H,则 8 个中断类型号仍为

40H、41H、……、47H，这是因为 40H 和 45H 的高 5 位均为 01000，所以，中断类型号不变。

表 7.1　中断类型号与 ICW_2 及引脚序号的关系

引入中断的引脚	中断类型号							
	D_7	D_6	D_5	D_4	D_3	D_2	D_1	D_0
IR_0	T_7	T_6	T_5	T_4	T_3	0	0	0
IR_1	T_7	T_6	T_5	T_4	T_3	0	0	1
IR_2	T_7	T_6	T_5	T_4	T_3	0	1	0
IR_3	T_7	T_6	T_5	T_4	T_3	0	1	1
IR_4	T_7	T_6	T_5	T_4	T_3	1	0	0
IR_5	T_7	T_6	T_5	T_4	T_3	1	0	1
IR_6	T_7	T_6	T_5	T_4	T_3	1	1	0
IR_7	T_7	T_6	T_5	T_4	T_3	1	1	1

3. ICW_3 的格式和含义

ICW_3 是标志主片/从片的初始化命令字，须写到奇地址端口中。

可见，只有当一个系统中包含多片 8259A 时，ICW_3 才有意义。而系统中是否有多片 8259A，这是由 ICW_1 的 D_1(SNGL)位来指示的，所以，只有当 SNGL=0 时，才设置 ICW_3。

ICW_3 的具体格式与本片到底是主片还是从片有关。如为主片，则格式如下：

A_0	D_7	D_6	D_5	D_4	D_3	D_2	D_1	D_0
1	IR_7	IR_6	IR_5	IR_4	IR_3	IR_2	IR_1	IR_0

从上面的格式中可看到，如本片为主片，则 $D_7 \sim D_0$ 对应于 $IR_7 \sim IR_0$ 引脚上的连接情况。如某一个引脚上连有从片，则对应位为 1；如未连从片，则对应位为 0。例如，当 $ICW_3=$ F0H(11110000)时，表示在 IR_7、IR_6、IR_5、IR_4 引脚上接有从片，而 IR_3、IR_2、IR_1、IR_0 引脚上没连从片。

也许有人会问，能不能一片 8259A 既作为主片在某些引脚上连接从片，又能在另外一些引脚上直接连外设的中断请求信号端呢？回答是肯定的。不过，设置初始化命令字的时候需要仔细，对 ICW_3 来说，那些直接与外设相连的引脚所对应的位仍为 0。

如本片 8259A 是从片，则 ICW_3 的格式如下：

A_0	D_7	D_6	D_5	D_4	D_3	D_2	D_1	D_0
1	0	0	0	0	0	ID_2	ID_1	ID_0

也就是说，如本片为从片，则 ICW_3 的 $D_7 \sim D_3$ 不用，可为 1 也可为 0，但为了和以后的产品兼容，所以，使其为 0。$D_2 \sim D_0$ 的值与从片的输出端 INT 到底连在主片的哪条中断请求输入引脚有关。例如，某从片的 INT 引脚连在主片的 IR_5 引脚上，则此从片的 ICW_3 中的 $D_2 \sim D_0$ 应为 101。

在多片 8259A 级联的情况下，主片和所有从片的 CAS_2 互相连在一起，同样，各 CAS_1、CAS_0 也分别连在一起。主片的 $CAS_2 \sim CAS_0$ 作为输出，从片的 $CAS_2 \sim CAS_0$ 作为输入，当 CPU 发出第一个中断响应负脉冲 $\overline{INTA}$ 时，作为主片的 8259A 除了完成例行的动作(见前面所述)外，还通过 $CAS_2 \sim CAS_0$ 发出一个编码 $ID_2 \sim ID_0$，此编码和发出中断请求的从片有关，具体对应关系如表 7.2 所示。

表 7.2　从片所收到的编码 $ID_2 \sim ID_0$

编码	从片和主片连接							
	IR_0	IR_1	IR_2	IR_3	IR_4	IR_5	IR_6	IR_7
ID_2	0	0	0	0	1	1	1	1
ID_1	0	0	1	1	0	0	1	1
ID_0	0	1	0	1	0	1	0	1

从片的 $CAS_2 \sim CAS_0$ 接收主片发来的编码,并将此编码和本身 ICW_3 的 $D_2 \sim D_0$ 位即 $ID_2 \sim ID_0$ 比较,如相等,则在第二个 $\overline{INTA}$ 负脉冲到来时,将自己的中断类型号送数据总线。

由此可见,从片的 ICW_3 实际上是一个标识码。如某一从片与主片的 IR_3 相连,则此从片的 ICW_3 为 03H;又如另一从片与主片的 IR_7 相连,则此从片的 ICW_3 为 07H。标识码的确定也遵循表 7.2 的对应关系,主片正是通过标识码来与从片联络的。

4. ICW_4 的格式和含义

ICW_4 为方式控制初始化命令字,要求写入奇地址端口。ICW_4 的具体格式如下:

A_0	D_7	D_6	D_5	D_4	D_3	D_2	D_1	D_0
1	0	0	0	SFNM	BUF	M/$\overline{S}$	AEOI	μPM

(1) $D_7 \sim D_5$:这 3 位总是为 0,用来作为 ICW_4 的标识码。

(2) D_4(SFNM):如为 1,则为特殊全嵌套方式。这种系统中,一般含多片 8259A。

(3) D_3(BUF):如为 1,则为缓冲方式。在多片系统中,常采用缓冲方式,8259A 通过总线驱动器和数据总线相连,此时,引脚 $\overline{SP}/\overline{EN}$ 作为输出端来用,在 8259A 和 CPU 之间传输数据时,$\overline{SP}/\overline{EN}$ 使数据总线驱动器启动。如果 8259A 不通过总线驱动器和数据总线相连,则 BUF 应该设置为 0。

(4) D_2(M/$\overline{S}$):此位在多片系统中用来表示本片为主片还是从片。多片系统一般为缓冲方式,此时,BUF=1,如 M/$\overline{S}$ 为 1,则表示本片为主片,如 M/$\overline{S}$ 为 0,则表示本片为从片。当 BUF=0 时,则 M/$\overline{S}$ 不起作用,可为 1,也可为 0。

(5) D_1(AEOI):如 AEOI 为 1,则设置中断自动结束方式。在这种方式下,当第二个 $\overline{INTA}$ 脉冲结束时,当前中断服务寄存器 ISR 中的相应位会自动清除。所以,一进入中断,在 8259A 看来,中断处理过程就似乎结束了,从而允许其他任何级别的中断请求进入。

(6) D_0(μPM):如 μPM 为 1,则表示 8259A 当前所在系统为非 8 位系统。

7.3.2　8259A 的初始化流程

在 8259A 进入工作之前,必须用初始化命令字将系统中的每片 8259A 进行初始化。8259A 的初始化流程要遵守固定的次序。图 7.2 就是 8259A 的初始化流程图。

对初始化流程作如下 4 点说明。

(1) 在这个流程中,并没有指出端口地址,但设置初始化命令字时,端口地址是有规定的,即 ICW_1 必须写入偶地址端口,$ICW_2 \sim ICW_4$ 必须写入奇地址端口。

(2) $ICW_1 \sim ICW_4$ 的设置次序是固定的,不可颠倒。

(3) 对每一片 8259A,ICW_1 和 ICW_2 都是必须设置的,在 16 位和 32 位系统中,ICW_4 也

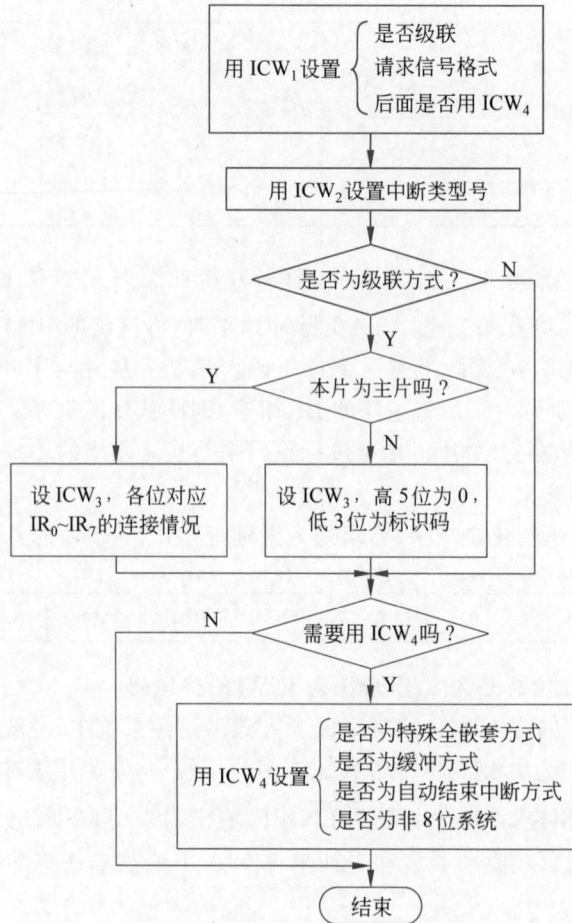

图 7.2 8259A 的初始化流程图

是必须设置的。但 ICW_3 并非每片 8259A 都必须设置。只有在级联方式下,才需要设置 ICW_3(不管是主片还是从片均要设置)。

(4) 在级联情况下,不管是主片还是从片,都需要设置 ICW_3,但是,主片和从片的 ICW_3 不相同。主片的 ICW_3 中,各位对应本片 $IR_7 \sim IR_0$ 引脚的连接情况;从片的 ICW_3 中,高 5 位为 0,低 3 位为本片的标识码。而从片的标识码又与它到底连接在主片 $IR_7 \sim IR_0$ 中的哪条引脚有关。

下面,是一个对 8259A 设置初始化命令字的例子。这里,8259A 的端口地址为 80H、81H。

```
MOV       AL,13H      ⎫
OUT       80H,AL      ⎬ ;设置 ICW₁
MOV       AL,18H      ⎫
OUT       81H,AL      ⎬ ;设置 ICW₂
MOV       AL,0DH      ⎫
OUT       81H,AL      ⎬ ;设置 ICW₄
```

在上面的初始化程序段中,头两条指令设置 ICW_1。这个初始化命令字指出:中断请求信号采用边沿触发方式;系统中只有一片8259A;并告示下面还要设置ICW_4。

下面两条指令设置ICW_2为18H,也就是将中断类型号的高5位指定为00011B。中断类型号的低3位决定于中断请求由哪条引脚进入。

因为ICW_1中的SNGL=1,即系统中只有一片8259A,所以不设置ICW_3。

最后两条指令将ICW_4设置为0DH。它告诉8259A,不用特殊全嵌套方式,也不用中断自动结束方式,而用缓冲方式;另外指出本片用在非8位系统中;还指出要用EOI命令来清除ISR中的对应位。

7.4 8259A 的操作命令字

8259A有3个操作命令字,即$OCW_1 \sim OCW_3$。操作命令字是在应用程序中设置的。设置次序没有要求,但是,对端口地址有严格规定,即OCW_1必须写入奇地址端口,OCW_2和OCW_3必须写入偶地址端口。

1. OCW_1的格式和含义

OCW_1为中断屏蔽操作命令字,要求写入奇地址端口。具体格式如下:

A_0	D_7	D_6	D_5	D_4	D_3	D_2	D_1	D_0
1	M_7	M_6	M_5	M_4	M_3	M_2	M_1	M_0

当OCW_1中某位为1时,对应于此位的中断请求受到屏蔽;如某位为0,则表示对应的中断请求得到允许。

例如,OCW_1=06H,则IR_2和IR_1引脚上的中断请求被屏蔽,其他引脚上的中断请求则被允许。

2. OCW_2的格式和含义

OCW_2是用来设置优先级循环方式和中断结束方式的操作命令字,要求写入偶地址端口。具体格式如下:

A_0	D_7	D_6	D_5	D_4	D_3	D_2	D_1	D_0
0	R	SL	EOI	0	0	L_2	L_1	L_0

其中,R决定了系统的中断优先级是否按循环方式设置。如为1,则采用优先级循环方式;如为0,则为非循环方式。

EOI为中断结束命令位。当EOI为1时,使当前中断服务寄存器中的对应位IS_n复位。前面讲过,如ICW_4中的AEOI为1,那么,在第二个中断响应脉冲$\overline{INTA}$结束后,8259A会自动清除当前中断服务寄存器中的对应位IS_n,即采用自动结束中断方式。但如果AEOI为0,则IS_n位须用EOI命令来清除。EOI命令就是通过OCW_2中的第5位即EOI位设置的。

SL位决定了OCW_2中的L_2、L_1、L_0是否有效,如为1,则有效,否则为无效。

L_2、L_1、L_0位有两个用处:一是当OCW_2给出特殊的中断结束命令时,L_2、L_1、L_0指出了具体要清除当前中断服务寄存器中的哪一位;二是当OCW_2给出特殊的优先级循环方式命令字时,L_2、L_1、L_0指出了循环开始时哪个中断的优先级最低。在这两种情况下,SL位都必须为1,否则L_2、L_1、L_0为无效。

我们已经知道，OCW_2 是用来设置优先级循环方式和中断结束方式的操作命令字。OCW_2 的功能包括两方面：一方面，它可决定 8259A 是否采用优先级循环方式；另一方面，它可组成两类中断结束命令，一类是一般中断结束命令，另一类是特殊中断结束命令。这两方面的功能正是由 L_2、L_1、L_0 配合实现的。下面对 OCW_2 两方面的功能作具体说明。

当 $EOI=0$ 时，如 $R=1$，$SL=0$，则会使 8259A 工作在中断优先级自动循环方式。

当 $EOI=0$ 时，如 $R=0$，$SL=0$，则会结束优先级自动循环方式。由于在优先级自动循环方式下，一般通过对 ICW_4 中的 AEOI 位设置为 1 使中断处理程序自动结束，所以优先级自动循环方式下，无论是启动还是终止，都不需要使 EOI 位为 1。

当 $EOI=0$ 时，如 $R=1$，$SL=1$，那么，8259A 会按照 L_2、L_1、L_0 的值确定一个级别最低的优先级。一旦确定了最低优先级，其他的中断优先级也随之而定。例如，当 $L_2L_1L_0=011$ 时，IR_3 为最低优先级，于是，系统中从高到低的优先级次序为 IR_4、IR_5、IR_6、IR_7、IR_0、IR_1、IR_2、IR_3。这时，优先级别最高的是 IR_4，然后，系统工作在优先级特殊循环方式。

当 $EOI=0$ 时，如 $R=0$，$SL=1$，则 OCW_2 没有意义。

从上面可见，当 $EOI=0$ 时，OCW_2 一般用来作为指定优先级循环方式的命令字。

当 $EOI=1$ 时，如 $R=1$，$SL=0$，则 OCW_2 使当前中断处理子程序对应的 IS_n 位被清除，并使系统仍按优先级循环方式工作，但当前的优先级次序左移一位。例如，当前最高优先级为 IR_5，当 OCW_2 为下列值时：

R	SL	EOI	0	0	L_2	L_1	L_0
1	0	1	0	0	0	0	0

则新的优先级次序为 IR_6、IR_7、IR_0、IR_1、IR_2、IR_3、IR_4、IR_5。即一方面清除了 IR_5 中断在当前中断服务寄存器中的对应位 IS_5；另一方面将中断优先级次序循环左移一位，从而使 IR_5 成为最低优先级。

当 $EOI=1$ 时，如 $R=1$，$SL=1$，则 OCW_2 使对应的 IS_n 位清除，并使当前系统的最低优先级为 $L_2L_1L_0$ 所指定的值。例如，当 OCW_2 为 11100010 时，则使当前中断服务寄存器中的对应位 IS_2 被清除，并使优先级次序改为 IR_3、IR_4、IR_5、IR_6、IR_7、IR_0、IR_1、IR_2。

当 $EOI=1$ 时，如 $R=0$，$SL=1$，再在 L_2、L_1、L_0 这 3 位上设置好一定的值，便可组成一个特殊的中断结束命令。例如，当 OCW_2 为 01100011 时，则 IR_3 在当前中断服务寄存器中的对应位 IS_3 被清除。

当 $EOI=1$ 时，如 $R=0$，$SL=0$，则 OCW_2 成为一个一般的中断结束命令，它使当前中断处理子程序对应的 IS_n 位被清除，并使系统工作在非循环的优先级方式下。$EOI=1$，$R=0$，$SL=0$ 的编码一般用于系统预先被设置为全嵌套（包括特殊全嵌套）工作的情况。

表 7.3 是对 OCW_2 的功能详细讲述基础上进行的归纳。

由此可见，当 $EOI=1$ 时，OCW_2 用来作为中断结束命令，同时使系统按照某一种方式继续工作。具体到底是哪种工作方式，则决定于 R 和 SL 位的值，一般情况下，常常使系统仍按原来的方式工作，也就是说，使 R 和 SL 位的值和前面设置 OCW_2 时确定的 R 和 SL 位的值保持相同。

表 7.3　OCW₂ 的功能

R	SL	EOI	功　　能
1	0	0	优先级自动循环方式
0	0	0	结束优先级循环方式
1	1	0	优先级特殊循环方式
1	0	1	发中断结束命令,并仍用优先级循环方式
1	1	1	发中断结束命令,并用优先级特殊循环方式
0	1	1	特殊中断结束命令
0	0	1	一般中断结束方式

3. OCW₃ 的格式和含义

操作命令字 OCW₃ 的功能有 3 方面:一是设置和撤销特殊屏蔽方式;二是设置中断查询方式;三是设置对 8259A 内部寄存器的读出命令。OCW₃ 必须写入偶地址端口,具体格式如下:

A_0	D_7	D_6	D_5	D_4	D_3	D_2	D_1	D_0
0	0	ESMM	SMM	0	1	P	RR	RIS

其中,ESMM 称为特殊的屏蔽模式允许位,SMM 为特殊屏蔽模式位,通过在这两位上置 1,便可使 8259A 脱离当前的优先级方式,而按照特殊屏蔽方式工作。也就是说,当 OCW₃ 中的 ESMM=SMM=1 时,只要 CPU 内部的 IF 为 1,系统就可响应任何未被屏蔽的中断请求,这时候,好像优先级规则不起作用一样。而当再发送一个使 ESMM=1,SMM=0 的 OCW₃ 之后,系统又恢复原来的优先级方式。

如果 OCW₃ 中的 ESMM 位为 0,那么 SMM 位将没有任何作用。正是这个原因,ESMM 被称为 SMM 位的允许位。

OCW₃ 中的 P 位称为查询方式位,当 P=1 时,使 8259A 设置为中断查询方式。前面讲过,在查询方式下,CPU 不是靠接收中断请求信号来进入中断处理过程,而是靠发送查询命令读取查询字来获得外设的中断请求信息。查询命令就是通过使 OCW₃ 的 P 位为 1 来构成的。当 CPU 往 8259A 发出查询命令后,再执行一条输入指令,就将一个读信号 $\overline{RD}$ 送到 8259A,8259A 收到这个读信号就好像收到两个 $\overline{INTA}$ 脉冲一样,使当前中断服务寄存器中的某一位置 1,并将查询字送到数据总线。查询字中表明了当前外设有无中断请求,并且表明了当前优先级最高的中断请求到底是哪个。

例如,P=1 时,优先级次序为 IR₃、IR₄、IR₅、IR₆、IR₇、IR₀、IR₁、IR₂,而当前在 IR₄ 和 IR₁ 引脚上有中断请求,那么,CPU 再执行一条输入指令,便可得到下列查询字:

A_0	D_7	D_6	D_5	D_4	D_3	D_2	D_1	D_0
0	I	–	–	–	–	W_2	W_1	W_0
	–	–	–	–	–	1	0	0

这个查询字说明了当前级别最高的中断请求为 IR₄,于是 CPU 便可转入 IR₄ 中断处理程序。当然,这里为了使基本原理清晰易懂而把系统简化了,中断查询方式的实际使用场合往往是含接近 64 级中断的 8259A 级联系统。

当 OCW₃ 中的 P=0 时,通过使 OCW₃ 中的 RR 位为 1,便可构成对 8259A 内部寄存器的读出命令来读取寄存器 IRR 和 ISR 的内容。中断请求寄存器 IRR 和当前中断服务寄存器 ISR 的读出过程和中断查询字的读出过程类似,即先用输出指令往偶地址端口发读出命令,接着用输入指令从偶地址端口读取寄存器 IRR 或 ISR 的内容。

如 OCW_3 中的 RR=1,RIS=0,那么,就构成了对 IRR 寄存器的读出命令,所以,下一条输入指令读出的是 IRR 寄存器的值。

如 OCW_3 中的 RR=1,RIS=1,那么,就构成了对 ISR 寄存器的读出命令,所以,下一条输入指令读出的是 ISR 寄存器的值。

顺便提一句,8259A 的屏蔽寄存器 IMR 的值随时可通过输入指令从奇地址端口读取。

和 OCW_2 一样,OCW_3 也可在一个程序中被多次设置,每当 8259A 进入 OCW_3 所设置的方式,或完成了 OCW_3 所要求的操作,OCW_3 便不起作用了。而每当设置一个 OCW_3 时,前面设置的 OCW_3 就不存在了,而代之以新的 OCW_3。

例如,当 OCW_3 中的 P=1,RR=1,RIS=0 时,接下来就可从偶地址端口读取 IRR 的值。但当再次设置 OCW_3 之后,如进行读取,那么,就未必是 IRR 的值了。

到此,读者也许还有一个疑问,OCW_2 和 OCW_3 都是写入 8259A 的偶地址端口的,那么,8259A 如何区分 OCW_2 和 OCW_3 呢?

实际上,OCW_2 和 OCW_3 的 D_3 位是这两个操作命令字的标识位,它们就是用这一位来互相区分的。如 D_3 位为 0,则为 OCW_2,如 D_3 位为 1,则为 OCW_3。前面讲过 ICW_1 也是写到偶地址端口,所以,OCW_2 和 OCW_3 又用 D_4 位与 ICW_1 区分开来:如 D_4 位为 0,则为 OCW_2 或 OCW_3;如 D_4 位为 1,则为 ICW_1。所以,可以将 $D_4 D_3 = 00$ 看成是 OCW_2 的标识码,将 $D_4 D_3 = 01$ 看成是 OCW_3 的标识码。

至于 ICW_2、ICW_3、ICW_4 和 OCW_1,尽管都是通过奇地址端口写入 8259A,但是,8259A 不会将它们混淆。因为初始化命令字 ICW_2、ICW_3、ICW_4 总是跟在 ICW_1 后面顺序写入的,所以,8259A 收到 ICW_1 后,便能根据 ICW_1 的内容逐一识别跟在其后的别的初始化命令字;而操作命令字 OCW_1 总是单独写入的,不会紧跟在 ICW_1 后面。此外,初始化命令字一般是在系统启动时由初始化程序一次性写入的,而操作命令可由任何程序在任何时候多次写入,这也是 8259A 对它们进行区分的依据。

7.5　8259A 使用举例

下面将通过几个具体例子,进一步说明 8259A 的工作原理和使用方法。

1. 关于中断全嵌套方式的例子

对 8259A 进行初始化后,如果不再写入任何操作命令字,8259A 便处于全嵌套工作方式。全嵌套工作方式是最简单的方式,这种方式中,IR_0 为优先级最高的中断请求,其次为 IR_1、IR_2、IR_3、……,IR_7 的优先级最低。

当 CPU 进行某一级中断处理时,当前中断服务寄存器的对应位 IS_n 置 1,由于中断裁决器的裁决,因此,系统不响应同级和较低级的中断请求。当有级别比它高的中断源请求中断时,只要 CPU 的中断允许触发器处于开中断状态,即 IF=1,便允许对它进行响应,同时将相应的 IS_n 位置 1(注意,这里的 IS_n 和前面的 IS_n 不是同一位)。此时,原来较低级中断对应的 IS_n 位并不复位,只是使较高级的中断处理程序嵌入较低级的中断处理程序,而较低级的中断处理程序暂时挂起来。要使较低级的中断处理程序被继续处理,系统必须具备下列条件:较高级的中断处理程序结束,并在结束前执行一条中断结束命令和一条中断返回指令,从而,较高级中断对应的 IS_n 位复位,于是,CPU 返回较低级的中断处理程序。

设系统中只有一片 8259A,如图 7.3 所示,主程序对 8259A 完成初始化后,执行了一条开中断指令 STI,此后,遇到 IR_3 请求中断。

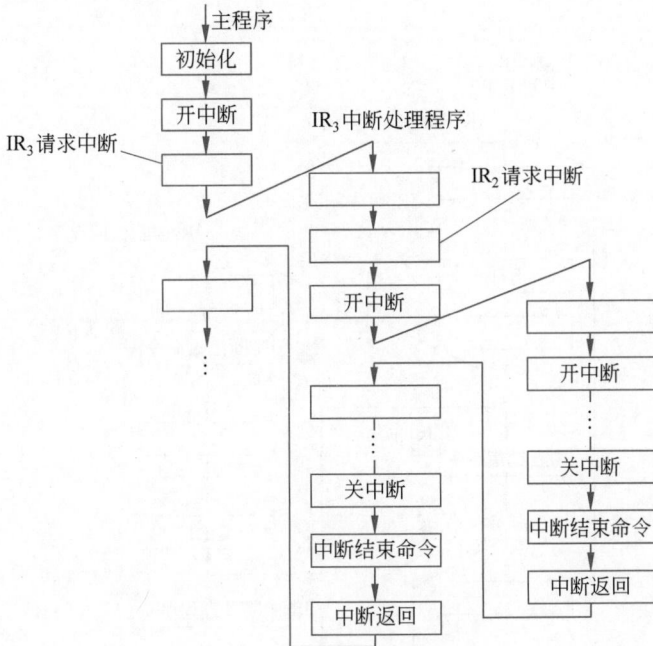

图 7.3　中断全嵌套方式流程图

于是,CPU 响应 IR_3 中断而进入 IR_3 对应的中断处理程序,此时 IS_3 置位。要注意一点,每当 CPU 响应一个中断时,会自动关中断,从而使 IF=0。

IR_3 中断处理程序在执行期间,又有 IR_2 请求中断,但由于此时系统没有开中断,所以, IR_2 中断没有得到响应,直到 IR_3 中断处理程序执行了 STI 指令后,CPU 才响应 IR_2 中断请求。于是,将 IR_3 中断处理程序暂时挂起,而转入 IR_2 中断处理程序。此时, IS_2 置位, IS_3 仍保持置位,表示这两级中断均未处理完毕。

IR_2 中断处理程序结束时,必须执行中断结束命令使 IS_2 复位,再执行中断返回指令,CPU 才能返回 IR_3 中断处理程序。此后,如又有 $IR_0 \sim IR_2$ 中断请求,会再次出现中断嵌套。

从上面可见,系统真正按照全嵌套方式工作是有一定条件的。

(1) 主程序必须执行开中断指令,使 IF 为 1,才有可能响应中断。

(2) 每当进入中断处理程序时,系统会自动关中断,所以,只有中断处理程序中再次开中断,才有可能与较高级的中断形成嵌套结构。

(3) 每个中断处理程序结束时,必须执行中断结束命令,清除对应的 IS_n 位,才能返回断点。

2. 关于如何使用中断结束命令的例子

我们已经知道如何按照 OCW_2 的格式来构成中断结束命令。现在通过一个例子说明中断结束命令对中断嵌套次序的影响,从而可了解,在设计程序时如何使用中断结束命令。

设系统中只用一片 8259A,初始化时,设置 AEOI=0,即不用自动结束方式,并设当前所有的 IS_n 和 M_n 均为 0。如图 7.4 所示,系统在执行主程序时,IR_2 和 IR_4 引脚上同时出现中断请求,然后,IR_1 引脚上有中断请求,最后,引脚 IR_3 有中断请求。

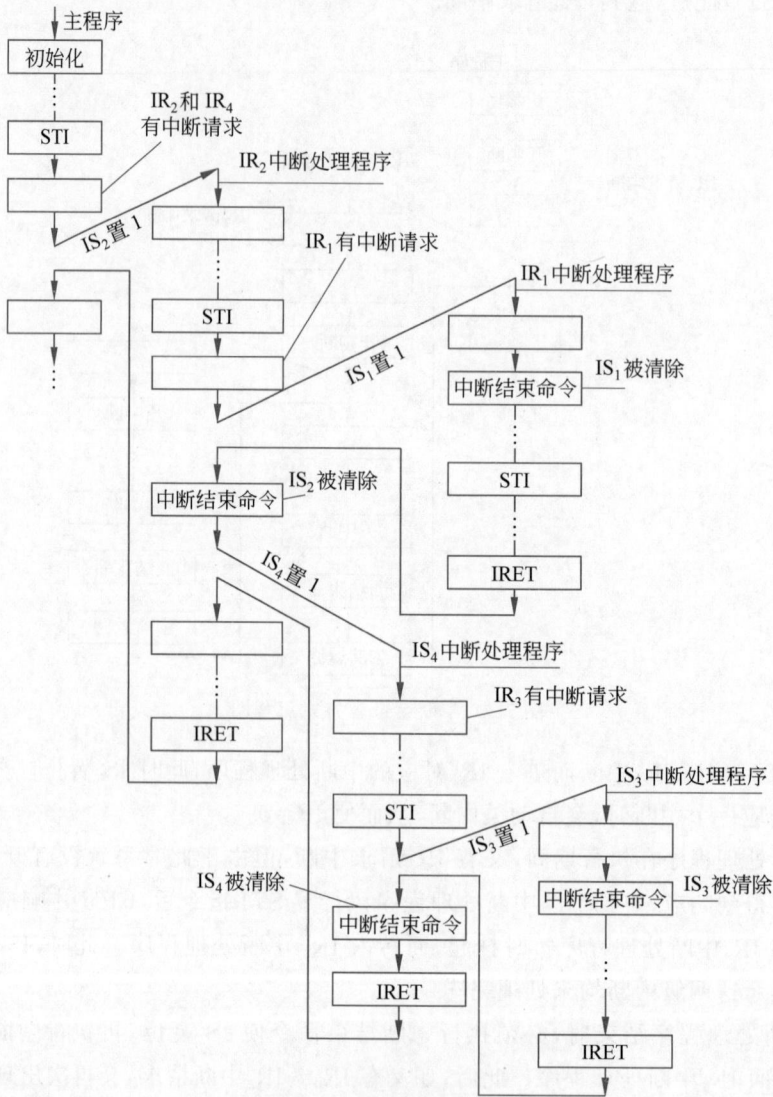

图 7.4 中断结束命令的使用

主程序执行 STI 指令后,使 IF 为 1。这时遇到中断请求 IR_2 和 IR_4,由于初始化之后,没有设置其他工作方式,所以,按全嵌套工作方式判断优先级次序,IR_2 的优先级比 IR_4 高,于是,系统响应 IR_2 中断请求。

IR_2 得到系统响应后,使当前中断服务寄存器中的对应位 IS_2 置 1。然后,CPU 开始执行对应于 IR_2 的中断处理程序。这个中断处理程序中有一条 STI 指令,它使 IF 重新置 1 (IF 在进入中断处理程序时已被自动置 0),因而,此后遇到 IR_1 引脚上有中断请求,便允许进入。

系统响应中断请求 IR_1 后,当前中断服务寄存器中的对应位 IS_1 置 1,并且,CPU 开始执

行 IR_1 对应的中断处理程序,此时 IF 又被自动清 0。IR_1 中断处理程序除了完成自身规定的功能外,还要做两件事才能返回断点。一是用 OCW_2 构成中断结束命令,将此命令发往偶地址端口;二是执行 STI 指令使系统开中断。中断结束命令使 IS_1 被清除,这样,尽管 CPU 还须为 IR_1 继续服务一段时间,但对 8259A 来说,IR_1 中断处理过程已经结束了。可见,中断结束命令的"结束"含义是对 8259A 而言的。顺便提一下,中断自动结束命令的含义也与此类似,只要想一下,CPU 一进入对中断的处理,中断自动结束命令就使对应的 IS_n 位清 0,便不难理解这一点了。

等 CPU 从 IR_1 中断处理程序返回 IR_2 中断处理程序时,又通过 OCW_2 将 IS_2 清除。这样,使当前中断服务寄存器中的所有各位都被清除。所以,尽管 IR_2 中断处理程序并没有结束,但是 IR_4 中断请求却得到了响应。这样便造成了在全嵌套方式下较低级中断 IR_4 嵌入较高级中断 IR_2 的例外情况。这种情况似乎与全嵌套方式下的中断优先级管理原则有所不符,但是,从刚才讲述的过程中,可以明白,这种例外是 IR_2 中断处理程序提前发出中断结束命令,从而主动放弃自己的优先级而造成的。由此可见,中断结束命令在中断处理程序中的提前发出会改变中断嵌套的次序。因此,在某些控制系统中,为了防止一个控制过程被级别较低的或同级的中断所打断,但又能开放较高级别的中断,就要注意,一方面要用 STI 指令开中断,另一方面不能用中断自动结束方式。

CPU 进入对 IR_4 中断的处理后,又遇到 IR_3 中断请求。但是由于 IR_4 中断处理程序还未执行 STI 指令,所以,IR_3 中断未能立即得到响应。等到 STI 指令被执行后,IF 置 1,于是 IR_3 中断请求得到允许,IS_3 被置 1,CPU 进入对 IR_3 的中断处理。

IR_3 中断处理程序除了完成自身的功能外,还用 OCW_2 将 IS_3 清除,并用 STI 指令开放中断。IR_3 中断处理程序结束后,返回 IR_4 继续被中断了的处理。

IR_4 中断处理程序用 OCW_2 将 IS_4 清除,之后返回 IR_2 处理程序。

IR_2 中断处理程序在前面已经清除了 IS_2 位,所以,执行完本身的功能后,便返回主程序。

通过这个例子,可引出以下两个重要的结论。

(1) 进入中断处理程序后,只有执行 STI 指令,才能允许其他中断处理程序进行嵌套。如果一个中断处理程序一直没有执行 STI 指令,那么,这个中断处理程序执行过程中就不会受其他中断处理程序嵌套。读者会问,这种情况下,系统怎样开放中断呢?实际上,在中断处理程序执行完最后一条指令即 IRET 之后,系统便开放中断,从而允许新的中断请求进入。因为 IRET 指令的一个功能就是恢复进入中断前的标志寄存器的内容,而当时标志寄存器中 IF 的值肯定为 1,否则,怎么会进入中断处理程序的呢?

(2) 进入中断处理程序后,如果一开始就用 STI 指令使 IF 为 1,从而开放了中断,但未用 OCW_2 清除对应的 IS_n 位,这种情况下,会允许比本中断优先级高的中断进入,形成符合优先级规则的嵌套。如果在 STI 指令之后,接着用 OCW_2 命令清除了 IS_n 位,但中断处理过程并没有结束,这种情况下,中断嵌套就未必按优先级规则进行了。

3. 关于特殊屏蔽方式的例子

前面讲过,通过 OCW_3 可使 8259A 工作在特殊屏蔽方式,这时,再用 OCW_1 对屏蔽寄存器中本级中断的对应位置 1,就可使系统除了对本级中断外,响应其他任何未被屏蔽的中断请求。换句话说,在特殊屏蔽方式下,不但开放了优先级比本级中断高的中断,而且开放了优先级比本级中断低的中断。

下面例子中,设 8259A 的偶地址端口为 80H,奇地址端口为 81H,并设系统当前正在为 IR$_4$ 进行中断服务。

程序段中对 8259A 设置了特殊屏蔽方式,并用 OCW$_1$ 屏蔽了 IR$_4$。在设置 IR$_4$ 屏蔽位时,采用了这样的步骤:先读取系统原来的屏蔽字;再用"或"的方法使 IR$_4$ 对应的屏蔽位为 1,并保持其他屏蔽位和原来一样;然后将新的屏蔽字送 8259A。这是系统程序设计中经常采用的步骤。在本程序段的后面撤销 IR$_4$ 的屏蔽时也采用了类似的方法。

对 IR$_4$ 屏蔽后,系统仍为 IR$_4$ 作中断处理,这时正好 IR$_7$ 引脚上有中断请求。而 IR$_7$ 在屏蔽寄存器中的对应位为 0,所以,这是未被屏蔽的中断。由于当前 8259A 工作在特殊屏蔽方式,所以可响应 IR$_7$ 中断请求,于是,造成了 IR$_4$ 中断处理程序被 IR$_7$ 中断处理程序嵌套的情况。从 IR$_7$ 中断处理程序返回之后,继续对 IR$_4$ 进行中断处理。

在 IR$_4$ 中断处理程序段的后面部分,用 OCW$_1$ 撤销了对 IR$_4$ 的屏蔽,并用 OCW$_3$ 撤销了特殊屏蔽方式,于是,8259A 又按照原本的优先级方式工作。

具体程序段如下:

```
    ⋮
    CLI                              ;为了下面设置命令,先关中断
    MOV        AL,68H            ⎫
    OUT        80H,AL            ⎬;用 OCW₃ 设置特殊屏蔽方式
    IN         AL,81H                ;读取系统原来的屏蔽字
    OR         AL,10H                ;IR₄ 对应的屏蔽位置 1
    OUT        81H,AL                ;将新的屏蔽字送 8259A
    STI                              ;开中断
    ⋮                               ;继续对 IR₄ 中断进行处理
    ⋮                            ⎫;遇到有 IR₇ 中断请求,CPU 给予响应,并作
                                 ⎬  处理后返回
    ⋮                               ;继续对 IR₄ 中断进行处理
    CLI                              ;关中断,以便设置命令
    IN         AL,81H                ;读取屏蔽字
    AND        AL,0EFH               ;清除 IR₄ 对应的屏蔽位
    OUT        81H,AL                ;恢复系统原来的屏蔽字
    MOV        AL,48H
    OUT        80H,AL                ;用 OCW₃ 撤销特殊屏蔽方式
    STI                              ;开中断
    ⋮                               ;继续对 IR₄ 中断进行处理
    MOV        AL,20H
    OUT        80H,AL                ;中断结束命令
    IRET                             ;返回主程序
```

4. 关于优先级设置和中断结束命令的小结

基于上面的讲解和使用举例,对优先级设置和中断结束命令归纳如下。

1) 关于优先级的设置方法

(1) 全嵌套方式是 8259A 默认的工作方式。若未设置其他方式,就为全嵌套方式,IR$_0$ 优先级最高。

（2）特殊全嵌套方式是用 ICW_4 设置的，其中 D_4（SFNM）＝1 为特殊全嵌套方式，这种方式下，IR_0 优先级最高。

（3）优先级自动循环方式是用 OCW_2 命令设置的，其中 R＝1，SL＝0，EOI＝0，即 OCW_2 的编码为 80H。此时 8259A 工作在中断自动结束的优先级自动循环方式。这种方式下，初始优先级 IR_0 最高。

（4）优先级特殊循环方式也是用 OCW_2 命令设置的，其中 R＝1，SL＝1，EOI＝0，最低优先级由 $L_2L_1L_0$ 给出，即 $IR_0 \sim IR_7$ 所对应的 OCW_2 编码分别为 C0H～C7H。当 OCW_2 为 C7H 时，所指定的最低优先级为 IR_7。

2）关于中断结束方式的设置方法

（1）中断自动结束方式用 ICW_4 设置，其中 D_1（AEOI）＝1 为中断自动结束方式。

（2）一般中断结束方式用 OCW_2 命令设置，其中 R＝0，SL＝0，EOI＝1，OCW_2 编码为 20H。

（3）特殊中断结束方式也用 OCW_2 命令设置，其中 R＝0，SL＝1，EOI＝1，所指定的中断由 $L_2L_1L_0$ 给出，所对应的 OCW_2 编码分别为 60H～67H，具体取值由 IS_n 决定。

3）优先级循环方式和中断结束方式一起设置的命令

（1）优先级自动循环方式和一般中断结束方式由 OCW_2 命令设置，其中 R＝1，SL＝0，EOI＝1，即 OCW_2 的编码为 A0H。在结束当前中断的同时，当前 IS_n 所对应的 IR_n 自动成为最低优先级。

（2）优先级特殊循环方式和特殊中断结束命令由 OCW_2 命令设置，其中 R＝1，SL＝1，EOI＝1，所指定的 $IS_0 \sim IS_7$ 由 $L_2L_1L_0$ 给出，$IS_0 \sim IS_7$ 所对应的 OCW_2 编码分别为 E0H～E7H。在所指定的 IS_n 中断结束的同时，$L_2L_1L_0$ 所对应的 IR_n 成为最低优先级。

7.6 多片 8259A 组成的主从式中断系统

图 7.5 是多片 8259A 组成的主从式中断系统的原理图，此图中，未画出数据总线驱动器，实际线路中要连接数据总线驱动器时，只要把主片的 $\overline{SP}/\overline{EN}$ 端和数据总线驱动器的输出允许端 $\overline{OE}$ 相连，再把 8259A 的数据线 $D_0 \sim D_7$ 和驱动器的数据线 $D_0 \sim D_7$ 相连即可。从片的 $\overline{SP}/\overline{EN}$ 端则接地。

为了节省篇幅，图 7.5 中只画了一个从片。实际上，一个 8259A 主片上可连接 8 个从片，这样，就允许有 64 个中断请求线与外界相连。

图 7.5 中，在主片的 $CAS_0 \sim CAS_2$ 和从片的 $CAS_0 \sim CAS_2$ 之间连接了一个驱动器，其实，如从片数目较少，此驱动器可以省去。

在主从式中断系统中，主片和从片都要通过设置初始化命令字进行初始化。

主片初始化时，与前面所讲的单片情况下的初始化过程差不多，只是有下列 3 点差别。

（1）ICW_1 中的 SNGL 位必须设置为 0，而在单片情况下，则为 1。

（2）必须设置 ICW_3，而在单片情况下，则不需要设置 ICW_3。对主片设置 ICW_3 时，如某个 IR 引脚上连有从片，则 ICW_3 的对应位就设置为 1，如未连从片，则设置为 0。

（3）ICW_4 中的 SFNM 位如设为 1，则将主片设置为特殊全嵌套工作方式。这是专门用于主从式中断系统的方式。当然，主从式系统中也可不用特殊全嵌套工作方式。

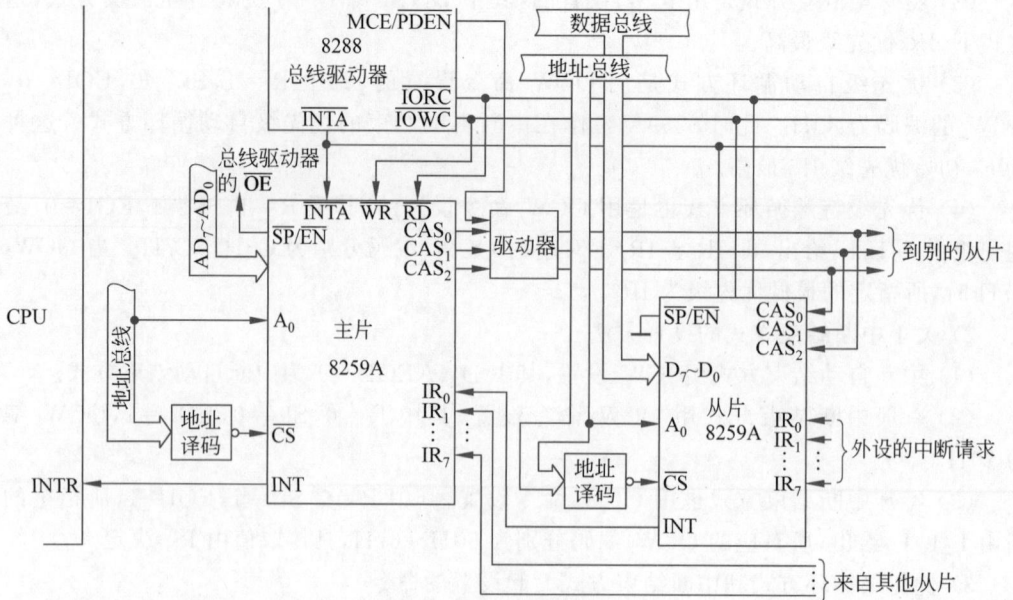

图 7.5 主从式中断系统

在对从片 8259A 进行初始化时,要注意以下两点。

(1) 从片的 ICW_1 中,SNGL 位也要设置为 0。

(2) 从片也必须设置 ICW_3,不过,从片的 ICW_3 的意义有别于主片,对从片来说,ICW_3 的格式如下:

D_7	D_6	D_5	D_4	D_3	D_2	D_1	D_0
0	0	0	0	0	ID_2	ID_1	ID_0

其中,3 个最低位作为从片的标号。从片的标号就是此片连接主片的中断请求引脚的序号。例如,某个从片的 INT 输出端连到主片的 IR_4 引脚,那么,这个从片的标号就是 4,即 $ID_2 \sim ID_0$ 为二进制数 100。

下面讲述主从式系统中的中断响应过程。

当从片在 INT 引脚上设置高电平时,就往主片的 IR_n 引脚发送一个中断请求信号。假定主片的中断屏蔽寄存器中,此从片的对应位为 0,即未受屏蔽,并且,经过主片的优先级裁决器裁决之后,允许此中断请求信号通过。这样,从片的中断请求信号就通过主片的 INT 输出端送到 CPU。如这时中断允许标志 IF 为 1,则 CPU 回送两个 $\overline{INTA}$ 信号。

主片收到第一个 $\overline{INTA}$ 信号后,将当前中断服务寄存器中的相应位 IS_n 置 1,同时清除中断请求寄存器中的相应位 IR_n,接着对 ICW_3 进行检测,以决定中断请求是否来自从片。如来自从片,主片便根据 IS_n 位来确定从片的标号,并把从片的标号值送到 $CAS_2 \sim CAS_0$ 线上。例如,一个从片通过主片的 IR_4 引脚发中断请求,则此时,$CAS_2 \sim CAS_0$ 线上为 100。如中断请求并非来自从片,则 $CAS_2 \sim CAS_0$ 上没有信号,而在第二个 $\overline{INTA}$ 信号到来时,主片将 ICW_2 的内容即中断类型号送到数据总线上。

$\overline{INTA}$ 信号除了送给主片外,也送给从片,但是,只有对标号和主片在 $CAS_2 \sim CAS_0$ 线上发送的数值相同的从片,$\overline{INTA}$ 信号才起作用,因此,$CAS_2 \sim CAS_0$ 可看成是主片往从片发送的片选信号。

被选中的从片收到第一个$\overline{\text{INTA}}$信号后,将本片的当前中断服务寄存器中的相应位 IS_n 置 1,同时,清除中断请求寄存器中的相应位。

当第二个$\overline{\text{INTA}}$信号来到后,主片没有动作,从片则将 ICW_2 即中断类型号送到数据总线。由此可知,在主从式中断系统中进行初始化时要特别注意,不管是主片还是从片,ICW_2 的值要保持唯一性,否则,会引起系统工作的混乱。

除了上面讨论的 8259A 对$\overline{\text{INTA}}$信号的响应动作外,主从式中断系统中,主片及从片的其他动作和单片系统中的动作相同,也就是说,所有 8259A 的工作方式、检测方法和寄存器读取方法与单片情况一样。

不过,有一个例外,这就是我们在前面提到的如果主片初始化时,ICW_4 中的 SFNM 位置 1,那么,主片将进入特殊全嵌套方式。在特殊全嵌套方式下,应将主片的 ICW_4 中的 AEOI 位设置为 0。

由于主片处在特殊全嵌套方式下工作,即使当前中断服务寄存器中某一位已经置 1,主片也会允许相同级别的中断请求通过。也就是说,当一个从片的中断请求正在处理时,如同一从片的引脚上有级别更高的中断请求,那么,尽管对主片来说,此中断请求和正在处理的中断处于同一级别,但仍然允许这个中断请求通过。

下面,用例子来说明主从式中断系统中的优先级排列。

设系统中有 1 个主片,2 个从片,并设从片 1 连在主片的 IR_1 引脚上,而从片 2 连在主片的 IR_2 引脚上,那么,系统中的优先级排列如下。

主片:IR_0(这是系统中的最高优先级)

从片 1:IR_0、IR_1、IR_2、IR_3、IR_4、IR_5、IR_6、IR_7

从片 2:IR_0、IR_1、IR_2、IR_3、IR_4、IR_5、IR_6、IR_7

主片:IR_3、IR_4、IR_5、IR_6、IR_7

(主片的 IR_7 为系统中的最低优先级)

如果要禁止某些中断,则可通过在中断屏蔽寄存器中设置屏蔽位来实现。当然,既可在主片中设置屏蔽位,也可在从片中设置屏蔽位。

第 8 章　DMA 控制器

8.1　DMA 控制器概要

如第 5 章所述,DMA 控制器可以像 CPU 那样得到总线控制权,用 DMA 方式实现外设和存储器之间的数据高速传输。为了实现 DMA 传输,DMA 控制器必须将内存地址送到地址总线上,并且能够发送和接收联络信号。

一个 DMA 控制器通常可连接一个或几个输入/输出接口,每个接口通过一组连线和 DMA 控制器相连。习惯上,将 DMA 控制器中和某个接口有联系的部分称为一个通道。这就是说,一个 DMA 控制器一般由几个通道组成。

DMA 控制器内部包含控制寄存器、状态寄存器、地址寄存器和字节计数器。当 DMA 控制器包含多个通道时,控制寄存器和状态寄存器为多个通道所公用,但地址寄存器和计数器则为每个通道所独立配备。

为了使 DMA 控制器正常工作,要用软件对 DMA 控制器进行初始化,初始化过程包含两方面。

(1) 将数据传输缓冲区的起始地址或结束地址送到地址寄存器中。

(2) 将传输的字节数、字数或双字数送到计数器中。

下面分析在 DMA 方式下外设往内存传输 1 字节数据的过程。

当一个接口中有数据要输入时,就往 DMA 控制器发一个 DMA 请求;DMA 控制器接到请求以后,便往控制总线上发一个总线请求;如果 CPU 允许让出总线,则发一个总线响应信号;DMA 控制器接到此信号后,就将地址寄存器的内容送到地址总线上,同时往接口发一个 DMA 响应信号,并发一个 I/O 读信号和一个内存写信号;接口接到 DMA 响应信号以后,将数据送到数据总线上,并撤除 DMA 请求信号;内存在接收到数据以后,一般往 DMA 控制器回送一个准备好信号,于是,DMA 控制器的地址寄存器内容加 1 或减 1,计数器的值减 1,而且撤除总线请求信号。这样,就完成了对一个数据的 DMA 输入传输。

下一次当接口中又准备好数据时,便可进行一次新的传输。当计数器的值减为 0 时,DMA 传输过程便结束,此时,DMA 控制器往接口发一个计数结束信号,以表示 DMA 传输结束。

用 DMA 方式进行输出的过程和输入过程类似,只是在 DMA 控制器发出 DMA 响应信号以后,接着发出的是内存读信号和 I/O 写信号,这样,数据传输方向和输入情况下正好相反。

8.2　DMA 控制器的编程结构和外部信号

8237A 是 Intel 系列中的可编程 DMA 控制器,它允许 DMA 传输速度达 1.6MB/s。图 8.1 是 8237A 的编程结构和外部连接。

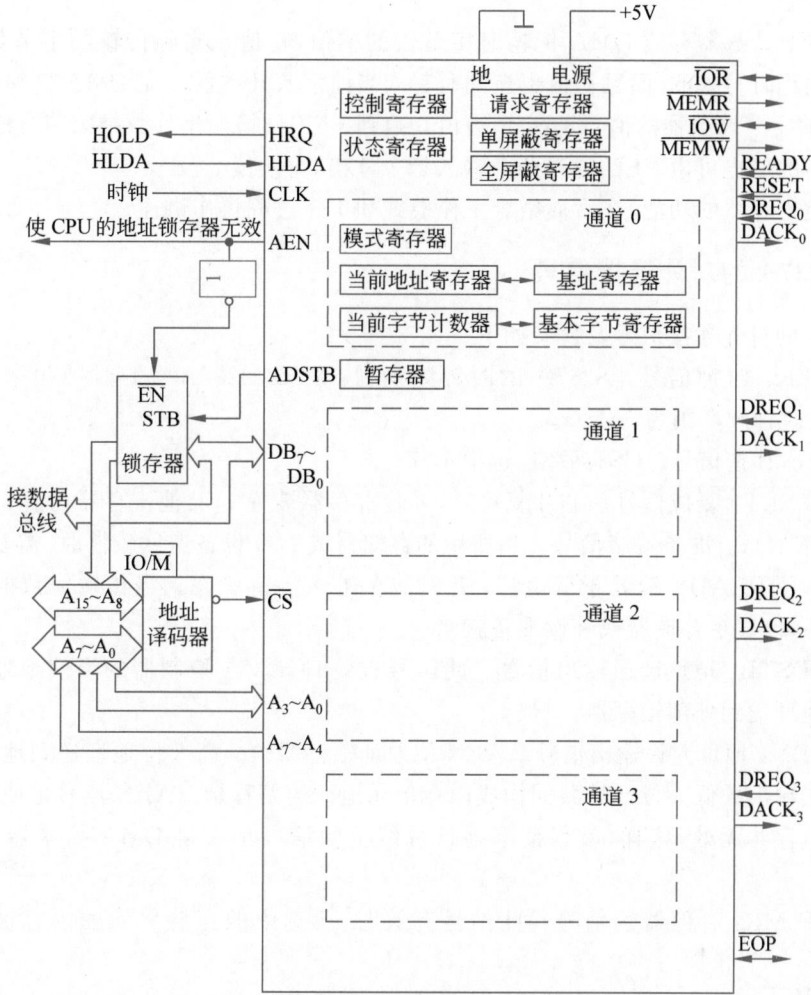

图 8.1 8237A 的编程结构和外部连接

我们已经知道,DMA 控制器一方面可控制系统总线,这时,称它为总线主模块;另一方面又可和其他接口一样,接受 CPU 对它的读/写操作,这时,DMA 控制器就成了总线从模块。8237A 的内部结构和外部连接与这两方面的功能相关。

8.2.1 8237A 的编程结构

从图 8.1 中可看到,8237A 内部包含 4 个独立的通道,每个通道包含 16 位的地址寄存器和 16 位的字节计数器,还包含一个 8 位的模式寄存器。4 个通道公用控制寄存器和状态寄存器。

基址寄存器用来存放本通道 DMA 传输时的地址初值,这个初值是在编程时写入的,初值也同时被写入当前地址寄存器。当前地址寄存器的值在每次 DMA 传输后自动加 1 或减 1。CPU 可用输入指令分两次读出当前地址寄存器中的值,每次读 8 位,但基址寄存器中的值不能被读出。当一个通道被进行自动预置(这可通过设置模式寄存器来实现,后面将讲述这一点)时,一旦计数到达 0,当前地址寄存器会根据基地址寄存器的内容自动回到初值。

基本字节计数器存放 DMA 传输时字节数的初值,初值比实际传输的字节数少 1。初值也是在编程时写入的,而且初值也被同时写入当前字节计数器。在 DMA 传输时,每传输 1 字节,当前字节计数器的值自动减 1,当由 0 减到 FFFF 时,产生计数结束信号 EOP。当前字节计数器的值也可由 CPU 通过两条输入指令读出,每次读 8 位。

对其他寄存器的功能,在后面结合工作模式和工作过程再作讲述。

8.2.2　8237A 的对外连接信号

8237A 的对外连接信号及含义如下。

(1) CLK:时钟信号。8237A 的时钟频率为 3MHz,8237A-4 的时钟频率为 4MHz,8237A-5 的时钟频率则为 5MHz。

(2) $\overline{CS}$:片选信号。$\overline{CS}$ 有效时,选中本片。

(3) RESET:复位信号。芯片复位时,屏蔽寄存器被置 1,其他寄存器均清 0。

(4) READY:准备就绪信号。当所用的存储器或 I/O 设备速度较慢时,需要延长传输时间,此时,使 READY 端处于低电位,使 8237A 进入等待状态。当传输完成时,READY 端为高电平,以表示存储器或外设准备就绪。

(5) ADSTB:地址选通输出信号。此信号有效时,DMA 控制器的当前地址寄存器中的高 8 位地址送到外部锁存器。

(6) AEN:地址允许输出信号。AEN 使地址锁存器中的高 8 位地址送到地址总线上,与芯片直接输出的低 8 位地址共同构成内存单元地址的偏移量。AEN 信号也使与 CPU 相连的地址锁存器无效,这样,就保证了地址总线上的信号是来自 DMA 控制器,而不是来自 CPU。

(7) $\overline{MEMR}$:存储器读信号。此信号有效时,所选中的存储单元的内容被读到数据总线。

(8) $\overline{MEMW}$:存储器写信号。此信号有效时,数据总线上的内容被写入选中的存储单元。

(9) $\overline{IOR}$:I/O 设备读信号。在 DMA 控制器作为从模块时,$\overline{IOR}$ 作为输入控制信号送入 DMA 控制器,此信号有效时,CPU 读取 DMA 控制器中内部寄存器的值;在 DMA 控制器作为主模块时,$\overline{IOR}$ 信号由 DMA 控制器送出,此信号有效时,I/O 接口部件中的数据被读出送往数据总线。

(10) $\overline{IOW}$:I/O 设备写信号。和 $\overline{IOR}$ 类似,在 DMA 控制器作为从模块时,$\overline{IOW}$ 的方向是送入 DMA 控制器,此信号有效时,CPU 往 DMA 控制器的内部寄存器中写入信息,即进行编程;在 DMA 控制器作为主模块时,$\overline{IOW}$ 是由 DMA 控制器送出的,此信号有效时,存储器中读出的数据被写入 I/O 接口中。

(11) EOP:DMA 传输过程结束信号。EOP 是双向的。当由外部往 DMA 控制器送一个 $\overline{EOP}$ 信号时,DMA 传输过程被强迫性地结束;另一方面,当 DMA 控制器的任一通道中计数结束时,会从 $\overline{EOP}$ 引脚输出一个有效电平,作为 DMA 传输结束信号。不论是从外部终止 DMA 过程,还是内部计数结束引起终止 DMA 过程,都会使 DAM 控制器的内部寄存器复位。

(12) DREQ：DMA 请求信号。这是 I/O 设备送给 DMA 控制器的。每个通道对应一个 DREQ 信号端，DREQ 的极性可通过编程来选择。当外设要求 DMA 传输时，便使 DREQ 处于有效电平，直到 DMA 控制器送来 DMA 响应信号 DACK 以后，I/O 接口才撤除 DREQ 的有效电平。

(13) DACK：DMA 应答信号。这是对 DREQ 的响应信号。每个通道对应一个 DACK 信号端。DMA 控制器获得 CPU 送来的总线响应信号 HLDA 以后，便产生 DACK 信号送到相应的外设接口。DACK 信号的极性也可通过编程选择。

(14) HRQ：总线请求信号。当 I/O 接口要求 DMA 传输时，往 DMA 控制器发送 DREQ 信号，如相应通道的屏蔽位为 0，则 DMA 控制器的 HRQ 端输出为有效电平，从而向 CPU 发总线请求。

(15) HLDA：总线响应信号。这是对 HRQ 的响应信号，是 CPU 送给 DMA 控制器的。DMA 控制器向 CPU 发总线请求信号 HRQ 以后，至少再过一个时钟周期，CPU 才能发出总线响应信号 HLDA，这样，DMA 控制器便可获得总线控制权。HLDA 也称总线保持响应信号。

(16) $A_3 \sim A_0$：最低 4 位地址线。注意，它们是双向信号端。在 DMA 控制器作为从模块时，$A_3 \sim A_0$ 作为输入端对 DMA 控制器的内部寄存器进行寻址，这样，CPU 可对 DMA 控制器进行编程，在 DMA 控制器作为主模块时，这 4 个信号端工作于输出状态，以提供 DMA 的低 4 位地址。

(17) $A_7 \sim A_4$：地址线。这 4 位地址线始终工作于输出状态或浮空状态。它们在 DMA 传输时提供高 4 位地址。

(18) $DB_7 \sim DB_0$：数据线。在 DMA 控制器作为从模块时，CPU 可通过使 $\overline{IOR}$ 有效而从 DMA 控制器中读取内部寄存器的值送到 $DB_7 \sim DB_0$，也可通过使 $\overline{IOW}$ 有效而对 DMA 控制器的内部寄存器写入。在 DMA 控制器为主模块时，$DB_7 \sim DB_0$ 输出当前地址寄存器中的高 8 位地址，并通过信号 ADSTB 输入锁存器，这样，和 $A_7 \sim A_0$ 输出的低 8 位地址一起构成 16 位地址。

8.2.3 8237A 工作时各信号的配合

1. 作为从模块工作时

当 CPU 把数据写入 8237A 的寄存器或从 8237A 的寄存器读出时，8237A 就如同 I/O 接口一样作为总线的从模块工作。这时，8237A 使用 16 位地址，用较高的 12 位地址产生片选信号，据此判断本片是否被选中，用低 4 位地址来选择内部寄存器；8237A 作为从模块时，$\overline{CS}$ 和 HRQ 一定为低电平；此时，用 $\overline{IOR}$ 和 $\overline{IOW}$ 作为读/写控制端，当 $\overline{IOR}$ 为低电平时，CPU 可读取 8237A 的内部寄存器的值，当 $\overline{IOW}$ 为低电平时，CPU 可将数据写入 8237A 的内部寄存器中；而且，CPU 对 8237A 进行读/写时，AEN 为低电平。

2. 作为主模块工作时

当 8237A 作为主模块工作时，会提供要访问的内存地址，地址的低 8 位放在 $A_7 \sim A_0$，而地址的高 8 位放在 $DB_7 \sim DB_0$。此时，AEN 信号为高电平，此信号有两个用处：一是使外部锁存器处于允许状态(见图 8.1)，这样，使得由 $DB_7 \sim DB_0$ 送到锁存器的地址高 8 位再送往 $A_{15} \sim A_8$；二是使与 CPU 相连的地址锁存器停止工作。DMA 传输时，最高 4 位地址

$A_{19} \sim A_{16}$ 不是从 8237A 得到的,而是在 DMA 传输之前,用指令将高 4 位地址送到一个 4 位的 I/O 端口中,在 DMA 传输时,此端口在 AEN 作用下保持恒定的 4 位地址输出,所以,DMA 传输时,每次传输字节限制在 2^{16} 以下。

作为主模块工作时,8237A 还必须输出必要的读/写信号,这些信号为 $\overline{IOR}$、$\overline{IOW}$、$\overline{MEMR}$、$\overline{MEMW}$,分别是 I/O 读信号、I/O 写信号、存储器读信号和存储器写信号。

8.3 8237A 的工作模式和模式寄存器

8.3.1 8237A 的工作模式

8237A 的每个通道可用 4 种模式之一工作。这是通过对模式寄存器的第 6、7 位进行设置而实现的。

1. 单字节传输模式

在单字节传输模式下,8237A 每完成 1 字节传输后,内部字节计数器便减 1,地址寄存器的值加 1 或减 1,接着,8237A 释放系统总线,这样,CPU 至少可得到一个总线周期。但是,8237A 在释放总线后,会立即对 DREQ 端进行测试,一旦 DREQ 回到有效电平,则 8237A 又会立即发总线请求,在获得总线控制权后,又成为总线主模块而进行 DMA 传输。

2. 块传输模式

在块传输模式下,可连续进行多字节的传输,只有当字节计数器减为 0,从而在 $\overline{EOP}$ 端输出一个负脉冲或外部 I/O 接口往 DMA 控制器的 $\overline{EOP}$ 端送一个低电平信号时,8237A 才释放总线而结束传输。

3. 请求传输模式

请求传输模式与块传输模式类似,只是在每传输 1 字节后,8237A 都对 DREQ 端进行测试,如检测到 DREQ 端变为无效电平,则马上暂停传输,但测试过程仍然进行,当 DREQ 又变成有效电平时,就在原来的基础上继续传输。

4. 级联传输模式

几个 8237A 可进行级联,构成主从式 DMA 系统,级联的方法是把从片的 HRQ 端和主片的 DREQ 端相连,从片的 HLDA 端和主片的 DACK 端相连,而主片的 HRQ 和 HLDA 连接系统总线。这样,最多可由 5 个 8237A 构成二级 DMA 系统,得到 16 个 DMA 通道。级联时,主片通过软件在模式寄存器中设置为级联传输模式,从片不用设置级联方式,但要设置所需的其他 3 种方式之一。

8.3.2 8237A 的模式寄存器

了解 8237A 的工作模式以后,再来看模式寄存器的格式。

如图 8.2 所示,模式寄存器的最高 2 位用来设置工作模式。$D_7 D_6 = 00$ 时,为请求传输模式;$D_7 D_6 = 01$ 时,为单字节传输模式;$D_7 D_6 = 10$ 时,为块传输模式;$D_7 D_6 = 11$ 时,为级联传输模式。

D_5 位指出每次传输后地址寄存器的内容增 1 还是减 1,决定了读/写内存数据的次序。

D_4 位为 1 时,可使 DMA 控制器进行自动初始化。什么叫自动初始化呢? 我们知道,在

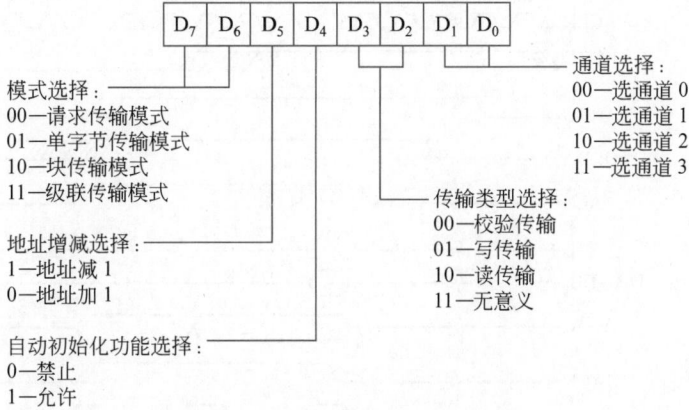

图 8.2 8237A 模式寄存器的格式

DMA 控制器开始工作前,要由 CPU 通过指令对基址寄存器和基本字节计数器设置初值,这时,当前地址寄存器和当前字节计数器也送入相应的内容。如 8237A 被设置为允许自动初始化,那么,在计数值到达 0 时,当前地址寄存器和当前字节计数器会从基地址寄存器和基本字节计数器中重新取得初值,从而进入下一个数据传输过程。要注意的是,如一个通道被设置为允许自动初始化,那么,本通道的对应屏蔽位必须为 0。

D_3、D_2 位用来设置数据传输类型。数据传输类型有 3 种,即写传输、读传输和校验传输。

写传输是指由 I/O 接口往内存写入数据。此时,$\overline{MEMW}$ 信号和 $\overline{IOR}$ 信号有效。读传输是指将数据从存储器读出送到 I/O 接口,此时,$\overline{MEMR}$ 信号和 $\overline{IOW}$ 信号有效。校验传输用来对读传输或写传输进行检验,这是一种虚拟传输,此时,8237A 也会产生地址信号和 $\overline{EOP}$ 信号,但并不产生对存储器和 I/O 接口的读/写信号。校验传输功能是器件测试时才用的,一般使用者并不对此感兴趣。

模式寄存器的最低 2 位 D_1、D_0 用来指出通道号。

8.4 8237A 的工作时序

图 8.3 是 8237A 的典型工作时序,从图中可看到,8237A 的工作过程可分为这样几个状态,即 S_I、S_0、S_1、S_2、S_3、S_4 和 S_W。

如果没有 DMA 请求,8237A 便处于空闲状态 S_I。在 S_I 状态,DMA 控制器对 DREQ 端进行测试,判断是否某个通道有 DMA 请求,同时 8237A 也对 $\overline{CS}$ 端进行测试,如 $\overline{CS}$ 为 0,并且 4 个通道的 DREQ 端均无效,那么,8237A 就作为从模块工作,此时,CPU 可对 8237A 设置命令或读取状态,由 $\overline{IOR}$ 信号控制读操作,由 $\overline{IOW}$ 控制写操作,而地址线 $A_3 \sim A_0$ 则用来对内部寄存器进行寻址。

如某一个通道的 DREQ 端为有效电平,就表示此通道有 DMA 请求,于是,8237A 将 HRQ 驱动为有效电平,从而向 CPU 发总线请求,这样,就进入 S_0 状态。所以,S_0 状态就是总线请求状态。此状态一般重复多次,直到 CPU 发出总线允许信号以后,才使 8237A 进入 S_1 状态。

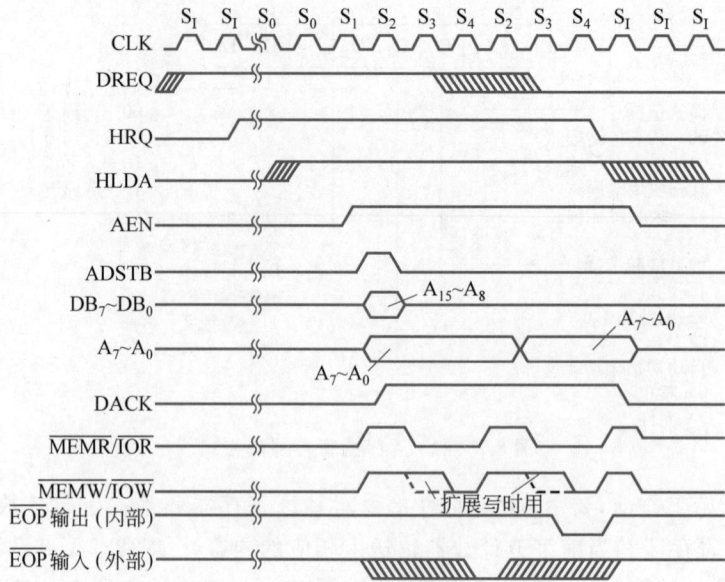

图 8.3　8237A 的典型工作时序

在 S_1 状态,8237A 用来传送地址有效信号,以便锁存地址的 $A_{15} \sim A_8$。大多数情况下,这几位地址不需要改变,这时,S_1 状态就被跳过去,而直接进入 S_2 状态,只有在块传输跨越内存一个 256 字节的数据块、从而需要改变 $A_{15} \sim A_8$ 时,才用到 S_1 状态。

S_2 状态用来修改存储单元的低 16 位地址,此时,8237A 从 $DB_7 \sim DB_0$ 输出地址高 8 位 $A_{15} \sim A_8$,从 $A_7 \sim A_0$ 输出地址低 8 位。但 $A_{15} \sim A_8$ 须等到 S_3 状态才出现在地址总线上。

如外设的速度不够快,那么,在 S_2 状态之后插入 S_w 状态。

8237A 可用两种时序之一工作:一种叫普通时序;另一种叫压缩时序。如用普通时序工作,那么,就要用到 S_3 状态,在 S_3 状态,将 $A_{15} \sim A_8$ 送到地址总线。如用压缩时序工作,那就不用 S_3 状态,而直接进入 S_4 状态,此时,只更新低 8 位地址 $A_7 \sim A_0$,而不修改高 8 位地址 $A_{15} \sim A_8$。

在 S_4 状态,8237A 对传输模式进行测试,如不是块传输模式,也不是请求传输模式,那么,测试之后立即回到 S_2 状态。

从上面的说明中可知道,用普通时序时,每进行一次 DMA 传输,一般用 3 个时钟周期,它们对应于状态 S_2、S_3、S_4;用压缩时序工作时,则可在大多数情况下用 2 个时钟周期完成一次 DMA 传输,这 2 个时钟周期对应于 S_2 状态和 S_4 状态。

如果系统各部分的速度比较高,便可用压缩时序工作,这样,可提高 DMA 传输时的数据吞吐量。8237A 工作时采用普通时序还是压缩时序,决定于控制寄存器的 D_3 位是 1 还是 0。如为 1,则用压缩时序工作;如为 0,则用普通时序工作。

8.5　8237A 的控制寄存器和状态寄存器

1. 8237A 的控制寄存器

8237A 控制寄存器的格式如图 8.4 所示。现在结合 8237A 的工作说明控制寄存器各位的控制功能。

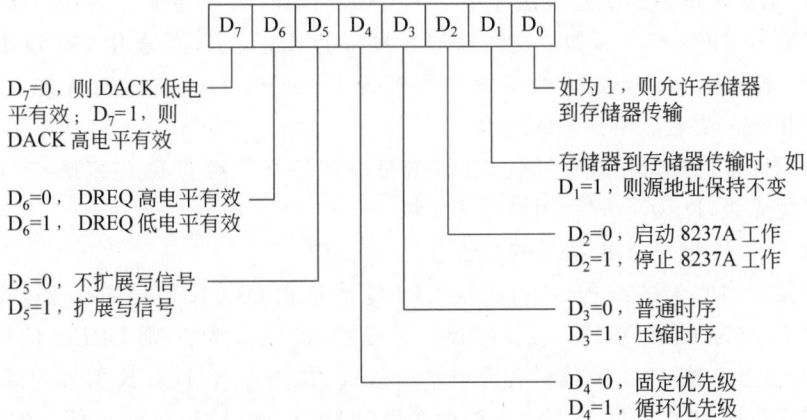

| D_7 | D_6 | D_5 | D_4 | D_3 | D_2 | D_1 | D_0 |

$D_7=0$，则 DACK 低电平有效；$D_7=1$，则 DACK 高电平有效

$D_6=0$，DREQ 高电平有效
$D_6=1$，DREQ 低电平有效

$D_5=0$，不扩展写信号
$D_5=1$，扩展写信号

如为 1，则允许存储器到存储器传输

存储器到存储器传输时，如 $D_1=1$，则源地址保持不变

$D_2=0$，启动 8237A 工作
$D_2=1$，停止 8237A 工作

$D_3=0$，普通时序
$D_3=1$，压缩时序

$D_4=0$，固定优先级
$D_4=1$，循环优先级

图 8.4　8237A 控制寄存器的格式

1) 8237A 的启动和停止

控制寄存器的 D_2 位用来启动和停止 8237A 的工作，当 D_2 位为 0 时，启动 8237A 工作，D_2 为 1 时，则停止 8237A 的工作。

2) 实现内存到内存的传输

多数情况下，8237A 进行的是外设和内存之间的传输，除此以外，8237A 还可实现内存区域到内存区域的传输，也就是说，可以把数据块从内存的一个区域传输到另一个区域。为了实现这种传输，就要把源区的数据先送到 8237A 的暂存器，然后再送到目的区。这样，每次内存到内存的传输要用两个总线周期。

在进行内存到内存的传输时，固定用通道 0 的地址寄存器存放源地址，而用通道 1 的地址寄存器和字节计数器存放目的地址和计数值。在传输时，目的地址寄存器的值像通常一样进行加 1 或减 1 操作，但是，源地址寄存器的值可通过对控制寄存器的设置而保持恒定，这样，就可使同一个数据传输到整个目的区域。

为了进行内存到内存的传输，控制寄存器的 D_0 位必须置 1，此时，如控制寄存器的 D_1 位为 1，则在传输时源地址保持不变。

3) 建立扩展写信号功能

如外设的速度比较慢，那么，必须用普通时序工作，如用普通时序仍不能满足要求，以至于仍然不能在指定的时间内完成传输，那么，就要在硬件上通过 READY 信号使 8237A 插入 S_w 状态。有些设备是用 8237A 送出的 $\overline{IOW}$ 或 $\overline{MEMW}$ 信号的下降沿产生 READY 信号的，而这 2 个信号都是在传输过程的最后才送出。为了能够使 READY 信号早一些到来，所以，将 $\overline{IOW}$ 信号和 $\overline{MEMW}$ 信号的负脉冲从下降沿处加宽，并使它们提前到来，这就是扩展写信号方法。通过扩展写信号方法的使用，可提高传输速度，提高系统吞吐能力。

扩展写信号功能是通过对控制寄存器的 D_5 位的设置实现的，当 D_5 为 1 时，$\overline{IOW}$ 和 $\overline{MEMW}$ 信号被扩展到 2 个时钟周期。

4) 解决优先级问题

一片 8237A 有 4 个通道，可分别连接 4 个 I/O 设备，这样，就有一个优先级问题要解决。8237A 有两种优先级管理方式：一种是固定优先级方式，在这种方式下，通道 0 的优先级最高，通道 3 的优先级最低；另一种是循环优先级方式，在这种方式下，通道的优先级依次循环。例如,某次传输前的优先级次序为 2→3→0→1,那么,在通道 2 进行一次传输以后,优先级次序成为 3→0→1→2,如果这时通道 3 没有 DMA 请求,而通道 0 有 DMA 请求,那么,在通道 0 完成 DMA 传输后,优先级次序成为 1→2→3→0。通过对优先级进行循环,8237A 可防止某一个通道单独垄断总线。

到底采用固定优先级还是循环优先级,这是由控制寄存器的 D_4 位来确定的。D_4 为 0,则采用固定优先级;D_4 为 1,则采用循环优先级。

5) DREQ 信号和 DACK 信号的有效电平

通过对控制寄存器的编程,还可决定 DREQ 信号和 DACK 信号的有效电平。如果控制寄存器的 D_6 位为 1,则 DREQ 信号为低电平有效;如 D_6 位为 0,则 DREQ 信号为高电平有效。如 D_7 位为 1,则 DACK 信号为高电平有效;D_7 位为 0,则 DACK 信号为低电平有效。对这两位到底应该如何设置,这取决于外设接口对 DREQ 信号和 DACK 信号的电平要求。

2. 8237A 的状态寄存器

如图 8.5 所示,状态寄存器的低 4 位用来指出 4 个通道的计数结束状态。例如,D_3 位为 1,表示通道 3 计数到达 0,因而达到计数结束状态。与此类似,D_0、D_1、D_2 位为 1 分别表示通道 0、通道 1、通道 2 到达计数结束状态。

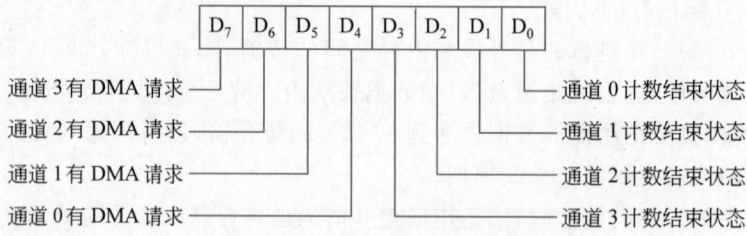

图 8.5　8237A 的状态寄存器的格式

状态寄存器的高 4 位表示当前 4 个通道的 DMA 请求情况。D_7 位为 1,表示通道 3 当前有 DMA 请求需要处理,以此类推,D_6、D_5 和 D_4 位为 1 分别表示通道 2、通道 1 和通道 0 有等待处理的 DMA 请求。

3. 8237A 的请求寄存器和屏蔽寄存器

8237A 配备了 3 个与 DMA 请求有关的寄存器:DMA 请求寄存器,单屏蔽寄存器和全屏蔽寄存器。它们分别用来设置 DMA 请求标志和屏蔽标志。格式分别如图 8.6～图 8.8 所示。

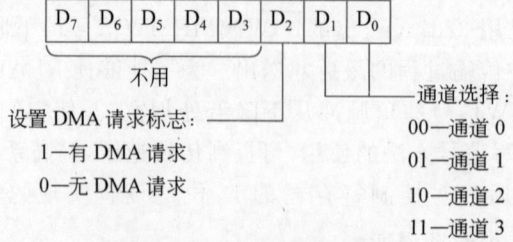

图 8.6　DMA 请求寄存器的格式

为什么要用到 DMA 请求标志呢? 我们知道,DMA 请求可由硬件发出,也可由软件发出。在硬件上,是通过 DREQ 引脚引入 DMA 请求的,在软件上,则是通过对 DMA 请求标志的设置来发出请求的。当 $\overline{\text{EOP}}$ 端为有效电平时,DMA 请求标志被清除。

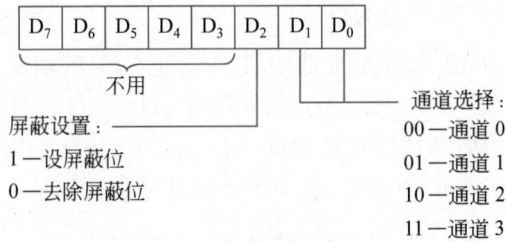

图 8.7   单屏蔽寄存器的格式

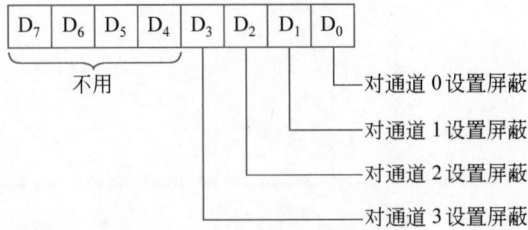

图 8.8   全屏蔽寄存器的格式

当一个通道的 DMA 屏蔽标志为 1 时,这个通道就不能接收 DMA 请求了,这时,不管是硬件的 DMA 请求,还是软件的 DMA 请求,都不能受理。如果一个通道没有设置自动初始化功能,那么,$\overline{EOP}$ 信号有效时,就会自动设置屏蔽标志。

在软件上,是怎样设置 DMA 请求标志和 DMA 屏蔽标志的呢?

在 DMA 请求寄存器中设置请求字节就可实现对 DMA 请求标志的设置。如图 8.6 所示,DMA 请求寄存器中的 D_1、D_0 位用来指出通道号,D_2 位用来表示是否对相应通道设置 DMA 请求。如 D_2 为 1,则使相应通道产生 DMA 请求;如 D_2 为 0,则无请求。

DMA 屏蔽标志是通过往屏蔽寄存器中写入屏蔽字节来设置的。8237A 的单屏蔽寄存器的 D_1、D_0 位指出通道号。D_2 位为 1,则对相应通道设置 DMA 屏蔽;D_2 位为 0,则去除屏蔽。

此外,如图 8.8 所示,8237A 还可以用全屏蔽寄存器来设置屏蔽标志,全屏蔽寄存器的 $D_3 \sim D_0$ 位对应第 3~0 通道,若某 1 位为 1,就可使对应的通道设置屏蔽。这样,用全屏蔽寄存器可一次完成对 4 个通道的屏蔽设置。

4. 8237A 的字节指针

字节指针是用来控制 DMA 通道中地址寄存器和字节计数器的初值设置的。我们知道,8237A 只有 8 位数据线,所以,一次只能传输 1 字节,而地址寄存器和字节计数器都是 16 位的,所以,这些寄存器都要通过两次传输才能完成初值设置。如对字节指针清 0,那么,CPU 往地址寄存器和字节计数器输出数据时,第 1 字节写入低 8 位,然后字节指针自动置 1,这样,第 2 字节输出时,就写入高 8 位,并且,字节指针自动复位为 0。为了保证能正确设置初值,应该事先发出清除字节指针命令。

8.6   8237A 各寄存器对应的端口地址

8237A 的编程命令是通过对内部寄存器的写操作来执行的,而状态寄存器中的状态字和暂存器中的内容可通过读操作读取。在对内部寄存器进行读/写操作时,信号线 $\overline{CS}$、

$\overline{\text{IOR}}$、$\overline{\text{IOW}}$ 和 $A_3 \sim A_0$ 上要送出相应的信号。

具体地说,$\overline{\text{CS}}$为低电平使 8237A 被选中,$\overline{\text{IOR}}$为低电平可使 CPU 对 8237A 进行读操作,$\overline{\text{IOW}}$为低电平则可使 CPU 对 8237A 进行写操作,当然,$\overline{\text{IOR}}$和$\overline{\text{IOW}}$不会同时为低电平。$A_3 \sim A_0$ 给出了各寄存器对应的端口地址的低 4 位。表 8.1 给出了 8237A 有关信号和各种操作命令的对应关系,要注意的一点是,表中信号的其他组合都是无意义的。

表 8.1　操作命令与有关信号的对应关系

A_3	A_2	A_1	A_0	$\overline{\text{IOR}}$	$\overline{\text{IOW}}$	命　　令
1	0	0	0	0	1	读状态寄存器
1	0	0	0	1	0	写控制寄存器
1	0	0	1	1	0	写 DMA 请求寄存器
1	0	1	0	1	0	写单屏蔽寄存器
1	0	1	1	1	0	写模式寄存器
1	1	0	0	1	0	清除字节指针
1	1	0	1	0	1	读暂存器
1	1	0	1	1	0	发复位命令
1	1	1	0	1	0	清除屏蔽寄存器
1	1	1	1	1	0	写全屏蔽寄存器

从表 8.1 中可看到,这些命令涉及的最低地址对应状态寄存器的端口号,此地址必须被 16 整除。表中对暂存器也分配了端口地址,暂存器是 8 位的,它只用于内存到内存的传输操作,在操作过程中,暂存器用来存放被传输的数据。在整个传输完成以后,CPU 如对暂存器进行读取,可读得所传输的最后一字节。

从表 8.1 中,我们没有看到地址寄存器和字节计数器对应的端口号,实际上,8237A 规定,CPU 访问地址寄存器和字节计数器时,基址寄存器和当前地址寄存器合用一个端口地址,基本字节计数器和当前字节计数器合用一个端口地址。这就是说,CPU 往基址寄存器进行写操作时,当前地址寄存器也写入同样的数据。与此类似,CPU 往基本字节计数器进行写操作时,当前字节计数器也写入同样的数据。这时,A_3 一定为 0,A_2 和 A_1 合起来指出通道号,A_0 为 0 表示访问基址寄存器和当前地址寄存器,A_0 为 1 表示访问基本字节计数器和当前字节计数器。表 8.2 列出了各通道对应的地址寄存器和字节计数器的端口地址,其中,起始地址对应于 $A_3 = A_2 = A_1 = A_0 = 0$。

从表 8.1 和表 8.2 中可看到,8237A 对应了 16 个端口地址。

表 8.2　地址寄存器和字节计数器的端口地址

DMA 通道	基址寄存器和当前地址寄存器	基本字节计数器和当前字节计数器
通道 0	起始地址+0	起始地址+1
通道 1	起始地址+2	起始地址+3
通道 2	起始地址+4	起始地址+5
通道 3	起始地址+6	起始地址+7

8.7 8237A 的编程和使用

为了便于讲解 8237A 的编程方法，下面结合 IBM PC/XT 系统中 8237A 的应用来进行说明。

在 IBM PC/XT 中，8237A 的通道 0 用来对动态 RAM 进行刷新，通道 3 用来实现硬盘驱动器和内存之间的数据传输。通道 1 用来提供其他传输功能，如网络通信功能。系统中采用固定优先级，即动态 RAM 刷新操作对应的优先级最高，硬盘和内存的数据传输对应的优先级最低。

在 IBM PC/XT 系统中，8237A 对应的端口地址为 0000～000FH，在下面程序中，标号 DMA 代表首地址 0000。和 8237A 相关的提供最高 4 位地址 $A_{19} \sim A_{16}$ 的页面寄存器为 74LS670，它的地址值输出端口号为 0083H。下面用注释程序段来说明怎样对 8237A 进行初始化、测试以及使用。

```
        MOV   AL,04              ;初始化和测试程序段
        MOV   DX,DMA+8           ;DMA+8 为控制寄存器的端口地址
        OUT   DX,AL             ;输出控制命令,关闭 8237A,使它不工作
        MOV   AL,00
        MOV   DX,DMA+0DH         ;DMA+0DH 是总清命令端口地址
        OUT   DX,AL             ;发总清命令
        MOV   DX,DMA            ;DMA 为通道 0 的地址寄存器对应端口地址
        MOV   CX,0004
WRITE:  MOV   AL,0FFH
        OUT   DX,AL             ;写入地址低位,字节指针在总清时已清除
        OUT   DX,AL             ;写入地址高位,这样,16 位地址为 FFFFH
        INC   DX
        INC   DX                ;指向下一个通道
        LOOP  WRITE             ;使 4 个通道的地址寄存器中均为 FFFFH
        MOV   DX,DMA+0BH         ;DMA+0BH 为模式寄存器的端口地址
        MOV   AL,58H
        OUT   DX,AL             ;对通道 0 设置模式,单字节读传输方式,地址
                               ;加 1 变化,自动初始化功能
        MOV   AL,41H
        OUT   DX,AL             ;对通道 1 设置模式,单字节校验传输,地址
                               ;加 1 变化,无自动初始化功能
        MOV   AL,42H
        OUT   DX,AL             ;对通道 2 设置模式,同通道 1
        MOV   AL,43H
        OUT   DX,AL             ;对通道 3 设置模式,同通道 1
        MOV   DX,DMA+8           ;DMA+8 是控制寄存器的端口地址
        MOV   AL,0
        OUT   DX,AL             ;设控制命令,DACK 低电平有效,DREQ 高电
                               ;平有效,固定优先级,启动工作
        MOV   DX,DMA+0AH         ;DMA+0AH 是单屏蔽寄存器的端口地址
        OUT   DX,AL             ;使通道 0 去除屏蔽
        MOV   AL,01
```

```
           OUT    DX,AL                ;使通道 1 去除屏蔽
           MOV    AL,02
           OUT    DX,AL                ;使通道 2 去除屏蔽
           MOV    AL,03
           OUT    DX,AL                ;使通道 3 去除屏蔽
;此时,4 个通道开始工作,通道 0~3 为校验传输,而校验传输是一种虚拟传输,不修改地址,也并不
;真正传输数据,所以地址寄存器的值不变。只有通道 0 真正进行传输,下面的程序段对通道 1~3
;的地址寄存器的值进行测试
           MOV    DX,DMA+2             ;DMA+2 是通道 1 的地址寄存器端口
           MOV    CX,0003
READ:  IN     AL,DX                ;读地址的低位字节
           MOV    AH,AL
           IN     AL,DX                ;读地址的高位字节
           CMP    AX,0FFFFH            ;比较读取的值和写入的值是否相等
           JNZ    HHH                  ;如不等,则转 HHH
           INC    DX
           INC    DX                   ;指向下一个通道
           LOOP   READ                 ;测下一个通道
           ⋮                           ;后续测试
HHH:  HLT                         ;如出错,则停机等待
```

　　下面是利用通道 1 进行网络通信的传输程序,进入此通信程序前,必须在 ES∶BX 中设置缓冲区首地址;DI 中设置传送字节数;SI 为数据传输方向,如 SI 中为 48H,则为主机传输到网络,如 SI 中为 44H,则为网络传输到主机。

```
;网络传输程序
NETTRA MOV    DX,DMA+0CH          ;DMA+0CH 为字节指针的端口地址
           MOV    AL,00
           OUT    DX,AL                ;清除字节指针
           MOV    DX,DMA+09H          ;DMA+09H 是请求寄存器的端口地址
           OUT    DX,AL                ;清除 DMA 请求寄存器
           MOV    AX,01
           OR     AX,SI                ;AL 中为通道 1 的模式字,地址加 1 变化,非自动
                                       ;初始化,SI 如为 48H,则主机到网络,如为 44H,
                                       ;则网络到主机
           MOV    DX,DMA+0BH          ;DMA+0BH 为模式寄存器端口地址
           OUT    DX,AL                ;设置通道 1 的模式字
           MOV    AX,ES                ;取主程序指定的内存区段地址
           MOV    CL,04
           ROL    AX,CL                ;段地址循环左移 4 位
           MOV    CH,AL                ;高 4 位保存到 CH 中
           AND    AL,0F0H
           ADD    AX,BX                ;形成 20 位物理地址的低 16 位送 AX
           JNC    ABC                  ;无进位,则不修改高 4 位地址,转 ABC
           INC    CH                   ;有进位,则高 4 位地址加 1
ABC:  MOV    DX,DMA+2             ;DMA+2 为通道 1 的地址寄存器端口地址
           OUT    DX,AL                ;输出地址低 8 位
           MOV    AL,AH
           OUT    DX,AL                ;输出地址高 8 位
```

```
        MOV    AL,CH
        AND    AL,0FH          ;地址最高 4 位
        MOV    DX,DMA+0083H    ;DMA+0083H 为页面寄存器的端口地址
        OUT    DX,AL           ;输出最高 4 位地址
        MOV    AX,DI           ;AX 中存放要传送的字节数
        DEC    AX              ;字节数减 1 作为计数值
        MOV    DX,DMA+3        ;DMA+3 为通道 1 的字节计数器端口地址
        OUT    DX,AL           ;输出计数值的低 8 位
        MOV    AL,AH
        OUT    DX,AL           ;输出计数值的高 8 位
        MOV    DX,DMA+0AH      ;DMA+0AH 为单屏蔽寄存器的端口地址
        MOV    AL,01
        OUT    DX,AL           ;去除通道 1 的屏蔽
        MOV    DX,DMA+8        ;DMA+8 为控制寄存器的端口地址
        MOV    AL,60H
        OUT    DX,AL           ;启动 8237A,固定优先级,普通时序,DAC 低
                               ;电平有效,DREQ 低电平有效
        MOV    DX,DMA+8        ;DMA+8 也是状态寄存器的端口地址
WAIT:   IN     AL,DX           ;读取状态
        AND    AL,02H          ;看 DMA 是否结束
        JZ     WAIT            ;未结束,则等待,如结束,则进行后续处理
        ⋮
```

第 9 章　计数器/定时器和多功能接口芯片

在微型机系统中经常用到定时信号。例如,动态存储器的刷新定时、系统日历时钟的计时以及扬声器的声源,都是用定时信号来产生的。又如,在微型机实时控制和处理系统中,主机需要每隔一定时间对处理对象进行采样,再对获得的数据进行处理,这也要用到定时信号。

一般说,定时信号可用软件和硬件两种方法来获得。

用软件方法定时,一般根据所需要的时间常数来设计一个延迟子程序,延迟子程序中包含一定的指令,设计者要对这些指令的执行时间进行严密的计算或精确测试,以确定延迟时间是否符合要求。当时间常数比较大时,常将延迟子程序设计为一个循环程序,通过循环次数和循环体内的指令来确定延迟时间。这样,每当延迟子程序结束后,就可直接转入下面的操作(例如采样),也可通过输出指令产生一个信号作为定时输出。这种方法的优点是节省硬件。缺点是执行延迟程序期间,CPU 一直被占用,所以降低了 CPU 的效率,也不易提供多作业环境;另外,设计延时子程序时,要用指令执行时间来拼凑延迟时间,显得较麻烦。不过,这种方法在实际中仍经常使用,尤其是在已有系统上作软件开发时,以及延迟时间较少时,常用软件方法来实现定时。

用硬件方法定时,通常用计数器/定时器,在简单的软件控制下产生准确的时间延迟。这种方法的主要思想是根据需要的定时时间,通过对计数器/定时器设置定时常数,并启动计数器/定时器,于是计数器/定时器开始计数,计到确定值时,便自动产生一个定时输出。在计数器/定时器开始工作后,CPU 不必管它,而可去做别的工作。这种方法最突出的优点是计数时不占用 CPU 的时间,并且,如利用计数器/定时器产生中断信号,就可建立多作业的环境,所以,可大大提高 CPU 的利用率。加上计数器/定时器本身的开销并不是很大,因此被广泛应用。

本章主要讲述计数器/定时器的基本原理,讲解计数器/定时器 Intel 8253/8254,然后举例说明其使用方法。8254 是 8253 的改进型,外部特性和使用方法相同,改进之处体现在8254 频率较高,多了个别功能,下面讲述中将做具体说明。最后介绍把多个接口部件和一部分控制电路集成其中的多功能接口芯片 82380。

9.1　可编程计数器/定时器的工作原理

可编程计数器/定时器的功能体现在两个方面。一是作为计数器,即在设置好计数初值(即定时常数)后,便开始减 1 计数,减为 0 时,输出一个信号;二是作为定时器,即在设置好定时常数后,便进行减 1 计数,并按定时常数不断地输出为时钟周期整数倍的定时间隔。两者的差别是,作为计数器时,在减到 0 以后,输出一个信号便结束,除非重新触发;而作为定时器时,减到 0 后,自动恢复初值重新计数,并不断产生信号。从计数器/定时器内部来说,这两种情况下的工作过程没有根本差别,都是基于计数器的减 1 操作。

计数器/定时器有如下一些用处。

（1）在多任务的分时系统中作为中断信号实现程序的切换。

（2）可往 I/O 设备输出精确的定时信号。

（3）作为一个可编程的波特率发生器。

（4）实现时间延迟。

图 9.1 是典型的计数器/定时器的基本原理图。从图中可看到，计数器/定时器含 4 个寄存器，即初值寄存器、计数输出寄存器、控制寄存器和状态寄存器，它们都可以被 CPU 访问。初值寄存器和控制寄存器分别对应两个输出端口，计数输出寄存器和状态寄存器对应两个输入端口。输入和输出的概念都是从 CPU 的角度来确定的。有些计数器/定时器不含状态寄存器，例如下面讲述的 8253 就是这样。方框中还有 1 个计数器即计数执行部件，计数器总是从初值寄存器中获得计数初值，而且，只有把计数器的内容送到计数输出寄存器中，才能读出某个时候的计数值。计数时，从初值开始进行减 1 计数，最后达到 0。

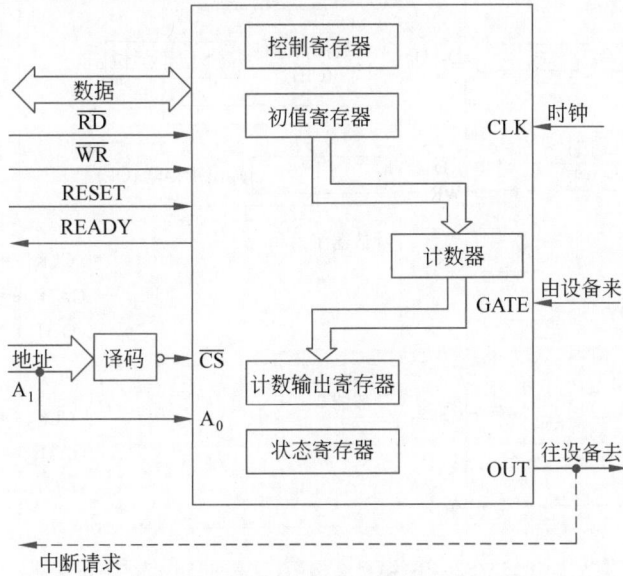

图 9.1 计数器/定时器的基本原理图

输入信号中的时钟信号 CLK 决定了计数速率。门控脉冲 GATE 是对时钟的控制信号。门脉冲对时钟的控制方法可有多种，如可在门脉冲为高电平时使时钟有效，而在门脉冲为低电平时使时钟无效。计数器/定时器的输出可连到系统的中断请求线上，这样，当计数到达 0 时，就可产生中断；也可连到 I/O 设备上，去启动一个 I/O 操作。

计数器的值送到计数输出寄存器中可被读出。计数值到达 0 时，一方面会在输出引脚 OUT 上输出一个信号；另一方面还会在状态寄存器的对应位上反映出来。这样，输出引脚 OUT 上的信号可作为中断请求信号，而状态寄存器中的指示可通过软件进行检测。实际上，前者为中断工作方式提供了条件，而后者为查询工作方式提供了条件。

控制寄存器可用来控制计数器/定时器的工作模式。工作模式就是指时钟脉冲和门控脉冲怎样配合来产生怎样的输出。

9.2 8253/8254 的编程结构和外部信号

9.2.1 8253/8254 的编程结构

Intel 8253/8254 是 NMOS 工艺制成的可编程计数器/定时器，8253 的最高计数速率为 2.6MHz，而 8254 的频率达 10MHz。图 9.2 是 8253/8254 的编程结构图。

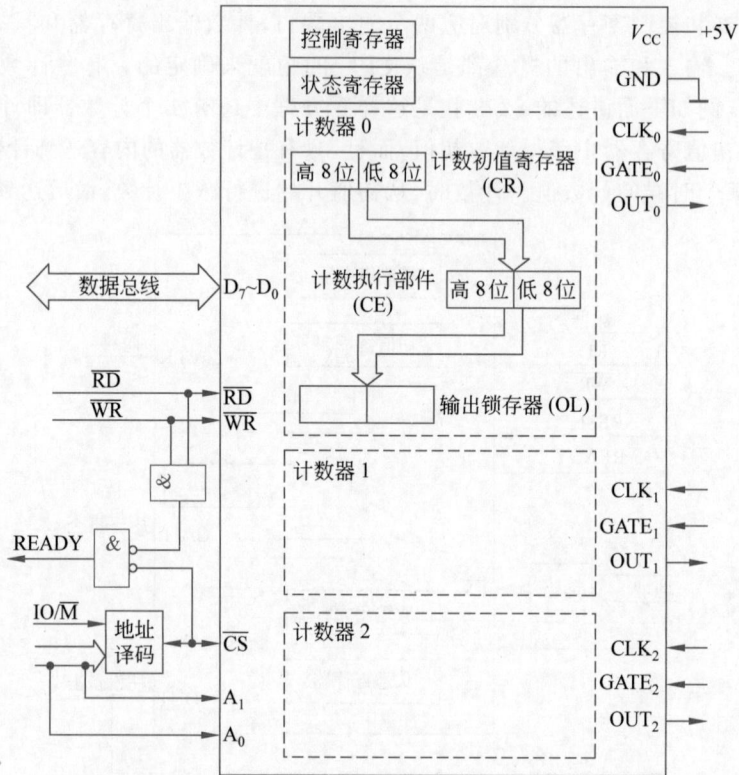

图 9.2 8253/8254 的编程结构图（只有 8254 有状态寄存器）

从图 9.2 中看到，8253/8254 内部有 3 个计数器，分别称为计数器 0、计数器 1 和计数器 2，它们的结构完全相同。每个计数器的输入和输出都决定于设置在控制寄存器中的控制字，它们共用一个控制寄存器和一个状态寄存器（只有 8254 有状态寄存器），但互相之间完全独立。每个计数器通过 3 个引脚和外部联系：时钟输入端 CLK、门控信号输入端 GATE、输出端 OUT。每个计数器内部有一个 16 位的计数初值寄存器 CR、一个计数执行部件 CE 和一个输出锁存器 OL。

执行部件实际上是一个 16 位的减法计数器，其起始值就是初值寄存器的值，而初值寄存器的值是通过程序设置的。输出锁存器 OL 用来锁存计数执行部件 CE 的内容，从而使 CPU 可对此进行读操作。CR、CE 和 OL 都是 16 位寄存器，但也可作为 8 位寄存器来用。

CPU 可通过输入/输出指令对 8253/8254 的内部寄存器进行访问。

计数执行部件是计数器的核心部件，它从初始值寄存器中获得计数初值，便进行减 1 计数。此时，锁存器跟随计数执行部件的内容而变化，当有一个锁存命令来到时，锁存器便锁定当前计数,直到被读走以后,又跟随计数执行部件的动作。

计数器的工作方式决定于控制寄存器中的控制字,对此,后面将作专门的讨论。

9.2.2　8253/8254 的外部信号

(1) $CLK_0 \sim CLK_2$:时钟。这是计数器 0~计数器 2 的时钟信号。

(2) $GATE_0 \sim GATE_2$:门控。这是计数器 0~计数器 2 的门控信号。

(3) $OUT_0 \sim OUT_2$:输出。这是计数器 0~计数器 2 的输出信号。

(4) A_1、A_0:地址线。用来对 3 个计数器和控制寄存器进行寻址。8253/8254 有 4 个端口地址,$A_1 A_0 = 00$ 时,对应于计数器 0;$A_1 A_0 = 01$ 时,对应于计数器 1;$A_1 A_0 = 10$ 时,对应于计数器 2;$A_1 A_0 = 11$ 时,对应控制端口和状态端口。

(5) $\overline{RD}$:读信号。当 RD 有效时,CPU 可对 8253/8254 的输出锁存器或 8254 的状态寄存器进行读操作。

(6) $\overline{WR}$:写信号。当 WR 有效时,CPU 可对 8253/8254 的一个计数器写入计数初值或对控制寄存器写入控制字。

(7) $\overline{CS}$:片选信号。只有 CS 为低电平,$\overline{RD}$ 和 $\overline{WR}$ 才起作用。

9.3　8253/8254 的控制字和状态字

8253/8254 内部 3 个计数器共用一个控制寄存器,通过对控制寄存器写入控制字,就可以使 3 个计数器工作于不同的模式,控制端口是只写的;8254 有一个状态寄存器,状态端口是只读的。控制端口和状态端口的地址都对应于 $A_1 A_0 = 11$。

9.3.1　8253/8254 控制寄存器和控制字

为了使计数器/定时器正确工作,必须先在控制寄存器中设定控制字。8253/8254 的控制字有两类:一是模式设置控制字,用来设置 3 个计数器的工作模式;二是读出控制字,用来读取计数器的当前计数值,对于 8254 来说,还可以读取 3 个计数器的当前状态。

1. 模式设置控制字

8253/8254 的模式设置控制字格式如下:

D_7	D_6	D_5		D_2	D_1	D_0
SC_1	SC_0	RW_1	M_2	M_1	M_0	BCD

1) BCD 位:计数初值的格式

BCD 位如为 1,则后面设置的计数初值为 BCD 码格式,范围为 0~9999;如为 0,则后面设置的计数初值为二进制格式,可为 0~FFFFH。

2) M_2、M_1、M_0:模式选择

8253/8254 工作时可有 6 种模式供选择,每种模式下的输出波形各不相同,触发方式也有差别。到底当前工作于哪种模式,由控制寄存器中 M_2、M_1、M_0 这 3 位决定,具体对应关系如下:

M_2	M_1	M_0	模式选择
0	0	0	模式 0
0	0	1	模式 1
×	1	0	模式 2
×	1	1	模式 3
1	0	0	模式 4
1	0	1	模式 5

3）RW_1 和 RW_0：读/写指示位

具体如下。

00：对计数器进行锁存操作,使当前计数值在输出锁存器中锁定,以便读出。

01：只读/写低 8 位。

10：只读/写高 8 位。

11：先读/写低 8 位,再读/写高 8 位。

4）SC_1 和 SC_0：选择计数器

不管是计数值格式设置、模式设置还是读/写命令指示,对于 8253/8254 的 3 个计数器来说,互相都是独立的,因此,在设置控制字的时候,要指出是对哪一个计数器设置,这便是 SC_1 和 SC_0 位的功能。具体对应关系如下。

00：选计数器 0。

01：选计数器 1。

10：选计数器 2。

11：读出控制字的标识码。

2. 读出控制字

每个计数器的当前计数值和当前状态(只对 8254)可以被读取,因为不管是计数值还是状态都是不断变化的,所以在读取前先要进行锁存。读出控制字就是起锁存作用的,所以也叫锁存命令。读出控制字的格式如下：

D_7	D_6	D_5	D_4	D_3	D_2	D_1	D_0
1	1	$\overline{COUNT}$	$\overline{STATUS}$	CNT_2	CNT_1	CNT_0	0
		锁存计数值	锁存状态	计数器2	计数器1	计数器 0	

（1）D_7D_6 和 D_0：$D_7D_6 = 11$ 为读出控制字的标识码,表示这是读出控制字,而不是模式设置控制字,此时 D_0 必须为 0。

（2）$\overline{COUNT}$：如 D_5 为 0,则将所选计数□□□前计数值进行锁存,以便后面读取。

（3）$\overline{STATUS}$：如 D_4 为 0,则将所选计数□□□□进行锁存。

（4）$D_3D_2D_1$：这 3 位分别对应于计数器 2、1、□□读出控制字可用一个锁存命令同时锁存多个计数器的计数值,也可用一个锁存命令锁存□□计数器的计数值和状态,但不能一次锁存多个计数器的状态,因为状态寄存器只有一个,□个时刻只能对应于一个计数器。

9.3.2   8254 的状态寄存器和状态字

前面提到,只有 8254 含状态寄存器,它和控制寄存器合用一个端口地址。状态寄存器的格式如下：

D_7	D_6	D_5	D_4	D_3	D_2	D_1	D_0
OUT	NULLCOUNT	RW_1	RW_0	M_2	M_1	M_0	BCD

（1）D_7：此位表示 OUT 端的状态。D_7 为 1 表示当前 OUT 端为高电平，为 0 则表示当前 OUT 端为低电平。

（2）D_6：D_6 为 NULLCOUNT 位，表示初值是否已经装入计数器，D_6 为 0 表示初值已经装入计数器，为 1 表示没有装入。

（3）$D_5 \sim D_0$：这几位和模式设置控制字中的对应位含义相同。M_2、M_1、M_0 表示当前计数器的工作模式。RW_1 和 RW_0 为读/写指示位，表示读/写当前计数器的位数，但如为 00 则无意义。D_0 位表示计数值的格式。

9.4 8253/8254 的编程命令

因为 8253/8254 的控制寄存器和 3 个计数器具有独立的编程地址，而控制字本身的内容又含所控制的寄存器序号，所以，对 8253/8254 的编程没有顺序规定，非常灵活。但是，编程有以下 3 条原则必须严格遵守。

（1）对计数器设置初始值前必须先写控制字。

（2）初始值设置时，要符合控制字中的格式规定，即只写低位字节还是只写高位字节，或高低位字节都写，控制字中一旦规定，具体初始值设定时就要一致。

（3）要读取计数器的当前值和状态字，必须用控制字先锁定，才能读取。

编程命令有两类：一类是写入命令；另一类是读出命令。写入命令针对控制寄存器，读出命令针对计数器和状态寄存器，只有 8254 有状态寄存器。控制寄存器和状态寄存器共用同一个端口地址。

1. 写入命令

写入命令有 3 个，即设置控制字命令、设置初值命令和锁存命令。

一个计数器在工作之前，需要先设置控制字对所选择的计数器设定工作模式和计数格式。

设置初值命令用来给出计数的初始值，初值可为 8 位，也可为 16 位，如为 16 位，则要用两条输出指令完成初值设置。

锁存命令是配合读出命令用的。在读取计数值时，必须先用锁存命令将当前计数值在输出锁存器中锁住，否则，在读数时，计数器的数值可能处在改变过程中，这样，就会得到一个不确定的结果。与此相似，在读取状态时，也要先用锁存命令将当前状态锁存。

当锁存命令到来时，计数执行部件计到某一个值，因为锁存器是跟随计数执行部件工作的，所以，锁存器中为同一个值，此时，这一计数值被锁住。当 CPU 将此锁定值读走之后，锁存器自动失锁，于是又跟随计数执行部件变化。在锁存和读出计数值的过程中，计数执行部件仍在不停地作减 1 计数，这样，就允许计数器的内容在运行中被读出而不影响计数的进行。

2. 读出命令

读出命令用来读取 8253/8254 中某个计数器当前的计数值。对 8254,还可读取状态寄存器中的状态字,从而了解 OUT 端的电平,以及初值设置是否有效。

不管是读取计数器的值,还是读取 8254 的状态字,都必须先锁存,再读取。

例如,下面的程序段读取计数器 2 的当前计数值。设计数器的 4 个端口地址为 70H、72H、74H 和 76H。

```
MOV        AL,11011000B        ;对计数器 2 发锁存命令,锁存当前计数值
OUT        76H,AL              ;76H 为控制口地址
IN         AL,74H              ;读取计数器 2 的读取值,74H 为计数器 2 的地址
```

又如,下面的程序段对 8254 读取状态字和计数值:

```
MOV        AL,11000010B        ;计数器 0 的锁存命令
OUT        76H,AL              ;76H 为控制口地址,对锁存计数器 0 的状态和计数值
IN         AL,76H              ;从状态口读取计数器 0 的状态
MOV        CL,AL               ;将计数器 0 的状态送到 CL
IN         AL,70H              ;读取计数器 0 的低 8 位
MOV        BL,AL               ;将低 8 位送到 BL
IN         AL,70H              ;读取计数器 0 的高 8 位
MOV        BH,AL               ;BX 中为计数器 0 的当前计数值
```

9.5 8253/8254 的工作模式

8253/8254 作为一个可编程的计数器/定时器,可用 6 种模式工作。不论用哪种模式工作,都会遵守下面 4 条基本规则。

(1) 写入控制字时,所有的控制逻辑电路立即复位,输出端 OUT 进入初始状态(高电平或低电平)。

(2) 初始值写入以后,要经过一个时钟上升沿和一个下降沿,计数执行部件才开始计数。

(3) 通常,在时钟脉冲 CLK 的上升沿时,门控信号 GATE 被采样。对于一种给定的模式,对门控信号的触发方式有具体规定,即或用电平触发,或用边沿触发,在有的模式中,两种方式都允许。具体地说,8253/8254 的模式 0、4 中,门控信号为电平触发;模式 1、5 中,门控信号为上升沿触发;而在模式 2、3 中,既可用电平触发,也可用上升沿触发。在边沿触发情况下,门控信号可以是很窄的脉冲,而且既可为正脉冲,也可为负脉冲,而在电平触发的情况下,门控信号必须保持一定时间的高电平,否则,此门控信号将无效。

(4) 在时钟脉冲的下降沿,计数器作减 1 计数。0 是计数器所能容纳的最大初始值,因为用 16 位二进制时,0 相当于 2^{16};用 BCD 码时,0 相当于 10^4。

下面,逐一介绍 8253/8254 的 6 种工作模式。

1. 模式 0——计数结束产生中断

8253/8254 用作计数器时常常工作在模式 0。模式 0 具有下列特点。

（1）使用电平触发,输出一个上升沿跳变。这个上升沿跳变常常作为中断请求信号。

（2）写入控制字后以低电平作为初始电平,写入计数初值并受到触发后,开始计数,计数到 0 时,输出端跳变为高电平,并且一直保持高电平。

（3）当门控 GATE＝1 时,计数进行,如 GATE 为 0,则计数停止。如计数过程中有一段时间 GATE 变为低电平,那么,输出端 OUT 的低电平将会因此而延长相应的长度。

（4）在计数过程中,如有一个新的计数初值被写入,那么,计数器将按新的初值重新计数。

（5）计数到 0 时,不会自动装入初值重复计数,除非重写写入初值。

图 9.3 是模式 0 的时序图。在实际应用中,常将计数结束后的上升跳变作为中断信号。

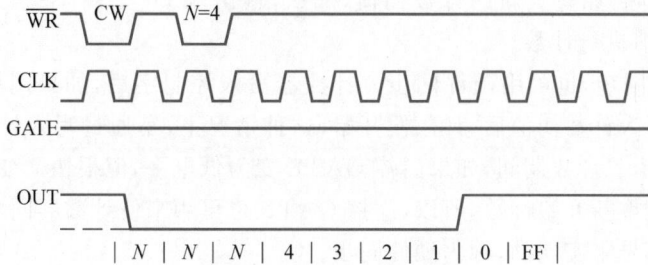

图 9.3 模式 0 的时序图

2. 模式 1—— 可编程的单稳态触发器

模式 1 具有下列特点。

（1）用上升沿触发,每触发一次,输出一个宽度为 N 个时钟周期的负脉冲。

（2）写入控制字后以高电平为起始电平,写入计数初值并受到触发后,输出端 OUT 变为低电平,并在计数达 0 以前一直维持低电平。计数到 0 时,输出端 OUT 为高电平,形成 N 个时钟宽度的负脉冲。

（3）触发以后,GATE 成为低电平也不会影响计数。

（4）触发可重复进行。计数结束后,输出端 OUT 出现负脉冲。此后,如又来一个触发上升沿,那么,会重复计数过程,而不必重新写入计数初值。

（5）如在计数期间,又写入新的计数值,那么当前输出不受影响,即仍然输出宽度为 N 的负脉冲。但如果又来一个触发信号,则按新的计数值作减 1 计数。

图 9.4 是模式 1 的时序图。在模式 1 下,门控信号的上升沿作为触发信号,使输出变为低电平,当计数变为 0 时,又使输出端自动回到高电平,所以,这是一种单稳态工作方式。单稳态输出脉冲的宽度主要决定于计数值,但也受门控触发信号的影响,在提前触发（即单稳态受触发后未回到稳态而又受触发）时,会使单稳态输出变宽。

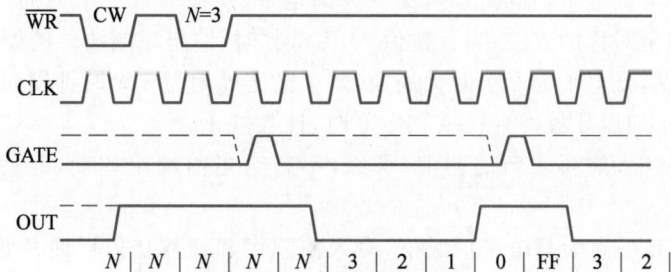

图 9.4 模式 1 的时序图

3. 模式 2——分频器

模式 2 具有下列特点。

（1）既可用电平触发，也可用上升沿触发，重复输出宽度为 1 个时钟周期的负脉冲。

（2）写入控制字后，以高电平作为初始电平，当写入初值并受到触发后，开始作减 1 计数。减到 1（注意，不是减到 0）时，输出端 OUT 变为低电平，输出一个负脉冲，脉冲宽度为一个时钟周期。

（3）对于计数初值 N，输出端用 N 个时钟期间作为一个周期，并在 GATE 为高电平情况下周而复始地重复，成为一个 N 分频器。

（4）在计数期间，如写入新的计数初值，那么，输出端 OUT 将不受影响。计数器到 0 后，将按新的计数值进行计数。

（5）可用软件同步，也可用硬件同步。计数器写入控制字后，如果门控 GATE 一直处在高电平，那么，写入计数初值后，计数便开始，这种情况下，是通过写入计数初值使计数器同步，称为软件同步。计数期间，如果门控 GATE 变为低电平，但很快又变为高电平，那么，会使计数器从初值重新开始计数，所以，门控 GATE 也可用来使计数器同步，这种同步是通过硬件给出门控信号来实现的，称为硬件同步。

图 9.5 是模式 2 的时序图。

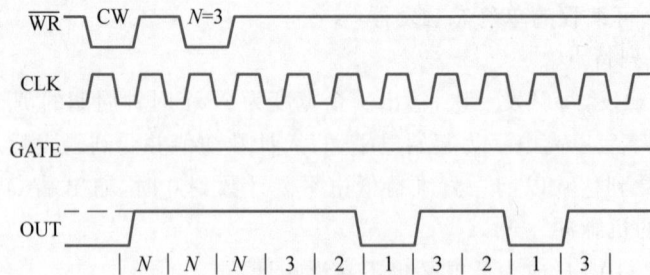

图 9.5　模式 2 的时序图

在最简单的情况下，即门控 GATE 为持续高电平时，工作如同一个 N 分频的计数器，正脉冲为 $N-1$ 个时钟脉冲宽度，负脉冲为一个时钟脉冲宽度，所以，这种工作模式也称分频器工作模式。

4. 模式 3——方波发生器

模式 3 具有下列特点。

（1）既可用电平触发，也可用上升沿触发，输出重复的方波或矩形波。

（2）写入控制字后，以高电平为初始电平，写入初值并受到触发后，作减 1 计数，当计数到一半时，输出变为低电平，到终值时，又变为高电平，从而完成一个周期。当计数值 N 为偶数时，输出为完全对称的方波；当计数值 N 为奇数时，输出矩形波。例如，N 为 5，则高电平为 3 个时钟周期，低电平为 2 个时钟周期，整个输出周期为 5 个时钟周期。

（3）GATE＝1 时，计数进行；GATE＝0 时，计数停止。

（4）计数过程中，如写入新的初值，那么，不影响当前输出周期，此后，再按新值开始计数。

在门控 GATE 一直为高电平情况下，写入控制字和计数初值后便开始计数，而在计数过程中写入新的初值会引起重新计数，这两种情况因为都是通过软件写入初值来实现，所以,称为软件同步。在计数过程中,如 GATE 成为低电平则会引起计数停止,然后 GATE 又变成高电平,那么计数器会重新按初值计数,这种情况下,是通过外部门控信号使计数器实现同步,称为硬件同步。

图 9.6 是模式 3 的时序图。这种方式常用来产生一定频率的方波。

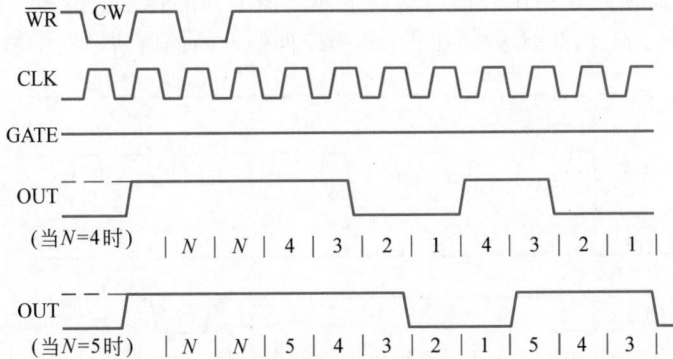

图 9.6 模式 3 的时序图

5. 模式 4——软件触发的选通信号发生器

模式 4 具有下列特点。

(1) 用电平触发,输出单一的负脉冲。

(2) 写入控制字后,以高电平为初始电平,写入初始值并受到触发后,开始计数。减为 0 时,输出宽度为一个时钟周期的负脉冲。一般将此负脉冲作为选通信号。

(3) GATE=1 时,进行计数;GATE=0 时,计数停止。

(4) 如在计数时写入新的计数值,那么,计数器将立刻按新的初值作减 1 计数。这种通过写入初值使计数器从头工作的方法,称为软件再触发。

图 9.7 是模式 4 的时序图。可以看到,在模式 4 时,靠写入初值来触发计数器工作,产生一个负脉冲作为选通信号,即软件触发的选通信号,此时,8253/8254 称为软件触发的选通信号发生器。

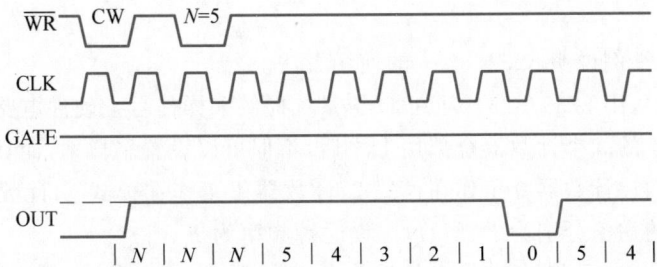

图 9.7 模式 4 的时序图

6. 模式 5——硬件触发的选通信号发生器

模式 5 和模式 4 相似,但触发方式和再触发方式都不同。模式 5 具有下列特点。

(1) 上升沿触发,输出单一的负脉冲。

(2) 写入控制字后以高电平为初始电平,在写入初值并受到触发后,开始作减 1 计数,计数到 0 时,输出宽度为 1 个时钟周期的负脉冲。应用中,常将此负脉冲作为选通信号。

（3）如在计数过程中，GATE端又来上升沿触发，则将重新获得计数初值，并作减1计数，直到减为0，输出负脉冲。

（4）如在计数过程中，写入新的初值，在再受触发情况下，将按新的计数初值开始计数。

图9.8是模式5的时序图。从图中可见，模式5和模式4的输出波形很相似，只是模式4是用软件触发，而模式5是用外部电路产生的门控上升沿触发。模式5输出的负脉冲也常常作为选通信号，所以，此时8253/8254称为硬件触发的选通信号发生器。

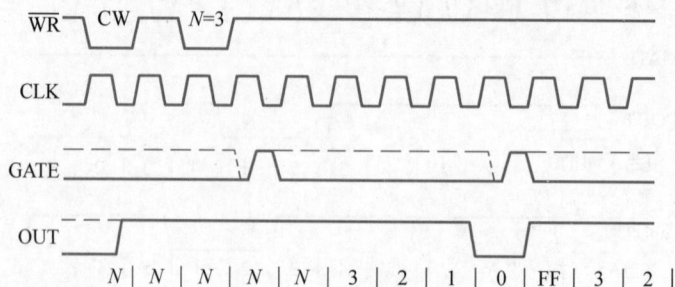

图9.8　模式5的时序图

在理解上述各种模式下8253/8254的工作情况时，有以下两点要注意。

（1）时钟周期和输出周期的区别。时钟周期是指8253/8254的输入时钟CLK的周期，这是固定的，输出周期指8253/8254输出端OUT的输出波形的周期。

（2）8253/8254的输出端波形都是在时钟周期下降沿时产生电平的变化。

尽管8253/8254有6种工作模式，但是，从输出端来看，仍不外乎计数器模式和定时器模式两种情况。作为计数器工作时，8253/8254在GATE控制下进行减1计数，减到终值时，输出一个信号，到此，计数过程便结束。作为定时器工作时，8253/8254在门控GATE控制下进行减1计数，减到终值时，又自动装入初值，重新作减1计数，于是输出端会不间断地产生为时钟周期整数倍的定时间隔。所以，模式0、1、4、5是计数器，模式2、3是定时器。

9.6　8253/8254应用举例

现在，我们来举例说明8253/8254的使用方法。

在这个例子中，用8253/8254为A/D子系统提供采样信号。硬件电路如图9.9所示。

将8253/8254的3个计数器全部用上之后，不但可以设置采样率，而且可决定采样信号的持续宽度。我们让计数器0工作在模式2，计数器1工作在模式1，计数器2工作在模式3，这3个计数器的初值分别为L、M、N。设时钟频率为F。

从图中可看到，由于将计数器2的输出作为计数器1的时钟，所以计数器1的时钟CLK_1的频率为F/N，计数器1工作在模式1即可编程的单稳态触发器方式，它的输出端OUT_1的负脉冲宽度为MN/F。而计数器0工作在模式2即分频器方式，它的输出端OUT_0的脉冲频率为F/L，此外，计数器0的门控输入又受到OUT_1的控制。

将OUT_0和A/D转换器的CONVERT端相连。当用软件对3个计数器设置好计数初值后，将手动开关或者继电器合上，A/D转换器便按F/L的采样率工作，每次采样的持续时间为MN/F。采样信号经过A/D转换后送到8255A。

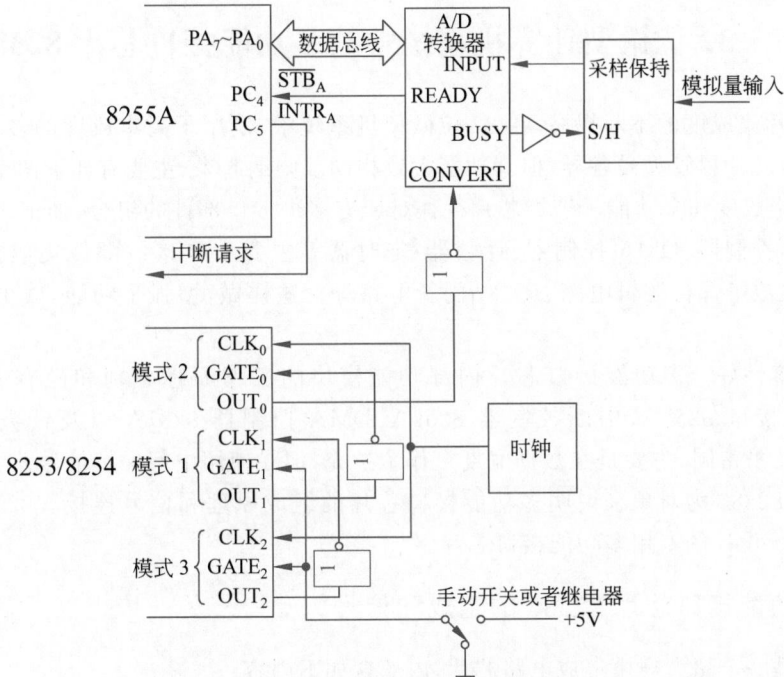

图 9.9　8253/8254 作为定时器的例子

图 9.9 中,用 PC₅ 作为中断请求信号,由此可引起中断,从而进入中断处理子程序。CPU 在执行中断处理子程序过程中将接口 8255A 中的数据输入累加器作处理。

下面是系统的初始化程序段。这里设 8253/8254 的地址为 0070H～0076H,即控制寄存器端口地址为 76H,3 个计数器的端口地址分别为 0070H、0072H、0074H。为便于阅读,将初始值 L、M、N 分别用标号 LCNT、MCNT 和 NCNT 表示,其中 L、N 为二进制数,并且都小于 256,M 为 BCD 码。此程序段设置了计数器的模式,并设置了计数初值。

具体程序段如下:

```
MOV      AL,14H        ;将计数器 0 设置为模式 2
OUT      76H,AL
MOV      AL,LCNT       ;对计数器 0 设置计数初始值 L(二进制)
OUT      70H,AL
MOV      AL,73H        ;将计数器 1 设置为模式 1
OUT      76H,AL
MOV      AX,MCNT
OUT      72H,AL
MOV      AL,AH         ;对计数器 1 设置初始值 M(BCD 码)
OUT      72H,AL
MOV      AL,96H        ;将计数器 2 设置为模式 3
OUT      76H,AL
MOV      AL,NCNT       ;对计数器 2 设置初始值 N(二进制)
OUT      74H,AL
```

9.7 32位微型计算机系统中的多功能接口芯片 82380

随着芯片集成度的不断提高,在32位微型机系统中,使用了高集成度的多功能接口芯片,这些接口芯片尽管型号各异,但其功能大致相同。归纳起来,主要有如下两个共同特点。

(1) 高集成度和多功能。这类芯片往往是原有多个接口部件的组合,如把串行接口、并行接口、中断控制器、DMA控制器、计数器/定时器等主要I/O接口部件集成在一个芯片中,有的还集成了等待逻辑电路、RAM刷新电路等。这样做,增强了功能,减少了连线,提高了可靠性。

(2) 兼容性好。多功能接口芯片内部功能模块的工作原理分别和已有的串行接口8251A、并行接口8255A、中断控制器8259A、DMA控制器8237A以及计数器/定时器8253/8254几乎雷同,主要是在数据宽度上作了扩充,但在使用中都保持信号兼容。

本节以82380为对象来说明多功能接口芯片的组成原理和信号连接。82380是为32位微型机系统设计的专用多功能接口芯片。

9.7.1 多功能接口芯片 82380 的组成和信号

82380是一个超大规模集成电路芯片,内部含如下内容。

(1) 1个8通道的32位DMA控制器。

(2) 20级的可编程中断控制器。

(3) 4个16位计数器/定时器。

(4) 动态RAM刷新电路。

(5) 系统复位逻辑电路。

(6) 插入等待状态的控制电路。

(7) 内部总线仲裁电路。

其基本功能结构图如图9.10所示。

82380除了通过总线接口和系统的局部总线相连外,其对外连接信号如下。

(1) $DREQ_7 \sim DREQ_0$:这是DMA请求信号,对应8个DMA通道。

(2) $EDACK_2 \sim EDACK_0$:这是对DREQ的响应信号。和8237A的差别是,这里用共同输出3位二进制码000~111来表示DMA传输的通道号,这样,只用3条引脚就为8个DMA通道配置了响应信号。这与8237A为每个通道分别配置DACK信号相比,节省了引脚数目。

(3) $\overline{EOP}$:这是一个双向的信号线,当外部往DMA控制器送$\overline{EOP}$信号时,DMA传输被强迫性结束,而当DMA控制器的某一通道完成传输时,用$\overline{EOP}$作为传输结束信号。

(4) HOLD:这是82380发给CPU的总线请求信号。

(5) HLDA:这是CPU对HOLD信号的回答信号,是CPU发给82380的,表明此时CPU将总线控制权交给82380,在DMA传输时,此信号一直保持有效。

1. DMA 控制器

82380内部含8个32位的DMA通道,用这些通道能有效地按字节、字或双字在存储器和I/O之间、存储器之间、I/O之间用DMA方式传输数据,传输速度非常高,能达到40GB/s。

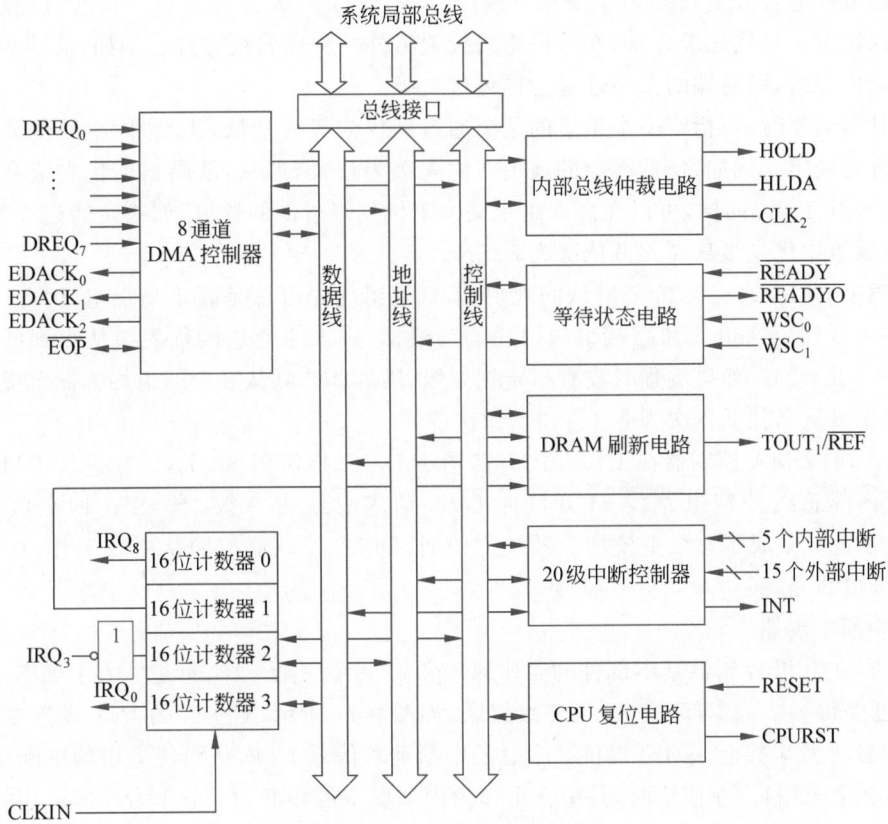

图 9.10　82380 的功能结构图

正是由于内含 DMA 控制器的原因，82380 也有了主模块和从模块两种工作状态。通常情况下，82380 处于从模块状态，此时它作为一个 8 位器件可被 CPU 通过写操作对其进行初始化设置，并可被 CPU 读取状态。82380 处于主模块状态时，成为 32 位、16 位或 8 位器件，实现其多个功能。

系统复位时，82380 的 DMA 控制器进入默认方式即作为总线从模块运行。启动 DMA 传送时，82380 的 DMA 控制器便是总线主模块，这是通过以下过程实现的：82380 往 CPU 发 HOLD 信号，以向 CPU 请求总线控制权，当 CPU 送回 HLDA 信号时，DMA 控制器便成为总线主模块。

8 个 DMA 通道互相独立，所以，可各自选择有效的数据宽度传输。每个通道都配置一个 24 位的字节计数器、一个 32 位的源寄存器和一个 32 位的目标寄存器，这 3 个寄存器的内容分别决定了所传输的数据字节数、源地址和目标地址。24 位的字节计数器中为传输的字节数，最多可连续传输 16MB 数据。32 位的地址寄存器能覆盖 4GB 的地址空间。此外，还有一个暂时数据寄存器，当源寄存器和目标寄存器所指地址的数据宽度不同（如 8 位的 I/O 设备和 32 位存储器）时，暂时寄存器用来完成数据的转换，这样，可支持不同数据宽度的设备之间进行 DMA 传输。

8 个 DMA 通道的优先级可通过软件设置成循环方式或固定方式。

在工作中，8 个 DMA 通道被自动分为两组，通道 0～3 为一组低端通道，通道 4～7 为一组高端通道。通过分组,82380就好像含两个完全独立的DMA控制器。再通过编程,可以在一组内设置一种优先级方式,在另一组内设置另外一种优先级方式。例如,低端的4个通道为固定优先级,而高端的4个通道为循环优先级。

在具体编程时,可指定一个组里的某个通道的优先级为最低,于是,同组其他通道的优先级便自动确定。例如,使低端组的通道2优先级为最低,那么,低端组的优先级从高到低依次为:3、0、1、2。同样,可以在高端组定义一个优先级最低的通道,如指定通道5为最低,那么,高端组中优先级从高到低依次为6、7、4、5。

对两组DMA通道,82380默认的规则是,低端组优先级总是高于高端组,因此,如果编程时,定义低端组通道2和高端组通道5均为最低,则8个通道的优先级从高到低依次为3、0、1、2、6、7、4、5。如果编程时没有指定优先级,则82380默认8个通道均为固定优先级方式,即优先级从高到低依次为0、1、2、3、4、5、6、7。

82380的DMA控制器在工作方式上雷同于DMA控制器8237A。在进行DMA传输时,通过内部总线仲裁电路发HOLD向CPU请求总线主宰权,当CPU回送应答信号HLDA时,82380成了总线主模块。系统复位时,DMA控制器按照从模块工作,如同一个普通的I/O设备。

2. 中断控制器

82380的中断控制器基本部件的工作原理和8259A完全一样,只是加大了规模,并且芯片内部已经将3个基本部件进行了三级级联,如图9.11所示,后一片的INT端连接前一片的IRQ_2端,3片串接起来对外提供一个总的中断请求信号INT,从而使提供的中断达20个之多(有2个未用)。在使用时,其中5个作为内部保留的中断,15个作为外部可用的中断,而每个外部中断又可接一片8259A作为下一级从片,从而可使外部中断达到更多。

5个内部中断具体如下所述。

(1) IRQ_1和IRQ_4:这两个中断用于DMA控制,当某个DMA通道中的源寄存器或目标寄存器未赋值而启动DMA请求时,会产生内部中断IRQ_1,以此通过软件来中止和清除DMA请求,此后,又产生内部中断请求IRQ_4,以此通过软件清除通道中的字节计数器的内容。

(2) $IRQ_{1.5}$:在3个基本部件级联时,都通过IRQ_2和下一级从片的INT端相连,但是中断基本部件A即主片比其他部件多一个中断请求端$IRQ_{1.5}$,$IRQ_{1.5}$的优先级介于IRQ_1和IRQ_2之间,每当CPU对中断部件A、B、C中任一个写入初始化命令字ICW_2时,会产生内部中断$IRQ_{1.5}$,由此,$IRQ_{1.5}$也称ICW_2写入中断。

(3) IRQ_0和IRQ_8:IRQ_0接计数器/定时器3的输出端$TOUT_3$,IRQ_8接计数器/定时器0的输出端$TOUT_0$。这两个输出信号的上升沿产生中断请求信号,前者产生一个内部请求,后者产生IRQ_8中断请求,从而进入计数中断处理程序,这就是系统时钟、日历计数程序。

15个外部中断中,有几个在82380内部已进行固定连接,所以,不能用作真正的外部中断,即实际上不能连接外部中断请求信号。具体来说,IRQ_3和计数器/定时器2的输出端$TOUT_2$相连;IRQ_9和DMA部件的$DREQ_4$相连;IRQ_7固定作为容错中断处理,在CPU响应中断后又不能进入对应中断处理程序时,会进入IRQ_7对应的容错中断处理程序。所以,其实IRQ_7也并不连接外部中断请求信号。

82380在提供中断类型号方面,比8259A有更好的机制。8259A的中断类型号是通过

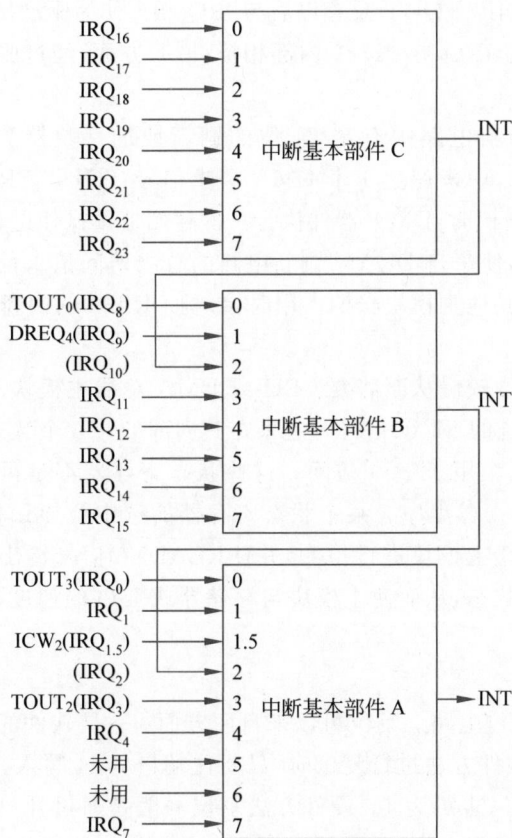

图 9.11 82380 的中断控制器

两个步骤形成的,初始化时,通过初始化命令字 ICW_2 设置了中断类型号的高 5 位,中断响应后,又根据中断请求端的序号形成低 3 位。这种机制需要比较多的电路,并且费时。82380 则对应每个中断请求输入端在内部配置一个中断类型寄存器,形成中断类型寄存器组,用来存放中断类型号。这些中断类型号互相独立,可由程序员通过程序在对中断控制器写入初始化命令字 ICW_1 前进行设置,中断响应时,寄存器组会直接送出中断类型号。这样不但速度快,而且更加灵活。

除了中断类型寄存器外,82380 中的中断控制部件和 8259A 十分类似,在使用中,初始化命令字和操作命令字的格式及设置方法也雷同于 8259A,而且都是 8 位。只是 82380 不需要写入 ICW_2,如果程序中对任何一个部件写入 ICW_2,82380 则会产生 $IRQ_{1.5}$ 中断,CPU 响应这个中断以后,进入对应的中断处理程序,此程序分别读取 3 个中断控制部件中的 ICW_2 寄存器,然后自动清除。

3. 计数器/定时器

82380 内部含 4 个 16 位的可编程计数器/定时器(图 9.10 中标为"16 位计数器"),这些计数器/定时器除了数据宽度为 16 位,其工作原理和 8253/8254 雷同,尽管共享同一个时钟信号 CLKIN,但每个计数器可如同 8253/8254 一样按 6 种方式中的任何一种工作。

在 82380 内部,将计数器 0 的输出 $TOUT_0$ 直接连接中断输入端 IRQ_8 作为系统计时器,为系统的时钟和日历提供时间标准。计数器 1 的输出 $TOUT_1$ 作为 DRAM 刷新电路的定时信号。计数器 2 的输出 TOUT$_2$ 反相以后与 IRQ$_3$ 相连作为驱动扬声器的信号。计数器 3 的输出 TOUT$_3$ 一方面与 IRQ$_0$ 在 82380 内部相接；另一方面，经过驱动以后引到外部，可作为外部用的计数信号。

82380 的 DRAM 刷新电路中有个 24 位的刷新地址计数器。计数器 1 的输出通过 DRAM 刷新电路驱动后，用来产生 1 个 DMA 请求信号 TOUT$_1$/$\overline{\text{REF}}$ 送到 DMA 通道，当 DMA 部件获得总线控制权时，DMA 器件执行一次存储器读操作进行 DRAM 的刷新。

在总线仲裁电路中，使来自 DRAM 刷新电路的总线访问请求信号优先级最高，这种规定是为了防止在总线被其他主模块长期占用时，影响 DRAM 的刷新。

4. 等待状态电路

等待状态电路由速度较慢从而需要 CPU 或 DMA 总线主模块等待的外设或存储器启动，WSC$_0$ 或 WSC$_1$ 和系统的 M/$\overline{\text{IO}}$ 信号合起来在其内部的共 6 个状态寄存器中选择，其中 3 个用于存储器访问，另 3 个用于 I/O 访问。这些状态寄存器都是可通过软件进行设置的，它们分别对应 1 个等待状态程序。某个状态寄存器的选中会导致相应等待状态程序的运行。等待状态程序对总线主模块进行检测，并使 $\overline{\text{READYO}}$ 信号输出有效电平，使总线主模块插入一个或多个等待状态，从而使主模块与存储器或 I/O 的速度相匹配，通常情况下，总线主模块就是 CPU。

5. CPU 复位电路

82380 内含 CPU 复位电路。复位可以来自两方面：一是软件的复位请求；二是硬件的复位信号 RESET。用软件方法进行复位时，只要往端口 64H 写入 1111×××0B 即可，此值中用×表示的位可为 0，也可为 1。硬件方法复位一般是通过开机、按复位键或重新启动实现的。这两方面的原因都会使 82380 对 CPU 发出复位信号 CPURST。复位信号用来停止正在进行的任何操作，并使系统处于规定的初始状态。

9.7.2　82380 和 CPU 的连接

图 9.12 是 82380 和 CPU 的连接示意图。

82380 内部有 32 位地址总线和 32 位数据总线的总线接口模块，以此可和 CPU 直接相连。32 位地址线可直接访问 4GB 的存储器空间和 64KB 的 I/O 空间。数据总线可用 32 位、16 位或 8 位传输数据，不过，在 82380 作为总线从模块进行 I/O 操作时，只能进行 8 位数据传输，此时，D$_{31}$～D$_{24}$、D$_{23}$～D$_{16}$、D$_{15}$～D$_8$、D$_7$～D$_0$，这 8 位一组的数据线传输同一个字节数据。这种情况下，内部的中断处理器、计数器的工作情况非常雷同于 8 位接口部件。

82380 和 CPU 之间用 CLK$_2$ 实现同步，CLK$_2$ 来自系统时钟。

来自系统时钟发生器 82384 的复位信号 RESET 使 82380 进入初始状态，初始状态下 82380 一定作为从模块，等待 CPU 对其进行初始化设置。82380 的复位信号输出端 CPURST 连接 CPU 的 RESET 端。

82380 的输入信号 $\overline{\text{READY}}$ 和 CPU 的 $\overline{\text{READY}}$ 输入端直接相连，在 82380 作为总线主模块进行 DMA 操作时，$\overline{\text{READY}}$ 有效，说明结束一个 DMA 总线周期。

82380 的中断控制器的 INT 端和 CPU 的可屏蔽中断输入端 INTR 相连，INT 有效时，82380 有一个或几个中断，这可能是外部中断，也可能是内部中断。

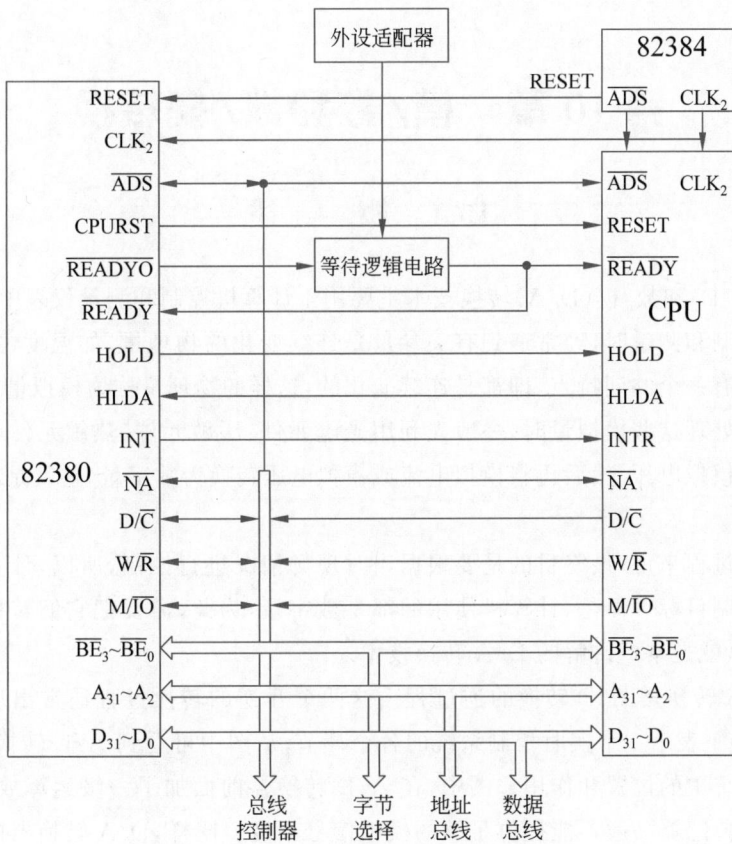

图 9.12　82380 和 CPU 的连接示意图

第 10 章 模/数和数/模转换

10.1 概 述

模/数（A/D）和数/模（D/A）转换技术主要用于计算机控制和测量仪表中。

在工业控制和测量时，经常遇到有关参量是连续变化的物理量，如温度、速度、流量、压力等。这些量有一个共同特点，即都是连续变化的，这样的物理量称为模拟量。

用计算机处理这些模拟量时，一般先利用光电元件、压敏元件、热敏元件等把它们转换成模拟电流或模拟电压，然后再将模拟电流或模拟电压转换为数字量，这就是本章要讲述的A/D 转换技术。

对于控制过程来说，最终目的是要根据当时现场情况进行控制，所以，计算机还应该发出信号送到控制目标。但是，计算机使用的都是数字量，为此，需要把它们转换成模拟电流或模拟电压，这就是本章讲解的 D/A 转换技术。

可见，D/A 转换是 A/D 转换的逆过程。这两个互逆的转换过程通常出现在一个控制系统中。图 10.1 表示一个实时控制系统的各个环节，从图中可看到 A/D 转换器和 D/A 转换器在控制系统中的位置和作用。图中，在 A/D 转换器前面加了一级运算放大器（简称运放），这是因为传感器一般不能提供足够的模拟信号幅度。同样，D/A 转换器的输出信号通常也不足以驱动执行部件，所以，要在 D/A 转换器和执行部件之间加入一级功率放大器（简称功放）。

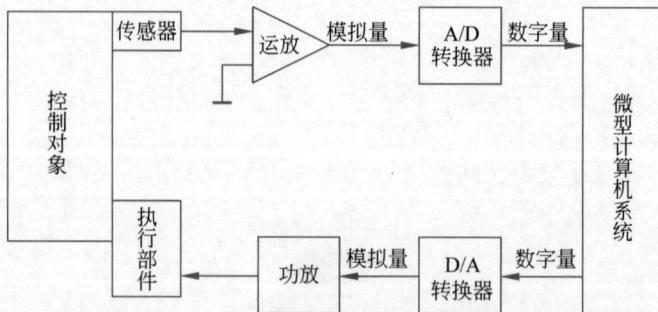

图 10.1 一个包含 A/D 和 D/A 转换环节的实时控制系统

如果图 10.1 所示的闭环实时控制系统中去掉执行部件和 D/A 转换及功放环节，那么就成了一个将现场模拟信号转换为数字信号、并送计算机进行处理的系统，这样的系统实际上就是测量系统。

另一种情况下，如果只有计算机、D/A 转换器、功放和执行部件，那么就成了一个程序控制系统。

10.2 数/模(D/A)转换器

10.2.1 D/A 转换的原理

数字量是由一位一位的数字构成的,每位数字都对应一定的权。例如,10000001B,最高位的权是 $2^7=128$,所以此位上的代码 1 表示数值 1×128,最低位的权是 $2^0=1$,此位上的代码 1 表示数值 1,其他位均为 0,这样,二进制数 10000001 就是十进制数 129。

为了把一个数字量变成模拟量,必须把每位上的代码按照权转换为对应的模拟量,再把各模拟量相加,这样,得到的总的模拟量便对应于给定的数据。

在集成电路中,常用 T 型网络实现数字量往模拟电流的转换,再用运算放大器来完成模拟电流到模拟电压的转换。所以,要把一个数字量转换为模拟电压,实际上需要两个环节:即先把数字量转换为模拟电流,这由 D/A 转换器完成;再将模拟电流转换为模拟电压,这由运算放大器完成。有些 D/A 转换芯片只包含前一个环节,有些 D/A 转换芯片则包含两个环节。用前一种芯片时,要外接运算放大器才能得到模拟电压。

为了说明 D/A 转换的原理,先扼要地复习一下运算放大器的工作特点和原理,再讲述 T 型电阻网络的工作原理。

1. 运算放大器的工作特点和原理

运算放大器有如下 3 个特点。

(1) 开环放大倍数非常高,一般为几千,有些甚至达到十万。所以,正常情况下,运算放大器所需要的输入电压非常小。

(2) 输入阻抗非常大,所以,运算放大器工作时,输入端相当于一个很小的电压加在一个很大的输入阻抗上,这样,输入电流也极小。

(3) 输出阻抗很小,所以,它的驱动能力非常大。

运算放大器有两个输入端:一个和输出端同相,称为同相端,用“+”号表示;另一个和输出端反相,称为反相端,用“−”号表示。

如图 10.2(a)所示,在同相端接地时,用反相端作为输入端,由于输入电压 V_i 十分小,即输入点的电位和地的电位差不多,所以,可认为输入端和地之间近似短路;另一方面,输入电流也非常小,这说明又不是真的和地短路。一般把这种输入电压近似为 0、输入电流也近似为 0 的特殊情况称为虚地。虚地的概念是分析运算放大器工作情况的基础。

图 10.2(b)中,输入端有一个电阻 R_i,输出端和输入端之间有一个反馈电阻 R_o。由于运算放大器的 G 点为虚地,所以,输入电流

$$I_i = \frac{V_i}{R_i}$$

又由于运算放大器的输入阻抗极大,所以,认为流入运算放大器的电流几乎是 0,这样,也就可认为输入电流 I_i 全部流过 R_o 了,而 R_o 一端为输出端,一端为虚地,因此,R_o 上的电压降也就是输出电压 V_o,即

$$V_o = -R_o \cdot I_i = -R_o \frac{V_i}{R_i}$$

由此可求得带有反馈电阻的运算放大器的放大倍数为

$$\frac{V_o}{V_i} = -\frac{R_o}{R_i}$$

如图 10.2(c) 所示,对于输入端具有 4 个支路的运算放大器来说,输出电压为

$$V_o = -(I_1 + I_2 + I_3 + I_4) \cdot R_o$$

以此类推,对于输入端具有 n 个支路的运算放大器来说,输出电压为 n 个支路电流的和与反馈电阻的乘积。

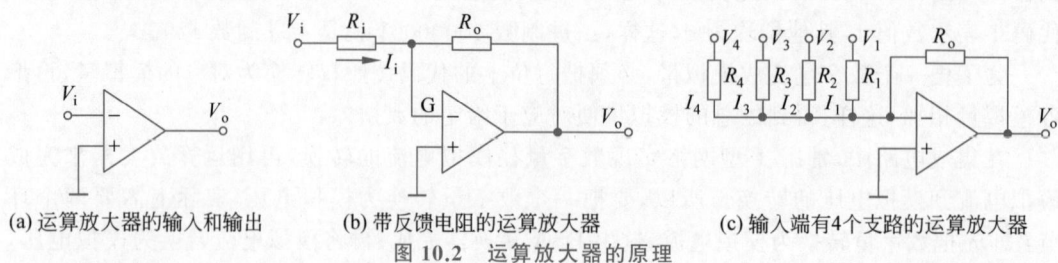

(a) 运算放大器的输入和输出　　(b) 带反馈电阻的运算放大器　　(c) 输入端有4个支路的运算放大器

图 10.2　运算放大器的原理

2. 由并联电阻和运算放大器构成的 D/A 转换器

利用运算放大器各输入电流相加的原理,可以如图 10.3(a) 所示构成一个最简单的 D/A 转换器。

图 10.3(a) 中,V_{REF} 是一个有足够精度的标准电源,运算放大器输入端的各支路对应于待转换数据的第 0 位、第 1 位、……、第 n 位。支路中的开关由对应的位来控制,如为 1,则对应的开关闭合;如为 0,则对应的开关打开。各输入支路中的电阻分别为 R、$2R$、$4R$……这些电阻称为权电阻。

设现在输入端有 4 个支路,从 4 个开关全部断开到全部闭合,运算放大器可得到 16 种不同的电流输入。这就是说,可把 0000~1111 转换成大小不同的电流,从而可在运算放大器输出端得到大小不同的电压。如果由数字 0000 每次增 1,一直变化到 1111,那么,就可得到一个阶梯波电压,如图 10.3(b) 所示。

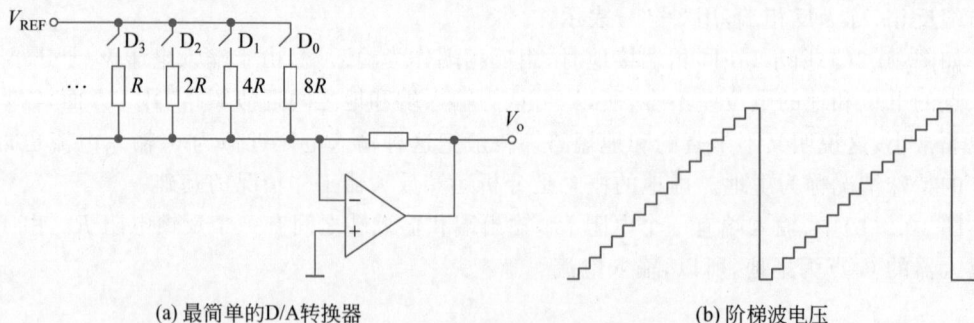

(a) 最简单的D/A转换器　　　　　　　　　　(b) 阶梯波电压

图 10.3　最简单的 D/A 转换器和阶梯波电压

3. T 型权电阻网络

从图 10.3(a) 中可见到,在 D/A 转换时,如果采用独立的权电阻,那么,对于一个 8 位的 D/A 转换器,需要 R、$2R$、$4R$、……、$128R$ 等共 8 个阻值互不相同的电阻,而这些电阻的误差要求又比较高,这样,工艺上实现起来很困难。所以,n 个并联输入支路的方案不实用。

在集成电路中,如图 10.4 所示,常用 T 型电阻网络来代替权电阻支路,采用 T 型网络

时,整个网络只需要 R 和 $2R$ 两种电阻。

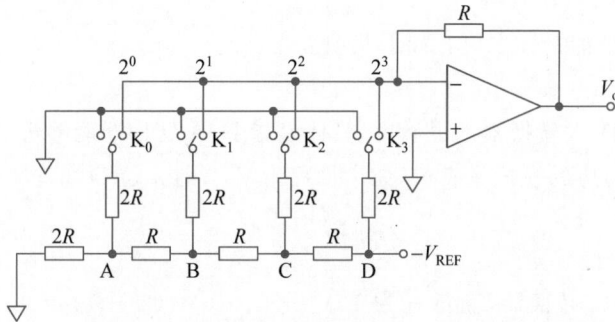

图 10.4 采用 T 型电阻网络的 D/A 转换器

从图 10.4 中可看到,一个支路中,如果开关倒向左边,那么,支路中的电阻就接到真正的地,如果开关倒向右边,那么,电阻就接到虚地。所以,不管开关倒向哪一边,都可认为是接"地"。不过,只有开关倒向右边时,才能给运算放大器输入端提供电流。

T 型电阻网络中,节点 A 的左边为两个 $2R$ 的电阻并联,它们的等效电阻为 R,节点 B 左边也是两个 $2R$ 的电阻并联,结果等效电阻也是 R……,以此类推,最后,在 D 点等效于一个数值为 R 的电阻连在参考电压 $-V_{REF}$ 上。这样,就很容易算出,C 点、B 点和 A 点的电位分别为 $-\dfrac{V_{REF}}{2}$、$-\dfrac{V_{REF}}{4}$ 和 $-\dfrac{V_{REF}}{8}$。

在分析了电阻网络的特点和节点电位以后,再来看各支路的电流值。

当开关 K_3 倒向右边时,运算放大器得到的输入电流为 $-\dfrac{V_{REF}}{2R}$。

当开关 K_2 倒向右边时,运算放大器得到的输入电流为 $-\dfrac{V_{REF}}{4R}$。

同样可算出,K_1、K_0 倒向右边时,输入电流分别为 $-\dfrac{V_{REF}}{8R}$ 和 $-\dfrac{V_{REF}}{16R}$。

让开关 K_3、K_2、K_1、K_0 各对应 1 位二进制数,当二进制数为 1111B 时,流入运算放大器的电流为

$$
\begin{aligned}
I &= -\frac{V_{REF}}{2R} - \frac{V_{REF}}{4R} - \frac{V_{REF}}{8R} - \frac{V_{REF}}{16R} \\
&= -\frac{V_{REF}}{2R}\left(1 + \frac{1}{2} + \frac{1}{4} + \frac{1}{8}\right) \\
&= -\frac{V_{REF}}{2R}\left(1 + \frac{1}{2^1} + \frac{1}{2^2} + \frac{1}{2^3}\right)
\end{aligned}
$$

相应的输出电压

$$
V_o = -I \cdot R_o = -\frac{V_{REF}}{2R} \cdot R_o\left(\frac{1}{2^0} + \frac{1}{2^1} + \frac{1}{2^2} + \frac{1}{2^3}\right)
$$

上式圆括号中的 4 项分别对应于 2^3、2^2、2^1 和 2^0。由此可见,输出电压和输入的二进制数有关,从而可以将数字量转换成相应的模拟量。

10.2.2 D/A 转换器的指标

D/A 转换器的性能指标主要有如下几项。

1. 分辨率

分辨率反映了 D/A 转换器的灵敏度,具体是指 D/A 转换器能够辨别的最小电压增量,通常用最低有效位对应的模拟量表示,如满量程为 V_{FS},则 n 位 D/A 转换器

$$分辨率 = \frac{V_{FS}}{2^n - 1}$$

例如,8 位的 D/A 转换器,满量程为 10V,那么,$10V/(2^8-1) = 39.2mV$,则称此 D/A 转换器的分辨率为 39.2mV。

显然,位数越多,分辨率越好,所以,也有时用位数来表示分辨率,如称这个 A/D 转换器的分辨率为 8 位。

2. 转换精度

转换精度又分为绝对转换精度和相对转换精度。

绝对转换精度表示输出电压接近理想值的程度。用数字量的最低有效位(least significant bit,LSB)的一半来表示,即用 $\pm \frac{1}{2}LSB = \pm \frac{1}{2} \times \frac{1}{2^n} = \pm \frac{1}{2^{n+1}}$ 表示。例如,8 位的 D/A 转换器的转换精度为 $\pm \frac{1}{2} \times \frac{1}{256} = \pm \frac{1}{512}$。

相对转换精度是更加常用的描述输出电压接近理想值程度的物理量,用绝对转换精度相对于满量程输出的电压值表示。例如,一个 D/A 转换器满量程为 V_{FS},绝对转换精度为 $\pm \frac{1}{2^{n+1}}$,则相对转换精度 $\pm \frac{V_{FS}}{2^{n+1}}$。

3. 转换速率和建立时间

转换速率是指模拟输出电压的变化速度,单位为 V/μs。建立时间是指从输入数字量开始到 D/A 转换完成的时间。很显然,建立时间越长,转换速率越低。

4. 线性误差

在 D/A 转换时,两个相邻数据之间的差是 1,假如数据连续转换,那么输出的模拟电压应该是线性的。但是,实际上输出特性不是理想线性的。一般把偏离理想转换特性的最大值称为线性误差。显然,线性误差和转换精度有相关性。

线性误差用模拟量和理想值的最大差值折合成的数字输入量表示。例如,一个 D/A 转换器的线性误差小于 1LSB,另一个 D/A 转换器的线性误差小于 1/2LSB,则后者的线性误差小,即线性好。

10.2.3 D/A 转换器 DAC0832 的工作方式和应用

D/A 转换器是集成电路芯片。例如,有 8 位芯片,也有 16 位芯片;既有电流输出的芯片,也有电压输出的芯片。

DAC0832 是典型的 D/A 转换器,下面,以此为具体对象来介绍 D/A 转换器的工作原

理和使用方法。

1. DAC0832 的功能结构

图 10.5 是 DAC0832 的功能示意图。DAC0832 内部有一个 T 型电阻网络，用来实现 D/A 转换，它需要外接运算放大器，才能得到模拟电压输出。从图 10.5 中可见到，在 DAC0832 内部有两级锁存器：第一级锁存器称为输入寄存器，它的锁存信号为 ILE；第二级锁存器称为 DAC 寄存器，它的锁存信号为 $\overline{\text{XFER}}$。因为有两级锁存器，所以，DAC0832 可工作在两级锁存方式，在输出模拟信号的同时可采集下一个数字，有效地提高转换速度。另外，有了两级锁存器以后，在多个 D/A 转换器并行工作时，可利用第二级锁存器的锁存信号来实现多个转换器的同时输出。

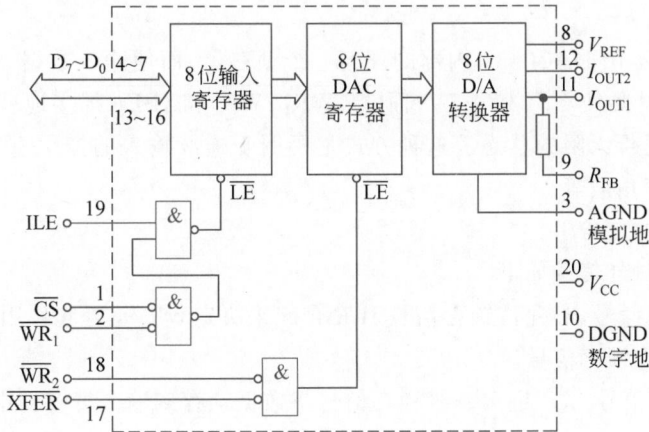

图 10.5　DAC0832 的功能示意图

图 10.5 中，当 ILE 为高电平、$\overline{\text{CS}}$和$\overline{\text{WR}}_1$为低电平时，$\overline{\text{LE}}$为低电平，这种情况下，数据被锁存到输入寄存器中。

对第二级锁存器来说，$\overline{\text{XFER}}$和$\overline{\text{WR}}_2$同时为低电平时，$\overline{\text{LE}}$为低电平，于是，将输入寄存器的信息锁存到 DAC 寄存器中。

2. DAC0832 的工作方式

按照对两级锁存器的使用情况，DAC0832 有 3 种工作方式，即两级锁存方式、一级锁存方式和无锁存方式。锁存也相当于控制作用，所以，无锁存方式时，数据可以"畅通无阻"地到达 D/A 转换器，而两级锁存方式下，则受到两级控制。

1）两级锁存方式

用这种方式时，两级锁存器都用上，此时，ILE 接＋5V 电源，$\overline{\text{WR}}_1$ 和 $\overline{\text{WR}}_2$ 一起接 CPU 的写信号端，$\overline{\text{CS}}$和$\overline{\text{XFER}}$接两个片选译码信号。这样，需要 CPU 执行两条输出指令来完成一次 D/A 转换，第一条指令针对$\overline{\text{CS}}$对应的端口执行的写操作，产生$\overline{\text{CS}}$和$\overline{\text{WR}}_1$信号，使第一级锁存器即 8 位输入寄存器的锁存信号$\overline{\text{LE}}$有效，数据受到第一级锁存，但没有进入第二级锁存器。第二条输出指令针对$\overline{\text{XFER}}$对应的端口执行的写操作，使$\overline{\text{XFER}}$和$\overline{\text{WR}}_2$有效，第二级锁存器即 8 位 DAC 寄存器有效，数据进入第二级锁存器，并使 8 位 D/A 转换器获得输入，从而进行 D/A 转换，在 D/A 转换器的 I_{OUT1} 和 I_{OUT2} 端输出模拟信号。

2）一级锁存方式

用这种方式时，只有一个锁存器起作用，另一个锁存器不受控制，数据可以直接通过。

如果用第一级锁存器，则将$\overline{WR_2}$和$\overline{XFER}$接地，使第二级锁存器处于"畅通无阻"的状态，再将 ILE 接+5V，当 CPU 执行输出指令时，$\overline{CS}$和$\overline{WR_1}$有效，数据锁存到第一级锁存器，并立刻通过第二级锁存器，到达 D/A 转换器进行 D/A 转换，在输出端得到模拟信号。

如果用第二级锁存器，则将$\overline{CS}$、$\overline{WR_1}$接地，ILE 接 5V，这样，第一级锁存器处于畅通无阻的状态。当 CPU 执行输出指令时，使$\overline{XFER}$和$\overline{WR_2}$有效，所以，数据从第一级锁存器直接到达第二级锁存器输入端，又由于第二级锁存信号LE有效而出现在输出端即 D/A 转换器输入端，马上进行 D/A 转换，得到模拟信号。

3）无锁存方式

使用中，也可不用 DAC0832 内部的任何一个锁存器，而使输入数据一出现就立刻到达 D/A 转换器。这只要使 ILE 接+5V、而$\overline{CS}$、$\overline{WR_1}$、$\overline{WR_2}$和$\overline{XFER}$都接地就可以了，此时，两级锁存器均处于通行无阻的状态。这种方式主要用于连续输入的产生重复变化的波形，如锯齿波、正弦波、三角波等。

3. DAC0832 的信号

DAC0832 的对外信号如下。

（1）$\overline{CS}$：片选信号，和允许锁存信号 ILE 合起来决定$\overline{WR_1}$是否起作用。

（2）ILE：允许锁存信号。

（3）$\overline{WR_1}$：写信号1，产生第一级锁存信号将数据锁存到输入寄存器中。

（4）$\overline{WR_2}$：写信号2，将数据在8位 DAC 寄存器中作锁存，此时，$\overline{XFER}$必须有效。

（5）$\overline{XFER}$：传送控制信号，用来控制$\overline{WR_2}$。

（6）$DI_7 \sim DI_0$：数据输入端。

（7）I_{OUT1}和I_{OUT2}：模拟电流输出端，当 DAC 寄存器中全为1时，I_{OUT1}最大，当 DAC 寄存器中全为0时，I_{OUT1}为0，但 $I_{OUT1} + I_{OUT2} =$常数。

（8）R_{FB}：反馈电阻引出端，DAC0832 内部已经有反馈电阻，使用时，可将 R_{FB}端接到外部运算放大器的输出端，这样，相当于将一个反馈电阻接在运算放大器的输入端和输出端之间。

（9）V_{REF}：参考电压输入端，此端可接一个正电压，也可接负电压，范围为$-10 \sim +10V$。V_{REF}与 T 型电阻网络相连。

（10）V_{CC}：芯片供电电压，范围为$+5 \sim +15V$。

（11）AGND：模拟量地，即模拟电路接地端。

（12）DGND：数字量地，即数字电路接地端。

4. DAC0832 的使用

图 10.6 是 DAC0832 利用第一级锁存器作一级锁存的外部连接图。$\overline{WR_1}$和$\overline{CS}$信号在 CPU 执行输出指令时处于有效电平。

下面是用 DAC0832 实现一次 D/A 转换的程序段，程序中假设要转换的数据放在1000H 单元。

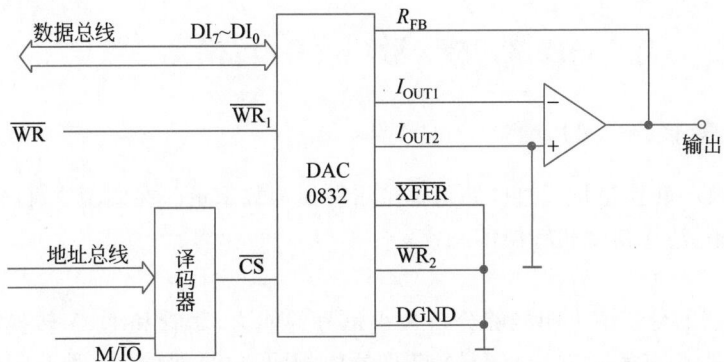

图 10.6 DAC0832 的外部连接

AAA:	MOV	BX,1000H	
	MOV	AL,[BX]	;数据送 AL 中
	MOV	DX,PORTA	;PORTA 为 DAC0832 的端口地址
	OUT	DX,AL	

在实际应用中,经常需要用一个线性增长的电压去控制某一个检测过程或者作为扫描电压去控制一个电子束的移动。对于图 10.6 的电路,执行下面的程序时,就可产生一个锯齿电压。

	MOV	DX,PORTA	;PORTA 为 D/A 转换器端口地址
	MOV	AL,0FFH	;初值为 0FFH
ROTATE:	INC	AL	
	OUT	DX,AL	;往 D/A 转换器输出数据
	JMP	ROTATE	

实际上,上面程序在执行时得到的输出电压会有 256 个小台阶,不过,从宏观看,仍为连续上升的锯齿波。对于锯齿波的周期,可利用延迟进行调整。延迟的时间如果比较短,那么,就可用几条 NOP 指令来实现,如果比较长,则可用延迟子程序。例如,下面的程序段利用延迟子程序来控制锯齿波周期。

	MOV	DX,PORTA	;PORTA 为 D/A 转换器端口地址
	MOV	AL,0FFH	;初值
ROTATE:	INC	AL	
	OUT	DX,AL	;往 D/A 转换器输出数据
	MOV	CX,DATA	;往 CX 中送延迟常数
	CALL	DELAY	;调用延迟子程序
	JMP	ROTATE	
DELAY:	LOOP	DELAY	
	RET		

如果需要一个负向的锯齿波,那么,只要将指令 INC AL 改成 DEC AL 就可以了。

· 303 ·

10.3 模/数(A/D)转换器

10.3.1 A/D转换涉及的参数

模/数（A/D）转换是指通过电路将模拟量转换为数字量。在实现 A/D 转换时,最主要的参数是分辨率、转换精度和转换率。

1. 分辨率

A/D 转换器的分辨率表明能够分辨最小信号的能力,尽管和 D/A 转换器的分辨率对应的含义有区别,但其表示方法与 D/A 转换器中相同,也是两种:一种是用转换成输出数字量的位数来表示,对于一个实现 N 位转换的 A/D 转换器来说,其分辨率就是 N 位;另一种是用满量程和位数合起来表示,A/D 转换器的位数为 n,而满量程为 V_{FS},则分辨率为 $\frac{V_{FS}}{2^n-1}$。

例如,对于一个 8 位的 A/D 转换器,如果满量程为 5V,则可称它的分辨率为 8 位,也可称它的分辨率为 $\frac{5V}{2^8-1}=0.0196V=19.6mV$。

2. 转换精度

由于模拟量是连续的,而数字量是离散的,所以,一般是某个范围中的模拟量对应于某一个数字量。这就是说,在 A/D 转换时,模拟量和数字量之间并不是一一对应的关系。例如,有一个 A/D 转换器,从理论上,模拟量 5V 电压对应数字量 800H,但是,实际上 4.997V、4.998V、4.999V 也对应数字量 800H。这样,就有一个转换精度问题。

转换精度反映了 A/D 转换器的实际值接近理想值的精确程度,通常用数字量的最低有效位(LSB)来表示。设数字量的最低有效位对应于模拟量 Δ,这时称 Δ 为数字量的最低有效位的当量。

如果模拟量在 $\pm\frac{\Delta}{2}$ 的范围内都产生相对应的唯一的数字量,那么,这个 A/D 转换器的精度为 $\pm 0LSB$。

如果模拟量在 $+\frac{3\Delta}{4}$ 到 $-\frac{3\Delta}{4}$ 的范围内都产生相同的数字量,那么,这个 A/D 转换器的精度为 $\pm\left(\frac{1}{4}\right)LSB$。这是因为和精度为 $\pm 0LSB\left(误差范围为\pm\frac{\Delta}{2}\right)$ 的 A/D 转换器相比,现在这个 A/D 转换器的误差范围扩展了 $\pm\left(\frac{1}{4}\right)\Delta$。

类似的道理,如果模拟量在 $+\Delta$ 到 $-\Delta$ 的范围内都产生相同的数字量,那么,这个 A/D 转换器的精度为 $\pm\left(\frac{1}{2}\right)LSB$。因为和精度为 $\pm 0LSB$ 的 A/D 转换器相比,现在模拟量的允许误差范围扩展了 $\pm\left(\frac{1}{2}\right)\Delta$。

3. 转换率

转换率的概念比较简单,它是用完成一次 A/D 转换所需要的时间的倒数来表示的,所以,转换率表明了 A/D 转换的速度。例如,完成一次 A/D 转换所需要的时间是 200ns,那么,转换率为 5MHz。

10.3.2 A/D 转换的方法和原理

实现 A/D 转换的方法比较多,常见的有计数法、双积分法和逐次逼近法。

1. 计数式 A/D 转换

计数式 A/D 转换由计数器和运算放大器配合 D/A 转换器完成工作,其原理如图 10.7 所示。其中,V_i 是模拟输入电压,$D_7 \sim D_0$ 是数字输出,数字输出量又同时驱动一个 D/A 转换器,D/A 转换器的输出电压为 V_o,当 $C = 1$ 时,计数器从 0 开始计数,$C = 0$ 时,则停止计数。

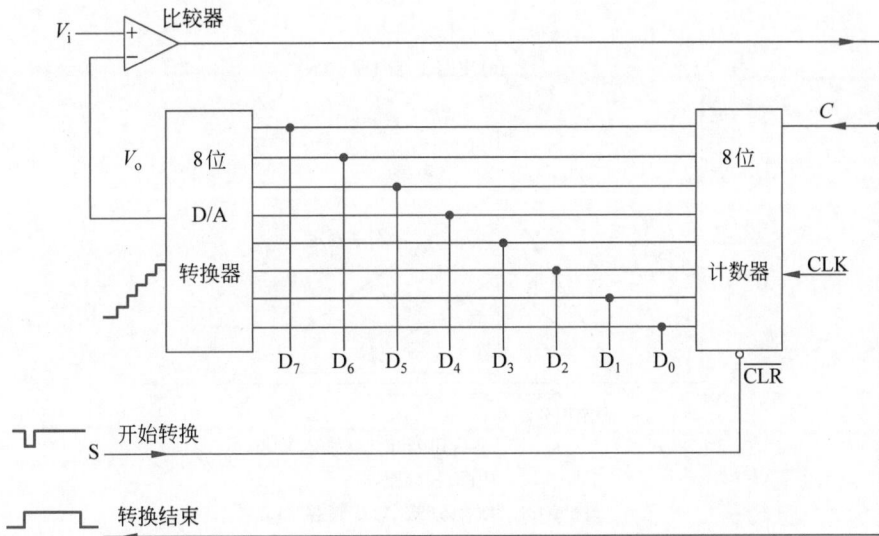

图 10.7　计数式 A/D 转换

现在要求把输入电压 V_i 转换为数字量。具体工作过程如下:首先启动信号 S 由高电平变为低电平,使计数器清 0,当启动信号恢复为高电平时,计数器准备计数。开始,D/A 转换器的输出电压 V_o 为 0,此时,运算放大器在同相端的输入电压作用下,输出高电平,从而使计数信号 C 为 1。于是,计数器开始计数,D/A 转换器输入端获得的数字量不断增加,使输出电压 V_o 不断上升。在 V_o 小于 V_i 时,运算放大器的输出总是保持高电平。

当 V_o 上升到某个值时,会出现 V_o 大于 V_i 的情况,这时,运算放大器的输出变为低电平,即 C 为 0。于是,计算器停止计数,这时候的数字输出量 $D_7 \sim D_0$ 就是与模拟输入电压对应的数字量。计数信号 C 的负向跳变即 A/D 转换的结束信号,它用来通知其他电路,当前已完成一次 A/D 转换。

计数式 A/D 转换的缺点是速度慢,特别是模拟电压比较人时,转换速度更慢。设想对于一个 8 位的 A/D 转换器来说,计数器从 0 开始进行计数,如果输入模拟量为最大值,那么,要计到 255 时,才完成转换,这样,相当于需要 255 个计数脉冲周期。很容易算出,对于 12 位的 A/D 转换器来说,最长的转换时间达 4 095 个脉冲周期。

2. 双积分式 A/D 转换

双积分式 A/D 转换的电路原理如图 10.8(a)所示。电路中的主要部件包括积分器、比较器、计数器和标准电压。

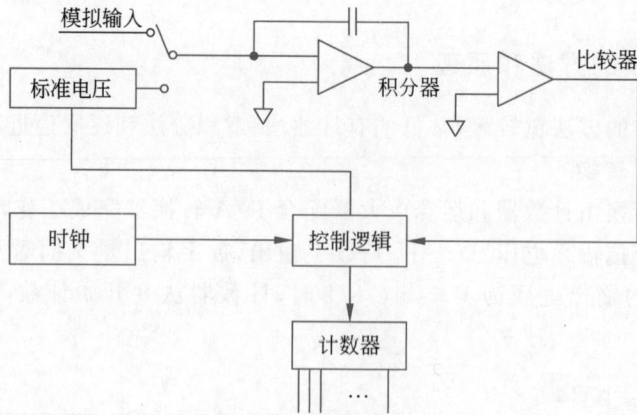

(a) 电路工作原理

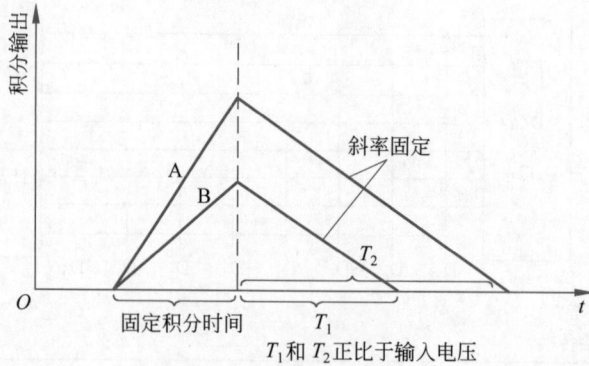

(b) 双积分原理

图 10.8　双积分式 A/D 转换

开始,电路对输入的未知模拟量进行固定时间的积分,然后转换为对标准电压进行反向积分,如图 10.8(b) 所示。反向积分进行到一定时候,便返回起始值。可看出,对标准电压进行反向积分的时间 T 正比于输入模拟电压,输入模拟电压越大,反向积分所需要的时间越长。因此,只要用时钟脉冲测定反向积分花费的时间,就可得到输入模拟电压所对应的数字量,即实现了 A/D 转换。

双积分式 A/D 转换的优点是精度高、干扰小,但是速度较慢。

3. 逐次逼近式 A/D 转换

逐次逼近式 A/D 转换是用得最多的 A/D 转换方法,A/D 转换集成电路芯片通常都用这种方式工作。和计数式 A/D 转换一样,逐次逼近式 A/D 转换也用 D/A 转换器的输出电压来驱动运算放大器的反相端,不同的是,逐次逼近式转换时,用一个逐次逼近寄存器存放转换好的数字量,转换结束时,将数字量送到缓冲寄存器输出,如图 10.9 所示。

当启动信号由高电平变为低电平时,逐次逼近寄存器清 0,这时,D/A 转换器输出电压 $V_{\circ}$ 也为 0,当启动信号变为高电平时,转换开始,同时,逐次逼近寄存器进行计数。

逐次逼近寄存器工作时与普通计数器不同,它不是从低位往高位逐一进行计数和进位,而是从最高位开始,通过设置试探值来进行计数。具体地说,在第一个时钟脉冲时,控制电

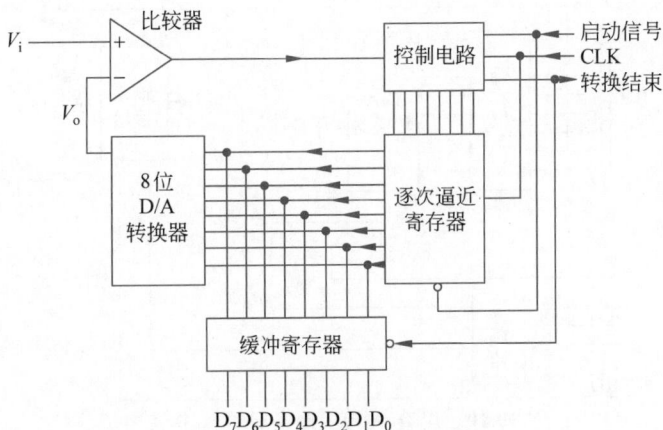
图 10.9　逐次逼近式 A/D 转换

路把最高位送到逐次逼近寄存器,使它的输出为 10000000B,这个输出数字一出现,D/A 转换器的输出电压 V_o 就成为满量程值的 128/255。这时,如果 V_o 大于 V_i,那么,作为比较器的运算放大器的输出就成为低电平,控制电路据此清除逐次逼近寄存器中的最高位;如果 V_o 小于或等于 V_i,则比较器输出高电平,控制电路使最高位的 1 保留下来。

如果最高位被保留下来,那么,逐次逼近寄存器的内容为 10000000B,下一个时钟脉冲使次高位 D_6 为 1。于是,逐次逼近寄存器的值为 11000000B,D/A 转换器的输出电压 V_o 到达满量程值的 (128+64)/255 即 192/255。此后,如果 V_o 大于 V_i,则比较器输出为低电平,从而使次高位 D_6 复位;如果 V_o 小于 V_i,则比较器输出为高电平,从而保留次高位 D_6 为 1。再下一个时钟脉冲对 D_5 位置 1,然后根据对 V_o 和 V_i 的比较,决定保留还是清除 D_5 位上的 1……重复上述过程,直到 $D_0=1$,再与输入电压比较。经过 N 次比较以后,逐次逼近寄存器中得到的值就是转换后的数据。

转换结束以后,控制电路送出一个低电平作为结束信号,这个信号的下降沿将逐次逼近寄存器中的数字量送入缓冲寄存器,从而得到数字量输出。

可以看出,用逐次逼近法时,首先将最高位置 1,这相当于取最大允许电压的 1/2 与输入电压比较,如果搜索值在最大允许电压的 1/2 范围中,那么,最高位置 0,此后,次高位置 1,相当于在 1/2 范围中再作对半搜索。如果搜索值超过最大允许电压的 1/2 范围,那么,最高位和次高位均为 1,这相当于在另外一个 1/2 范围中再作对半搜索……因此,逐次逼近法也常称为二分搜索法或对半搜索法。

用逐次逼近法时,如果设计合理,那么,用 8 个时钟脉冲就可完成 8 位转换,所以,用逐次逼近法进行 A/D 转换的速度很快。

4. 用软件和 D/A 转换器来实现 A/D 转换

从计数式和逐次逼近式进行 A/D 转换的工作原理中,可以看出,A/D 转换功能也可用软件和 D/A 转换器来实现。图 10.10 是一个简单的 A/D 转换电路,除了 D/A 转换器外,电路中还包括一个输入接口、一个比较器和一个锁存器。

下面,按逐次逼近式原理来看看用图 10.10 电路进行 A/D 转换的过程和软件设计方法。

工作时,CPU 通过执行输出指令使最高位 D_7 为 1,此数据经过 D/A 转换,得到模拟电压 V_o,V_o 和转换电压 V_x 送到比较器进行比较,并通过输入指令读取比较结果。如果 V_o 大

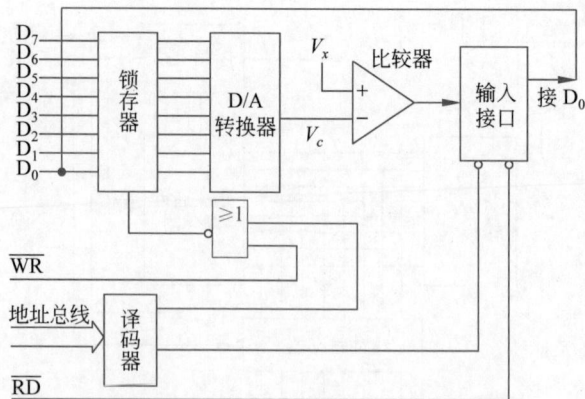

图 10.10 用 D/A 转换器实现的 A/D 转换

于 V_x,则 D_7 清 0,否则 D_7 保持 1。然后,D_6 置 1,并和 D_7 的值一起通过输出指令送锁存器,再进入 D/A 转换器进行转换,并由比较器和 V_x 进行比较,再读取比较结果,修改下一次的值。

例如,要实现 8 位的 A/D 转换,而待转换的一个模拟电压相当于数据量 121,那么,逐次逼近过程如表 10.1 所示。

表 10.1　逐次逼近过程的例子

设定的试探值	比较后的状态和修改方法	和
10000000	太大,故 D_7 改为 0	0
01000000	太小,故 D_6 保持为 1	64
01100000	$64+32=96$,仍太小,故 D_5 保持为 1	96
01110000	$64+32+16=112$,仍太小,故 D_4 保持为 1	112
01111000	$64+32+16+8=120$,仍太小,故 D_3 保持为 1	120
01111100	$64+32+16+8+4=124$,太大,故 D_2 改为 0	120
01111010	$64+32+16+8+2=122$,太大,故 D_1 改为 0	120
01111001	$64+32+16+8+1=121$,正好,故 D_0 保持为 1	121

实现上述逐次逼近过程的程序段如下:

```
START：  XOR    AX,AX          ;累加器清 0
         MOV    BL,80H         ;初值为 80H
         MOV    CX,08H         ;计数初值为 8
AGAIN：  ADD    AL,BL          ;计算试探值
         MOV    BH,AL          ;保留试探值
         OUT    PORTA,AL       ;PORTA 是锁存器的端口地址
         IN     AL,PORTS       ;PORTS 是输入端口的地址,读取状态值
         AND    AL,01          ;只取状态位,而对其他位屏蔽
         JZ     END1           ;如 D₀(状态位)为 0,则说明试探值太小,故保存
                               ;此位并转移
END1：   MOV    AL,BL;
         NOT    AL             ;求反
         AND    AL,BH          ;使这次的试探位为 0
         MOV    BH,AL          ;保存试探值
END1：   ROR    BL,1           ;右移,得到下一个试探值
```

```
        MOV     AL,BH
        LOOP    AGAIN                   ;继续进行试探和测试
        ⋮                               ;后续程序段
```

上述几种 A/D 转换方式中,计数式 A/D 转换的速度比较慢,但价格低,故适用于慢速系统。双积分式 A/D 转换的分辨率高,抗干扰性也比较高,适用于中等速度的系统。逐次逼近式 A/D 转换速度最快,分辨率高,在计算机系统中采用的 A/D 集成电路芯片多数工作于这种方式。用软件和 D/A 芯片实现 A/D 转换的速度比较慢,但省硬件。

10.3.3　A/D 转换器和系统连接时要考虑的问题

随着集成电路的发展,市场上出现过很多种集成电路的 A/D 转换芯片,例如,通用而价廉的 ADC0809 和 AD750,高分辨率的 ADC1210 和 ADC1140,高转换精度的 AD578 和 AD1130 等。它们内部都包含了 D/A 转换器、比较器、逐次逼近寄存器、控制电路和数据输出缓冲器。使用时,只要连接供电电源,将模拟信号加到输入端,往控制端加一个启动信号,A/D 转换器就开始工作。转换结束时,芯片给出结束信号,通知 CPU 此时可读取数据。

不管是哪种型号的 A/D 转换芯片,对外引脚都类似。一般 A/D 转换芯片的引脚涉及这样几类信号:模拟输入信号、数据输出信号、启动转换信号和转换结束信号。A/D 芯片和系统连接时,就要考虑这些信号的连接问题。下面逐一对这些问题进行讨论。

1. 输入模拟电压的连接

A/D 转换芯片的输入模拟电压往往既可以是单端的,也可以是差动的,常用 VIN(−)、VIN(+)或 IN(−)、IN(+)标号注出输入端。如用单端输入的正向信号,则把 VIN(−)接地,信号加到 VIN(+)端;如用单端输入的负向信号,则把 VIN(+)接地,信号加到 VIN(−)端;如用差动输入,则把模拟信号加在 VIN(−)端和 VIN(+)端之间。

2. 数据输出线和系统总线的连接

A/D 转换芯片一般有两种输出方式。

(1) 芯片输出端具有可控的三态输出门,这时,输出端可直接和系统总线相连,转换结束后,CPU 执行一条输入指令,从而产生读信号,将数据从 A/D 转换器取出。

(2) A/D 转换器内部有三态输出门,但这种三态门不受外部控制,而是由 A/D 转换电路在转换结束时自动接通。此外,还有某些 A/D 转换器没有三态输出门电路。这种情况下,A/D 转换芯片的数据输出线就不能直接和系统的数据总线相连,而是必须通过附加的三态门电路实现 A/D 转换器和 CPU 之间的数据传输。

至于 8 位以上的 A/D 转换器和系统连接时,还要考虑 A/D 输出数位和总线数位的对应关系问题。这种情况下,可采用两种方法之一:一种方法是按位对应于数据总线进行连接,CPU 通过对字的输入指令读取 A/D 转换数据;另一种方法是用读/写控制逻辑将数据按字节分时读出,这样,CPU 可分两次读得转换数据。用这两种方法时,当然都要注意 A/D 转换芯片是否有三态输出功能,如果没有可控的三态输出,则需外加三态门。

3. 启动信号的供给

A/D 转换器的启动信号一般有两种形式,即电平启动信号和脉冲启动信号。

有些 A/D 转换芯片要求用电平作为启动信号,对这类芯片,整个转换过程中都必须保证启动信号有效,如果中途撤走启动信号,那就会停止转换而得到错误结果。

另一些 A/D 转换芯片要求用脉冲信号来启动,对这种芯片,通常用 CPU 执行输出指令时发出的片选信号和写信号即可在片内产生启动脉冲,从而开始转换。

4. 转换结束信号以及转换数据的读取

A/D 转换结束时,A/D 转换芯片会输出转换结束信号,通知 CPU 读取转换数据。CPU 一般可采用 4 种方式和 A/D 转换器进行联络来实现对转换数据的读取。

(1) 程序查询方式。这种方式就是在启动 A/D 转换器以后,程序不断读取 A/D 转换结束信号,如发现结束信号有效,则认为完成一次转换,因而用输入指令读取数据。

(2) 中断方式。此时,把转换结束信号作为中断请求信号,送到中断控制器的中断请求输入端。实际上,一些 A/D 转换芯片正是用 $\overline{INTR}$ 来标出转换结束信号端的。

(3) CPU 等待方式。这种方式利用 CPU 的 READY 引脚的功能,设法在 A/D 转换期间使 READY 处于低电平,以使 CPU 停止工作,转换结束时,则使 READY 成为高电平,从而 CPU 读取转换数据。

(4) 固定的延迟程序方式。用这种方式时,要预先精确地知道完成一次 A/D 转换所需时间。这样,CPU 发出启动命令之后,执行一个固定的延迟程序,此程序执行完时,A/D 转换也正好结束,于是,CPU 读取数据。

如果 A/D 转换的时间比较长,或者同时有几件事情需要 CPU 处理,那么,用中断方式效率较高,因为在 A/D 转换期间,CPU 可处理其他事情。但是,如果 A/D 转换时间比较短,中断方式就失去了优越性,因为响应中断、保留现场、恢复现场、退出中断这一系列环节所花去的时间将和 A/D 转换的时间相当,所以,此时可用 3 种非中断方式之一来实现转换数据的读取。

5. 模拟电路和数字电路的接地问题

在使用 A/D 转换芯片(D/A 转换芯片也一样)时,必须正确处理地线的连接问题。在数字量和模拟量并存的系统中,有模拟电路芯片和数字电路芯片。像 A/D 转换器和 D/A 转换器内部主要是模拟电路,运算放大器内部则完全是模拟电路,它们属于模拟电路芯片。而 CPU、锁存器、译码器则属于数字电路芯片。这两类芯片要用两组独立的电源供电。并且,一方面要把各个"模拟地"连在一起,而把各个"数字地"连在一起,要注意,两种"地"不能彼此相混地连接在一起;另一方面,整个系统中要用一个共地点把模拟地和数字地连起来,以免造成回路引起数字信号通过数字地线干扰模拟信号。图 10.11 表示了这种连接方法。

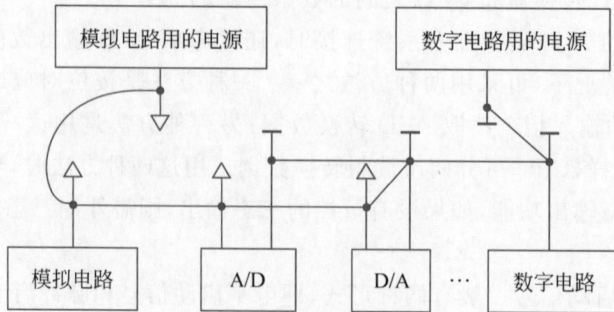

图 10.11 地线的连接方法

10.3.4　A/D 转换器 ADC0809 以及用中断方式读取转换结果

1. ADC0809 的功能结构

ADC0809 是典型的 8 位 A/D 转换器,采用逐次逼近式进行 A/D 转换,如图 10.12 所示,ADC0809 由 D/A 转换器、逐次逼近寄存器、比较器和其他附加部件组成,内部带有三态输出门。它可以连接 8 路模拟输入,实现分时的 8 路 A/D 转换。

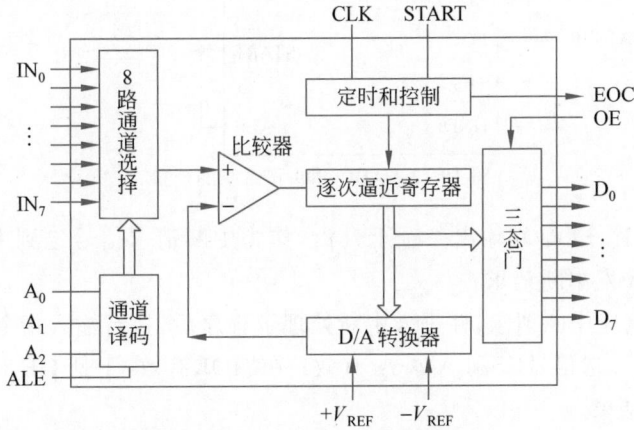

图 10.12　ADC0809 的功能结构

2. ADC0809 的对外信号

(1) $IN_7 \sim IN_0$:8 路模拟量输入。

(2) $D_7 \sim D_0$:数字量输出。

(3) EOC:A/D 转换的结束信号。它是一个上升沿跳变,可作为中断请求信号。

(4) $A_2 \sim A_0$:对应 8 路模拟输入的端口选择信号。如 $A_2 A_1 A_0 = 111$ 时,选择 IN_7。

(5) $+V_{REF}$ 和 $-V_{REF}$:参考电压。$+V_{REF}$ 通常接 +5V,$-V_{REF}$ 通常接地。

(6) CLK:时钟信号。

(7) ALE:地址锁存信号。用上升沿跳变来选择模拟信号的 8 个通道之一。

(8) START:A/D 转换启动信号。常将 START 和 ALE 相连,从而在选定某一路模拟信号输入的同时启动 A/D 转换。

(9) OE:输出允许信号。

3. ADC0809 在系统中的连接和中断方式读取转换结果

图 10.13 表示了 ADC0809 在系统中采用中断方式读取转换数据的连接。数据输出端 $D_7 \sim D_0$ 直接和系统总线相连,端口选择信号 $A_2 \sim A_0$ 接地址线,通过软件配合可从 $IN_7 \sim IN_0$ 选择某一路模拟量输入,START 和 ALE 相连,当片选译码信号和写信号有效时,这两个信号均有效,从而针对某一路输入启动 A/D 转换。转换结束信号 EOC 连接 8259A 的中断请求信号输入端 IR_4。

片选信号 $\overline{CS}$ 和端口选择信号 $A_2 \sim A_0$ 联合起来对应端口地址。设 8 路模拟输入端口地址为 70H ~ 77H。一个从 IN_2 进入的模拟量的 A/D 转换过程按如下步骤完成。

(1) 当执行"OUT 72H,AL"指令时,就相当于发出写信号 $\overline{IOW}$,并使 $A_2 \sim A_0$ 为 010,且使片选信号 $\overline{CS}$ 有效,这样,START 和 ALE 有效,于是,启动 A/D 转换。

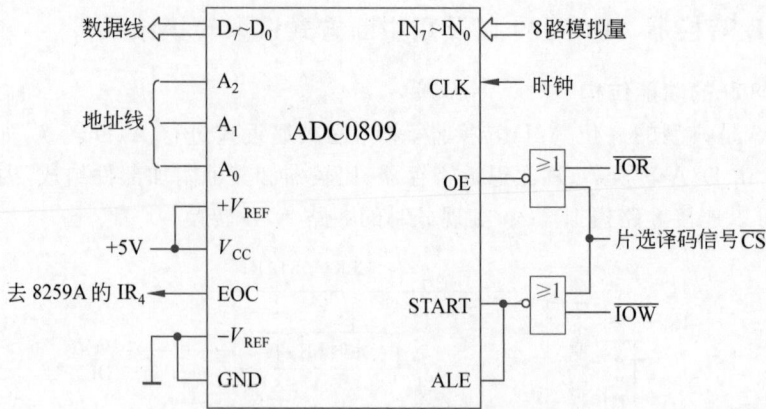

图 10.13　ADC0809 和系统的连接

（2）转换结束时，EOC 端输出一个上升沿，作为中断请求信号送到中断控制器 8259A 的 IR_4，通过 8259A 发中断请求。

（3）当 CPU 响应中断请求，并进入中断处理子程序后，执行输入指令"IN AL,72H"进行读操作，此时，使片选信号 $\overline{CS}$ 和 $A_2 \sim A_0$ 有效，并使 $\overline{IOR}$ 有效，于是 OE 有效，CPU 从 $D_7 \sim D_0$ 读取 A/D 转换结果。

从上可见，采用中断方式时，程序非常简单。主程序中，只要一条输出指令即可启动 A/D 转换。如果端口号为 PORTAD，则在指令"OUT PORTAD,AL"执行后，A/D 转换器便开始转换。这条输出指令中，寄存器 AL 预先放什么内容无关紧要，执行这条指令的目的是为了得到有效的片选信号和写信号，使 A/D 转换受到启动。此后，便开始 A/D 转换过程。转换结束时，在 EOC(有的 A/D 芯片用 INTR)端输出一个转换结束信号，此信号产生中断请求，CPU 响应中断后，便转去执行中断处理程序。中断处理程序中的主要指令是输入指令"IN AL,PORTAD"，它用来读取转换结果，在这条指令执行时，片选信号和读信号有效，从而 CPU 获得转换数据。

10.3.5　A/D 转换器 AD570 以及用查询或等待方式读取转换结果

本节以 AD570 为具体对象来说明怎样通过查询方式或等待方式获得 A/D 转换结果。

AD570 内部带有三态输出门，但不是外部可控的。A/D 转换结束时，三态门会自动接通。因此，从转换结束到取走数据这段时间内，输出数据线始终被占据，这样，AD570 就不能直接和系统总线相连。

AD570 的输入模拟电压可为单极性，也可为双极性，极性可通过标为 BIPOLAR OFF 的 15 脚的不同接法来选择。当 15 脚接地时，为单极性输入，此时，输入模拟电压变化范围为 0 ～ +10V；如 15 脚悬空，则为双极性输入，变化范围为 -5 ～ +5V。

AD570 要求用低电平作为启动信号，启动信号输入端称为 B/$\overline{C}$(BLK/$\overline{CONV}$)。

转换结束信号为 $\overline{DR}$(DATA READY)，每完成一次转换，芯片在 DR 引脚输出一个低电平，以通知 CPU 可取走转换数据。

1. 查询方式读取 A/D 转换结果

图 10.14 是 CPU 工作于查询方式时 AD570 和系统总线的连接。

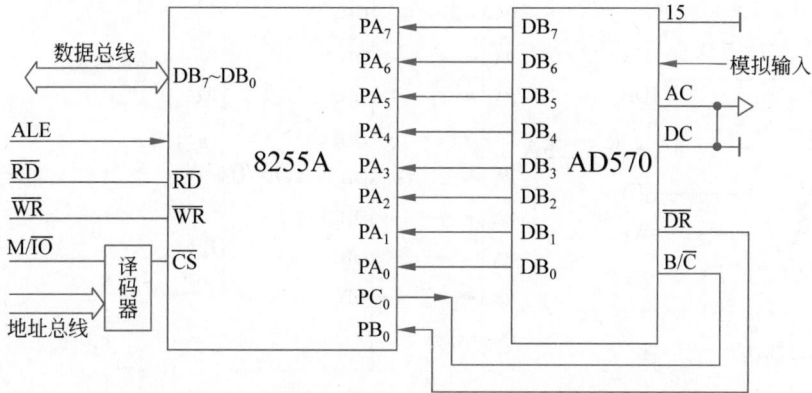

图 10.14　CPU 工作于查询方式时 AD570 和系统总线的连接

从图 10.14 中看到,在 AD570 和系统总线之间连接了并行接口 8255A。8255A 的端口 A 连接 A/D 转换器的数据端,工作在输入方式。端口 B 也工作在输入方式,PB_0 和转换结束信号 $\overline{DR}$ 相连,因此,用程序读取 PB_0 的值并进行判断,便可得知 A/D 转换是否完成。端口 C 工作在输出方式,PC_0 连接 A/D 转换芯片的启动信号端 $B/\overline{C}$。在工作时,CPU 用输出指令将 PC_0 置为 0,这样,使 AD570 的 $B/\overline{C}$ 端得到一个低电平,从而启动转换。此后,用输入指令不断读取端口 B 的数据,并进行测试,以判断 PB_0 是否为 0,如 PB_0 为 0,则说明完成一次 A/D 转换,故 CPU 可从端口 A 读取转换结果,否则继续查询。

下面就是用查询方式读取转换结果的程序段:

READAD:	MOV	AL,92H	;方式字,使端口 A、B 为输入方式,端口 C 为输出方式
	OUT	PORTCT,AL	;PORTCT 为控制端口地址,设方式字
	MOV	AL,01	
	OUT	PORTC,AL	;使 PC_0 为 1,PORTC 为 C 端口地址
	MOV	AL,00	
	OUT	PORTC,AL	;使 PC_0 为 0,启动 A/D 转换
W:	IN	AL,PORTB	;读取端口 B 中的状态
	RCR	AL,01	;如 PB_0 为 1,则再查询
	JC	W	
	MOV	AL,01	
	OUT	PORTC,AL	;使 PC_0 为 1,撤销启动信号
	IN	AL,PORTA	;读取转换数据

2. 等待方式读取 A/D 转换结果

图 10.15 是用 AD570 作为 A/D 转换芯片、CPU 工作于等待方式的电路图。8255A 仍连接在系统总线和 A/D 转换器之间,8255A 的端口 A 工作于输入方式,用来传递转换结果,端口 C 工作于输出方式,用 PC_0 连接 AD570 的启动信号端 $B/\overline{C}$。

在 A/D 转换期间,$B/\overline{C}$ 为低电平,$\overline{DR}$ 为高电平,与非门 1 和与非门 2 使 READY 端处于低电平,这样,CPU 便处于等待状态。A/D 转换结束时,$\overline{DR}$ 端输出低电平作为转换结束信号,于是,READY 成为高电平,这样,CPU 结束等待状态而去读取 A/D 转换结果。

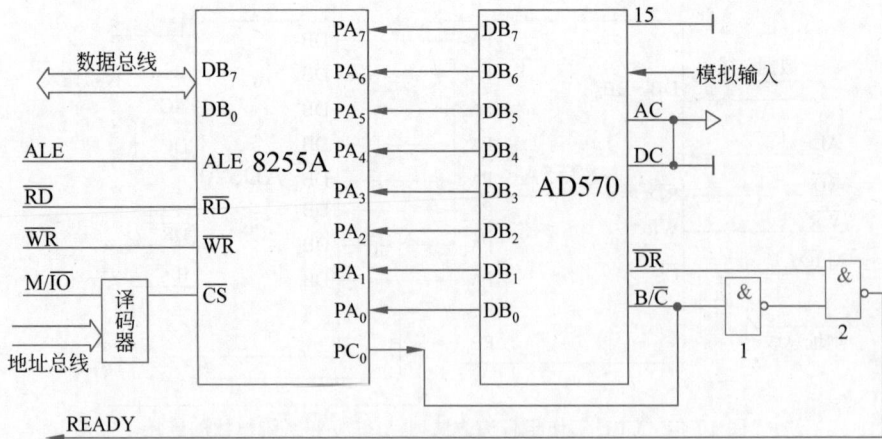

图 10.15   CPU 工作于等待方式时 AD570 和系统的连接

用 CPU 等待方式时,程序设计变得极简单,只要对 8255A 设置方式字、并将 PC$_0$ 置 0 来启动转换后,用一条输入指令读取结果即可。

10.3.6   12 位 A/D 转换器 ADC1210 和系统的连接

本节用 ADC1210 来说明 8 位以上的 A/D 转换器和系统总线的连接。ADC1210 是 12 位的 A/D 转换器,是许多智能化仪器仪表设备中常用的 A/D 转换器。

图 10.16 是 ADC1210 和系统总线的连接。由于 ADC1210 没有三态输出门,所以通过两片外接的三态门 74LS244 将 12 位分辨率的 ADC1210 和总线相连,这里,通过片选信号控制,用两条输入指令分时读取转换数据,先读高 4 位,再读低 8 位。图 10.16 中 RS 触发器的一个输入端加上 A/D 转换启动信号,启动信号由接口电路给出(图 10.16 中未画),RS 触发器的功能是使 $\overline{SC}$ 端进入的芯片启动信号维持到开始 A/D 转换而 $\overline{CC}$ 成为高电平之后,以保证 $\overline{SC}$ 满足宽度要求。

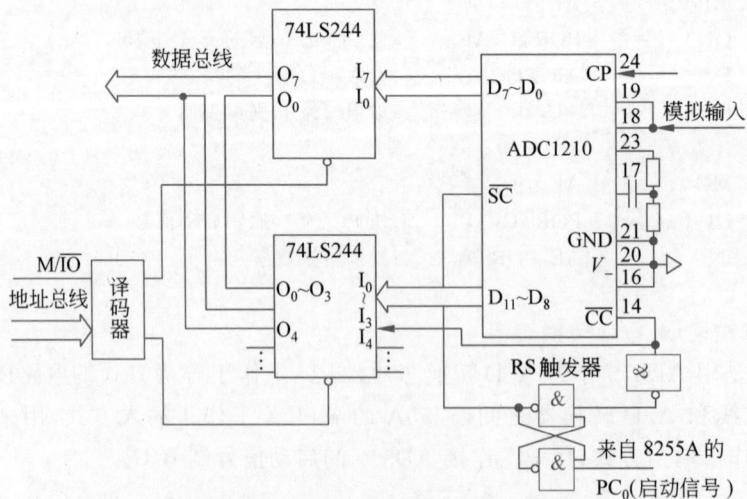

图 10.16   ADC1210 和系统总线的连接

CPU 启动 A/D 转换以后,通过对转换结束信号 $\overline{CC}$ 进行查询来判断转换是否完成,如果$\overline{CC}$端为低电平,则说明完成一次转换,于是,CPU 执行两条输入指令把 12 位的转换结果通过三态门 74LS244 读出。

设启动信号端与 8255A 的 PC_0 相接,对 8255A 已设置好工作方式,C 端口工作于输出方式。下面便是用查询方式读取 A/D 转换数据的程序段,程序段执行后,AX 中为转换结果。

```
START: MOV      AL,01
       OUT      PORTC,AL      ;PORTC 是 8255A 的 C 端口地址,启动 A/D 转换
WAIT1: IN       AL,PORTH      ;读取转换结束信号,PORTH 为高位三态门地址
       MOV      CL,5
       RCR      AH,CL         ;右移 5 次
       JC       WAIT1         ;如为高电平,则继续等待
       IN       AL,PORTH      ;如转换结束,则读取高位数据
       AND      AL,0FH        ;屏蔽高 4 位
       MOV      AH,AL         ;保存转换结果的高 4 位
       IN       AL,PORTL      ;读取低位数据
       ⋮                     ;后续处理
```

上面程序段执行后,AX 中为转换结果。

第 11 章 键盘和鼠标

键盘是微型机系统中不可缺少的部件,用来输入数据、文字和命令。微型机系列键盘在多年发展中,按键的数目有所增加。在 PC/XT 系统中,都采用 83 键的键盘,后来,增加了一个屏幕打印键 Print Screen SysRq,成为 84 键。此后,又增加了用上、下、左、右箭头键表示的光标键和用 F1、F2……表示的功能键,成为含 101 键或 102 键的键盘。后来出现的是含 104 键的键盘,它在 102 键的基础上,又增加了用 Windows 图标表示的"开始"菜单控制键和一个用鼠标指针表示的热键,热键可在 Windows 环境下随时用来弹出快捷菜单。

通常,将 83 键的键盘称为标准键盘,将 84/101/102/104 键盘称为扩展键盘。尽管键盘中的按键数目不断增加,但是,键盘的基本原理相同。

鼠标小巧玲珑,操作方便,是微型机系统的基本配置之一。

本章先讲述键盘技术,并讲述微型机系统中的键盘子系统,然后讲述鼠标的工作原理。

11.1　键盘的基本原理结构

最简单的键盘如图 11.1 所示,其中,每个键对应 I/O 端口的一位,没有任何键闭合时,各位均处于高电位。当有一个键按下时,就使对应位接地而成为低电位,而其他位仍为高电位。这样,CPU 只要检测到某一位为"0",便可判别出对应键已按下。

但是,用图 11.1 的结构来设计键盘有一个很大缺点,就是当键盘上的键较多时引线太多,占用的 I/O 端口也太多。例如,一个 64 键的键盘,采用这种方法设计时,需要 64 条连线和 8 个 8 位并行端口。所以,这种结构只用在仅有几个键的小键盘中。

通常使用的键盘结构是矩阵式的,如图 11.2 所示。设有 $m \times n$ 个键,用矩阵式结构时,只要 $m+n$ 条引线即可。例如,有 $8 \times 8 = 64$ 个键,那么,只要用两个并行端口和 16 条引线便可完成键盘的连接。

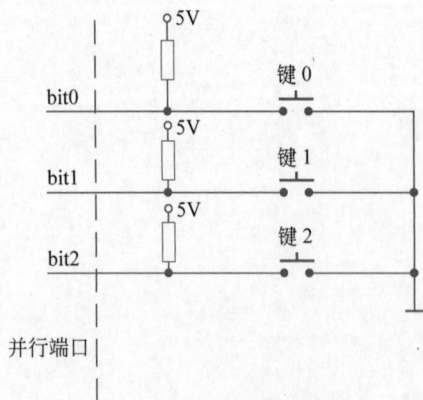

图 11.1　最简单的键盘结构

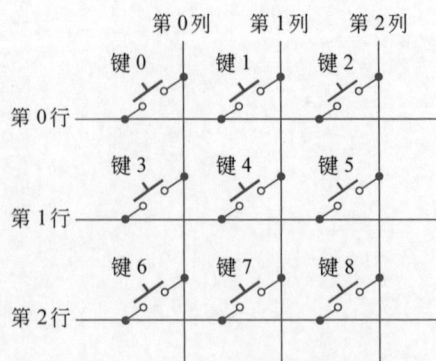

图 11.2　键盘的矩阵式结构

以 $3\times3=9$ 个键为例，我们来简略地说明矩阵式结构键盘的工作原理。如图 11.2 所示，这个矩阵分为 3 行 3 列，如第 4 号键按下，则第 1 行线和第 1 列线接通而形成通路。如第 1 行线接为地电位，则由于键 4 的闭合，会使第 1 列线也输出地电位。矩阵式键盘工作时，就是按照行线和列线上的电平来识别闭合键的。

为识别闭合键，通常采用两种方法：一种为行扫描法；另一种为行反转法。

11.2　键的识别——行扫描法

行扫描法识别闭合键的原理如下：先使第 0 行接地，其余行为高电平，然后看第 0 行是否有键闭合，这是通过检查列线电位来实现的，即在第 0 行接地时，看是否有哪条列线为低电平。如有某条列线为低电平，则表示第 0 行和此列线相交位置上的键被按下；如没有任何一条列线为低电平，则说明第 0 行上没有键按下。此后，再将第 1 行接地，然后检测列线中是否有变为低电平的线。如此往下逐行扫描，直到最后一行。在扫描过程中，当发现某一行有键闭合时，也就是列线输入中有一位为 0 时，便退出扫描，而将输入值进行移位，从而确定闭合键所在的列线位置。根据行线位置和列线位置，便能识别此刻闭合的到底是哪一个键。

实际中，一般先快速检查键盘中是否有某个键已被按下，然后，再确定具体按下了哪一个键。为此，可先使所有各行同时为低电平，再检查是否有列线也处于低电平。这时，如列线上有一位为 0，则说明必有键被按下，不过，还不能确定所闭合的键处在哪一行上，于是再用逐行扫描的办法来确定具体位置。

在硬件上，行线和列线的接法如图 11.3 所示。这是一个 $8\times8=64$ 键的键盘，将行线和一个并行输出端口相接。CPU 每次使并行输出端口的某一位为 0，相当于将某一行线接地，而其他位为 1，相当于使其他行线处于高电平。为了检查列线上的电位，将列线和一个并行输入端口相接，CPU 只要读取输入端口中的数据，就可设法判别第几号键被按下。

下面对键盘扫描程序作具体说明。从上述原理中知道，键盘扫描程序中第一步应该判断是否有键按下。为此，使输出端口各位均为 0，即相当于将各行都接地。然后，从输入端口读取数据，如读得的数据不是 FFH，则说明必有列线处于低电平，从而可断定必有键按下。此时，为消除键的抖动，所以调用延迟程序，然后再判别具体按下的是哪个键。如读得的数据是 FFH，则程序在循环中等待。这段程序如下：

```
WAIT:   MOV    AL,00H              ;往所有行线上输出低电平,OUTPORT 为
        MOV    DX,OUTPORT           行线所连的输出端口
        OUT    DX,AL
        MOV    DX,INPORT           ;读取列值
        IN     AL,DX
        CMP    AL,0FFH             ;看是否有列线处于低电平
        JZ     WAIT                ;否,则没有闭合键,故循环等待
DONE:   CALL   DELAY               ;是,则延迟 20ms 去抖动
        ⋮
```

键盘扫描程序的第二步是判断哪一个键被按下了。这段程序的流程如图 11.4 所示。

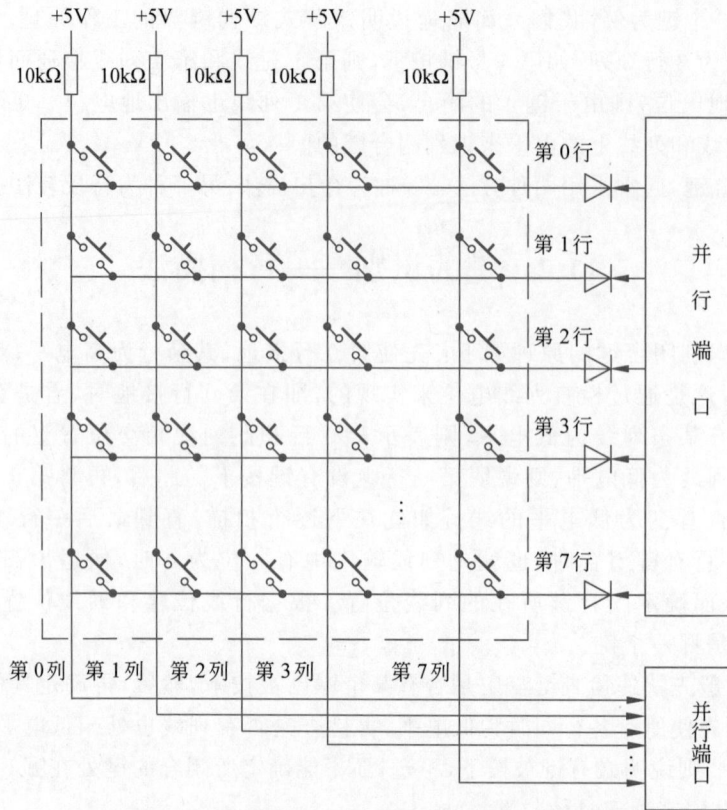

图 11.3　行线与列线分别接到两个并行端口的示意图

从图 11.4 中可见,程序先将键号寄存器置 0,将计数器值设置为键盘行的数目,然后设置扫描初值。扫描初值 11111110B 使第 0 行为地电位,其他行为高电位。输出扫描初值后,马上读取列线的值,看是否有列线为地电位,若无,则将扫描初值循环左移一位,成为 11111101B,这样,使第 1 行为地电位,而其他行为高电位。同时使键号为 8,即从第 2 行第 1 个键开始检查,此外,计数值减 1……如此一直到计数值为 0。

如果在此过程中,查到某一列线为地电位,则将列线数据保留,并右移 1 位,使进位位相当于第 0 列线的状态。如此位为地电位对应值 0,则相当于第 0 列线上的 0 号键(在第 2 次循环中为 8 号键……)闭合;否则,继续循环右移。如已确定了某行上有一键闭合,那么,一定可以在列线中检查出某列处于地电位。

根据上面流程编写的程序如下:

```
PROG：    MOV      BL,0              ;键号初值为 0
         MOV      CL,0FEH           ;送扫描初值
         MOV      DL,8              ;计数值为行数
FROW：   MOV      AL,CL          ⎫
         OUT      ROWPORT,AL     ⎬ ;扫描一行
         ROL      AL,1           ⎫
         MOV      CL,AL          ⎬ ;修改扫描值
```

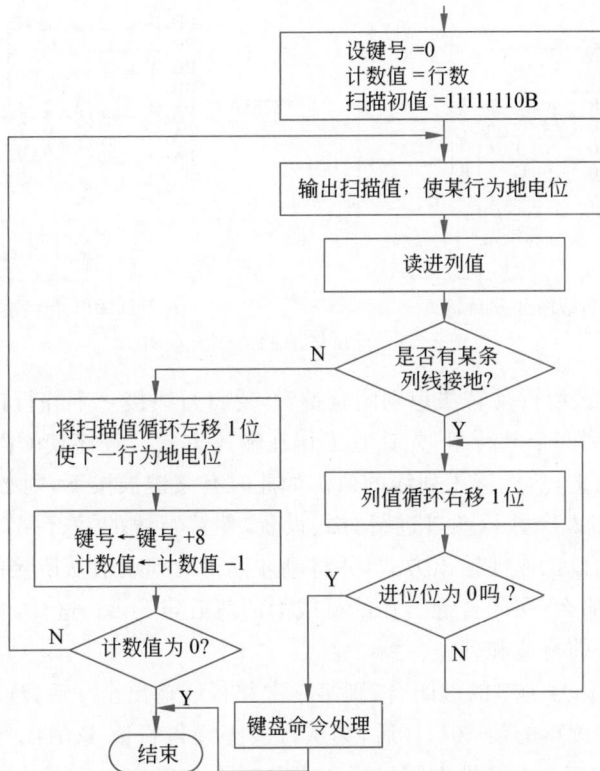

图 11.4 用扫描法判断闭合键的流程

```
        IN      AL,COLPORT      ┐;读进列值,并判别是否有某条列线接地
        CMP     AL,0FFH         ┘
        JNZ     FCOL            ;如有列线接地,则转 FCOL
        MOV     AL,BL           ┐
        ADD     AL,8            ├;如没有列线接地,则使键号=键号＋列数/行
        MOV     BL,AL           ┘
        DEC     DL              ;是否各行都扫完
        JNZ     FROW            ;未扫完,则扫下一行
        JMP     DONE            ;已扫完,则转 DONE
FCOL：  RCR     AL,1            ┐;如此列线接地,则转 PROCE
        JNC     PROCE           ┘
        INC     BL              ┐;如未找到接地的列线,则转 FCOL 继续寻找
        JMP     FCOL            ┘
PROCE： ⋮                       ┐;键命令处理程序
DONE：  ⋮                       ┐;后续处理程序
```

11.3 键的识别——行反转法

行反转法也是识别闭合键的常用方法,其原理如下所述。为叙述方便,故以 $4 \times 4 = 16$ 键的键盘为例。图 11.5 是行反转法的工作示意图。

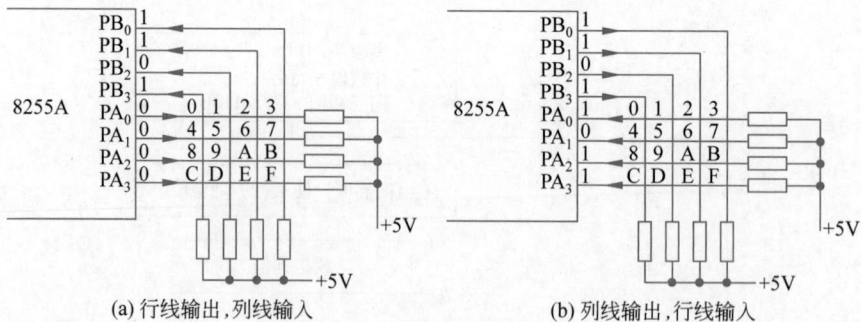

(a) 行线输出, 列线输入　　　　　(b) 列线输出, 行线输入

图 11.5　行反转法的工作示意图

从图 11.5 中可见, 用行反转法识别闭合键时, 要将行线接一个并行口, 先让它工作在输出方式, 将列线也接到一个并行口, 先让它工作在输入方式。程序使 CPU 通过输出端口往各行线上全部送低电平, 然后读入列线的值。如此时有某键被按下, 则必定会使某一列线值为 0。这时, 程序再对两个并行端口进行方式设置, 使接行线的并行端口工作在输入方式, 而使接列线的并行端口工作在输出方式, 并将刚才读得的列线值从所接的并行端口输出, 再读取行线的输入值, 那么, 在闭合键所在的行线上的值必定为 0。这样, 当一个键被按下时, 必定可读得一对唯一的行值和列值。

例如, 图 11.5 中标号为 5 的键闭合, 则第一次往行线输出全 0 后, 读得列值为 1011B, 第二次从列线输出刚才读得的值 1011B 后, 会从行线上读得行值 1101B, 于是, 行值和列值合起来得到一个数值 11011011B 即 DBH, 这个值对应了键 5, 它一定是唯一的。因此, 根据读得的行值和列值 DBH 便可确定按下的为键 5。

程序设计时, 将各个键对应的代码放在一个表中, 通过查表来确定按下的为哪个键。

用行反转法来确定具体闭合键时, 如遇到多个键闭合的情况, 则输入的行值或列值中一定有一个以上的 0, 而由程序预先建立的键值代码表中不会有这样的值, 因而, 可判断为重键而重新查找, 所以, 用这种方法可以很方便地解决重键问题。

如图 11.6 所示, 设用 8255A 的端口 A 连接行线, 用端口 B 连接列线, 则用行反转法判别闭合键的程序流程如图 11.7 所示。

下面是行反转法识别闭合键的程序注释清单。

```
ST:      MOV     AL,82H        ；PORT1 是 8255A 的控制端口地址, 设控制字,
         OUT     PORT1,AL        A 端口为输出, B 端口为输入
WAIT1:   MOV     AL,0
         OUT     PORTA,AL      ；往端口 A 输出全 0
         IN      AL,PORTB      ；输入列值
         CMP     AL,0FFH       ；看是否有键闭合
         JZ      WAIT1         ；如无闭合键, 则等待
         PUSH    AX            ；如有闭合键, 则保留列值
         PUSH    AX
         CALL    DELAY         ；延迟 20ms
```

```
        MOV     AL,90H          ⎫ ;将 8255A 的 A 端口设置为输入,B 端口设置为输出
        OUT     PORT1,AL        ⎭

        POP     AX              ⎫ ;将读得的列值输出到端口 B
        OUT     PORTB,AL        ⎭

        IN      AL,PORTA
        MOV     AH,AL           ;读入行值

        POP     BX              ⎫ ;使 AH 中为行值,而 AL 中为列值
        MOV     AL,BL           ⎭

        MOV     SI,TABLE        ;取键码表首地址
        MOV     CX,40H          ;CX 作为键计数器
LOOP1:  CMP     AX,[SI+0]       ;行值、列值与键码表比较
        JZ      KEYPRO          ;如相等,则转键命令处理
        INC     SI              ⎫
        INC     SI              ⎬ ;如不等,则修改表地址和键计数值
        DEC     CX              ⎭
        JNZ     LOOP1           ;如未比较完,则再比
        JMP     ST              ;如已比较完,但没有在键码表中找到相同码,则重
                                ;新开始找
KEYPRO: :                       ;键命令处理
TABLE:  DW      0FEFEH          ;键码表开始,K₀ 键
        DW      0FEFDH          ;K₁ 键
        DW      0FEFBH          ;K₂ 键
        DW      0FEF7H          ;K₃ 键
```

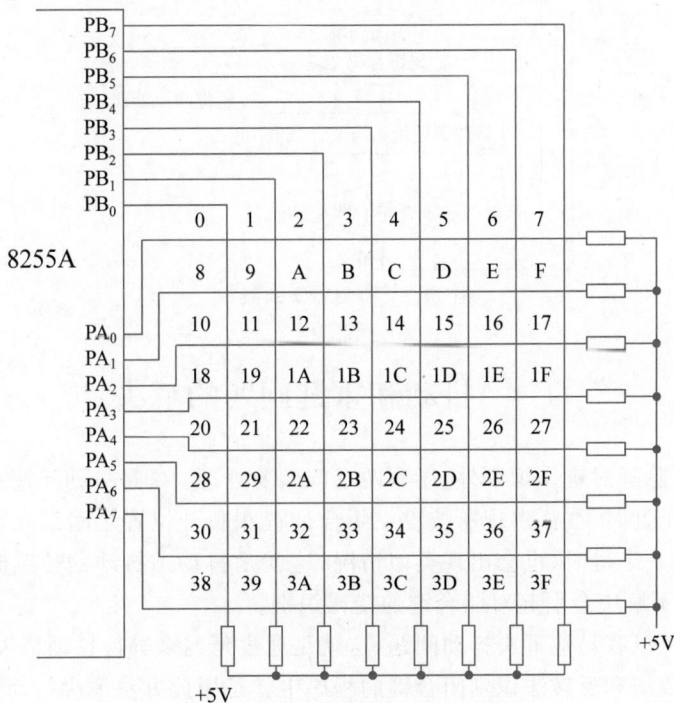

图 11.6 行反转法的键盘连接

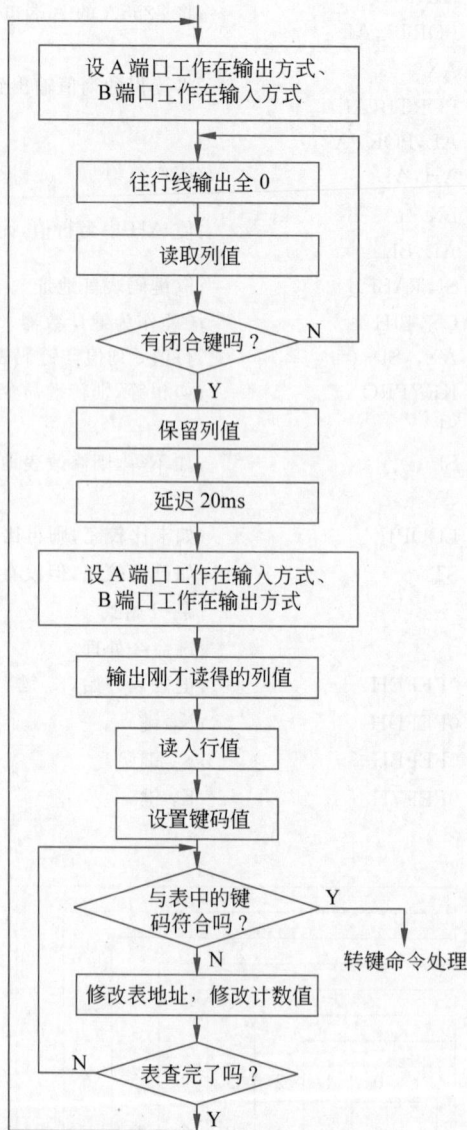

图 11.7　行反转法的流程

11.4　抖动和重键问题的解决

键盘设计时,除了对键作识别外,还有两个问题要处理:一是抖动问题;二是重键问题。

用手按下一个键时,往往出现所按键在闭合位置和断开位置之间跳几下才稳定到闭合状态的情况,释放一个键时,也会出现类似情况,这就是抖动。抖动的持续时间通常不大于10ms。抖动问题不解决会引起对闭合键的错误识别。

用软件方法可以容易地解决抖动问题,这就是通过延迟来等待抖动消失,此后再读入键码。在前面行扫描法和反转法识别闭合键的程序中就是用此方法解决抖动问题的。

重键是指有两个或多个键同时闭合。出现重键时,如用行扫描法或行反转法来读取键码值,必然会出现读取值中有一个以上的 0。于是就产生了到底是否给予识别和识别哪个键的问题。

实际中,通常遇到的是两键相重的情况。细分起来,如图 11.8 所示,有如下几种重键情况(图中阴影部分为闭合或断开时的抖动)。

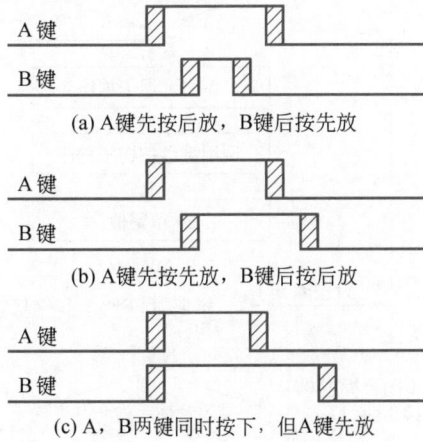

(a) A键先按后放,B键后按先放

(b) A键先按先放,B键后按后放

(c) A,B两键同时按下,但A键先放

图 11.8　重键的几种情况

(1) A 键先按后放,B 键后按先放。

(2) A 键先按先放,B 键后按后放。

(3) A、B 两键同时按下,但 A 键先放。

对重键问题的处理一般采用两种方法:连锁法和巡回法。

1. 连锁法

用连锁法处理重键的原则是,在所有键释放后,只承认此后闭合的第一个键,对此键闭合时按下的其他键均不作识别,直到所有键释放后,才读入下一个键。

按照连锁法的原则,如果只按下了一个 A 键,那么,在程序测得 A 键闭合之后,延迟 20ms 去除抖动,然后再作检测,则 A 键必然被识别,这是最理想的情况。

遇到图 11.8(a)的情况,即 A 键先按后放,B 键后按先放,则只读 A 键,而不读 B 键。

如果是图 11.8(b)的情况,即 A 键先按先放,而 B 键后按后放,按连锁法的思想,应识别 A 键而不读 B 键。但是,在有些系统中,也将这种情况看成是想闭合 B 键而不小心带下 A 键,所以将 A 键作为无效,而将 B 键读入。这样做,尽管和连锁法的原则稍有不符,但如其他情况大体按连锁法处理,仍不失为连锁法。

如 A、B 两键同时按下,而 A 键先放,如同图 11.8(c)的情况,则连锁法认为这是违章操作而造成两键同时按下了,所以,将两键都舍弃不读。但是在实际的系统程序设计时,也有人将这种情况认为是操作员想按 B 键而带下了 A 键,因而读入 B 键。另外,还有人将软件先识别出的那个键(可能是 A,也可能是 B)读入,而将另一个键舍弃。

图 11.9 是用连锁法识别重键的一个程序流程图。

设采用 4×4＝16 键的小键盘,用 8255A 的端口 A($PA_7 \sim PA_4$)连接行线作为输出口,用端口 B($PB_7 \sim PB_4$)连接列线作为输入口。程序一开始调用键盘扫描程序检查有无键闭合。如有键按下,则 AL 中为键的行列值,而键闭合标志单元置为 FF;如没有键闭合,则 AL 中的键行列值为 FF,而键闭合标志为 0。

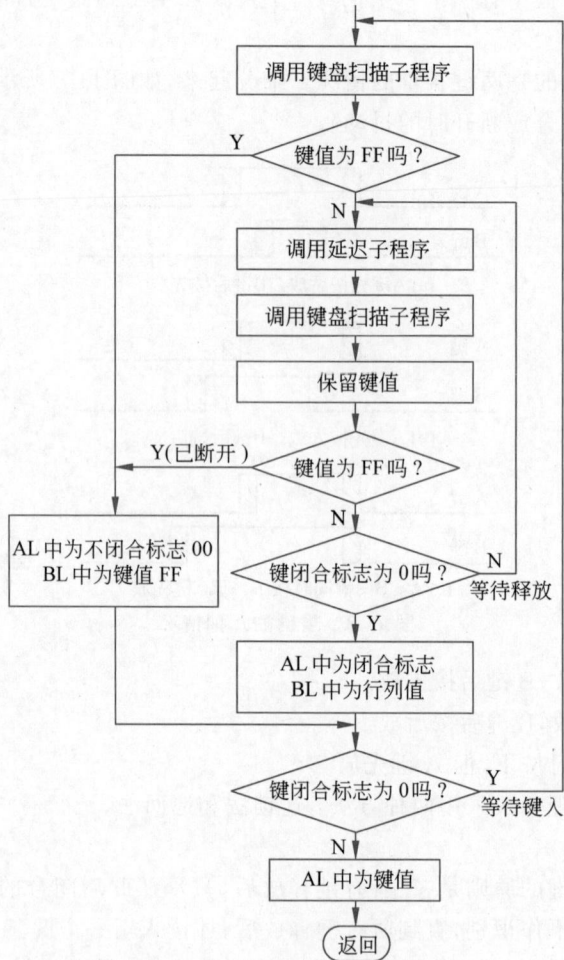

图 11.9　连锁法程序流程图

　　当只有一个键闭合时,我们来看看程序如何执行。

　　如只有 A 键闭合。当第一次用键盘扫描程序扫描时,当然会测得有键闭合,所以调用延迟程序去除抖动,等抖动消失后,再调用键盘扫描程序检测,此时保留行值和列值。如键仍闭合,则继续延迟,直到测得键标志为 0,即不闭合时,才退出循环,程序将此作为一次成功键入而保留行列值,且将键闭合标志置为 FF。重新对键进行判别时,会再次调用键盘扫描程序,然后又查询是否有键闭合,如有闭合键,则调用延迟程序后,再查是否有闭合键。如仍有闭合键,则接着测试键闭合标志,由于此时键闭合标志为 FF,因此,会通过循环不断调用延迟程序,直到闭合键释放后,才将键闭合标志清 0。所以,在进入连锁程序时,如前面的闭合键没有释放,则程序会自动等待,直到闭合键释放后,才又等待下一个键的闭合,并对它进行判别。

　　有一个特殊情况,就是在调用键盘扫描程序时,正好遇到一个键释放产生低电平列值,于是,就又进入等待释放循环,假如确实是释放过程中的抖动,那么,经过执行延迟程序后,便会发现此键已断开,于是程序将键闭合标志置成 0,从而等待下一个键的闭合。上面是有关正常键的判别过程。

对于 A 键先按后放，B 键后按先放的重键情况，此程序会先找到 A 键，读入相应值，并将键闭合标志置为 FF（表示已闭合），由于此后程序总测得有闭合键（可能是 A 键闭合，也可能是 A 键和 B 键都闭合），所以，会按照等待释放的分支执行。也就是说，B 键的闭合并没有影响程序的执行路径和标志状态，也没有影响行列值。在 A 键被释放后，程序在 AL 寄存器中保留行列值作为返回参数而返回。

对于 A 键先按先放，B 键后按后放的重键情况，程序会先找到 A 键，并将键闭合标志置为 FF。所以，和上一种重键情况一样，在一个时间段中，由于 A 键闭合或 A 键、B 键同时闭合，也可能是由于 B 键闭合，程序会总是测得有闭合键，因此，键闭合标志不会是 0，于是，执行等待释放的分支程序。只是这里 B 键为后释放，因此，程序要等 B 键释放后才退出循环。而在等待释放循环中，由于 A 键先释放，故读得 B 键。

当 A 键和 B 键同时闭合时，按照这个连锁法程序流程，在等待释放键的循环中，先释放的那个键被舍弃，后释放的键被读入。

可见，上面的流程可以比较好地处理各种重键情况。

下面是按照图 11.9 的流程编写的程序。其中，子程序 KEY 是键盘扫描程序，前面已讲过，所以没有重复列出这部分清单，另外，延迟子程序 DELAY 清单也被略去了。

KEYNOW:	CALL	KEY	;进行键盘扫描，AL 中为键值，如键值为 FFH, ;表示无闭合键
	INC	AL	;如键值为 FF，则转 NOKEY
	JZ	NOKEY	
L1:	CALL	DELAY	;如键值不为 FF，则进行延迟
	CALL	KEY	;进行键盘扫描
	MOV	BL,AL	;保存键行列值
	INC	AL	;判是否有键闭合，如无，则转 NOKEY
	JZ	NOKEY	
	MOV	AL,[FLAG]	;测键闭合标志是否为 0
	AND	AL,0FFH	
	JNZ	L1	;如不为 0，则循环等待释放
	DEC	AL	;如为 0，则标志改为 FF，并转 QUIT
	JMP	QUIT	
NOKEY:	MOV	BL,0FFH	;键值为 FF，表示无闭合键
QUIT:	MOV	[FLAG],A	;设键标志
	CMP	AL,00H	;测试键标志
	JZ	KEYNOW	;如键标志为 0，则等待输入
	MOV	AL,BL	;AL 中为键值
	RET		;退出程序

2. 巡回法

巡回法识别重键的思想：等前面所识别的键被释放后，就可对其他闭合键作识别。

具体地说，在只有 A 键闭合的情况下，当然读入 A 键。

如 A 键先按后放，B 键后按先放，那么由于采用巡回法时，只有在 A 键被释放后才会识别其他键,所以对 B 键不予识别。

如 A 键先按先放,B 键后按后放,且 A 键和 B 键在同一行,则识别 A 键而舍弃 B 键。这是一种特殊情况。

如 A 键先按先放,B 键后按后放,且 A 键和 B 键不在同一行上,则巡回法认为这是正常快速操作,所以,对两键均作读入。

如 A 键、B 键同时被按下,但 A 键后放,B 键先放,而 A 键处于较小行号,则只有 A 键被读入;但如 A 键处于较大行号,则由于它后放,所以会使 A 键、B 键均被读入。

从上述可见,巡回法适合于快速键入操作,所以,巡回法常常被用于操作系统的键盘程序设计中。

图 11.10 是巡回法识别闭合键的流程。下面根据流程来分析巡回法如何处理重键问题。

当只有 A 键闭合时,程序通过使所有各行为低电平,再读入列值,来判别出有键按下,延迟一定时间后,再逐行进行扫描,并读取列值,便可判别此键的位置,从而对键作出识别。此后,便等待闭合键的释放,即对闭合键所在行固定输出低电平,而对其他行输出高电平。程序不断读取列值,如列值表明仍有键闭合,则继续循环,直到检测出键已断开时,再延迟一定时间等待抖动消失。

对于 A 键先按后放、B 键后按先放的重键情况,巡回法程序会先识别 A 键,然后进入等待释放的循环。如 A 键和 B 键在同一行上,那么,在等待释放循环中,由于 A、B 键的同时闭合,程序会读得错误的列值,但是,这个列值并不保留,所以,对 A 键的识别不会受影响,而 B 键则被舍弃。

对于 A 键先按先放、B 键后按后放的重键情况,可分两种情况来分析,一种情况是 A 键和 B 键在同一行上,另一种情况是 A 键和 B 键不在同一行上。

当 A 键和 B 键在同一行上时,程序当然对先按下的 A 键作识别,此后等待键的释放。和 A 键先按后放的重键情况类似,在等待释放的过程中,尽管由于 A 键、B 键的同时闭合使程序读入错误的列值,但此列值并不保留,所以并不影响 A 键的键值。于是,在这种情况下,程序读入 A 键而舍弃 B 键。

当 A 键和 B 键不在同一行上时,由于 A 键先按下,所以,先读得 A 键的值。在等待 A 键释放过程中,只要 A 键释放了,即使其他行上有 B 键闭合,程序读得的列值仍会表明 A 键已释放,于是进入键命令处理。当再次进入巡回法程序时,由于另一行上的 B 键还未释放,因此程序会读得 B 键的键值,然后等待 B 键的释放。所以,当 A 键和 B 键不在同一行上时,一个先按先放,一个后按后放,程序会按照两键闭合的顺序而先后读入。

当 A、B 两键同时闭合,但 B 键先放,A 键后放时,可分为 3 种情况。一种情况是 A 键和 B 键同行不同列;另一种情况是 A、B 两键同列不同行;还有一种情况是两键既不同列,也不同行。下面来分析这 3 种情况下键的识别情况。

当 A 键和 B 键处于同一行上时,在两键同时闭合的情况下,程序会同时扫描到两键。这样,读得的列值中会有两个 0,于是,得到的键值和键代码表中列出的任何一个值均不同,因而,键译码程序会将此作为出错来处理,将此值舍弃。

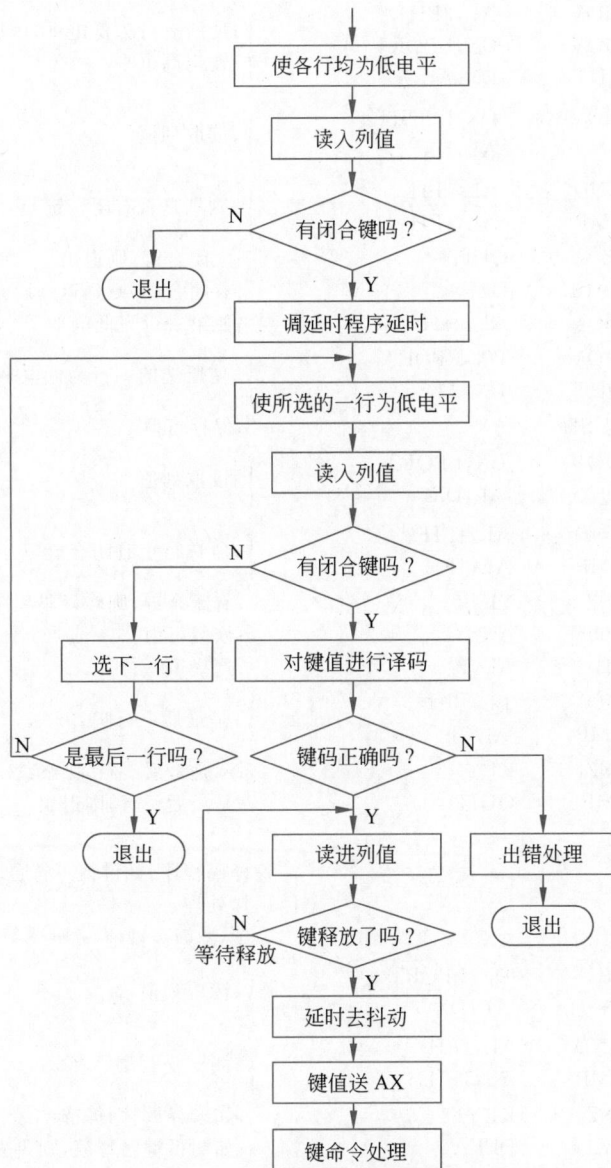

图 11.10 巡回法识别闭合键的流程

当 A 键和 B 键处于同列不同行上时,如两键同时闭合,那么,程序将读取所在行序号较小的那个键。在等待此键释放之后,如另一个键还处于闭合状态,那么,在再次扫描时,第二个键也被读入。如在等待较小行序号上那个键释放过程中,另个键先释放了,那么,先释放的那个键就被舍弃不读。

当 A 键和 B 键既不同行也不同列时,如两键同时闭合,那么,和两键同列不同行的情况类似,程序也会先读入较前面一行上的键。如后一行上的键晚释放,那么,通过对键识别程序的再次调用,另一个键也被读入。

下面是对一个 6 行×5 列的键盘设计的利用巡回法来识别重键的汇编语言程序。

```
START:      MOV      AL,3FH          ⎫;使所有行为低电平,因反相接键盘,故 CPU
            MOV      DX,RPORT        ⎬   输出高电平
            OUT      DX,AL           ⎭
            MOV      DX,LPORT        ⎫;读取列值
            IN       AL,DX           ⎭
            AND      AL,1FH          ⎫;判别是否有闭合键
            CMP      AL,1FH          ⎭
            JZ       QUIT            ;无闭合键,则退出
            CALL     DELAY           ;有闭合键,则延迟一段时间
            MOV      AL,01H          ;使第一行为低电平
KEY:        MOV      DX,RPORT        ⎫;使所选的一行为低电平
            OUT      DX,AL           ⎭
            PUSH     AX              ;保存行值
            MOV      DX,LPORT        ⎫;读取列值
            IN       AL,DX           ⎭
            AND      AL,1FH          ⎫;所选行上有闭合键吗?
            CMP      AL,1FH          ⎭
            JNZ      YE              ;有闭合键,则转译码程序
            POP      AX              ;恢复行值
            SHL      AL,1            ;选择下一行
            MOV      BL,40H          ⎫;是最后一行吗
            CMP      AL,BL           ⎭
            JNZ      KEY             ;不是最后一行,则继续
            JMP      QUIT            ;是最后一行,则退出
YE:
            ⋮                        ⎫;键译码程序,如键值不符合表中代码,则进行
                                     ⎭   出错处理
            PUSH     AX              ;AX 中为键值
KEY1:       MOV      DX,LPORT        ⎫;读取列值
            IN       AL,DX           ⎭
            AND      AL,1FH          ⎫;测试是否键已释放
            CMP      AL,1FH          ⎭
            JNZ      KEY1            ;如未释放,则等待
            CALL     DELAY           ;如测得键已释放,则再去抖动
            POP      AX              ;AX 中为键值
            ⋮                        ;键命令处理
QUIT:       RET                      ;返回
```

11.5 微型计算机的键盘子系统

在微型计算机系统中,键盘子系统由两部分组成:一部分就是键盘本身,内含键盘扫描和识别电路,对键盘识别后,得到串行扫描码;另一部分是主机的键盘接口,它接收键盘送来的串行扫描码,将它转换为并行扫描码,再将其转换为和标准键盘兼容的系统扫描码,并通过中断机制将系统扫描码提交给 CPU 作处理。键盘和主机之间用 5 芯电缆连接。图 11.11 是键盘子系统的示意图。

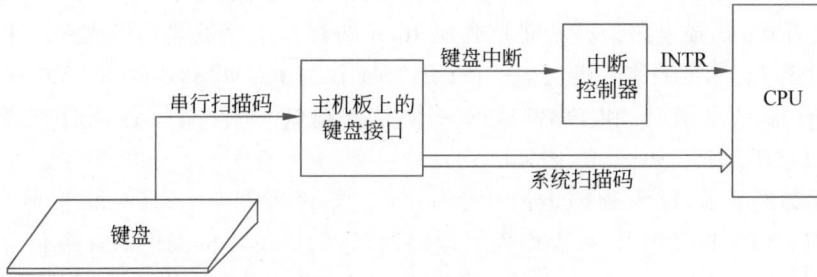

图 11.11　键盘子系统的示意图

11.5.1　扩展键盘和键盘控制器

1. 扩展键盘、键盘扫描码和系统扫描码

扩展键盘内部有一个单片机作为键盘控制器,早期采用 Intel 8048 单片机。键盘控制器实现对键盘的扫描和识别,并将得到的键盘扫描码传输到主机。

系统加电后,固化在单片机中的键盘扫描程序周而复始地扫描键盘矩阵,如有闭合键,则根据闭合键的位置获得对应的扫描码,当闭合键松开时也对应一个扫描码,前者称为闭合扫描码,后者称为断开扫描码,两者合起来统称为键盘扫描码,简称扫描码。可见,键盘扫描码对应接通扫描码和断开扫描码两部分。

对 83 键标准键盘来说,键的接通扫描码与键位置编号一致,用 1 字节表示;断开扫描码也用 1 字节表示,其值为接通扫描码加 80H。例如,A 键的键号为 30,其接通扫描码为 1EH,与键号相同,断开扫描码为 9EH。又如,J 键的键号为 36,其接通扫描码为 24H,断开扫描码为 A4H。也就是说,接通扫描码最高位为 0,断开扫描码最高位为 1。

对 84/101/102/104 扩展键盘来说,键的位置已不同于 83 键标准键盘,所以,接通扫描码和键号不相同,另外,断开扫描码用 2 字节表示,前 1 字节固定为 F0H,后 1 字节为接通扫描码。例如,在扩展键盘中,A 键的键号为 31,接通扫描码为 1CH,断开扫描码为 F0H、1CH;而 J 键的键号为 37,接通扫描码为 3BH,断开扫描码为 F0H、3BH。扩展键盘往主机传输扫描码时,先送接通扫描码,再送断开扫描码。例如,对应 J 键,先送 3BH,再送 F0H、3BH。可见,同一个键在扩展键盘和标准键盘中的扫描码不同。

为了保证软件的兼容性,扩展键盘所在系统的 CPU 得到的扫描码应该是兼容于标准键盘的。为此,扩展键盘的主机接口除了具有将串行扫描码转换为并行扫描码的功能外,还须将扩展键盘的扫描码转换为系统扫描码。这种转换非常繁杂,正是主机键盘接口中的单片机及其 ROM 中的软件完成了这种功能。

所谓系统扫描码,实际上是在 83 键标准键盘接通扫描码基础上加上扩展码组成的。系统扫描码统一用一字节对应一次按键。具体地说,凡是 83 键标准键盘中已有的键,其系统扫描码和 83 键键盘中的接通扫描码相同。例如,A 键在 83 键键盘中的接通扫描码为 1EH,其系统扫描码也是 1EH,K 键在 83 键键盘中的接通扫描码为 25H,其系统扫描码也是 25H。扩展码是针对扩展键确定的编码,例如,Delete 键的扩展码为 53H,Ctrl＋Home 键的扩展码为 76H。

2. 扩展键盘的工作原理

下面所述的扩展键盘为 16×8 矩阵,对应 104(24 个开关点空缺)个键。由于其兼备键扫描、键识别和对键盘扫描码的传输等多方面功能,而使这种键盘称为智能型键盘。

扩展键盘中,扫描电路的核心是单片机 Intel 8048。单片机就是集成在一个芯片上的最小型的计算机。Intel 8048 包含一个 CPU、1KB 的 ROM、64B 的 RAM、一个 8 位的计数器/定时器、两个用 P_1 和 P_2 表示的 8 位并行端口,并行端口各位分别用 P_{10}、P_{11}、P_{12}、……P_{17} 和P_{20}、P_{21}、……、P_{27} 表示。

如图 11.12 所示,键盘扫描电路中含一个 4-16 译码器 74LS159 和一个 3-8 译码器 74LS156,前者作为行译码器,后者作为列译码器,它们将单片机提供的计数信号转换为行扫描信号和列扫描信号。单片机内部计数器发送 CNT_1~CNT_{64} 共 7 个计数信号,这些计数信号有序地不断地改变行译码器 74LS159 和列译码器 74LS156 的输入,再由行译码器和列译码器的输出信号实现对键盘的快速扫描,以确定有无键按下或释放。

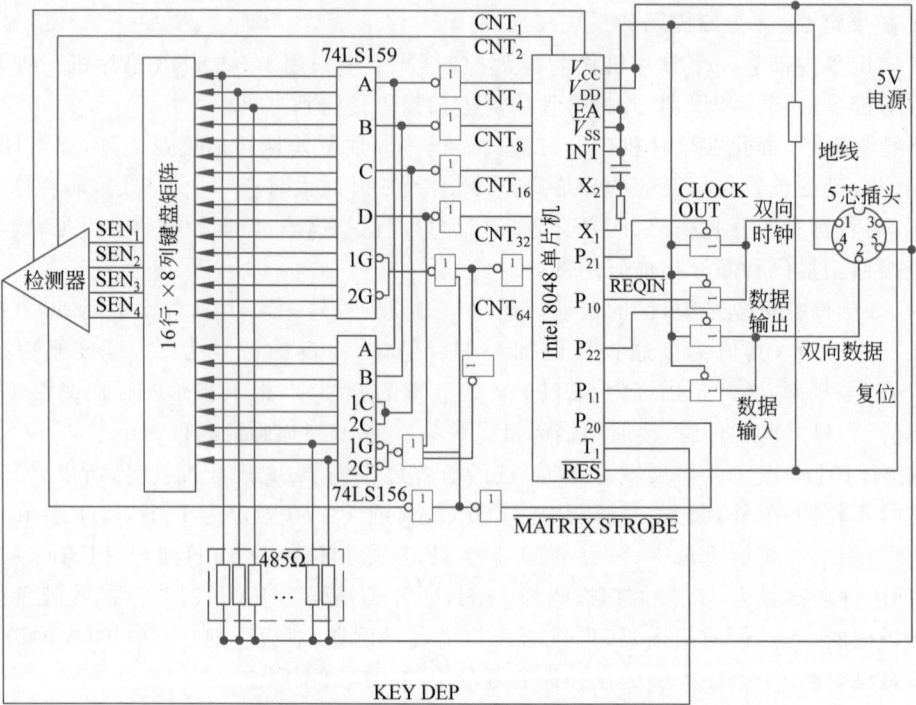

图 11.12　16 行×8 列的键盘扫描电路

当最高位 CNT_{64} 为低电平时,行译码器 74LS159 打开,通过 CNT_{32}、CNT_{16}、CNT_8 和 CNT_4 往译码器输出 4 位行值,通过译码,依次使输出的 16 个行信号中有一行为低电平,以判断是否某行上有键按下。此后得到的列值由 SEN_1~SEN_4 输出。

当 CNT_{64} 为高电平且 CNT_{32} 为低电平时,列译码器 74LS156 打开,通过 CNT_{16}、CNT_8、CNT_4 往列译码器输出列值,通过译码,依次使输出的 8 列信号中某列为低电平,以判断是否某列有键按下。此后,获得的行值也由 SEN_1~SEN_4 输出。

CNT_2 和 CNT_1 是读取列值和行值的选通信号,这两个选通信号通过编码形成 4 种状态,依次控制 SEN_1~SEN_4 共 4 个信号的串行输出,送到检测器检测。信号$\overline{\text{MATRIX STROBE}}$接单片机并行端口的输出端 P_{20},用来控制检测器的输出,如有键按下,就会形成 KEY DEP 信号送 8048 单片机的测试端 T_1。单片机的内部扫描程序根据当前计数器的 7 位计数信号和

T_1 端得到的扫描结果确定按键的位置,即完成键的识别功能,得到键盘扫描码。

3. 扩展键盘的连接信号

键盘通过 5 芯插头和主机板的键盘接口相连,键盘和主机之间进行串行数据传输。

如图 11.12 所示,当键盘扫描电路获得一个键盘扫描码时,单片机 8048 通过并/串转换将其转换为串行扫描码,再从 P_{22} 端输出,并通过 5 芯插头的第 2 引脚送到主机。单片机的 P_{11} 作为串行数据输入端,也接在 5 芯插头的第 2 引脚上,用来传输系统向键盘发送的命令,两者构成双向数据线。

P_{21} 作为键盘的时钟信号输出端,用来对键盘扫描码进行位同步,即供键盘控制器选通键盘扫描码。P_{10} 作为系统送往键盘的时钟信号端,当系统向键盘发送命令时,同时将时钟信号送到 P_{10}。两者构成双向信号通道接在 5 芯插头的第 1 引脚。

另外,键盘本身不直接接电源,而用第 5 引脚接主机的 +5V 电源,用第 4 引脚和主机的地相连,第 3 引脚为复位信号。

11.5.2 主机的键盘接口电路

1. 主机键盘接口的功能

微型机系统是按中断方式支持键盘随机输入键码的,每按一次键,键盘就会向系统传输一个扫描码,主机接口通过中断机制请求 CPU 处理,只有处理完一个键码,才能再输入下一个键码。

所以,主机的键盘接口完成如下功能。

(1) 接收键盘送来的串行扫描码。

(2) 将串行扫描码转换为并行扫描码,再转换为系统扫描码。

(3) 向 CPU 发中断请求,以便主机读取系统扫描码并作相应处理。

(4) 将 CPU 发出的键盘自检命令或复位命令传输到键盘,以判断键盘工作的正确性或使键盘复位。

2. 主机键盘接口的构成

早期的微型机主机中,键盘接口主要由移位寄存器 74LS322 和 8255A 的一个并行端口组成。移位寄存器用来接收键盘的串行扫描码,并将其转换为并行码,再通过 8255A 将转换好的并行数据传输给 CPU,这个传输过程是通过 8259A 向 CPU 发中断请求,CPU 再启动中断处理程序进行的,中断处理程序还实现各种后续处理。

在 32 位微型机中,采用过 Intel 8042(或 8742)单片机作为主机的键盘接口安置在主机板上。主机和键盘之间的联系实际上归结为主机中的单片机 8042 和键盘中的单片机 8048 之间的通信。8042 是一种专用的单片机,它一方面能像普通单片机那样执行按单片机指令系统编写的程序,另一方面能够接受主机 CPU 的控制。

如图 11.13 所示,8042 内部含一个 8 位的 CPU、两个用 P_1 和 P_2 表示的 8 位并行端口、2KB ROM 和 128B 的 RAM,还有一个输入缓冲寄存器、一个输出缓冲寄存器、一个状态寄存器和一个命令寄存器。

在构成键盘接口电路时,8042 有 2 个 I/O 端口地址,对应 4 个寄存器,输入寄存器和输出寄存器对应 60H,命令寄存器和状态寄存器对应 64H。虽然同一个端口地址被两个寄存器使用,但数据传输方向不同。注意,这里的"输入""输出"都是站在单片机 CPU 的角度来定义的。

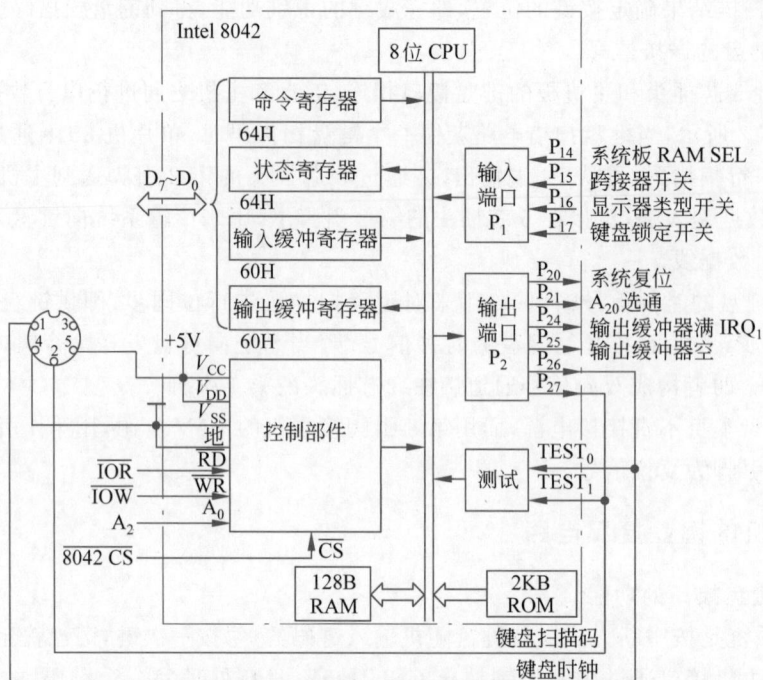

图 11.13　主机的键盘接口(点画线框内为 Intel 8042)

主机的 CPU 可读取单片机输出寄存器中的系统扫描码,可往输入寄存器中写入命令来控制 8042 操作,还可往命令寄存器写入对键盘的控制命令,如复位和启动命令,并可读取状态寄存器中的键盘状态,例如输入缓冲器空、输出缓冲器满、奇/偶校验错误等。

单片机的$\overline{CS}$端由主机系统的地址译码电路形成的$\overline{8042\ CS}$信号驱动,A_0 与系统地址线A_2 相连,用以选择访问的端口,A_0 为 0 时,访问 60H,A_0 为 1 时,访问 64H。

$\overline{WR}$是写信号,低电平时,允许 CPU 向输入缓冲器或命令缓冲器写入数据或命令。

$\overline{RD}$为读信号,低电平时,允许 CPU 从输出缓冲器或状态缓冲器读取数据或状态。

$D_7 \sim D_0$ 为数据线,和系统数据线相连。

2KB 的 ROM 中存放控制程序,128B 的 RAM 作为程序运行时的数据区。

$P_{10} \sim P_{17}$ 和 $P_{20} \sim P_{27}$ 分别是 P_1 和 P_2 两个 8 位并行端口的各位。在键盘接口中,将 P_1 作为输入端口用于接收主机对 8042 的设置信息。P_2 作为输出端口,输出状态信息和中断请求信号。

单片机用 $TEST_0$ 串行接收由键盘送来的时钟信号,用 $TEST_1$ 串行接收由键盘送来的扫描码,时钟信号用来对数据作同步。

当有键按下时,键盘向主机发送对应键的扫描码,而系统启动时,主机向键盘发送检测命令。

主机接口接收到一个串行扫描码后,立即将其转换为并行码,然后,固化在单片机 ROM 中的处理程序先对其进行奇/偶校验,如校验正确,则将其转换为 1 字节的系统扫描码,并送到键盘接口的输出缓冲器供 CPU 读取。如校验发现有错,则向键盘发命令以要求键盘重新发送扫描码,并往输出缓冲器送出错码 FFH。

输出缓冲器中存入的系统扫描码或出错码 FFH 都会使状态寄存器中的输出缓冲器满标志位为 1,并使 P_{24} 输出高电平作为中断请求信号送到中断控制器的 IRQ_1,主机的 CPU 响应中断后,进入键盘中断处理程序,其中断类型号为 09H。

中断处理程序通过端口地址 60H 从单片机的输出缓冲器中读取系统扫描码并进行相应处理。在读取过程中,为确保 CPU 取走系统码,8042 强制 P_{26} 输出低电平,以禁止往键盘的时钟信号的传输,从而禁止键盘往主机传输下一个扫描码,直到单片机的输出缓冲器取空时,P_{26} 又输出高电平,这样,时钟信号恢复传输,从而可传输下一个键盘扫描码。

反过来,在系统向键盘发送控制命令(如复位、要求重新发送)时,会将 1 字节的数据通过端口 60H 写入输入缓冲器。再由 P_{26} 和 P_{27} 将主机板接口电路中单片机时钟信号和数据按同步机制送到键盘,并自动插入奇/偶校验位。

P_{17} 用来设置键盘锁定状态,P_{17} 为低电平时即锁定键盘,此时,键盘扫描码被认为无意义,P_{20} 输出低电平时,使系统复位。

11.6 键盘中断处理程序

和键盘处理有关的有两个中断处理程序,一个为 09H 中断,另一个为 16H 中断。

11.6.1 09H 键盘中断处理程序

09H 中断是一个通过硬件进入的程序,每按一次键,就会产生一个键盘扫描码送到主机键盘接口,主机接口中的单片机 8042 完成串/并转换,并再转换为系统扫描码,最后,在单片机的 P_{24} 输出一个信号送到系统中断控制器的 IRQ_1 端,引起 09H 中断。

09H 中断处理程序从 60H 端口读取系统扫描码,然后对此分类并作相应处理,这个处理过程比较复杂。为了讲述得更清晰更有条理,下面,我们一边对键进行分类,一边对 09H 程序的处理过程作说明。

1. 对特殊键设置标志位

特殊键是指 Shift、Ctrl、Alt、Ins、Caps Lock、Num Lock、Scroll Lock 这些键。

实际上,特殊键又分两类,一类如 Shift 这样的换挡键,它们要和其他键组合才有效,另一类如 Caps Lock 这样的双态键,按下奇数次和偶数次产生的效果不同。为处理特殊键,键盘中断程序在系统 RAM 中设置了一个对应于特殊键的标志单元,用 8 位分别记录 8 个特殊键的状态。09H 中断处理程序对这些键在标志单元相应位作设置。具体如下:

(1) D_0:右 Shift 键。按下为 1,否则为 0。

(2) D_1:左 Shift 键。按下为 1,否则为 0。

(3) D_2:Ctrl 键。按下为 1,否则为 0。

(4) D_3:Alt 键。按下为 1,否则为 0。

(5) D_4:Scroll Lock 键。按奇数次为 1,否则为 0。

(6) D_5:Num Lock 键。按奇数次为 1,否则为 0。

(7) D_6:Caps Lock 键。按奇数次为 1,否则为 0。

(8) D_7:Ins 键。按奇数次为 1,否则为 0。

2. 对第一类 ASCII 码键,先将系统扫描码转换为 ASCII 码,在存入键盘缓冲区时,低位
字节为 ASCII 码,高位字节为系统扫描码

这是指对应 ASCII 码 0～127 的键,这些键都可在 83 键标准键盘中找到,另外,它们中大部分可在屏幕上显示或打印,小部分不可打印而起控制作用。这些键中包括大小写字母、数字、回车、换行。对这类键,中断处理程序 09H 先将其系统扫描码转换为 ASCII 码存入主机系统的键盘缓冲区,存放时,用 2 字节对应一次按键,低位字节为它对应的 ASCII 码,高位字节为它对应的系统扫描码。

3. 对第二类 ASCII 码键,直接将数字作为 ASCII 码,在存入键盘缓冲区时,低位字节为
ASCII 码,高位字节为 0

这是对应 ASCII 码 128～255 的键,这类键大部分能显示,但不常用,如 β、Ω、£、Σ 等。这类键的代码是通过按住 Alt 键,再同时相继按小键盘上的 1～3 个数字键形成的。

对这类键,中断处理程序将按住 Alt 键时输入的数字直接作为 ASCII 码存入键盘缓冲区,存入时,低位字节为 ASCII 码,高位字节为 0。

实际上,对于 ASCII 码 0～127,也可用这种方法输入。因此,在键盘上某键坏掉时,可用此方法作为代替手段。例如,A 键失灵了,其对应 ASCII 码为 65,于是,可按住 Alt 键,再在小键盘上输入 65,就能在屏幕上显示"A"。在用这种方法输入的数字大于 127 时,则会得到一些如 β(224)、Ω(234)、£(156)、Σ(228)等特殊符号和字母。

4. 对于不能用 ASCII 码表示的组合键和功能键,用 0 作为低位字节,扩展码作为高位
字节存入键盘缓冲区

这包括一些组合键和一部分功能键,如 Ctrl+Home、上下左右箭头键、Delete 键等,这些键的输入不能显示,也不能打印,而是起控制作用,其具体的控制功能是由操作系统定义的,所以,在不同的计算机系统中对应功能也许完全不同。

09H 中断处理程序将这样的键输入转换为 2 字节的键代码存入键盘缓冲区,低位字节为 0,高位字节为扩展码。扩展码是对于 ASCII 码的扩充,有统一的固定的编码格式,范围为 3～132,如 Ctrl+Home 的扩展码为 119,F10 的扩展码为 68。扩展码和 ASCII 码共同组成了系统扫描码。

粗看起来,扩展码和 ASCII 码在数值上是相同的,但实际上,由于系统扫描码在键盘处理过程中并不单独存放,它仅仅在主机接口接收到键盘扫描码后立即转换并存入键盘缓冲区时作为一个中间代码来使用,对于系统码中的扩展码,中断程序将其存入键盘缓冲区时作为高位字节,而与其相配的低位字节总是为 0,所以,不会和同一数值的 ASCII 码混淆。

5. 对于特殊命令键不形成代码,而直接完成相应操作

在遇到一些特殊命令键时,中断处理程序 09H 会直接转入命令处理过程。所谓特殊命令键,是指如下 4 个命令,这些命令会直接启动 BIOS 中的相应程序,完成对应功能。

(1) Ctrl+Alt+Del:复位命令。此命令对系统进行热启动,其与刚加电时冷启动的区别只是不测试 RAM 和 VRAM。

(2) Ctrl+Break:终止程序命令。此命令引起执行中断指令 INT 1BH 进入中断处理程序,以终止当前程序的执行。

(3) Ctrl+Num Lock 或 Pause:暂停命令。此命令引起停止显示、打印等操作,直到按下任何键后再继续执行。

（4）Print Screen：打印屏幕命令。此命令引起执行中断指令 INT 5H，从而进入中断处理程序打印屏幕内容。

11.6.2　16H 键盘中断处理程序

这是以中断指令 INT 16H 来调用的软件中断，供操作系统和应用程序调用，其功能是对键盘进行检测和设置，并读取键盘缓冲区中的键码。此中断处理程序有 4 种功能，通过 AH 寄存器中设置的功能调用号进行选择。具体如表 11.1 所示。

表 11.1　16H 中断处理程序的功能调用

功　能　号	功　　　能	返　回　参　数
AH＝0	从键盘缓冲区读取 1 个字符的键码送到 AX 中	AH＝系统扫描码或扩展码 AL＝字符的 ASCII 码或 0
AH＝1	检测键盘缓冲区中是否有键码	ZF＝0 则有键码并读入 AX 中 ZF＝1 则无键码
AH＝2	读取特殊键的状态标志	AL 中为特殊键对应的 8 位状态值
AH＝3	设置键盘速率和延迟时间 BL＝所设置的速率，BH＝延迟时间	无

表 11.1 中的速率指每秒输入的字符数，默认值为 10 字符/秒，但是可通过设置来改变。对应 BL 中的值 1FH～00，可将速率设置为 2～30 字符/秒。例如 BL＝1FH，则通过功能号 AH＝3 的调用，可设置为 2 字符/秒，BL＝00H，则设置为 30 字符/秒，BL＝04H，则设置为 20 字符/秒。具体的设置数值可查相应手册。

表 11.1 中的延迟时间指键盘按下后的最长时间，如超过，则认为是重复按此键。对应 BH 中的值 0～3，可将延迟时间设置为 250～1 000ms。例如，BH＝0，则延迟时间设置为 250ms，BH＝1，则延迟时间设置为 500ms。具体的设置数值可查相应手册。

11.7　键盘缓冲区

系统的键盘缓冲区用来存放供键盘中断处理程序实时输入的 ASCII 码和扩展码构成的键代码，共 32 个单元，位于系统 RAM 的 40:1EH～40:3DH，每个键代码占 2 字节。32 字节的键盘缓冲区容量基本上能够满足快速输入要求。用指令 INT 16H 即可读取键盘缓冲区中的信息。

可见，键盘缓冲区是两个中断处理程序关于键盘信息的交换机构。硬件中断 09H 将键盘信息写入其中，而软件中断 16H 将信息从中读出。前者实现主机键盘接口和键盘缓冲区之间的联系，后者实现键盘缓冲区和应用程序之间的联系。

键盘缓冲区按循环队列方式组织，配有首尾两个字指针来指示缓冲区中实际内容的开始位置和结束位置。这两个指针的地址为 40:1AH 和 40:1CH，如图 11.14 所示。

在初始化时，缓冲区为空，首尾指针相等。每读/写 1 个字符的键码，就修改一次指针。新的信息进入键盘缓冲区时，将其放在 40:1CH 尾指针所指的存储单元中，所以，尾指针也叫写入指针，而从键盘缓冲区取出信息时，由 40:1AH 中首指针指出新的首地址，所以，首

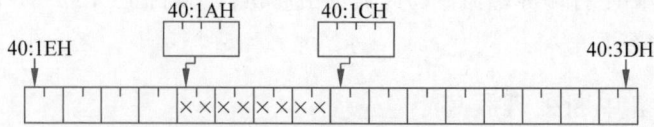

图 11.14　32 字节的键盘缓冲区及指针

指针也称读出指针。首指针和尾指针都有这样的功能,一旦指向 32 字节缓冲区的末尾即 40:3DH 就会自动回到缓冲区首部 40:1EH,以此实现首尾相接的循环机制。由于是循环机制,所以,随着键码的输入,尾指针不断增加,追赶着首指针,两者相等时,则说明缓冲区满,此时,如再输入,则被忽略,且系统的扬声器会鸣叫。

　　键盘缓冲区的设置主要和系统对键盘的处理过程有关。如前所述,微型机系统中,通过硬件中断 09H 和软件中断 16H 处理键盘信息。09H 中断程序直接面向主机键盘接口读取系统扫描码,然后,对系统扫描码进行判断,除了对一些特殊命令键执行相应功能外,大部分系统扫描码转换成键码存入键盘缓冲区。16H 中断程序则在应用程序中通过软件指令被调用,它在执行过程中使用这些键码。所以,键盘缓冲区是两者传递数据的机构。硬件中断是随机的,而软件中断是应用程序执行到某一步时用指令实现的,键盘缓冲区正是这样来适应和满足写入和读出互不同步的工作方式。

11.8　鼠　　标

　　鼠标是以定位和点击等方式操作的设备,通过鼠标的移动和对鼠标键的单击、双击等操作,可使屏幕上的光标迅速移动并准确定位,进而可方便灵活地进行菜单选择、屏幕绘图等多种操作。

11.8.1　鼠标的工作原理、连接方式和数据格式

1. 鼠标的工作原理

鼠标有多种类型,但功能大同小异。

按鼠标键分类,市场上的鼠标可分为双键式和多键式两种。

按照工作原理,鼠标可分为机械式、光电式和光机式 3 种。

机械式鼠标在底部装有可滚动的小球,鼠标移动时,小球就会滚动,由鼠标内部的旋转编码器和相应电路测量出鼠标移动的方向和距离,换算成屏幕上光标的水平和垂直位移量,从而实现光标的定位。机械式鼠标价格低廉、操作简便,但灵敏度比较低。

光电式鼠标要放在特制的鼠标垫上操作,鼠标移动时,鼠标底部的光电转换装置根据鼠标垫反射的信号测出鼠标移动的方向和距离,进而转换成屏幕光标的水平和垂直位移量,实现光标的定位。光电式鼠标灵敏度高,但必须用特制的鼠标垫。

光机式鼠标取机械式和光电式鼠标之所长:底部装有可滚动的小球,从而不需要特制的鼠标垫;利用光电采样检测技术,从而提高了灵敏度和准确度。

2. 鼠标与主机的连接方式

鼠标与主机的连接方式主要有如下 4 种。

1) 用 RS-232-C 串行接口

标准的 RS-232-C 接口有 25 个引脚,但是,计算机系统中通常不需要这么多信号,因此计算机的串行插口(在主机板上用 COM1 和 COM2 标出)被简化为 9 个引脚,而与鼠标相连时,只用到其中 4 个引脚,除了电源和地外,只用一条数据线和一条联络线。具体如下:

(1) T_XD:3 号引脚,发送数据,由鼠标送往主机。

(2) $\overline{DTR}$:4 号引脚,数据终端准备好,作为主机和鼠标的联络信号,表示主机已准备好接收鼠标数据。

(3) $\overline{RTS}$:7 号引脚,由主机送往鼠标。原为请求发送信号,现用来作为主机对鼠标电路的供电电源,这样,鼠标不再需要自备电源。

(4) SGND:5 号引脚,信号地。

2) 用 USB 接口

USB 为通用串行总线,用 4 芯插头相连,其中 2 芯用于传输串行数据,另 2 芯分别接+5V 电源和地线。有关 USB 的内容将在后面章节讲解。鼠标和主机之间常用 USB 接口连接。

3) 用 PS/2 接口

这是由 IBM 公司推出的 PS/2 微型机首先采用而命名的接口,这也是一种串行接口,具体特点是:与主机按 TTL 电平通信,用 6 芯连接器相连。各引脚连线如下:1 为数据,5 为时钟,4 为地,3 为 5V 电源,2、6 未用。

4) 用蓝牙接口

在蓝牙鼠标中,蓝牙模块与微控制单元(microcontroller unit,MCU)之间的通信通常通过串行外设接口(serial peripheral interface,SPI)或通用异步收发传输器(universal asynchronous receiver/transmitter,UART)等串行接口协议来实现,这些协议连接具体如下。

(1) SPI 连接。

① SCK(serial clock,串行时钟):SPI 通信的时钟信号,由主设备(通常是 MCU)生成。

② MOSI(master output slave input,主设备输出、从设备输入):主设备发送数据到从设备。

③ MISO(master input slave output,主设备输入、从设备输出):从设备发送数据到主设备。

④ CS(chip select,片选/从设备):用于选择特定的从设备进行通信。每个从设备一般有一个独立的 CS 信号。

(2) UART 接口连接。

① TX(transport,发送):用于将数据从一个设备传输到另一个设备。

② RX(receive,接收):用于从另一个设备接收数据。

③ 有时还包括 RTS(request to send,请求发送)和 CTS(clear to send,清除发送)等控制信号用于硬件流控。

3. 鼠标的性能指标和数据格式

鼠标的主要性能是灵敏度,用 dpi(dots per inch)为单位,表示鼠标移动 1 英寸对应于屏幕像素的数目。一般鼠标的灵敏度为 800～1 600 dpi。对于 1 080p 的屏幕,鼠标前后左右移动范围不超过 3 英寸,就可使光标到达屏幕的每一个位置。

鼠标和主机之间采用数据成组传输的方式,对于双键鼠标,3 字节为一组,对于三键鼠标,5 字节为一组。3 字节数据组的格式如图 11.15 所示。

3 字节数据组中,X 方向和 Y 方向的相对位移量分别用 $X_7 \sim X_0$ 和 $Y_7 \sim Y_0$ 表示,最高位为符号位。位移量以米基(mickey)为单位,1 米基为 1 英寸(inch)的 1/200,约为 0.127mm。

图 11.15 中的 LB(left button)和 RB(right button)分别表示左、右键,1 表示按下,0 表示放开。

	D$_7$							D$_0$
第 0 字节	×	1	LB	RB	Y$_7$	Y$_6$	X$_7$	X$_6$
第 1 字节	×	0	X$_5$	X$_4$	X$_3$	X$_2$	X$_1$	X$_0$
第 2 字节	×	0	Y$_5$	Y$_4$	Y$_3$	Y$_2$	Y$_1$	Y$_0$

图 11.15 鼠标 3 字节数据组的格式

这一数据格式的特点如下。

(1) 将鼠标在 X 方向和 Y 方向的位移量与左、右键标识符 LB、RB 合在一起。

(2) 3 字节的最高位 D$_7$ 均可为 1,也可为 0。

(3) D$_6$ 位为字节标识位,D$_6$=1 表示这是第 0 字节,此后的 2 字节依次为第 1、第 2 字节。

(4) LB=1 对应左键,RB=1 对应右键,当然,LB 和 RB 不会同时为 1。

例如,左键按下时,横向位移量为 00111000,纵向位移量为 01100100,设 D$_7$=0,则 3 字节数据组为 64H、38H 和 24H。

主机接收到 3 字节的数据以后,送到鼠标驱动程序进行分析,从而确认当前鼠标的左、右键是按下还是放开,也可以得到鼠标在两个方向移动的位移量,从而执行相应的功能。

11.8.2 鼠标的驱动程序及其功能调用

1. 鼠标驱动程序

为了使鼠标正常工作,DOS 操作系统中配置了相应的鼠标驱动程序 MOUSE.SYS 或 MOUSE.COM,前者是设备驱动程序的形式,后者是命令文件的形式,功能相同。鼠标驱动程序的核心是一个硬件中断处理程序,它实现对鼠标操作的管理,而且以软件中断的形式提供功能调用。

鼠标的移动以及对鼠标键的按下或放开等操作都会通过相应电路向主机发中断请求。进入中断处理程序后,通过对左右键状态(按下或放开)的识别,进而判别单击、双击、拖动等操作,并结合光标位置转入相应的处理。

2. 鼠标驱动程序的功能调用

鼠标驱动程序以 INT 33H 的形式提供了几十个功能调用,这样,可以通过编程来调用鼠标功能。下面介绍几个常用的功能调用,编程时,功能号放在 AX 中。

1) AX=00,鼠标检测和初始化

如下指令:

```
MOV          AX,00
INT          33H
```

执行后,若返回 AX=0,则表示不支持鼠标操作;若返回 AX=FFFFH,则支持鼠标操作,并在 BX 中返回鼠标的键数(2 键或 3 键)。

2) AX=01,打开鼠标光标

只有鼠标光标打开时,才能使光标显示在屏幕上实现正确的鼠标操作。

3）AX＝02，关闭鼠标光标

4）AX＝03，读取光标位置和按键状态

返回参数：CX＝水平位置；DX＝垂直位置；BX＝按键状态，第0位为左键，第1位为右键，第2位为中键，0表示放开，1表示按下。水平位置和垂直位置均以像素序号表示。

5）AX＝04，设置鼠标光标位置

入口参数：CX＝水平位置，DX＝垂直位置。光标的水平位置和垂直位置均以像素序号表示。

例如，下面的程序段在文本方式下将鼠标光标位置设置在第10行第20列。

```
MOV          AX,04               ;设置光标位置
MOV          CX,20×8             ;水平位置,由文本方式的字符换算为图形方式的像素
MOV          DX,10×8             ;垂直位置,由字符换算为像素
INT          33H
```

6）AX＝07，设置鼠标光标水平界限

入口参数：CX＝最小水平位置，DX＝最大水平位置。水平位置以像素序号表示。

7）AX＝08，设置鼠标光标垂直界限

入口参数：CX＝最小垂直位置，DX＝最大垂直位置。垂直位置以像素序号表示。

通过07、08两个功能调用，可使光标限定在给定的窗口范围内，若超出范围，则不予显示。

8）AX＝0BH，读取鼠标的位移量

返回参数：CX＝X方向位移量，DX＝Y方向位移量。返回参数为两次调用0BH功能之间的相对位移量，以米基为单位，数值范围为－32 768～32 767。X方向，向右为正；Y方向，向下为正。

9）AX＝0FH，设置鼠标的位移像素比

入口参数：CX＝X方向位移像素比，DX＝Y方向位移像素比。此功能用于设置鼠标移动和鼠标光标移动之间的比例因子。因为鼠标移动以米基为单位，而屏幕上的光标移动以像素为单位。比例因子表明鼠标移动多少米基对应于鼠标光标移动1像素。默认值为鼠标在X方向移动8米基对应光标水平移动1像素；Y方向移动16米基对应光标垂直移动1像素。因为屏幕不是正方形，所以通过在X、Y方向设置不同的位移像素比，可使鼠标光标扫过整个屏幕时，鼠标在X、Y方向移动的实际距离基本一样。

例如下面程序段：

```
MOV          AX,0FH           .
MOV          CX,4                ;水平为4米基/像素
MOV          DX,8                ;垂直为8米基/像素
INT          33H
```

执行后，使鼠标的灵敏度比默认状态提高。现在，鼠标移动很小距离，就使光标移动较多的像素距离。

另外，鼠标驱动程序有自动加速功能，当鼠标移动速度较快时，鼠标移动同样的距离，鼠标光标移动的像素数会增加。因此，鼠标在快速移动时不必移动很大距离就可使光标扫过整个屏幕，而当鼠标移动较慢时，又能使光标精确定位。

第 12 章　显示器的工作原理和接口技术

微型机显示子系统由显示器、显示适配器和显示驱动程序组成。

早期出现的显示器有荧光屏显示器,即 CRT(cathode ray tube)显示器,以及液晶显示器(liquid crystal display,LCD)。尽管两者的显示原理不同,实际使用的信号也不同,但为了保持兼容性以方便用户,较后推出的 LCD 和主机连接时,大多数采用同于 CRT 和主机的连接方式,然后通过 LCD 内部电路再将来自主机的信号转换为适合于 LCD 的信号。对于主机来说,CRT 和 LCD 使用的显示适配器和驱动程序也相同。

显示适配器是主机和显示器之间的连接部件,通常以显示适配卡形式插在主机的总线扩展槽上,由于部分主板集成了显示适配器电路,所以,主机中可以不插显示适配卡,但主板中的显示部件和适配卡的工作原理相同。

显示驱动程序通常由 ROM BIOS 提供。

12.1　CRT 显示器和光栅扫描

1. CRT 显示器的结构和工作原理

CRT 显示器有单色和彩色两种。彩色显示器的原理结构如图 12.1 所示,其主要部分就是阴极射线管(CRT)。

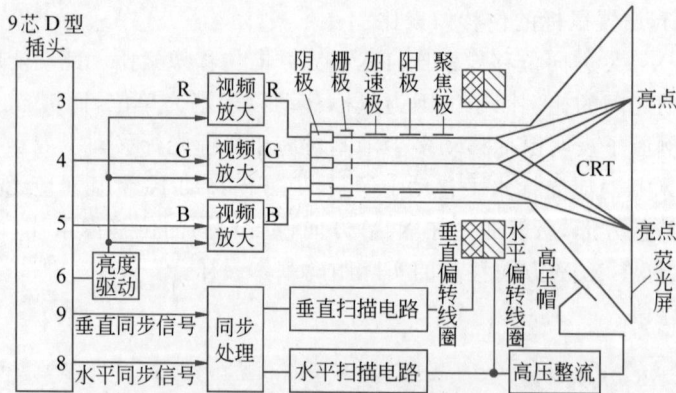

图 12.1　彩色显示器的原理结构

CRT 由阴极、栅极、加速极、阳极和聚焦极以及荧光屏组成。阴极用来发射电子,彩色射线管中有 3 个独立的阴极,它们分别在红绿蓝即 RGB 这 3 个信号的驱动和控制下,发射3 支电子束,通过改变栅极和阴极之间的电压,即可按同样的倍数改变 3 个电子束的强弱,再经过加速和聚焦,分别轰击荧光屏上的红绿蓝 3 色荧光粉,从而产生彩色的光点。

2. 光栅扫描

为了在整个显示器屏幕上显示字符和图形,需要用光栅扫描的方式,使电子束从屏幕的左上角开始,沿着略微倾斜的水平方向从左到右扫描,到达屏幕右端之后,立即回到左端下一线位置,再匀速地向右端扫描……一直扫描到屏幕右下角,又立即返回左上角。由于电子束从左到右、从上到下有规律地周期运动,在屏幕上会留下一条条扫描线,这些扫描线形成光栅,这就是光栅扫描这一名称的由来。图 12.2 表示光栅扫描的过程。

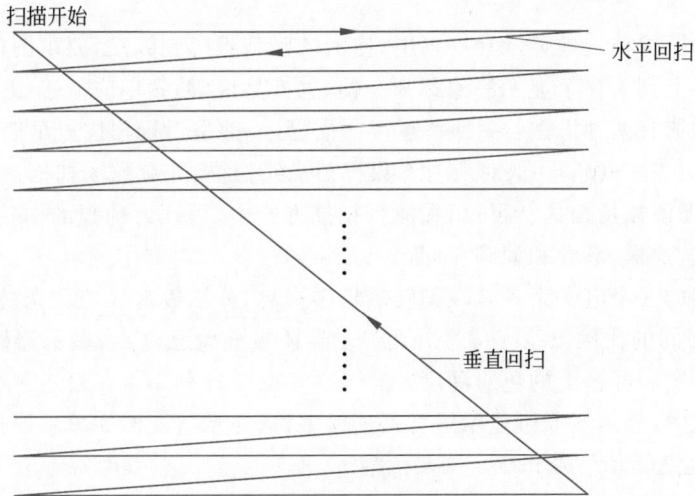

图 12.2　显示器的光栅扫描

　　光栅扫描是靠电子束周围的磁场来控制的。显示器前部通过水平偏转线圈和垂直偏转线圈设置了两个磁场:一个磁场控制电子束从左到右作水平方向移动,到右端之后,又立刻回到左端;另一个磁场控制电子束从上到下作垂直方向移动,到底部之后,又立刻回到上面。为了产生这样两个磁场,CRT 显示器配置了垂直扫描电路和水平扫描电路,分别产生锯齿波扫描电流流过水平偏转线圈和垂直偏转线圈,如图 12.3 所示。用于水平扫描的锯齿波的频率要比用于垂直扫描的高得多。水平扫描锯齿波有一个较平缓的上升坡,对应于从左到右的一条扫描线,锯齿波快速的下降沿则对应于从右到左的快速回扫。同样,用于垂直扫描的锯齿波也有正向扫描部分和逆向回扫部分。

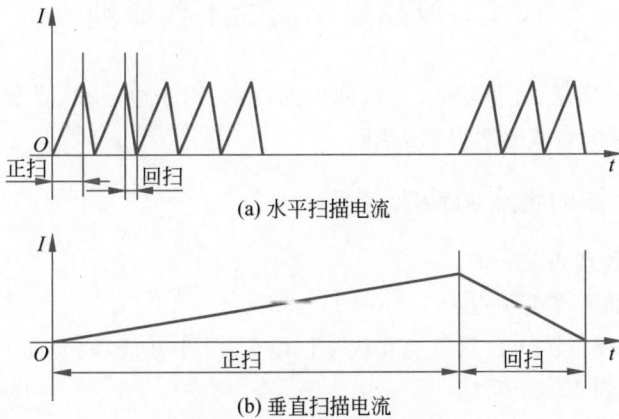

(a) 水平扫描电流

(b) 垂直扫描电流

图 12.3　CRT 扫描电流

　　在有规律的扫描周期中,CRT 的 3 个阴极加上图像信号,只要扫描信号和图像信号之间在时间上很好配合,就可使图像显示在荧光屏的相应位置上。这个功能是由水平同步信号和垂直同步信号完成的。同步信号由显示适配器按照严格的时序产生。当电子束到达屏幕右端时,水平同步信号触发水平扫描电路,使锯齿波快速下降,于是进行回扫。与此类似,垂直同步信号在电子束到达右下角时,触发垂直扫描电路,使锯齿波快速下降,从而使电子束回到屏幕左上角。

为使字符和图像稳定地显示在屏幕上,使人的眼睛不感到闪动,要求图像每秒钟至少刷新 25 次,图像从上到下整个显示一遍称为一帧,这就是说,帧频不应低于 25 Hz。

实现光栅扫描有两种方法:一种是逐行扫描;另一种是隔行扫描。早期的 CRT 采用隔行扫描方式两次扫完一帧:一次对所有奇数行扫描线扫描,即奇数场扫描;接着对所有偶数行扫描线扫描,即偶数场扫描。可见,在隔行扫描方式中,场频为帧频的两倍。CRT 一般采用逐行扫描方式,这样,场频和帧频相同。

彩色显示器的 3 个电子束各自在偏转磁场中穿越,分别轰击 3 色荧光粉,从而产生彩色效果,3 种颜色之间的比例关系在信号到达显示器阴极前就已确定,显示器栅极和阴极之间的电压强度则决定了屏幕上的色彩深度。

微型机系统中,显示器通过显示适配器连接主机,显示适配器为显示器提供红绿蓝 3 个颜色信号、1 个亮度驱动信号和 2 个同步信号。

3. CRT 显示器的性能指标

彩色 CRT 显示器的性能指标主要是分辨率和颜色种类。

(1) 分辨率:分辨率和视觉上的清晰度直接相关,分辨率越高,显示的图像和字符越清晰。CRT 显示器的分辨率决定于显示器的尺寸、适配器的规格和工作模式。分辨率用屏幕像素数目表示,如 640×480,就是指屏幕的水平方向用 640 像素表示;垂直方向用 480 像素表示。CRT 显示器的分辨率可通过软件进行设置。

(2) 颜色种类:指一个像素点能够显示多少种颜色。CRT 显示器的颜色种类决定于显示器的规格、显示适配器的类型和适配器的工作模式。CRT 显示器有 16 种颜色、256 种颜色等,高的可达 32K 种颜色、64K 种颜色,甚至 16.7M 种颜色。

12.2 液晶显示器的工作原理

第一个液晶显示器是 20 世纪 60 年代问世的,最初用于电子表、计算器等产品,20 世纪 80 年代开始,在计算机领域逐渐得到应用。

12.2.1 液晶显示器的特点和性能指标

1. 液晶显示器的优点

液晶显示器有如下突出优点。

(1) 电压低,功耗小:LCD 只需要几伏工作电压,几十瓦的功耗,而 CRT 显示器的高压达上万伏,功耗为 LCD 的 3 倍。

(2) 体积小,质量轻:LCD 采用平板型结构,而 CRT 显示器很笨重,两者形成鲜明的对比。

(3) 无辐射,无闪烁:LCD 不伤害眼睛,保护健康。

2. 液晶显示器的主要性能指标

LCD 因其独特的工作原理,性能指标和 CRT 显示器不同。LCD 的指标主要如下。

(1) **分辨率**:LCD 的分辨率就是指屏幕中的像素数量。像素数量和液晶面板的尺寸密切相关。屏幕越大,分辨率越高。LCD 的分辨率是由制造商决定的,不能调节,这与 CRT 显示器不同。

(2) **显示颜色数**:LCD 可以有 24 位色,其中,红绿蓝三基色作为单色时,各显示 2^8 即 256 种颜色层次。三基色组合起来,可显示 2^{24} 即 16 777 216 种颜色,简称 16M 种颜色。低档产品为 18 位色,可显示 $2^{18} = 262\ 144$ 种颜色,简称 256K 种颜色。

(3) **亮度**:LCD 的亮度通常为 $200 \sim 500 \text{cd/m}^2$,其中,cd 为发光强度单位 candela(坎德拉)的缩写。对亮度的要求和周围环境有关,在室内可较低,而室外则应大于 300cd/m^2。

(4) **对比度**:指最大亮度和最小亮度之比,通常为 $300:1 \sim 500:1$,对比度越大越清楚。

(5) **响应时间**:从加电到正常显示的时间为上升时间,从断电到显示结束的时间为下降时间,两者之和称为响应时间,这代表像素对信号的反应速度。目前主流 LCD 的响应时间约 5ms。响应时间过长,会有拖尾现象,使运动图像产生幻影,模糊不清。

12.2.2 液晶显示器的工作原理

1. 液晶的性能特点

液晶是由有机化合物组成的,在一定的温度范围内兼有液体的流动性和晶体的异向性,能够处于所谓"液晶"状态。液晶有如下特点。

(1) **透光性**:在自然状态下,液晶几乎是透明的,允许光线透过去。

(2) **电光效应**:在电场作用下,液晶分子会产生扭曲,排列发生变化,引起透光率也发生变化,从而可显示不同的亮度,这是液晶最重要的特点。利用这个特点,可通过电信号对来自其背面的光(称为背光源)进行控制,使通过液晶板各点的光线强弱随电信号发生变化。

(3) **必须交流驱动**:如果对液晶持续施加同一个方向的电场,那么,会使液晶很快老化,因此,对液晶施加的电场必须是反转性的,即产生电场的信号必须是交流信号,且尽量不带直流分量。

2. 液晶显示器的结构和工作原理

如图 12.4 所示,在结构上,LCD 是用两块间距为 $3 \sim 5\mu\text{m}$、厚度各为约 0.5mm 的玻璃板之间充满液晶材料,并在这两片玻璃板上设置两个透明电极构成的,屏幕的最前面是彩色滤光膜,屏幕的后面是背光源。

LCD 中的背光源使用传统的冷阴极荧光管发出的白色光,在反射板和导光板的作用下,变成平面光,射向液晶板,这样的光源也称面光源。背光源技术本身横跨光学和电子学领域,本书不作细述。近年,冷阴极荧光管逐渐被发光二极管(light emitting

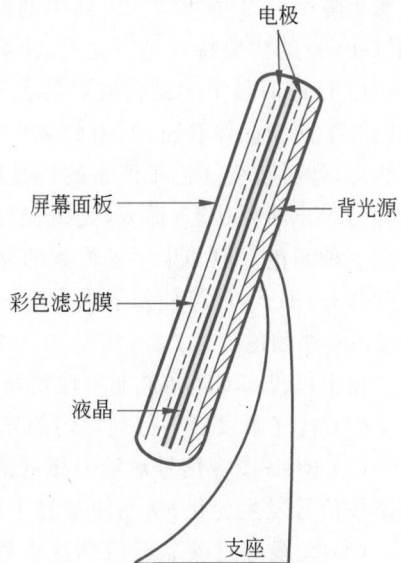

图 12.4 LCD 的构成示意

diode,LED)代替。但从效果上讲,背光源的功能就是使受光的液晶板得到均匀的平行光线。

LCD 上的各单元即像素采用行列式结构,在没有电信号时,像素排成整齐的矩阵,使背光源发出的光畅通无阻地穿过。在液晶两边的电极加上信号电压后,液晶板就处于电场之中,液晶单元在电场作用下其状态不再整齐,从而引起各个像素点的透光率发生改变,引起光线灰度有深浅变化。

每个像素点有对应的行位和列位,处于行列交叉点的一个液晶单元的扭曲状态决定于行位上的电极和列位上的电极之间的电压。组成 LCD 时,将同一行上的行位连在一起,称为行电极;而将同一列上的列位连在一起,称为列电极。显示过程中,依次往每个行电极加选通信号,而往每个列电极加要显示的信号,显示信号的强弱决定了相应像素点液晶的扭曲状态,从而对光的穿透率产生控制作用。扭曲范围越大,对比度越高。这样,通过控制电极信号的电压就可以控制像素点的亮度,从而可使屏幕上产生不同亮度层次的图像。但如果没有彩色滤光膜,那么,这种图像只能是黑白的。

要使 LCD 显示彩色影像,必须加上彩色滤光膜。彩色滤光膜中有一个具有滤光功能的彩色层,它让需要的光穿过去,而把不需要的光阻挡住。如同在眼前放一张红色透明纸,那么,只有红色光可穿过,其他光被挡住,只能见到红色一样。和液晶板相对应,滤光膜中的彩色层也分成许多像素单元。实际上,彩色层中的每像素和液晶板上的每像素都由红绿蓝 3 色子像素构成,两者的子像素也一一对应。背光源发出的白光透过液晶板以后成为不同灰度层次的白色光线,照射到滤光膜上的红绿蓝 3 色子像素,最后再混合成彩色。

所以从原理上看,LCD 是把像素分为红绿蓝 3 色子像素,通过控制每个子像素的亮度,来形成不同的亮度层次,再通过滤光膜从中提取不同亮度层次的三基色,最后组合成全彩色。全彩色也称真彩色,是指日常人眼能分辨的全部颜色。

LCD 有无源矩阵型(passive matrix, PM)和有源矩阵型(active matrix, AM)两大类。早期的 LCD 均属于无源矩阵型,其主要缺点是在显示色彩和响应时间方面均不理想。之后有源矩阵型 LCD 发展很快,其中的薄膜晶体管液晶显示器(TFT-LCD)曾经是典型产品。TFT-LCD 的主要特点是高亮度、快响应、全彩色。

LCD 最后显示的是合成后的色彩。彩色 TFT-LCD 的每像素的红绿蓝 3 色子像素分别由 3 个薄膜晶体管驱动,由此称为"有源"LCD。通过驱动电路控制 3 个薄膜晶体管的导通状态,就可改变 3 色子像素的透光度,由此控制光线的亮度层次。薄膜晶体管如只能处于饱和与截止两种状态,那么,光线穿过彩色滤光膜后,3 色子像素对应的红绿蓝三基色只能合成 8 种颜色。但如果一子像素的驱动晶体管在不同的驱动信号下有 64 种不同的电压输出的状态,那么,就可使每子像素有 64 级灰度,红绿蓝对应的三基色就可合成 $64 \times 64 \times 64$ 即 256K 种颜色。

由上可见,LCD 屏幕上一像素显示彩色的过程和要点如下。

(1)背光源发出平行且均匀的光线。

(2)RGB 图像信号对液晶板的薄膜晶体管进行控制,使液晶板像素中 3 色子像素的透光率按信号发生变化,从而使穿过子像素的光线在灰度上按信号被调节。

(3)光线穿过液晶板后到达彩色滤光膜时,仍然是"白色"光,但到达像素点时,红色子像素的"白光"强度正比于所需红光的强度,同样,到达绿色子像素和蓝色子像素的"白光"强度和所需要的绿光和蓝光的强度分别成正比。

（4）在彩色滤光膜中，红色子像素点只让红光通过，其他颜色被阻挡，这样，把需要的红光从白光中"提取"了出来。同样，滤光膜的绿色子像素和蓝色子像素提取了所需要的绿光和蓝光。穿过滤光膜以后的三色光是和最初的图像信号相对应的，它们最后合成了彩色的像素点。

LCD 实际工作时，如为 18 位色，那么，红绿蓝三基色各用 6 位二进制数，可表示 2^6（即 64）级灰度，相当于每个薄膜晶体管可获得 64 种不同大小的控制信号输入。这些信号的大小非常密集、非常靠近，但严格说，仍然不是连续性的模拟信号，而是数字式的，对应 0～63 共 64 个数据。这 64 种不同的信号对应 64 种不同的输出电压，可引起相应的液晶子像素产生 64 种不同的穿透率，于是能够使穿过的光线产生 64 级不同的灰度。这个灰度正比于图像信号中相应颜色的强度，最后由彩色滤光膜提取相应的颜色，再和其他两种颜色结合，便得到了真正的彩色。

3. LCD 和 CRT 显示器的区别

归纳起来，LCD 和 CRT 显示器的区别如下。

（1）LCD 通过对背光源的光作控制，再配合彩色滤光膜来实现彩色显示，是一种被动发光效应；而 CRT 显示器通过电子束对彩色荧光屏的轰击来直接发光，是一种主动发光效应。

（2）CRT 显示器采用锯齿波光栅扫描来实现显示，而 LCD 采用行列式定位来确定像素位置。

（3）LCD 的屏幕分辨率不可改变，而 CRT 显示器的分辨率可在一定范围内改变。

12.3 显示适配器

显示器通过显示适配器和主机连接。如果显示适配器的档次低，那么，即使是高档的显示器，也得不到好的显示效果。微型机系统中，显示适配器以板卡形式插在总线扩展槽上，简称为显卡，显卡再用一个 15 芯 D 型插座 DVI、HDMI、DisplayPort、USB-C 等多种方式和显示器相连。32 位微型机系统的主板中集成了显示适配器的功能部件，可以不用显卡，这样，显示器通过 D 型插座可直接连到主机板框架上。

LCD 与计算机主机的连接方式有多种，主要取决于显卡和显示器所支持的接口类型，以下是一些常见的连接方式。

（1）VGA（video graphics array，视频图形阵列）：不支持音频。

（2）DVI（digital visual interface，数字视频接口）：提供数字视频信号传输，相比于 VGA 可以提供更好的图像质量。

（3）HDMI（high-definition multimedia interface，高清多媒体接口）：支持视频和音频信号同时传输。

（4）DisplayPort：提供高带宽传输，支持高分辨率和高刷新率，适用游戏和专业显示需求。具备菊花链功能，可以一个接口连接多个显示器。

（5）USB-C/Thunderbolt 3/4：通过 USB-C 进行视频传输，除了视频信号，还可以同时传输数据和电力。Thunderbolt 3/4 基于 USB-C 物理接口，提供更高带宽，支持同时连接多个显示器和更高效的数据传输。

12.3.1 显示适配器的性能

显示适配器对显示子系统的性能有决定性的影响,其性能主要表现在如下几方面。

(1) 分辨率:分辨率原来是用来表示显示器性能的,但只有显示适配器有相应的分辨率,显示器才能达到预期指标,另外,对于 CRT 显示器来说,同样的显示器和显示适配器,在适配器工作于不同模式时,分辨率也往往不同。但 LCD 的分辨率是不可改变的。

(2) 颜色种类:指每个像素点可用多少种颜色表示,例如,256 色表示每像素可从 256 种颜色中选择一种来显示。尽管显示系统的彩色效果最终由屏幕表现,但对于 CRT 来说,颜色种类是由适配器决定的,同样的显示器配置不同规格的适配器会得到不同的效果,而对于同样的显示器和适配器,在适配器工作于不同模式时,颜色种类也不同,通常在分辨率越高的模式下,颜色种类越少。而对于 LCD 来说,颜色种类还和 LCD 本身相关。

(3) 显示方式:显示系统有两种工作方式,即字符方式和图形方式,前者只能显示字符,后者既可显示图形,又可显示字符。

(4) 显示速度:指显示文字和图像的速度,这和显示器分辨率有关。对 CRT 显示器来说,还和扫描频率有关;而对 LCD 来说,还和自身响应时间有关。

12.3.2 显示适配器的种类

显示适配器的种类较多,早期是由 IBM 公司推出的。常用的彩色显示适配器有 CGA (color graphics adaptor)、EGA (enhanced graphics adaptor)、VGA (video graphics adaptor)、SVGA(super video graphics adaptor)等。众多类型的显示适配器反映了其不断更新的过程。

CGA 是 IBM 公司推出的第一代彩色显示适配器,它只有 16KB 显存,只能用 4 种颜色显示。

第二代彩色显示适配器 EGA 的显存容量达到 256KB,最高分辨率达 640×350,可在屏幕上同时显示 16 种颜色。

VGA 显示适配器推出时,显存容量为 1MB,后来扩展到 32MB,分辨率达 640×480,颜色种类达 256K 种。VGA 率先采用模拟信号送显示器,所以,与采用数字信号直接送显示器的 CGA 和 EGA 相比,色彩较柔和。

SVGA 是国际视频电子标准协会在 VGA 基础上推出的显示适配器,也称超级 VGA。其主要特点是分辨率高,颜色种类多,这是比 VGA 功能更强的一种显示适配器。通过工作模式设置,可实现 640×480、800×600、$1\,024 \times 768$、$1\,280 \times 1\,024$、$1\,600 \times 1\,280$ 等多种分辨率,颜色种类有 256 色、32K 色、64K 色甚至 16.7M 色。

此外,还有一种由美国 Trident 公司推出的 TVGA(trident video graphics array)显示适配器,其功能类似于 SVGA,常用分辨率达到 $1\,024 \times 768$ 或 $1\,280 \times 1\,024$,颜色种类也和 SVGA 一样多。

XGA(extended graphics array)是 IBM 公司继 VGA 后推出的高性能图形适配器,其中含一个协处理器,所以有一定的智能性。其运行速度比 VGA 快一倍,支持分辨率达 $1\,024 \times 768$。

微型机系统中,使用过的如 VGA 和 SVGA,它们支持多种高分辨率显示器。由此,主机和显示器之间的接口信号也以模拟信号形式提供。但由于 LCD 需要数字式的初始信号,为此,32 位系统中集成于主机板的适配器,增加了以数字信号形式提供显示信息的插口 DVI-D,可连接专门适用于这种插座的 LCD。

随着时代的发展,英伟达(NVIDIA)公司成为后起之秀,其出品的优秀品牌 GeForce 显卡用于各种计算机系统中。1920×1080 的分辨率也成为主流。

12.3.3 彩色显示适配器的功能模块

彩色显示适配器的功能一方面是将主机 CPU 送来的数字信号进行后续处理,变成显示器所需要的红绿蓝视频模拟信号;另一方面产生对 CRT 扫描电路的垂直同步信号和水平同步信号。模拟信号和同步信号一起送到显示器,使得显示器屏幕相应位置显示信息。

如图 12.5 所示,彩色显示适配器主要由系统总线接口、显示存储器、属性控制器、D/A 转换器、适配控制器和时序发生器等组成。

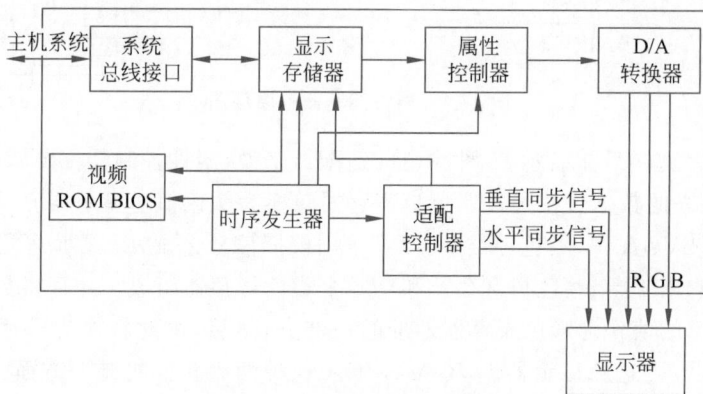

图 12.5　显示适配器的原理图

系统总线接口的功能是协助 CPU 访问显存,它是 CPU 和显存之间的信息通道,CPU 送往显存的信息先由系统总线接口处理,使其转换为符合显存格式的数据,然后进入显存。同时,主机也可通过系统总线接口读取显存中的内容。

显存 VRAM 用来存放要显示字符的 ASCII 码和属性代码、字符的点阵码以及对应于像素的数据。显存的容量和组织方式是决定显示适配器性能的重要因素,它和显示适配器的工作方式、分辨率以及显示速度密切相关。早期的显存只有 16KB、256KB、512KB,逐渐扩大到 4GB、8GB。显存容量越大,分辨率越高,显示系统的性能越好。

显存通常被划分为多个位平面,有关位平面机制后面将进一步作说明。

从程序员角度看,计算机系统显示信息时,主机把要显示的信息传输到显存,再从显存送到显示器。但实际上,显存读出的数据还要经过属性控制器的复杂处理,再经过 D/A 转换器的转换,才能变成送到显示器所需要的信号。

属性控制器内部有调色板寄存器和彩色寄存器,还有一个模式控制寄存器,三者互相配合,将显存送来的数据转换为红、绿、蓝颜色数据。图 12.6 是属性控制器的原理图。

属性控制器中,调色板寄存器起颜色查询作用,它把显存送来的数据转换成颜色代码。在物理上,调色板寄存器是一个 6 位的寄存器组,实际上是数据宽度为 6 位的一个 RAM 区。调色板的数据宽度决定了颜色的数量,通过显存中的每像素对应值在调色板中选择一个寄存器。

调色板寄存器
品红 红 绿
0
0 0
2 | 000010
1 0
5 | 000101   EGA   显示器
0 1
3
1 0
2
显示存储器位平面
1
0
E
F
彩色寄存器
0 1 2

VGA/SVGA
PSS=1
PSS=0
253
254
255

D_7 D_0 彩色选择寄存器

0 1
PSS

模式控制寄存器

D/A D/A D/A
R G B

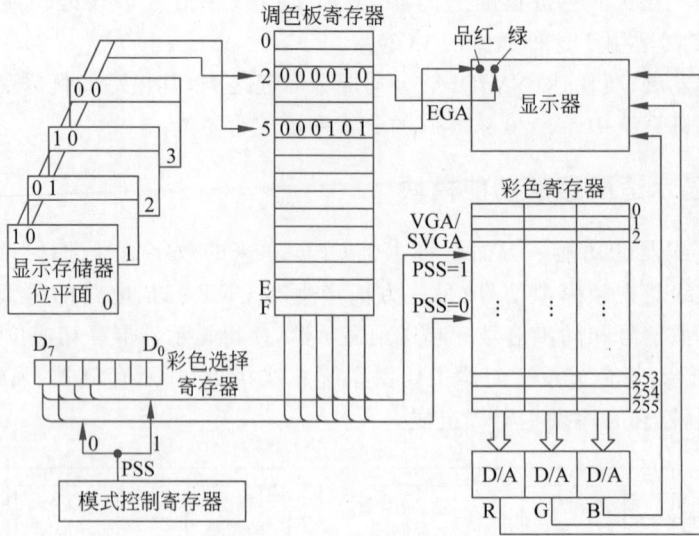

图 12.6 属性控制器的原理图

对于像 EGA 这样只能显示 16 种颜色的适配器来说,属性控制器主要就是 16 色调色板寄存器。显存送来的数据直接通过调色板寄存器转换为颜色值送显示器。

在 VGA 和 SVGA 中,颜色种类多,而且采用模拟信号来显示,显示适配器中的属性控制器也较复杂,它由 16 个调色板寄存器和 256 个彩色寄存器组成。显存将数据送到调色板寄存器后,其输出的值作为彩色寄存器地址的一部分,然后,由此转换为彩色寄存器的代码送到 D/A 转换器,再送到显示器。VGA/SVGA 这种两级转换机制一方面可兼容 EGA 的原理和功能;另一方面扩展了一组彩色寄存器。彩色寄存器有 18 位,分 3 个字段,即为红绿蓝每种颜色分配 6 位,所以,一种颜色(如绿色)就有 2^6(即 64)个层次可调节,而三色合成的实际颜色可达 $64 \times 64 \times 64$ 即 256K 种,这比 EGA 直接用调色板的功能强得多。在讲述显存组织方式时将对此作进一步说明。

D/A 转换器将彩色寄存器输出的数字信号转换为模拟信号送到显示器。

适配控制器是显示适配器的核心部件,主要针对 CRT 显示器设计,但 LCD 也用到其相应的时序控制功能。其一方面为扫描电路提供水平同步信号和垂直同步信号,这两个同步信号和水平扫描电路及垂直扫描电路结合,使 CRT 显示器能够不断从上到下、从左到右地进行扫描,形成光栅;另一方面,适配控制器根据同步信号得到各个时刻光束在屏幕上的落点位置,再据此计算出显存的单元地址,然后从显存读取数据,送属性控制器处理,得到红绿蓝三色数据,转换为模拟信号后,再送到显示器。由于扫描过程和从显存读取数据的过程都受到适配控制器的控制,所以能使显存中的数据显示在所要的屏幕位置。适配控制器通常是一块大规模集成电路,例如早期的 MC6845。适配控制器中包括水平定时器、垂直定时器、线性地址发生器和众多寄存器。其中的寄存器都是可编程的,通过对这些寄存器的编程,可设置水平同步信号和垂直同步信号的同步位置、同步宽度、行扫描线数等。

时序发生器为适配器的各部件提供时序信号,使显示适配器有条不紊地工作。

在 VGA/SVGA 中,还有视频 ROM BIOS,这是一个只读存储芯片,其地址范围为

C0000H～CFFFFH,其中分别容纳了 VGA 和 SVGA 的驱动程序,还包含了多套字符集的点阵码,即通常说的字符发生器。

12.4　显示系统的字符模式和图形模式

显示系统在发展过程中,从黑白到彩色,从单一的字符显示到能够进行图形显示,从低分辨率到高分辨率不断提高性能。现在,显示系统通常有两大类工作模式:一类是字符模式;另一类是图形模式。在两大类模式中,又分别含多种模式。

各种字符模式之间的差别主要是字符大小和每屏显示的字符行列数的不同。例如,模式 1 和模式 2 均为字符模式,两者字符大小均为 8×14,但前者字符行列数为 40×25,后者则为 80×25。

各种图形模式之间的差别主要是分辨率和颜色种类的不同,而且分辨率越高,颜色种类越少。例如,模式 5BH 和 5CH 都是图形模式,前者分辨率为 800×600,可显示 16 色;后者分辨率为 600×400,可显示 256 色。

模式是可按手册通过软件来设置的,通常,显示适配器出厂时已设置好。在 Windows 操作系统下,用户可通过选单很方便地改变模式设置。各种模式对应的格式数据庞杂,但含义雷同,故在此不一一罗列。

字符模式只用来显示字符,其特点是显示速度快。在字符模式下,屏幕被划分为许多字符块,每个字符块包含一定数量的像素。

在微型机主机系统中,每个字符用 2 字节表示,如图 12.7 所示,一字节对应 ASCII 码,另一字节表示字符属性。属性包括亮度、背景色、前景色等,背景色和前景色分别用 3 位二进制数表示 8 种颜色,例如,用 100B 表示红色,用 010B 表示绿色等。

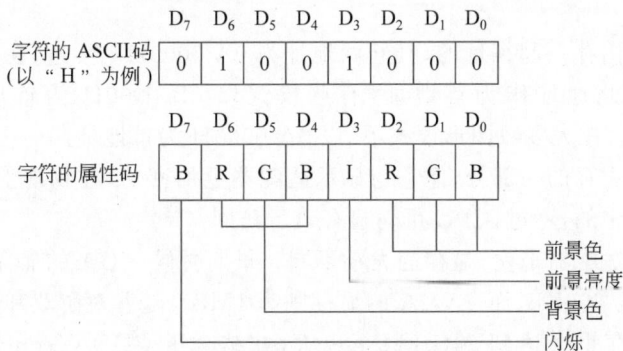

图 12.7　1 个字符用 2 字节表示

为了能使字符显示在屏幕上,必须把字符的 ASCII 码转换成显示格式即点阵码,这就要用到字符发生器。字符发生器中存放着每个 ASCII 码对应的点阵码。

字符模式下的显示格式即点阵码种类是有限的,最常见的为 80×25,即一屏 25 行,每行 80 个字符,每个字符对应 8 行×8 列共 64 像素的字符块,这样,一个字符用 8 字节的点阵码表示。例如,如图 12.8 所示,"H"用 8 个点阵码 C6H、C6H、C6H、FEH、FEH、C6H、C6H、00H 表示其字模,两个字符之间空一行和一列,所以,实际上,一个字符对应 7×7 像素。

按照不同的字形,常用的还有 8×8、8×14、8×16 等点阵码类型。

	7							0	
0	1	1	0	0	0	1	1	0	C6H
	1	1	0	0	0	1	1	0	C6H
	1	1	0	0	0	1	1	0	C6H
	1	1	1	1	1	1	1	0	FEH
	1	1	1	1	1	1	1	0	FEH
	1	1	0	0	0	1	1	0	C6H
	1	1	0	0	0	1	1	0	C6H
7	0	0	0	0	0	0	0	0	00H

图 12.8　8×8 字符点阵

归纳起来,在字符方式下,把 1 个字符显示在屏幕上需要进行下列操作。

(1) 找到该字符的 ASCII 码和属性代码。

(2) 顺序地多次访问字符发生器,逐个读取该字符对应于每条扫描线上的点阵码。

(3) 将点阵码送到显示器。

在图形模式中,按照每像素的颜色种类和屏幕分辨率的不同,又有很多种显示模式。在各种图形模式中,每像素都对应不同的像素数据。

例如,在每像素对应 4 种颜色的图形模式中,用 2 位二进制数对应 1 像素,这样,显存中 1 字节对应 4 像素。又如,在每像素对应 16 色的图形显示模式中,4 位二进制数对应 1 像素,因此,显存中的每字节对应 2 像素。而在每像素对应 256 色的图形显示模式中,1 字节对应 1 像素。

像素数据到屏幕像素颜色的转换是一个比较复杂的过程,12.5 节对此作阐述。

12.5　显示存储器的组织方式

显存是和主机内存一起编址的,其起始地址为 0A 0000H。不过,在各种模式下具体使用时,并不都是以此地址作为首地址,有些模式以 0B 0000H 为首地址,有些模式以 0B 8000H为首地址,在大多数图形模式下,以 0A 0000H 为首地址。

显存可看成是主存的一部分,但它与显示适配器更加密切,在物理上,早期的显存都是安置在显示适配器中的,不过,CPU 可对显存进行访问。

对不同的显示适配器来说,显存的大小不同。早期时候,CGA 的显存为 16KB,EGA 和 VGA 的显存至少为 256KB,而 TVGA 的显存则为 1MB。随着对游戏和人工智能等领域的需求越来越多,显存也会达到 24GB 甚至更大,并结合了 CUDA(compute unified device architecture)通用并行架构等新技术,让显卡达到甚至比 CPU 更大的计算能力,突破图形计算的范畴。

此处仍围绕传统的显存讲解。在显存固定的情况下,分辨率越高,则颜色种类越少。对 CRT 显示器来说,每种适配器都有多种分辨率运行方式。例如,EGA 分辨率为 320×200、640×200。VGA 分辨率可为 320×200、640×350、640×480、720×400 等。以 EGA 为例,在 640×200 分辨率方式中,每像素用 1 位二进制表示,则640×200=128 000 位二进制数,折合 16KB,正好是显存容量。在 320×200 分辨率情况下,每像素用 2 位二进制表示,可显示 4 种颜色,这样,320×200×2=128 000 位,也是 16KB。

实际上,用高分辨率和低分辨率来分等级并不十分科学,一种适配器的高分辨率可能就是另一种适配器的低分辨率,而且,一种适配器的低分辨率和高分辨率又分别有几挡。

在字符模式下,显存按位平面方式来组织。最典型的情况下,将显存分为 4 个位平面,分别称为位平面 0、1、2、3,在 256KB 的显存中,每个位平面为 64KB。如图 12.9 所示,位平面 0 用来存放显示字符的 ASCII 码,位平面 1 用来存放显示字符的属性代码,位平面 2 容纳字符点阵码,位平面 3 未用。系统工作于字符模式时,显示驱动程序会从视频 ROM BIOS 中读取点阵码装入位平面 2。字符显示时,主机将显示字符的 ASCII 码和属性代码分别送到位平面 0 和位平面 1,然后,位平面 0 中的 ASCII 码映射到位平面 2 的字符发生器,便将点阵码逐一读出,再根据位平面 1 中的属性代码来确定字符的背景色和前景色,从而将其显示出来。

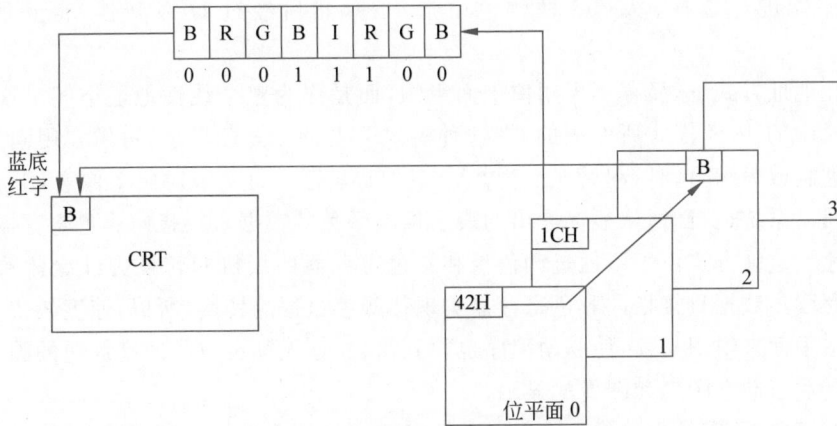

图 12.9　字符模式下的位平面组织

图形模式下均采用像素机制,屏幕被分成纵横排列的许多像素,每像素只具有颜色属性,如用 1 位二进制数表示 1 像素,那可表示两种颜色,以此类推,用 8 位二进制数表示 1 像素,可对应 256 种颜色。

图形模式中,有两种存放像素数据的方式:一种是常见的位平面方式;另一种是线性地址方式。后者只用于为 VGA 所配置的一种工作模式。

在位平面方式下,显存被分为几个位平面,每个位平面都对应整个屏幕,在地址分配时,几个位平面的起始地址一样,因此,不同位平面的同一地址单元的同 1 位可用来共同表示 1 像素。

当用 4 色显示时,典型的做法是用 2 个位平面,即位平面 0 和位平面 1,每像素用两个位平面的同一单元中的同 1 位表示,2 位二进制数支持 4 种颜色。

当用 16 色显示时,典型的做法是用 4 个位平面,这 4 个位平面占有相同的地址空间,每像素对应于 4 个位平面的同一地址中的同一单元的同 1 位,共用 4 位二进制数表示,分别表示 I、R、G、B。其中,R、G、B 表示红绿蓝三色,I 表示像素点颜色的深浅。随着水平分辨率的不同,每一条扫描线对应的字节数也不同。例如,分辨率为 640×350,则水平方向有 640 像素,每条水平扫描线对应 80 字节。也就是说,4 个位平面各用 80 字节来共同用 16 种颜色显示一条扫描线上的 640 像素。

以 EGA 和 VGA/SVGA 为例,通常将显存分为 4 个位平面,在位平面 0～3 中,同一地址单元同 1 位的二进制数共 4 位对应 1 像素,如 0101B,在显示时,由此值作为索引,在调色板寄存器中选择寄存器 5,其内容为 000101B,此值代表品红色。在 EGA 方式时,此值会由调色板寄存器直接送到显示器。而在 VGA/SVGA 中,属性控制器中还有 1 个模式控制寄存器和 1 个彩色选择寄存器,用这 2 个寄存器可获得更宽的颜色选择范围。此值会和模式扩展寄存器中的某几位组合成 1 个地址,以此在 256 个彩色寄存器中选择 1 个,然后将选中寄存器中的颜色编码送到 D/A 转换器变成模拟信号,再送到显示器。

彩色选择寄存器共 8 位,当模式控制寄存器的 PSS 字段为 0 时,则用彩色选择寄存器的高 2 位和调色板寄存器输出的 6 位数据合成 1 个地址,当 PSS 为 1 时,则用彩色选择寄存器的高 4 位和调色板寄存器中的低 4 位合成 1 个地址。两种情况下,都通过 8 位地址对彩色寄存器进行选择,从 256 种颜色中选一种,然后经过 D/A 转换,得到所需要的信号。

在线性地址方式下,显存不再用位平面组织,而是作为整个线性地址空间。这是 VGA 的图形模式中的 13H 模式所专用的,在这种模式下支持 256 色显示,每像素用同一字节中的 8 位二进制数表示,这时,起始地址为 0A 0000H,显存中每字节对应 1 像素,组成 256KB 的线性空间。系统运行时,从显存读出的表示像素颜色的数据直接指向彩色寄存器,从中选择一种颜色。这种方式由于不通过调色板和彩色寄存器两级机制转换为红绿蓝数据,而是通过从显存读出数据直接指向彩色寄存器实现往颜色数据的转换,所以,速度较快,而且,由于不再用位平面来组织显存,使驱动程序也得到简化,这无疑也成了速度加快的因素,由此,这种方式有益于动态图形和图像的显示。

在图形模式下,字符也用像素表示,这时,显示字符比文本方式下要慢,但分辨率高。

12.6   显示驱动程序

系统的 ROM BIOS 中,有专用的显示驱动中断程序,其中断类型号为 10H。在 VGA 和 SVGA 显示适配器中,还有专配的视频 ROM BIOS 芯片,其中的程序对 10H 中断作了扩充,系统启动时,将其和原有的 10H 驱动程序衔接和装配,成为一个整体。

系统启动后,会调用 10H 中断对显示子系统进行初始化。10H 中断具有众多功能,包括显示模式设置(00H)、对光标位置的设置(02H)和读取(03H),往光标位置写字符(09H)、从光标位置读字符(08H)、使屏幕往上滚动的设置(06H)、使屏幕往下滚动的设置(07H)和对像素颜色的设置(0CH)等,参阅手册后,可在编程时通过调用 10H 来实现多种功能。

下面是一个对用 CX 和 DX 指明位置的像素设置颜色的简单程序段:

```
AAA:    MOV     AL,15       ;AL 中为颜色值,可为 0～255,对应 256 色
        MOV     AH,0CH      ;0CH 为设置像素颜色的功能调用号
        MOV     CX,100      ;CX 中为像素水平列号,640×400 分辨率时可为 0～639
        MOV     DX,200      ;DX 中为像素垂直行号,640×400 分辨率时可为 0～399
        INT     10H         ;用 10H 中断调用设置像素的颜色
```

下面的程序段利用 10H 中断调用的写像素功能将一个矩形填上红色:

```
            MOV    DX,100              ;取填色矩形右下角像素的 y 坐标
AAA:        MOV    CX,200              ;取填色矩形右下角像素的 x 坐标
BBB:        MOV    AL,04               ;在 AL 中设置红色对应的值 04H
            MOV    AH,0CH              ;在 AH 中设置对应写像素操作的功能号
            INT    10H                 ;在用 x 和 y 指定的像素位置填上指定颜色
            DEC    CX                  ;x 坐标左移 1 像素
            JNZ    BBB                 ;如未到最左边,则继续向左填
            DEC    DX                  ;横向填完一行再填上一行
            JNZ    AAA                 ;如未结束则继续
            HLT                        ;如填好则结束
```

12.7　高速图形适配器连接端口(AGP)

当图形质量提高时,一方面要求显存容量更大,另一方面也希望提高传输速度。但配置大容量显存会使成本提高,另外,显存的增大会使适配器内部的传输瓶颈现象很严重。如将内存的一部分代替一部分显存,由于主存价格低廉,所以,就可消除成本问题,但是,这样一来,数据传输瓶颈就从适配器的内部数据通道转移到适配器所连的 PCI 总线上了。尽管 PCI 的传输率非常高,但是,在处理高速图形和立体图形时,大数据量的传输仍会使 PCI 总线形成传输瓶颈。

高速图形适配器连接端口(accelerated graphics port,AGP)就是 Intel 公司专为实现高速图形显示而推出的,习惯上称其为总线。但严格说,总线应该是两个以上的设备之间传输信息的公共通道,而 AGP 只是高速图形适配器和主存(作为显存的部分)之间的一对一的连接,所以不太像总线。AGP 实际上是一种建立在 PCI 总线基础上的视频接口技术,它用一种超高速的连接机构连接主存和显示适配器,将显示适配器中的数据通道和内存直接相连,并利用双沿触发技术(即上升沿和下降沿都作为有效触发信号)使数据传输率提高一倍。

AGP 采用 DIME(direct memory execute)的方式,当显存容量不够时,通过硬件和软件互相配合进行调度,将主存的一部分作为显存来使用。这种方式带来两方面的好处:一是节省了显存,使高速图形适配器特别是三维高速图形适配器的成本大幅度降低;二是减少了主存和显存之间的数据传输,使许多视频操作直接利用主存就可完成,而不再像传统机制中那样必须在主存和显存之间传输每一个视频数据。

由于主存的容量不断加大,由原先的几百 KB 上升到几百 MB 或几十 GB 甚至更高,而且主存的速度也不断提高,这不仅为主存承担一部分显存的功能提供了条件,而且基本能够适应显存的高速要求。可见,AGP 是为了加快三维图形处理而设计的一种端口,它以较低的价格为高速图形适配器提供大容量显存,实际上,这是对 PCI 总线在连接高速图形适配器方面性能不佳的一种补充。

AGP 还尽量挖掘各种潜力来提高速度,例如,它不是像 PCI 总线那样将数据线和地址线设置在同一组引脚上分时复用,而是完全分开,这样就消除了切换过程的开销;AGP 对内存实现流水线式读/写,这对于图形数据的连续传输非常有利;另外,由于 AGP 是高速图形适配器的专用通道,不和其他设备共享,所以任何时候都可立即响应传输要求,而没有其他总线的总线资源分配和调度问题。

AGP 不但为系统提高了图形显示速度,而且,有了多通道 AGP 技术,也大大减轻了 PCI 的负载,使 PCI 效率提高,从而从另一个角度提高了系统的性能。

第13章 打印机的工作原理和接口技术

13.1 概　　述

随着计算机本身性能的不断改进和用户要求的不断提高,打印机技术正在往高速度、高质量、低噪声、彩色化、图形化的方向发展。

打印机的种类很多,从和主机的接口方式上分,可分为并行打印机和串行打印机;从打印方式上分,有打击式和非打击式打印机;从打印字符的形式上分,又有点阵式和非点阵式打印机。

在微型机系统中,广泛使用针式打印机、喷墨打印机和激光打印机。其中,针式打印机在个人用户中已基本淘汰,但在票据打印等方面却因为其多种特殊性质,如穿透力、稳定性、支持特定纸张,而被广泛使用,仍处于不可替代的位置。针式打印机是打击式的,主要利用机械原理实现打印,通过打印头打击色带,把信息打印在纸面上。喷墨打印机和激光打印机是非打击式的,主要利用物理原理实现打印。

针式打印机技术最成熟,价格低廉,适用于票据打印、多层打印和蜡纸打印,这使其广泛应用于服务业、金融业和教学管理,并起到其他类型的打印机不易替代的作用。喷墨打印机主要以价廉而面向个人用户。激光打印机打印质量好,广泛用于实验室、办公室,也用于家庭。

本章介绍针式打印机、喷墨打印机和激光打印机的工作原理,并讲述打印机和主机的接口技术。

13.2 打印机的指标和性能

一般情况下,从下列几方面衡量一台打印机的特点和性能。

1. 分辨率

打印机的分辨率用 dpi(dots per inch)表示,即每英寸能打印的点的数目,这是衡量打印机打印质量的主要指标。

2. 打印速度

打印速度用 cps(characters per second)表示,即每秒钟打印的字符数,也有用 ppm (pages per minute)表示,即每分钟打印的页数。

3. 单向打印和双向打印

这是专门对针式打印机而言的。性能比较好的针式打印机都采用双向打印,即打印头往右移动时打印一行,往左移动时也打印一行,这样,打印的速度较快。价格低廉的针式打印机采用单向打印,即只在打印机台架往右移动时打印一行,回来时不打印。

4. 接收串行数据还是并行数据

主机往打印机传送数据时,可以是并行方式,也可以是串行方式。与此对应,有并行打印机和串行打印机两大类。

我们知道,计算机主机运行的是并行数据,打印机为了得到点阵码所需要的也是并行数据,所以,用并行方式在主机和打印机之间传送数据是合理的。

并行打印机的打印速度是否就比串行打印机快呢？这是一个容易引起疑惑的问题。实际上,打印机的打印速度主要决定于机械性能,而不是取决于主机和打印机之间的数据传输速度,因为后者比前者快得多,所以,并行打印机的速度未必比串行打印机快。

13.3　针式打印机的工作原理

针式打印机通过若干根打印钢针来打出字符,按照打印钢针的多少,有 7 针、9 针、16 针、24 针打印机。针数越多,分辨率越高。针式打印机的分辨率一般能够达到 150～200dpi,打印速度达到 100cps。

打印钢针在垂直方向排成一线,当打印台架移动时,打印钢针受驱动电路控制而不停地动作,打击色带和纸张,从而打印一行字符。每根钢针的驱动电路中有一个线圈和一个衔铁。当线圈中有电流流过时,便建立起一个磁场,从而吸引衔铁动作,衔铁又打击钢针,再通过色带在纸上打出一个点,当线圈中没有电流时,磁场消失,弹簧使衔铁和钢针复位。

例如,单向打印的 M2024 是 24 针打印机,其打印头装有 24 根钢针,每根钢针受一个驱动电路控制。这些钢针排成两排,每排 12 根,分别称为偶数针和奇数针。每个打印字符的一列点阵分别由偶数针和奇数针打击而成。

除了控制钢针起落和打印头台架左右移动的电路外,打印机还含走纸电机和色带传动机构。每打印一行,走纸电机将纸移动一行,色带传动机构则将色带移动一段距离。为此,针式打印机除了用 5V 电源供给逻辑电路外,还要用 35V 电源驱动这些电机和机构。

图 13.1 是针式打印机的基本工作原理图。

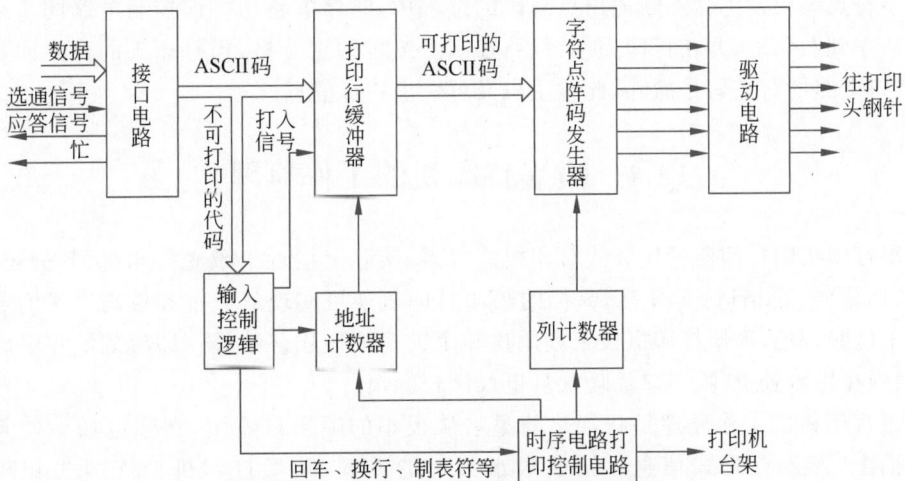

图 13.1　针式打印机的基本工作原理图

从图 13.1 中可见到,主机和打印机之间的信号包括数据信号、选通信号、应答信号和忙信号。数据信号是主机送往打印机的,当主机往打印机输出数据时,先查询打印机是否处于"忙"状态,如"不忙",则主机输出数据,同时输出选通信号,于是,数据送打印机接口电路。主机送打印机的数据分两类:一类是可打印字符;另一类是控制字符,如制表符、回车符、换行符。这两类字符由输入控制逻辑电路进行判断。如是控制字符,则输入控制逻辑电路会往时序电路和打印控制电路发出信息,以产生相应的控制信号,控制打印机台架以及走纸机构作相应的运动。如是可打印字符,则输入控制逻辑电路会往打印行缓冲器发一个输入信号,使该字符进入打印行缓冲器,同时使地址计数器加1,然后,接口电路往主机发一个应答信号,通知主机可将下一个数据送来,这样不断重复,直到打印行缓冲器装满一行字符,这时,主机可能送来一个回车符和一个换行符。另外,打印行缓冲器满时,如主机没有送来回车符和换行符,打印控制电路会自动产生一个回车符和一个换行符。在上面两种情况下,接口电路都会往主机发"忙"信号,这样,主机停止输出数据,而打印机开始打印。

每个打印出来的字符都是由一列列的点阵构成的,所以,一个字符实际上对应于若干点阵码。例如,规格为5H×7V的字符,水平方向由5个点构成,而垂直方向由7个点构成,这样,每个字符对应5个点阵码,而每个点阵码对应打印钢针在色带上的一个位置。因此,应该每次往打印头送一个点阵码,待它往右移动一个位置,再送下一个点阵码……

字符点阵码发生器存放着可打印字符,某个时候,字符点阵码发生器到底输出哪个点阵码,决定于两组地址。打印机打印一行字符的过程中,每次从打印行缓冲器中取出一个字符码,此字符码作为字符发生器的一组地址,即高位地址;再由列计数器指出字符点阵的列数,也就是说,列计数器给出字符点阵码发生器的另一组地址,即低位地址。还用5H×7V的情况为例,列计数器的工作频率正好是打印行缓冲器取字符的频率的5倍,这样,从打印行缓冲器取出一个字符时,随着列地址计数器的计数,字符点阵码发生器会依次往驱动电路送出5列点阵信息,这些信息控制打印头钢针的起落。打完一个字符以后,打印行缓冲器的地址加1,从而打印下一个字符。

在字符点阵码发生器不断输出点阵码的过程中,时序电路和打印控制电路同步地控制打印头从左到右移动,并在打印完一行后,控制走纸机构走一格,当打印头的台架回到最左边时,接口电路的"忙"信号撤除,此时主机又可输出一行信息。

13.4　喷墨打印机的工作原理

喷墨打印机的打印质量比针式打印机好得多,实际上接近于激光打印机,其分辨率高、噪声小、质量轻、价格适中,并且,高档的喷墨打印机还可实现低成本和较高质量的彩色打印。由于这些特色,喷墨打印机被家庭用户和个人广泛使用。喷墨打印机的缺点是耗材费用高,表现在墨水较贵,喷墨口消耗快且更换比较麻烦。

喷墨打印机的工作原理是将加热的墨水从很小的喷墨口喷出,在强电场中使其喷到行进纸面上,产生点阵式信息。按照墨水喷射的方式,喷墨打印机分连续式和随机式两种。

连续式喷墨打印机只有一个喷墨口,打印机中有一个墨水泵对墨水加固定压力,使其在喷墨口中连续喷出,然后,有一个墨粒发生器将喷出的墨水流变成墨水粒子,墨水粒子的大小和间距可被墨粒发生器控制。打印信息以开关方式对行进中的墨水粒子进行控制,从而形成带电荷的和不带电荷的两类墨水粒子。墨水粒子的前方路径上有一个高压静电偏转磁场,使得带电荷的墨水粒子在行进中受偏转磁场的作用而有序地落到前面的打印纸上,产生打印效果,而不带电荷的墨水粒子则落入回收器。连续式喷墨打印机速度快,但需要有墨水加压装置,并且,对不带电荷的墨粒要有回收装置。

随机式喷墨打印机与连续式不同,其中的墨水只在打印时才喷出。这样,造成墨水喷射速度较低,为此,通过增加喷墨口数量来提高打印速度。常见的有单列、双列和多列喷墨口的喷墨打印机。随机式喷墨打印机占据了喷墨打印机的市场主流。按照控制墨水喷出的方式,随机式喷墨打印机又分为压电随机式和热电随机式,后者用得更多。

压电随机式喷墨打印机的打印头中有几十个喷墨口,这些喷墨口由压电材料构成,所以具有这样的特性:在脉冲电压作用下,喷墨口可开放或闭合。打印信息在打印机控制系统中转换成相应的脉冲电压后,便对压电材料构成的喷墨口进行形态控制,使其开放或闭合,然后喷墨系统形成墨水粒子从开放的喷墨口中射出,从而打印出信息。

热电随机式喷墨打印机的原理是先将要打印的信息转换为脉冲信息,然后将脉冲加到一个已加热的器件上,由于这个器件的特殊性,从而会迅速形成一个小气泡,气泡受到膨胀形成压力后,会马上驱动墨水粒子从喷墨口喷出,从而在前方纸面上形成打印信息。墨水粒子喷出以后,使喷嘴内压力减小,加上气泡收缩,使喷嘴中产生负压力,由于毛细管作用,会从墨水盒自动将墨水吸入很细的墨管中进行补充,以便准备下一次喷射。

13.5 激光打印机的工作原理

激光打印机是一种高速度、高精度、低噪声的打印机,它汇总了激光扫描技术和电子照相技术,被广泛用于实验室、办公室和家庭中。激光打印机的分辨率有 300dpi、400dpi、600dpi、800dpi 和 1 200dpi 等多种。图 13.2 表示了激光打印机的大体结构。

激光打印机主要由激光发生器、黑盒和计算机控制系统组成。

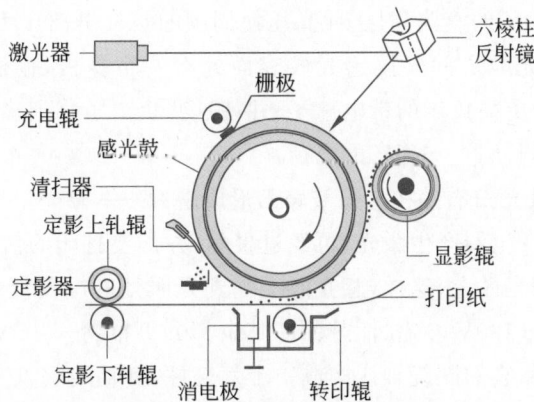

图 13.2 激光打印机的结构

激光发生器是激光打印机的重要部件,一般采用半导体激光器,其发射激光。激光是指一些特殊材料受到激发以后发射的一种辐射光。激光的特点是强度高,有方向性,并可聚焦成很细但强度仍然很高的激光束。

黑盒是激光打印机的核心部件,其中含墨粉、感光鼓、栅极、充电辊、显影辊和清扫器,这些部件密封在一个黑色盒子中。其中的感光鼓是最关键的部件,它是用铝合金制成的一个圆筒,表面涂有一层硒砷合金组成的感光材料,所以通常也称硒鼓,甚至许多人将整个黑盒称为硒鼓。

激光打印机的打印原理类似于静电复印,差别只在于,静电复印对原稿进行扫描形成静电映像,而激光打印机对计算机送来的信息作扫描形成静电映像。激光打印机把由打印信息调制过的激光照到感光鼓上时,使照到的区域形成映像,然后吸住细小的墨粉实现显影,感光鼓再与打印纸接触,使墨粉印在纸上,最后,通过加热而将墨粉映像进行定影。图 13.3 表示激光打印机的工作流程。

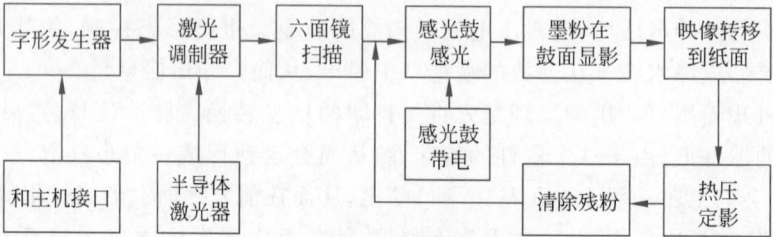

图 13.3　激光打印机的工作流程

下面结合图 13.2 和图 13.3 来分析激光打印过程的 5 个步骤。

1. 使感光鼓表面带电

感光鼓的铝合金筒体是导体,并且接地,而其表面薄薄的感光材料是绝缘体,这种材料有这样的特性,当感光鼓表面有负电荷时能够保持,但当鼓面某一部分被强光照射时,这部分表面的绝缘性能就会有所改变,此时其上的大部分电荷会通过筒体流到地端,由于鼓面本身是绝缘体,所以其余部分的电荷仍保持。激光打印机正是利用了这个特性。

在黑盒内部有一个平行于感光鼓轴线的长条充电辊,打印机开始工作时,由高压电源使充电辊加上高达 $-6\,000\mathrm{V}$ 的直流高压,此高压使周围的空气电离出无数能够移动的带电离子,在长条充电辊和感光鼓之间紧挨感光鼓表面处有一个栅极,栅极上加有 $-600\mathrm{V}$ 的电压,由此,栅极能吸引带更高负压的带电离子,并使这些负离子移到感光鼓上,由于感光鼓的转动,最终使鼓面上均匀分布 $-600\mathrm{V}$ 的电荷。

2. 对感光鼓进行激光扫描并在感光鼓表面形成映像——曝光

开始打印时,激光发生器产生激光,再经过聚焦,并被要打印的信息进行调制,然后通过反射镜将激光反射到感光鼓上,这样,感光鼓上受到光照处的电荷流向地端,使得这些点的 $-600\mathrm{V}$ 的电位只剩下 $-100\mathrm{V}$ 左右,而鼓面的其余部分仍布满 $-600\mathrm{V}$ 的电荷。

反射镜一共有 6 面,它们围绕轴线构成一个六棱柱,其轴线垂直于感光鼓。六面镜棱柱绕着轴线不停地旋转,在六面镜的开始位置,使其反射的激光束正好对准感光鼓的左边缘,在六面镜转过一面镜子的过程中,镜子的角度在不断地变化,这使激光束的反射光从鼓面的左端扫到右端,从而对感光鼓完成一行激光扫描。

由于激光束是被打印信息调制过的,所以打印信息会使激光束出现不断开通和关闭的状态,对应于要打印的落点位置,激光束开通,对应于非打印点则关闭。这样,使激光束所携带的打印信息转换为感光鼓表面的电位信息。由于感光鼓也在旋转,当完成一行扫描之后,下一面镜子正好又对准感光鼓的下一行的左端位置,开始下一行的扫描,于是将下一行的打印信息通过激光束发送到鼓面。

这样不断重复,使感光鼓表面出现无数$-100V$的电位点,其余部分的电位为$-600V$。$-100V$的电位点构成了一个潜在的映像。每个电位点代表一个打印点,所以,这些电位点非常小,密度非常大。例如,600dpi分辨率的打印机,每英寸可有600个电位点。这个过程相当于照相时按快门进行曝光。

3. 使映像沾上墨粉——显影

激光打印机的墨粉中含铁粉,所以能被磁铁吸引,并能在磁铁控制下移动。为了使墨粉按照映像沾在感光鼓上,即实现显影,在感光鼓的平行方向紧挨着感光鼓有一个显影辊,这是一个比感光鼓直径较小的圆筒,其中心轴就是一条磁铁,显影辊转动时,表面上从墨盒均匀地吸上一层墨粉。显影辊也带有负高压,这使墨粉也带有负电荷,显影辊上的电压越高,所带的墨粉越多。

在感光鼓和显影辊的不断相向转动过程中,两个柱面之间虽然没有相切,但总是有一条线靠得最近,这时显影辊上的负高压墨粉就会被吸到对面感光鼓上$-100V$的那些感光点处,于是,$-100V$的电位点形成的映像会沾上墨粉,但$-600V$的电位点不会有墨粉,这样,便使映像显现出来,这相当于照相馆中洗照片时的显影过程。

4. 将墨粉映像送到纸面上——转印

感光鼓表面在显影以后,继续转动,打印纸就在鼓面下方的一个切面位置上,打印纸的背面有一个和感光鼓轴线平行的带有正电荷的转印辊,所以,当感光鼓带着打印纸转动时,转印辊会把鼓面上的带负电荷的墨粉隔上一层纸吸住,从而将感光鼓表面的映像转印到打印纸上。

5. 在纸面上得到牢固的信息——定影

纸面印上墨粉以后,还需要定影,这样才能使打印的信息长期保持。定影是由定影器完成的。定影器由上、下两个轧辊构成,分别位于打印纸的上下方,定影器轧辊上有一个定影灯,其发出的热量使纸面上的墨粉熔化,两个轧辊之间的压力使熔化的墨粉牢牢印在纸面上。由于有热敏反馈控制电路的控制,所以,定影灯的温度是恒定的,既能使墨粉熔化,又不会烧坏纸面。

到此,基本完成一个打印过程。因为感光鼓直径比较小,所以,感光鼓转几圈,才能打印一页纸。

激光打印机设计中还考虑了感光鼓上的映像转印到纸面上时,常会残留一些墨粉,为此,每当感光鼓打印一圈,就用一个橡胶制作的清扫器作一次清除,使残留的墨粉落到墨盒中。此外,感光鼓上的映像转印到纸面上时,会使纸面也带上一些负电荷,为此,用消电器将纸面上的负电荷消除。

图13.4是激光打印机的控制电路框图,实际上,这是一个很典型的计算机控制系统,其中的CPU其实是一个单片机。

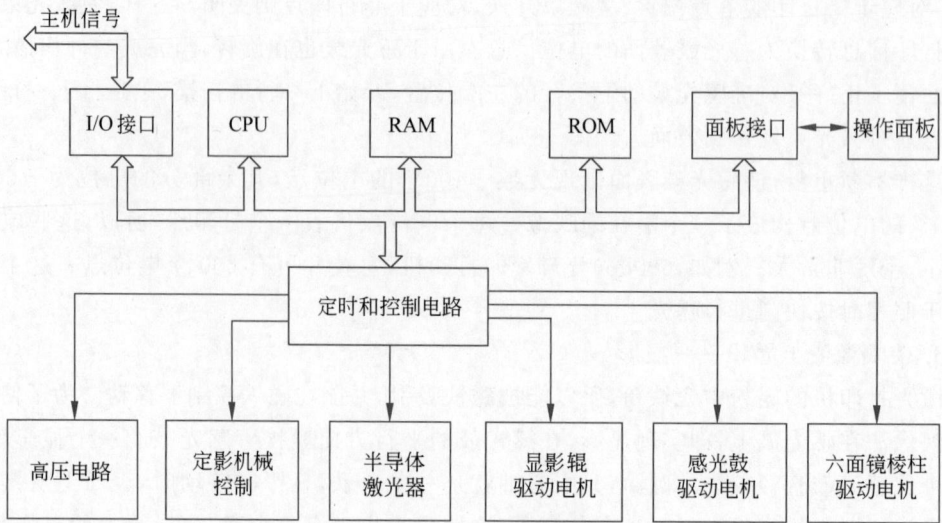

图 13.4　激光打印机的控制电路框图

13.6　关于打印机适配器

较早期的打印机适配器是以适配板形式插在主机板的总线槽中的,随着芯片集成度的提高,打印机适配器作为一个部件集成于主机板中,但原理和对外信号仍然相同。

打印机适配器的逻辑框图如图 13.5 所示。

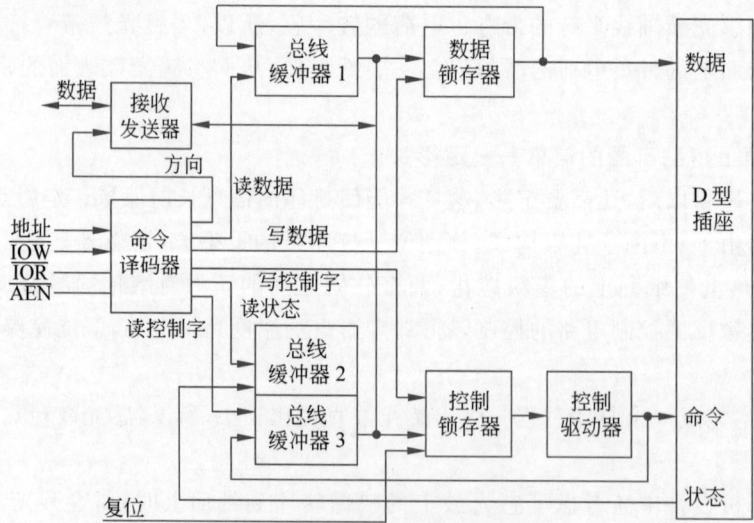

图 13.5　打印机适配器的逻辑框图

图 13.5 中,命令译码器根据 CPU 送来的端口地址信号、$\overline{\text{IOW}}$信号和$\overline{\text{IOR}}$信号判别是否对适配器所属的各端口进行读/写,如是,则再判别命令的含义。数据锁存器用来暂存 CPU 送来的打印数据,它一方面将打印数据送打印机打印,另一方面又把它送到总线缓冲器 1,以便 CPU 在必要时可读取、进行故障诊断和分析。控制锁存器用来锁存控制字,而控制驱

动器则根据控制字的内容产生相应的信号并进行驱动,这些信号在送到打印机的同时,也送到总线缓冲器 3,目的也是为了诊断。状态寄存器也称总线缓冲器 2,它用来暂存来自打印机的状态信息。

13.7　打印机和主机的连接

不同类型的打印机在内部结构上差别很大,但和主机的有线信号连接方式只有两类,即并行方式和串行方式。从主机的角度看,在前一种情况下,使用并行方式连接打印机;在后一种情况下,使用串行方式连接打印机。打印机也可以通过 WiFi、蓝牙、NFC 等无线方式连接。

13.7.1　打印机采用并行方式连接主机

1. 打印机的并行接口标准

打印机采用并行方式连接主机时,通常按 Centronics 标准来定义插头插座,系统连接时,打印机一端用 36 芯 D 型插座,主机一端用 25 芯 D 型插座。图 13.6 是主机这边的适配器按照 Centronics 标准和打印机的连接。从图中看到,除了 8 位数据线 $DATA_7 \sim DATA_0$ 外,箭头往右的都是主机对打印机的控制信号,箭头往左的都是打印机的状态信号。控制信号和命令字中的数位对应,状态信号和状态字中的数位对应。

下面结合控制字和状态字来对这些信号作具体说明。

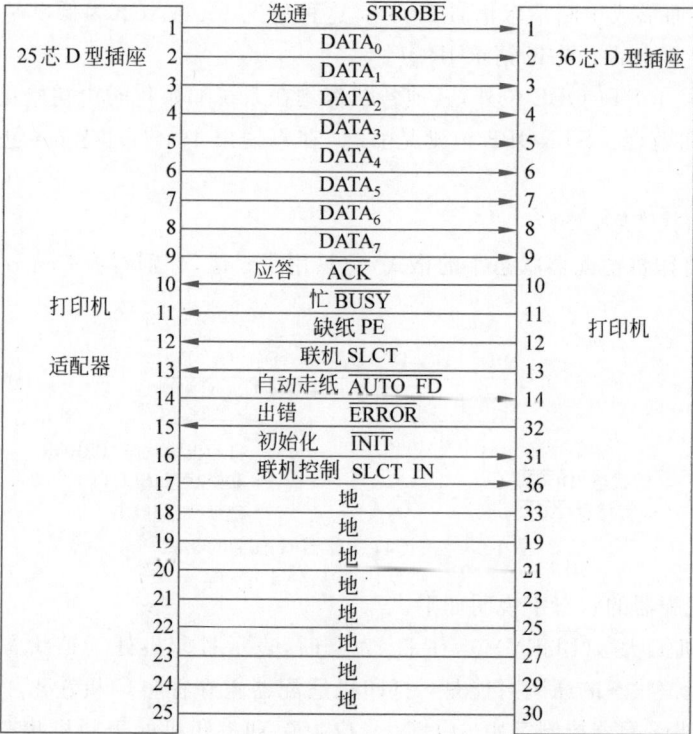

图 13.6　微型机系统中适配器按照 Centronics 标准和打印机的连接

2. 打印机的控制字

图 13.7 是打印机适配器的控制字格式,它只用了其中的 5 位。控制字中的数位除了 IRQEN 外,其他信号都和 Centronics 标准中的控制信号相对应。

对控制字中各位的含义说明如下:

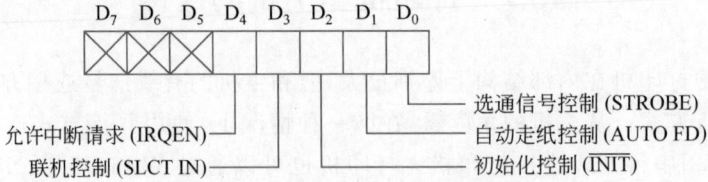

图 13.7　打印机适配器控制字的格式

D_0 为选通信号控制(STROBE)位,当 D_0 为 1 时,使选通信号$\overline{STROBE}$有效,使送往打印机的数据被选通。

D_1 为自动走纸控制(AUTO FD)位,当 D_1 为 1 时,使$\overline{AUTO\ FD}$信号有效,这样,适配器会在每个回车符后面自动加换行符,于是,在打印一行后会自动进一行纸,俗称走纸。

D_2 为初始化控制($\overline{INIT}$)位,当 D_2 为 0 时,打印机进入复位状态,这时,打印行缓冲器被清除。

D_3 为联机控制(SLCT IN)位,只有当 D_3 为 1 时,打印机适配器才可和打印机交换信息。

D_4 为允许中断请求(IRQEN)位,当 D_4 为 1 时,会使从打印机来的应答信号($\overline{ACK}$)通过打印机适配器而形成中断请求信号 IRQ_7。这种情况下,当$\overline{ACK}$为低电平时,打印机适配器会通过总线向 8259A 发中断请求 IRQ_7。

控制字中,除了 STROBE 位外,其他各位都是在系统初始化时由初始化程序设置,而且一旦设置,就不再改变。STROBE 位则是 CPU 在每输出 1 个打印字符(包括功能字符)时对其进行置位。

3. 打印机的状态字

图 13.8 是打印机适配器状态字的格式,它只用了 5 位,分别对应 Centronics 标准中的 5 个状态信号。

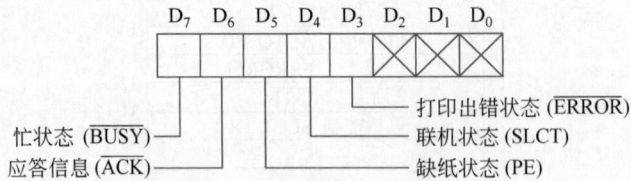

图 13.8　打印机适配器状态字的格式

对打印机适配器的状态字说明如下。

D_7 为打印机忙状态($\overline{BUSY}$)位,在 D_7 为 0 时,表示打印机处于忙状态,所以不能接收新的数据。引起忙状态的原因可能是:打印机适配器正在往打印机输出 1 个字符;打印机正在打印;打印机适配器控制字中 SLCT IN 位为 0,即打印机处于脱机状态;打印出错。只有当$\overline{BUSY}$为 1 时,CPU 才能对 STROBE 位进行置位,从而使数据送到打印机。

D_6 为打印机应答信息($\overline{ACK}$)位,当 D_6 为 0 时,表示打印机接收或打印了刚才送来的字符,现在可接收新的数据。每接收 1 个数据,打印机都会发 1 个负脉冲信号$\overline{ACK}$。

D_5 为缺纸状态(PE)位,如打印机当前没有打印纸,则 D_5 为 1。

D_4 为联机状态(SLCT)位,如控制字的 SLCT IN 位为 0,则状态字的 D_4 位为 0。

D_3 是打印出错状态($\overline{ERROR}$)位,当 D_3 为 0 时,表示打印机工作不正常,其中包括纸用完和打印机处于脱机状态这两种情况。如 D_3 为 1,则表示正常。

4. 打印机和主机的通信

打印机通过数据口、控制口和状态口与主机通信。主机可往打印机发 5 种命令来读/写数据、设置控制字和读取状态字。这些命令的具体含义如下。

(1) 数据写入命令和读出命令:打印机数据口是双向的,当主机用输出指令往打印机适配器的数据口写入数据时,$\overline{IOW}$信号有效。当主机用输入指令从打印机适配器的数据口读取数据时,$\overline{IOR}$信号有效,此时,主机读取的是由数据写入命令写到打印机适配器的数据锁存器中的打印字符或功能码。

(2) 控制字写入命令和读出命令:控制口也是双向的,当主机用输出指令往控制口写入时,$\overline{IOW}$有效,此时,写入的数据作为控制字写到打印机适配器的控制锁存器。当主机用输入指令从控制口读取时,$\overline{IOR}$信号有效,此时,主机从打印机适配器的总线缓冲器 3 中读得控制命令。

(3) 状态字读出命令:当主机用输入指令从状态口读取数据时,$\overline{IOR}$信号有效,此时读得打印机适配器的总线缓冲器 2 中的打印机状态字。

主机往打印机输出字符通常采用两种形式,具体决定于硬件连接方式。一种是中断方式,用这种方式时,每当打印机接收 1 个字符后,便用$\overline{ACK}$信号向主机发出中断请求,主机收到此信号后,如中断允许标志 IF 为 1,则在执行完本条指令后,响应中断,从而往打印机发送下 1 个字符;另一种是查询方式,用这种方式时,主机不停地通过读状态字测试打印机的"忙"信号,当"忙"信号处于有效电平时,主机必须等待,当"忙"信号消失时,主机便往打印机输出 1 个字符,并发出选通信号$\overline{STROBE}$。

5. 打印机中断处理程序 17H

在微型机系统中,由 BIOS 用 INT 17H 的形式提供了主机与打印机之间的通信功能。通过在 AH 中设置功能号,可调用 17H 中断处理程序。

17H 中断有如下 3 个功能。

当 AH=0 时,如打印机"不忙",则通过 INT 17H 可打印出放在 AL 中的字符,如打印机处于"忙"状态的时间超过了规定,则在 AH 寄存器中用返回参数的形式给出"超时出错"信息。

当 AH=1 时,通过 INT 17H 可对打印机进行初始化。AH 寄存器中的返回参数为打印机当前的状态信息。

当 AH=2 时,通过 INT 17H 可读取打印机当前的状态字,此状态字作为返回参数放在 AH 中。

通过 INT 17H 返回的状态信息与前面讲的打印机状态信息有所不同,INT 17H 返回的状态字格式如图 13.9 所示。

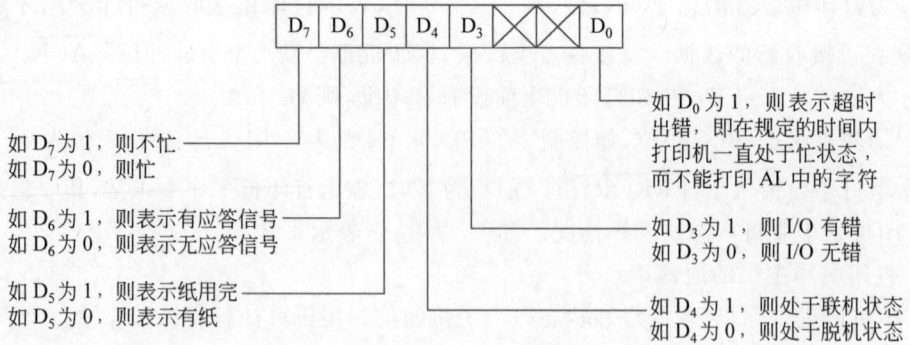

图 13.9 INT 17H 返回的状态字格式

13.7.2 打印机采用串行方式连接主机

串行打印机实际上是在并行打印机的基础上再增加一些电路构成的,这些电路实现串/并转换、电平转换、波特率选择和输入缓冲。主机这边,为了和串行打印机连接,打印机适配器中也必须加上并/串转换电路,再和串行打印机之间采用 RS-232-C 串行总线标准,用 25 芯 D 型插座连接。

串行打印机一般在内部带有较大的输入缓冲器,这样,在打印机打印的同时,主机仍可往输入缓冲器传送数据,输入缓冲器和打印行缓冲器之间采用并行传送方式。

打印时,主机不停地往输入缓冲器传输数据,打印机不停地打印输入缓冲器中的数据,但主机传送速度快,而打印速度慢,所以,会出现输入缓冲器满的情况。此时,打印机会提前发出输入缓冲器满信号以作警示。通常,这通过打印机一边的 $\overline{\text{DTR}}$ 端发出,送到主机一边的 $\overline{\text{CTS}}$ 或者 $\overline{\text{DSR}}$ 端,如图 13.10 所示。主机接到满信号后,仍能发送 256 字节的信息,此后,缓冲器内的字节不断被取出来打印,当减少到只剩下 256 字节信息时,满信号消失,于是,主机又可恢复往打印机传输数据。所以,从外表看并不会出现打印机中途停打的情况。

打印机以串行方式连接主机时,打印机中断处理程序的功能和调用方式相同于并行方式。

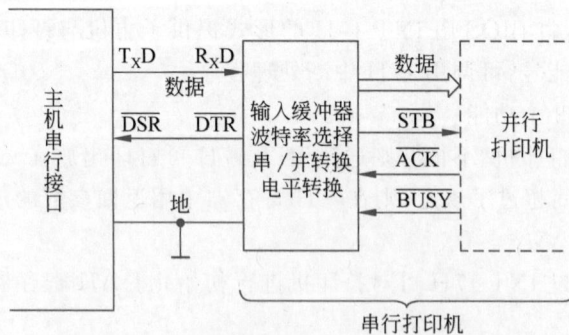

图 13.10 主机和串行打印机之间的连接信号

第14章 机械硬盘和光盘子系统

计算机系统中,除了速度快、可靠性好的内部存储器外,还需要配置大容量的外部存储器(简称外存)。外存一般用来存放当前并不运行的程序和不是正在使用中的数据。

对于微型机系统来说,最重要的外存是硬盘。

硬盘分机械硬盘和固态硬盘,固态硬盘没有机械结构,由闪存颗粒构成存储介质,可以参见闪存的读写原理,此处不再赘述。固态硬盘结构稳定,读写速度快,不易损坏,但价格略高,容量略小。出于扩容、备份和成本考虑时,仍可选择机械硬盘。以下硬盘指代机械硬盘,也称磁盘。

磁盘子系统由磁盘驱动器、磁盘控制器和磁盘驱动程序构成。磁盘驱动器实现对磁盘的读/写操作,磁盘控制器是磁盘驱动器和主机之间的接口。磁盘驱动程序从软件角度为磁盘子系统提供控制功能,控制器和驱动器都是在驱动程序管理下工作的。

磁盘子系统的技术指标主要有如下 4 个。

(1) 存储容量:磁盘能存储的信息总量,一般以字节为单位。通常存储容量分为 KB、MB、GB、TB、PB 甚至更高。

(2) 存储密度:单位面积存储的信息量。

(3) 存取时间:主机发出读/写命令到磁头读出信息或写入信息的时间。

(4) 数据传输率:单位时间中磁盘子系统和主机之间传输的字节数,传输率和磁盘的存取时间有关,还和接口性能有关。

除了磁盘以外,光盘也是重要的外存,光盘包括蓝光盘等特殊光盘,容量大,技术指标和硬盘类似,但其存储数据的原理和磁盘有很大差别,而且大多数光盘是只读的。

本章讲述硬盘和光盘子系统的读/写原理。

14.1 硬盘子系统

为微型机系统配置的硬盘容量单位通常为 GB、TB。硬盘由含多个盘片的磁盘组构成,所有盘片均置于密封壳内。

大部分微型机系统的硬盘均采用一种叫温切斯特盘驱动器(Winchester disk driver),所以硬盘系统常称为温盘机,其主要特点如下。

(1) 多盘片组合:盘片采用硬度高又耐磨的涂有磁性物质的铝合金材料,多个盘片安装在一个主轴上。

(2) 高精度的浮动磁头:主轴电机停转时磁头接触盘面,而在盘片高速转动中,盘面上形成一个气垫,将磁头浮起,使其与盘面之间有 $0.1 \sim 0.3 \mu m$ 的间隙。

(3) 密封式结构:将盘片组、主轴电机、磁头、磁头定位部件、读/写电路均密封在一个组合体中,这种结构防尘、精度高、可靠性好。

(4) 柱面-磁道-扇区机制:为了增大容量,在硬盘中,将多个尺寸相同、性能也相同的盘片装在一个主轴上,每个盘片有上下两个记录面,对应每个面有一个读/写磁头,这些磁头连在一起装在一个小车上,在一个磁头驱动电机带动下可作径向移动。硬盘也划分为许多同心圆磁道。部分种类的硬盘盘片中,靠外圈是 0 道,最里圈是 684 道,在高序号磁道的里圈还留出大约 10 个磁道未编号,每个磁道划分为 38 个扇区,每个扇区 512 字节。

因为含多个盘片,所以,增加了"柱面"机构,各个盘片中相同半径的磁道组成一个柱面。在记录信息时,当一个磁道记满时,后面的信息将记录在同一柱面的其他磁道,只有记满一个柱面时,才移动磁头记入另一个柱面。这种机制可减少磁头移动的次数。

(5) 扇区采用交叉编号法:物理扇区的编号不是连续的,而是采用中间带间隔的交叉方式编号,用交叉因子 1~16 来表示间隔的大小。例如,交叉因子为 2,则表示每隔一个扇区的编号是连续的。这种交叉编号格式可在硬盘高速转动的机制下提高系统的数据吞吐率。例如,要连续读 1 扇区和 2 扇区,如果顺序编号,则读完 1 扇区,向系统传输数据,然后设置好读 2 扇区的参数时,2 扇区却已通过磁头对准位置,因此,要等转到下一周再找到 2 扇区。但是,如果合理选择交叉因子,就可使得在寻找 2 扇区的操作时,正好 2 扇区转到磁头对准位置。交叉因子不是固定的,而是和硬盘类型有关。硬盘出厂时,已选择好交叉因子。

硬盘的速度由两方面的因素决定:一是硬盘主轴电机的转速;二是硬盘的传输率。

硬盘速度有 3 600r/min、4 500r/min、5 400r/min、7 200r/min、10 000r/min 和 15 000r/min 等多种,r/min 是每分钟的转数。随着液态轴承电机代替传统的滚珠轴承电机,硬盘的速度提高到 10 000~15 000r/min,而且抗震能力也获得显著提高。

硬盘的传输率包括外部传输率和内部传输率,前者指主机和硬盘子系统之间的传输速度,后者指硬盘系统将数据从硬盘缓存写入盘片或从盘片读到缓存的速度。硬盘的外部传输率高于内部传输率,为此,在硬盘控制器上配置高速缓存(即 Cache)来缓解两者的差距。

配置 Cache 的硬盘,采用通写式或回写式机制。采用这两种机制,都会先检测所读数据是否已在 Cache 中,如果是,则 Cache 被命中,于是,不必再由磁头从盘片读取数据,而是由 Cache 将数据送到主机,从而可大大提高速度。有经验的微型机操作人员都会感受过在连续操作时,从磁盘读取一个此前打开过的文件要比第一次快得多,这就是 Cache 机制带来的好处。

14.1.1 硬盘驱动器

硬盘驱动器主要由盘片组和主轴电机、磁头定位机构、控制电路和读/写电路构成。

如图 14.1 所示,硬盘用多个盘片组成盘片组,各个盘片都固定在一根主轴上,工作时,主轴电机带动主轴连同盘片组一起旋转。每个盘片双面记录信息。

盘片上的磁道是从外向内编号的同心圆,多个盘面上相同编号的磁道组成柱面。

不管是读操作还是写操作,首先要寻找柱面,然后要确定磁头。硬盘的每个盘面用一个磁头,所以,一个盘片对应两个磁头,所有磁头都装在一个负载小车上。磁头定位机构在步进脉冲控制下根据柱面号带动磁头负载小车沿着盘片径向移动,将磁头定位到目标柱面。磁头也有编号,驱动器中有专门的磁头选择电路用来选择相应的磁头。通过柱面号和磁头号便可确定相应的磁道号。

读/写操作时,磁头浮动在高速旋转的盘片上,即采用头盘不接触方式读/写。

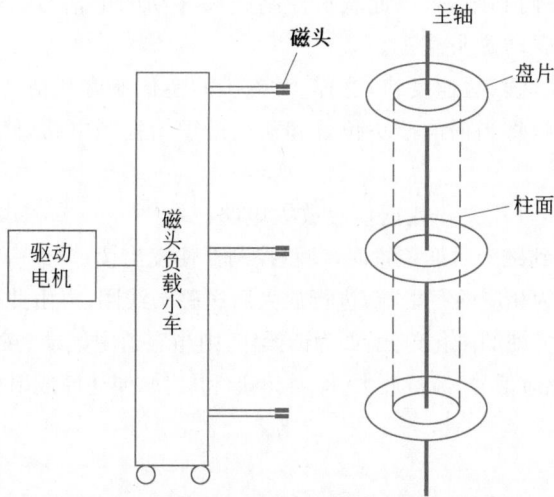

图 14.1　硬盘盘片组与磁头驱动装置示意图

　　尽管这种方式有利于保护磁头和盘片,但磁头的经常起落仍可能造成磁头和盘片的损坏,为此,将盘片中靠近主轴内圈即盘片线速度最低处作为固定起落区。这样,一方面防止快速旋转带来的摩擦,另一方面由于此处不记录数据,所以,可防止盘片擦伤带来的数据损失。

　　驱动器不工作时,磁头停在起落区,加电后由于盘片高速旋转,空气浮力将磁头浮起,接着,控制电路使其先退到零磁道上方,然后,根据控制器提供的信号移到目的磁道进行读/写,读/写结束时,在复位弹簧作用下,磁头会立即回到起落区。由此可见,零磁道是硬盘驱动器中磁头寻道时用到的基准磁道。

　　图 14.2 是硬盘驱动器的原理图。

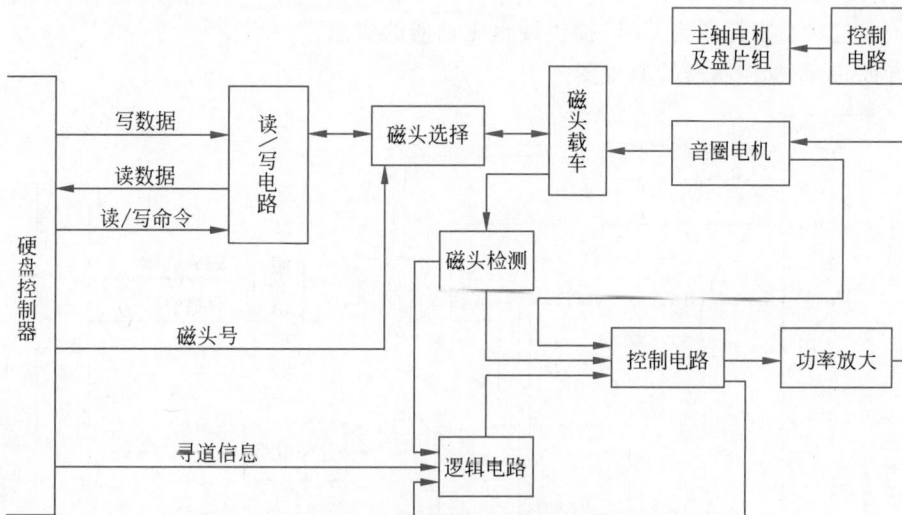

图 14.2　硬盘驱动器的原理图

　　磁头定位机构由音圈电机和磁头载车组成。音圈电机实现磁头驱动和定位。音圈电机在控制电路操纵下工作,具体工作时,磁头检测电路将磁头的当前位置信号送到逻辑电路,而硬盘控制器将寻道信息也送到逻辑电路,逻辑电路求出两者之差,然后,由控制电路根据差值得到磁头运动的方向和距离,以此获得控制磁头移动的电信号,进行功率放大后,加在音圈电机上,再由电机驱动磁头载车。

硬盘的磁道密度高,读/写速度快,这样,对磁头的定位速度和精度要求很高,为此,定位系统中还加了闭环控制,将当前的磁头位置和速度反馈给控制电路,使其能更快更精确地定位到目标磁道。

读/写电路包括读/写开关和数据信号放大电路。

当指定的扇区旋转到磁头对准位置时,硬盘控制器便发出读/写命令。如为写操作,则把要写入的二进制数据转换为相应的写电流,进行放大后送磁头线圈,再由此磁化盘面上的磁介质,在磁道上形成一串按位排列的磁化单元;如为读操作,则当磁道中记录的磁化单元在磁头下转过时,磁头线圈中会产生感应信号,经过放大、检测、整形和转换,便还原成串行的数据送控制器。

14.1.2 硬盘控制器

硬盘控制器是连接主机和硬盘驱动器的部件,实现两者之间的数据、命令和状态的传输和解释。硬盘控制器都和驱动器组合在一起,以尽量缩短两者之间的距离,从而提高可靠性。控制器和主机之间则采用 IDE 总线相连。

具体说,硬盘控制器实现如下功能。

(1) 接收 CPU 送来的命令并进行解释,据此向硬盘驱动器发出相应的控制信号。

(2) 往 CPU 反馈硬盘驱动器执行命令的结果。

(3) 将来自主机内存的并行数据转换为串行数据送到硬盘驱动器。

(4) 将来自硬盘驱动器的串行数据转换为并行数据,送到主机内存。

(5) 对要写入硬盘的数据进行预处理,从而减少数据的读/写错误。

(6) 对磁盘格式化,定义硬盘驱动器的各项参数。

(7) 通过状态寄存器为 CPU 提供硬盘驱动器的状态。

图 14.3 是硬盘控制器的原理图。

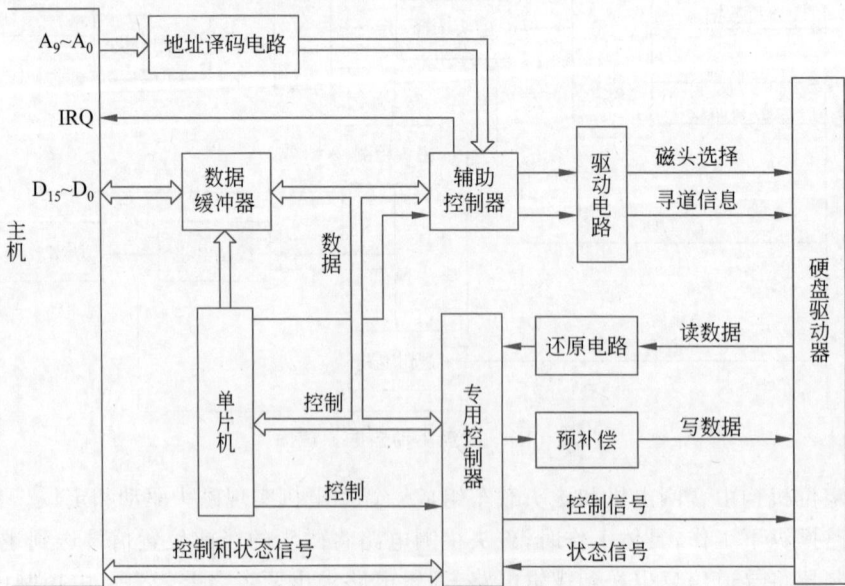

图 14.3 硬盘控制器的原理图

硬盘控制器主要由数据缓冲器、单片机、专用控制器和辅助控制器构成。

硬盘控制器通过数据缓冲器和主机的数据总线相接,以此传输读/写的数据。在低档微型机系统中,主机和硬盘之间采用 DMA 方式传输数据,但在高档微型机系统中,因为 CPU 的速度和总线的速度都很快,所以不再采用 DMA 方式,而是用中断方式按 16 位宽度的数据块进行 I/O 传输。

单片机内部含 ROM 和 RAM,ROM 中有控制程序和驱动程序。当控制器接收到主机发来的命令时,单片机据此调用 ROM 中的相应控制程序和驱动程序解释和执行。

专用控制器主要是面向硬盘驱动器的,实现以下两方面的功能。

(1) 数据处理功能。在往硬盘写入数据时,单片机接收并行数据送到专用控制器进行并/串转换,并加上冗余校验码,再形成写数据信号,经过预补偿处理以后,送到硬盘驱动器;读数据时,磁头读取的信号经过还原电路,将时钟信号分离出去,得到数据信号,专用控制器进一步分离出有效数据,再作串/并转换,得到并行数据送单片机。

(2) 发送命令和接收状态信号的功能。一方面向硬盘驱动器发送读/写信号;另一方面接收硬盘驱动器送来的驱动器准备好信号、零磁道信号、索引信号、寻道完成信号、写故障信号等各种状态信号。

辅助控制器主要是面向主机的。辅助控制器接收来自主机的命令和参数,并接收地址译码电路的译码信息,再由其发出磁头选择和驱动器选择信号。辅助控制器还向主机发中断请求信号。

14.1.3　硬盘驱动程序

ROM BIOS 中提供的硬盘驱动程序是 13H。进入 13H 中断以后,通过对放在 DL 中的入口参数来判断是不是硬盘。

13H 程序执行时,要访问一个长度为 16 字节的硬盘参数表,其中存放着硬盘最大柱面数、磁头数、每个磁道的扇区数等参数。实际上,系统中有多个硬盘参数表,以适合不同的硬盘驱动器类型。

13H 程序提供了 22 个功能,包括读扇区、写扇区、磁盘格式化、对硬盘控制器的 RAM 的诊断等,通过在 AH 中设置功能号 0~15H 来分别调用这些功能。具体对各功能的使用方法可参考操作系统使用手册。例如,下面从硬盘读一个扇区的程序段调用了 13H 程序中的 02H 功能,调用前按规定设置了相应参数。

```
MOV     CX, 0002        ;选磁道号 0,扇区号 2
MOV     DX, 0080H       ;选磁头号 0,驱动器号为 80H,其中最高位 1 表示为硬盘
MOV     BX, 2000H       ;内存缓冲区首址送 ES:BX
MOV     AX, 0201H       ;读扇区的功能号 02 送 AH,扇区数 1 送 AL
INT     13H             ;读扇区
```

下面是对 13H 中断处理程序作了仔细分析以后得到的流程说明。

(1) 判断驱动器:如 DL 的数据为 80~87H,则认为是对硬盘操作。

(2) 判断功能号:AH 中提供的功能号如不在 0~15H 的范围,则作为出错处理。

(3) 建立命令块:将硬盘参数表中的控制字节写入硬盘命令寄存器端口 3F6H,再将入口参数提供的驱动器号、磁头号、扇区数、扇区号等填入命令块。

（4）命令的发送和执行：根据 AH 中的功能号转换为命令码，将命令码填入命令块，然后将命令块发送到硬盘控制器，使其执行对硬盘的相应操作。此后，CPU 检测状态寄存器以等待命令执行结果，若 AH＝0，CF＝0，则执行成功，若 CF＝1，则失败。

（5）读操作：读操作时，每当驱动器读出一个扇区的数据存入控制器的数据缓冲器后，便向 CPU 发中断请求，CPU 响应中断后，重复执行 256 次 INSW 指令，用 16 位数据宽度进行 I/O 传输，通过 1F0H 端口将 512 字节即一个扇区的数据读到内存，由于读盘时往往连续读几个扇区，所以，此后，CPU 会检测硬盘控制器，直到检测的状态信息为空闲为止。

（6）写操作：写操作时，每当硬盘控制器接收写盘操作命令后，首先对主机发中断请求，此后，CPU 通过 1F0H 端口执行 256 次 OUTSW 指令，用 16 位宽度从内存往硬盘控制器的数据缓冲器传输 512 字节即 1 个扇区的数据，然后，硬盘控制器将这些数据发送到硬盘驱动器。接着，硬盘控制器向 CPU 发中断请求，表示可接收下一个扇区的数据。

14.1.4 硬盘安全性和数据保护技术

随着技术上的不断改进，硬盘的正常运行时间一般可达 30 万小时，高档硬盘可达 100 万小时甚至更高。但是，硬盘数据的安全性仍然深受关注，因为数据的丢失会造成巨大损失。这导致了硬盘数据保护成为一门专用的技术。

这些技术中，最重要和较成功的有如下这些。

1. S.M.A.R.T（self monitoring, analysis and reporting technology）技术

S.M.A.R.T 是一个兼有自测、分析和报告功能的综合技术，得到所有硬盘厂商的支持。此技术通过电路检测和软件检测两者的结合，对磁头、磁盘、驱动电路和控制电路的运行状态进行全面检测，并将检测结果和预设的安全值比较，在超出安全值范围时，发出警告信息，并自动降低硬盘速度，将重要数据转存到备用扇区。由此预测硬盘的潜在故障，并提高数据安全性。

2. DL（data lifeguard）技术

DL 技术的思想是在盘区预留 5% 的空间作为备用区，然后利用硬盘的空闲时间，每隔一定时间自动检测盘体扇区。对过度使用而出现故障的扇区，则将其中数据移到备用区，并对此扇区自动修复，如无法修复，则作出标记，使得以后不再使用此扇区。

3. SPS（shock protection system）技术

SPS 是一种专用于运输过程的硬盘保护技术。其设计思想是，在硬盘非使用状态保持磁头和磁头臂停靠在盘片上，这样，在硬盘安装和运输过程中遇到震动时，使得冲击波被盘体吸收，而关键部件磁头尽可能不受震动。

4. DPS（data protection system）技术

DPS 是一种对硬盘数据的保护技术。它的设计思想是，留出硬盘的部分空间，用来存放操作系统和应用程序，并且建立一个 DPS 启动盘。当硬盘系统出现问题时，DPS 会以很快的速度自动检测和修复。最坏的情况下，也可有很大的概率用 DPS 启动盘进行修复。

5. ECC（error correction code）技术

ECC 是一种专用于传输过程的数据保护技术。它在数据写入时采用一种特殊的编码算法 ECC 获得一个校验位，并将 ECC 校验位和原码一同写入硬盘。在数据读出时，边解码边和原码比较，如有错，则进行数据修复，并再读取。

6. DFT(drive fitness test)技术

DFT 是基于一个 DFT 软件来实现的技术,此软件在硬盘上划出一个专用空间供本身使用,因为 DFT 是一个独立的不依托于操作系统的软件,这样,即使操作系统有了问题,DFT 软件仍能够运行。DFT 运行时,对硬盘进行扫描式检测,并以图形形式显示检测结果,以便技术人员分析原因和决定补救办法。

14.2 光盘子系统

14.2.1 光盘的特点和类型

光盘技术利用光学原理来读/写信息,即把激光聚焦成极细而能量又相当大的激光束照射在介质即光盘上,使光盘产生物理变化来记录信息,此后又可利用激光将其读出。

1. 光盘的特点

光盘技术的特点如下。

(1) 容量大。光盘中,存储一位二进制数的盘面积只有 $1\mu m^2$,记录密度达 $10^7 \sim 10^8 b/cm$。

(2) 速度快。光盘在读取数据时,传输率可达到 200Mb/s。

(3) 不易损坏。由于光盘在读/写数据时,光头不和盘片直接接触,所以不会损坏盘面,也不会损坏光头。另外,激光的穿透力允许光盘表面加上有机玻璃膜,这使光盘表面不怕灰尘的影响,所以,光盘的安全性也很好。

(4) 性能价格比高。光盘在制造时常常大量复制,而且光盘的使用寿命达到 10 年以上,档案级蓝光盘甚至可达百年的寿命。此外,由于激光穿透力强,所以,光头和光盘之间的距离比硬盘的头盘距离大,可达 2mm,这样,免除了设计制造过程中的许多难点,这些因素使光盘的性能价格比较高。

2. 光盘的类型

根据构成的材料和使用类型,有 3 种类型的光盘。

(1) 只读光盘。只读光盘不但能存储程序、文字、图形和图像信息,还能存储音乐。激光电视唱片(VD)和数字唱片(CD)也是只读光盘。只读光盘一般是批量生产的商品。

可只写一次的光盘。这种光盘可由用户一次性写入信息,然后可多次读出。

(3) 可擦式光盘。这种光盘的盘片材料较特殊,用一种特殊的磁性薄膜作为介质,擦除重写时,可利用激光使盘面已刻录的痕迹先产生可逆性变化,然后再刻录新的数据。所以,其功能类似于磁盘,也因此称为磁光盘,但其读/写信息的过程是用激光来实现的。

14.2.2 光盘读/写原理

光盘系统主要由激光头、光盘、格式转换器、编码器、解码器和缓冲器构成。图 14.4 表示光盘系统的工作原理。

激光头的作用相当于磁盘系统中的磁头,但在物理结构上和磁头差别很大,激光头是由激光源和与之相关的光路控制部件构成的。

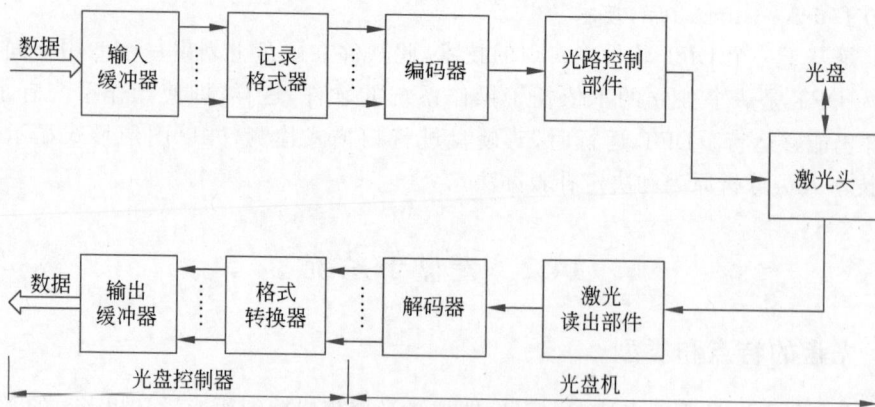

图 14.4　光盘系统的工作原理

写入数据时,主机送来的数据先送到输入缓冲器,缓冲器对外部数据速率的不稳定起缓冲和隔离作用。输入缓冲器用数据组形式将数据传输到记录格式器,这种数据组称为子块。

记录格式器有两个功能:一是对每个子块进行错误检测,并在子块上加奇/偶校验位;二是将子块进行组合,并加上地址信息,形成所谓地址数据块。地址数据块是符合一定格式的数据块,能为此后读取操作提供检索条件。

地址数据块进入光盘机以后,先由编码器将其转换为加有同步符号的记录码,然后将其传输到光盘机的光路控制部件即写入部件。在读取数据时,同步符号用来识别地址数据块和其中的每个子块的起始位置。

光路控制部件对来自激光源的激光束进行聚焦,使其成为 $1\mu m$ 直径的光束,并在编码信号控制下对光束本身和光束在光盘上的落点进行控制,在光盘上刻下凹坑,凹坑的宽度就是激光束的直径,每个凹坑表示 1 个二进制数 1,无凹坑处表示 0。同时,光盘在直流电机带动下高速转动,由此,在光盘上连续快速地记录数据。

当读取信息时,光盘也在高速转动中,而激光束则在光盘径向移动确定目标轨道,同时,光盘机中的激光读出部件对来自光盘的反射光进行检测,无凹坑处的入射光被反射,从而大部分返回,而有凹坑处则使反射光散射而没有返回,根据反射光的差异可检测出记录的数据信息,然后将得到的信号进行放大,再送到解码器。

解码器和编码器的功能相反,用来去除同步符号,从解码器得到的地址数据块在格式转换器中去除地址信息,并在作奇/偶校验后去除奇/偶校验位,最后,在输出缓冲器中获得实际数据。

在光盘机中,用大功率半导体激光器写数据,用小功率氦氖激光器读数据。读出激光束的功率为写入时的 1/10,以防止写入的信息被破坏。

由于光盘存储信息的轨道是采用由圆心不断向外旋转延伸的螺旋式单轨方式,而不是像磁盘那样的同心圆,在读取信息时,要通过估算来得到信息的所在位置,然后光头通过径向移动来定位,所以,光盘的平均存取时间比硬盘慢。尽管光盘轨道不是同心圆,但由于密度大,所以一般仍然将其看成一个个圆形信道。

刻录数据时,光盘都从靠圆心处开始往外圈刻录。通常采用恒线速度(constant line velocity,CLV)或恒角速度(constant angle velocity,CAV)两种方式。

在 CLV 方式中,盘面上的数据密度是均匀的,所以,直径较大的外侧信道上容纳较多的信息,这种情况下,盘容量得到充分利用。但是,为得到恒定的线速度,光盘系统在光头从内圈到外圈过程中,要使单位时间读取的弧线长度相同,为此,要频繁变换主轴电机的速度。光驱速度提高时,这一点成为一个致命缺点。由此,CLV 只用在低速光驱中。

在 CAV 方式中,每个信道容纳等量的信息,通常,存放电视节目时,每个信道存放一幅画面,一个盘面上约有 50 000 个信道,大约可播放半小时。这种方式的盘信息量没有 CLV 方式大,但是,由于每道一幅图像,所以,可方便地查找和截获某一幅图像,也便于对其作提取或传输等相关的处理。

改进后的光驱采用区域恒角速度(part constant angle velocity,PCAV)方式,其吸取了 CLV 和 CAV 两者之长,在读光盘内圈数据时,用 CAV 方式,在读光盘外圈数据时,用 CLV 方式,这样,既提高了容量,又适当缓解了主轴电机频繁变换速度的境况。

第 15 章　总　　线

总线是计算机系统中连接各个部件的信息通道,通过总线可以传输数据信息、地址信息、控制命令和状态信息。

早期的计算机系统并不采用总线结构,各个部件之间分别连接,这样,造成信息通路复杂,也不易维护和扩展。

具体来说,总线结构带来如下优点。

(1) 支持模块化设计:总线结构使系统成为由总线连接的多个独立子系统,每个子系统对应一个模块。这种模块化结构使系统设计分解成对多个独立模块的设计,从而整个设计可多轨并进,缩短了设计周期,而且便于故障检测和维护,也便于系统扩展。

(2) 开放性和通用性:由于每种总线都有固定的标准,而且其技术规范公开,所以,严格按照总线标准设计的部件都可连接到相应总线,这使生产商在此基础上能以高速度和低成本设计和生产大量的扩展卡。

(3) 灵活性好:有了总线后,为系统的组合带来一定的随意性,系统主板上有多组总线扩展槽,每组对应一种总线,在某组总线槽的任何一个中插上符合规范的适配卡,就可连接相应设备。这个特点使用户可根据自己的需要选择设备,而且连接方便灵活。

本章重点讲述 PCI(peripheral component interconnect)总线技术,同时介绍 ISA (industry standard architecture)、EISA(extension industry standard architecture)、IDE (integrated disk equipment)、EIDE(enhance IDE)、SCSI(small computer system interface)、RS-232-C 和 USB(universal serial bus)总线。

15.1　总线的分类和性能指标

1. 计算机总线的分类

一个计算机系统中常常包含多种类型的总线,按照布局范围,总线分为如下几类。

1) 内部总线

内部总线是处于 CPU 内部、用来连接片内运算器和寄存器等各个部件的总线,也称片内总线。由于这是芯片厂商设计的,并封装在 CPU 片内,所以,大多数计算机系统设计人员更加关注内部总线的对外引线,通常将这些对外引线总称为 CPU 总线。

2) 局部总线

局部总线是微型机系统设计和应用人员最关心的一类总线,它是主机板上的信息通道,连接主机板上各主要部件,而且通过扩展槽连接各种适配器,如显示卡、图像卡、声卡和网卡等。局部总线的类型很多,而且不断翻新。微型机系统中,常用的局部总线有 ISA、EISA 和 PCI。实际上,局部总线是组成微型机系统的主框架,也因此备受重视。

随着 CPU 的更新换代,局部总线也不断推陈出新。之所以用"局部"一词,是相对更高层的总线作为系统总线。

打开一台微型机,看到主机板上有并排的多个插槽,这就是局部总线扩展槽。一般情况下,一组扩展槽中的每一个都相同,对应同一种局部总线,要添加某个外设来扩展系统功能时,只要在其中任一个扩展槽插上符合该总线标准的适配器,再连接外设即可。

3) 系统总线

系统总线是多处理器系统即高性能计算机系统中连接各 CPU 插件板的信息通道,用来支持多个 CPU 的并行处理。系统总线位于机箱底板上,各 CPU 插件板和其他总线主模块(例如 DMA 模块)插件以此互相连接,并通过仲裁机制竞争对总线的控制权。在微型机中,一般不用系统总线。但是,在高性能计算机系统中,系统总线是系统设计中的关键技术。出现过的系统总线有 MULTIBUS、STDBUS、VME 等。

4) 外部总线

外部总线是微型机和外设之间的通信总线。例如,微型机系统和打印机、硬盘、扫描仪之间的信息传输,就是通过外部总线实现的。外部总线的传输率低,对不同的设备所用总线标准也不同,例如串行总线 RS-232-C,专用于与硬盘连接的 EIDE 总线和 SCSI 总线,用于与并行打印机连接的 Centronics 总线以及通用串行总线 USB 等。这类总线不但用于微型机系统,也用于其他系统中进行通信,所以,常常被称为通信总线。

按照功能,总线又分为数据总线、地址总线和控制总线,分别用来传输数据、地址、命令和状态信号。

2. 总线的性能指标

总线的性能主要从以下 3 方面来衡量。

(1) 宽度:总线宽度是指一次可同时传输的数据位数,用位(bit,b)表示。例如,ISA 为 16 位总线,一次可传输 16 位二进制数。EISA 为 32 位总线,一次可传输 32 位数,PCI 为 32/64 位总线,通常用 32 位传输,也可扩展为 64 位。总线的宽度越宽,在一定时间中传输的信息量越大。不过,在一个系统中,总线的宽度不会超过 CPU 的数据宽度。

(2) 总线频率:指总线工作时每秒钟能传输数据的次数。总线频率越高,传输的速度越快。

(3) 传输率:传输率指总线工作时每秒钟能传输的字节数,用 MB/s 表示。总线宽度越宽,频率越高,则传输率越高。

15.2 PCI 系列的特点和系统结构

15.2.1 PCI 的概况和特点

1. PCI 的概况

PCI 是 PCISIG(peripheral component interconnect special interest group,外围部件互连组合)的简称。这是 Intel 公司联合 IBM、Compaq、HP 等 100 多家公司成立 PCISIG 组织于 1992 年推出的 32/64 位计算机局部总线,其目标是在高速的 CPU、存储器和各种外设扩展卡之间提供一种通用连接机制,以适应高速图形图像传输和高速网络传输需求。

业界推出三代 PCI 总线,即 PCI、PCI-X 和 PCI Express,后者也缩写为 PCI-E。

PCI 的频率限于 66 MHz 以下,最高传输率为 528MB/s。

PCI-X 于 2000 年推出,是 PCI 的扩展,工作频率最高为 533MHz,用 32 位传输时,最高传输率为 2 131MB/s。它比 PCI 具有更加灵活的设备管理方式,当某个设备不再传输数据时,总线管理系统会在管理机制上将其移开,从而减少其他设备的等待时间,这种机制使 PCI-X 在相同频率下比 PCI 提高 15%～35% 的传输率。但 PCI-X 的传输率很难再提高,而 CPU 和存储器的速度却日新月异地加快,尤其是 CPU,有望超过 10GHz,因此,需要更大带宽、更高速度的总线,PCI-E 正是由此而产生的。

PCI-E 是 2002 年推出的,也称是继 ISA、PCI 之后的第三代通用输入/输出总线即 3GIO(third generation input/output)总线。它的频率达到 2.5GHz,其双向数据传输率达到 16GB/s。在 PCI 和 PCI-X 基础上,PCI-E 采用串行的基于交换器的点到点连接方式,使两个设备传输数据时,各自独享通道,这样,避免信息传输的冲突,使通道具有专用性和更好的可靠性。另外,PCI-E 采用通用连接方式,不仅适用于主体芯片和设备的连接,而且适用于 PCI、AGP 和芯片组之间的连接。而在 PCI 和 PCI-X 系统中,芯片组之间必须有专用的连接方式,PCI 和 AGP 之间也有特定的连接方式。此外,PCI-E 采用电源管理机制和更好的错误管理机制,由此,PCI-E 在物理层和 PCI 及 PCI-X 总线有较大差别,但在软件层仍保持兼容。

本章讲述中不涉及物理层,为叙述方便,将 PCI、PCI-X、PCI-E 总线统称为 PCI。

2. PCI 的特点

相比于此前的计算机局部总线,PCI 有众多突出优点,其中,最主要的特点如下所述。

(1) 高传输率:PCI 用 32 位数据传输,也可扩展为 64 位。以 33MHz 的频率运行时,如用 32 位数据宽度,则传输率可达 133MB/s,如用 64 位数据宽度,则传输率可达 266MB/s。在较高版本的 PCI 系统中,都可用 66MHz、133MHz、266MHz、533MHz 甚至更高的频率运行。在 66MHz 频率时,如用 64 位传输,则传输率为 528MB/s。PCI 的高传输率为多媒体传输和高速网络传输提供了良好支持。通常,一条总线最多可连接 10 个高速外设,所以,总线的最高传输率应为高速外设的 10 倍。实践表明,PCI 完全可满足较多的外设需求。

(2) 高效率:PCI 控制器中集成了高速缓冲器,当 CPU 要访问 PCI 上的设备时,可把一批数据快速写入 PCI 缓冲器,此后,PCI 缓冲器中的数据写入外设时,CPU 可执行其他操作,从而使外设和 CPU 并发运行,所以效率得到很大提高。此外,PCI 对存储器的读/写操作支持数据突发传输模式,用这种模式,可实现从一个地址开始连续传输大量数据,传输量不受限制,大大减少了地址传输和译码环节,使 PCI 的传输速度接近处理器总线的速度,从而有效利用总线的传输率。这个功能特别有利于高分辨率彩色图像的快速显示及多媒体传输。

(3) 即插即用功能:即插即用功能的含义是指,每当添加新的设备时,只要将适配卡插入总线槽,将硬件连接好,设备就可正常运行。这是由系统和外设两方面配合实现的。在外设的角度,为了实现即插即用功能,制造商必须在外设的适配器中增加一个小型存储器以存放按 PCI 规范建立的配置信息。配置信息中包括制造商标识码、设备标识码以及适配器的分类码等,还含向 PCI 控制器申请建立配置表所需要的各种参数,例如,存储空间的大小、I/O 地址、中断源等。在系统角度,PCI 控制器能自动测试和调用配置信息中的各种参数,并根据设备参数进行统一配置,支持其即插即用功能。在系统加电时,PCI 控制器通过读取外设适配器中的配置信息,为每个卡建立配置表,并对系统中的多个外设进行资源分配和调度,保证 PCI 上的各扩展卡不会冲突,再安装驱动程序,实现即插即用功能。在添加新设备时,PCI 控制器能通过配置软件,自动识别新加入的设备,并为此配置相应的空间和驱动程序,从而为新插入的设备提供即插即用环境。

(4) 独立于 CPU:PCI 控制器采用独特的与 CPU 结构无关的中间连接件机制,这样,一方面使 CPU 不再需要对外设直接控制,另一方面由于 PCI 机制完全独立于 CPU,从而支持多种 CPU,使其能在未来有长久的生命期。

(5) 负载能力强且易于扩展:PCI 的负载能力相当强,每条 PCI 总线可连接 10 个设备,每个设备可含 8 个功能,而且,PCI 总线上还可通过"PCI-PCI 桥"扩展 PCI 总线,形成多级 PCI 结构,而每级 PCI 可连接多个设备。

(6) 兼容各类总线:PCI 设计中考虑了和其他总线的配合使用,能通过各种"扩展桥"兼容和连接此前已有的多种总线,继承以往的资源。所以,PCI 系统中,允许多种总线同时存在,构成一个层次化的多总线系统。高速的设备可直接连接到 PCI 上,低速的设备可仍然连接在 ISA/EISA 等总线上,从而使大量已有的外设适配卡不需要更换仍可正常工作。

15.2.2 PCI 的层次化系统结构

最简单的 PCI 系统只用一条 PCI 总线,这样,此总线必须应对所有的信息传输。为了改善通信状况,并容纳此前市场上已有的总线和外设,微型机系统中,通常采用以 PCI 为主的层次化局部总线,包括 CPU 总线、基础 PCI 总线、ISA/EISA 总线,如图 15.1 所示,它们共同构成多层次的局部总线。

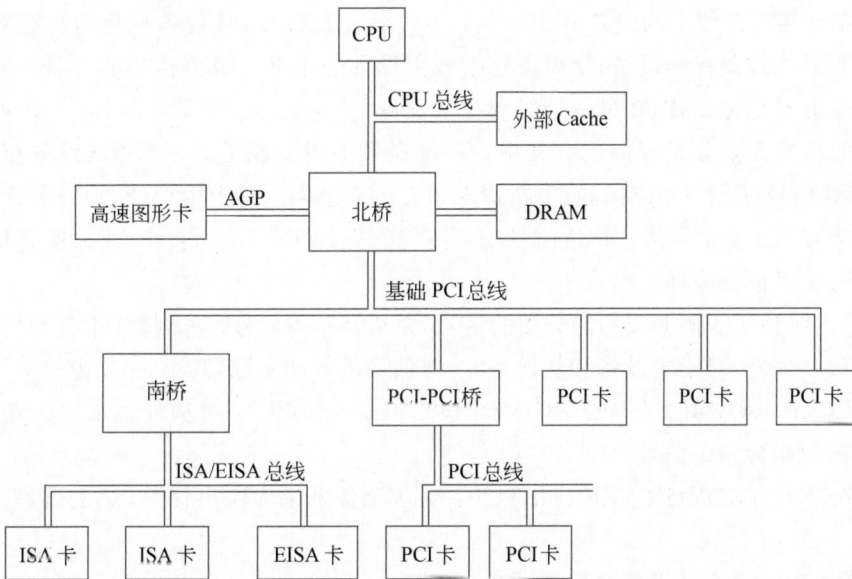

图 15.1 微型机系统中多层次的局部总线

系统中,CPU 总线是最直接最快的总线,CPU 总线上连接外部 Cache 这样与 CPU 最密切、速度也最快的部件。

PCI 系统中都有两个桥接芯片构成芯片组,按照上北下南的习惯称为北桥和南桥。随着计算机的集成度越来越高,后续系统已将北桥芯片集成到 CPU 中。

北桥即 HOST/PCI 桥,在布线和画图时常常将其放在上方,与北桥相连的是 CPU 总线、主存储器、加速图形接口(accelerated graphics port,AGP)和基础 PCI 总线。

北桥内含 Cache 控制器、存储器控制器和 PCI 控制器,PCI 控制器是一个复杂的管理部件,一方面协调和仲裁 CPU 与各种外设之间的数据传输,并提供缓冲功能和即插即用功能,使 CPU 能访问系统中的 PCI 设备,另一方面提供规范的总线信号。

与北桥相连的基础 PCI 总线上连接访问相对频繁、速度也较快的部件,但其负载有限,所以,基础 PCI 总线还连接各种扩展桥。

南桥中的主要功能块是 PCI/ISA 扩展桥,其前面是 PCI,后面是 ISA/EISA 总线。南桥中还集成了中断控制器、DMA 控制器、USB 接口和 EIDE 接口。

除了北桥和南桥以外,PCI 系统中还常常有其他总线扩展桥。扩展桥使 PCI 可连接其他总线,如 ISA、EISA、MCA 等,从而可使 PCI 连接适合此前已有总线的各种外设,增加了 PCI 的兼容性。此外,由于每条总线所能承载的设备数量有限,因此 PCI 系统中还常有 PCI-PCI 桥,这种桥用来扩展 PCI,从而形成分层的 PCI 系统结构。

15.3 PCI 的信号

PCI 的复杂功能导致了它有众多信号。实际上,许多信号的功能和含义是以 PCI 的工作原理和运行过程为背景的,所以,读者可先概略浏览这些信号,在对 PCI 功能切实掌握之后,再对其作深入理解。

PCI 把连接在总线上的设备分为两类:主设备和从设备,从设备也称目标设备。主设备是指取得总线控制权的设备,从设备是指被主设备选中进行数据传输的设备。有的设备可能在某个时候是主设备,在另一个时候是从设备。

PCI 的信号大部分是双向的。其中,有 49 条和主设备相关;47 条和从设备相关;还有 51 条为可选信号,用于 64 位扩展、中断请求和 Cache 访问。加上电源线、地线和保留引脚,PCI 槽一共有 120 条信号线。PCI 信号中,除了 $\overline{\text{RST}}$、$\overline{\text{INTA}}$～$\overline{\text{INTD}}$ 外,其他所有信号都是在时钟信号上升沿被采样。

图 15.2 是 PCI 插槽上按功能分类的信号,左边是基本信号,基本操作中都要用到,右边是可选信号。另外,对于主设备和从设备,一些信号的方向不同,其中,主要差别如下。

(1) $\overline{\text{IRDY}}$、$\overline{\text{FRAME}}$、C/$\overline{\text{BE}}_7$～C/$\overline{\text{BE}}_4$ 和 C/$\overline{\text{BE}}_3$～C/$\overline{\text{BE}}_0$:对从设备来说为输入信号,对主设备来说则为输出信号。

(2) $\overline{\text{ACK}}_{64}$、$\overline{\text{TRDY}}$、$\overline{\text{DEVSEL}}$ 和 $\overline{\text{STOP}}$:对从设备来说为输出信号,对主设备则为输入信号。

(3) IDSEL:只有从设备才有。

(4) $\overline{\text{REQ}}$ 和 $\overline{\text{GNT}}$:只有主设备才有。

因为同一个设备可能作为主设备,也可能作为从设备,所以,在 PCI 插槽中既有主设备的信号,也有从设备的信号,即使像 IDSEL 这样只有从设备才需要的信号,也是每个插槽都提供。

下面对 PCI 信号作具体说明。

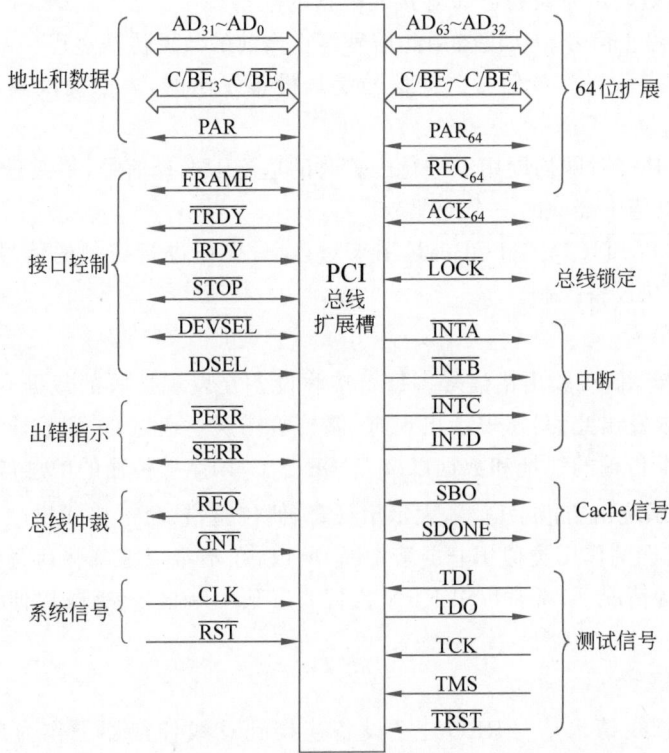

图 15.2　PCI 插槽的信号(左边为必选信号,右边为可选信号)

1. 地址和数据信号

(1) $AD_{31} \sim AD_0$:地址/数据复用引脚,既传输地址,也传输数据。当总线周期信号 $\overline{FRAME}$ 有效时,这些引脚传输地址,称为地址期;主设备准备好信号 $\overline{IRDY}$ 和从设备准备好信号 $\overline{TRDY}$ 都有效时,这些引脚传输数据,称为数据期。PCI 的一个传输操作包含 1 个地址期和 $1 \sim n$ 个数据期。地址期只用 1 个时钟周期。数据期可一次传输多字节,具体由 $C/\overline{BE}_7 \sim C/\overline{BE}_0$ 决定。

(2) $C/\overline{BE}_3 \sim C/\overline{BE}_0$:总线命令/字节允许信号。这些引脚在地址期传输 CPU 等总线主设备向从设备发送的命令,在数据期传输字节允许信号,用来指出 32 位数据线上,哪些字节是真正有效的数据。

(3) PAR:对 $AD_{31} \sim AD_0$ 和 $C/\overline{BE}_3 \sim C/\overline{BE}_0$ 作偶校验得到的校验信号。此信号为双向,读操作时送往 CPU,写操作时送往存储器或外设。

2. 接口控制信号

(1) $\overline{FRAME}$:主设备发出的总线帧周期信号,$\overline{FRAME}$ 有效,表示总线传输开始和持续,$\overline{FRAME}$ 一旦撤销,后面将在 $\overline{IRDY}$ 和 $\overline{TRDY}$ 有效情况下,进行最后一个数据期。

(2) $\overline{TRDY}$:从设备准备好信号。表示从设备准备好传输数据。写操作时,此信号有效表示从设备已做好接收数据的准备;读操作时,此信号有效表示数据已由从设备提交到总线上。

(3) $\overline{IRDY}$:主设备准备好信号。此信号和 $\overline{TRDY}$ 均有效,才可传输数据,任何一个无效都会使总线处于等待状态。写操作时,此信号有效,表示数据已由主设备提交到总线上;读操作时,此信号有效表示主设备已做好接收数据的准备。

(4) $\overline{\text{STOP}}$:停止信号。从设备用此信号停止当前的数据传输过程。

(5) $\overline{\text{DEVSEL}}$:设备选择信号。此信号是从设备发出的,表示确认其为当前访问的从设备。

(6) IDSEL:PCI 对即插即用卡进行配置时的适配卡选择信号,每次只有一个 PCI 槽上的 IDSEL 有效,以选中唯一的一个适配卡。

$\overline{\text{FRAME}}$、$\overline{\text{IRDY}}$、$\overline{\text{TRDY}}$、$\overline{\text{STOP}}$都是用来对读/写操作进行控制的信号,前两个由主设备控制,后两个由从设备控制。

3. 出错指示信号

(1) $\overline{\text{PERR}}$:奇/偶校验出错信号。每个接收设备在发现接收的数据有错误时,在此后的两个时钟周期内发出此信号,表示出现奇/偶校验错误。通过奇/偶校验,使地址/数据复用线$\text{AD}_{31} \sim \text{AD}_0$上传输的地址和数据以及 $\text{C}/\overline{\text{BE}}_3 \sim \text{C}/\overline{\text{BE}}_0$ 上传输的信息得到准确性校验。

(2) $\overline{\text{SERR}}$:系统出错指示信号,表示出现奇/偶校验错、命令格式错以及其他系统性错误。$\overline{\text{SERR}}$报告错误的作用类似于非屏蔽中断,所以,在不希望因某些运行错误而引起非屏蔽中断造成停机的情况下,常常以$\overline{\text{SERR}}$来代替非屏蔽中断报告错误,以便系统转入相关的错误处理过程。

4. 总线仲裁信号

(1) $\overline{\text{REQ}}$:总线请求信号$\overline{\text{REQ}}$是主设备连接到总线仲裁器上作为请求占用总线的信号。

(2) $\overline{\text{GNT}}$:总线授权信号$\overline{\text{GNT}}$是对$\overline{\text{REQ}}$的应答信号,表示该主设备获得总线控制权。

5. 系统信号

(1) CLK:PCI 的时钟信号,对所有设备都是输入信号。

(2) $\overline{\text{RST}}$:复位信号$\overline{\text{RST}}$有效时,所有寄存器、计数器以及所有信号都处于初始状态。

6. 64 位扩展信号

(1) $\text{AD}_{63} \sim \text{AD}_{32}$:地址/数据扩展信号。64 位数据传输时,在地址期,这些引脚传输高 32 位地址,在数据期,这些引脚传输高 32 位数据。

(2) $\text{C}/\overline{\text{BE}}_7 \sim \text{C}/\overline{\text{BE}}_4$:高 32 位命令/字节允许扩充信号。64 位数据传输时,在地址期,这 4 个引脚传输 CPU 等总线主设备向从设备发送的命令的高 4 位,从而为命令扩展提供支持。在数据期,这 4 个引脚传输对应高 32 位数据的字节允许信号。

(3) PAR_{64}:高 32 位的奇/偶校验信号,是在对高 32 位地址、高 32 位数据和 $\text{C}/\overline{\text{BE}}_7 \sim \text{C}/\overline{\text{BE}}_4$ 进行奇/偶校验后得到的校验码。

(4) $\overline{\text{REQ}}_{64}$:主设备请求进行 64 位数据传输的信号。

(5) $\overline{\text{ACK}}_{64}$:64 位传输应答信号$\overline{\text{ACK}}_{64}$是对$\overline{\text{REQ}}_{64}$的应答信号。

7. 总线锁定信号

$\overline{\text{LOCK}}$是锁定信号。在 PCI 的早期版本中,$\overline{\text{LOCK}}$信号是专为一些需要用多个数据周期进行数据传输的设备而设置的信号。例如,对某个存储器区域的连续访问,需要把总线锁住而进行排他性操作。所以,此信号是用来阻止其他设备中断当前的总线操作的。但是,在PCI 2.2 以上版本中,只有北桥和 PCI-PCI 桥可输出$\overline{\text{LOCK}}$信号,而只有扩展桥才能输入

$\overline{\text{LOCK}}$信号。

8. 中断信号

$\overline{\text{INTA}}$、$\overline{\text{INTB}}$、$\overline{\text{INTC}}$和$\overline{\text{INTD}}$为从设备的中断请求信号。单功能的 PCI 设备必须用 $\overline{\text{INTA}}$作中断请求,多功能的 PCI 设备必须依次连接$\overline{\text{INTA}}$~$\overline{\text{INTD}}$作为中断请求,也可通过外部电路共用$\overline{\text{INTA}}$。多功能设备是指包含几个独立功能的设备。

9. Cache 信号

这两个信号是为了支持 PCI 系统中的主存储器和 Cache 配合工作的。

(1) $\overline{\text{SBO}}$:测试 Cache 后返回信号。此信号有效,表示命中了一个已修改的 Cache 行,从而支持 Cache 的通写或回写操作。

(2) SDONE:Cache 测试完成信号。此信号有效,表示当前对 Cache 的测试周期已完成。

10. 测试信号

通过这一组信号,在相应软件支持下可对设备进行测试。要注意的是,通常,输入/输出的概念都是站在 CPU 的角度而言的。例如,送一个字符到打印机,对 CPU 来说,是输出,而对打印机来说,则是输入,但一般把这个过程叫作输出操作,对应的指令也是输出指令。但在测试中,这个概念含例外的意义,与通常以 CPU 为出发点的方向正好相反。

测试时,被测试的设备通过 PCI 插槽连接。

(1) TCK:测试时钟输入信号 TCK 为所测试的设备提供时钟信号。

(2) TDI:测试数据输入信号 TDI 用于把测试数据或命令串行输入设备。

(3) TDO:测试数据输出信号 TDO 用于把测试结果由设备送主机。

(4) TMS:测试模式选择信号 TMS 通过选择某种方式,用于控制设备的状态。

(5) $\overline{\text{TRST}}$:测试复位信号$\overline{\text{TRST}}$对访问端口控制器进行初始化。

15.4 PCI 的命令类型

在总线的地址期,CPU 等总线主设备除了传输地址外,还向从设备发送命令。总线命令确定主设备和从设备之间的传输类型,命令是通过 C/$\overline{\text{BE}}_3$~C/$\overline{\text{BE}}_0$线传输的。对应这 4 位数据的具体命令如下。

0000:中断识别和响应命令。

0001:特殊周期命令。

0010:I/O 读命令。

0011:I/O 写命令。

0110:读存储器命令。

0111:写存储器命令。

1010:读配置空间命令。

1011:写配置空间命令。

1100:Cache 多行读命令。

1101:双地址期命令。

1110:读一行 Cache 的命令。

1111：写 Cache 命令。

0100、0101、1000 和 1001 为保留。下面对这些命令作简略说明。

1. 中断识别和响应命令

中断识别和响应命令的功能是读取中断类型号。中断类型号是单字节的。

PCI 系统的中断响应与传统的 CPU 中断响应有一个差别，就是只用一个而不是两个负脉冲，中断响应时，在有南北桥芯片的时代，由连接 CPU 的北桥向含 8259A 的南桥发出 $\overline{IRDY}$ 信号作为中断响应脉冲，在 $\overline{TRDY}$ 信号有效时，南桥向北桥返回中断类型号，然后北桥将中断类型号送 CPU。整个过程中，北桥在很大程度上代理了 CPU 的功能。后来，则直接由 CPU 向中断控制器芯片发出和接收信号。

2. 特殊周期命令

此命令为 PCI 提供一种广播信息机制。在软件运行过程中，当出现严重的不可恢复的问题而需要处理时，此命令使系统死机或使系统中一些主要部件暂停。因为是广播式的，所以特殊周期命令中不含目的地址，而是广播给所有设备，由每个接收设备确定广播的信息是不是适用于本身，从设备也不会发出 $\overline{DEVSEL}$ 信号作出应答，此外，扩展桥不会将特殊周期命令传输到下一级总线。

特殊周期命令和其他命令一样，含一个地址期和一个数据期，地址期也是从 $\overline{FRAME}$ 有效开始。只是在地址期，不发送地址而只发送命令字，即 $C/\overline{BE_3} \sim C/\overline{BE_0}$ 为 0001，表示这是特殊周期命令，此时，$AD_{31} \sim AD_0$ 上的信息没有意义。在数据期，$C/\overline{BE_3} \sim C/\overline{BE_0}$ 仍然有效，而 $AD_{31} \sim AD_0$ 中的数据作为信息分别对应 HALT 命令、SHUT DOWN 命令等，具体对应关系可查 PCI 相关手册。

3. I/O 读命令和 I/O 写命令

这两个命令用 32 位地址从 I/O 设备读数据或写数据。每次可读/写 1 字节、1 个字或 1 个双字。

4. 读存储器命令和写存储器命令

这两个命令从存储器读取数据或把数据写入存储器，每次可读/写 1 字节、1 个字或 1 个双字。

5. 读配置空间命令

此命令从某个 PCI 设备的配置空间读数据。

PCI 为了实现即插即用功能，要求每个设备配置一个小的存储器提供配置空间，配置空间以寄存器形式提供与此设备相关的许多参数，以便于系统配置软件在初始化时或刚接入该设备时，通过读取这些参数来安装驱动程序，配置空间也提供基地址寄存器和工作寄存器供设备配置操作和运行。

读配置空间命令发出时，会使选中设备的 IDSEL 信号有效，在此命令的地址期，会选择该设备配置空间的某个寄存器，然后在数据期读取相关参数。

6. 写配置空间命令

此命令向某个 PCI 设备的配置空间写数据。其操作方式和读配置空间命令相似，命令发出时，会使所选设备的 IDSEL 信号有效，然后写入相应数据。

7. Cache 多行读命令

此命令的功能是读取 Cache 中的多行数据，用于连续数据的传输。

8. 双地址期命令

此命令用两个时钟周期给支持 64 位寻址的设备发送地址。32 位寻址的设备不会对此命令作出反应。

9. 读一行 Cache 的命令

此命令也用于连续数据的传输,从给定地址单元一直读到 Cache 的行边界。

10. 写 Cache 命令

此命令是为保证 Cache 一致性而设置的,每次的最小传输量为一行 Cache 中的数据。

15.5 PCI 的中断和中断响应

每个 PCI 槽有 4 条中断请求线,用 $\overline{\text{INTA}}$、$\overline{\text{INTB}}$、$\overline{\text{INTC}}$、$\overline{\text{INTD}}$表示。如一个设备只用一个中断,则必须用$\overline{\text{INTA}}$作中断请求。一些多功能设备有时候需要用多个中断,则可依次连接$\overline{\text{INTA}}$、$\overline{\text{INTB}}$、$\overline{\text{INTC}}$、$\overline{\text{INTD}}$,也可通过外接或门电路共用一条中断线$\overline{\text{INTA}}$。多数设备为单功能设备,因此,只用$\overline{\text{INTA}}$。

实际上,即使多个设备用$\overline{\text{INTA}}$,但由于各个 PCI 插槽上的$\overline{\text{INTA}}$在主机板上分别连接中断控制器不同的中断请求输入端,所以,不会使多个设备共用同一个 IRQ。

在 Pentium CPU 的 PCI 系统中,南桥内含两级 8259A 连接的中断控制器,提供 15 个中断请求端(1 个已用于两级互联)。当某个 IRQ 有效时,南桥会使 INT 有效并传递到 CPU,然后,CPU 进行中断响应。

PCI 系统中的中断响应和传统方法不同,通过 PCI 连接 CPU 的北桥会放弃 CPU 的第一个中断响应周期,从而把 CPU 的双周期中断响应转换为单周期格式。

图 15.3 表示了 PCI 的中断响应时序。

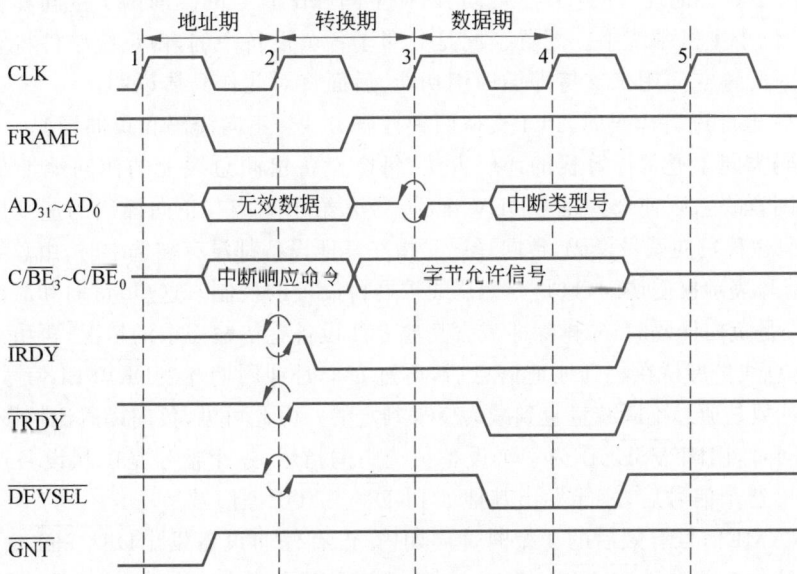

图 15.3 PCI 的中断响应时序

从图 15.3 中可看到。

（1）在时钟 1 处，北桥使 $\overline{\text{FRAME}}$ 有效，开始 PCI 中断响应的地址期，CPU 在 $\text{C}/\overline{\text{BE}}_3 \sim \text{C}/\overline{\text{BE}}_0$ 线上发中断响应命令的代码 0000b，但此时 $\text{AD}_{31} \sim \text{AD}_0$ 出现的是无效数据而不是有效地址。

（2）在时钟 2 处，北桥使 $\overline{\text{IRDY}}$ 有效，以准备读取中断类型号，同时，使 $\overline{\text{FRAME}}$ 无效以表示这是最后（此处为唯一）的数据期。但此时，南桥中的中断控制器还未使 $\overline{\text{TRDY}}$ 有效，从而时钟 2 作为转换期。

（3）时钟周期 3 处，南桥已完成了命令译码，从而进入数据期。在时钟 3 的上升沿处，$\overline{\text{DEVSEL}}$ 仍无效，所以，插入一个等待状态，然后南桥使 $\overline{\text{TRDY}}$ 有效，说明中断类型号存在。

（4）时钟周期 4 的上升沿处，北桥检测到 $\overline{\text{DEVSEL}}$ 有效且 $\overline{\text{IRDY}}$ 和 $\overline{\text{TRDY}}$ 均有效，于是，读取低 8 位 AD 线上的中断类型号。此后，北桥使 $\overline{\text{IRDY}}$ 无效，总线回到空闲状态，并将中断类型号送到 CPU。南桥使 $\overline{\text{TRDY}}$ 和 $\overline{\text{DEVSEL}}$ 无效。

从上述过程中可看到，$\overline{\text{IRDY}}$ 相当于传统中的中断响应负脉冲 $\overline{\text{INTA}}$，不过，这里只有一个负脉冲，并且是由连接 CPU 的北桥发出的。

中断响应没有目标地址，其实，系统的中断控制器就是隐含的目标设备，中断响应是 CPU 和北桥对中断控制器的回答信号。

因为中断控制器总是在第一级总线上，所以中断响应命令不会传递给下一级 PCI。

需要指出的是，在 2.2 以上的版本的 PCI 规范中，定义了一种信息信号中断（message signaled interrupts，MSI）的崭新机制来发送中断请求，用这种方法时，支持 MSI 的外设产生中断时，通过向一个预先约定的专用存储器区域写入预定义的信息来传递中断请求，从而可省去众多的中断引脚和相关电路。

15.6 PCI 的编址

PCI 定义了 3 个地址空间：I/O 空间、内存空间和配置空间。前两个空间和所有计算机系统的一样，位于主机系统中。配置空间是分布于各个设备中的，由系统软件将它们映射到统一的空间。配置空间用来支持即插即用功能，后面将对此作具体说明。

在对 I/O 地址进行译码时，PCI 支持两种译码方式：正向译码和负向译码。

正向译码类同于通常计算机的译码方法，每个设备检测总线上的访问地址是不是在自己的地址范围，如是，则使选择信号 $\overline{\text{DEVSEL}}$ 有效来给予响应。正向译码的速度比较快。

负向译码也称负向减量译码，负向译码是指在其他设备都没有被选中时，由总线扩展桥发出 $\overline{\text{DEVSEL}}$ 信号表示接受访问，这是专为总线扩展桥设置的机制。这里，负向和减量的含义包括两方面：一是负向译码时，先排除即减去其他 PCI 设备有传输需求的情况，再由总线扩展桥来响应；二是总线扩展桥在收到地址信息后，再过 4 个时钟周期才发 $\overline{\text{DEVSEL}}$ 信号，而这 4 个时钟周期的计数是通过不断减量直到减为 0 来判定的。由此可见，负向译码比较慢。

I/O 访问时，用 $\overline{\text{DEVSEL}}$ 作为一个设备被选中的指示，这个信号是由从设备产生的。从设备只有发出这个信号后，才能发出其他如 $\overline{\text{TRDY}}$、$\overline{\text{STOP}}$ 等信号。

如在 $\overline{\text{FRAME}}$ 信号有效后的 4 个时钟周期内，没有任何设备发出 $\overline{\text{DEVSEL}}$ 信号，那么采用负向译码的设备便会使 $\overline{\text{DEVSEL}}$ 有效，从而获得总线传输权，此时，如系统中没有负向译码设备，就会终止传输。

要注意的是，对所有的 PCI 系统，都不能进行突发 I/O 操作，所以，在 PCI 系统中，INS

指令和 OUTS 指令不能用。

在 I/O 访问中,用 32 位的 AD 线提供起始字节的地址,传输数据时,尽管 32 位的 AD 线可一次传输 4 字节,但实际上可能只传输 3 字节、2 字节甚至 1 字节,为此,必须用 C/$\overline{BE}_3$～C/$\overline{BE}_0$ 配合。

表 15.1 用例子说明了 AD 线和 C/$\overline{BE}$ 信号两者配合,分别传输 1～4 字节的情况。

表 15.1　I/O 访问时 AD$_{31}$～AD$_0$ 和 C/$\overline{BE}_3$～C/$\overline{BE}_0$ 配合实现 1～4 字节的传输

AD$_{31}$～AD$_0$	C/$\overline{BE}_3$	C/$\overline{BE}_2$	C/$\overline{BE}_1$	C/$\overline{BE}_0$	说　明
0000 1000H	1	1	1	0	只传输 1000H 共 1 字节
0000 95A2H	0	0	1	1	传输 95A2H 和 95A3H 共 2 字节
0000 1510H	0	0	0	0	传输 1510H～1513H 共 4 字节
1267 AE21H	0	0	0	1	传输 1267 AE21H～1267 AE23H 共 3 字节

要特别注意的是,由于几个连续的 I/O 端口地址可能不属于同一个设备,在这种情况下,如果利用 32 位传输对这几个端口同时访问,那么,将可能造成访问失败而使系统报告错误。例如,60H 是键盘接口,但 61H 是系统板上的一个状态端口,与键盘控制器无关,所以,如对这两个地址连续的端口一起操作,则会造成系统出错。

配置空间是 PCI 系统中特有的一种空间。PCI 上所有的设备都必须有配置空间,在后面的讲述中会看到,正是配置空间的设置,使 PCI 设备具备即插即用功能。对配置空间的读/写,要采用特殊的配置命令。一个设备如收到配置命令,且 IDSEL 信号建立,则该设备被选中而被进行配置访问。

15.7　PCI 的数据传输

15.7.1　PCI 数据传输的相关要点

1. 和数据传输相关的最主要信号

PCI 的数据传输过程主要是由如下 3 个信号控制的。

(1) $\overline{FRAME}$。由主设备驱动,此信号决定数据传输的开始和结束。$\overline{FRAME}$ 有效后即开始地址期,此时,PCI 传输地址信息和总线命令;此后为一个或多个数据期,用来传输数据。当连续传输多个数据时,如主设备撤销此信号,则下面传输的是最后一个数据。

(2) $\overline{IRDY}$。由主设备驱动,如无效,则会插入等待期,此时的等待是主设备要求的。

(3) $\overline{TRDY}$。由从设备驱动,如无效,则会插入等待期,此时的等待是从设备要求的。

归纳起来,这 3 个信号之间有如下配合关系。

(1) $\overline{FRAME}$ 有效后开始地址期,但要在 $\overline{FRAME}$ 有效后的下一个时钟周期上升沿,地址才被采样而有效,地址期传输地址信息和命令信息。

(2) 每当 $\overline{IRDY}$ 和 $\overline{TRDY}$ 都有效时,下一个时钟上升沿便进行一次数据传输。

(3) 主设备和从设备可分别通过 $\overline{IRDY}$ 和 $\overline{TRDY}$ 无效而插入等待状态。

(4) 如主设备撤销 $\overline{FRAME}$ 信号,但 $\overline{IRDY}$ 有效,则下面进行最后一个数据的传输。

(5) 当 $\overline{FRAME}$ 和 $\overline{IRDY}$ 都无效时,总线处于空闲状态。

2. 从设备的选择

数据传输过程是由主设备发$\overline{\text{FRAME}}$信号启动的。选中的从设备用$\overline{\text{DEVSEL}}$来确认，此信号比$\overline{\text{TRDY}}$信号早发出或同时发出。一旦发出$\overline{\text{DEVSEL}}$信号，就只有在$\overline{\text{FRAME}}$和$\overline{\text{IRDY}}$信号撤销后，$\overline{\text{DEVSEL}}$和$\overline{\text{TRDY}}$才可同时撤销。

如主设备发出$\overline{\text{FRAME}}$后 3 个时钟周期中，没有任何设备发出$\overline{\text{DEVSEL}}$信号，那么，负向译码的桥便可置$\overline{\text{DEVSEL}}$有效并获得总线控制权，否则会终止此传输过程。

3. PCI 的突发传输

PCI 的重要传输机制是突发传输，突发传输是专门针对存储器读/写的。一次突发传输由一个地址期和多个数据期组成，用来传输多个数据。突发传输中的地址修改由外加电路实现。对 I/O 设备不能进行突发传输，所以，I/O 传输只有一个数据期。

4. 总线的空闲状态

无论是单个数据传输，还是多个数据的连续传输，最后一个数据期前，主设备应该撤销$\overline{\text{FRAME}}$信号，但$\overline{\text{IRDY}}$信号不能撤销，等到从设备发出$\overline{\text{TRDY}}$信号时，便完成最后一个数据的传输，此后，$\overline{\text{IRDY}}$信号被撤销，总线处于空闲状态。

由此可见，$\overline{\text{FRAME}}$和$\overline{\text{IRDY}}$决定了总线的忙/闲状态，只要其中一个有效，则总线便处于忙状态，只有两者都无效时，总线才处于空闲状态。

5. 关于转换期

和数据传输相关的信号除了$\overline{\text{FRAME}}$、$\overline{\text{IRDY}}$、$\overline{\text{TRDY}}$外，实际上还有多个其他信号，其中有$\overline{\text{STOP}}$、$\overline{\text{DEVSEL}}$、$\text{C/}\overline{\text{BE}}_7\sim\text{C/}\overline{\text{BE}}_0$、$\text{AD}_{63}\sim\text{AD}_0$、$\overline{\text{REQ}}_{64}$和$\overline{\text{ACK}}_{64}$，这些信号在一次传输中往往需要由不同的设备驱动。例如，读操作时，在地址期，AD 线上的信号是由发读命令的主设备驱动的，但在数据期传输的数据是由从设备驱动的。

为避免多个设备同时驱动 PCI 的同一个信号线而形成竞争，所以，同一信号线从一个设备驱动转换到另一个设备驱动之间需要一个转换期。通常，$\overline{\text{IRDY}}$、$\overline{\text{TRDY}}$、$\overline{\text{STOP}}$、$\overline{\text{DEVSEL}}$和$\overline{\text{ACK}}_{64}$都利用地址期作为转换期，而 $\text{C/}\overline{\text{BE}}_7\sim\text{C/}\overline{\text{BE}}_0$、$\text{AD}_{63}\sim\text{AD}_0$、$\overline{\text{REQ}}_{64}$ 则需要插入专门的转换期或利用数据传输的空闲期作为转换期。

15.7.2 PCI 的单数据读/写操作

1. PCI 的单数据读操作

图 15.4 表示了 PCI 的单数据读操作时序。

从图 15.4 中可看到。

(1) 时钟 1 处，当$\overline{\text{FRAME}}$有效后，开始地址期。在地址期，$\text{AD}_{31}\sim\text{AD}_0$ 传输有效地址，$\text{C/}\overline{\text{BE}}_3\sim\text{C/}\overline{\text{BE}}_0$ 传输读操作命令。

(2) 从时钟 2 的上升沿处，所有目标采样$\overline{\text{FRAME}}$信号、地址和命令，从而完成地址期，此后，主设备使$\overline{\text{IRDY}}$有效，表示已作好准备接收数据，同时使$\overline{\text{FRAME}}$无效，表示下面进行的是最后（此处为唯一）一个数据期。

(3) 时钟 3 的上升沿处，$\overline{\text{DEVSEL}}$和$\overline{\text{TRDY}}$无效，所以，此前的时钟周期作为转换期（图上用环形双箭头表示），这是由从设备利用$\overline{\text{TRDY}}$无效而强制性实现的。此后，$\overline{\text{DEVSEL}}$有效，并使$\overline{\text{TRDY}}$有效，进入数据期。这时，$\text{AD}_{31}\sim\text{AD}_0$ 传输数据，$\text{C/}\overline{\text{BE}}_3\sim\text{C/}\overline{\text{BE}}_0$ 则指出数

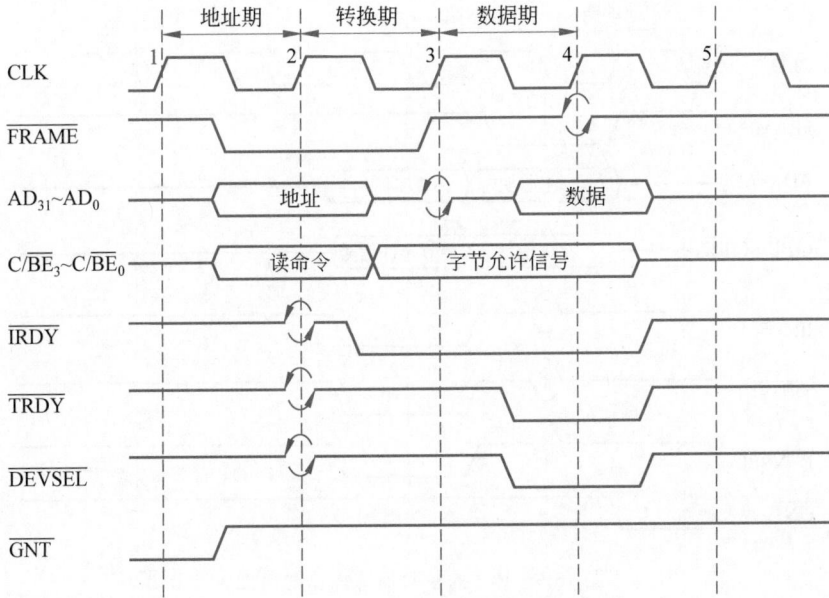

图 15.4　PCI 的单数据读操作时序

据线上哪些字节有效。

（4）时钟 4 的上升沿处，$\overline{DEVSEL}$和$\overline{TRDY}$有效，于是，主设备读取数据，同时，$\overline{FRAME}$无效，说明这是最后一个数据。然后主设备使$\overline{IRDY}$无效，从设备使$\overline{DEVSEL}$和$\overline{TRDY}$无效，总线返回空闲状态。

此图的要点如下。

（1）$\overline{FRAME}$和$\overline{IRDY}$信号是发起读操作的主设备发出的。

（2）$\overline{DEVSEL}$和$\overline{TRDY}$信号是由选中的从设备提供的。

（3）数据的真正传输在$\overline{IRDY}$和$\overline{TRDY}$同时有效后的时钟上升沿进行。这两个信号的任何一个无效都会引起插入等待状态或转换期。

（4）读操作时，地址期和数据期之间需要插入转换期，这是因为读操作时，AD 线的信号由地址转换为数据，而这两者分别由主设备和从设备驱动，所以信号的驱动需要通过转换期进行交接。

（5）$\overline{FRAME}$撤销后，表示进入最后一个数据期，但只有在$\overline{IRDY}$有效后，$\overline{FRAME}$才可撤销。单数据传输时，$\overline{FRAME}$信号在地址期后即撤销，然后立刻进入最后一个数据期。

（6）数据传输的终止可由主设备引起，也可由从设备引起。主设备通过使$\overline{FRAME}$信号和$\overline{IRDY}$信号均无效来终止数据传输。从设备通过发出$\overline{STOP}$信号同时使$\overline{TRDY}$信号无效来终止数据传输。传输终止后，总线进入空闲状态。

2. PCI 的单数据写操作

图 15.5 是 PCI 单数据写操作的时序。

从图 15.5 中可看到。

（1）在时钟 1 处，主设备使$\overline{FRAME}$有效，开始地址期，此时，$AD_{31} \sim AD_0$ 上传输地址，$C/\overline{BE}_3 \sim C/\overline{BE}_0$ 传输写操作命令。

（2）在时钟 2 处，开始数据期，由主设备把数据送到总线。由于写操作时，从发送命令

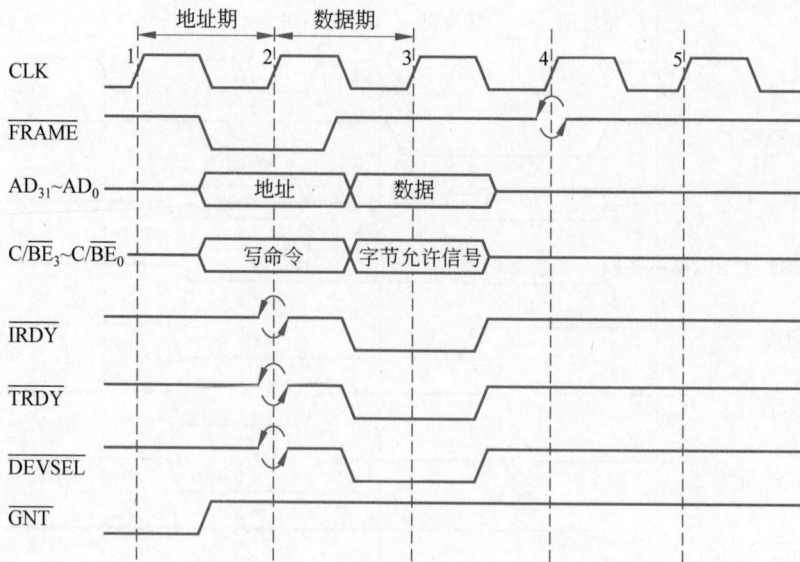

图 15.5 PCI 的单数据写操作时序图

到取数据,总线控制权一直归主设备控制,所以不像读操作那样需要转换期,因此,在时钟 2 处,AD 线上即出现数据。数据期中除了传输数据外,还在 $C/\overline{BE_3} \sim C/\overline{BE_0}$ 上传输字节允许信号,以表明 32 位数据中哪些字节有效。在数据期,主设备使 $\overline{IRDY}$ 有效,然后使 $\overline{FRAME}$ 无效,以表示这是最后一个数据期。此时,从设备对地址和命令进行译码,并使 $\overline{DEVSEL}$ 和 $\overline{TRDY}$ 信号有效,表示确认从设备准备接收数据。

(3) 在时钟 3 的上升沿,$\overline{TRDY}$ 和 $\overline{IRDY}$ 均有效,于是,实现数据传输,这里没有转换期和等待状态,所以进行的是零等待传输。此后,主设备使 $\overline{IRDY}$ 无效,从设备使 $\overline{TRDY}$ 和 $\overline{DEVSEL}$ 信号均无效,总线进入空闲状态。

从图 15.5 看到,PCI 的写操作时序和读操作相似。只是写操作时,地址和数据都由同一个设备即主设备提供,所以,可比较快地实现地址和数据的切换。地址期和数据期之间不需要转换期。

15.7.3 PCI 的突发传输

突发传输的含义:在提供起始地址后不必再提供后续地址便可连续传输多个数据,从而使传输效率大大提高。图 15.6 是突发读传输的时序图。突发写传输的时序与突发读传输类似,只是在地址期和数据期之间不需要插入转换期。

从图 15.6 中可看到。

(1) 在时钟 1,主设备使 $\overline{FRAME}$ 有效后开始地址期,此时,主设备把地址驱动到 AD 总线,把命令驱动到 $C/\overline{BE_3} \sim C/\overline{BE_0}$,但这些信息是在时钟 2 的上升沿被采样的。

(2) 时钟 2 的上升沿处,$\overline{FRAME}$ 信号、地址和命令被采样,完成地址期,主设备使 $\overline{IRDY}$ 有效,并应把总线控制权转给从设备,但此时数据还未来到,所以,时钟 2 为转换期。

(3) 时钟 3 处,主设备在 $C/\overline{BE_3} \sim C/\overline{BE_0}$ 上传输字节允许信号,从设备将数据驱动到总线,并使 $\overline{DEVSEL}$ 和 $\overline{TRDY}$ 有效。

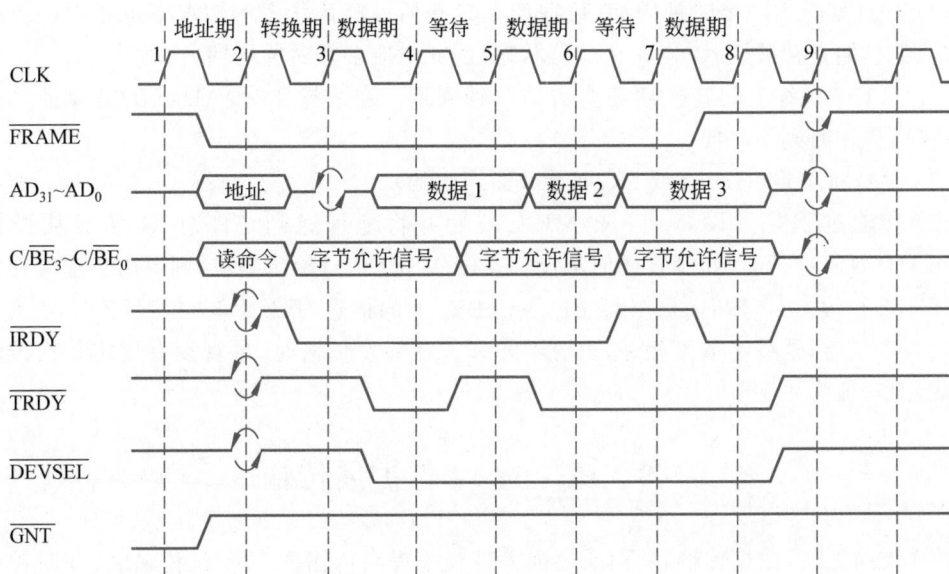

图 15.6　突发读传输的时序图

（4）时钟周期 4 的上升沿处，主设备采样到 $\overline{IRDY}$ 和 $\overline{TRDY}$ 均有效，于是读取第一组数据，完成一个数据期。

（5）时钟周期 5 处，主设备通过 $C/\overline{BE_3} \sim C/\overline{BE_0}$ 发送对应第二组数据的字节允许信号，并保持 $\overline{IRDY}$ 有效，从设备使对应的地址计数器增 4，以指向下一个双字。由于从设备提供第二组数据需要准备时间，所以将 $\overline{TRDY}$ 置为无效而使时钟 4 的后半期到时钟 5 的前半期（图中为规范而将时钟 4 画成等待状态，下同）成为等待状态，在等待状态，AD 线上保持为第一组数据。

（6）时钟周期 6 上升沿处，$\overline{IRDY}$ 和 $\overline{TRDY}$ 均有效，于是主设备读取第二组数据，完成第二个数据期。

（7）时钟周期 7 处，主设备在 $C/\overline{BE_3} \sim C/\overline{BE_0}$ 线发送字节允许信号，但因外在原因而需要等待，例如，缓冲区满，于是使 $\overline{IRDY}$ 无效而使时钟 6 的后半期～时钟 7 的前半期作为等待状态。在时钟周期 7，从设备把数据驱动到 AD 线。

（8）时钟周期 8 的上升沿处，$\overline{IRDY}$ 和 $\overline{TRDY}$ 均有效，主设备读取第三组数据，完成第三个数据期。此前，主设备已使 $\overline{FRAME}$ 无效，说明这是最后一个数据期。

（9）此后，主设备使 $\overline{IRDY}$ 无效，总线返回空闲状态。同时，从设备使 $\overline{TRDY}$ 和 $\overline{DEVSEL}$ 无效。

如突发传输进行的是写操作，时序和读操作很类似，只是突发写传输的第一个数据期是零等待传输，因为，写操作时主设备不必把 AD 总线的控制权转交给从设备。

归纳起来，PCI 的读/写操作——包括单数据传输和突发传输——有如下特点。

（1）信号的采样都是在时钟的上升沿处。

（2）传输过程是由主设备使 $\overline{FRAME}$ 有效开始的，而 $\overline{FRAME}$ 无效后即为最后一个数据期。当 $\overline{FRAME}$ 无效后，而且 $\overline{IRDY}$ 也无效时，总线返回空闲状态。

（3）每个传输过程主要由一个地址期和 $1 \sim n$ 个数据期组成，有时还包括转换期。

（4）地址期只占一个时钟周期，数据期在没有插入等待状态的情况下也是占一个时钟周期，但数据期常常被插入 $1 \sim n$ 个等待状态，因此对应多个时钟周期。

（5）只有 AD 线上的转换期需要占用时钟周期。在读操作时，AD 线上需要插入转换期，而在写操作时则不需要。

（6）等待状态是由 $\overline{IRDY}$ 或 $\overline{TRDY}$ 无效而产生的。

（7）传输过程是主设备使 $\overline{FRAME}$ 有效后并将地址送到 AD 总线，然后从设备使 $\overline{DEVSEL}$ 有效而进行的，如没有任何从设备发 $\overline{DEVSEL}$ 信号给予响应，则退出传输过程。

（8）32 位读/写传输时，根据 $C/\overline{BE}_3 \sim C/\overline{BE}_0$ 上的信息，每次传输 $1 \sim 4$ 字节，在传输 2 字节或 3 字节时，这些字节可相邻，也可不相邻。在突发传输时，尽管没有规定每次传输的字节数，但一般为 4 字节。

15.8　PCI 的 64 位扩展传输

PCI 支持 64 位数据传输，从而通过加大带宽来提高传输率。64 位传输时，在时钟频率为 33MHz 时，可达到 266MB/s 的传输率，而在时钟频率为 66MHz 时，传输率可达到 528MB/s。

要注意的是，64 位数据扩展传输和 64 位寻址扩展传输是两种不同的含义和特性，32 位数据传输和 64 位数据传输的主设备都可实现 64 位寻址传输。

15.8.1　64 位传输的相关信号和规则

64 位数据传输须增加额外的 39 条信号线。

（1）$AD_{63} \sim AD_{32}$：高 32 位的地址/数据线。

（2）$C/\overline{BE}_7 \sim C/\overline{BE}_4$：高 4 位命令/字节允许信号。

（3）$\overline{REQ}_{64}$：由主设备发出的 64 位传输请求信号，和 $\overline{FRAME}$ 的时序相同。

（4）$\overline{ACK}_{64}$：由从设备发出的对 $\overline{REQ}_{64}$ 的响应信号，表示从设备支持 64 位传输。

（5）PAR_{64}：为高 32 位地址/数据和高 4 位命令/字节允许信号提供奇/偶校验。

归纳起来，64 位数据传输遵循如下规则。

（1）真正的 64 位数据传输只能在 64 位主设备和 64 位从设备之间进行。如主设备和从设备中任何一个不支持 64 位数据传输，则只能进行 32 位数据传输。

（2）只有存储器读/写才能进行 64 位传输，在 I/O 操作、配置操作、中断响应中都不能以 64 位传输形式进行。

（3）当一个主设备启动 64 位数据传输时，在地址期，随着 $\overline{FRAME}$ 有效而使 $\overline{REQ}_{64}$ 有效，如从设备也支持 64 位传输，那么，它会发出 $\overline{ACK}_{64}$ 作应答，于是，64 位传输便可进行。在数据期，64 位数据传输的时序和 32 位数据传输完全相同，只是在每个数据期，主设备和从设备之间传输 $1 \sim 8$ 字节即 $8 \sim 64$ 位，如不是 8 字节，则可为 8 字节中的任何一个或几个。另外，64 位突发传输时，地址计数器每次递增地址为 8。

（4）如主设备为 64 位并启动 64 位数据传输，而从设备为 32 位，那么从设备在接到主设备发出的 $\overline{REQ}_{64}$ 后，不会以 $\overline{ACK}_{64}$ 应答，而是以低 32 位通道进行传输。传输时，会把本来传输 64 位数据的一个数据期分为两个数据期,第一个数据期传输低 32 位数据,在第二个数据期,主设备会将高 32 位数据复制到低 32 位通道,将高字节允许信号 $C/\overline{BE}_7 \sim C/\overline{BE}_4$ 复制到 $C/\overline{BE}_3 \sim C/\overline{BE}_0$,再进行传输。

(5) 如从设备为 64 位,但主设备为 32 位,那么主设备在启动传输时,不会使 $\overline{REQ}_{64}$ 有效,当然,从设备也不会使 $\overline{ACK}_{64}$ 有效,于是传输只会完全按照 32 位形式进行。

(6) 安装在 32 位扩展槽上的 64 位适配卡会自动用低 32 位进行传输。

(7) 如存储器的容量在 4GB 以上,那么,不管是 32 位还是 64 位数据传输,都必须采用 64 位寻址,此时,如采用 32 位数据传输,则必须使用双地址期来传输 64 位地址。双地址期传输产生于 32 位主设备启动 64 位寻址传输,或 64 位主设备启动 64 位寻址传输但从设备为 32 位这两种情况。在寻址范围小于 4GB 时,则必须采取 32 位寻址。

15.8.2　64 位数据 32 位地址的传输——数据扩展

图 15.7 是主设备和从设备都是 64 位所进行的 64 位数据扩展读传输时序,但地址却采用 32 位。

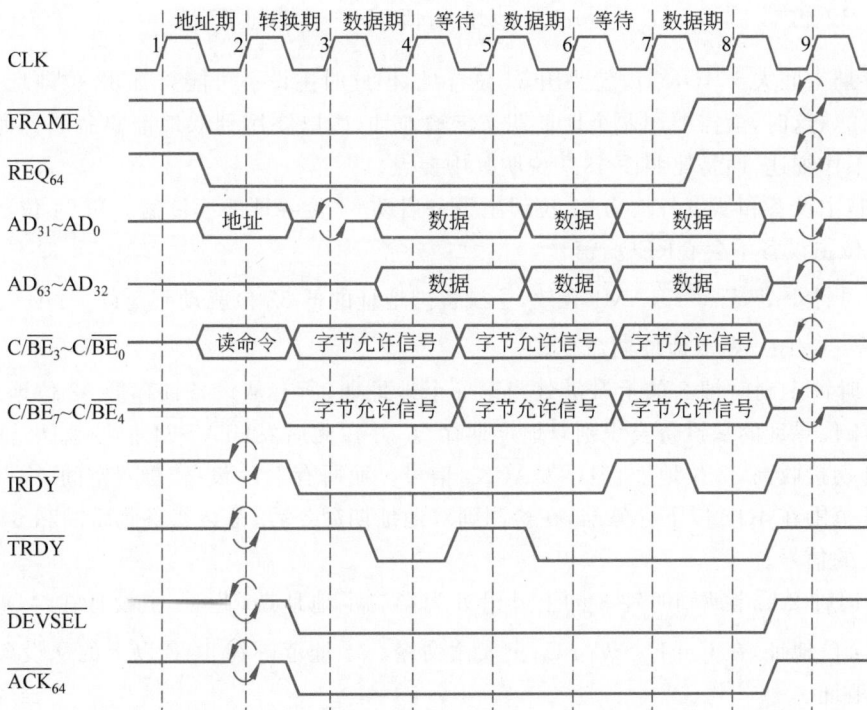

图 15.7　64 位数据 32 位寻址读操作传输的时序图

从图 15.7 中可看到。

(1) 在时钟 1,主设备使 $\overline{FRAME}$ 和 $\overline{REQ}_{64}$ 有效,表示开始 64 位数据传输过程,并在地址线上驱动 32 位地址,同时,在 $C/\overline{BE}_3 \sim C/\overline{BE}_0$ 发读命令。尽管进行的是 64 位数据传输,但使用的地址是 32 位的,所以,在地址期,$AD_{63} \sim AD_{32}$ 不作驱动,也不驱动 $C/\overline{BE}_7 \sim C/\overline{BE}_4$。

(2) 在时钟 2,从设备开始译码,并使 $\overline{DEVSEL}$ 和 $\overline{ACK}_{64}$ 有效表示可使用 64 位数据通

道。主设备在 $C/\overline{BE}_7 \sim C/\overline{BE}_0$ 发送字节允许信号,以表明数据期中哪几字节的数据有效。主设备也使IRDY有效,以表示准备接收读取的数据。

(3) 时钟 2 的后半期到时钟 3 的前半期为转换期,相当于等待状态。时钟 3 的后半期,从设备使TRDY有效并将数据送到 64 位 AD 线上。

(4) 时钟 4 的上升沿处,IRDY和TRDY均有效,完成第一个数据期。此时,从设备的地址计数器增 8 以指向下一次传输的 64 位数据的首字节,同时使TRDY无效,插入等待状态以准备读取下面 8 字节。

(5) 时钟 6 的上升沿处,IRDY和TRDY均有效,于是完成第二个数据期,从设备的地址计数器加 8,指向下一组数据。主设备由于自身原因(例如,缓冲区满)而使IRDY无效,于是时钟 6 的后半期到时钟 7 的前半期成为等待状态。这时,$\overline{FRAME}$和$\overline{REQ}_{64}$无效,表示下面将是最后一个数据期。

(6) 时钟 8 的上升沿处,IRDY和TRDY均有效,于是完成最后一个数据期。然后,主设备使IRDY和 $C/\overline{BE}_7 \sim C/\overline{BE}_0$ 无效,从设备使TRDY、DEVSEL和$\overline{ACK}_{64}$均无效,总线返回空闲状态。

15.8.3　32 位数据 64 位寻址的双地址期传输——地址扩展

当寻址空间大于 4GB 时,就要用 64 位寻址,但此时主设备可能只有 32 位地址/数据线 $AD_{31} \sim AD_0$,这时,就需要用两个地址期来传输地址,所以要用到双地址期命令。为节省篇幅,这里不作细述,而是比照图 15.7 说明其中要点。

例如,主设备和从设备均为 32 位但主设备启动 64 位寻址的读传输。和 64 位数据传输相比,32 位主设备不会有$\overline{REQ}_{64}$信号。

(1) 时钟 1 处,除了$\overline{FRAME}$有效,主设备把地址的低 32 位驱动到 $AD_{31} \sim AD_0$ 上外,还在 $C/\overline{BE}_3 \sim C/\overline{BE}_0$ 发双地址期命令。

(2) 时钟 1 到时钟 2 的上升沿处为第一个地址期,所有从设备锁存低 32 位地址,但只有支持 64 位寻址的从设备会识别双地址期命令,并在此后发$\overline{DEVSEL}$信号确认,准备在第二个地址期接收高 32 位地址,但不发$\overline{ACK}_{64}$信号。而所有 I/O 设备、配置空间、中断控制器以及寻址范围在 4GB 以下存储器,在检测到双地址期命令后,都会忽略此后的和 64 位寻址传输相关的信号。

(3) 时钟 2 后半期到时钟 3 的上升沿处为第二个地址期,此时,主设备在 $AD_{31} \sim AD_0$ 传输高 32 位地址,在 $C/\overline{BE}_3 \sim C/\overline{BE}_0$ 上发读命令。寻址范围在 4GB 以上的从设备会锁存高 32 位地址。

(4) 此后,主设备使IRDY有效,按照 32 位数据传输方式进入数据期,如为读操作,则在数据期前插入转换期,然后传输数据,可能只传输一组数据,也可能传输多组数据。

(5) 等到$\overline{FRAME}$无效时,完成最后一个数据期。此后主设备使IRDY无效,从设备使TRDY和DEVSEL无效,总线回到空闲状态。

15.8.4　主设备启动 64 位数据 64 位寻址的扩展传输

当主设备和从设备都是 64 位且存储器大于 4GB 时,主设备便启动 64 位数据和 64 位寻址的扩展传输；当主设备为 64 位但从设备为 32 位且存储器大于 4GB 时，则只能进行 32 位数据和 64 位寻址的扩展传输。仍为节省篇幅，下面以读传输为例，比照图 15.7 来说明主设备启动 64 位数据和 64 位寻址扩展传输的要点。

（1）主设备启动 64 位数据 64 位寻址传输时，如从设备也是 64 位，则用单地址期方式一次读取 64 位地址。如从设备为 32 位，则必须用双地址期方式，分两次读取地址。

（2）第一个地址期，主设备在 $AD_{31} \sim AD_0$ 驱动低 32 位地址；在 $AD_{63} \sim AD_{32}$ 驱动高 32 位地址；并在 $C/\overline{BE}_7 \sim C/\overline{BE}_4$ 发送读命令；此外，使 $\overline{REQ}_{64}$ 有效，表明准备进行 64 位数据传输；同时，将双地址期命令驱动到 $C/\overline{BE}_3 \sim C/\overline{BE}_0$，这是为从设备可能是 32 位而准备的信号。此时，如从设备为 64 位，则会发 $\overline{ACK}_{64}$ 信号，并锁存全部 64 位地址和 $C/\overline{BE}_7 \sim C/\overline{BE}_4$ 的读命令，准备进入数据期进行 64 位数据传输；如从设备为 32 位，则锁存 $C/\overline{BE}_3 \sim C/\overline{BE}_0$ 上的双地址期命令和 $AD_{31} \sim AD_0$ 上的低 32 位地址，准备进入第二个地址期。至于 I/O 设备、配置空间、中断控制器以及寻址范围在 4GB 以下存储器，在检测到双地址期命令后，都会忽略此后和 64 位寻址传输相关的信号。

（3）如主设备未收到 $\overline{ACK}_{64}$ 信号，则说明从设备为 32 位，于是，在时钟 2 的后半期，PCI 将 $AD_{63} \sim AD_{32}$ 上的高 32 位地址和 $C/\overline{BE}_7 \sim C/\overline{BE}_4$ 上的读命令分别复制到 $AD_{31} \sim AD_0$ 和 $C/\overline{BE}_3 \sim C/\overline{BE}_0$，准备和 32 位从设备进行传输，下面进入第二个地址期。

（4）对 32 位从设备来说，时钟 3 为第二个地址期，此时，从设备锁存 $AD_{31} \sim AD_0$ 上的高位地址和 $C/\overline{BE}_3 \sim C/\overline{BE}_0$ 上的读命令，并使 $\overline{DEVSEL}$ 信号有效，时钟 4 作为转换期，然后再进入数据期读取 32 位数据。对 64 位的从设备来说，时钟 3 为转换期，使 $\overline{DEVSEL}$ 信号有效，此后便进入数据期，读取 64 位数据。

（5）在 $\overline{IRDY}$ 和 $\overline{TRDY}$ 均有效时，进入数据期，数据期可以为 1 个，也可为多个，每次传输以后，从设备的地址计数器增 8（或增 4）以指向下一组数据。

（6）当 $\overline{FRAME}$ 无效时，进入最后一个数据期。此后，主设备使 $\overline{IRDY}$ 无效，从设备使 $\overline{TRDY}$、$\overline{DEVSEL}$ 无效，64 位从设备还使 $\overline{ACK}_{64}$ 无效，总线返回空闲状态。

15.9　PCI 的配置机制

15.9.1　配置空间的功能和结构

在 PCI 系统中，系统配置软件在加电或检测到有新设备加入时，都会为外设所带的小型存储器和 I/O 端口在系统中建立统一的地址映射，使各个设备的 I/O 地址、存储器地址互不冲突、互相协调，并安装相应的设备驱动程序。这就是对设备进行配置和安装，从而使设备可使用。在用户看来，似乎设备刚刚插上就可使用了，这就是"即插即用"一词的由来。

即插即用功能的实现策略基于在每个 PCI 设备中建立一个配置空间供系统配置软件访问。配置空间是 PCI 系统中所特有的、容量固定的特定格式的存储器。PCI 和 PCI-X 的配置空间为 256B，PCI-E 的配置空间除了兼容于前者的 256B 外，还有 960 个双字的扩展空间，一共为 4KB。习惯上将 256B 称为 PCI 基本配置空间。本节讲述基本配置空间的结构和相关操作，希望了解扩展配置空间详细技术的读者可参阅参考文献 2 的第 24 章。

所有的 PCI 设备、PCI-PCI 桥、PCI 扩展桥都必须带有自己的配置空间。

配置空间的功能为两方面：一是为系统软件提供此设备的相关参数，包括设备类型、名称、接口、有没有中断等，以便安装对应的驱动软件；二是为系统软件的配置操作和设备运行提供基地址寄存器和工作寄存器。

系统根据配置空间信息并利用其中的基地址寄存器和工作寄存器，可完成如下功能。

(1) 确定当前系统中存在哪些设备，也知道其类型，然后安装相应的驱动程序。

(2) 确定每个设备运行时需要多大的存储空间和多少个 I/O 接口。

(3) 可对设备所带的存储器和 I/O 接口进行统一编址，使所有设备的存储空间地址和 I/O 空间地址互不冲突。

(4) 如某个设备是用中断方式来实现数据传输的，那么，配置软件会根据配置空间提供的参数分配中断类型号。

15.9.2　基本配置空间的结构

基本配置空间长 256 字节即 64 个双字，在结构上分为两部分：一个为头标区，长度为 64 字节；另一个为设备相关区，长度为 192 字节。

设备相关区由许多工作寄存器组成，其功能和设备本身的功能细节相关，可通过每个设备的技术手册作了解，不属于本书讲授范围。

最重要的是头标区。头标区的功能是通过多个寄存器提供与该设备相关的信息，以便系统软件识别具体的设备。头标区又分为两部分：第一部分即前 16 字节(0~0FH)的定义对所有 PCI 设备、PCI-PCI 桥和扩展桥都是统一的；第二部分即后面 48 字节随设备的功能而各不相同。位于 0EH 处的"头标类型"规定了头标区第二部分的布局类型对应于哪一类。

PCI 协议定义了 3 种头标类型：2 类、1 类和 0 类。

2 类配置格式专用于 PCI-CardBus 桥，这是一种卡式扩展桥，用于笔记本计算机的插卡式总线，本书对此不作细述，想了解者可参考 MindShare 的 CardBus 手册。1 类配置格式专用于 PCI-PCI 桥，对这种配置空间的头标区须用一些寄存器说明和桥相连的第一级总线号、第二级总线号、下一级总线号，以及下级总线的状态和延迟定时等信息，具体可参考手册。0 类配置格式适用于普通的 PCI 设备和 PCI 扩展桥。读者最关心也是广大计算机技术人员所面对的是 0 类配置空间。图 15.8 表示了 0 类配置空间头标区的结构。

1. 头标区识别设备的信息

头标区有下列 5 个只读字段用于设备的识别，操作系统据此为设备装配驱动程序。

(1) 供应商代码：此代码用来标明设备生产厂家，这是由 PCI 专业组织即 PCI SIG 统一分配的双字节代码。如配置软件读得此代码为 FFFFH，则说明这个 PCI 插槽上没有设备。

(2) 设备识别码：这是用来标明对应于具体设备的双字节代码，由厂家确定。

(3) 版本标识码：这是一个单字节代码，此值可看成是设备识别码的扩充。

(4) 头标类型码：这是一个单字节代码。有两方面的功能：一是指出此设备是否为多功能设备，如第 7 位为 0，则相应设备为单功能设备，为 1 则为多功能设备；二是用第 6~0 位来表示配置空间中 10H~3FH 的布局方式。对于 0 类配置，只有如图 15.8 这样一种布局方式，用头标类型码的第 6~0 位均为 0 来表示，其余代码作保留，为以后发展用。

31		16	15		0	
设备识别码			供应商代码			00H
状态寄存器			命令寄存器			04H
分类码				版本标识码		08H
自测寄存器	头标类型 00H		延时计数器	Cache 行长度寄存器		0CH
						10H
						14H
						18H
基址寄存器						1CH
						20H
						24H
PCI-CardBus						28H
子系统 ID			子系统供应商 ID			2CH
扩展 ROM 基址寄存器						30H
保留						34H
保留						38H
MAX-LAT	MIN-GNT		中断引脚寄存器	中断线寄存器		3CH

图 15.8 0 类配置空间头标区的结构

(5) 分类码: 3 字节的分类码对应于 0BH~09H 这 3 字节。0BH 字节为基本分类码,对设备功能进行粗略分类,例如,用 04H 对应多媒体设备,用 06H 对应扩展桥等。0AH 字节为子分类代码,对设备进行更详细具体的分类。09H 字节用来指出设备某个编程接口。例如,一个分类码的 0BH~09H 字节分别为 04H、01H、00H,则 04H 表示这个设备为多媒体设备,01H 表示是一个音频设备,00H 表示没有定义编程接口。又如一个分类码的 0BH~09H 分别为 06H、02H、00H,则表示此设备为连接 EISA 的总线扩展桥,没有编程接口。这些代码的详细意义可查阅手册获悉。

2. 头标区的状态寄存器和命令寄存器

16 位的状态寄存器用来记录 PCI 的状态信息,包括工作频率、数据传输中的奇/偶校验错、系统出错、该设备是否能接受快速传输、该设备是否采用地址快速译码等。

16 位的命令寄存器是一个可读/写寄存器,用来发出和接收命令,当往命令寄存器写入 0 时,此设备就可被系统软件进行配置访问。此外,还可设置命令,例如,可通过命令把该设备设置为主设备,还可把该设备设置为快速传输方式等。设备出厂时该寄存器的值为全 0。

这两个寄存器的具体使用细节可参考手册。

3. 头标区的其他寄存器

这些寄存器不都是必需的,只有当设备有特定功能时,才用到这些寄存器。

(1) Cache 行长度寄存器。这是一个可读/写的寄存器,用来指出系统内 Cache 中一行的长度,以 4 字节为单位。

(2) 延时计数器。这个寄存器以总线时钟为单位记录 PCI 主设备的延迟时间。

(3) 自测寄存器。这个寄存器用于自测试的控制和状态表示。例如,表示是否支持自测试,设置自测试启动命令,表示自测试是否通过等。各数位的相关含义可通过手册查阅。

(4) 中断线寄存器。这是一个 8 位可读/写寄存器,用来指示该设备的中断请求线和中断控制器的哪个中断请求输入端相连,用 15~0 对应两级中断控制器的 IRQ_{15}~IRQ_0,16~254 为保留值,如果此寄存器的值为 255,则表示此设备未用中断方式,和中断控制器之间没有连线。系统初始化过程和配置过程中,会把设备的中断连线情况写入其中,驱动程序会根据这个寄存器的值确定该设备对应的中断类型号和中断优先级。

(5) 中断引脚寄存器。这个 8 位寄存器中的值表示此设备使用了插槽中的哪个中断引脚,1、2、3、4 分别表示使用了INTA、INTB、INTC和INTD。如为 0,则表示该设备没有使用中断方式。

(6) 总线卡(PCI-CardBus)指针寄存器。这个寄存器指出笔记本计算机的插卡即CardBus 卡上扩展 ROM 的偏移量。

(7) MIN-GNT 和 MAX-LAT 寄存器。这两个都是只读寄存器,前者用来指出设备需要多长的突发传输时间,后者用时间值来指出设备对 PCI 访问的频繁程度。这两个寄存器的单位均对应 $0.25\mu s$,即 1 表示 $0.25\mu s$,2 表示$0.5\mu s$……

(8) 扩展 ROM 基址寄存器。有些 PCI 设备除了有 PCI 规定的配置空间外,还带有扩展 ROM,其中存放对应于多个 CPU 的代码,以适应不同的 CPU 系统,通过执行其中的代码可完成设备初始化或引导。为此,头标区 30H 开始,定义了一个 32 位的扩展 ROM 基地址寄存器,为这种扩展 ROM 在系统中的映射提供支持。此寄存器的第 0 位用来表示是否允许对其扩展 ROM 访问,如为 0,则禁止访问,如为 1,则允许把其他位作为地址进行译码,然后可对其 ROM 进行访问。这样,可使一个设备既可用于有扩展 ROM 的环境,也可用于没有扩展 ROM 的环境。

(9) 基址寄存器。头标区从 10H 开始,有 6 个双字作为基址寄存器,这些寄存器是为 PCI 设备的适配卡即 PCI 卡扩展存储空间和 I/O 端口而设置的。PCI 卡本身带有小容量的存储器、若干寄存器和 I/O 端口,但这些往往不能满足驱动程序和应用程序的正常访问,为此,需要通过基址寄存器在计算机主存申请新的存储空间或 I/O 端口。

15.9.3 配置空间基址寄存器的特点和操作

配置空间的基址寄存器可使一个 PCI 设备最多申请 6 段 32 位的地址空间或 3 段 64 位的地址空间,也或者申请 6 个 I/O 端口。还可既申请几个地址空间,又申请若干 I/O 端口。

PCI 系统启动时,会建立一个统一的地址映射,确定系统中的存储器空间和 I/O 空间。这种映射是浮动进行的,即不是把某个设备对应的 I/O 地址或存储器地址固定在某个位置,而是根据系统的具体环境而定,在不同系统中,同一个设备对应的 I/O 地址会不同,设备的扩展存储区的地址也不同。

基址寄存器的功能就是基于映射机制的。基址寄存器的长度可为 32 位或 64 位,第一个基址寄存器在配置空间的 10H 处,但第二个基址寄存器就可能在 14H 处或 18H 处,取决于第一个基址寄存器是 32 位还是 64 位。所以,利用 10H~27H 共 24 字节可组成 6 个 32 位基址寄存器申请 6 个 32 位寻址的存储区,也可组成 3 个 64 位寄存器申请 3 个 64 位寻址的存储区。

1. 基址寄存器的特点
在性能上,基址寄存器有着如下重要特点。
(1) 基址寄存器用第 0 位决定该设备要申请的是存储器空间还是 I/O 空间,如为存储器空间,则为 0,如为 I/O 空间,则为 1。

(2) 对应 I/O 空间的基址寄存器总是 32 位的,而对应存储器空间的基址寄存器可为 32 位,也可为 64 位。如图 15.9 所示,这是通过基址寄存器的第 2 位和第 1 位确定的。

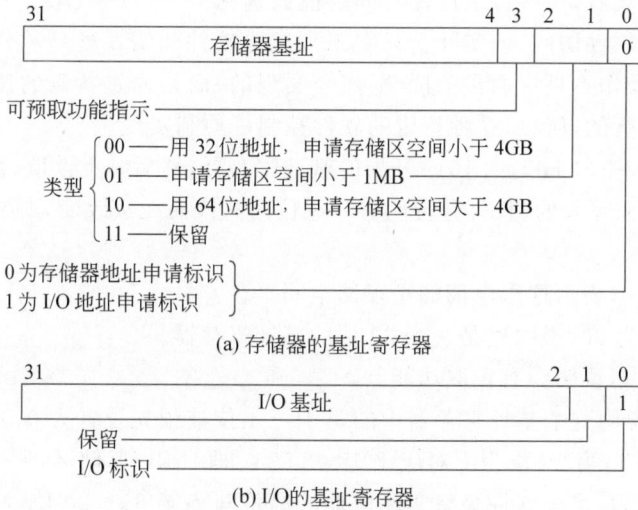

(a) 存储器的基址寄存器

(b) I/O的基址寄存器

图 15.9　基址寄存器的格式

(3) 每个基址寄存器都是既可作为 I/O 空间的基址寄存器,也可作为存储器空间的基址寄存器。一些设备既需要申请存储器空间,也需要申请 I/O 空间,还有一些设备需要两个或更多的存储器空间,于是,需要多个基址寄存器联合使用。

(4) 如作为 I/O 空间的基址寄存器,则第 0 位为 1;第 1 位保留;第 31～2 位作为 I/O 的基址。如作为存储器空间的基址寄存器,则第 0 位为 0;第 2～1 位指出基址寄存器的长度,00、01 表示为 32 位,10 表示为 64 位;第 3 位表示是否可预取,如是,则可在预取后通过缓冲区实现字节合并,达到更好的性能;第 31～4 位或第 63～4 位作为存储器的基址。

(5) 通过特定的软件控制,基址寄存器在使用中,较低一些位是"只读"的,而较高一些位则是可读/写的,可读/写的位决定了所申请的空间的大小。如是 64 位的基址寄存器,那么,高 32 位全部是可读/写的。但如果此基址寄存器未用,则所有的位都是"只读"的,并且读取的值为全 0。

(6) 基址寄存器的高位一方面表示了 PCI 设备申请的存储区空间或 I/O 空间的大小,另一方面记录了配置软件分配的存储区或 I/O 端口的地址。

2. 基址寄存器的操作

对基址寄存器的操作包括如下内容。

(1) 确定某个基址寄存器是否被 PCI 设备真正使用了。

(2) 确定基址寄存器中的信息表达了需要多大的存储区空间或 I/O 空间。

(3) 通过基址寄存器分配一个基地址,实现 I/O 空间或存储区空间的申请。

确定某个基址寄存器是否被用,也就是确认存在一个真正的基址寄存器,这是通过对基址寄存器写入全 1 然后再读取来判断的。因为基址寄存器的低位是"只读"的,所以,写入全 1 后,如读得的不是全 1,就说明一些位无法写入,所以,这是一个真正被使用的基址寄存器。

这里,低位的"只读"特性其实是这样实现的:每当系统软件对某个基址寄存器进行写操作时,并不直接写入外部程序所提供的数据,而是启动一个对应于此基址寄存器的一小段程序,这段程序先将"只读"的位读出来,然后将其与外部程序提供的其他位合并为新的数据再写入,于是,从外观看,一些位永远保持固定值而达到了"只读"效果。因为基址寄存器尽管原则上可被所有软件访问,但实际上只限于被配置软件和错误处理软件进行修改,而且,配置空间的读/写操作不是用通常的读/写指令实现的,而是通过特殊的读配置空间命令和写配置空间命令进行的,所以,这种特定的软件控制可顺利实现。

例如,将 FFFFFFFFH 写入 10H 开始的基址寄存器,然后马上读取,得到 FFF00000H。

(1) 读出的值和写入的值不同,说明有一些位因只读而无法改变,所以这是一个正在使用的基址寄存器。

(2) 第 0 位为 0,表示这里申请的是存储空间。

(3) 第 2、1 位为 00,说明这是一个 32 位的基址寄存器。

(4) 第 3 位为 0,说明没有预取功能。

FFF00000H 说明这个基址寄存器中的第 19～4 位被预先设置为 0,并只读,而第 20 位是基址中最低位的 1,第 20 位为 1 对应于 1 048 576(即 1MB)存储区,所以,1MB 就是所申请的存储容量。此后,系统软件会将实际地址的高位写入第 31～20 位,而默认第 19～0 位为 0。这样,也保证了所申请的存储区空间起始于 1MB、2MB、3MB……的边界上。此后,每当遇到存储器访问操作时,PCI 设备会将基址寄存器的高位地址与 PCI 上的地址比较,从而判断是否对其所指的空间进行访问。

又如,将 FFFFFFFFH 写入 14H 开始的基址寄存器,读得 FFFFFF01H。

(1) 读出的值与写入的值不同,说明这是一个正在使用的基址寄存器。

(2) 第 0 位为 1,说明申请的是 I/O 空间。

(3) FFFFFF01H 表示二进制数的第 8 位是基址中最低位的 1,对应于十进制数 256,说明申请了 256 字节的 I/O 空间。

这个基址寄存器的第 7～2 位被预先设置为 0 并只读,系统配置软件分配地址空间时,会将实际地址写入第 31～8 位,并默认第 7～2 位为 0,这样保证这个 I/O 空间从 256B 为边界的区域开始。

15.9.4 配置空间的访问

在 PCI 系统刚刚加电时,PCI 卡上的配置空间就会被系统配置软件访问。

PCI 上连接着多个设备,每个设备都有 IDSEL 信号端作为设备选择信号,该信号通常与某个高位地址线相连。当系统软件对某个设备的配置空间进行访问时,便使这个设备的 IDSEL 输入信号有效,同时,设备会将系统软件发出的地址与自己的基址寄存器比较,如符合,则使 DEVSEL 有效。

针对 3 种不同的配置格式,PCI 定义了 3 种类型的配置访问,称为 2 类配置访问、1 类配置访问和 0 类配置访问。这是通过 AD_1～AD_0 上的数据来区分的。在地址期中,AD_1～AD_0 如为 02,则表示对 2 类配置访问;如为 01,则表示对 1 类配置访问;如为 00,则表示对 0 类配置访问。

0 类配置访问就是对具体设备或扩展桥的配置空间进行访问。在地址期,AD 总线上的信息如图 15.10 所示。$AD_{10}\sim AD_8$ 用来选择物理设备的 8 种功能之一；$AD_7\sim AD_2$ 用来选择相应功能设备对应的配置空间的 64 个双字之一，配置空间的 64 个双字按 0～63 进行编号；$AD_1\sim AD_0$ 为 00 表示是对 0 类配置访问。可以看到，此时，高端 21 位地址线（$AD_{31}\sim AD_{11}$）没有用，因此，系统设计时，常常将这些信号线连接各个设备的 IDSEL 端作为设备选择信号，利用这种方法，可支持 PCI 连接足够多的设备。在地址期，$C/\overline{BE}_3\sim C/\overline{BE}_0$ 上的信息表明是读配置空间操作还是写配置空间操作。在数据期，AD 线上为读/写的数据，而 $C/\overline{BE}_3\sim C/\overline{BE}_0$ 作为读/写的字节选择信号。

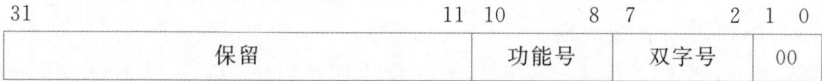

31	11 10	8 7	2 1 0
保留	功能号	双字号	00

图 15.10 0 类配置访问时 AD 线上的信息

0 类配置访问不会传递到下一级总线去，所以，必须有设备作出响应，否则被看成失败操作。

1 类配置访问在形式上是对 PCI-PCI 桥的访问，但实际上是专门针对 PCI-PCI 桥的下一级总线上的从设备进行访问，在这种访问的地址期，AD 线上的信息如图 15.11 所示。

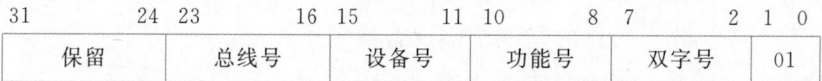

31	24 23	16 15	11 10	8 7	2 1 0
保留	总线号	设备号	功能号	双字号	01

图 15.11 1 类配置访问时 AD 线上的信息

PCI 系统中，对多层次的 PCI 总线进行编号，连接北桥的基础 PCI 为 0 号总线，0 号总线上几个 PCI-PCI 桥下一级的总线分别为 1、2、……号总线，这些总线上如又有 PCI-PCI 桥，则再依次排序。

当遇到 1 类配置访问命令时，0 号总线上的 PCI 设备会全部拒绝访问，而 PCI-PCI 桥对总线号字段进行译码。如某个 PCI-PCI 桥的下级或下下级总线号与某个 1 类配置访问中地址期给出的总线号相同，则此桥被选中。

具体响应时，分两种情况。

(1) 如总线号与该桥的下级总线号相符，则此桥会立即将此 1 类配置访问转换为 0 类配置访问，即把 $AD_1\sim AD_0$ 由 01 转换为 00，$AD_{10}\sim AD_2$ 不变，同时对设备号作译码以选择一个设备，同时使 IDSEL 有效，从而进行一次 0 类配置访问。

(2) 总线号与该桥下级总线号不符，此时，桥会将配置访问通过下一级总线上的 PCI-PCI桥向再下一级总线（下下级）传递，如总线号相符，则下级总线上的桥将 1 类配置访问转换为对下下级总线上所连设备的 0 类配置访问，将下下级总线的 $AD_1\sim AD_0$ 设置为 00，其他 AD 线上的信息直接从桥的第一级总线传递给第二级总线，同时，配置命令传递到下下级总线的 $C/\overline{BE}$ 线。

由于扩展总线桥的后面是 ISA 等总线，所连设备也不是 PCI 设备，所以，扩展桥不会传递配置访问命令。

对 2 类配置的访问与 1 类配置访问类似，因用得很少，故从略，用到时可查阅相关手册。

15.10　PCI 的仲裁

PCI 系统中连接着多个设备,为了解决这些设备对 PCI 的有序使用问题,就需要通过仲裁器建立仲裁机制。仲裁器集成在 PCI 芯片组中。仲裁器是利用$\overline{\text{REQ}}$和$\overline{\text{GNT}}$信号进行仲裁的,前者是请求使用总线的信号,后者是仲裁后授权某个设备控制总线的信号。

在仲裁机制上,PCI 采用同步集中式隐含仲裁。集中式是指每个主设备将总线请求端$\overline{\text{REQ}}$和授权端$\overline{\text{GNT}}$都连接到总线仲裁器,隐含是指通常的仲裁过程都在上一次访问期间隐性完成,而不是单独占用总线周期。

在仲裁规则上,PCI 规范没有规定具体的总线仲裁方法,所以,设计人员可根据系统特点,采用不同的仲裁方法,例如,分级仲裁法、循环法、先到先得法、固定优先级法,或几个方法的结合等,使系统中的设备有序获得总线使用权。不过,所有的仲裁方法都必须遵循一个准则:任何时刻只能有一个$\overline{\text{GNT}}$信号有效。作为例子,图 15.12 表示了 PCI 两级公平仲裁的方法。公平是指同一级中的所有设备平等。分级的目的是使全部设备按性能要求分成两个等级:第一级为显示器、FDDI 网络连接器等快速设备,为了达到较高的性能而使其级别较高;第二级为不要求快速访问的级别较低的设备,如键盘、硬盘接口等。假设第一级主设备包括 A、B 和第二级组,第二级主设备包括 X、Y、Z。设当前所有设备都请求总线控制权,而且这些设备都通过保持$\overline{\text{REQ}}$有效而请求多次传输过程,并设 A 设备的请求稍早于 B,则仲裁之后,得到总线控制权的设备依次为 A、B、X、A、B、Y、A、B、Z、A、B、X······

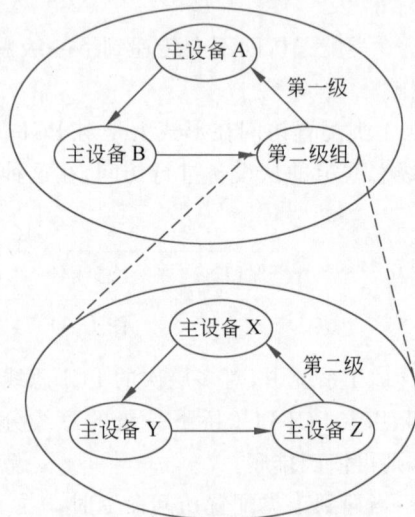

图 15.12　两级公平仲裁的方法

图 15.13 表示了对两个主设备请求总线的仲裁过程。这里采用固定优先级方法,设 B 的优先级比 A 高。并设定如下内容。

(1) A 要求两次写传输:第一次传输包括 3 个数据期;第二次传输包括 1 个数据期。

(2) B 要求一个数据期进行写传输。

从图 15.13 中可看到。

(1) 时钟 1 时,此前设备 A 已使$\overline{\text{REQ-A}}$处于低电平而请求使用总线,所以,仲裁器发授权信号$\overline{\text{GNT-A}}$,A 得到总线控制权;稍后,设备 B 使$\overline{\text{REQ-B}}$有效,请求总线使用权。

(2) 时钟 2 的上升沿处,设备 A 采样$\overline{\text{GNT-A}}$有效,但$\overline{\text{IRDY}}$和$\overline{\text{FRAME}}$无效,即总线处于空闲状态,于是设备 A 使$\overline{\text{FRAME}}$有效,启动传输过程,地址和命令出现在总线上。并保持$\overline{\text{REQ-A}}$有效。此时,仲裁器也采样到$\overline{\text{REQ-B}}$有效,于是对 A、B 的请求进行仲裁,由于 B 的优先级高于 A,所以,仲裁器使$\overline{\text{GNT-A}}$无效,而使$\overline{\text{GNT-B}}$有效。这样,一旦总线返回空闲状态,设备 B 就可获得总线使用权。

(3) 时钟 3 处,设备 A 已占有总线,便驱动第一个数据到总线,且使$\overline{\text{IRDY}}$有效。

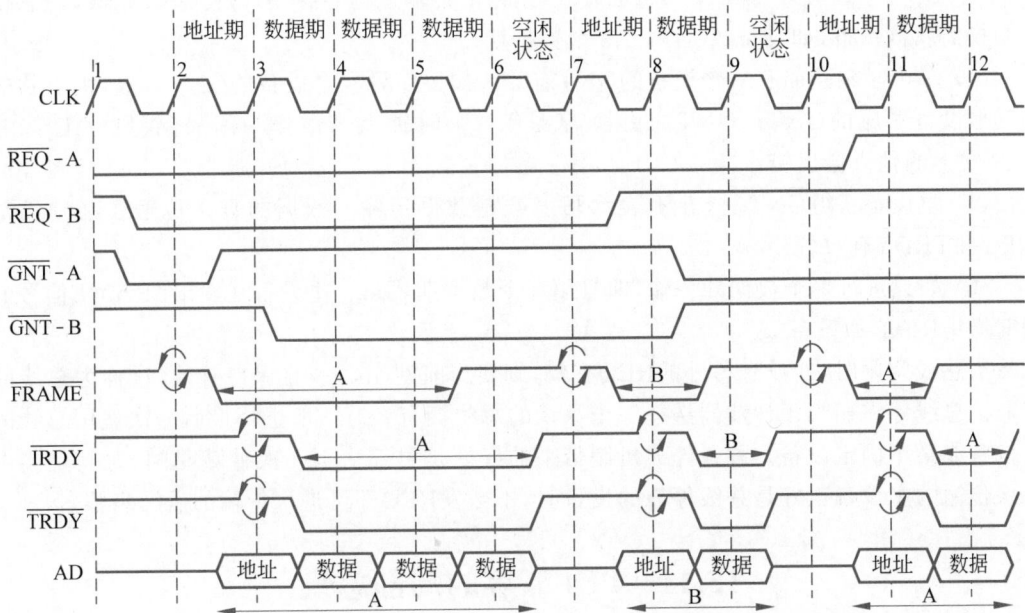

图 15.13　两个主设备请求总线的仲裁过程

（4）时钟 4 处，$\overline{\text{IRDY}}$和$\overline{\text{TRDY}}$都有效，设备 A 完成第一组数据的传输。此时$\overline{\text{REQ-A}}$和$\overline{\text{REQ-B}}$、$\overline{\text{GNT-B}}$都有效，但由于总线未进入空闲状态，所以，总线控制权仍属于 A。

（5）时钟 5 上升沿处，设备 A 的$\overline{\text{IRDY}}$和从设备的$\overline{\text{TRDY}}$有效，故完成第二个数据期，此后设备 A 使$\overline{\text{FRAME}}$无效，表示将进入最后一个数据期。

（6）在时钟 6 的上升沿处，设备 A 完成第三个数据期，然后设备 A 使$\overline{\text{IRDY}}$无效，总线返回空闲状态。

（7）时钟 7 的上升沿，B 作为想获得又未获得总线控制权的设备，发现总线处于空闲状态，且$\overline{\text{GNT-B}}$有效，于是获得总线控制权，使$\overline{\text{FRAME}}$有效，且把地址送到 AD 总线。

（8）时钟 8 处，$\overline{\text{REQ-B}}$无效，但$\overline{\text{REQ-A}}$有效，于是，仲裁器使$\overline{\text{GNT-B}}$无效而使$\overline{\text{GNT-A}}$有效，同时，设备 B 把数据送 AD 线，并使$\overline{\text{IRDY}}$有效，还使$\overline{\text{FRAME}}$无效，表示这是最后一个数据期。

（9）时钟 9 处，$\overline{\text{IRDY}}$和$\overline{\text{TRDY}}$有效，B 完成数据传输，然后使$\overline{\text{IRDY}}$无效，使总线返回空闲状态。

（10）时钟 10 处，设备 A 作为想获得而未获得总线控制权的设备采样$\overline{\text{IRDY}}$和$\overline{\text{FRAME}}$，发现两个信号均无效，说明总线处于空闲状态，并采样到$\overline{\text{GNT-A}}$有效，于是设备 A 获得总线控制权，进行第二个传输过程，然后使$\overline{\text{FRAME}}$和$\overline{\text{REQ-A}}$无效，完成最后一个数据期，再回到空闲状态。

此图的要点如下。

（1）$\overline{\text{REQ}}$有效时，说明主设备申请占用总线，如传输是连续的，即需要多个数据期，则应使$\overline{\text{REQ}}$保持有效，如$\overline{\text{REQ-A}}$。

（2）仲裁器授权某个设备使用总线时，就给该设备发$\overline{\text{GNT}}$信号，但获得$\overline{\text{GNT}}$信号的设备不一定能立刻获得总线控制权，如$\overline{\text{GNT-B}}$。

（3）$\overline{\text{GNT}}$一旦有效,如$\overline{\text{FRAME}}$也有效,则当前传输过程会继续,即使$\overline{\text{GNT}}$无效,但总线控制权仍属该设备,如设备 A 的第 2、3 个数据期。

（4）一个时刻只能有一个设备的$\overline{\text{GNT}}$有效。如要使另一个设备的$\overline{\text{GNT}}$有效,则必须撤销其他设备对应的$\overline{\text{GNT}}$。$\overline{\text{GNT}}$的更换需要有一个时钟上升沿作为间隔,否则,AD 线和 PAR 线上的信息会出错。

（5）主设备获得$\overline{\text{GNT}}$后,并不表示马上开始数据传输。数据的真正传输还必须满足$\overline{\text{IRDY}}$和$\overline{\text{TRDY}}$有效。

（6）如只进行单个数据的传输,即只用一个数据期,那么,主设备在发出$\overline{\text{FRAME}}$信号的同时撤销$\overline{\text{REQ}}$,如设备 B。

当总线空闲时,如没有另外的$\overline{\text{REQ}}$有效,则使当前的$\overline{\text{GNT}}$一直保持有效,这称为总线的停靠。总线停靠相当于仲裁器选择一个默认的总线拥有者。一般选择最后一次使用总线的主设备或某个固定设备。总线停靠机制带来的好处是可缩短下一次仲裁时间,尤其是当下一次传输的主设备正好是总线停靠的设备时,不必发$\overline{\text{REQ}}$即可进入传输的后续步骤。

15.11　PCI 兼容的局部总线

PCI 总线兼容了此前已有的主要计算机局部总线,但也不是所有的局部总线都被兼容,例如,由于众多原因,PCI 不兼容视频电子标准协会（Video Electronics Standard Association,VESA)推出的 VESA 局部总线,此总线也称 VL 总线,也曾被广泛采用。

本节讲述的 ISA 和 EISA 都是 PCI 推出前已被广泛使用并被 PCI 兼容的总线,在 PCI 系统中,这些总线通过扩展桥连接到 PCI,从而使大量原有的外设适配卡不需要作任何改变而正常工作。

15.11.1　局部总线 ISA

ISA 总线也称 AT 总线,产生于 20 世纪 80 年代初,最初是为 16 位的 AT 系统设计的。ISA 曾是最广泛使用的微型机局部总线。

ISA 由主槽和附加槽两部分组成,每个槽都有正反两面引脚。主槽有 $A_{31}\sim A_1$、$B_{31}\sim B_1$ 共 62 脚;附加槽有 $C_{18}\sim C_1$、$D_{18}\sim D_1$ 共 36 脚。两个槽一共 98 脚。A 面和 C 面主要连接数据线和地址线;B 面和 D 面则主要连接其他信号,包括＋12V、＋5V 电源、地、中断输入线和 DMA 信号线等。这种设计使数据线和地址线尽量和其他信号线分开,减少干扰。

ISA 的信号按功能分为如下几类。

1. 16 位数据线

附加槽上的 $C_{18}\sim C_{11}$ 引脚为高 8 位数据线 $SD_{15}\sim SD_8$,主槽上的 $A_9\sim A_2$ 为低 8 位数据线 $D_7\sim D_0$。

2. 地址线

附加槽中的 $C_8\sim C_5$ 引脚为高 4 位地址线 $LA_{23}\sim LA_{20}$,和主槽上的 $A_{19}\sim A_0$ 构成 24 位地址线,使直接寻址范围达 16MB,引脚 $C_4\sim C_2$ 上的 $LA_{19}\sim LA_{17}$ 这 3 条也是地址线,和 $A_{19}\sim A_{17}$ 重复,但是,主槽上的地址是由锁存器提供的,锁存环节使传输速度降低,而 $LA_{23}\sim LA_{17}$ 是不经过锁存的地址信号,所以速度较高。

3. 控制线

(1) ALE：地址锁存允许信号。由总线控制器 8288 提供。

(2) $IRQ_{15} \sim IRQ_0$：中断请求信号。AT 系统有两片主从式 8259A，主片的 IRQ_2 和从片的中断请求端 INT 相连，因此，共有 16 个中断请求输入端，编号为 $IRQ_{15} \sim IRQ_0$。其中，$IRQ_7 \sim IRQ_3$、IRQ_9 在主槽上，IRQ_1 和 IRQ_0 被系统板占用，分别作为系统计数器时钟请求端和键盘接口中断请求端。$IRQ_{15} \sim IRQ_{10}$ 在附加槽上，IRQ_{13} 连接协处理器用，通常，IRQ_3 作网络连接用，IRQ_5 作硬盘读/写的中断请求端。

(3) $\overline{IOR}$ 和 $\overline{IOW}$：I/O 读命令和写命令。由 CPU 或 DMA 控制器产生。

(4) $\overline{MEMR}$ 和 $\overline{MEMW}$：存储器读/写命令。由 CPU 或 DMA 控制器产生。

(5) $DRQ_7 \sim DRQ_0$：DMA 请求信号。AT 主板上有两片主从式 8237A，对应 8 个通道，编号为 $DRQ_7 \sim DRQ_0$，DRQ_4（即主片的 DRQ_0）作级联用，接从片的 DMA 请求端。DRQ_0 的优先级最高，DRQ_7 的优先级最低。

(6) $\overline{DACK_7} \sim \overline{DACK_0}$：DMA 响应信号。对应于 $DRQ_7 \sim DRQ_0$ 的回答信号。

(7) AEN：地址允许信号。由 8237A 输出，当 AEN 为高电平时，由 DMA 控制器控制地址总线和数据总线。

(8) T/C：计数结束信号输出。当任一 DMA 通道计数到达终点时，T/C 线上便出现结束脉冲。

(9) RESET DRV：系统复位信号。此信号使系统各部件复位。

(10) SBHE：数据总线高字节允许信号。此信号与地址信号共同控制对 8 位或 16 位数据的传送。

(11) $\overline{SMEMR}$ 和 $\overline{SMEMW}$：系统存储器的读/写信号。用来对系统的 16MB 存储器读/写，这组信号与 $\overline{MEMR}$ 和 $\overline{MEMW}$ 的差别是，后者只对 1MB 范围的存储器有效。

(12) $\overline{MEMCS_{16}}$ 和 $\overline{I/OCS_{16}}$：16 位数据传输有效信号。当进行 16 位传输时，便使 $\overline{MEMCS_{16}}$ 或 $\overline{I/OCS_{16}}$ 有效，否则只能进行 8 位传输。

(13) $\overline{MASTER}$：总线主模块信号。获得此信号的总线插槽上扩展卡成为总线主模块。

4. 状态线

(1) $\overline{I/O\ CH\ CHK}$：I/O 通道奇/偶校验信号。

(2) I/O CH RDY：I/O 通道准备好信号。较慢的设备可通过设置此信号为低电平使 CPU 或 DMA 控制器插入等待状态，从而延长访问周期。

5. 辅助线和电源线

(1) OSC：晶体振荡信号。

(2) CLK：系统时钟信号。

除此以外，主槽上还有 +5V、-5V、+12V、-12V 电源和接地端。

15.11.2 局部总线 EISA

EISA 总线于 1989 年由 Compaq 等 9 家计算机公司推出，它和 ISA 完全兼容，并在功能上进行了扩展和提高。

EISA 主要是从提高寻址能力、增加总线宽度和增加控制信号三方面进行了扩展和提高。EISA 的数据宽度为 32 位,能根据需要自动进行 8 位、16 位、32 位数据转换,从而使主机能访问不同总线宽度的存储器和外设。EISA 的时钟频率为 8.3MHz,直接寻址范围 4GB。

EISA 共有 198 条信号线,其中,98 条是 ISA 原有的。和 ISA 相比,EISA 增加的信号有如下几类。

(1) $LA_{31} \sim LA_{24}$、$LA_{16} \sim LA_2$:地址线。这些地址线与 $LA_{23} \sim LA_{17}$ 以及 $\overline{BE_3} \sim \overline{BE_0}$ 共同对 4GB 的地址空间实现寻址,和 $A_{31} \sim A_2$ 不同之处在于,这些地址线不经过锁存,所以速度较快。

(2) $\overline{BE_3} \sim \overline{BE_0}$:字节允许信号。通常作为存储体的体选信号。

(3) $D_{31} \sim D_{16}$:高 16 位数据线。与 $D_{15} \sim D_0$ 共同组成 32 位数据线。

(4) $\overline{CMD}$:命令信号。表示结束一个总线周期。

(5) $\overline{START}$:起始信号。表示开始一个总线周期。

(6) $\overline{MREQn}$:总线主模块请求信号。n 为相应的插槽号,当插槽上含总线主模块的插件板要求获得总线控制权时,此信号有效。

(7) $\overline{MACKn}$:总线确认信号。n 为相应的插槽号,此信号有效表示该插槽上的总线主模块获得总线控制权。

(8) $\overline{MSBURST}$:主模块突发传输信号。此信号有效时,表示主设备可进行突发传输。

(9) $\overline{SLBURST}$:从模块突发传输信号。此信号有效时,表示从设备可进行突发传输。

(10) $M/\overline{IO}$:存储器/外设选择信号。高电平时访问存储器,低电平时访问 I/O。

(11) $W/\overline{R}$:读/写信号。

(12) $\overline{LOCK}$:总线锁定信号。此信号防止 CPU 以外的其他总线主模块抢占总线。

(13) $\overline{EX_{32}}$ 和 $\overline{EX_{16}}$:总线标准信号。表示扩展槽上的适配器为 EISA 标准,$\overline{EX_{32}}$ 有效则用 32 位数据传输,而 $\overline{EX_{16}}$ 有效则用 16 位数据传输,如果这两个信号都无效,则为 ISA 兼容方式。

(14) EXRDY:准备好信号。此信号有效表示扩展卡处于准备好状态。

为了和 ISA 总线兼容,EISA 总线在物理结构上作了很精巧的设计。它将信号引脚分为上下两层,上面一层即 $A_{31} \sim A_1$、$B_{31} \sim B_1$、$C_{18} \sim C_1$、$D_{18} \sim D_1$,这些引脚和 ISA 总线的信号名称、排列次序和距离完全对应,下面一层即 $E_{31} \sim E_1$、$F_{31} \sim F_1$、$G_{19} \sim G_1$、$H_{19} \sim H_1$,这些引脚是在 ISA 基础上扩展的 EISA 信号,两层信号互相错开。此外,在扩展槽下层位置上加了几个卡键,这样,ISA 适配器往下插入时,会被卡键卡住,所以不会与下面的 EISA 引线相连。而 EISA 适配卡上有凹槽和扩展槽中的卡键相对应,所以可一直插到下层,从而可同时和上下两层信号线相连。这样,使 ISA 板只能和 ISA 的 98 条信号线相连接,而 EISA 板则和所有 198 条信号线相连接。

15.12 外部总线

外部总线也称通信总线,用于计算机之间、计算机和一部分外设之间的通信。

常用的通信方式有两种,即并行方式和串行方式。对应这两种通信方式,通信总线也有两类,即并行通信总线和串行通信总线。它们不仅用于微型机系统中,还广泛用于计算机网络、远程检测系统、远程控制系统及各种电子设备。在微型机系统中,外部总线主要用于主机和打印机、硬盘、光驱以及扫描仪等外设的连接。

对于微型机系统来说,外部总线中除了最简单的 RS-232-C 和打印机专用的 Centronics 总线外,还有 IDE(EIDE)总线、SCSI 总线和 USB 总线。

IDE(EIDE)和 SCSI 都是并行外部总线,IDE(EIDE)速度较慢,SCSI 速度较快。两者均用于主机和硬盘子系统的连接,USB 是通用串行总线,广泛用于微型机系统中。

15.12.1 外部总线 IDE 和 EIDE

IDE 总线是 Compaq 公司联合 Western Digital 公司专门为主机和硬盘子系统连接而设计的外部总线,也适用于和软驱、光驱的连接,IDE 也称 ATA(AT Attachable)接口。在微型机系统中,主机和硬盘子系统之间常常采用 IDE 或 EIDE 总线连接。

早期的微型机系统中,硬盘子系统中的控制器是以适配卡形式提供的,适配卡再通过扁平电缆连接硬盘驱动器。采用 IDE 接口后,硬盘控制器和驱动器组合在一起,主机和硬盘子系统之间用扁平电缆连接。这样,不但省下了一个插槽,而且使驱动器和控制器之间传输距离缩短,从而提高了可靠性,并有利于速度的提高。

IDE 通过 40 芯扁平电缆将主机和磁盘子系统或光盘子系统相连,采用 16 位并行传输,其中,除了数据线外,还有一组 DMA 请求和应答信号、1 个中断请求信号、I/O 读信号、I/O 写信号,以及复位信号等。同时,IDE 另用 1 个 4 芯电缆将主机的电源送往外设子系统。

IDE 的传输率为 8.33MB/s,每个硬盘的最高容量为 528MB。

一个 IDE 接口可连两个硬盘,这样,一个硬盘有 3 种连接模式。当只接一个硬盘时为 Spare 即单盘模式,当接两个硬盘时,其中一个为 Master(即主盘)模式,另一个为 Slave(即从盘)模式。使用时,模式可随需要而改变,这只要按盘面上的指示图改变跨接线即可。主机和硬盘之间的数据传输可用 PIO(programming input and output)方式,也可用 DMA 方式。

由于一个 IDE 接口最多连接两个设备(硬盘、光驱或软驱),为此,微型机系统中设置了两个 IDE 接口,可连接 4 个设备。第一个 IDE 接口用中断 IRQ_{14},第二个 IDE 接口用中断 IRQ_{15}。

IDE 总线的主要信号线如下:

(1) $D_{15} \sim D_0$:16 位数据线。

(2) $DA_2 \sim DA_0$:地址线,用于选择端口。

(3) $\overline{CS_1} \sim \overline{CS_0}$:寄存器组选择信号。

(4) $\overline{IOR}$ 和 $\overline{IOW}$:对 IDE 的读/写信号。

(5) DRQ 和 $\overline{DACK}$:DMA 请求和应答信号。

(6) RST:复位信号。

(7) $\overline{IOCS_{16}}$:16 位传输选通信号。

(8) IORDY:I/O 设备准备好信号。

(9) IRQ:中断请求,与系统中的 IRQ_{14} 相连。

EIDE 在 IDE 基础上进行了多方面的技术改进,尤其是双沿触发(double transition,DT)技术的采用,使性能得到很大提高。DT 技术的思路和要点是在时钟信号的上升沿和下降沿都触发数据传输,从而获得双数据率(double data rate,DDR)效果。EIDE 的传输率达 18MB/s,传输带宽为 16 位,并可扩展到 32 位,支持最大硬盘容量为 8.4GB。

EIDE 后来称为 ATA-2,此后又在此基础上改进为 ATA-3,加入了 S.M.A.R.T 技术,能对硬盘可能发生的故障预先发警告。

在 ATA-3 基础上,不久又推出了传输率更高的 ATA 33 和 ATA 66。前者传输率为 33MB/s;后者传输率为 66MB/s。

15.12.2　外部总线 SCSI

1. SCSI 的概况

硬盘接口随着 EIDE(即 ATA-2/ATA-3/ATA 33/ATA 66)的推出不断改进性能,但是,在服务器和高性能计算机系统中,由于数据传输量增加,速度要求提高,ATA 仍然不能满足要求。

SCSI 是一种并行通信总线。它不仅用来连接硬盘,还用来连接其他设备,SCSI 需要软件支持,所以,必须安装专用驱动程序。其特点是传输速度快,可靠性好,并可连接众多外设。这些设备可以是硬盘阵列、光驱、激光打印机、扫描仪等。

SCSI 已有 SCSI-1、SCSI-2、Ultra3 SCSI 等多个版本,在主机和外设之间通信时,可用 8 位或 16 位传输。

数据传输时,SCSI 可采用单极和双极两种连接方式。单极方式就是普通的信号传输方式,最大传输距离可达 6m。双极方式则通过两条信号线传送差分信号,有较高的抗干扰能力,最大传输距离可达 25m,适用于较远距离的传输,例如,用于远距离终端和工业控制。

SCSI 在信号组织机制上,既可用异步方式,也可用同步方式。而后来推出的 Ultra3 SCSI 采用光纤连接,最高传输率可达 40MB/s,并使所连外设达 15 个。

SCSI 总线上的设备采用高层公共命令通信,最基本的命令有 18 条,共同构成 SCSI 规范。一小部分程序员如编写设备驱动程序,只要查阅 ECMA(European Computer Manufacturers Association)公布的 SCSI 标准手册,即可方便地调用这些命令。

2. SCSI 中的创新技术

SCSI 采用了多个创新技术,对提高性能起了重要作用。其中最重要的有如下技术。

(1) 双沿触发技术。此技术使数据传输率提高一倍。之前,由于各种相关部件的工作频率都较低,所以,为提高传输率,用较大的数据宽度进行并行传输成为首选方式。在工作频率有限的情况下,传输率确实和数据宽度成正比。SCSI 将数据从 8 位扩展为 16 位时,的确使传输率提高了 1 倍。但是,数据宽度的提高是通过增加信号线和连接器的引脚数量来实现的,这必然导致复杂度和成本的增加。实际上,随着工作频率的提高,并行传输的弊端在两方面显得很突出:一是同步控制和时序控制的难度越来越大;二是各传输线之间的相互干扰越来越严重。所以,靠增加数据宽度来提高传输率受到限制。实际上,外部总线靠提高并行度和数据宽度来提高传输率的空间已经很小了。双沿触发技术最初是 EIDE 即 ATA-2 采用的,后来,SCSI 总线也采用了此技术,使 SCSI 获得 40MB/s 的实际传输率,而在理论上,其传输率可达到 160MB/s。SCSI 在提高传输率的同时,为了保证数据高速传输的可靠性,还增加了循环冗余校验(cyclic redundancy check,CRC)技术。

(2) 自适应机制。SCSI 通道中,往往有多个速度不同的设备并存,所以,加电之后,

SCSI 适配器首先查询 SCSI 总线所连设备的最高传输率,但这样获得的其实是理想环境下的值,没有考虑在高速传输过程中信号会受到电缆长度等外部干扰的影响。为此,SCSI 适配器会先按所获得的最高传输率发送数据,再在数据写入设备的内部缓存器后读出,如两者不符,则将传输率降低一挡,再重复此过程,直到确定一个符合实际的可用的最高传输率。这种自适应机制使 SCSI 的传输能力充分得到利用。

(3) 总线快速仲裁机制。由于 SCSI 一般连接多个设备,所以,会出现多个设备竞争总线的情况,传统的机制会根据优先级来分配总线控制权,实现总线的仲裁。在仲裁过程中,总线不能传输数据,所以,仲裁本身也是一种开销,会降低总线利用率。总线快速仲裁机制采用减少仲裁次数来改善性能。具体来说,就是在大多数情况下,当前占用总线的设备释放总线后,让任一个等待总线的设备立即获得总线控制权,而不是重新进行一次彻底的裁决。如果将这种方式比喻为"小鸟抢食",那确实比"论资排辈分食"会更快地实现控制权交接,并可避免低优先级设备在仲裁中总是得不到控制权的情况。快速仲裁机制在一定次数的"无序"仲裁后,仍会进行一次按优先级的仲裁。

(4) 封包传输技术。传统的 SCSI 是把数据、命令和状态分别发送的,数据用最高的同步方式传输,传输率为 40MB/s,命令和状态信息按异步方式传输,传输速率只有 5MB/s。随着同步传输率的提高,命令和状态信息的传输开销所占比例越来越大,从而使总体效率降低。封包传输方式将命令、状态信息和数据一起封包,组成信息块,再统一采用同步方式传输,从而大幅度降低了命令和状态信息传输的时间开销。

3. SCSI 和 ATA 的比较

SCSI 和 ATA 都是用于主机和硬盘子系统相接的总线技术,在发展过程中,两者一直并存互补。前者以高性能为主要目标,后者则以降低成本为主要目标。

SCSI 完全采用总线规范来设计,需要驱动程序支持。最新版本的 Ultra3 SCSI 总线宽度为 16 位,可连接 15 个设备。而 ATA 严格说来只是一种通道,不太像总线,其使用简单,不用软件支持。ATA 的数据宽度也是 16 位,但是,一个 ATA 通道只能连接两个设备,一个为主设备,另一个为从设备,即常说的主盘和从盘。

SCSI 的适配器有相当强的总线控制能力,所以,对 CPU 的占用率很小,但是 ATA 的每一个 I/O 操作几乎都是在 CPU 控制下进行的,所以对 CPU 的占用率非常高,在硬盘读/写数据时,整个系统几乎停止对其他操作的响应。后来的 Ultra ATA 采用 DMA 方式传输数据,从而大幅度降低了对 CPU 的占用率。

ATA 最重要的一点是在 ATA 2 中率先采用了在时钟信号上升沿和下降沿都触发数据传输的双沿触发技术,从而在频率不变的情况下使传输率提高一倍。但是一年后,SCSI 也采用了双沿触发技术。

ATA 对通道采用了独占使用方式,连接在通道上的主设备具有优先使用权,而且不管哪个设备占用通道,在它完成操作并释放通道控制权之前,另一个设备都不能使用,即使是通道上的主设备也不具备随时使用通道的特权。当然,如果通道上只连接一个设备,那是例外。

在大数据传输时,可明显看到 SCSI 的优点。例如,SCSI 总线和 ATA 通道均连接两个硬盘,现在从 A 盘读大量数据写入 B 盘。这个过程执行时,就是数据从 A 盘的盘片读到 A 盘的缓存,然后,通过 SCSI 总线或 ATA 通道传输到主机内存,再通过总线或通道传输到 B

盘缓存,并写入 B 盘盘片。图 15.14 表示了这个过程。

实际运行时,盘片到盘片缓存的速度明显低于盘片缓存通过总线到主机内存的速度,所以,不管是 SCSI 系统还是 ATA 系统,在总线上都不会形成持续的数据流。

对 SCSI 总线来说,A 盘缓存中的数据通过总线一次性传输到主机内存后,总线就被释放。在 A 盘继续将数据从盘片传输到缓存时,已被读入主机内存的数据便可通过总线进入 B 盘缓存,而 B 盘将数据从缓存写入盘片时,总线又被释放,从而此时 A 盘又可使用总线。这种调度功能基本上避免了总线空闲又不能被其他设备使用的情况,所以效率相当高。

图 15.14　两个磁盘通过总线或通道传输的示意图

对 ATA 通道来说,A 盘一接到传输一批数据的指令,就会完全占用通道,直到这批数据全部传输到主机内存,所以,在盘片往硬盘缓存传输数据时,通道是空闲的,但也不会释放出来供 B 盘使用,而在主机内存经过通道往 B 盘写入数据时,通道也被独占。这样,一方面延长了传输时间;另一方面,由于操作系统与硬盘有非常密切的关联性,所以,会使整个主机系统的运行显得迟缓。

ATA 和 SCSI 都凭借双沿触发技术得以在时钟频率不变的情况下将传输率提高一倍,但是,如果想再提高传输率,那就只有提高时钟频率了,而这样必然出现高频干扰问题。于是,ATA 又采用了在 40 芯扁平电缆基础上增加了 40 根地线将信号线一一隔开的措施,这是 ATA 的又一个改进技术。

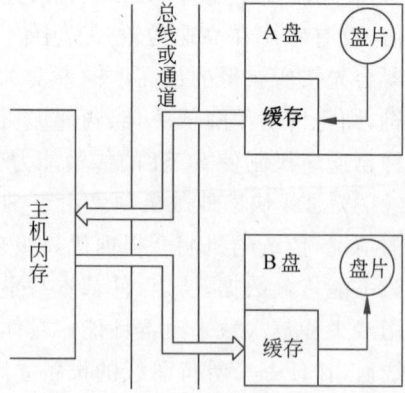

15.12.3　外部总线 RS-232-C

RS-232-C 是一种使用已久、但一直保持生命力的串行总线标准。早在 1969 年,美国电子工业协会(Electronic Industries Association,EIA)和国际电报电话咨询委员会(Consultative Committee on International Telegraph and Telephone,CCITT)共同制定了 RS-232-C 标准,其传输距离可达 15m。微型机系统中,RS-232-C 接口用来连接调制/解调器、串行打印机等设备。

RS-232-C 标准从电平和信号两方面作了规定。

1. RS-232-C 的电平标准

RS-232-C 采用负逻辑规定逻辑电平,信号电平与通常的 TTL 电平不兼容,RS-232-C 将 $-15 \sim -5V$ 规定为"1",$+5 \sim +15V$ 规定为"0"。所以,两者相连时,需要图 15.15 那样的 TTL 标准和 RS-232-C 标准之间的电平转换电路。

从图 15.15 中可看到,要从 TTL 电平转换成 RS-232-C 电平时,中间要用到 MC1488 器件。反过来,用 MC1489 器件,则将 RS-232-C 电平转换成 TTL 电平。

2. RS-232-C 的信号

RS-232-C 除了接地端 GND 外,主要有两类信号:一类是传输信息的信号;另一类是联络和控制信号。具体如下所述,其中,T_xD、R_xD、$\overline{RTS}$、$\overline{CTS}$、$\overline{DTR}$ 和 $\overline{DSR}$,都与 8251A 中的

同名信号含义完全一样。

1) 传输信息的信号

(1) T_XD：发送数据。

(2) R_XD：接收数据。

此外，还有 4 个差分电流信号，2 个作为输入，2 个作为输出。

2) 联络和控制信号

(1) $\overline{RTS}$：请求发送信号。

(2) $\overline{CTS}$：清除发送信号。

(3) $\overline{DTR}$：数据终端准备好信号。

(4) $\overline{DSR}$：数据设备准备好信号。

(5) $\overline{DCD}$：数据载波检测信号，表示接收到载波信号。

(6) RI：振铃指示。

3) RS-232-C 的接插件

因为 RS-232-C 标准没有定义连接器的标准，所以造成市场上有多种类型的 RS-232-C 插头插座，为了适应使用不同插头的设备，于是，同一台计算机上就可能有几种不同的 RS-232-C 插座。

常见的 RS-232-C 连接器有 DB-25 型和 DB-9 型两种。DB-25 型连接器大体上是按照 RS-232-C 定义的 25 根线设计的。其中有 4 个差分电流信号端，用来传输 20mA 的差分电流。图 15.16 是 DB-25 型(25 芯)插座引脚排列。

尽管 RS-232-C 定义了众多信号线，但毕竟是串行传输，实际上，常常只需要 2 个数据线、6 个控制信号和 1 个接地端就可以了。

DB-9 型连接器是早期的微型机系统中使用的，其结构较简单，常常作为计算机主机板上 COM1 和 COM2 两个串行口的插座，如图 15.17 所示。从图 15.16 和图 15.17 中可见，DB-25 和 DB-9 连接器尽管都是串行总线连接口，但信号编排有很大差异。两者转换时，必须按图 15.18 这样连接。

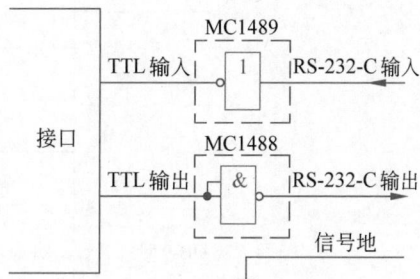

图 15.15　TTL 和 RS-232-C 之间的电平转换

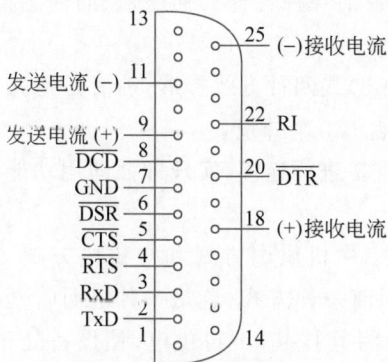

图 15.16　RS-232-C 的 DB-25 型插座引脚排列

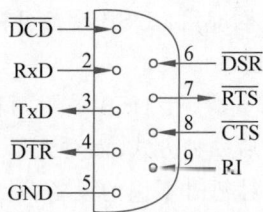

图 15.17　RS-232-C 的 DB-9 型插座引脚排列

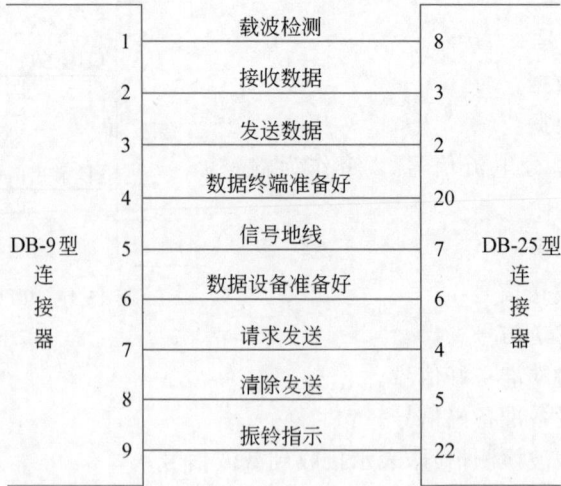

图 15.18 RS-232-C 的 DB-9 型和 DB-25 型的转换连接

15.12.4 通用串行总线 USB

USB 是 Intel 公司联合 DEC、Compaq、Microsoft、IBM 等公司于 1996 年共同推出的串行接口标准,其设计初衷是作为一种通用的串行总线能连接所有不带适配卡的串行外设,提供所谓"万用"(one size fits all)连接机制。而且可在不开机箱的情况下增减设备,支持即插即用功能。

1. USB 的特点

归纳起来,USB 有如下特点。

(1) 连接方便:随着 Windows 操作系统对 USB 给予自动配置和即插即用的支持,USB设备越来越多,现在常见的 USB 设备有 USB 鼠标、USB 键盘、调制/解调器、打印机、扫描仪、数码相机、数码摄像机、U 盘、移动硬盘、USB 网卡、音频设备等。USB 总线只有 4 根线:除了电源和地外,用两根信号线以差分方式串行传输数据,连线可长达 5m。USB 用统一的4 线插头插座作为连接器,取代了此前计算机后面板上各种各样的插座,从而使主机和众多I/O 设备用一种统一的插头插座,带来很多方便。

(2) 容易扩展:USB 用菊花链式或集线器(Hub)式两种方式扩展,前者是链式扩展的,可连接多台外设,而后者是星状扩展的,可连接多达 127 个外设。

(3) 即插即用:USB 设备可在计算机开机时直接进行连接,实现即插即用功能,拔下时也不必关机。

(4) 节省能源:USB 采用两种电源供给方式:主机供电方式和自供电方式。当使用Hub 时,用后一种方式;而对大量 USB 设备则采用前一种方式,这是一种电源管理技术,按这种方式,对暂时不用的设备,计算机系统软件会将其挂起,不再供电,使设备处于休眠状态,等到有数据传输需要重新工作时,系统软件会唤醒它并重新供电。

(5) 适应不同外设的速度要求:USB 可采用 12Mb/s 的中速传输率和 1.5Mb/s 的低速传输率,适用于不同的设备要求。通常,键盘和鼠标用低速率,移动盘、扫描仪、数码相机、打印机等用中速率。在中速状态,比通常的串行口传输速度快 100 多倍。USB 接口标准的最高传输率为 40Gb/s,适于传输实时的多媒体数据。

2. USB 的设备

USB 设备有两类：集线器即 Hub 和功能设备。

Hub 在结构上由控制器和中继器组成。控制器管理主机和 Hub 的通信,中继器用来扩展主机的串行通信口的数目并加强通信信号,由此,Hub 常常用来作为串行通信的扩展设备,使一个串行通信口扩展成为多个串行通信口。

功能设备就是完成某个具体功能的外设,最常见的 USB 设备如键盘、鼠标、U 盘等。一个 Hub 上可连接多个功能设备。

USB 设备可以在计算机主机运行时直接插入,即进行热插,此时,系统会为此 USB 分配一个设备逻辑地址。

USB 设备本身含多个寄存器,称为 USB 设备的端口。一个 USB 设备可有多个端口,其中一个作为零端口,系统软件通过零端口读取 USB 设备中的描述寄存器提供的信息、所定义的端口数以及相关参数,从而识别这个设备。此外,一个 USB 设备通常有一个端口支持接收数据,有一个端口支持发送数据。

描述寄存器为系统软件提供相关信息,系统软件根据这些信息来识别设备并进行操作。描述寄存器包括设备描述器、设置描述器和端口描述器。

在一个 USB 设备中,设备描述器只有一个,用来提供设备的一般信息,例如,指出这是一个可读/写的设备、可操作的容量、端口的数目等。

USB 设备的设置描述器可以是一个或多个,例如某个设备可用两种方式供电,那么就有两个设置描述器分别对应于这两种供电方式。

端口描述器提供除零端口以外的其他端口的相关信息,例如,一个 CD-ROM 设备需要3 个端口,分别用于数据传输、音频传输和视频传输,CD-ROM 的端口描述器就必须指出 3个相应端口的对应功能、最大传输率和传输类型。

3. USB 的传输类型

USB 的传输类型包括控制传输、批数据传输、中断传输和实时传输四种类型。

控制传输通过零端口完成,在 USB 设备首次被主机检测到时,通过控制传输为主机提供设备的各种信息。从功能上说,控制传输主要是主机从 USB 设备读取信息,具体操作时,分为启动阶段、读取阶段和结束阶段。在启动阶段,主机发命令给 USB 设备,设定要读取的数据类型;在读取阶段,主机获得所要的信息;在结束阶段,主机给 USB 设备一个返回信息。所以,控制传输是双向的。控制传输也用来对 USB 设备进行设置,例如对数码相机这样的USB 设备,可设置暂停、继续、停止等命令。

批数据传输可以是双向的,也可以是单向的,一般用于大批数据的传输,典型的应用例子如打印机、扫描仪和主机之间的传输。

中断传输是单向的,而且只能作为输入,用于少量的数据传输,一般用于需要主机为其服务的设备,如键盘、鼠标。实际上,USB 的中断传输和一般的中断概念不同,这里,采用主机系统软件频繁查询相关端口输入的方式,如有输入,则读取。一般的查询周期为1~255ms,所以,最快的查询频率达 1kHz。因为对于主机工作来说,这是一个额外的中断,所以,用了"中断传输"这个名称。

实时传输也称等时传输,用来传输连续性的实时数据。可以是单向的也可以是双向的。

这种传输方式的特点是传输速率恒定,要求实时性,并在发生传输错误时不再重传,主要用于视频传输和音频传输。数码相机就是采用这种方式和主机通信的。

4. USB 的 NRZI 编码

USB 采用 NRZI(non return to zero inverted)编码方法进行串行数据传输。这种方法有助于消除干扰,保证数据传输的正确性,而且不需要将时钟信号和数据一起传输,使传输变得简易。

在 NRZI 编码中,把电平跳变作为 0,把无电平跳变作为 1;同时,结合插入 0 操作。具体说,如果遇到 6 个连续的 1,便在后面插入 1 个 0;在数据本身为 6 个 1 后面跟 1 个 0 时,也照样进行插 0 操作,从而成为 6 个 1 后面跟 2 个 0。NRZI 编码在接收端被解码,此时会结合去 0 操作进行。

5. USB 的数据包

USB 总线通过"包"的形式进行传输,所有的传输过程都以令牌包为首部进行。每个传输过程最少需要 3 个包:令牌包、数据包和联络包。

令牌包也称标志包,用来传输命令信息,包括设备地址码,传输涉及的端口号,传输方向,传输类型,以及与后面的数据相关的指示信息。

数据包含传输的实际数据,一个数据包最多可包含 1 024 位的信息。

联络包是由数据接收方发出的,报告是否接收到了正常的数据,如果有错误,则要求重发。

1) 令牌包

令牌包的格式如图 15.19 所示。

8 位	8 位	7 位	4 位	5 位
SYNC	PID	ADDR	ENDP	CRC

图 15.19　令牌包的格式

(1) 同步域 SYNC 实际上是一个传输标志,硬件利用它来进行同步,并以此识别后面的有效数据。

(2) 地址域 ADDR 指出目标设备的地址,7 位地址可对应于 128 个设备。

(3) 端口域 ENDP 指出目标设备的端口号,4 位地址可识别多达 16 个端口。

(4) 校验域 CRC 长 5 位,用来提供对地址域和端口域进行校验的信息。

(5) 包类型域 PID 用来区分各种不同类型的令牌包。

令牌包有 4 种类型:SOF 令牌包、IN 令牌包、OUT 令牌包、Setup 令牌包。目标设备正是根据 PID 来识别令牌包的类型。

SOF 令牌包也称帧头,用来表示一帧的开始。USB 采用等时传输来发送 SOF 包,每 1ms 传输一个 SOF 包。由于低速设备不支持等时传输,所以,它们不会收到 SOF 包,一旦某个包作为 SOF 包,此时,ADDR 和 ENDP 字段共 11 位便作为帧号,即 SOF 包的格式如图 15.20 所示。

8 位	8 位	11 位	5 位
SYNC	PID	FRAME NUMBER	CRC

图 15.20　SOF 包的格式

IN 令牌包也称接收包,用在读操作中。目标设备收到 IN 包后,就会返回数据包,以提供读取的数据。

OUT 包也称发送包,用在写操作中,OUT 包的格式和 IN 包类似,只是类型域 PID 的含义表示发送。

Setup 包也称设置包,用于主机对控制传输的设置。一般要求目标设备完成主机的某个要求,类似于发送包,后面可能是一个或多个数据包。

2) 数据包

如果是主机往目标设备发送数据,那么,在发送 OUT 令牌包到目标设备后,接着就发送数据包。与此类似,如果是主机读取数据,那么在发送 IN 令牌包后,目标设备会提供数据包给主机。数据包的长度是可变的,具体由数据包的 PID 域指出。其格式如图 15.21 所示。

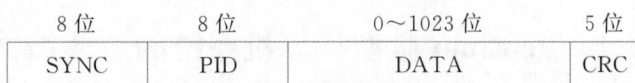

8 位	8 位	0~1023 位	5 位
SYNC	PID	DATA	CRC

图 15.21　数据包的格式

3) 联络包

联络包由数据接收方发给发送方,用来报告数据传输情况。但等时传输时,没有联络包。联络包只有 16 位,其中,高 8 位作为 SYNC 域,低 8 位作为 PID 域,PID 域指出包的类型。联络包有如下 4 种类型:

(1) 应答(ACK)包。表示接收的数据正确。

(2) 非应答(NAK)包。表示不能接收数据。

(3) 挂起(STALL)包。表示设备有故障,所以被挂起,显示出错信息。

(4) 无应答(NYET)包。表示没有应答而自动生成的包。

6. USB 设备的插入和拔下

USB 机制具有即插即用特点,设备可在主机运行时插入,也可在主机运行时拔下。在这个过程中,计算机通过一种总线枚举机制来管理 USB 设备的插拔。

当 USB 设备插入时,枚举机制通过扫描会发现这个动作,并通知主机此刻有设备接入,于是,主机使设备进入连接状态,并对设备发一个 RESET 命令,大约 100ms 以后,USB 设备进入加电状态,此时可看见设备指示灯亮,表示设备已运行。接着,主机读取 USB 设备的描述寄存器,从而获得相关的信息。然后,主机会给设备分配一个逻辑地址,并发送相应命令,使所有的设备端口准备就绪,设备进入已配置状态,于是,就可正常工作了。

当 USB 设备从总线拔下时,枚举机制会通知主机,设备已不存在,此时,所有与设备相关的地址和端口号被收回,主机更新相关的信息。

第16章　微型计算机系统的结构

微型计算机的发展使其具有更快的 CPU 速度,更大的内存和磁盘容量,更强的管理功能,采用性能更好的总线,也具有更高的集成度而使外表显得更简约,其系统设计中体现了这些技术的融入。

在前面章节对微型机的关键技术进行详细讲解的基础上,本章以 Pentium 系统为例,讲述总体结构、BIOS、控制芯片组和主机板,期望读者由此建立关于微型机系统的整体概念。

16.1　Pentium 微型计算机系统的总体结构

在硬件上,微型机系统是由多个子系统组成的,这些子系统通过主机板组合在一起,在软件系统配合下完成各种功能。Pentium 系统中包含如下几个子系统。

1. CPU 子系统

CPU 子系统包括 CPU 和外部 Cache。从最早的 Pentium 开始,就有了片内 Cache,Cache 的设置使 CPU 的运行速度加快。在 Pentium Pro 和 Pentium Ⅱ 的内部都设置了两级片内 Cache,而在 Pentium Ⅲ 和 Pentium 4 中,大幅度增加了 Cache 的容量,因此将二级 Cache 放在片外。

2. 内存子系统

内存是微型机系统的重要部件之一,计算机启动时,内存中存放操作系统以及当前正在运行的程序和使用的数据。如果 CPU 的速度很快,但内存的容量和速度不够,那么,整个系统的速度仍然不能提高,所以,系统设计时,想方设法使内存容量提高、速度加快。

微型机系统中所用的内存都是厂家提供的条形插板,简称为内存条。早期的内存条采用 SIMM,这种内存条的容量较小。此后内存位数增加,引脚也随之增多。内存条采用 DIMM。SIMM 一般为 32 条引线(简称为 32 线);DIMM 一般为 72 线,SDRAM(synchronous dynamic RAM)方式和 DDR SDRAM(double data rate SDRAM)方式,都用 DIMM 连线,前者为 168 线,后者为 184 线。

DDR SDRAM 改变传统的只用时钟上升沿作为内存读/写时序中触发信号的方法,而将上升沿和下降沿都作为有效触发信号,采用了双沿触发技术产生 DDR,从而使内存的存取速度提高一倍。

DDR SDRAM 内存条的 184 条引脚中包括 64 位数据线、8 字节允许信号、存储体选择信号、片选信号和存储单元的地址信号,还包括写信号、时钟信号和地信号,但没有读信号。因为当一个存储单元被选中之后,非写即读,写信号有效即进行写操作,写信号无效即进行读操作,这样做的效果是节省引脚,更重要的是可避免读/写操作的冲突。

3. 外存子系统

外存子系统其实包括硬盘子系统和光盘子系统。硬盘子系统和光盘子系统都是通过

IDE 或 EIDE 总线和系统连接,每条 IDE(EIDE)总线可连两个盘驱动器:一个作为主盘;另一个作为从盘,通常有两个 IDE(EIDE)插槽,用来连接硬盘和光盘子系统。U 盘和移动硬盘通过 USB 口连接系统。

4. 显示器、键盘和鼠标子系统

显示器是微型机系统的必备外设之一。显示器可以通过显示适配器(简称显卡)插到总线槽上和系统相连。显卡也可以作为一个部件被集成在控制芯片组中,并且性能更加优良,提供 AGP 功能,所以,也可以不需要插显卡,而是可直接把显示器通过 AGP 接口和系统板相连。

微型机系统中通常用 1 024×768 以上分辨率的显示器。

键盘和鼠标虽然结构简单,却是微型机系统中不可缺少的部件。

鼠标可通过普通串行口和系统连接,也可通过 USB 口和系统连接,不过,这是两种不同型号不同插口的鼠标,就是说,到底用哪个插口,决定于鼠标本身的插口类型。

微型机系统中有专用的键盘插口,但键盘也可通过 USB 口连接系统。如同鼠标,到底通过什么插口和系统连接,决定于键盘本身的插口类型。

5. 打印机子系统

打印机是常用外设之一,并行打印机可通过 Centronics 接口和系统连接,串行打印机可通过串行口(COM1 或 COM2)和系统连接,这两种打印机的适配器有差别。大多数打印机是串行打印机。串行打印机还可通过 USB 口和系统连接。

6. 网络连接子系统

很多人使用微型机的主要用途是上网,所以,网卡是不可缺少的部件。

芯片集成度的提高使得能将许多适配器也集成在主板芯片组中,在 Pentium Ⅲ 和 Pentium 4 及以后的系统中采用集中式控制芯片组,这种芯片组中集成了网卡,所以可以不需要再外接网卡。

7. 总线和控制子系统

如果说上面这些子系统都可直观地看到,那么,还有一个重要的子系统尽管不那么直观,但却如同人的神经系统一样遍布整个微型机系统,这就是总线和控制子系统。

微型机系统通过 PCI 总线和总线扩展桥把各个子系统连接在一起,总线控制器和逻辑电路对所有总线信号按时序进行严格组合和驱动,使整个系统有条不紊地运行。

总线结构在外观上是一个个插槽和插口,包括 PCI 插槽、ISA(EISA)插槽、IDE(EIDE)插槽、USB 插口、并行插口、串行插口等。插槽是成组的,每一组插槽可能有多个,同一组中的插槽没有区别。例如,一块符合 PCI 总线标准的插件板可插在任何一个 PCI 插槽上。

在 Pentium 系统中,总线和控制子系统的功能是由控制芯片组提供的,控制芯片组包含多个大规模集成电路芯片,不但对微型机系统提供控制功能,还把许多子系统的适配器集成其中。

8. BIOS

BIOS(basic input /output system)是放在 ROM 中的系统基本输入/输出驱动程序。16.2 节将对此作重点讲述。

16.2 Pentium 微型计算机系统中的 BIOS

计算机最终是在操作系统控制下运行的,不管是什么样的操作系统,都是基于 BIOS 中的驱动程序运行的。BIOS 提供了对系统硬件最基本最直接的控制,它是和硬件最密切的软件层次,和系统控制相关的其他软件都将 BIOS 作为平台,所以,BIOS 如同连接硬件和软件的纽带。

BIOS 中存放系统中常用的 I/O 设备的驱动程序,系统自检和初始化程序,系统启动程序,对系统的参数配置程序等。其中最主要的部分是以中断处理程序形式出现的 I/O 设备驱动程序。

1. 自检和初始化程序

计算机开机时,首先进入自检和初始化程序,对系统中的主要部件和设备进行检测和初始化。其中,包括对 CPU、Cache、内存、硬盘、键盘、鼠标的检测,也包括对打印机等外设的检测,在检测的同时,屏幕上显示检测结果,由此,操作者可得到一系列信息。例如,CPU 的速度、内存的容量、显存的容量等。如果检测时发现异常,计算机会发出鸣叫声。

2. 启动程序

完成自检和初始化后,就进入启动程序。启动程序的功能有两方面:一是按照事先设置的次序搜索操作系统;二是在搜索到操作系统后,转到操作系统的引导程序,将操作系统引导到内存,从而使系统进入正常工作状态。

引导程序的功能就是把操作系统中必须常驻内存的部分在系统启动时装载到内存。一个具体操作系统的引导程序是由设计操作系统的程序员编写的,所以,每个操作系统的引导程序会有差别。

3. 参数配置程序

参数配置程序其实名为 SETUP 程序,此程序对计算机系统的基本参数进行设置。这些参数放在 CMOS RAM 中,平时由一个锂电池对其供电。RAM 的容量为 128~256 字节,其中包括 CPU 的型号、内存容量、硬盘上各逻辑盘的容量、系统启动时寻找系统盘的次序、系统的密码,以及年、月、日、时钟等。

一方面,这些参数是通过 SETUP 程序设置的。一部分参数是人工设置的,像寻找系统盘的次序等,用户可在开机后按住 Delete 键进入 SETUP 选单进行设置,此后,启动程序会按照这个次序寻找系统盘,如先找光盘,接着找 C 盘,再找 D 盘……;大部分参数是 SETUP 程序自动设置的,例如,在划分逻辑盘之后,SETUP 程序会自动把划分好的每个逻辑盘的容量填写在配置表中。

另一方面,BIOS 中的自检程序和启动程序运行时,又要用到其中大部分参数,如密码、启动盘次序等。

4. I/O 驱动程序

BIOS 中的大部分内容是 I/O 驱动程序,包括硬盘驱动程序、鼠标驱动程序、键盘驱动程序、显示器驱动程序、打印机驱动程序等。这些驱动程序都以中断处理程序的形式出现,而且可以用 INT 指令非常方便地进行调用。在本书指令系统、键盘、显示器等章节中,已经讲述过用 INT 21H 调用 I/O 驱动程序来实现字符串显示、字符串输入等功能,用 INT 10H

调用显示驱动程序来实现屏幕设置和滚动功能,也讲到用 INT 17H 调用打印机的功能,还讲到硬盘的驱动程序,但系统仍然能有条不紊地寻找到正确的驱动程序。这些驱动程序都是由 BIOS 提供的。

实际上,BIOS 分为两部分:一部分在系统主机板的 ROM 中,称为 ROM BIOS;另一部分在存放操作系统的磁盘上。随着系统板控制芯片组性能的提高,ROM BIOS 的容量已相当大,所以几乎全部的 BIOS 都可容纳在其中,但是,大多数操作系统仍留出磁盘 BIOS 模块作为对 ROM BIOS 的补充。

那么,是否可以把所有的 BIOS 程序都放在磁盘上呢?答案是否定的。因为系统一加电,首先要运行 BIOS 中的测试程序和启动程序,对系统作测试,并对显示器、键盘、鼠标、磁盘进行启动,而磁盘的正常工作,正是启动程序转到引导程序后才实现的,此时,如果启动程序在磁盘中,那么,怎么能读取和运行呢?

正是这样,将 BIOS 分为两部分。大部分 BIOS 在 ROM 中,小部分 BIOS 在系统盘中,两者合在一起,称为 BIOS,这是整个计算机系统运行的基础,是连接硬件和软件的纽带,也是许许多多程序员开发应用软件的平台。

16.3 Pentium 微型计算机系统的控制芯片组

控制芯片配合 CPU 控制整个系统的运行。早期的微型机系统中,控制芯片是一个个独立的芯片,包括时钟发生器、总线控制器、计数器/定时器、中断控制器、DMA 控制器、并行接口、串行接口、存储器控制器、Cache 控制器、各个器件的片选信号发生器,以及无处不在的逻辑电路等。系统组装时,由于芯片之间存在众多的连线,使产生故障的频率较高,可靠性降低。

一方面在芯片集成度不断提高的情况下,有条件把一些器件集成在一起,使控制芯片的数量减少;另一方面,随着 PCI 总线技术的推出和发展,控制芯片的功能越来越强。

最早的控制芯片组是 82C206 芯片组,这是伴随 80386 产生的,其中包含了 5 个芯片,主芯片就是 82C206,它集成了时钟发生器、总线控制器、计数器/定时器、两级级联的中断控制器和两级级联的 DMA 控制器,以及存储器控制器,再加上 4 个含串行接口、并行接口和逻辑电路的附加芯片,实现对整个微型机系统的控制和总线管理。在第 9 章中讲述的多功能接口芯片 82380 就是在此基础上改进而来的。

控制芯片组一般只有 3 个芯片,而且实现更多的功能。至今为止,已经出现众多型号的控制芯片组,其中有代表性的是北桥-南桥式控制芯片组和 MCH-ICH 集中式控制芯片组。

16.3.1 北桥-南桥式控制芯片组及相关的微型计算机系统

北桥-南桥式控制芯片组由两个主控芯片和一个附加芯片组成,两个主控芯片称为北桥和南桥,附加芯片为 Super I/O,简称 SIO。随着集成度的提高,越来越多的功能集成进 CPU。

430/440/450 系列控制芯片组就是最广泛使用的北桥-南桥式控制芯片组,主要用于 Pentium I 和 Pentium II 系统中。构成系统时,两个主控芯片在主机板中按上北下南的分布位置分别称为北桥和南桥。

北桥芯片面向 CPU、Cache 和内存、显示部件，并且承担对 PCI 总线的部分管理，北桥是最靠近 CPU 的芯片，连接 CPU 总线和 PCI 总线，数据处理量和传输量非常大，所以北桥芯片须覆盖有散热片。

南桥芯片管理 PCI 总线、ISA(EISA) 总线、IDE(EIDE) 总线和 USB 总线，并且通过 SIO 芯片实现对众多外设的管理。南桥芯片位于下方，引出 PCI 插槽、ISA 总线插槽以及众多的 I/O 插槽。

北桥的技术名称是 PCMC(PCI Cache and memory controller)，如图 16.1 所示，它包含多个功能模块。

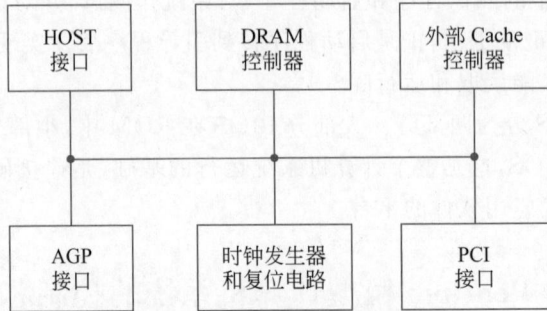

图 16.1　北桥芯片的功能部件

北桥芯片的主要功能模块如下。

(1) **HOST 接口**：实现和 CPU 总线的连接，并对出入 CPU 的信号进行驱动。

(2) **DRAM 控制器**：实现对内存单元的地址选择、读/写和刷新。

(3) **外部 Cache 控制器**：对片外 Cache 即二级 Cache 进行管理。

(4) **AGP 接口**：提供 AGP 功能，从而不再需要外插显卡，而可将显示器直接和主机板相连。

(5) **时钟发生器和复位电路**：为整个系统提供统一的时钟信号和复位信号。

(6) **PCI 接口**：参与对 PCI 总线的仲裁和控制，PCI 接口对外连接 PCI 基础总线。

由此可见，北桥成为 CPU、DRAM、外部 Cache、AGP、基础 PCI 总线之间的桥梁，成为名副其实的 Host 桥。

南桥芯片的技术名称为 PCEB(PCI-EISA bridge)，如图 16.2 所示，包括众多功能模块。

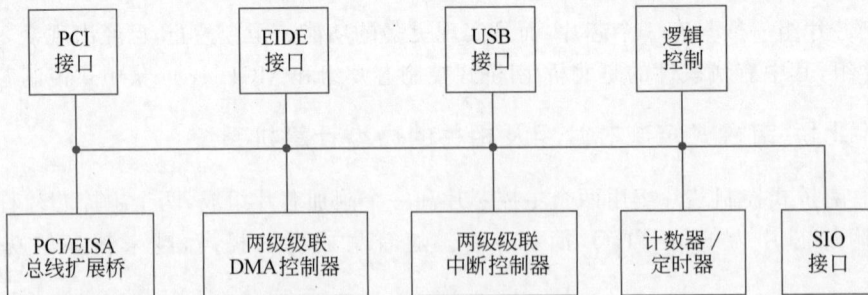

图 16.2　南桥芯片的功能部件

南桥芯片的主要功能模块如下。

（1）**PCI 接口**：实现和基础 PCI 总线的连接，由此和北桥中的 PCI 接口一起实现对 PCI 总线的管理，提供 PCI 总线的全部信号和时序。

（2）**PCI/EISA 总线扩展桥**：实现 ISA（EISA）总线和 PCI 总线之间的信号转换，使符合 ISA（EISA）总线的设备能够连接到系统中。

（3）**EIDE 接口**：对外提供两个 IDE（EIDE）插槽，从而使连接的硬盘和光盘总数达到 4 个。

（4）**USB 接口**：可对外提供两个 USB 插口，这个模块的基础电路就是串行接口，其功能和原理如同 8251A。

（5）**两级级联中断控制器**：这是两片功能和 8259A 完全相同的中断控制器，提供 16 个中断请求输入端（一个用于级联）。

（6）**两级级联 DMA 控制器**：功能和 8237A 完全相同的级联 DMA 控制器，提供 8 个 DMA 通道（1 个用于级联）。

（7）**计数器/定时器**：功能和 8254 完全相同的计数器/定时器，为系统提供定时和存储器刷新等信号。

（8）**SIO 接口**：Super I/O，此模块提供和附加芯片 SIO 的连接功能。

可见，南桥将 PCI 总线、ISA（EISA）总线、USB 接口、IDE（EIDE）接口连接在一起，起到了各种总线之间的连接和桥梁作用。

北桥-南桥式控制芯片组中，还有一个附加芯片称为 SIO，使用时，上端连接南桥。SIO 包含速度较低的众多接口部件，包括键盘接口、鼠标接口、并行打印机接口、通用串行接口等。图 16.3 是以北桥-南桥式控制芯片组构建的微型机系统的示意图。

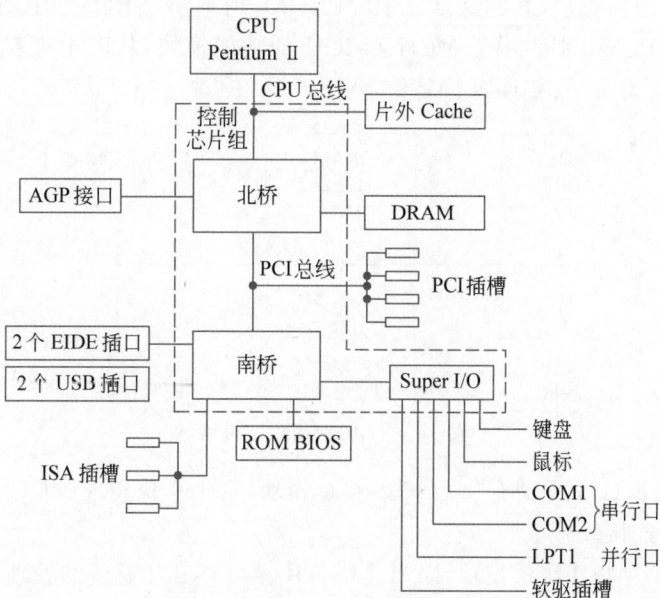

图 16.3　以北桥-南桥式控制芯片组构建的微型机系统的示意图

北桥-南桥式控制芯片组构成的微型机系统的设计思想：北桥连接速度最快的 CPU 总线；北桥和南桥共同管理 PCI 总线；南桥连接速度较慢的 ISA（EISA）总线，以此兼容此前各种符合此总线的外设；由附加芯片 SIO 管理更慢的软驱、鼠标、键盘、打印机等。

这种结构的一个缺点是北桥-南桥之间通过基础 PCI 总线传输信息,和外设竞争 PCI 总线,当 PCI 总线负载较重时,北桥和南桥之间会出现信息传输不通畅的状况,对系统整体性能的提高造成瓶颈。

16.3.2 MCH-ICH 集中式控制芯片组及相关的微型计算机系统

在技术发展中,控制芯片组不断改进,继北桥-南桥式控制芯片组之后,又出现了以 810/820/850/855/865/875/82915/82925 为代表的集中式控制芯片组,其中包括两个主控芯片 GMCH(graphics and memory controller hub)和 ICH(I/O controller hub),另外还有两个附加芯片 SIO 和 FWH(firm ware hub),GMCH 也常简称 MCH。

和北桥-南桥式控制芯片组不同的是,集中式控制芯片组的两个主控芯片之间不通过 PCI 总线连接,而是用 IHA(Intel hub architecture)专用总线连接,片间的专用总线上不连任何其他部件。IHA 是 8 位总线,每个时钟周期进行 4 次传输,速度为 PCI 总线的 2 倍,IHA 总线因为是专用的,所以几乎没有干扰。这种设计方法使两个主控芯片之间的信息传输不再有瓶颈情况,而且使连接在 ICH 上的外设和 CPU 之间的通信状态也得到改善。

MCH 面向 CPU、Cache、内存和图形显示,ICH 面向 PCI 总线管理、IDE(EIDE)、USB 以及 SIO 和 FWH 芯片。

ICH 芯片提供对 PCI 总线的驱动和管理功能,由此引出多个 PCI 插槽,含网卡和调制/解调器,并含多个外设接口部件,提供 2 个 EIDE 接口和 4 个 USB 接口,此外,ICH 提供和 SIO 芯片的连接功能,通过 SIO 为慢速设备(如键盘、鼠标)提供接口,并为打印机等外设提供串行接口和并行接口。

FWH 是一个附加芯片,其实这是一个 E^2 PROM,用来作为 ROM BIOS。

图 16.4 和图 16.5 分别表示了 MCH 和 ICH 的功能模块,从图中可看到,它们和北桥、南桥有一定的对应关系,但又有如下重要区别。

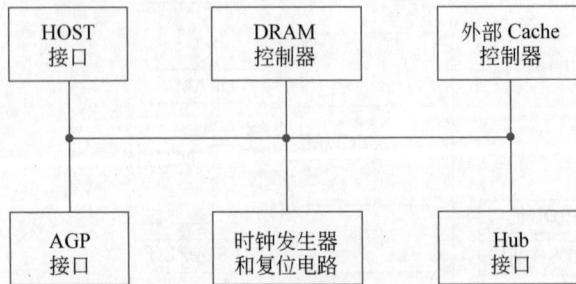

图 16.4　MCH 的功能模块

（1）MCH 和 ICH 中分别有一个 Hub 接口模块,这个模块实现 MCH 和 ICH 通过片间专用总线 IHA 的连接。

（2）北桥芯片含 PCI 接口模块,因为北桥芯片参与对 PCI 总线的管理,而 MCH 芯片不参与对 PCI 的管理,也不直接和 PCI 总线相连,所以,没有 PCI 接口模块。在集中式控制芯片组中,PCI 的管理全部由 ICH 芯片承担。

（3）ICH 内集成了网卡和调制/解调器,使系统不再需要外插这 2 个部件。

（4）ICH 中含一个声卡接口部件,可支持 6 个声道的立体声。

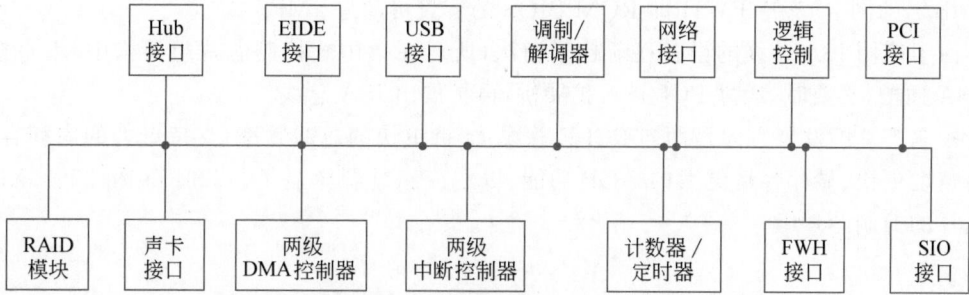

图 16.5　ICH 的功能模块

（5）ICH 中含一个 RAID(redundant array of independent disk)模块，支持 RAID 机制，可驱动 4 个 RAID 磁盘阵列。RAID 是在硬盘技术发展缓慢、从而使硬盘速度成为系统性能提高的瓶颈状态下产生的技术，RAID 采用冗余方法将多个硬盘构成阵列，用并行方式同时对多个硬盘访问，由此提高硬盘的整体数据传输速度，获得大容量磁盘功能。

此外，MCH 的 AGP 模块还在主机板上提供一个 AGP 插槽，这是为了显卡更新换代时，可换上性能更好的显卡，此时，集成在控制芯片中的显卡模块自动失效，从而实现显卡升级。

微型机系统中也有使用 MCH-ICH 集中式控制芯片组。图 16.6 是以 MCH-ICH 集中式控制芯片组构成的微型机系统示意图。

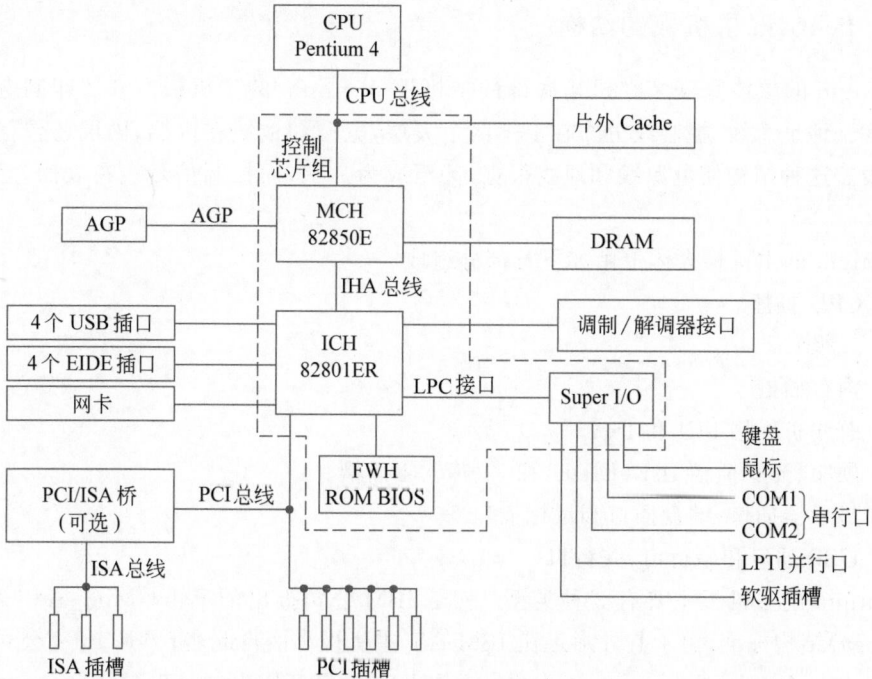

图 16.6　以 MCH-ICH 集中式控制芯片组构成的微型机系统示意图

集中式控制芯片组的性能比北桥-南桥式有大幅度提高。MCH 和 CPU 之间的传输率可达 3.2GB/s，连接的内存容量可达 3GB，支持 AGP 的传输率超过 1GB/s；ICH 最多可支持 4 个 EIDE 总线通道，传输率达 100MB/s，可支持 4 个 USB 接口，传输率达 24MB/s，支持

100MB/s 的网卡,支持 FWH 即 ROM BIOS 的容量可超过 4MB。

由于使用 ISA 总线的设备逐渐趋于淘汰,所以在集中式控制芯片组架构中,不直接引出 ISA 插槽,必要时,通过 PCI/ISA 扩展桥,再扩展出 ISA 总线。

控制芯片的发展方向是面向 PCI-E 总线,支持更快的总线频率;支持更大的内存容量;支持速度更快、显存容量更大的 AGP 功能,以适应三维图像显示。82915X 和 82925XE 就是这样的控制芯片组。

16.4 Pentium 的系统配置和主机板

16.4.1 Pentium 的系统配置

Pentium 微型机系统的基本配置如下。

(1) CPU 为 Pentium Ⅲ 或 Pentium 4,频率为 1.7~4.0GHz。

(2) 512~1 024MB 的内存。

(3) 70~200GB 的硬盘驱动器和光盘驱动器。

(4) CRT 显示器或 LCD,分辨率为 1 024×768 或 1 280×1 024。

(5) 键盘和鼠标。

除了上述基本配置外,通常还配置如下一些外设:打印机、摄像机、音响设备和扫描仪。

16.4.2 Pentium 主机板的结构

Pentium 的主体是安装在机箱底部的主机板,Pentium 的主机板由 6 层印制电路板构成,数据线、地址总线、控制线分布在上下两个表层,电源和地线在内层,内层还包括部件之间的连线。这种结构使电源线和地线很宽,甚至成为片状,而控制信号线在表面,易于检测和修理。

Pentium 的主机板大体上由如下几部分组成。

(1) CPU 插座。

(2) 二级 Cache。

(3) 内存插槽。

(4) 总线扩展槽 PCI 和 ISA。

(5) 硬驱、光驱插槽 IDE(EIDE)和 34 芯软驱插槽。

(6) 显示器插口、键盘插口和鼠标插口。

(7) USB 插口和串行口、并行口。

Pentium 的主机板主要有 3 种类型:一是 IBM 公司推出的 Baby/Mini_AT(advanced technology)结构标准,由于其外形远比 IBM AT 主机板小而得此名;二是 Intel 公司推出的 ATX(advanced technology extended)结构;三是 Intel 最新推出的 BTX(balance technology extended)结构。

主机板的性能标准中首先是可靠性,此外就是体积小、外部浮置的连线少、抗干扰性强、散热好。

Baby/Mini_AT 主机板的结构不十分合理,所有的插头插座都是通过较长的导线从主机板引到机箱后面板,使机箱内引线很多;另外,内存条的位置使其散热性能不太好;还有,硬盘驱动器的位置与插槽的位置也较远,导致引线过长。Baby/Mini_AT 结构是最早推出的,已用得较少。

ATX 是面向北桥-南桥控制芯片组的主机板,和 Baby/Mini_AT 相比,安装的位置几乎互成 90°,ATX 主机板的长边紧挨着机箱后面板,这样使主机板和插座之间的引线缩短并减少。主机板上,CPU 放在位于电源风扇的出风口处,便于散热,所以,CPU 上面只需加一个散热片即可,而不再如此前须加风扇。CPU 下方为内存条插槽,内存条的位置也更有利于通风散热;左边为 ISA 总线槽和 PCI 总线槽,这些插槽便于更换插件。右下方为两个 EIDE 插槽和一个软驱插槽,这些插槽和软驱、硬驱以及光驱在机内的支架位置较近,所以连线较短。

另外,ATX 主板有这样的功能:在电源关掉以后,仍保持 5V、20mA 的弱电流对一个遥控开关部件供电,此部件用于检测和接收通过调制/解调器和电话线从远程发来的特殊开机/关机命令,计算机一旦收到特殊开机指令,电源就会完全打开,计算机开始正常运行,这为实现智能遥控提供了前提,为微型机系统在休眠状态收发传真和语音远距离应答提供支持。

此外,ATX 电源除了保持 +5V、−5V、+12V、−12V 电压外,还提供了 3.3V 电压,有利于节能。

图 16.7 是 Pentium 系统 ATX 结构的主机板示意图。

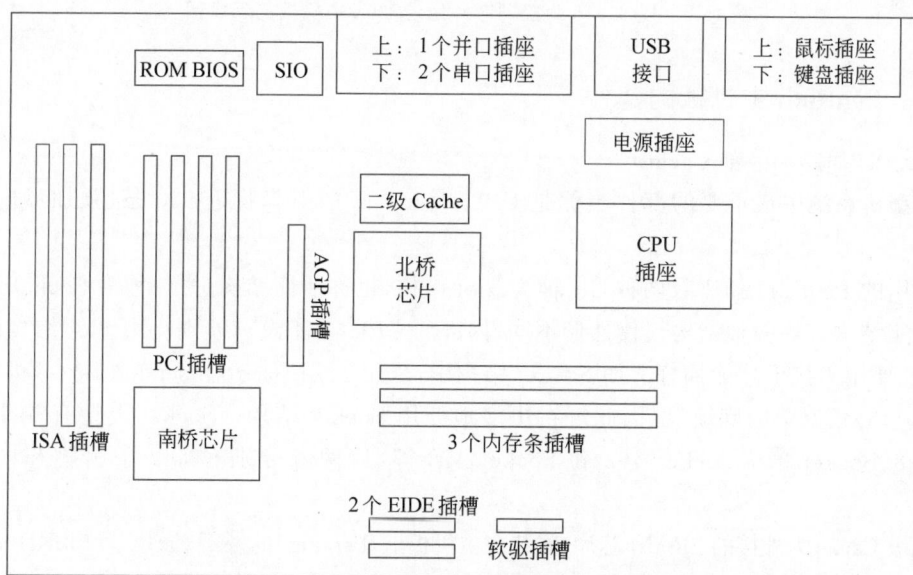

图 16.7 Pentium 系统 ATX 结构的主机板示意图

BTX 是 Intel 公司最新推出的主机板类型,面向 MCH-ICH 集中式控制芯片组和 PCI-X 总线。和其他主机板相比,BTX 体积更小,在系统结构上更加紧凑,浮于主机板上的连线尽可能少,也尽可能短。在散热、防噪声和抗干扰方面比 ATX 有更好的性能,淘汰了 ISA 插槽但增加了 USB 插口的数目和 PCI 插槽的数目,使 USB 插口有 4 个,PCI 插槽最多可达到 7 个。但BTX 推出以后,随着控制芯片组集成的适配部件不断增加,需要外插的适配卡越来越少,所以,尽管对 PCI 总线的负载能力增加,但也有一部分 BTX 主机板为节省体积而使插槽减少,如以 82915X 和 82925XE 为控制芯片组的 BTX 主机板上只有 1～2 个 PCI 插槽。

图 16.8 是一个以 82915 为控制芯片组的 BTX 主机板的示意图。

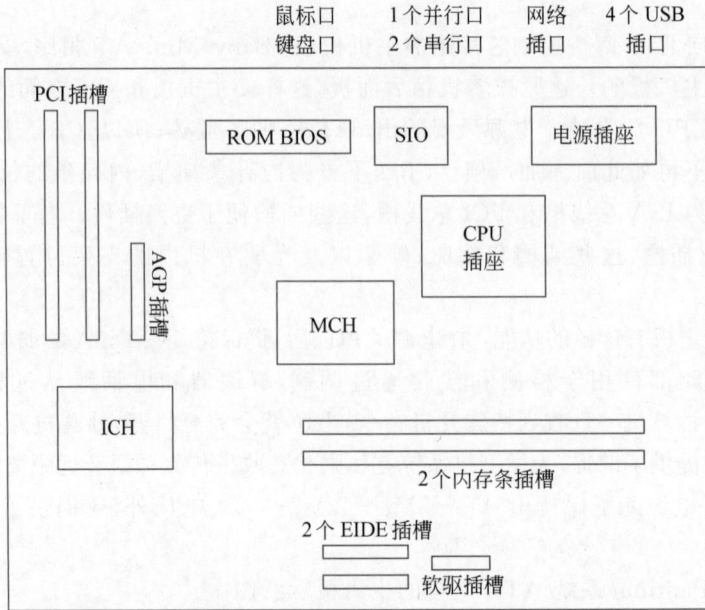

图 16.8　以 82915 为控制芯片组的 BTX 主机板的示意图

16.4.3　Pentium 主机板的部件

1. CPU 插座和外部 Cache

微型机系统中最重要的部件当然是 CPU，Pentium 的引脚将近 500 条，须加风扇或散热片。

常用的 Pentium 插座有两种：一种为 Slot 结构，也称插槽结构；另一种为 Socket 结构，也称插座结构。这两种结构仅仅外形不同，内部的 CPU 功能没有差别。用 Slot 结构时，安装 CPU 要用力按下才能插好。而 Socket 结构中，采用了 ZIF(zero insertion force)机制，所以没有 Slot 情况下的麻烦，也因此现在更多地使用 Socket 结构。Socket 类型有 Socket 7、Socket 8、Socket 370、Socket 462 和 Socket 478 等，后两者分别有 462 条引脚和 478 条引脚。

二级 Cache 为外接的 SRAM 芯片，安装在主机板上，Pentium 的外部 Cache 为 512KB～1MB。

2. 控制芯片组

控制芯片组分为北桥-南桥式和 MCH-ICH 集中式。在功能上，MCH 和北桥有一定对应关系，ICH 和南桥有一定对应关系，此外两个芯片组中都有 SIO 附加芯片。

北桥和 MCH 都靠近 CPU，北桥还因功耗大而需要带散热片。相对来说，MCH 比北桥的外形小得多。

3. 内存插槽

在 Pentium 主机板上，内存条插槽有 168 引线和 184 引线。分别对应 SDRAM 和 DDR SDRAM 两种内存条。最新的主机板则只有两个 184 线的 DDR SDRAM 内存条插槽。

4. PCI 总线槽、ISA 总线槽和 AGP 插槽

总线槽用来插入各种扩展板,例如,图像卡、声卡等。随总线类型不同,扩展槽类型也不同。但同一组扩展槽中的每一个都相同。

Pentium 主机板上,PCI 总线、ISA 总线和 AGP 插槽的外形和颜色都有统一规定。

PCI 扩展槽是白色的,因为其引脚很细也很密,所以,插槽显得比较小,有 PCI 和 PCI-X 两种。

ISA 扩展槽是黑色的,分为长、短两段:一段是 62 芯的槽;另一段是 36 芯的槽。

EISA 扩展槽是褐色的,外形和 ISA 相似,也是分为长、短两段,但其槽内插脚分为上下两层,下层为增加的 EISA 信号线,所以,既可插 ISA 规格的适配卡,也可插 EISA 规格的适配卡。

AGP 插槽是深褐色的,可插入加速图形卡,从而使系统可显示高质量的三维动态图形和图像。主板中其实已集成了显卡部件,提供此插槽的用意只是为了给用户一个选择,当外插显卡功能有大幅度提高时,可用高性能的外插显卡代替内置显卡部件。在外插显卡后,主板的内置显卡部件自动关闭。

5. 外部插口

主机板上有如下几种外设插口,以便于连接各种外设。

(1) 2 个 IDE(EIDE)插槽:IDE(EIDE)驱动器插槽通过扁平电缆连接硬盘驱动器和光盘驱动器,每个可连接主、从两个硬盘,光盘和硬盘不能连在同一个 IDE(EIDE)插槽上,但 2 个 IDE(EIDE)插槽无差别。

(2) 2～4 个 USB 插口:通用串行总线接口 USB 可连接 U 盘、移动硬盘、扫描仪等设备,也可用来连接鼠标、键盘和打印机等。2～4 个插口可直接连 2～4 个 USB 外设,如果有 USB 的扩展设备,例如,USB Hub,则可连接更多外设,理论上可达 127 个。

(3) 两个串行口:其中一个为 9 芯插座,一个为 25 芯插座,分别称为 COM1 和 COM2,可用来连接串行打印机等设备。

(4) 一个并行插座:主机板后面有一个 25 芯的并行插座,称为 LPT1,可用来连接并行打印机。

(5) 显示器、键盘和鼠标插口:显示器有专用的 AGP 接口,既可连接 CRT 显示器,也可连接 LCD 显示器。键盘和鼠标尽管可以通过 USB 插口和主机相连,但 Pentium 主机板仍然为键盘和鼠标设置了专用的 5 芯插口。

6. ROM BIOS 和 CMOS RAM

Pentium 主机板上有存放 BIOS 的芯片,即 ROM BIOS,在 MCH-ICH 芯片组中,就是 FWH 芯片。ROM BIOS 的容量可达 8MB,其中含系统初始化程序、操作系统的引导程序、自检程序和众多的对硬件直接控制的 I/O 驱动程序。计算机启动时,首先运行 BIOS 中的初始化程序对系统进行检测,然后启动操作系统。

CMOS RAM 是协助 ROM BIOS 工作用的,是小容量的可读/写静态存储器,只有 128～256 字节。开机时,由主机板电源供电,关机时则由一个可充电的纽扣电池供电,电池的充电在开机时自动完成。

CMOS RAM 有两方面的功能:一是存放日期和时钟信息,这部分信息在相应电路驱动下不断更新;二是用 64 字节存放系统的口令和各种配置信息,如 I/O 地址的分配、视频

参数、系统启动盘盘名、硬盘参数等,这些参数可在系统启动时通过按 Delete 键进入 CMOS SETUP 选单后进行设置。

7. 电源插座

主机板外部通过电源插座连接 220V 交流电源。而在主机板上,由主机电源部件引出 4 组直流电源,即+12V、-12V、+5V、-5V,其中,红色为+5V,白色为-5V,黄色为+12V,蓝色为-12V,黑色为地。从 ATX 开始,主机板还增加了 3.3V 电压。

第 17 章　非 x86 微型计算机系统

前面主要用 x86 为代表的微型计算机架构来系统性地介绍微型计算机的组成和原理。除此之外,还有很多非 x86 的体系架构也在赢得越来越多的市场占有率。本章简要介绍 ARM 和 RISC-V 架构。

17.1　ARM

ARM(advanced RISC machines)是一种基于精简指令集计算机(reduced instruction set computer,RISC)架构的处理器架构。

1. ARM 架构

(1) RISC 架构:ARM 是一种 RISC 架构,它设计的初衷是简化指令集,使处理器执行更快、更高效。RISC 架构注重执行速度,通过减少指令集的复杂性来实现。

(2) 多种处理器系列:ARM 架构包括多个不同的处理器系列,每个系列面向不同的市场和应用。其中,一些主要系列包括 Cortex-A(应用处理器)、Cortex-R(实时处理器)和 Cortex-M(嵌入式微控制器)。不同系列的处理器具有不同的性能和功耗特性,可以满足各种应用的需求。

(3) 低功耗设计:ARM 架构以低功耗为特点,适用于移动设备和嵌入式系统,这些设备通常需要有长时间的电池寿命。ARM 处理器通过采用各种技术(如多级流水线、动态执行、节能模式和低功耗制造工艺)来降低功耗。

(4) 多核支持:许多 ARM 处理器支持多核设计,这意味着它们可以在同一芯片上包含多个处理核心。这提供了更高的性能和多任务处理能力,使 ARM 处理器在服务器和高性能计算领域也变得有竞争力。

(5) 架构授权:ARM 公司不制造自己的处理器芯片,而是授权其他公司(如高通、三星、苹果等)设计和制造基于 ARM 架构的处理器。这种授权模式使得 ARM 架构在市场上非常广泛,各种不同配置和特性的 ARM 处理器可以满足各种设备制造商的需求。

(6) 生态系统:ARM 架构具有庞大的生态系统,包括操作系统、开发工具、软件库和硬件支持。这使得开发者能够轻松地开发应用程序和系统,同时也有助于确保设备之间的兼容性和可移植性。

(7) 应用领域:移动和嵌入式应用。ARM 最初设计用于低功耗、高性能的移动设备和嵌入式系统。由于其能效和性能的优势,ARM 架构逐渐扩展到了其他领域,包括服务器、超级计算机、物联网设备等。

表 17.1 显示了 ARM 公司主要 CPU 类别的相关信息。

2. ARM 的发展历史

(1) 20 世纪 80—90 年代:ARM 公司成立,并开始开发 ARM 架构。第一个 ARM 处理

表 17.1　ARM 公司主要 CPU 类别的相关信息

CPU 类别	产品系列	指令集版本	代表 IP 核	应用领域
A	Cortex-A	Arm v9、Arm v8	Cortex-A715 Cortex-A710 Cortex-A510	PC、服务器、智能手机、汽车主机、云存储、超级计算机
	Cortex-X	Arm v9、Arm v8	Cortex-X2 Cortex-X1	智能手机
	Neoverse V	Arm v9、Arm v8	Neoverse V2 Neoverse V1	高性能计算、云计算
	Neoverse N	Arm v9、Arm v8	Neoverse N2 Neoverse N1	云计算、边缘计算、5G、网络
	Neoverse E	Arm v8	Neoverse E1	5G、网络
R	Cortex-R	Arm v8	Cortex-R82 Cortex-R52 Cortex-R52＋	医疗设备、车辆控制、网络和存储设备、嵌入式控制系统
M	Cortex-M	Arm v8	Cortex-M85 Cortex-M55 Cortex-M35P	可穿戴设备、通信模块、小型传感器、智能家居

器是 ARM1，于 1985 年发布。ARM2 和 ARM3 处理器推出后开始广泛用于嵌入式和移动设备。此时，ARM 公司许可其架构给其他芯片制造商，使其能够设计和制造自己的 ARM 处理器。

（2）21 世纪前十年：ARM 架构在移动设备市场迅速崭露头角，特别是在智能手机和平板计算机领域。ARM Cortex-A 系列处理器推出，为高性能计算提供支持。

（3）21 世纪 10 年代：ARM 架构在服务器和数据中心市场取得了一定的份额，尤其是在低功耗和高能效领域。ARM Cortex-A57 和 Cortex-A72 等处理器增强了性能。2016 年，英国的 ARM Holdings（ARM 公司）被日本公司索尼集团旗下的 SoftBank Group 收购。

（4）21 世纪 20 年代初：ARM 架构继续发展，面向 5G 通信、人工智能和物联网等领域提供支持。ARM Cortex-A78 和 Cortex-X1 处理器推出，提供更高的性能和能效。2021 年，NVIDIA 公司宣布计划收购 ARM 公司，交易尚在审批中。

ARM 架构的成功可以归因于其灵活性、能效和性能，以及开放的许可模型，允许不同公司设计和制造基于 ARM 的处理器。今天，ARM 架构已经成为移动设备、嵌入式系统、物联网设备和一些服务器领域的主要架构之一，持续推动着计算和通信技术的发展。

17.2　RISC-V

RISC-V 是一种开源的 RISC 架构，设计用于广泛的计算和嵌入式应用。它的设计具有灵活性和可扩展性，允许各种不同的组织和个人基于 RISC-V 架构创建定制的处理器核心，这使得 RISC-V 在学术界和工业界都受到了广泛关注。以下是 RISC-V 的详细介绍、发展历史和展望。

1. RISC-V 架构

（1）精简且高效：RISC-V 架构与 CISC 架构相反，RISC 架构设计更加精简，包含少量、简单的指令，这有助于提高处理器的性能和能效。

（2）开源和可扩展性：RISC-V 是一种开源架构，它的设计基于开放的标准，可以自由访问和使用。此外，RISC-V 的设计具有可扩展性，允许用户根据其需求和应用程序的要求自定义指令集扩展。

（3）广泛应用：RISC-V 广泛用于各种应用，包括嵌入式系统、物联网设备、移动设备、服务器、超级计算机、加速器和自定义硬件等领域。

2. RISC-V 的发展历史

（1）2000 年初：RISC-V 的设计工作开始于加州大学伯克利分校（UC Berkeley），由 David Patterson 教授和 Kratz 教授领导。他们的目标是创建一种开源、可扩展、用于教育和研究的 RISC 架构。

（2）2010 年：RISC-V 指令集体系结构发布了第一个正式版本，称为 RISC-V Version 2.0。这个版本是基于 32 位的 RISC-V 架构。

（3）2011 年：RISC-V 联盟（RISC-V Foundation）成立，推动 RISC-V 的标准化和推广。该联盟聚集了各种公司和组织，包括 NVIDIA、Google、SiFive 等。

（4）2012 年：发布 RISC-V 64 位架构的第一个版本。

（5）2014 年：RISC-V 联盟发布了 RISC-V 指令集架构的官方版本，作为开放的标准。

（6）2015 年以后：RISC-V 在学术界和工业界迅速崭露头角，越来越多的公司开始采用 RISC-V 架构，包括 SiFive、NVIDIA、Western Digital 等，它们推出了基于 RISC-V 的处理器核心和硬件平台。

3. RISC-V 的展望

（1）广泛应用：RISC-V 的灵活性和可定制性使其在各种应用中得到广泛使用。未来，预计 RISC-V 将在嵌入式系统、物联网、人工智能、自动驾驶、数据中心、云计算和边缘计算等领域继续扩展。

（2）创新和研究：RISC-V 架构提供了一个开放的平台，鼓励了新的研究和创新，这将推动计算技术的发展。

（3）生态系统发展：RISC-V 生态系统包括处理器核心的设计、开发工具、操作系统和编程模型。未来，预计这个生态系统将继续增长和壮大。

（4）安全性：RISC-V 架构对于构建安全性能强大的处理器和硬件有很大潜力。在处理物联网设备、嵌入式系统和云计算中的安全性问题时，RISC-V 可能会发挥重要作用。

总之，RISC-V 是一种备受关注的精简指令集计算机架构，具有广泛的应用前景，可在各种领域推动计算技术的发展和创新。其开源性质、可定制性和灵活性使其成为学术界和工业界研究和应用的理想选择。未来，RISC-V 的生态系统将继续壮大，为计算领域带来新的机会和挑战。

17.3 各类处理器架构简单对比

表 17.2 所示为 x86、ARM、RISC-V、MIPS、LoongArch 等典型处理器架构的对比。

表 17.2　典型处理器架构对比

序号	架构	特点	代表性厂商	运营机构	发布时间	案例或面向
1	x86	性能高、速度快、兼容性好	Intel、AMD	Intel	1978 年	1978 年 6 月,Intel 8086 CPU,它标志着个人计算机时代的开始,并成为后来的 x86 架构的基础。主要面向家用、商用领域,在性能和兼容性方面做得更好
2	ARM	成本低、低功耗	苹果、Google、IBM、华为	ARM	1985 年	一种低功耗、高性能的 RISC 处理器架构,指令长度通常为 32 位。广泛用于移动设备、嵌入式系统和服务器领域
3	RISC-V	模块化、极简、可拓展	三星、NVIDIA、西部数据	RISC-V 基金会	2014 年	完全开源,设计简单,易于移植 UNIX 系统,模块化设计,完整工具链,同时有大量的开源实现和流片案例,得到很多芯片公司的认可。可以设计服务器 CPU、家用电器 CPU、工控 CPU
4	MIPS	简洁、优化方便、高拓展性	龙芯	MIPS	1981 年	由 MIPS 公司开发并授权,它是基于一种固定长度的定期编码指令集。在网关、机顶盒等市场上非常受欢迎
5	LoongArch	从开始的 MIPS 架构发展到目前的 LoongArch 指令架构芯片。LoongArch 指令架构是由龙芯中科自主研发的指令集架构(ISA)。2022 年 8 月,3A6000 仿真成功,2023 年 7 月基于龙架构的新一代四核处理器龙芯 3A6000 流片成功。代表了我国自主桌面 CPU 设计领域的最新里程碑成果。8 核在流片阶段				

第 18 章　微型计算机技术实验体系

根据高等院校"微机原理与接口技术""微机原理及其应用"等课程实验教学大纲,针对学生的特点,微型机系统实验平台建议划分为 3 种形式,分别是基础实验、拓展实验和应用领域实验。下面对微型计算机技术的实验体系进行简单的论述。

18.1　微型计算机原理基础实验

根据教学需要,基础实验的实验设备上可以含多种辅助资源,如蜂鸣器、带功放扬声器、带计数功能逻辑笔、8 路 LED 显示、8 路逻辑电平开关(带显示灯)、8 位八段数码管、2 路单脉冲电路、继电器、带光耦测速步进电机、带光耦测速直流电机、报警电路、麦克风电路、PC104 总线、4×4 矩阵键盘、独立总线电路等。

基础实验设备上还可以配常用接口模块电路,如并行通信 8255、定时/计数 8254、串行通信 8251、DMA 控制器 8237、数/模转换器 DAC0832、模/数转换器 ADC0809、中断控制器 8259、内存存储器 6264、简单输入输出 244/273、双色点阵、12864LCD 等实验模块。

基础实验设备的结构建议采用综合实验板和扩展实验板相结合的方式,开放式结构、模块化设计,既保证基本实验结构紧凑、实验方便,又有扩展创新型实验灵活的特点。实验设备建议具有电源短路保护,确保系统安全。

基础实验软件环境,可以支持 Windows、Linux 等操作系统。它可以方便地对程序进行编辑、编译、链接和调试,增加 AD/DA 波形采集界面;也可以查看实验原理图,实验连线,对实验程序进行实验演示;还可以增加和删除自定义实验项目。实验的软件优先推荐使用汇编语言。

基础实验包括汇编实验和接口基本实验。其中汇编实验建议覆盖以下知识点:求和、内存数据转移、码制、字符和字符串、键盘输入、分支、循环、子程序、排序、文件读写、保护模式等。接口基本实验建议覆盖以下知识点:8253、8255A、8251、8259、RAM、DMA 等。

18.2　微型计算机原理拓展实验

拓展实验通常需要操作系统的支持,以及在操作系统之上对常用接口设备的操作。因此,拓展实验设备建议采用类 Linux 系统,可以支持定制文件系统、进程间通信、自定义USB 驱动、蓝牙设备接入、网络设备接入、路由设置等多种设备和接口工作原理的实验。

拓展实验设备的总线可以支持 PCI 总线、I2C 总线、SPI 总线、UART 总线。输入输出可以支持 GPIO。网络设备可以支持有线以太网卡、无线网卡、Zigbee、蓝牙等。设备接口可以支持鼠标、键盘、硬盘、运动传感器、加速传感器、指纹识别、摄像头、麦克风等。

拓展实验的软件环境,可以支持 Windows、Linux 等操作系统。通过对应的开发调试环境,可以方便地对程序进行编辑、发布、安装、调试等。它还可以支持实验项目管理、实验数据收集、实验演示、实验结果呈现等功能。拓展实验的软件优先推荐使用 C 语言。

18.3 微型计算机原理应用领域实验

应用领域实验指的是将微型计算机应用到不同的场景下,针对该领域的特殊需求进行针对性实验。例如,医工实验和物理实验。

应用领域实验通常包括数据采集、数据传输、数据预处理、数据分析、结果呈现等方面。

数据采集可以支持生理信号采集、运动信号采集、静态数据采集等。数据传输可以支持有限数据传输、无线点对点传输、中继传输等。数据预处理可以支持信号处理、数据清洗、数据标准化、数据归一化等。数据分析可以支持统计分析、大数据算法分析、机器学习算法分析、人工智能算法分析等。结果呈现可以支持表格呈现、二维图形呈现、多维图形呈现等。通过上述步骤,实验中可以将完整的流程连接起来,通过从原始数据到最后的结果呈现,读者可以更深入地了解应用领域内的知识体系,加深对微型计算机在该应用领域内的应用方法和范围的理解。

应用领域实验软件环境,可以支持 Windows、Linux 等操作系统;还可以支持实验项目管理、实验数据收集、实验演示、实验结果呈现等功能。应用领域实验的软件优先推荐使用 Python 语言。

参 考 文 献

[1] PCI Special Interest Group. PCI Local Bus Specification[S/OL].https：//pcisig.com/specifications/conventional/.

[2] Budruk R,Anderson D,Shanley T. PCI Express System Architecture[M]. Upper Saddle River,NJ：Pearson Education,2003.

[3] Shanley T,Anderson D. PCI System Architecture[M]. 4th ed. Upper Saddle River,NJ：Arrangement with Addition Wesley Longman,1999.

[4] Mazidi M A,Mazidi J G. 80x86 IBM PC and Compatible Computers：Assembly Language,Design and Interfacing[M]. Upper Saddle River,NJ：Prentice Hall PTR,2000.

[5] Triebel W A. 80386,80486 and Pentium Processor Hardware,Software and Interfacing[M]. Victoria BC：Prentice Hall Inc,1998.

[6] Intel Corporation. Pentium Processor Family User's Manual[Z]. 2003.

[7] Brey B B. The Intel Microprocessors：8086/8088,80186/80188,80286,80386,80486,Pentium,Pentium Pro,and Pentium Ⅱ Processors：Architecture,Programming,and Interfacing[M]. 7th ed. Toronto ON：Prentice-Hall,2006.

[8] Stallings W. Computer Organization and Architecture Designing for Performance[M]. 6th ed. Hoboken NJ：Person Education,2003.

[9] Anderson D,Shanley T. Pentium Processor System Architecture[M]. 3nd ed. Toronto ON：MindShare,2002.

[10] Compaq DEC IBM Intel Microsoft NEC Northern . Telecom Universal Serial Bus Specification Revision 1.0. [Z].1997.

[11] Barry B B. The Intel Microprocessors[M]. 6th ed. Victoria BC：Pearson College Div,2005.

[12] Intel Corporation. Intel Technology Journal[Z].2002.

[13] Intel Corporation. Intel Microcomputer Handbook CA[Z].2005.

[14] Intel Corporation. Intel Development Systems Handbook[Z].2004.

[15] Budruk R,Anderson D,Solari E. PCI Express System Architecture[M]. Toronto ON：Mind Share，2003.

[16] Rafiquzzaman M.Fundamentals of Digital Logic and Microcomputer Design[M]. 5th ed. Hoboken：John Wiley & Sons,2005.

[17] Patterson D A,Hennessy J L. Computer Architecture：a Quantitative Approach[M]. 4th ed. Burlington MA：Morgan Kaufmann Publishers,2003.

[18] Patterson D A,Hennessy J L. Computer Organization and Design：The Hardware/Software Interface,RISC-V Edition[M]. Burlington MA：Morgan Kaufmann Publishers,2017.

[19] Patterson D A,Hennessy J L.计算机组成与设计：硬件/软件接口(原书第5版·ARM版)[M].陈微,译.北京：机械工业出版社,2018.

[20] 胡伟武,等.计算机体系结构基础[M].3版.北京：机械工业出版社,2021.

[21] ARM Limited. ARM Architecture Reference Manual ARMv7-A and ARMv7-R edition[Z]. 2005.

[22] 北京华控通力科技有限公司.计算机组成原理实验系统[Z].2023.

图 书 资 源 支 持

感谢您一直以来对清华版图书的支持和爱护。为了配合本书的使用，本书提供配套的资源，有需求的读者请扫描下方的"书圈"微信公众号二维码，在图书专区下载，也可以拨打电话或发送电子邮件咨询。

如果您在使用本书的过程中遇到了什么问题，或者有相关图书出版计划，也请您发邮件告诉我们，以便我们更好地为您服务。

我们的联系方式：

清华大学出版社计算机与信息分社网站：https://www.shuimushuhui.com/

地　　址：北京市海淀区双清路学研大厦 A 座 714

邮　　编：100084

电　　话：010-83470236　010-83470237

客服邮箱：2301891038@qq.com

QQ：2301891038（请写明您的单位和姓名）

资源下载：关注公众号"书圈"下载配套资源。

资源下载、样书申请	图书案例	

书 圈	清华计算机学堂	观看课程直播